# DAS DEUTSCHE MUSEUM

# DAS DEUTSCHE MUSEUM
## GESCHICHTE / AUFGABEN / ZIELE

IM AUFTRAGE DES VEREINES DEUTSCHER INGENIEURE UNTER MITWIRKUNG HERVORRAGENDER VERTRETER DER TECHNIK UND NATURWISSENSCHAFTEN BEARBEITET VON

CONRAD MATSCHOSS

ZWEITE AUFLAGE

MIT 59 BILDNISSEN UND 330 ABBILDUNGEN

1 9 2 9

VDI-VERLAG GMBH. / BERLIN NW 7

R. OLDENBOURG / MÜNCHEN

*Dieses Werk wurde hergestellt von:*

*F. Bruckmann A.-G., München ... ... ... ... ... ... Druckstöcke*
*R. Oldenbourg, München ... ... ... ... ... ... ... ... ... Druck*
*Scheufelen, Oberlenningen ... ... ... ... ... ... ... ... Papier*
*R. Oldenbourg, München ... ... ... ... ... ... ... ... ... Einband*

*

*Entwurf des Einbandes von Emil Preetorius, München*

*

*Zeichnungen von Julius C. Turner*

# MITARBEITER DER DENKSCHRIFT

*

G. BAUER, Dr. phil. Dr.-Ing. E. h., Vorstandsmitglied der Deutschen Schiff- und Maschinenbau A.-G., Bremen-Hamburg ❦ H. BECKMANN, Dr. rer. nat., Berlin-Zehlendorf ❦ F. BOHNY, Baurat Dr.-Ing. Dr.-Ing. E.h., Direktor der Gutehoffnungshütte, Sterkrade i. Rhld. ❦ J. B. BOSCH, Oberbaudirektor Dr.-Ing., München ❦ J. BRIX, Geheimer Regierungsrat Professor Dr.-Ing. E. h., Berlin-Charlottenburg ❦ H. BUSCH, Ministerialrat z. D., Berlin-Südende ❦ W. von DYCK, Geheimer Rat Professor Dr. phil. Dr.-Ing. E. h., München ❦ A. FEHR, Professor Dr. h. c., Staatsminister für Landwirtschaft, München-Weihenstephan ❦ K. FINCKH, Dr. phil., Direktor der Osram G. m. b. H., Berlin ❦ S. FINSTERWALDER, Geheimer Rat Professor Dr. rer. nat. Dr. d. techn. Wiss. E. h. Dr. phil. h. c., München ❦ L. GRAETZ, Geheimer Regierungsrat Professor Dr. phil., München ❦ A. GUT, Dr.-Ing., Stadtbaudirektor, München ❦ A. HARTMANN, Dr. phil., Staatsoberbibliothekar an der Bayer. Staatsbibliothek, München ❦ E. HILGER, Geheimer Bergrat Dr.-Ing. E. h., Berlin-Charlottenburg ❦ O. JOHANNSEN, Professor Dr.-Ing. E. h., Direktor des Technikums und Forschungsinstitutes für Textilindustrie, Reutlingen ❦ B. KELLERMANN †, Akademieprofessor a. D., München ❦ G. KERSCHENSTEINER, Geheimer Oberstudienrat, Professor Dr. phil. Dr.-Ing. E. h. Dr. d. Kulturwiss. h. c., München ❦ KLEMM, Professor Dr. phil., Gautzsch bei Leipzig ❦ O. KNOBLAUCH, Geheimer Regierungsrat Professor Dr. phil. Dr.-Ing. E. h., München ❦ A. KOCH, Kommerzienrat, Technischer Direktor der Aktienbrauerei zum Löwenbräu in München, München ❦ C. KÖTTGEN, Dr.-Ing. E. h., Vorsitzender des Direktoriums der Siemens-Schuckertwerke A.-G., Berlin-Siemensstadt ❦ C. von LINDE, Geheimer Rat Professor Dr. phil. h. c. Dr.-Ing. E. h., München ❦ G. LIPPART, Geheimer Baurat Dr.-Ing. E. h., München ❦ C. MATSCHOSS, Professor Dr.-Ing. E. h., Direktor des Vereines deutscher Ingenieure, Berlin ❦ O. von MILLER, Exzellenz Geheimer Baurat Dr. rer. pol. h. c. Dr.-Ing. E. h., München ❦ O. PETERSEN, Dr.-Ing. Dr. mont. E. h., Geschäftsführendes Vorstandsmitglied des Vereins deutscher Eisenhüttenleute, Düsseldorf ❦ K. PRESSEL †, Dipl.-Ing., Dr. phil. h. c. ord. Professor, Geheimer Baurat, München ❦ C. SCHIFFNER, Geheimer Bergrat Professor Dr.-Ing. E. h., Freiberg i. Sa. ❦ E. SCHILLING, Dipl.-Ing. Dr. phil., Kohlgrub ❦ A. SCHMAUSS, Geheimer Regierungsrat Professor Dr., Direktor der Bayer. Landeswetterwarte, München ❦ M. SCHMIDT, Geheimer Hofrat ord. Professor Dipl.-Ing. E. h. Dr. phil. Dr.-Ing. E. h., München ❦ H. SCHNORR von CAROLSFELD, Geheimer Rat Dr., Generaldirektor der Bayer. Staatsbibliothek, München ❦ A. SIEBERG, Regierungsrat Professor Dr., Jena ❦ E. STENGER, Professor Dr. phil., Bibliotheksrat an der Preußischen Staatsbibliothek, Berlin ❦ G. de THIERRY, Geheimer Baurat Professor Dr.-Ing. E. h., Berlin ❦ E. von WEISS, Geheimer Rat, Ministerialrat a. D., München ❦ W. WIEN †, Geheimer Hofrat Professor Dr., München ❦ R. WILLSTÄTTER, Geheimer Rat Professor Dr., München ❦ M. WOLF, Geheimer Rat Professor Dr., Direktor der Sternwarte Königstuhl, Heidelberg ❦ J. ZENNECK, Geheimer Regierungsrat Professor Dr. rer. nat., München

# INHALTSVERZEICHNIS

*

# VORWORT ZUR 1. AUFLAGE

*

Der Verein deutscher Ingenieure, der den Vorzug hatte, im Juni 1903 Pate zu stehen bei der Gründung des Deutschen Museums, wollte es sich nicht nehmen lassen, den vielen alten, neuen und zukünftigen Freunden des Museums am Tage der Eröffnung dieses großen Kulturwerkes eine Schrift darzubieten, die aus dem Mund berufener Mitarbeiter des Museums berichtet, wie das Deutsche Museum wurde, und was es heute der Welt zu bieten hat.

Selbst dies Museum mit seinen gewaltigen Ausmaßen kann nur wieder einen kleinen Ausschnitt aus der ungeheuren Vielgestaltigkeit des wirklichen Lebens geben, und so kann diese Schrift ihrerseits nur eine schwache Vorstellung auf diesen 400 Seiten vermitteln von den großen geistigen Kräften, die hier nun 22 Jahre lang am Wirken sind.

Daß der Verein seine Absicht verwirklichen konnte, dankt er den zahlreichen hervorragenden Mitarbeitern an dieser Schrift, die ihr reiches Wissen so bereitwillig auch hier ihrem Museum zur Verfügung stellten; er dankt nicht minder den Beamten des Museums, die trotz großer Arbeitsbelastung mit der Fertigstellung des Museums noch rechtzeitig ausreichendes Material für die Beschreibung der Sammlungen übermittelt haben. Die Schrift bietet eine vollständige Übersicht über das ganze Museum. Einige wenige Abteilungen, die erst nach der Eröffnung im Laufe dieses Jahres fertiggestellt werden können, wurden nach den vorliegenden Plänen bearbeitet. Auch die bisherige Aufstellung im provisorischen Museum bot hiefür genügend Anhalt.

Möge es dieser Schrift durch ihren Inhalt und ihre äußere Form beschieden sein, dem Deutschen Museum in den weitesten Kreisen unseres Volkes und darüber hinaus begeisterte Freunde und arbeitsfrohe Mitarbeiter zu werben. Glückauf dem Deutschen Museum!

DER VEREIN DEUTSCHER INGENIEURE

BERLIN, den 7. Mai 1925.

# VORWORT ZUR 2. AUFLAGE

*

Am 7. Mai 1928, dem 25 jährigen Jubiläum des Deutschen Museums, konnten auch die bei der Eröffnung des Sammlungsbaues noch nicht fertigen Abteilungen im 2. Stock eröffnet und den Besuchern zugänglich gemacht werden. Diese Abteilungen waren am Schluß der ersten Auflage der Denkschrift nach vorliegenden Plänen und der Aufstellung in den provisorischen Sammlungen dargestellt worden. Da gleichzeitig mit ihrer Eröffnung auch die erste Auflage der Denkschrift vergriffen war, schien es angebracht, eine ergänzte, neu bearbeitete zweite Auflage herauszugeben. Hierbei haben uns die Mitarbeiter der ersten Auflage und auch die Beamten des Museums wieder weitgehend unterstützt, wofür wir allen an dieser Stelle unseren herzlichsten Dank aussprechen möchten. Dann haben wir noch die traurige Pflicht, unserer Mitarbeiter, Akademieprofessor B. Kellermann und Geheimer Hofrat Professor Dr. Wien, zu gedenken, die uns durch den Tod entrissen wurden. Wir konnten aber die von ihnen bearbeiteten Abschnitte „Musikinstrumente“ und „Physik“ ohne Änderung in die Neuauflage übernehmen. Am Tage nach Absendung seiner Fahnenkorrektur zu dem Abschnitt „Tunnelbau“ starb ferner Dipl.-Ing. Dr. phil. h. c. ord. Professor, Geheimer Baurat K. Pressel. Von den Beamten des Museums starb während der Drucklegung der Neuauflage Herr Baurat Albert Koch, der sich um die Bearbeitung besonders bemüht hatte.

Zahlreiche Exemplare der 1. Auflage dieser Schrift wurden von Büchereien und Schulen erworben, wo sie in wirkungsvoller Weise die großen Ideen des Deutschen Museums verkünden und immer weitere Kreise des deutschen Volkes auf diese einzigartige Bildungsstätte und Pflegestätte der Geschichte der Naturwissenschaft und Technik aufmerksam machen.

Möge auch dieser Auflage ein solcher Erfolg beschieden sein!

DER VEREIN DEUTSCHER INGENIEURE

BERLIN, im Herbst 1929.

CONRAD MATSCHOSS, EINLEITUNG.

Starke Eindrücke in der Jugend bestimmen oft maßgebend die Lebensarbeit des Mannes. Als Oskar von Miller auf der Hochschule in München das Bau-Ingenieurwesen studiert hatte, um dann im südlichen Bayern zuerst praktisch im Wasserbau zu arbeiten, da meldete sich bereits das Wünschen, einst am Ausbau der bayerischen Wasserkräfte mitwirken zu können. Aber noch war kein Weg zu sehen, der zum Ausnutzen dieser gewaltigen Kräfte in nutzbringender Weise führen konnte. Da führte im Jahre 1881 eigener Wille den 25jährigen Ingenieur nach Paris zum Besuch der ersten Elektrotechnischen Ausstellung der Welt, auf der Edisons Glühlampe große Zukunftshoffnungen über Verwendung des durch große Kraftanlagen zu schaffenden elektrischen Stromes erweckte. Mit jugendfrohem Optimismus glaubte von Miller schon jetzt die Zeit gekommen, mit dem Ausbau der Wasserkräfte zu beginnen. Zunächst sollte weitesten Kreisen in Deutschland gezeigt werden, was die junge Elektrotechnik bereits leisten könne. In kürzester Zeit entwarf er den Plan zu einer elektrischen Ausstellung in München, die er mit größtem Erfolg nach neuen Grundlagen durchführte. Von da ging schrittweise — meist zu langsam für den mit kühner Phantasie die Zukunft oft vorwegnehmenden Geist — die Entwicklung, die zur Inbetriebnahme riesiger Wasserkraftanlagen am Walchensee und der Isar führte. Über 250000 PS stehen der deutschen Technik in Form elektrischer Energie aus diesen Werken schon heute zur Verfügung. So ging der eine Traum des Jünglings durch die zähe Arbeit des Mannes in Erfüllung.

Bei diesem ersten Besuch in der französischen Hauptstadt besuchte Oskar von Miller auch die berühmten Sammlungen des Conservatoire des Arts et Métiers, die über ein Jahrhundert zu ihrer Entstehung gebraucht hatten, die aber nun seit Jahrzehnten eine ungemein wichtige Quelle der Anregung und Belehrung für die französische Jugend boten. Mit den Sammlungen waren seit langem berühmte Schulen verbunden worden, an denen Männer wie Dupin, Berthollet, Gay-Lussac, Arago und Poncelet gelehrt haben. Der geschichtliche Aufbau der Sammlungen bot ungemein anregende Einblicke in den Gang der Entwicklung. Außergewöhnlich verstärkte sich der Eindruck von der Bedeutung solcher Sammlungen für die Förderung der Technik in den breitesten Volksschichten, als Oskar von Miller Gelegenheit hatte, kurz darauf auch London zu besuchen und hier das berühmte Technische Museum in der Museumsstadt South-Kensington kennen zu lernen. Als er hier mit leuchtenden Augen in den weiten Sälen die Originalmaschinen von James Watt, die ersten Lokomotiven und die vielen anderen Schätze aus der ersten großen Zeit des Maschinenbaues auf sich wirken ließ und beobachten konnte, wie besonders abends und Sonntags ganze Arbeiterfamilien die Räume durchwanderten und Anregung fanden in der Betrachtung der Werke, an denen sie zumeist selbst beteiligt waren, da wurde in ihm der zweite große Wunsch lebendig: Wenn es doch möglich wäre, auch in Deutschland ein großes Museum der Naturwissenschaft und Technik zu schaffen, eine Stätte des Wissens, der Anregung und Belehrung, eine Stätte, aus der die Jugend Begeisterung zu großen Taten schöpfen kann. Und dieser Wunsch wuchs, jahrzehntelang überdeckt durch große Berufsarbeit und die Kleinarbeit des täglichen Lebens, innerlich zu immer größerer Klarheit, und es bedurfte nur eines äußeren Anlasses, um ihn mit unbeugsamer Energie zur Tat werden zu lassen.

Diesen Anlaß bot der Verein deutscher Ingenieure, der sich entschlossen hatte, einer freundlichen Einladung folgend, seine 44. Hauptversammlung 1903 in München und Augsburg abzuhalten. Der Bayerische Bezirksverein des Vereines deutscher Ingenieure in München hatte von Miller zu seinem Vorsitzenden gewählt, der sich überlegte, wie er diesem Besuch der deutschen Ingenieure in der bayerischen Hauptstadt ein besonderes Gepräge geben könne. Diese Überlegungen lösten in dem nun 48jährigen, auf der Höhe seines Schaffens stehenden Ingenieur die Frage aus: Ist jetzt, wo die deutschen Ingenieure aus allen Teilen Deutschlands zu vielen Hunderten nach München eilen, nicht die Zeit gekommen, das lang ersehnte große Museum der Naturwissenschaft und Technik zu schaffen? Die Frage stellen, hieß sie bejahen. Kaum zwei Monate standen bis zur Hauptversammlung zur Verfügung. Nur starker Wille und grenzenlose Hingabe an die gestellte Aufgabe konnte diese kurze Zeitspanne so nutzen, wie es geschah. Er gewann C. von Linde, den bahnbrechenden Forscher und großen Ingenieur, und W. von Dyck, den hervorragenden Mathematiker und feinsinnigen Gelehrten, zu begeisterten Mitarbeitern in kleinstem Kreis. Oskar von Miller, auf den das Wort des großen Alfred Krupp: „Ein Geschäft, in dem ich arbeiten soll, könnte nicht leicht ausgedehnt genug sein“, paßt, entwarf Pläne von weitausschauender Größe, und er verstand, als er am 5. Mai 1903 zum erstenmal einem Kreis geladener Gäste in München den Plan vorlegte, begeisterte Zustimmung zu erwecken. Das ganze deutsche Volk sollte sich ein Museum der naturwissenschaftlich-technischen Kulturarbeit errichten.

Sofort begannen die Verhandlungen mit der Stadt München, dem bayerischen Staat, dem Deutschen Reich, mit gelehrten Körperschaften, mit der Industrie. Die Stadt schenkte den wertvollen Bauplatz, die Kohleninsel in der Isar, und stellte erhebliche Geldmittel zur Verfügung, der Staat Bayern überließ für ein provisorisches Museum das alte Nationalmuseum in der Maximilianstraße und auch das Reich vermochte von Miller zu überzeugen, daß für eine solche ganz Deutschland umfassende Kulturaufgabe Geldmittel zur Verfügung gestellt werden mußten. Prinz Ludwig von Bayern übernahm das Protektorat. Die bayerische Akademie überließ dem neu zu begründenden Museum ihre großen Sammlungen als wertvollen Grundstock. Erhebliche Geldmittel stellten einzelne hervorragende Männer der Technik für den großen Gedanken bereit. Wertvolle Sammlungsgegenstände wurden von überall angeboten. Das große elektrotechnische Bureau Oskar von Millers wurde bald restlos zur Arbeitsstätte für das neue Museum umgestellt. Unmittelbar vor der Hauptversammlung des Vereines deutscher Ingenieure, die vom 30. Juni bis 2. Juli 1903 in München tagte, konnte am 28. Juni im Beisein der Vertreter des Reiches, Bayerns, Münchens und sämtlicher 42 Bezirksvereine des Vereines deutscher Ingenieure unter dem Vorsitz des Prinzen Ludwig von Bayern der Verein „Museum von Meisterwerken der Naturwissenschaft und Technik“ gegründet werden. Damit war die äußere Form gegeben; die gestaltende, vorwärtstreibende Kraft, die unüberwindlich erscheinende Schwierigkeiten immer von neuem überwand, blieb Oskar von Miller.

Als die große Begeisterung, die Oskar von Miller für den Gedanken des Museums zu wecken verstand, sich auszuwirken begann, da waren auch hier Schwierigkeiten zu überwinden. Dem Fachmann mit seinem umfassenden Einzelwissen genügte oft der verfügbare Raum nicht. Ein Auseinanderfallen des großen Gedankens in viele Einzelmuseen war zu befürchten. Das Wort von den vielen Wegen, die nach Rom führen, trifft auch zu für das Endziel des Museums. Je zahlreicher die Mitarbeiter, desto verschiedener waren oft auch die Ansichten über den richtigen Weg. Es war von ausschlaggebender Bedeutung für den Erfolg, daß hier eine kräftige Hand das Steuer führte, daß ein Mann an der Spitze stand, der sich nicht scheute, auch dem besten Freunde etwas abzuschlagen, wenn es die Sache erforderte. Dies Ringen mit den geistigen Kräften der Mitarbeiter zeigt sich besonders in der Geschichte des Baues, wo es galt, die mit der künstlerischen Form begründeten Forderungen des großen Architekten in Einklang zu bringen mit der eigentlichen Aufgabe des Baues, dem neuartigen Museum, für das ein Vorbild noch nicht vorhanden war, ein Heim zu bieten.

Die Aufgabe, die hervorragendsten Vertreter der Naturwissenschaft und Technik für die Aufgaben des Museums zu einer großen Arbeitsgemeinschaft zusammenzuschließen, gelang. Zu dieser immer größer werdenden Schar gesellten sich die hauptamtlich tätigen Beamten des Museums, deren pflichtgetreue Arbeit unerläßlich war für die Durchführung des großen Gedankens.

Mit der Sammlung der Museumsgegenstände und ihrer Verarbeitung aber war es nicht getan. Das Museum mußte ein Heim haben. Viele waren damals der Ansicht, der Neubau wäre das Nächste, erst wenn er fertig wäre, solle man das Museum eröffnen. Oskar von Miller war anderer Meinung. Das Feuer der Begeisterung für den Gedanken mußte am Brennen erhalten werden, und er wußte, wie viel stärker die Tat wirkt als das Wort. Es gelang ihm bereits im Herbst 1905, im alten Nationalmuseum Sammlungen von einem Wert und einer Ausdehnung der allgemeinen Besichtigung zugänglich zu machen, daß der Ausdruck „provisorisches" Museum vielen nicht passend erscheinen wollte, so sehr waren die Erwartungen übertroffen worden. Zu den Sammlungen in der Maximilianstraße gesellten sich neue große Abteilungen in der alten Isarkaserne. Diese Sammlungen wurden für das Museum zugleich zu einer großen Studien- und Versuchsanstalt. Hier konnten die großen Ideen durchreifen, die einst im Neubau verwirklicht werden sollten. Man sammelte auch Erfahrung mit dem Publikum im großen Stil. Dies Museum war wirklich für den Besucher da; das merkte man an der langen Besuchszeit, an der stets bereiten Hilfe der Beamtenschaft, an den organisierten Führungen, an den volkstümlichen Vorträgen. Mit durchschnittlich 200000 Besuchern im Jahre übertraf dieses provisorische Museum bald alle anderen Museen.

Der Beweis für die Durchführbarkeit und die Zugkraft des großen Gedankens war erbracht. Mit größter Tatkraft wurde an der Durchführung des Neubaues auf der Isarinsel gearbeitet. Die ersten Pläne hatte Oskar von Miller bereits am 28. Juni 1903 der Gründungsversammlung vorgelegt. Ein von Gabriel von Seidl, dem großen Architekten, 1905 ausgearbeitetes Projekt wurde schließlich angenommen, mußte sich aber aus dem Verwendungszweck heraus noch viel umwälzende Änderungen gefallen lassen. Am 13. November 1906 konnte bereits in besonders feierlicher Weise der Grundstein gelegt werden. Der Gedanke von Millers war, ein Haus zu schaffen, so vollkommen in der Bauart und Ausführung, so durchdacht in allen seinen Einzelheiten, daß der Riesenbau selbst als bedeutsamstes Museumsstück ein Meisterwerk der Technik mit Recht genannt werden konnte. Ihm gelang es, selbst die in Wettbewerb stehenden Firmen und Einzelpersonen zu Arbeitsgemeinschaften zusammenzuschließen, die selbstlos ihr ganzes Können und ihre Erfahrungen in den Dienst der großen Aufgabe stellten. Wie einst die Bürger unserer alten Städte, sich mit all ihrem Können gegenseitig helfend, die großen Dome und Rathäuser sich und ihrer Stadt zum Ruhm selbst erbauten, so sollte jetzt die deutsche Technik und Industrie diesen einzigartigen Ruhmestempel wissenschaftlich-technischer Leistung aus sich heraus erstehen lassen. Diese große Idee ging in Erfüllung. Nicht nur große Geldmittel, sondern vor allem auch riesige Mengen wertvollster Baustoffe und wichtigste Teile innerer Einrichtungen, kamen aus allen Teilen Deutschlands frachtfrei auf deutschen Bahnen nach München. Wo aber Arbeitsleistung zu bezahlen war, da galt es bald als Ehrenpflicht, mit dem denkbar geringsten Wert vorlieb zu nehmen. Die Stadt München gewährte für alle Zeiten freie Heizung und Beleuchtung. Der bayerische Staat übernahm auf seinen Haushalt die Beamten des Museums.

Im Jahre 1915 sollte das Museum eröffnet werden. Da kam der Krieg, sein unglücklicher Ausgang und die furchtbar schwere Zeit nach dem Kriege. Auch starke Persönlichkeiten begannen zu zweifeln, ob es jetzt noch möglich sein würde, solch große Kulturaufgaben in unserem verarmten Vaterlande durchzuführen. Nun erst recht, war die Ansicht Oskar von Millers. Wenn eins uns erretten und unseren Aufstieg vorbereiten kann, so ist es vertiefte, wissenschaftliche Arbeit in technischer Richtung. Das Deutsche Museum stand erst jetzt vor seiner größten Aufgabe. Noch einmal wurde der unbeugsame Wille, durchzuhalten um jeden Preis, auf eine harte Probe gestellt. Es kam der Zusammenbruch unserer Währung. Millionen verwandelten sich in Bruchteile von Pfennigen. Alles auch jetzt noch freudig gespendete Geld zerfloß unter den Händen, und sachkundige Freunde rieten, wenn auch noch nicht zum Aufgeben des Planes, doch zu ganz langsamen Weiterschreiten. Oskar von Miller widersetzte sich. Wenn Deutschland wirklich zu arm sei, um das fast vollendete Werk zu Ende zu führen, was er nie glauben werde, dann sei er entschlossen, die wertvolle Bibliothek und einen Teil der Sammlungen in Dollar zu verwandeln und mit diesem Ertrag das Werk zu Ende zu führen. In überaus eindrucksvoller Form rief er dem Vorstandsrat damals zu: „Deutschland hat 30000 Lokomotiven; nur den Wert einer einzigen Lokomotive brauchen wir noch, um das Werk zu dem Abschluß zu bringen, der es für die Öffentlichkeit zu größtem Nutzen werden läßt.“ Angst und Sorge wurden gebannt. Jeder, der diese Sitzung hat erleben können, wußte, der Mann hinter diesem Werk erklimmt auch diesen Berg.

Und wir erlebten die fertig gewordene Tat. Freilich, auf manches mußte man verzichten, oder es doch für spätere Zeit zurückstellen. Hierhin gehörte vor allem der große Bibliotheksbau mit seinen Lese- und Vortragssälen. Aber das Museum selbst konnte am 70. Geburtstag seines Begründers, am 7. Mai 1925, in besonders eindrucksvollen Formen eröffnet werden. Sechzehn Kilometer lang ist der Besuchsweg, der uns über die 23000 qm nutzbare Fläche, der uns durch die 276000 cbm umbauten Räume führt. Ununterbrochen ist das Museum werk- und feiertags von früh zehn bis abends sechs Uhr für alle Besucher geöffnet. An Werktagen werden überdies einige Abteilungen schon um neun Uhr geöffnet, andere erst um sieben Uhr geschlossen.

Wie der gewaltige Sammlungsbau entstanden ist, wer an ihm geschaffen hat, wem er dient und welche Fülle an einzelnen wertvollen Gegenständen die 67 Hauptabteilungen enthalten, das soll diese Denkschrift sagen. Ihre erste Auflage ist aus der im Deutschen Museum zur Tradition gewordenen Gemeinschaftsarbeit zur Eröffnung des Sammlungsbaues entstanden. Die vorliegende zweite Auflage bringt neben einigen Berichtigungen wichtige Ergänzungen über das, was seit 1925 im Deutschen Museum erstrebt und erreicht worden ist.

Als gleich wichtiger Teil zu den umfassenden Sammlungen war von vornherein die Bibliothek geplant. Zum Sammlungsbau gehört der Studienbau, wie man jetzt diese beiden großen Abteilungen, die zusammen das „Deutsche Museum", bilden, bezeichnet. Bereits in den ersten Bauplänen waren große Bibliotheksräume, Lese- und Vortragssäle organisch mit den Gebäuden der Sammlungen verbunden. Damals — vor dem Krieg — konnte man hoffen, den Gesamtbau gleichzeitig fördern und fertigstellen zu können. In der heutigen Zeit erschien es als ein Wunder, den Sammlungsbau zu vollenden, und als er 1925 seine Tore öffnete, da freute man sich des Erreichten und viele glaubten wohl damals, in der heutigen Zeit auf weitergehende Pläne verzichten oder sie mindestens auf lange Zeit zurückstellen zu müssen. Nicht so Oskar von Miller, der das Deutsche Museum als Einheit erdacht und erlebt hatte, und der es heute für nötiger als je hält, das Ganze zu vollenden.

Auch das größte Museum hat für seine Sammlungen Grenzen, die ihm durch Darstellungsart und Aufnahmefähigkeit der Besucher gesetzt sind. Es kann und will nicht auf jede Frage dessen, der nach Belehrung sucht, antworten. Die Schätze des Wissens aller Zeiten und aller Völker sind aber niedergelegt in der Literatur, die deshalb mit Recht gleichwertig neben die Sammlungen gestellt werden muß. Deshalb hat man bereits 1903 auf eine mit dem Museum organisch verbundene Bibliothek größten Wert gelegt, und nach der Eröffnung des provisorischen Museums konnte sehr bald auch die Bibliothek den Besuchern des Museums eröffnet werden. Der zahlreiche Besuch zeigte, wie notwendig sie war. Freilich mußte sie den ersten Hauptaufgaben gegenüber noch zurückstehen, aber auch so gelang es, bis heute schon über 100000 Bände, meist geschenkt, zu erhalten. Es gelang, mit dieser Bibliothek die Sammlungen von Zeichnungen und Plänen und von Bildnissen hervorragender Männer der Naturwissenschaft und Technik, wichtigen Urkunden, Briefen und ganze literarische Hinterlassenschaften großer Gelehrter zu verbinden. Dazu kommen die Sammlungen, Druckschriften von Firmen und Denkschriften der Behörden. Schon heute ist diese Bibliothek, in bescheidenen Räumen in der Nähe des Sammlungsbaues untergebracht, ein unentbehrlicher Bestandteil des Deutschen Museums.

Nach Fertigstellung des Sammlungsbaues nahm Oskar von Miller die Pläne aus der Anfangszeit des Museums erneut wieder auf. Mit den Bibliotheksräumen sollten große Vortragssäle für Versammlungen der München und das Museum Besuchenden verbunden sein, vor allem aber auch Vortragsräume für die Vorbereitung der Besichtigungen des Deutschen Museums. Dies alles — zusammengefaßt als Studienbau bezeichnet — sollte würdig der großen Aufgabe und doch mit Rücksicht auf die heutigen finanziellen Schwierigkeiten mit bescheidensten Mitteln durchgeführt werden. Eine große Aufgabe war den Architekten gestellt. Ein Preisausschreiben führte dem Museum 131 Vorschläge zu, aus denen das Preisgericht einige als besonders bemerkenswert hervorhob. Für die Baudurchführung wurde der hervorragende deutsche Architekt Prof. Bestelmeyer gewonnen. Die Stadt München stellte sich an die Spitze derer, die bereit waren, große finanzielle Opfer für diese Aufgabe zu bringen. In der bestimmten Hoffnung, daß es möglich sein würde, bei der stets dem Museum erwiesenen Bereitwilligkeit ihm zu helfen, von Seiten des Reiches, Bayerns und der Industrie die nötigen Mittel zur Vollendung des Gesamtwerkes zu erhalten, entschloß man sich, in besonders eindrucksvoller Weise am 4. September 1928 den Grundstein zum Studienbau des Deutschen Museum zu legen.

An der Spitze der Versammlung, die sich zur Grundsteinlegung zusammenfand, stand der Reichspräsident von Hindenburg. Mit den Hammerschlägen bei der Grundsteinlegung wurden von ihm und den bedeutendsten Vertretern aller Kreise des deutschen Volkes Zweck und Ziel des Werkes durch Weihesprüche umrissen: Der deutschen Arbeit, dem deutschen Aufstieg und der deutschen Zukunft, den Menschen, ihrer Kultur und Wirtschaft zum Fortschritt, dem Ruhm der Arbeit, der Kultur der Menschheit und dem Völkerfrieden solle der Bau dienen. „Durch Lernen zum Wissen, durch Wissen zum Können, durch Können zur Tat.“ Und Oskar von Miller wies namens des Deutschen Museums darauf hin, daß diese Hammerschläge ein Gelöbnis freudiger Mitarbeit und opferwilliger Förderung dieses echt deutschen Baues seien, der geschaffen werden solle von allen deutschen Stämmen zu Nutz und Ehre unseres lieben teuren Vaterlandes. Es ist zu erwarten, daß im Sinne dieser Hammersprüche der zweite Teil in der Baugeschichte des Museums glücklich zu Ende geführt wird.

Große Werke tragen den Keim zur Weiterentwicklung in sich und eine Anstalt, die sich auf dem Entwicklungsgedanken aufbaut, kann nie fertig werden. Man konnte in dem Jahr, als das Museum wurde, wohl manchmal hören, Oskar von Miller glaube, München soll für alle Zeiten die einzige Stadt Deutschlands bleiben, die ein großes technisches Museum habe. Nichts war verkehrter als diese Auffassung. Oft hat er der Hoffnung Ausdruck gegeben, das Deutsche Museum in München möge einst die Anregung geben zur Gründung vieler technischer Museen, die noch nötiger seien, als Gemäldesammlungen. Denn für die große Masse unseres Volkes werde in immer steigendem Maße die Technik zu der Kunst, die unserer ganzen Zeit ihr Gepräge aufdrückt. Und wer wußte besser, was trotz der Riesenleistung in München auf diesem Gebiet noch zu tun übrig blieb? Warum sollte nicht im großen rheinisch-westfälischen Industriegebiet einst ein großes Sondermuseum für Kohle und Eisen, in Berlin für Elektrotechnik und das Verkehrswesen, in Hamburg für Schiffbau und Schiffsverkehr entstehen? Das Deutsche Museum versprach allen gesunden Unternehmungen dieser Art selbstlose Unterstützung.

Eine andere große Entwicklungslinie hat W. von Dyck in seiner gerade jetzt wieder so besonders wertvollen Rektoratsrede: „Über die Errichtung eines Museums von Meisterwerken der Naturwissenschaft und Technik in München“ 1903 bereits gezeigt, wie der Inhalt des Museums sich durch die wissenschaftlichen Arbeiten, die sich an dasselbe anschließen, erweitern werde. Und er fährt fort: „Das Museum umfaßt nicht nur die Sammlung historischer und aktueller Werke der Erforschung und Erfindung auf naturwissenschaftlichem und technischem Gebiete, es umfaßt als einen lebenden Organismus alle seine Glieder, die zu gemeinsamer Betätigung — sei es für die Sammlung der Objekte selbst, sei es für die daran anknüpfende wissenschaftliche Arbeit — sich zusammenfinden.

Aus dieser großen Arbeitsgemeinschaft, die das Deutsche Museum darstellt, kann und wird die große Geschichte der Naturwissenschaft und Technik hervorgehen, die, von den ersten Kennern dieser Gebiete verfaßt, zu einem für alle Zeiten wertvollen Dokument unserer Zeit werden wird.

C. VON LINDE

# DIE GESCHICHTE DES DEUTSCHEN MUSEUMS.

Am 5. Mai 1903 legte Oskar von Miller in einem hierzu geladenen Münchener Kreise den Gedanken der Errichtung eines Museums vor, in welchem durch Meisterwerke der Naturwissenschaft und Technik deren historische Entwicklung dargestellt, eine Ruhmeshalle für ihre Urheber geschaffen und allen Schichten der Bevölkerung eine lebendige Anschauung von der naturwissenschaftlich-technischen Kulturarbeit geboten werden sollte. Der bereits in voller Reife durchdachte Plan entzündete sofort begeisterte Zustimmung. Nachdem die Staatsregierung die Überlassung des freigewordenen „Alten Nationalmuseums“ unter der Bedingung zugesagt hatte, daß ein bestimmter Fonds zur Verfügung gestellt sei, und nachdem diese Bedingung innerhalb einiger Wochen durch eine Sammlung in München erfüllt war, konnte am 28. Juni 1903 die konstituierende Sitzung des Vereins „Museum von Meisterwerken der Naturwissenschaft und Technik“ stattfinden.

Für Existenz, Gestaltung und Gedeihen des Museums ist es entscheidend geworden, daß die gesamte Durchführung des großen Planes in der festen Hand seines Urhebers von Anfang an bis zum heutigen Tage mit schöpferischer, nie ermüdender und aufopfernder Kraft getragen wurde, und dies nicht nur bezüglich der eigentlichen, inneren Museumsarbeit, sondern auch bezüglich Ersinnen, Organisation und Durchführung der Veranstaltungen, wie sie zur Sammlung der geistigen und materiellen Kräfte dienten, ohne welche der Aufbau des Museums unmöglich war. Schon die konstituierende Sitzung war dadurch gekennzeichnet. Es war Oskar von Miller gelungen, den Prinzen Ludwig von Bayern zur Übernahme des Protektorates und des Vorsitzes in dieser — im Festsaal der Akademie der Wissenschaften stattfindenden — Sitzung zu bestimmen. Um aber von vornherein das Unternehmen als ein allgemein deutsches zu charakterisieren, benutzte Oskar von Miller den Umstand, daß der Verein deutscher Ingenieure zu dieser Zeit seine Hauptversammlung in München abhielt. Fernerhin waren neben den Spitzen der bayerischen Staats- und der Münchener Gemeindebehörden Vertreter bedeutender deutscher technisch-wissenschaftlicher Körperschaften geladen und erschienen. Nicht nur war Oskar von Miller in der Lage, nach Darlegung seines Planes mitzuteilen, daß für eine provisorische Einrichtung des Museums — wie sie mit Rücksicht auf die unbestimmte Dauer bis zur Errichtung eines Museumsneubaues notwendig erschien, um sofort mit Gewinnung und Aufstellung der Sammlungsgegenstände beginnen und den Augenscheinbeweis für Wesen und Bedeutung des Museums bieten zu können — das „Alte Nationalmuseum“ und bereits ein Grundstock von historischen Sammlungsgegenständen gesichert sei, sondern es wurde von seiten der Staatsregierung weitgehende, auch finanzielle, Unterstützung und von seiten der Stadtgemeinde die Überlassung eines Bauplatzes zugesagt, von den Vertretern der Akademie der Wissenschaften, der Technischen Hochschule und des Vereines deutscher Ingenieure, der Jubiläumsstiftung der deutschen Industrie, der Göttinger Vereinigung u. a. der Plan mit freudiger Anteilnahme begrüßt.

Der vorgelegte und einstimmig angenommene Satzungsentwurf bestellte neben Ehrenvorsitzenden aus der Zahl der sachlich beteiligten Staatsminister als Organe

Wilhelm von Siemens
1903 — 1904

Anton von Rieppel
1903 — 1905

Wilhelm Conrad Röntgen
1903 — 1906

Emil Ehrensberger
1905 — 1907

Wilhelm von Oechelhäuser
1906 — 1908

Adolf Slaby
1907 — 1909

Heinrich Lueg
1908 — 1910

Ferdinand Graf von Zeppelin
1909 — 1911

Felix Klein
1910 — 1912

*DES VORSTANDSRATES*

Hermann Blohm
1911 — 1913

Carl Duisberg
1912 — 1916

Theodor von Heigel
1913 — 1915

Gustav Krupp von Bohlen u. Halbach
1914 — 1921

Emil Fischer
1915 — 1917

Adolf von Harnack
1917 — 1923

Wilhelm Wien
1918 — 1925

Paul Reusch
1922 — 1926

Max Planck
1924 — 1927

Carl Friedrich von Siemens
1925—1929

German Bestelmeyer
1926 — 1928

Albert Vögler
seit 1927

Hjalmar Schacht
seit 1928

des Vereins 1. einen dreigliedrigen Vorstand zu wissenschaftlicher, technischer und wirtschaftlicher Leitung des Vereins und des Museums, 2. einen teils aus Delegierten der Regierungen und wissenschaftlicher und technischer Körperschaften, teils (vom Ausschuß) gewählten Mitgliedern bestehenden Vorstandsrat mit je drei Vorsitzenden und Schriftführern und 3. einen vom Vorstandsrat gewählten Ausschuß. Als Vorstandsmitglieder wurden gewählt Dr. O. von Miller, Dr. von Dyck und Dr. von Linde, und deren Wiederwahl erfolgte Jahr für Jahr, bis im Jahre 1921 Linde (im 80. Lebensjahr stehend) zurücktrat und durch Dr. G. Kerschensteiner ersetzt wurde. Den 1. Vorsitzenden des Vorstandsrates W. v. Siemens, v. Rieppel und Röntgen folgten im Laufe der Jahre Ehrensberger, Oechelhäuser, Slaby, Lueg, Graf von Zeppelin, Klein, Blohm, Duisberg, Ritter von Heigel, Krupp von Bohlen und Halbach, Fischer, von Harnack, Wien, Reusch, Planck, C. F. v. Siemens, Bestelmeyer, Vögler, Schacht.

Nach erfolgter Konstituierung des Vereins wurde an den Deutschen Kaiser telegraphisch darüber berichtet, worauf Antwort mit dem Ausdrucke: „besonderen Interesses für das Unternehmen“ einging.

Der Prinzregent empfing sodann die Gründungsmitglieder in den „Reichen Zimmern“ der Residenz zu einem Festessen, wobei die eingehende Teilnahme des 82jährigen hohen Herrn an dem Museumsgedanken und an seinen Gästen denselben für die künftige Heimat des Museums bedeutungsvoll erschien.

Der ganze feierliche Gründungsakt erweckte die gehobene Stimmung, die mit werbender Kraft sich über Deutschland verbreitete, die Mitwirkung der hervorragendsten Männer der Wissenschaft und Technik bei der Auswahl und Beschaffung der Sammlungsgegenstände errungen hat und das Museum zu einer Sache des deutschen Volkes machte.

Alljährlich im Herbste haben sich seither bis zu den Kriegsjahren der Vorstandsrat und der Ausschuß zu einer Tagung versammelt. Je in einer Sitzung des Vorstandsrates wurden die wichtigsten Angelegenheiten beraten und zu Beschlüssen geführt, während die feierlichen Ausschußsitzungen — immer unter dem Vorsitz des Protektors — die Berichterstattung über die Fortschritte und Erfolge in der Ausgestaltung des Museums und über die weiteren Bedürfnisse und Wünsche sowie solche Ankündigungen, Aussprachen und Anreden zum Gegenstand hatten, durch welche die Anteilnahme an dem Gedeihen des Museums lebendig gehalten und gesteigert wurde. Hierzu dienten auch die weiteren Veranstaltungen bei diesen Tagungen, insbesondere je ein von der Stadtgemeinde gebotenes Festmahl mit bedeutsamen Ansprachen und mit künstlerischen und launigen Darbietungen und je ein Abendempfang des Protektors in der prinzlichen, später königlichen, Residenz zu geselligem Zusammensein nach je einem Vortrage, zu dessen Abhaltung Männer gewonnen waren, wie: van't Hoff, Slaby, Felix Klein, W. von Oechelhäuser, Exner, Busley, Nernst, Harnack.

Während diese Tagungen regelmäßig in München stattfanden, versammelten sich im Jahre 1907 ausnahmsweise die Teilnehmer, infolge einer Einladung des Kaisers an den Protektor, in Berlin, und der Abendempfang geschah im Reichskanzlerpalais mit einem Vortrage Lindes.

Im Dezember 1903 wurde dem Museum die Eigenschaft einer Anstalt des öffentlichen Rechts verliehen, im Herbste 1905 erhielt es den Namen: „Deutsches Museum", während seine Bezeichnung als ein Museum von Meisterwerken der Naturwissenschaft und Technik in die Satzung als seine Zweckbestimmung aufgenommen wurde.

Bei der ersten Tagung 1904 berichtete O. von Miller über das ausgearbeitete Programm für die Organisation und Ausgestaltung der Sammlung. Hiernach war „das große Arbeitsgebiet in 36 technisch-wissenschaftliche Gruppen geteilt und in den einzelnen Gruppen Unterabteilungen vorgesehen. Weiterhin war festgestellt, daß in erster Linie historische Originalmaschinen und Apparate, welche neue Stufen in der wissenschaftlichen Forschung, in der Technik oder in der Industrie darstellen, gesammelt werden sollten, und daß sich um diese hervorragenden und typischen Meisterwerke diejenigen Zwischenstufen gruppieren sollten, welche zur Erleichterung des Verständnisses, zur lückenlosen Darstellung der Entwicklung der verschiedenen Industrien oder zur Charakterisierung der neuesten Ausführungsformen wünschenswert sein könnten. Insoweit Originale besonders wichtiger Maschinen und Apparate nicht erhältlich sind, sollten Nachbildungen oder Modelle derselben die Lücken ausfüllen. Da ferner die fertigen Maschinen ihren Zweck und ihre Wirkungsweise oft nicht deutlich erkennen lassen, sollten auch Dispositionspläne, Schnittzeichnungen und Erklärungsmodelle, bei denen die inneren Teile, wenn nötig, auch in Bewegung, sichtbar sind, Aufnahme finden".

An die Sammlung sollte sich eine Bibliothek anschließen, „welche als eine Zentralstelle für die gesamte naturwissenschaftlich-technische Literatur diejenigen Werke aufzunehmen bestimmt ist, die für Forscher, Studierende, Industrielle, Gewerbetreibende und Arbeiter von Bedeutung sind". Urkunden und Autogramme, Briefe und Handskizzen sollten gesammelt werden, welche über das Wirken hervorragender Männer Aufschluß geben. Bildnisse und Büsten solcher Männer sollten aufgestellt werden, deren Wirksamkeit für die Entwicklung der Naturwissenschaft und Technik grundlegend gewesen ist.

Oskar von Miller konnte bereits von sehr wertvollen und reichlichen Zuwendungen, Stiftungen und Erwerbungen nach allen diesen Richtungen, und über behördliche Förderungen — wie Gewährung der Frachtfreiheit für alle Zusendungen an das Museum — berichten. Sodann wurde der Beschluß gefaßt, zunächst Bildnisse von acht deutschen, hervorragenden Vertretern der Naturwissenschaft und Technik in einem Ehrensaal des Museums aufzustellen. Die Bildnisse von Gauß und Fraunhofer wurden durch S.K.H. den Prinzregenten gestiftet.

Im Herbst 1905 konnten die Mitglieder des Vorstandsrates und des Ausschusses durch die im Alten Nationalmuseum eingerichtete Sammlung geführt werden, welche durch ihren Umfang und ihren Wert überall freudige Überraschung auslöste. Durch Zusammenwirken eifriger Kräfte innerhalb des Museums und zahlreicher bereitwilliger Mitarbeiter und opferwilliger Stifter in ganz Deutschland unter der unmittelbaren Führung von Oskar von Miller war innerhalb zweier Jahre dieses wohl beispiellose Ergebnis erzielt worden. Schon erwiesen sich die Räume als unzureichend, so daß für eine Erweiterung ein Teil der früheren Reiterkaserne erbeten und zur Verfügung gestellt wurde.

Auch mußte nun ernstlich an den Neubau auf der Kohleninsel gedacht werden, und Oskar von Miller legte ein von Gabriel von Seidl ausgearbeitetes Vorprojekt vor, welches als Grundlage für die Verhandlungen mit der Reichsleitung, der bayerischen Staatsregierung und den wissenschaftlichen und industriellen Kreisen benutzt wurde. Zur Gewinnung weiterer und endgültiger Baupläne wurde ein öffentlicher Wettbewerb unter den deutschen Architekten ausgeschrieben. Am 22. Oktober 1906 trat das hierfür bestellte Preisgericht zusammen und sprach dem Entwurf von Gabriel von Seidl den ersten Preis zu, worauf der Vorstandsrat am 11. November beschloß, diesen Entwurf für die Ausführung zugrunde zu legen, sämtliche Verhandlungen über den Neubau dem Vorstande zu übertragen und zur Beratung und Entscheidung wichtiger Fragen eine Baukommission zu bilden.

Am 13. November desselben Jahres fand die feierliche Grundsteinlegung durch den Deutschen Kaiser und den Prinzregenten in Gegenwart der Kaiserin, des Prinzen Ludwig und der Prinzen und Prinzessinnen des Kgl. Hauses statt. Ein im Treppenhaus des Museums aufgestelltes Gemälde von Waltenberger zeigt inmitten der Teilnehmer den Kaiser, mit dem Hammer in der Hand. Das Kaiserpaar war von der Bevölkerung Münchens in den künstlerisch reich geschmückten Straßen mit Jubel begrüßt worden.

Am 21. November wurden die Sammlungen im Alten Nationalmuseum für den öffentlichen Besuch geöffnet, wovon in den folgenden zwölf Monaten 200000 Personen Gebrauch gemacht haben. Während die Mitglieder des Museums freien Eintritt haben, wurde grundsätzlich für Nichtmitglieder ein mäßiger Eintrittspreis festgesetzt, wobei für Schulen, Arbeitervereinigungen usw. besondere Erleichterungen vorgesehen wurden.

Die Baukosten für den Museumsneubau waren zu 7 Millionen Mark veranschlagt, wovon die Stadtgemeinde München 1 Million, der bayerische Staat und das Reich je 2 Millionen und den Rest die deutsche Industrie übernommen haben.

Oskar von Miller

Walther von Dyck

Carl von Linde

Georg Kerschensteiner

*DIE VORSTANDSMITGLIEDER DES DEUTSCHEN MUSEUMS*

Die Baukommission übertrug unter Errichtung eines eigenen Museumsbaubureaus die Bauleitung an Gabriel von Seidl, und es wurde die endgültige Ausgestaltung des Baues in zahlreichen Beratungen und Verhandlungen — auch unter dem Einfluß einer Studienreise zur Besichtigung der Museen in Paris und London — festgelegt.

Der Jahresbericht, welchen Oskar von Miller bei der Berliner Tagung (Dezember 1907) erstattete, wies darauf hin, daß für die Sammlungen im Alten Nationalmuseum unter fortdauernder Ergänzung derselben, insbesondere auch durch Stiftung von bedeutsamen Originalapparaten deutscher Forscher, ein Führer gedruckt und bereits in 15000 Exemplaren verkauft sei, daß zur Demonstration und Erläuterung von physikalischen Vorgängen Einrichtungen getroffen seien, welche es den Beschauern ermöglichen, dieselben vor ihren Augen abspielen zu lassen, fernerhin, daß mit Aufstellung der Museumsgruppen in der früheren Isarkaserne begonnen sei, endlich, daß für den Neubau des Museums neben den hierfür bewilligten Geldmitteln von 7 Millionen Mark Naturalleistungen im Werte von etwa 3 Millionen Mark erforderlich seien, zu deren Stiftung er die deutsche Industrie unter dem Hinweis darauf einlud, daß sie selbst als den Bauherrn des Deutschen Museums sich betrachten möge, das als „ein Produkt gemeinsamer, freiwilliger Arbeit sich an die Vorbilder vergangener Zeiten würdig anreihen und selbst als ein Meisterwerk deutscher Technik sich gestalten solle“.

Im Herbst 1908 konnte er mitteilen, daß dieser Einladung in reichem Maße Folge gegeben ward, daß die Bauarbeiten ihren Anfang genommen hatten, und daß die hervorragendsten deutschen Firmen zu gemeinsamer Teilnahme an der Festsetzung und Ausführung der einzelnen Bauobjekte vereinigt worden seien; ferner, daß die Stadtgemeindeverwaltung die kostenlose Lieferung von Elektrizität, Wasser und Heizung zugesagt habe, endlich, daß Führungen mit mündlichen Erklärungen durch die wichtigsten Museumsgruppen organisiert seien und abendliche Vorträge von hervorragenden Sachverständigen gehalten werden. Zugleich wurde das Zweigmuseum in der alten Isarkaserne der Besichtigung der Ausschußmitglieder unterstellt, mit der Aufforderung, durch Kritik und Rat zu dessen Vervollkommnung beizutragen.

Im Jahre 1910 wurde die Organisation der Führungen dahin erweitert, daß einerseits für die sich mehrenden Besuche von Kongressen, Vereinen und Studienanstalten besondere Einrichtungen getroffen wurden, andererseits auch einzelne Personen gegen Kostenerstattung jederzeit sachkundiges Geleit erhalten konnten. Von den vielen Hunderten von Besuchergruppen seien beispielsweise genannt: Abteilungen deutscher und auswärtiger Hochschulen, American Society of Mechanical Engineers (300 Teilnehmer), Studienkommission englischer Bürgermeister, Reformgymnasium Zürich, Vereinigung russischer und amerikanischer Volksschullehrer und -lehrerinnen, Gewerbeverband und sozialwissenschaftlicher Verein Wien, Exkursionen von Studenten aus England, Italien, Amerika, Schweden, Finnland, Dänemark, Österreich.

Sodann wurde beschlossen, zur literarischen Verwertung des im Museum angesammelten Materials in Verbindung mit den bei den Ausschußversammlungen gehaltenen Vorträgen Veröffentlichungen in laufenden Heften herauszugeben. Es sind zunächst 18 Hefte erschienen, von denen genannt seien: „Teyler-Museum in

Haarlem“ von van t'Hoff, „Otto von Guericke“ von Slaby, „Die Schätze der Atmosphäre“ von Linde, „Wissenschaft und Technik“ von Felix Klein, „Entwicklung der Gastechnik“ von W. v. Oechelhäuser, „Internationale Gemeinschaftsarbeit“ von Exner, „Landtransportmittel“ von Weiß, „Wissenschaft und Technik in der chemischen Industrie“ von Duisberg, „Die Bedeutung des Stickstoffes für das Leben“ von Nernst, „Die Kaiser-Wilhelm-Institute“ von Emil Fischer, „Die Technik im Kriege einst und jetzt“, von Matschoss, „Die Sicherheit und die Grenzen geschichtlicher Erkenntnis“ von Harnack. Weiter sollten in Buchform ausführliche, auf Quellenstudien begründete Lebensbeschreibungen großer Männer erscheinen, wie dies in vorbildlicher Weise durch von Dycks „Georg von Reichenbach“ geschehen ist.

Die Verhältnisse der folgenden Kriegs- und der ersten Nachkriegsjahre machten das Erscheinen weiterer Hefte unmöglich. Erst nach Eröffnung des Sammlungsbaues wurde ihre Herausgabe wieder aufgenommen. Im Verlag des Vereines deutscher Ingenieure erschienen zunächst in zwangloser Folge als Schriftenreihe „Deutsches Museum, Abhandlungen und Berichte“ die Hefte „Josef von Fraunhofer“, von J. Zenneck, „Die Entwicklung des deutschen Bergbaues“ von A. Schwemann und „Ludwig Franzius“ von G. de Thierry. Vom Jahre 1929 an erscheinen jährlich 6 Hefte dieser Schriftenreihe, die das Deutsche Museum seinen Mitgliedern kostenlos zusendet. Vom ersten Jahrgang liegen bis jetzt die Hefte „Wege und Ziele des Deutschen Museums“ von W. von Dyck und „Heinrich Hertz“ von J. Zenneck vor. Die Schriftleitung übertrug das Museum den Herren Geh. Regierungsrat Professor Dr. rer. nat. J. Zenneck und Professor Dr.-Ing. E. h. C. Matschoss, Direktor des Vereines deutscher Ingenieure.

Anläßlich der Eröffnung des Sammlungsbaues hat das Deutsche Museum eine umfangreiche „Chronik 1903—1925“ herausgegeben. Auf Veranlassung Oskar von Millers beschloß ferner die Mitgliederversammlung im Jahre 1926 eine Neuauflage von Georg Agricolas Bergwerksbuch „De Re Metallica“. Es wurde zu diesem Zweck eine Agricola-Gesellschaft beim Deutschen Museum gegründet, der außer dem Deutschen Museum der Verein deutscher Ingenieure, die großen bergbaulichen Verbände sowie zahlreiche Behörden und Einzelpersonen beitraten. Die Geschäftsführung dieser Gesellschaft wurde Professor Matschoß übertragen. Die Schriftleitung übernahm Geh. Bergrat Dr.-Ing. E. h. Carl Schiffner, Professor an der Bergakademie Freiberg i. S. Auf der Jahresversammlung im Mai 1928 konnte Professor Matschoß das erste Exemplar der Neuauflage vorlegen.

Beziehungen, welche mit den Verwaltungen verwandter auswärtiger Museen angeknüpft waren, zeitigten wertvolle Ergebnisse. Mit dem Conservatoire des Arts et Métiers in Paris fand ein Austausch von Meisterwerken französischer Forscher gegen Schöpfungen deutscher Ingenieure statt, und von dem Kensington-Museum in London wurde die Nachbildung besonders bedeutsamer englischer Werke der Technik vermittelt. Dem neuen Museum für Industrie und Gewerbe in Wien wurde alles gewünschte schriftliche und graphische Material zur Verfügung gestellt, mit den Organisationen desselben über gemeinsame Fragen beraten und an der schnellen und vorzüglichen Durchführung dieser Schöpfung freudiger Anteil genommen.

Zur Einsichtnahme in auswärtige Anstalten und zum Austausch von Gedanken und Beobachtungen zwischen den Teilnehmern dienten mannigfache Reisen, welche teils vom Vorstandsrat und Ausschuß unter Bereitstellung von Sonderzügen durch die Verkehrsverwaltung unternommen wurden, wie die Sonderfahrten nach Stuttgart zur Besichtigung des Landesgewerbe-Museums (1905), nach Augsburg zum Besuch des Maximilians-Museums (1909), nach Salzburg (1911) und nach Landshut (1913), teils von der engeren Museumsverwaltung zur Besichtigung von Museen in Paris und London (1907) und zum Studium von Bau und Betrieb der Bibliotheken, Laboratorien und Museen sowie zur Anknüpfung von Beziehungen mit Behörden, Gelehrten, Ingenieuren und Industriellen nach Nordamerika (1912) und nach Skandinavien (1914) ausgeführt wurden.

Im Jahre 1911 konnte im Neubau das Richtfest gefeiert werden.

In dem Bestreben, die Möglichkeit eingehenden Studiums des Museums möglichst weiten Kreisen zu erschließen, machte Oskar von Miller Vorschläge zur Errichtung einer Reisestiftung, welche jungen Leuten aus allen Teilen des Reiches durch Ersatz der von den Eisenbahnverwaltungen in weitgehender Weise schon ermäßigten Fahrkosten und Gewährung eines festen Betrages für mehrtägigen Aufenthalt in München solches Studium erleichtern sollte. Den Gebern von einzelnen Stiftungen im Betrage von je M. 1500 sollte das Recht zustehen, die Anstalt oder Arbeitsstelle zu bezeichnen, von welcher das Stipendium alljährlich an einen geeigneten Stipendiaten vergeben werden könnte. Binnen kurzer Zeit waren 269 solcher Einzelstiftungen angemeldet und haben bis zur Inflation alljährlich Hunderten von auswärtigen Studierenden, Lehrlingen und Arbeitern den Museumsbesuch ermöglicht. Da die Stiftungsgelder in mündelsicheren Papieren angelegt waren, so ist das ganze Stiftungskapital verloren gegangen, und jetzt können nur von Fall zu Fall durch persönliche Spender Reisestipendien gewährt werden.

Die Absicht, den Museumsneubau im Herbst 1915 zu eröffnen, erfuhr eine Änderung dadurch, daß in Düsseldorf im gleichen Jahre zur Feier der hundertjährigen Zugehörigkeit der Rheinlande zu Preußen in einer Ausstellung die Entwicklung von Kunst, Wissenschaft und Technik dargestellt werden sollte, wozu teilweise Gegenstände des Museums erbeten waren, während umgekehrt Ausstellungsgegenstände von Düsseldorf dem Deutschen Museum einverleibt werden sollten. So wurde auf Grund eines Abkommens die Eröffnung des Deutschen Museums um ein Jahr (aus welchem dann ein Jahrzehnt geworden ist) auf das Jahr 1916 verschoben.

Das Jahr 1913 diente in besonderer Weise den Vorbereitungen für die künftige Aufstellung der Sammlungsgegenstände in Gruppen, deren Zahl auf 67 angewachsen war. Unter den Neuerwerbungen nahm besonders die Sammlung von Flugzeugen die Aufmerksamkeit in Anspruch.

Der Kriegsbeginn im Jahre 1914 brachte diese Vorbereitung sowie die Bauarbeiten größtenteils zum Stillstand, da Baumaterialien nicht mehr zu beschaffen waren und ein erheblicher Teil der Beamten und Angestellten sowie der Bauarbeiter im Kriegsdienst stand. In diesen Dienst suchte Oskar von Miller auch die Mittel des Museums zu stellen. In einer Nähstube wurden die weiblichen Angehörigen der Einberufenen zur Herstellung von Kriegserfordernissen beschäftigt, ein Teil der Beamten zu Dienstleistungen in militärischen Betrieben beurlaubt und ein vollständiger Lazarettzug mit möglichst vollkommenen technischen Einrichtungen bereitgestellt und auf seinen zahlreichen Fahrten begleitet. Das Zweigmuseum in der Isarkaserne mußte wegen Personalmangel und wegen der Wohnungsnot geschlossen werden.

Im Jahre 1915 konnte immerhin das jetzige Bureaugebäude fertiggestellt und mit der Einrichtung der Sammlungen begonnen werden, wobei insbesondere die künstlerische Ausschmückung bestimmter Räume in die Wege geleitet wurde.

Eine Unterbrechung mußten die jährlichen Tagungen des Vorstandsrates und Ausschusses erfahren, dagegen fanden Sitzungen des Vorstands, der Vorsitzenden und Schriftführer des Vorstandsrates und von Delegierten der Regierungen im Oktober 1914 in Leverkusen und Essen (mit Besichtigung der dortigen Werke) und im Oktober 1915 in Berlin (mit Besuch der Siemensschen Werke und der Kaiser-Wilhelm-Institute in Dahlem) statt. Inmitten der Hemmungen und Anforderungen des Krieges fanden führende Männer der Rüstungs-Industrie (wie Krupp v. Bohlen, Duisberg, Siemens, Graf von Zeppelin), sich ein um an den Verhandlungen teilzunehmen.

Am 6. Februar 1917 konnte wieder eine Tagung des Vorstandsrates und Ausschusses in München abgehalten werden, in welcher die Fortdauer der allgemeinen Begeisterung für das Wachstum des Museums warmen Ausdruck fand und die Ernennung eines ersten Ehrenmitgliedes des Museums in der Person des Grafen von Zeppelin in vaterländisch gehobener Stimmung vollzogen wurde.

Im Oktober desselben Jahres versammelten sich die Mitglieder der Verwaltung zu Sitzungen in Wien, wobei u. a. festgestellt wurde, daß infolge der wesentlichen Verteuerung aller Rohmaterialien und Arbeiten, der für den Museumsneubau gesammelte Betrag von rund 8 Millionen Mark voraussichtlich wohl für die Fertigstellung des Sammlungsgebäudes, nicht aber für den Bau des geplanten Studiengebäudes (zur Aufnahme der bereits mehr als 80 000 Bände umfassenden Bibliothek, der Plan- und Urkundensammlung usw.) ausreichen wird. Es wurde beschlossen, eine neue Geldsammlung zu organisieren, welche sogleich eröffnet wurde. Innerhalb kurzer Zeit war dieselbe auf mehr als 4 Millionen angewachsen, welche indessen fast vollständig der nachfolgenden Geldentwertung zum Opfer gefallen sind. Mit großem Interesse wurde sodann das Wiener Technische Museum eingehend besichtigt und der Waffenfabrik Steyr ein Besuch gemacht.

Waren seit Beginn der Kriegszeit an die bewährte Kraft und Ausdauer des Museumsleiters hohe Anforderungen gestellt, so erhöhten sich dieselben nach dem unglücklichen Abschluß des Krieges und infolge der Wirkungen des inneren Umsturzes in einem Grade, dem nur unbeugsame Willens- und Tatkraft gewachsen blieb. Zu den finanziellen Schwierigkeiten traten Störungen in den sozialen und Personalverhältnissen, bis es gelang, die innere Ordnung wieder vollkommen herzustellen.

„Da bestand nicht mehr die Frage, wann wird das Museum fertig, sondern die Frage lautete, ob das Museum fertig wird. Um den Zusammenbruch zu vermeiden, haben wir langsam weitergebaut, nur den vollen Stillstand, die Aufgabe unseres Bureaus, wollten wir verhindern“.

So sprach sich Oskar von Miller in der Jahresversammlung des Ausschusses aus, welche am 1. Oktober 1921 in München wieder abgehalten wurde (zum erstenmal nicht unter dem Vorsitz des Protektors). Schon war es gelungen, bei den maßgebenden Stellen den Willen zur Vollendung des Neubaues neu zu beleben und die hierzu erforderlichen Mittel von der Reichsverwaltung, dem bayerischen Staat und der deutschen Industrie, teils in Geld, teils in Baumaterialien zu erhalten.

Ungebrochenen Mutes trotz der Notlage des Vaterlandes konnte, wie in früheren Jahren, alles zur Vollendung des Museums Erforderliche erörtert und gefördert werden. Dahin gehörte auch der Beschluß, am Eingang zum Ehrensaal des Museums ein Denkmal für Goethe aufzustellen, als einem geistigen Führer für alle Besucher des Museums. Ein Vortrag von Harnack über „Goethes Naturanschauung" schloß sich abends an diesen Beschluß. Dem wegen hohen Alters ausscheidenden Vorstandsmitglied Linde wurde die Ehrenmitgliedschaft verliehen. In den Vorstand trat an seine Stelle Dr. Kerschensteiner.

In den Jahren 1922 und 1923 brachte die fortschreitende Geldentwertung erneute Schwierigkeiten. Der Verwaltungsbericht, welcher der im Oktober 1923 tagenden Versammlung des Vorstandsrates und Ausschusses vorgelegt wurde, sagt: „Bei dieser unabsehbaren Steigerung der Kosten waren die dem Museum zufließenden Geldstiftungen der Industrie sowie die von den Parlamenten genehmigten Zuschüsse des Reiches und des bayerischen Staates stets in kürzester Zeit entwertet und verbraucht. Wiederholt war die Museumsleitung geradezu in eine verzweifelte Lage versetzt, und es erforderte Mut und Zuversicht, um den Bau trotzdem vor völliger Stillegung zu bewahren".

Solches Maß von Mut und Zuversicht vermochte Oskar von Miller lebendig zu erhalten, und die treue Schar von Mitarbeitern sowie das verständnisvolle Eintreten der staatlichen Körperschaften für die zur Zahlung von Gehältern und Löhnen erforderlichen Geldmittel und der Industrie für den Bedarf an Baustoffen ließen die kritische Zeit überwinden, so daß unentwegt der Bau seiner Vollendung entgegengeführt und die Aufstellung der Sammlungsgegenstände (unter Leitung von 10 Abteilungsvorständen) vorbereitet und deren Überführung aus dem Alten Nationalmuseum begonnen und der Beschluß gefaßt werden konnte, das Museum am 7. Mai 1925 (dem 70. Geburtstag seines Begründers) zu eröffnen, bis zu welchem Zeitpunkt (abgesehen vom 2. Obergeschoß) die Aufstellung beendet werde, nachdem auch die hierfür erforderlichen Mittel bewilligt und gestiftet worden sind.

Freudige Zustimmung fand auch der Antrag auf Ernennung des um Ehr und Wehr des Vaterlandes, um das Deutsche Museum und um andere Kulturwerke hochverdienten Herrn Krupp von Bohlen zum Ehrenmitgliede des Museums.

Eingeleitet durch einen Festzug durch die Straßen Münchens, den die Künstler in Verbindung mit den Zünften und Gewerbetreibenden der Stadt am Nachmittag des 5. Mai ausführten, fand am 7. Mai 1925 die feierliche Eröffnung des Museums-Neubaus statt. Ihr ging voraus die 14. Ausschußsitzung, in welcher neben den Berichten über Bau und Betrieb des Museums und nach Ernennung des Herrn Geheimrat D. Duisberg als ein Führer in Wissenschaft und Industrie und Förderer des Museums zum Ehrenmitgliede eine Reihe feierlicher Begrüßungsansprachen von den Vertretern der Reichs- und Landesregierung und der Stadt München sowie von deutschen wie ausländischen Korporationen gehalten wurden, in welchen der Freude über das erreichte Ziel und der hohen Anerkennung für den Schöpfer des Museums Oskar von Miller Ausdruck gegeben wurde, verbunden mit vielen Auszeichnungen für diesen darunter: Goldene Bürger-Medaille der Stadt München, Ehren-Doktorat der staatswissenschaftlichen Fakultät der Universität München, Ehrenring der Bayerischen Staatsregierung, Errichtung einer Oskar von Miller-Stiftung von Mark 100000 seitens der Reichsregierung. Sodann folgten die Festteilnehmer einer Einladung der Reichsregierung zu einem Frühstück im alten Rathaussaale, wo sie durch Reichskanzler Dr. Luther begrüßt wurden.

Der feierliche Eröffnungsakt fand am 7. Mai vormittags in der großen Mittelhalle des Museumsneubaues statt. Es nahmen daran Teil der stellvertretende Reichspräsident Dr. Simons und alle Vertreter der beteiligten Behörden und Vereinigungen. Eingeleitet durch ein hierzu von Gerhard Hauptmann gedichtetes Festspiel hielten der Vorsitzende des Vorstandsrates Dr. Wien, der Reichskanzler Dr. Luther, der Ministerpräsident Dr. Held und Herr Dr. O. von Miller Ansprachen. Es folgte ein Rundgang durch die Sammlungen, unterbrochen durch ein Festessen, welches im zweiten Stock des Museums für nahezu 2000 Personen gerichtet war, mit Ansprachen des stellvertretenden Reichspräsidenten und Herrn Dr. Reusch, Dr. Sven Hedin und Dr. Cuno.

In der am 7. Mai 1926 abgehaltenen Ausschußsitzung konnte Herr von Miller an seinen geschäftlichen Jahresbericht die Mitteilung anschließen, daß in dem abgelaufenen Jahre das Museum durch rund eine Million Personen besichtigt worden war. Sodann kündigte er an: „Wir haben noch eine große Aufgabe, die Errichtung der Bibliothek und Plansammlung mit Vorträgesälen“. Damit trat er aufs Neue in Arbeit und Kampf für die Durchführung des schon in dem ersten Programm bei Begründung des Museums ausgesprochenen Planes, daß neben den Sammlungen von Meisterwerken die Mittel zum Studium derselben geboten werden müssen. Er schloß daran einen Bericht über seine Eindrücke und wichtige Anknüpfungen während einer Reise in Amerika. Beschlossen wurde noch die Errichtung von Denkmälern für Friedrich Wilhelm Harkort und Georg Agricola. Der Sitzung war am 6. Mai ein Vortrag von Geheimrat Dr. Zenneck über Joseph von Fraunhofer vorausgegangen.

In der Ausschußsitzung am 7. Mai 1927 erschien der aus wirtschaftlichen Bedenken erhobene Widerstand gegen den geplanten Studienbau bereits soweit überwunden, als von seiten der Stadt München ein Kostenbeitrag von 1 Million Mark und seitens der J. G. Farben-Industrie sowie des Vereines deutscher Eisenhüttenleute ein solcher von je Mark 50000 in Aussicht gestellt wurde, daß Oskar von Miller ausrufen konnte, daß „heute der Geburtstag der Bibliothek ist“. Herr Professor Matschoß berichtete sodann über die Bildung einer „Agricola-Gesellschaft“, welche das im Jahre 1526 erschienene Hauptwerk Agricolas in guter deutscher Übersetzung herauszugeben im Begriffe sei.

Am 7. Mai 1928 konnte mitgeteilt werden, daß ein Preisausschreiben für den Studienbau 131 Entwürfe geliefert habe, und daß aus dem Kreise der Preisträger Herr Geheimrat Bestelmeyer mit der Ausführung der endgültigen Pläne und mit der Bauleitung betraut worden sei.

Am 4. September 1928 konnte zur Grundsteinlegung des Studienbaues geschritten werden. Es hatten sich hierzu eingefunden der Reichspräsident von Hindenburg, die Vertreter der Reichsregierung und der Landesregierungen, Abordnungen des Reichstages, der Ländertage und Städte sowie die Mitglieder des Vorstandsrates und Ausschusses.

*

WALTER VON DYCK

# DER EHRENSAAL DES DEUTSCHEN MUSEUMS.

„So laßt mich aufraffen, wie es kommen will, die Ordnung wird sich geben. Ich bin nicht hier, um nach meiner Art zu genießen; befleißigen will ich mich der großen Gegenstände, lernen und mich ausbilden!"

Mit diesem Vorsatz betritt Goethe im November 1786 die ewige Stadt, im Vorgefühl der Schätze, die sich vor seinem geistigen Auge ausbreiten und an deren lebendiger Erfassung und Durchdringung er sich für sein ganzes Leben bereichern und bilden will.

Aus den Werken der Kunst, die sich ihm darbieten, sprechen zu Goethe die Künstler selbst, ein jeder in seiner Eigenart eine neue Stufe der historischen Entwicklung bezeichnend. So wirkt auf Goethe die Macht der Persönlichkeit und ihre wegweisende Kraft, eine Wirkung, die er in dem Ausspruch zusammenfaßt:

„Das beste Monument des Menschen ist der Mensch."

Wir wollen Goethes Worte zum Geleit nehmen, wenn wir, vom Ehrensaal des Deutschen Museums ausgehend die Wanderung durch seine Schätze beginnen.

Die schrittweise Entwicklung naturwissenschaftlicher und technischer Forschung und Erfindung wird uns im Museum teils in chronologischer, teils in systematischer Folge, teils in geschlossenen Entwicklungsreihen, teils an besonders wichtigen Beispielen einzelner Entwicklungsstufen vorgeführt. Soweit dies eine räumliche Anordnung vermag, soll der Zusammenhang und das Ineinandergreifen der verschiedenen Gebiete in horizontaler und vertikaler Gliederung dargestellt, ihre wechselseitige Bedingtheit und Befruchtung zum Verständnis gebracht werden.

Bei dieser Anordnung tritt von selbst die Einstellung der einzelnen Nationen zu den Kulturaufgaben der Menschheit zutage, und es ist klar zu übersehen, welcher Anteil, von den ältesten Zeiten an, den sich emporringenden Völkern und den auf kultureller Höhe stehenden an der Stellung und Lösung der naturwissenschaftlichen und technischen Probleme jeweils zukommt, und wie gerade in diesem Anteil die geistige Eigenart und der Charakter der verschiedenen Rassen und Nationen sich widerspiegelt. Es wird sich dabei immer wieder ergeben, daß die einzelnen Gebiete am natürlichsten um die vornehmlich an ihrem Ausbau tätigen Männer sich anordnen, und so sind in den Abteilungen des Museums jeweils Büsten, Bildnisse und persönliche Erinnerungen der bedeutendsten Forscher, Erfinder und Konstrukteure inmitten ihrer Schöpfungen aufgestellt und ergänzen die sachliche Vorführung nach der persönlichen und biographischen Seite.

Es tritt sonach in den Sammlungen selbst die von uns Deutschen geleistete kulturelle Arbeit mit der des Auslandes vereinigt in die Erscheinung — wie denn wir Deutsche vor andern gewohnt sind, auch das Fremde ohne Vorurteil einzubeziehen, in uns aufzunehmen und anzuerkennen. So führt, um nur einige Daten aus der Zeit der Renaissance zu nennen, die Linie der Neugestaltung unserer Weltanschauung von Kopernikus und Kepler zu Galilei und Newton; die Aufstellung der Grundgesetze der Mechanik schreitet fort von Leonardo da Vinci zu Stevin, zu Galilei und Newton, von Toricelli zu Guericke und Huygens. Die Entwicklungsgeschichte der Dampfmaschine ist vor anderen durch die Namen von Papin, Newcomen und Savery und dann von Watt bezeichnet, ehe sich auch Deutschland schöpferisch beteiligt. Wieder führt die Darstellung des Wandels unserer Anschauungen über die elektromagnetischen Vorgänge von Galvani und Volta zu Gauß und Weber, zu Ampère, Coulomb, Ohm und Kirchhoff, von Faraday zu Maxwell und Hertz. Die Auffassung der Wärme als eines mechanischen Vorganges geht aus von Rumfords Versuchen zu Hirn, zu Joule und Robert Mayer bis zu der umfassenden Formulierung von Helmholtz.

Das gleiche Ineinandergreifen der Gedankenarbeit aller Nationen zeigt sich auch in der modernen Entwicklung. Wissenschaft und Technik reichen über die Grenzen der Länder und Völker hinaus. Sprechen daher die gesamten Darstellungen des Deutschen Museums in einem universellen Geiste zu uns, so soll doch andererseits gerade aus seinen Schätzen hervortreten, welche Errungenschaften deutschem Wesen und deutschem Geist zu danken sind, was deutsche Energie und Tatkraft, deutsche Gedankentiefe und Gründlichkeit, Beharrlichkeit und Fleiß geschaffen haben. Davon soll vor allem der Ehrensaal des Deutschen Museums ein würdiges Zeugnis geben; hier sollen zu Stolz und Erhebung des Beschauers die Bildnisse unserer Größten zu uns sprechen, sollen die beigefügten Inschriften bezeugen, welche gewaltigen Schöpfungen auf allen Gebieten der Naturwissenschaft und Technik von Deutschen ausgegangen und der Welt gegeben worden sind, soll in ihrer Vereinigung und steten Weiterführung eine Geschichte der Naturwissenschaft und Technik nach ihren Begründern vor uns entstehen.

In der Eingangshalle zum Ehrensaal empfängt uns Goethes Standbild — gestiftet von der Stadt Frankfurt. Es ist schon zu Anfang der gegenwärtigen Ausführungen angedeutet worden, in welchem Sinne der Hinweis auf Goethe hier verstanden

WOLFGANG VON GOETHE
Gestiftet von seiner Vaterstadt Frankfurt a. M.
Kopie nach der Statue des Bildhauers Marchés

werden soll. Weniger die Ergebnisse seiner naturwissenschaftlichen Studien selbst, mit denen er Botanik, Zoologie und Anatomie, Mineralogie und Geologie, die physiologischen Teile der Farbenlehre auf bis dahin unbetretenen Wegen erforscht und bereichert hat, stehen hier in Frage. Es wird vielmehr die Art, wie Goethe dieses Studium der Natur betreibt, wie er es in unmittelbare Beziehung zum Menschen und zum Leben setzt, wie seine Auffassung und sein Schaffen der unmittelbaren Anschauung entspringt und von ihr befruchtet wird, höchstes Vorbild dafür, wie wir das Studium des Deutschen Museums betreiben sollen:

„In den Werken der Menschen wie in denen der Natur sind die Absichten vorzüglich der Aufmerksamkeit wert".

Wenn es Pflicht und Aufgabe des Staates ist, die Wohlfahrt seiner Bürger wahrzunehmen und zu sichern, das kulturelle Leben, Kunst, Wissenschaft und wirtschaftlichen Zustand im Lande zu heben und zu fördern, so bleibt diese Aufgabe, mag sie auch in den Paragraphen der Verfassung niedergelegt sein, unfruchtbar ohne die führenden Persönlichkeiten, welche sie mit eigenem Leben, mit bleibenden Gedanken zu erfüllen wissen.

In diesem Geiste haben vor anderen Fürsten Ludwig I. und Friedrich der Große gewirkt, deren Bildnisse zu beiden Seiten der Eingangshalle aufgestellt sind.

Der eine, von Jugend auf ein hochgesinnter Freund und Schirmherr der Kunst, ist auch ein weitsichtiger Förderer wissenschaftlichen und technischen Fortschritts gewesen. Er hat, anknüpfend an die industriellen und wirtschaftlichen Bestrebungen des Vaters, Handwerk, Gewerbe und Industrie vor neue Aufgaben gestellt. Geleitet von seinen künstlerischen Absichten, hat er Erzguß, Glasmalerei, die Porzellanmanufaktur, unterstützt von trefflichen Künstlern, zu neuem Leben erweckt. Unter seiner Regierung wurde die erste deutsche Eisenbahn Nürnberg-Fürth eröffnet, der Bau des Donau-Mainkanals vollendet, der erste im großen ausgeführte elektrische Telegraph von Steinheil angelegt. Durch den deutschen Zollverein hat er Bayern nach jahrhundertelanger Trennung unlösbar in die aufstrebende deutsche Wirtschaft eingegliedert. Die Verlegung der Landshuter Universität nach München schuf den Wissenschaften eine würdige Stätte erneuter Wirksamkeit, förderte das geistige Leben der Hauptstadt; die von Fraunhofer und Reichenbach eingeleitete Errichtung der polytechnischen Schulen sicherte der aufblühenden Technik einen wissenschaftlich ausgebildeten Nachwuchs tüchtiger Ingenieure. In der Walhalla brachte der

KÖNIG LUDWIG I. VON BAYERN
Gestiftet von der Rhein-Main-Donau-Aktien-Gesellschaft, München
Gemälde von Prof. W. Firle in München

FRIEDRICH II. DER GROSSE
Gestiftet von dem Verein zur Beförderung des Gewerbfleißes, Berlin
Gemälde von Prof. W. Firle in München

deutschgesinnte Fürst den großen Männern Deutschlands seine Huldigung, wie er in der Befreiungshalle die Erhebung Deutschlands gegen Napoleon verherrlicht hat.

Sein Herz schlug für Deutschlands Freiheit, Ehre und Größe. Seiner Tatkraft verdankt Bayern Leben auf allen Gebieten. München wurde, was es ist, durch ihn.

Friedrich des Großen Politik galt nicht allein der Größe Preußens, mit der er den Grundstein zu Deutschlands Größe und Machtstellung gelegt hat, sondern nach schweren Kriegen und schwer errungenem Erfolg in nimmermüder Friedensarbeit der Wohlfahrt seines Volkes. „Es ist nicht nötig, daß ich lebe, wohl aber, daß ich meine Pflicht tue“, war die Richtschnur seines Handelns.

Er hat ein von Kriegsnöten verwüstetes Land von Grund auf wieder aufgebaut, weite Ödstrecken in fruchtbares, besiedeltes Gebiet verwandelt, die Bodenkultur gesteigert, die preußische Industrie an die Seite der westeuropäischen erhoben; Textil- und Montanindustrie, Steinkohlenbau und Porzellanmanufaktur belebte oder schuf seine Tatkraft. Schule und Recht, die Grundlagen des geistigen und wirtschaft-

ALEXANDER VON HUMBOLDT
Gestiftet von der Gesellschaft für Erdkunde, Berlin
Gemälde von Prof. Herm. Groeber in München

lichen Lebens, hat er gehoben und mit menschlicherem Geist erfüllt. Durch seine organisatorischen Maßnahmen, seine industriellen Schöpfungen wie durch seine Finanz- und Handelspolitik hat er die Wege gebahnt zur späteren Entwicklung der Großindustrie in Deutschland, die freilich erst ein halbes Jahrhundert später, mit der weitergehenden Nutzung der Dampfmaschine und der Ersetzung menschlicher durch maschinelle Arbeitskraft sich entfalten konnte.

Sein ganzes Dasein verzehrte sich in rastloser Arbeit für das Ganze. Er war selbst, was er vom wahren Fürsten verlangte: Der erste Diener seines Staates.

Auch

Alexander von Humboldt
(1769—1859)

hat hier im Vorraum den ihm gebührenden Ehrenplatz erhalten.

„Durch seine weltumspannenden Reisen und Forschungen weitete er den Blick der Menschen; durch neue naturwissenschaftliche Methoden schuf er die Möglichkeit, Länder und Meere der verschiedenen Erdzonen exakt zu vergleichen, zu verstehen und zu nützen."

Wir treten in den Ehrensaal.

Die Reihe der Denkmäler, Bildnisse, Büsten und Reliefs eröffnet der gelehrte Dominikaner Albertus Magnus (1193—1280),

ALBERTUS MAGNUS
Gestiftet von Kardinal-Erzbischof von Faulhaber
Ausgeführt von A. Rothenburger in München

MARTIN BEHAIM
Gestiftet von der Stadt Nürnberg
Ausgeführt von Professor A. Heilmayer † in Nürnberg

„Der Doktor universalis des 13. Jahrhunderts, auf dem Boden der aristotelischen Philosophie das Wissen seiner Zeit in Physik, Chemie, Botanik zusammenfassend“.

An der Schwelle der neuen Zeit stehen

Henne Gensfleisch, genannt Gutenberg (1400—1468).

HENNE GENSFLEISCH genannt GUTENBERG
Gestiftet von den graphischen Vereinigungen Deutschlands
Ausgeführt von Prof. R. Diez in Dresden

GEORG AGRICOLA
Gestiftet von der Bergakademie in Freiberg
Ausgeführt von G. Mattes in München

„Er gab der Welt durch Erfindung der beweglichen Gußlettern die Buchdruckerkunst, die mächtigste Verbreiterin und Erhalterin geistiger Arbeit.“

Der Nürnberger Patrizier Martin Behaim (1459—1506), „der um Geographie und Nautik hochverdiente Freund des Columbus“ und

Georg Agricola (1494—1555).

„Georg Agricola, hervorragend als Naturforscher und Arzt, wurde zum Künder der großen Leistungen der deutschen Technik, zum hervorragenden Forscher und Darsteller des mittelalterlichen Berg- und Hüttenwesens.“

Dann öffnet sich eine neue Welt mit den sechs Büchern „De revolutionibus orbium coelestium“ des Nikolaus Kopernikus und mit den Gesetzen der Planetenbewegung von Johannes Kepler.

Nikolaus Kopernikus (1473—1543)

„Das kopernikanische Weltsystem stellt die das All erleuchtende Sonne in die Mitte der sie umkreisenden Planeten.“

Johannes Kepler (1571—1630)

„Phantasie und genialer Blick, Kraft und Ausdauer der Rechnung haben ihm die Gesetze der Planetenbewegung erschlossen.“

Kopernikus wagte den schon bei Aristarch angedeuteten entscheidenden Schritt, die Ptolemäische Beschreibung der Planetenbewegung durch exzentrische Kreise und Epizyklen zu vereinfachen durch die Annahme eines heliozentrischen Systems. Im 10. Kapitel des ersten Buches seiner Revolutiones ordnet er die Bahnen der fünf damals bekannten Planeten um die Sonne an. „In medico vero omnium residet sol." „Wer könnte in dem über alles wunderbaren Tempel diese Leuchte an eine bessere Stelle setzen als dahin, wo sie das All zugleich erleuchten kann. Von hier aus lenkt die Sonne, auf königlichem Thron die sie umkreisende Familie der Gestirne."

NIKOLAUS KOPERNIKUS
Gestiftet von dem Domkapitel des Domes Frauenburg
Ausgeführt von Prof. H. Knirr, München

JOHANNES KEPLER
Gestiftet von Sr. Majestät König Wilhelm II. von Württemberg
Ausgeführt von Prof. H. Knirr, München

Überreich an gestaltenden Ideen, ausgehend von Tycho Brahes sorgfältiger, für jene Zeit vor Erfindung des Fernrohrs überaus genauer Beobachtung der Planetenbahnen, vor allem der Marsbahn, und gestützt auf eine ungeheure, unerschrocken bewältigte Rechenarbeit, entwickelt dann Kepler in der Astronomia nova (1604) und den fünf Büchern der Harmonices mundi (1619) seine Gesetze. Inzwischen hatte Galilei seine Lehrtätigkeit in Pisa (1589) begonnen, in Padua (1592) fortgesetzt. Seine Vorträge über die Mechanik des Aristoteles wurden der Ausgangspunkt der modernen Naturwissenschaften, des auf das Experiment gegründeten Studiums der Natur. Sie sind in den „Unterredungen und Demonstrationen über zwei neue Wissenszweige, die Mechanik und die Fallgesetze betreffend" (1638) niedergelegt. Durch seinen „Dialog über die beiden Weltsysteme, das des Ptolemäus und das des Kopernikus" (1632) bekannte er sich, stritt und litt er für die neue Lehre.

In Deutschland war der Kampf um eine neue Weltanschauung auf religiösem Gebiete mit der Reformation entbrannt. Aber in der freieren Luft konnte Kepler, bedrückt zwar, aber unbeirrt sich in die Harmonie des Weltalls versenken.

Noch ein zweiter tritt in Deutschland hervor, der inmitten der Wirren des Dreißigjährigen Krieges, inmitten von Kämpfen und politischer Tätigkeit, umringt von Not und Bedrängnis die physikalische Forschung vorwärts führte: Der Bürgermeister von Magdeburg,

Otto von Guericke (1602—1686),

„der deutsche Begründer der experimentellen Wissenschaften. Luftpumpe und Elektrisiermaschine haben seinen Namen berühmt gemacht. Mit ihnen hat er weite Gebiete physikalischer Erkenntnis erschlossen, wesentliche Grundlagen der Maschinentechnik geschaffen."

Die Folgen des in Deutschland ausgefochtenen Dreißigjährigen Krieges, der den Niederbruch Deutschlands verschuldet, Wohlstand und Emporblühen auf lange Zeit vernichtet hat, zeigten sich auch auf dem Gebiet der Wissenschaften. Nach Kepler aber ragt ein Mann aus dieser Zeit heraus, der das Wissen seiner Zeit zusammengefaßt und die moderne Forschung mit neuen umfassenden Methoden eingeleitet hat:

Gottfried Wilhelm Leibniz (1646—1716).

„Der universellste und vielseitigste Gelehrte der deutschen Nation, der Schöpfer der Analysis des Unendlichen; bahnbrechend auf vielen Gebieten der Naturkunde und Volkswirtschaft; verdienstvoll als Staatsmann und Historiker, Philosoph und Poet; unermüdlich tätig für die Organisation wissenschaftlicher Arbeit, für die Verbreitung gemeinnütziger Kenntnisse."

OTTO VON GUERICKE
Ausgeführt von Prof. Claus Meyer in Düsseldorf

Gerade in der letzteren Beziehung ist der Begründer der Berliner Akademie der Wissenschaften für das Deutsche Museum von besonderer Bedeutung. Schon früh hat er den Plan gefaßt zur „Aufrichtung einer Societät in Teutschland zu aufnehmen der Künste und Wissenschaften", in welcher „viele schöne, nützliche Gedanken, inventiones und experimenta erhalten und zu nuz gemacht, Theorici Empiricis felici connubio conjugiret, ein Seminarium artificum und gleichsam officina, Niederlage und Stapelstadt experimentorum et inventionum stabiliret werden sollte". Von solchem „Deutschen Museum" erwartet er sich die Anerkennung und gerechte Würdigung der deutschen Arbeit, „da wir doch in Erfindung mechanischer, natürlicher und anderer Künste und Wissenschaften die ersten gewesen" und „was von Teutschen in diesem genere kommen, lauter realität, Nachdruck und Fulmina gewesen".

In Italien wirkte indessen, in den Jahren 1657 bis 1667, die Accademia del Cimento mit dem Ziel, durch den Versuch „provando e riprovando" die physikalischen Wissenschaften weiter zu führen; in Holland veröffentlichte Huygens in seinem „Horologium oscillatorium" (1693) seine Konstruktion der Pendeluhr und stellte der Emissionstheorie Newtons (1672) die Undulationstheorie des Lichtes (1690) gegenüber.

GOTTFRIED WILHELM LEIBNIZ
Ausgeführt von Prof. Claus Meyer in Düsseldorf

In Deutschland stellt Scheiner in Ingolstadt (1613) die ersten astronomischen Beobachtungen mit dem Fernrohr an, erfahren die berühmten Versuche Otto von Guerickes ihre Weiterentwicklung durch Kircher (den Begründer des Museo Kircheriano in Rom) und Schott in Würzburg. In Leyden faßt s'Gravesande die damaligen physikalischen Erfahrungen wohl zum erstenmal zu einem systematischen Unterrichtsgang zusammen. Die Schöpfung der neuen mathematischen Methoden aber, welche wir Leibniz und Newton gleicherweise verdanken, führt zur Entwicklung der theoretischen Physik, deren Grundlagen Newton in den „Philosophiae naturalis principia mathematica" niedergelegt hat.

Das Lehrgebäude der Differential- und Integralrechnung und ihre Anwendung auf Geometrie und irdische Mechanik verdanken wir Leonhard Euler (1707—1783). Es ist niedergelegt in seiner „Introductio in analysin infinitorum", in den „Institutiones calculi differentialis" und „integralis" und in der „Mechanica". Von unmittelbar praktischer Bedeutung ist Eulers Werk über Schiffbau und Schiffbewegung. Im Wettstreit der Lösung analytisch-formulischer Aufgaben entwickeln die Bernoulli und Euler eine weitere Reihe bedeutsamer Probleme der Technik, vorwiegend freilich im Interesse des Kalküls. Wie denn von hier ausgehend das Gebäude der Mechanik und mathematischen Physik im 18. Jahrhundert in den Händen von Lagrange, D'Alembert, Fourier u. a. ein vorwiegend analytisches Gewand erhalten hat. Erst das moderne Bau- und Maschinenwesen mit seinen neuen statischen und dynamischen Problemen führt zu einer auf Experiment und Rechnung gleicherweise aufgebauten technischen Mechanik.

Auch die Experimentalphysik des 18. Jahrhunderts, die ihre bedeutendsten Erfolge auf dem Gebiet der statischen Elektrizität (Gray, Franklin, Coulomb) aufweist, tritt zunächst nicht in unmittelbare Beziehung zur Technik.

Diese stand zu jener Zeit am Anfang ihrer großen Entwicklung. Aus der Praxis und Werkstatt ist sie emporgewachsen. Savery und Newcomen haben die Erfindung der Dampfmaschine in die Praxis umgesetzt, ein halbes Jahrhundert später schuf Watt durch Trennung des Kondensators den ersten Typus der modernen Dampfmaschine, die Boultons Unternehmungsgeist in der Praxis einführte. Arbeitsmaschinen folgten. Dadurch war Englands Übergewicht auf industriellem Gebiete geschaffen.

GEORG VON REICHENBACH
Gestiftet vom Verein Deutscher Maschinenbauanstalten, ausgeführt von Prof. Wimmer †, München

JOSEPH VON FRAUNHOFER
Gestiftet von Sr. K. Hoheit Prinz-Regent Luitpold v. Bayern, ausgeführt von Prof. Wimmer †, München

Deutsche Ingenieure kamen nach England. Bückling auf Veranlassung Friedrichs des Großen, Baader und Reichenbach auf Befehl des Kurfürsten Karl Theodor. Durch sie wird Deutschlands Anteil an der Entwicklung der Technik eingeleitet.

Georg von Reichenbach (1771—1826)

hat in England praktische Erfahrung im Maschinenbau in den Fabriken von Boulton und Watt, im Instrumentenbau bei Ramsden und Dollond gesammelt und kehrt mit eigenen Gedankengängen nach Deutschland zurück.

„Mit weittragenden Ideen eilte er seiner Zeit voraus. Seine Schöpfungen kennzeichnet die geniale Kraft der Erfindung ebenso wie die Meisterschaft der Ausführung; die Meßkunst der Erde und des Himmels verdankt ihnen bedeutsame Fortschritte, der deutsche Maschinenbau seine ersten ruhmreichen Erfolge.“

Der stillen gelehrten Forschung ist die Lebensarbeit von

Joseph von Fraunhofer (1787—1826)

gewidmet.

„Seinem Auge haben sich neue Gesetze vom Licht erschlossen; näher gerückt sind uns die Sterne durch die Meisterwerke seiner Hand.“

CARL FRIEDRICH GAUSS
Gestiftet von S. K. Hoheit Prinz-Regent Luitpold von Bayern
Ausgeführt von Prof. Wimmer † in München

Noch eines anderen Müncheners sei an dieser Stelle gedacht:

Alois Senefelder (1771—1834)

„glückte es, durch die Erfindung des Steindrucks den toten Stein in den Dienst der Verbreitung von Kunst und Wissenschaft zu stellen".

Wir wenden uns wieder den exakten und den Naturwissenschaften zu.

Das gesamte Gebiet der mathematischen Wissenschaften und ihrer Anwendungen steigt zu Beginn des 19. Jahrhunderts zu einem hochragenden Gipfel empor in dem Schaffen von

Carl Friedrich Gauß (1777—1855),

des „Princeps mathematicorum". An Bedeutung mit Leibniz vergleichbar, aber weil konzentrierter, tiefer eindringend, noch heute unmittelbar und immer aufs neue wirksam.

„Sein Geist drang in die tiefsten Geheimnisse der Zahl, des Raumes und der Natur; er maß den Lauf der Gestirne, die Gestalt und die Kräfte der Erde; die Entwicklung der mathematischen Wissenschaften des kommenden Jahrhunderts trug er in sich".

Das neunzehnte Jahrhundert wird nicht mit Unrecht das naturwissenschaftliche und technische genannt. Die Entdeckung grundlegender Gesetze der Physik und Chemie klären nicht nur unsere Anschauung vom Wesen der verschiedenen Energien und ihrer Umformungen, sie führen sogleich auch zu technischen Anwendungen von immer weiter greifenden, alle äußeren Lebensverhältnisse umgestaltenden Folgen.

Hier seien an erster Stelle genannt: der Physiker

Georg Simon Ohm (1789—1854).

„Durch seine Versuche erschloß er die Gesetze der elektrischen Stromstärke und Stromverzweigung, durch mathematische Überlegung die Natur des Klanges und der Töne. Ihm zu Ehren nennt die Nachwelt eine der drei elektrischen Einheiten ‚ein Ohm'."

Ihm reiht sich an der schöpferische Mitbegründer der Elektrotechnik

ALOIS SENEFELDER
Gestiftet vom Gesamt-Verband der christlichen Gewerkschaften, Berlin
Ausgeführt von Max Dasio, München

WERNER VON SIEMENS
Gestiftet vom
Verein deutscher Ingenieure
Ausgeführt von
Prof. A. v. Hildebrand † in München

Werner von Siemens
(1816—1892).

„Ein Gelehrter, und ein Techniker zugleich, hat er, der ersten einer, mit erfindungsreichem Geist den elektrischen Strom der Menschheit dienstbar gemacht".

Die Chemie tritt mit der Entwicklung der Atomtheorie durch Berzelius zu Anfang des vorigen Jahrhunderts aus dem Stadium der qualitativen in das der quantitativen Betrachtung. Zugleich wird mit der Synthese organischer Verbindungen der Grund zur organischen Chemie gelegt. Hier sind Justus von Liebig und Friedrich Wöhler, dort Robert Bunsen in erster Linie beteiligt. Die im Ehrensaal aufgestellten Bilder von Liebig und Bunsen tragen die Inschriften:

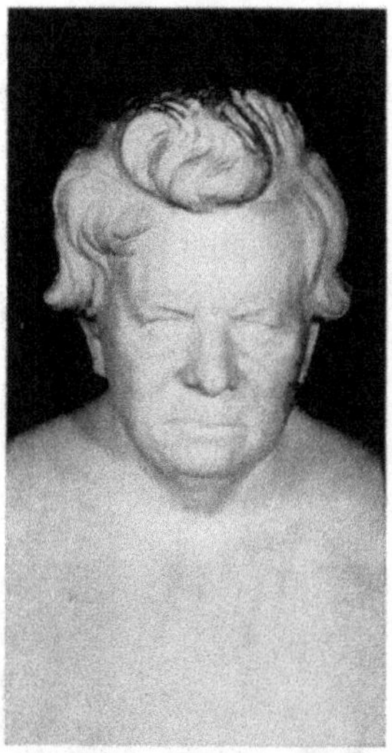

GEORG SIMON OHM
Gestiftet vom Verband
Deutscher Elektrotechniker
Ausgeführt von Professor
L. Dasio, München

Justus von Liebig (1803—1873)

„Bahnbrechend und neugestaltend auf dem Gebiete der organischen Chemie und ihrer Anwendung auf die Lebenserscheinungen der Pflanzen und Tiere und im besonderen in ihrer Anwendung auf die Landwirtschaft. Er schuf das chemische Unter-

JUSTUS VON LIEBIG
Gestiftet von S. K. H. Großherzog
Ernst Ludwig von Hessen
Kopie nach dem Gemälde von Trautschold

ROBERT BUNSEN
Gestiftet von S. K. H. Großherzog
Friedrich von Baden
Ausgeführt von Prof. Trübner, Karlsruhe

richtslaboratorium als eine Lehrstätte der Forschung und trug durch seine Schriften chemische Anschauungen in weiteste Kreise."

Robert Bunsen (1811—1899).

„Ein Meister im Ersinnen experimenteller Methoden und deren Anwendung auf wissenschaftliche und technische Probleme der Physik und Chemie; im Bunde mit Kirchhoff der Begründer der Spektralanalyse, durch welche die chemische Beschaffenheit der Himmelskörper dem Auge sich erschließt."

Eine neue Periode der Naturkenntnis, die, den gemeinsamen Gesetzen nachgehend, weite, vorher getrennte Gebiete zusammenschließt, setzt ein mit den Untersuchungen des Arztes und Naturforschers

Robert Mayer (1814—1878).

„Das Gesetz von der Erhaltung der Energie mit seinen mannigfachen Beziehungen hat er erkannt und ausgesprochen; den Arbeitswert der Wärme hat er zuerst gefunden."

ROBERT MAYER
Ausgeführt von
Prof. v. Ruemann † in München

HERMANN V. HELMHOLTZ
Ausgeführt von Prof.
A. v. Hildebrand † in München

Im Mittelpunkt der gesamten modernen Naturforschung steht als ihr Begründer:

Hermann von Helmholtz (1821—1894).

„Er faßte in strengem Ausdruck das Gesetz der Wechselwirkung aller Kräfte der Natur; Licht und Tonempfindung erforschte er als Arzt, als Physiologe, als Physiker und Künstler. Mit dem Blick des Mathematikers und Philosophen drang sein universeller Geist zu den Grundlagen menschlicher Erkenntnis."

Ausgezeichnet durch die klarste mathematische Darstellung als einer Beschreibung der Naturvorgänge sind die Arbeiten von

Gustav Kirchhoff (1824—1887).

„Er entdeckte das Hauptgesetz der Wärmestrahlung und gründete darauf die Methode der Spektralanalyse. Ihm verdanken wir die ‚Kirchhoffschen Gesetze' über die Verteilung elektrischer Ströme in einem System linearer Leiter."

RUDOLF CLAUSIUS
Gestiftet von der Deutschen physikalischen Gesellschaft
Ausgeführt von
F. Jäckle † in München

HEINRICH HERTZ
Gestiftet von der Hamburgischen wissenschaftlichen Stiftung
Ausgeführt von
Prof. E. Kurz in München

Gestiftet vom Verband
Deutscher Elektrotechniker

Ausgeführt von
Prof. H. Knirr, München

GUSTAV KIRCHHOFF

Unter Zugrundelegung der durch das Gesetz von der Erhaltung der Energie gewonnenen neuen Anschauung vom Wesen der Wärme führt die Entwicklung der Ideen und Versuche Carnots zur Thermodynamik. Ihr Begründer

Rudolph Clausius (1822—1888)

„hat aus den beiden Hauptsätzen der Wärmelehre die mechanische Wärmetheorie entwickelt und mit ihr die Grundlage für die Anwendung der Wärmelehre auf wissenschaftliche und technische Fragen geschaffen. Mit der Aufstellung der kinetischen Theorie der Gase hat er der Physik eine neue Bahn geöffnet."

Die mathematische Formulierung der Grundgesetze, in welcher Maxwell die Erscheinungen des Magnetismus, der Elektrizität und des Lichtes in der „Elektromagnetischen Lichttheorie" zusammenfaßte, fand ihre experimentelle Bestätigung durch

Heinrich Hertz (1857—1894).

„Mit seinen ‚Strahlen elektrischer Kraft' hat er die elektromagnetische Natur des Lichtes erwiesen und den Weg zur drahtlosen Telegraphie gebahnt".

Hier schließt, mit bedeutsamen Ansätzen und Ausblicken auf die sich vorbereitende völlige Umgestaltung der Grundvorstellungen, mit welchen wir die Naturvorgänge zu erfassen suchen, die klassische Periode der physikalischen Forschung.

Wenden wir uns zu den Leistungen der Technik im vergangenen Jahrhundert.

Von der Verwendung der Dampfkraft und des elektrischen Stromes als treibender Kräfte beginnend, ist für die moderne Technik bezeichnend die von Leben und Wirtschaftlichkeit geforderte, immer weiterschreitende Nutzbarmachung aller in der Natur vorhandenen Energien, die immer höher getriebene Steigerung der Geschwindigkeiten bei der Bewegung größter und kleinster Massen, die höchste Anforderung an Genauigkeit in Konstruktion und Ineinandergreifen der Vorgänge, die fortschreitende Mechanisierung und Typisierung aller Prozesse.

Drei Männer höchster Tatkraft führen uns die gewaltige Entwicklung der Eisenindustrie, des Maschinenbaues und des Schiffbaues in Deutschland im vergangenen Jahrhundert vor Augen. Es sind:

AUGUST BORSIG
Gestiftet vom Deutschen Lokomotivbau

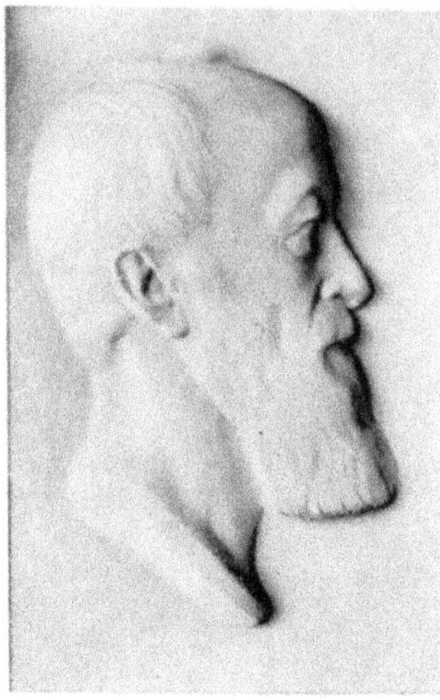

ALFRED KRUPP
Gestiftet vom Verein deutscher Ingenieure

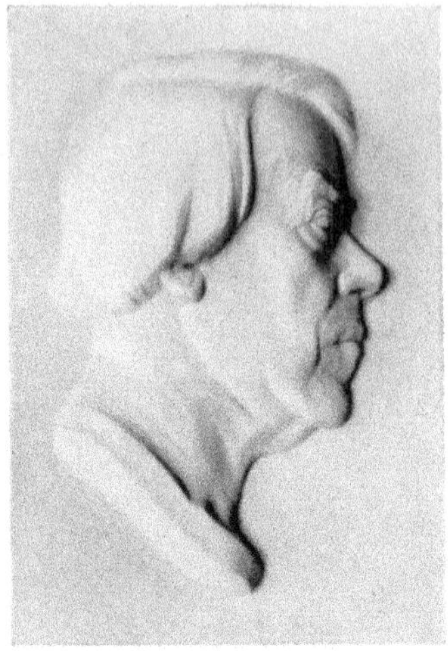

FERDINAND SCHICHAU
Gestiftet von der Schiffbautechnischen Gesellschaft

Ausgeführt von Prof. Hildebrand † in München

### August Borsig (1804—1854).

„Unter kraftvoller Zusammenfassung noch unentwickelter, vaterländischer Kräfte und Hilfsmittel gelang ihm der Bau des Dampfwagens in einer Vollendung, welche dem jungen deutschen Maschinenbau zu siegreichem Wettlauf Vorbild und Ansporn wurde."

### Alfred Krupp (1812—1887).

„Er hat mit eiserner Ausdauer, flammender Kühnheit und gestaltender Geisteskraft aus der Hütte des Kleinschmiedes heraus die Stahlindustrie zu ihren höchsten Leistungen geführt zu Deutschlands Ehr und Wehr."

### Ferdinand Schichau (1814—1896).

„Ein Führer deutscher Maschinen- und Schiffsbaukunst, hat er im industriearmen Osten den ersten eisernen Seedampfer erbaut und seine Werften zu den höchsten schiffbaulichen Leistungen entwickelt."

Noch gedenken wir des Physikers

### Philipp Reis (1834—1874).

„Ihm gelang es, die Töne und die menschliche Stimme durch den von ihm erfundenen und ‚Telephon' genannten Apparat fernhin zu übertragen."

Die mit bescheidensten Mitteln im Jahre 1860 im Erziehungsinstitut zu Friedrichsdorf im Taunus konstruierten Apparate ließen nicht ahnen, welche verkehrsumgestaltende Bedeutung sie dereinst gewinnen sollten.

Ein neues Feld technischer Arbeit, an dem sich deutscher Idealismus, zähe Ausdauer, frohe Tatkraft bewähren sollten, eröffnete sich mit dem um die Wende des Jahrhunderts energisch aufgenommenen Problem des Fluges im lenkbaren Luftschiff und im Flugzeug. Hier stehe an erster Stelle:

OTTO LILIENTHAL
Gestiftet von der
Wissenschaftlichen Gesellschaft
für Luftfahrt, Berlin
Ausgeführt von Prof. Th. Georgii,
München

Otto Lilienthal
(1848—1896).

„Der Begründer der Flugtechnik, deren Grundlagen er mit scharfem Geist und kühner Tat unter Einsetzung seines Lebens erforschte“.

Für den Bau großer, lenkbarer Flugapparate „leichter als Luft“ hat den Weg gewiesen

FERDINAND
GRAF VON ZEPPELIN
Gestiftet von der Stadt Stuttgart
Ausgeführt von Prof. Th. Georgii,
München

Ferdinand Graf von Zeppelin (1838—1917).

„Zäher Wille, Opfermut und Tatkraft haben ihn zum Erfolg geführt. Sein starres lenkbares Luftschiff eröffnete den Luftverkehr und wies damit der Technik neue große Ziele.“

Hieran reihen sich die in jüngster Zeit aufgestellten Büsten und Bilder:

Friedrich Wilhelm Harkort (1793—1880).

„In begeisterndem Glauben an Deutschlands industrielle Zukunft wurde er zum großen Erzieher des Volkes, der unermüdlich ohne Rücksicht auf persönliche Vorteile neue Maschinen und Arbeitsverfahren verbreitete und in Wort und Schrift für den technischen Fortschritt auf allen Gebieten sich einsetzte.“

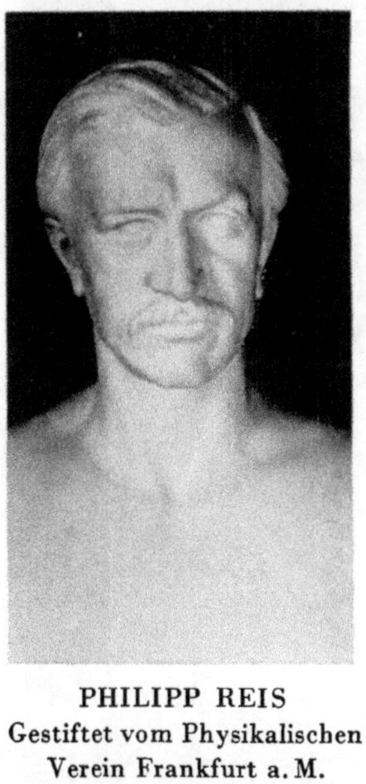

PHILIPP REIS
Gestiftet vom Physikalischen
Verein Frankfurt a. M.
Ausgeführt von
Prof. G. Albertshoefer

August Nikolaus Otto
(1832—1891).

Eugen Langen (1833—1895).

„Dem großen Erfinder und dem hervorragenden Ingenieur verdankt die Welt die ersten ausschlaggebenden Fortschritte auf dem Gebiete der Verbrennungskraftmaschinen. In gemeinsamer Arbeit wurden von ihnen die Grundlagen gelegt zu der gewaltigen industriellen Anwendung der Explosionskraftmaschinen, die uns zum Automobil und Flugzeug führten.“

Hier schließt die Reihe der zurzeit im Ehrensaal des Deutschen Museums aufgenommenen großen Gelehrten und Techniker. Die heutige Entwicklung

FRIEDRICH
WILHELM HARKORT
Gestiftet von der
Rheinisch-Westfälischen
Industrie
Ausgeführt von
Prof. B. Bleeker, München

EUGEN LANGEN (1833—1895) und NICOLAUS AUGUST OTTO (1832—1891)
Gestiftet von der Stadt Köln
Ausgeführt von Prof. Th. Georgii in München

der Naturwissenschaften und der Technik, von Grund aus umgestaltend nach Seiten der prinzipiellen Fragen menschlicher Erkenntnis ebenso, wie in bezug auf die praktische Auswirkung technischer Fortschritte und Erfindungen ist an die Namen der noch Lebenden geknüpft, und es fehlt noch der Abstand, der zum vollen Ermessen ihrer Tragweite nötig ist. Überblicken wir noch einmal im Geiste die Gestalten, die an uns vorüber gezogen sind, in deren charakteristischen Zügen die Arbeit eines Lebens eingegraben ist, so scheinen sie uns zu mahnen:

„Es ist nicht genug zu wissen, man muß auch tun!"

Der Aufblick zu Goethe hebt uns hinaus über die Not und das Elend unserer Tage und lenkt uns zu den idealen und ewigen Gütern hin, die wir Deutsche unverlierbar besitzen, und die wir doch immer aufs neue uns zu eigen machen müssen.

Die Denkmale der großen schöpferischen Geister unserer Nation wie ihre in den Sammlungen vor uns ausgebreiteten Werke tragen uns empor und weisen zu Ehrfurcht und Nachfolge uns den Weg:

Introite, nam et hic dii sunt.
Die Ihr herzueilt, zu schauen und zu lernen,
Wisset: Auch hier ist heiliges Land.

GEORG KERSCHENSTEINER

# DIE BILDUNGSAUFGABE DES DEUTSCHEN MUSEUMS.

1. Ein Museum, welches weder Raritätenkammer noch unterhaltliche Schau bude sein will, muß ein werthaftes Sinngefüge aufweisen, wenn es ein sinn- und wertvolles Erlebnis im Besucher erwecken soll, d. h. eben Bildungsanstalt sein will. Tausende und Abertausende von einzelnen Erzeugnissen des menschlichen Geistes sind in ihm aufgestapelt. Jeder Museumsdirektor weiß, daß, sofern sein Museum dem Volke ideell oder materiell Segen bringen soll, alles darauf ankommt, wie diese Reichtümer an Gütern ausgewählt, ergänzt, gegliedert und innerlich wieder verknüpft werden müssen, damit das Chaos zu einem Kosmos wird, der nur deswegen ein Kosmos ist, weil sein irgendwie geordnetes System einen objektiv geltenden Sinn bzw. ein ganzes Sinngefüge zum Ausdruck bringt. Ist Bildung ein Wert und soll ein Museum kraft seiner inneren Gestaltung diesem Werte dienen, ihn nicht bloß in jenen wieder aufleben lassen, die schon von ihm erfüllt sind, sondern ihn möglichst vielen zugänglich machen, so muß seine ganze Struktur aus pädagogischen Prinzipien herausgewachsen sein, unbeschadet aller sonstigen Gesichtspunkte wissenschaftlicher, ästhetischer, sozialer, historischer Art, die sich dem reinen Bildungsgesichtspunkte unterzuordnen haben. Ob das möglich ist und wie weit es möglich ist, das kann nur die Erfahrung lehren.

Nur vor dem einen müssen wir uns hüten, daß wir ein Museum schon deswegen ein Bildungsinstitut nennen, weil es Anschauungen und Wissen vermittelt. Vorstellungs- und Wissensbesitz, ja selbst geistige und manuelle Fertigkeiten und Geschicklichkeiten sind lediglich Werkzeuge für unser Tun und Lassen oder wie es Georg Simmel einmal nennt „Kultiviertheiten“ von geistigen und körperlichen Funktionen, die ebenso zum Guten wie zum Schlechten dienen können. Bildung liegt nicht in dem geistigen Besitz, den wir haben, sondern in der Wertgestalt, die wir *sind*. „Adel ist auch in der sittlichen Welt; gemeine Naturen zahlen mit dem, was sie *tun*, edle mit dem, was sie sind.“ Wenn also ein Museum seine ernsthaften, d. h. bildungsdurstigen und nicht bloß unterhaltungslustigen Besucher nicht weiterführt als zu weiterem Besitz von neuem Wissen, so ist es vielleicht noch eine Unterrichtsanstalt, aber noch keine Bildungsanstalt im strengen Sinne des Wortes, so wenig wie Schulen Bildungsanstalten genannt werden sollten, die nur Kenntnisse und Fertigkeiten übermitteln, und wären sie noch so vollkommen. Ein echtes Bildungsverfahren muß tiefer graben: es muß das sinnhafte Geistesgefüge der Besucher beeinflussen, sie höher reißen, sie Werte erleben lassen, die freilich schon irgendwie im Keime in ihnen schlummern müssen. Wenn die Grundlage alles Bildungsstrebens Ehrfurcht ist, Ehrfurcht vor der Wahrheit, der Sittlichkeit, der Schönheit usw., und wenn Ehrfurcht, wie ich einmal sagte, nichts anderes ist, als das Gefühl scheuer Verehrung eines Erhabenen, das mit erdrückender Größe und Macht auf unsere Kleinheit wirkt, dann muß das Museum als Bildungsanstalt alles versuchen, dieses Gefühl der Ehrfurcht durch die Methode seiner Organisation zu erwecken.

2. Diese Methoden der Organisation werden aber von verschiedenen Seiten her bestimmt. Alle Methodik muß sich richten a) nach dem logischen Aufbau des

Bildungsgutes, der ein anderer ist für naturwissenschaftliche Gebilde, ein anderer für historische Gebilde, ein anderer für mathematische, ein anderer für künstlerische usw.; b) nach der psychologischen Beschaffenheit des zu Bildenden, nach seiner geistigen und seelischen Struktur; c) nach dem Zwecke, den der Bildungsprozeß zunächst im Auge hat und kraft der einzelnen Bildungsgüter, mit denen er arbeitet, im Auge haben kann. So hat also jedes Bildungsverfahren einen dreifachen Aspekt: einen logischen, einen psychologisch-pädagogischen und einen teleologischen. Aus diesem dreifachen Gesichtspunkte heraus wachsen seine Normen für die Auswahl, Gliederung und Verknüpfung der wissenschaftlichen oder technischen oder literarischen oder ästhetischen Güter. Wäre ein Museum bloß Bildungsanstalt und nichts als dieses, so kämen einzig und allein diese Normen in Frage, die sich alsdann nicht widersprechen werden. Aber weil ein Museum, wie das Deutsche Museum, auch noch andere Zwecke hat, so werden die reinen Bildungsnormen bisweilen in Widerspruch kommen mit Normen, die aus dem anderen Zwecke fließen. Jedenfalls aber gilt der Satz: Genau so groß wie ein Museum in seinem Sinngefüge den Normen dieser drei Gesichtspunkte Rechnung tragen kann, genau so groß ist unter sonst gleichen Umständen der Bildungswert des Museums. Es mag manchmal sehr schwierig sein, einem Museum eine solche Struktur zu geben, daß es allen drei Gesichtspunkten gerecht wird. Die meisten staatlichen Museen sind bloß vom rein wissenschaftlichen Gesichtspunkt aus als lückenlose Gelehrtenspeicher organisiert, d. h. vom rein logischen Aspekt aus, so die naturgeschichtlichen, paläontologischen, anthropologischen Sammlungen, die Sammlungen mathematischer Modelle oder physikalischer Apparate usw. Der teleologische Aspekt fällt hier zugleich mit dem logischen zusammen — es sind Sammlungen zur Förderung des Gelehrtenstudiums. Alles ist nach streng systematischen logischen Gesichtspunkten geordnet, und der Stolz der Sammlung ist nicht zuletzt auf Seltenheiten, Spitzfindigkeiten, Ausnahmen gerichtet, die den Gelehrten fesseln, den Laien aber verwirren. Manche dieser Sammlungen haben daher auch dem psychologisch-pädagogischen Gesichtspunkt gerecht zu werden versucht, indem sie außer der Hauptsammlung rein didaktische Nebensammlungen einrichteten, die, ohne Verwirrung oder Überfütterung anzurichten, auch jenen etwas zu sagen haben, welche nicht gelehrte Studien treiben wollen oder können.

Sobald man nämlich Bildung nicht mit Wissensbesitz identifiziert, sondern mit werterfülltem Sinngefüge des Bewußtseins, und sobald man erkannt hat, daß der Mensch zum tiefsten Sinn des Lebens nur gelangen kann auf dem Wege der Ehrfurcht vor den zeitlosen Werten, tritt mit der psychologischen Forderung, auf die durchschnittliche Fassungskraft der verschiedenen Besuchertypen Rücksicht zu nehmen, zugleich die eine große Norm des teleologischen Aspektes in den Vordergrund, die Einführung der Besucher zur Ehrfurcht vor zeitlosen Werten. Man kann dann dieses Ziel als den tiefsten Sinn des Deutschen Museums betrachten und in ihm die allgemeine Bildungsaufgabe beschlossen sehen.

3. Diese Aufgabe zu lösen, heißt natürlich eine große Menge von Schwierigkeiten überwinden, die nur aus einer natürlichen Begabung und Einstellung heraus gelöst werden können. Es ist ein großes Glück, daß der Organisator des Deutschen Museums nicht bloß über eine solche Begabung verfügt, sondern auch von allem Anbeginn auf den psychologisch-pädagogischen Gesichtspunkt der Massenerziehung und den

teleologischen Gesichtspunkt der Erziehung zur Ehrfurcht eingestellt war. Jeder seiner Nachfolger wird von gleicher Grundeinstellung aus dem Deutschen Museum seinen Sinn, seine Bedeutung, seinen Wert oder wie man sonst sich ausdrücken mag, geben müssen. Die Schwierigkeiten und Fallgruben, die auf dem Wege zu diesem Ziele liegen, sind nicht bloß darin zu suchen, daß die Ausstellungsobjekte selbst in ihrer logischen Entwicklungsreihe bestimmte Anordnungen, Gliederungen und Verbindungen vorschreiben, daß es notwendig wird, die technischen Gruppen isoliert voneinander in ihren Gestaltungsprozessen darzustellen, während sie doch in engster Wechselwirkung aufeinander sich entwickelt haben, daß der psychologische und teleologische Gesichtspunkt, der die Organisation beherrschen muß, den logischen in keiner Weise benachteiligen darf, sondern vor allem auch darin, daß es gar nicht so einfach ist, durch Meisterwerke der Wissenschaft und Technik den durchschnittlichen Besucher den Weg zur Ehrfurcht nicht bloß vor den Werken, sondern vor allem auch vor den Schöpfern dieser Werke zu führen.

Ich habe es schon einmal anderswo ausgesprochen: Das Heroische liegt nicht in der Leistung und dem Erfolge, sondern in dem Ringen nach der Leistung und im Widerstande gegen die Leiden dieses Ringens. Vor dem Werke können wir bewundernd stehen, freilich auch nur dann, wenn wir von dem Werte, der in diesem Werke steckt, irgendwie bereits eine Erfahrung gewonnen haben, sei es durch fremde Belehrung, sei es durch eigene Arbeit. Es ist aber eine sehr oberflächliche Denkungsart, wenn wir glauben, daß eine solche Bewunderung immer notwendig auch zu jener Ehrfurcht führt, die wert ist, erzeugt zu werden. Wir wollen nicht Erfolgsanbeter erziehen. Gerade auf technischem Gebiete sagt der Erfolg noch gar nichts über die wahre Größe eines Menschen und wir werden nur zu leicht verführt, dessen Intelligenz, dessen technisches Genie, dessen Energie und Ausdauer zu bewundern, aber zu übersehen, daß das wahrhaft Große des Menschen sein Sinngefüge, seine sittliche Gestalt, sein Sein und nicht sein Haben ist. Aber diesen Sinn in einem Museum von Meisterwerken darzustellen und den Betrachter vor diesem Sinn auf die Knie zu zwingen, ist bei weitem nicht so einfach, wie man es vielleicht annehmen möchte. Soll aber ein Museum eine Bildungsanstalt sein und nicht bloß günstigsten Falles eine Anstalt für Wissensmehrung oder Begriffsveranschaulichung, so muß es alle Mittel versuchen, diesen inneren Sinn der Schöpfer gleichfalls irgendwie zum Ausdruck zu bringen. Sonst werden die Menschen günstigen Falles dazu gebracht, ihre Knie vor der Wissenschaft und Technik zu beugen, also vor den Mitteln einer möglichen Kultur, aber nicht vor der Kultur selbst. Zum großen Glück entstehen Meisterwerke der Wissenschaft und Technik nicht ohne rein sachliche Einstellung ihrer Schöpfer auf die Verwirklichung des in ihnen lebendigen zeitlosen Wertes, eine sachliche Einstellung, die, rücksichtslos gegen das eigene Wohl und Wehe, in uneigennütziger Hingabe an das Werk alles zu opfern in der Lage ist, nur nicht den Dienst im zeitlosen Wert der Wahrheit. Eine solche Einstellung sehen wir, wenn wir das Leben wahrhaft großer Techniker verfolgen. Dieses Ringen um die Verwirklichung einer Idee in der Aufeinanderfolge der Werke tatsächlich sichtbar zu machen, erfordert aber ein weitgehendes pädagogisch-didaktisches Durchdenken der Organisation.

Selbst wenn diese Sichtbarmachung gelungen ist, wird sie nur in jenen Besuchern, die selbst einer sachlichen Einstellung, d. h. einer Hingabe an eine Idee fähig sind, jene Ehrfurcht erwecken, von der wir sprechen. Alle Ehrfurchtsgestaltung hat zur Voraussetzung, daß der Wert, der uns Verehrung abnötigt, von uns selbst irgendwo und irgendwie erlebt worden ist, und daß wir den Versuch der Verwirklichung eines erlebten Wertes einmal gewagt haben. In diesem Erlebnis erfahren wir unsere Kleinheit gegenüber der überragenden Größe, und weil wir vom gleichen Werte erfüllt, aber zu schwach sind, ihn in gleichem Umfange zu verwirklichen, darum ist das Ergebnis dieses Erlebnisses nicht Neid, sondern Ehrfurcht. Der Schüler, in dem seine Unterrichtsanstalt den Drang zum Forschen erzeugt hat, der Lehrling unserer Fortbildungsschulen, in dem unsere Lehrwerkstätten die Liebe zum soliden Werk und den Drang zur sachlichen Hingabe erweckt haben, der tüchtige Arbeiter eines hochgelernten Gewerbes, der an sich selbst die Seligkeit des Erfolges hingebender Arbeit erlebt hat, das werden daher die dankbarsten Bildungsobjekte sein für ein Museum der Meisterwerke der Wissenschaft und Technik, dessen Sinngefüge das Gesetz der Ehrfurcht ist.

4. Nun ist die ganze Bildungswirkung des Museums im wesentlichen auf das „Erkennen“ aufgebaut. Wie weit sich aus der Förderung dieser rein intellektuellen Funktion die zweite vielleicht noch wichtigere Funktion entwickelt, die man heute als das „Verstehen“ bezeichnet, eine Funktion, die aufs innigste mit Einfühlung in die Totalität des Schöpfers eines Werkes verbunden ist, das ist eine zweite Frage. Das Erkennen aber ist nichts anderes als eine Zusammenschau, ein In-Eins-Sehen eines Mannigfaltigen zu einer Einheit. In diesem Stiften aufsteigender oder übergeordneter Einheiten, z. B. zeitlich bildmäßiger als in der Geschichte, kausalgesetzlicher als in den exakten Naturwissenschaften, klassifizierender als in den beschreibenden Naturwissenschaften, räumlich bildmäßiger als in der Geographie, teleologisch konstruktiver als in den Techniken, bestehen die Grundfunktionen des menschlichen Bewußtseins, die E. Mach als Ökonomie des Denkens und Avenarius als Prinzip des Denkens nach dem kleinsten Kraftmaße bezeichnet hat. Diesen Trieb des Bewußtseins sich zusammenschauender Symbole zu schaffen, in jeder Weise zu unterstützen, das habe ich schon vor 30 Jahren als eine Grundforderung jeder Bildungsorganisation bezeichnet. Die Organisation eines Museums, das durch Erkennen bilden will, ist nichts anderes als eine Lehrplan-Konstruktion, nur daß hier die Konstruktion nicht wie in den Schulen mit dem Schatten der Dinge, nämlich mit den Worten, sondern mit den Dingen selbst arbeitet.

Das erste Prinzip also, das die Auswahl, Gliederung und Verknüpfung der Güter bestimmen muß, ist das Prinzip der Ökonomie des Denkens. Wir können das Prinzip nirgends greifbarer verfolgen als im Aufbau der mathematischen Wissenschaften. Schon in den einfachen Grundrechnungsarten, von der Addition zur Multiplikation und zum Potenzieren und deren Umkehrungen, kann es aufgedeckt werden, und viele Erweiterungen der Mathematik sind nur eine zusammenfassende Verallgemeinerung elementarer Sätze. Wenn der Beschauer einer Entwicklungsreihe von Maschinen gegenübersteht, wie etwa in den Räumen, welche die Entwicklung der Dampfmaschinen oder Textilmaschinen oder Wasser-Kraftmaschinen aufzeigen, dann handelt es sich nicht bloß darum, den interessierten Beschauer über den Zweck der ganzen Maschine aufzuklären, sondern auch um den Sinn ihrer Teile. Erst wenn er den Sinn ihrer Teile erfaßt hat, wird er nicht bloß den Zweck, sondern vor allem auch den Sinn der Konstruktion verstehen, und wenn er den Sinn der einzelnen Werkzeuge und Maschinen in sich aufgenommen hat, wird er den viel tiefer gelegenen Sinn der ganzen Entwicklungsreihe fassen können. Alles aber, was nicht unbedingt notwendig ist, diesen einen durch die ganze Reihe wie ein roter Faden sich hindurchziehenden Sinn zu erfassen, wird als störend ausgeschaltet werden müssen. Die Entwicklungsreihe wird sich dabei vielleicht vielfach gabeln, und jede Gabelung wird wieder eine eigene Entwicklungsdynamik haben. Wollte das Museum allen diesen Gabelungen nachgehen, so würde es seinen Zweck eher verfehlen als ihn fördern.

Ganz das gleiche gilt in den Räumen, die den Meisterwerken der reinen Wissenschaft gewidmet sind, von den Anordnungen von Versuchsreihen. Im allgemeinen sind nur jene Versuche für den Lernenden wahrhaft erkenntnisfördernd, zu denen er selbst aus innerem Erkenntnistrieb sich genötigt sieht und deren Ergebnisse ihn zwingen zu prüfen, ob er wirklich die Frage einwandfrei beantwortet habe, deren Rätselhaftigkeit ihn quälte und zum Versuche antrieb. Bloße Neugierversuche, die aus einem Reizinteresse angestellt werden, haben keinen Wert. Aber dieser aus innerstem Interesse diktierte Versuchswille ist Aufgabe einer Schulorganisation, die ich seit Jahren als Organisation im Sinne des Arbeitsschulgedankens bezeichnet und angestrebt habe. Das Museum kann diesen Weg nicht gehen. Es wird sich auf diesem Gebiet mit viel bescheideneren Ergebnissen zufriedenstellen müssen. Man darf sich von der pädagogischen Wirkung von Versuchsanordnungen, bei denen der Beschauer nur auf einen Knopf zu drücken braucht, um einen chemischen Vorgang oder eine physikalische Erscheinung vor seinen Augen sich abwickeln zu sehen, nicht allzuviel versprechen, wenn nicht der Beschauer selbst schon grundlegende physikalische und chemische Kenntnisse mitbringt. Relativ am ergiebigsten sind Anordnungen physikalischer Versuche. Aber auch sie müssen sich so anordnen lassen, daß sie in ihrer Reihenfolge einen letzten zusammenfassenden Sinn enthüllen, der sich in dem bündigen Satz eines weitausgreifenden Naturgesetzes ausdrückt. Daß hier auf dem rein theoretischen Gebiete erst recht alle Singularitäten auszuschalten sind, wie „interessant“ sie auch sonst dem „Gelehrten“ erscheinen mögen, wird wohl allgemeine Zustimmung finden. Man braucht nicht auf der von tiefen Einschnitten durchfurchten Hochebene des Gelehrten zu wandeln, um den wahren Sinn einer Erscheinungsreihe zu fassen; es genügt hierzu schon eine Wanderung in der relativ glatten Tiefebene.

Nicht anders verhält es sich mit der Einführung in den Ablauf und Sinn der Arbeitsvorgänge, etwa im Hüttenprozeß mitsamt dem Bergbau oder den chemigraphischen Prozessen mitsamt dem Buchdruck, oder den Prozessen der Gasbereitung mit dem Beleuchtungswesen. Jeder Arbeitsprozeß hat seinen besonderen Zweck. Seinen tieferen Sinn gewinnt er erst im Zusammenhange mit anderen Arbeitsprozessen und der tiefste Sinn aller Arbeitsprozesse eines technischen Gebietes enthüllt sich nur jenem Auge, das seine Bedeutung für die eigentliche Kultur der Menschheit zu sehen vermag. So oft ich durch die wundervolle Bergbauanlage des Museums gewandert bin und im Kohlenschachte jenen Hauer gesehen habe, der, in niederem Gange liegend, mit seiner Haue die Kohlenstücke loslöst, ist in mir der tiefste Sinn dieses primitivsten und doch so mühevollen Arbeitsprozesses lebendig geworden. Ich weiß nicht, wie viele Besucher aus dieser Darstellung des Arbeitsprozesses seine Bedeutung für die Behaglichkeit eines kulturellen Lebens herauslesen und in ein brüderlich dankbares Verhältnis treten zu dem Arbeiter, dessen Puppe den Sinn in mir wachgerufen hat. Aber ich möchte doch gleichwohl dem Schöpfer des Museums dankbar sein, daß er, entgegen jenen, die nichts als Gelehrte und nichts als Techniker sind, und die in jenen Darstellungen wenig mehr als Spielerei sehen, mit feinem pädagogischen Empfinden Hunderte und Aberhunderte solcher Mahner an den letzten Sinn aller Wissenschaft und Technik in verkleinerten Modellen, wie in lebensgroßen Aufmachungen in die oft abstrakte Sprache der Maschinen und Apparate eingeschaltet hat.

Natürlich sind nun tausenderlei Verbindungsfäden zu schlagen, um den Beschauer zu veranlassen, die rein intellektuellen Einheitsbeziehungen herzustellen. Knapp gehaltene, gedruckte Anweisungen, Erklärungen, Übersichten, Tabellen, graphische Darstellungen werden selbstverständlich unentbehrlich. Aber sie bilden, wie mir scheint, im Deutschen Museum nicht die interessantesten und wertvollsten Verbindungsfäden, wie wesentlich sie auch sonst sein mögen. Der Reichtum eines solchen Museums besteht in den anschaulichen Anweisungen, die über die Schatten der Dinge, die Worte, Ziffern und Linien hinaus, auch dem Unerfahrenen, der aus diesen Schatten nicht allzuviel entnehmen kann, eine Zusammenschau des Mannigfaltigen ermöglichen. Ich meine da die zahlreichen Stammbäume der verschiedenartigsten Entwicklungen, die aufgeschnittenen, beweglichen Modelle, die in Bewegung befindlichen Originalmaschinen und Apparate, wobei das Funktionieren der Teile ihren besonderen Sinn enthüllt und damit das Erfassen der gesamten Konstruktion ermöglicht, ich meine die plastischen Profil- und Übersichtsbilder, die am Eingang jeder Abteilung den Beschauer orientieren und nicht zuletzt die kinematographische Wiedergabe vieler in sich zusammenhängender Arbeitsprozesse, die automatisch vom Beschauer ausgelöst werden können, ehe er an die leblosen Dinge herantritt. Von großer Bedeutung, ja vielleicht unerläßlich, werden regelmäßige Führungen auf den einzelnen Gebieten durch wahrhaft Sachverständige sein, die überdies durch gedruckte Spezialführer unterstützt werden müssen. Auch zusammenfassende Vorträge und Vortragszyklen für die verschiedenen technischen Zweigen werden eine erkenntnisreiche Zusammenschau der ausgestellten Objekte erheblich erleichtern.

Indes würden alle diese pädagogisch-didaktischen Hilfsmittel bei der Mehrzahl der Besucher nicht zum Ziele führen, wenn die einzelnen Gruppen den Beschauer mit Anschauungsmaterial überbürden. Eine höhere Synthese des Geschauten wird erschwert und von Unerfahrenen überhaupt nicht leicht vollzogen, wenn in der Zusammenstellung der Güter nicht von vornherein Rücksicht genommen ist auf die Möglichkeit einer Zusammenschau. Insbesondere reizt der Reichtum an Außergewöhnlichem, Eigenartigem, Irregulärem gerne zu einer Überlastung der Ausstellungsräume. Vor allem darf, wie Oskar von Miller mir einmal sagte, keine Fachgruppe des Museums zeigen, „wie gescheit sein Organisator ist". Ich habe mich an der plastischen Prägnanz dieses Satzes immer gefreut. Man muß ihn nur richtig verstehen. Natürlich kann der Organisator gar nicht genug Gescheitheit zeigen, aber nicht seine fachliche, der die Ausnahmen wichtiger zu sein scheinen als die Regeln, sondern seine pädagogisch-didaktische. Wenn ich jemand in die euklidische Geometrie einführen will, so brauche ich ihn nicht aufmerksam zu machen, daß es auch Flächen gibt, auf denen es zwischen zwei Punkten mehrere kürzeste Linien gibt, während in der euklidischen Ebene nur eine solche kürzeste Linie möglich ist.

5. Gleichwohl muß die Auswahl, Gliederung und Verknüpfung nun auch noch einer zweiten Norm gerecht werden, der alten Pestalozzischen Norm der Lückenlosigkeit des Fortschreitens. Haben wir das erste Prinzip, das Prinzip der

Ökonomie genannt, so können wir dieses als das Prinzip des Zusammenhanges oder der Kontinuität bezeichnen. Nicht immer ist es möglich, die historische Entwicklungsreihe einer Gruppe technischer Güter in Originalen zur Ausstellung zu bringen, wenn schon das Deutsche Museum gerade an Originalen einen unschätzbaren und kaum wiederum irgendwie sammelbaren Reichtum hat. In diesem Falle treten in die Lücken getreue und nicht bloß bewegliche, sondern auch vollkommen funktionierende Nachbildungen, die oft noch besser in Tätigkeit versetzt werden können, als die alten Originale selbst. Verhältnismäßig leicht ist es mit solchen Ersatzmitteln, den Zusammenhang einer Entwicklung in historischem Längsschnitt durch eine Technik herzustellen. Große und schwierige didaktische Probleme bietet es dagegen, das Fortschreiten auch in Querschnitten durch mehrere zusammenhängende technische Gebiete irgendwie klar zum Bewußtsein zu bringen.

Dabei ist nun aber wiederum nicht Lückenlosigkeit des Fortschreitens mit Lückenlosigkeit des Systems zu verwechseln, wenn man nicht in den Fehler verfallen will, auf den wir schon bei Betrachtung des ökonomischen Prinzips hingewiesen haben. Genau wie im Volksschulunterricht ein lückenloses Fortschreiten mit viel primitiveren Mitteln erreicht werden muß als beim Unterricht der höheren Schulen und wie es einer der bedenklichsten Mängel des wissenschaftlichen Unterrichtes unserer höheren Schulen ist, daß sie die Lückenlosigkeit des Systems an die Stelle der Lückenlosigkeit des Fortschreitens setzen und damit die Lehrpläne der höheren Schulen überlasten, genau ebenso würde ein Museum für Meisterwerke der Wissenschaft und Technik seine Aufgabe als Bildungsanstalt verfehlen, wenn es dieser Verwechslung unterläge. Der glückliche Umstand, daß schon die Art des Museums den historisch-genetischen Gang aller Entwicklungsreihen einzuhalten gebietet, schützt nicht davor, in den Fehler der Lückenlosigkeit des Systems zu verfallen und wiederum nur zu zeigen, welchen bewunderungswürdigen Umfang die Gelehrsamkeit des Organisators der betreffenden Fachabteilung besitzt. Die Lückenlosigkeit des Fortschreitens ist lediglich Sache der Methode. Die Lückenlosigkeit des Systems dagegen ist Sache des Inhaltes. Um in den Geist und Sinn des mathematischen Denkens einzudringen — und um das Denken handelt es sich bei aller Unterweisung — brauche ich nicht die bereits auf 19 Bände angeschwollene Enzyklopädie der mathematischen Wissenschaften durchzuarbeiten, dazu genügt ein kleines lückenloses fortschreitendes Lehrbuch. Aber die meisten Schulmeister aller Lehrgebiete glauben nur dann ihre Aufgabe erfüllt zu haben, wenn sie den Schüler mit einem möglichst vollständigen Überblick über das ganze Gebiet der betreffenden Wissenschaft entlassen, während sie ungleich mehr leisten würden, wenn sie sich nach einem kurzen, lediglich orientierenden Überblick auf das gründliche Studium eines relativ kleinen Abschnittes in lückenlosem Fortschreiten beschränken würden.

6. Während es nun verhältnismäßig leicht ist, dem logischen Aspekt des Bildungsverfahrens und seinen zwei Grundprinzipien Rechnung zu tragen, wenigstens soweit es sich um die Erzeugung rein intellektuellen Könnens handelt, ist es schwierig, auch auf den psychologischen und teleologischen Aspekt Rücksicht zu nehmen. Das Museum wird der Wallfahrtsort für Millionen von Menschen der verschiedensten Geistesstruktur werden. Ich will gern absehen von den zahllosen Museumsbummlern, die wie Heuschreckenschwärme zur Sommerszeit das Museum überfallen und in

wenigen Stunden „Alles gesehen haben müssen". Für diese Sorte von Besuchern bedarf es keines Kopfzerbrechens für die Organisation des Museums. Aber auch die Menschen, die im Museum sich geistig oder seelisch bereichern wollen, sind von erheblich verschiedener geistiger Struktur. Wir wollen nur fünf Typen derselben hervorheben: Erstens der ausgebildete Fachmann eines bestimmten technischen Gebietes, der in andere Gebiete Einblick gewinnen und Verbindungen herstellen möchte; zweitens der Lehrer der Volks- und höheren Schulen, der seine Schüler anleiten will, den Geist des Museums zu erfassen; drittens der erfahrene gelernte Arbeiter, der die Arbeitsprozesse seines Gebietes und die zu ihrer Durchführung nötigen Maschinen überschauen möchte; viertens der Lehrling der Fachschule, der, mit dürftigsten naturwissenschaftlichen Kenntnissen und geringen theoretischen Bedürfnissen ausgestattet, aber dennoch sein technisches Interesse befriedigen will, und endlich fünftens der Schüler der allgemein höheren Lehranstalten, der zwar mit guten naturwissenschaftlichen Kenntnissen ausgerüstet, aber ohne ausgesprochene technische Interessen in den Geist der Technik eingeführt werden soll. Wem soll das System in erster Linie gerecht werden? Hier liegen eine Menge psychologisch-didaktischer Probleme vor, die nur schlecht gelöst werden können, wenn man etwa nach dem Ausspruch des Theaterdirektors im Vorspiel zu Faust nach dem Grundsatze verfahren wollte: „Wer vieles bringt, wird manchem etwas bringen."

Begnügt sich das Museum mit der Ausbreitung des Anschauungskreises und mit der Förderung intellektueller, theoretischer oder praktischer Interessen, so wird die Aufgabe erheblich einfacher, als wenn das letzte Ziel aller Bildung ins Auge gefaßt wird, das im Sinngefüge des Beschauers neue Werte einbauen oder das Gefühl der Ehrfurcht erzeugen will vor jenen Großen, die in selbstloser Hingabe die Menschheit befreien halfen aus der Willkür der Naturkräfte. Der Weg vom ausgebildeten Intellekt zur Ausbreitung und Vertiefung der Werterlebnisse ist viel unsicherer, als der Weg vom Werterlebnis zur gesteigerten intellektuellen Leistungsfähigkeit.

Wir Erwachsenen, die wir in selbstloser Hingabe an eine Idee die Kleinheit und Endlichkeit unseres Wesens und das bescheidene Maß dessen, was wir vollenden konnten, an uns selbst erfahren haben, wir werden verhältnismäßig leicht vom Gefühl der Ehrfurcht erfaßt, wenn uns ein Großer in seinem gleichgerichteten Streben gegenübertritt. Es ist schon ein Funke in uns, der zur Flamme auflodern kann, wenn wir dem Genius auf Wegen begegnen, die wir selbst mühsam gewandelt sind. Aber jene, die ferne vom Ringen um technische oder wissenschaftliche Probleme nicht an sich erfahren haben, wie prompt die exakte Wissenschaft und noch mehr die exakte Technik auf alle Unsachlichkeit, Oberflächlichkeit, Bequemlichkeit antwortet, die unter der Einbildung des Wissenskrames leiden und noch keine Seligkeit empfunden haben, wenn sie ein vollendetes technisches Gut in Händen hielten, die sich rühmen, wie es mir in einer Schulbehörde begegnet ist, nicht einen Nagel in die Wand gerade einschlagen zu können und doch, wie sie glaubten, tüchtige Menschen geworden zu sein, wie wollen wir diese durch die Technik zur Ehrfurcht führen? Wir haben Tausende von ihnen und nicht zuletzt in den sog. gebildeten Kreisen. Hier allerdings liegen Aufgaben vor, welche das Deutsche Museum nicht mehr für sich allein lösen kann. Hier tauchen andere Fragen auf, die mit der Organisation unserer öffentlichen Schulen aufs engste zusammenhängen.

Perspektive des preisgekrönten Entwurfes von G. von Seidl

BOSCH

# DER MUSEUMSBAU.

## DIE BAUGESCHICHTE.

In der Gründungssitzung im Juni 1903 wurde der Bau eines Museums als bleibendes Heim für die Sammlungsgegenstände beschlossen. Der Bau sollte zugleich ein Meisterwerk der Baukunst, ein Ehrendenkmal für deutschen Geist und deutsche Technik werden.

Als Bauplatz wurden rund 36000 m² der Kohleninsel von der Stadt München dem Museum frei zur Verfügung gestellt. Bauamtsassessor Heinrich Neu hatte die ersten Ideenentwürfe und Bauanordnungen ausgearbeitet. Professor Gabriel v. Seidl, mit der weiteren Lösung der Aufgabe betraut, legte im Februar 1905 ein Vorprojekt entsprechend den Neu'schen Arbeiten vor, das als Bauprogramm einem allgemeinen Wettbewerb unter den deutschen Architekten zugrundegelegt wurde. Aus diesem Wettbewerb mit 31 eingelaufenen Entwürfen ging G. v. Seidl als Sieger hervor. Nach seinem preisgekrönten Entwurf gliedert sich die Anlage in zwei Hauptteile, den Sammlungs- und den Bibliothekbau, die durch zwei niedrige, schmale Seitenbauten verbunden sind, wodurch ein großer innerer Hof entsteht. Die Hallenbauten in Hufeisenform sind im Innern des Sammlungsbaues von den eigentlichen Ausstellungsräumen umschlossen. Der mächtige Ehrensaalvorbau im nördlichen Querbau, der hohe Turm des Westlängsflügels und der Kamin des östlichen Längsbaues treten besonders stark in die äußere Erscheinung.

Der Grundstein zum Neubau des Sammlungsbaues wurde am 13. November 1906 in Anwesenheit des Deutschen Kaiserpaares in feierlicher Weise gelegt. In einer vorausgegangenen Sitzung hatte der Vorstandsrat die Ausführung des Neubaues nach dem Seidl'schen Entwurf beschlossen. G. v. Seidl wurde im Jahre 1907 zum bauleitenden Architekten gewählt.

Bis zum Bau-Beginn verstrichen noch zwei Jahre. Die Sammlungsgegenstände waren schon seit langem im alten Nationalmuseum in der Maximilian-Straße in einer Abteilung I und in den Räumen der Schweren-Reiter-Kaserne in der Zweibrückenstraße in einer Abteilung II einstweilen untergebracht. Auf Grund der in dieser vorläufigen Sammlung und auf einer Studienreise nach Frankreich und England gemachten Erfahrungen mußte das Seidl'sche Projekt hinsichtlich des Sammlungs- wie des Bibliothekbaues wesentlich abgeändert werden. Der hufeisenförmige Hallenbau mit eingeschlossenem Kongreßsaal wurde in drei mit den Längsflügeln des Gebäudes gleichgerichteten Hallen, eine hohe Mittelhalle und zwei niedrigere Seitenhallen, aufgelöst. Der Kongreßsaal wurde in das Bibliothekgebäude verlegt. Die runden Treppenhäuser des Nordflügels wurden zu Nebensternwarten mit Kuppelaufbauten abge ändert. Die Spitze des Turmes mußte einer Plattform weichen. Die Südseite erhielt einen Vorbau mit Säulenhalle und Ehrenkolonnade. Eine wesentliche Änderung erfuhr die Fassade des Ostbaus durch Entfall des dortigen Kamines für die Kesselanlage. Beide wurden entbehrlich, da die Stadt München die unentgeltliche Abgabe von Wärme in einer Fernheizanlage vom Muffatwerk eingeräumt hatte. Bei einer Reihe dieser Änderungen, so bei der Einfügung der Zwischenhallen, der Form des Astronomieaufbaues usw. war allerdings nicht der Wille des Architekten, sondern die Forderung der Museumsleitung aus museumstechnischen Gründen maßgebend.

Mit dem Bau des Sammlungsgebäudes wurde im Jahre 1909 begonnen. Die Arbeiten waren in drei Losen an die Firmen Dyckerhoff & Widmann, Nürnberg, Rudolf Wolle, Leipzig, und Gebrüder Rank, München, mit Ed. Züblin, Straßburg, nach sogenannten Selbstkostenverträgen vergeben und in der zweiten Hälfte des Jahres 1911 soweit gediehen, daß am 5. Oktober 1911 in Anwesenheit des Protektors des Museums, des Prinzen Ludwig von Bayern, das Richtfest gefeiert werden konnte. In den folgenden Jahren wurde der Weiteraufbau tüchtig gefördert.

Hand in Hand mit den Ausführungsarbeiten gingen die Projektierungen der Einzelheiten in künstlerischer und konstruktiver Hinsicht. G. v. Seidl legte Entwürfe und Modelle über die dekorative Ausgestaltung des Turmes mit Vorbau, über die Vorhalle und das Haupttreppenhaus vor. Er arbeitete ein neues Projekt des Bibliothekbaues mit Kongreß-, Vortrag-, Zeichen- und Lesesälen sowie einer Plansammlung nach den neuesten Verfügungen der Museumsleitung und unter Benützung der Ergebnisse einer Studienreise nach Amerika zur Besichtigung wichtiger Bibliotheken im April 1912 aus. Eben hatte er einen Entwurf des Ehrensaales von höchst vornehmer Art der Museumsleitung unterbreitet, als ihn der Tod am 27. April 1913 mitten aus seiner Tätigkeit riß. Der Verlust dieses verdienstvollen, hervorragenden Künstlers traf das Deutsche Museum schwer. Wenn auch der Verstorbene die Fertigstellung des Museumsbaues nicht erlebte, wird doch die gediegene äußere Gestaltung, die er dem Sammlungsbau gegeben, seinen Ruhm für alle Zeiten verkünden. Zu seinem Nachfolger wurde sein Bruder, Professor Emanuel von Seidl, bestimmt. Die früheren Neubauvorstände, die Bauamtmänner Neu und Bosch, wurden ihm zur Unterstützung in künstlerischer und konstruktiver Hinsicht beigegeben. E. v. Seidl führte die Arbeiten im Sinne seines Bruders fort. Sie waren im Bureau und auf der Baustelle im vollen Gange und man konnte mit der Eröffnung des Museums im Jahre 1916 rechnen, als der Ausbruch des Weltkrieges die Fortführung der Arbeiten hinderte.

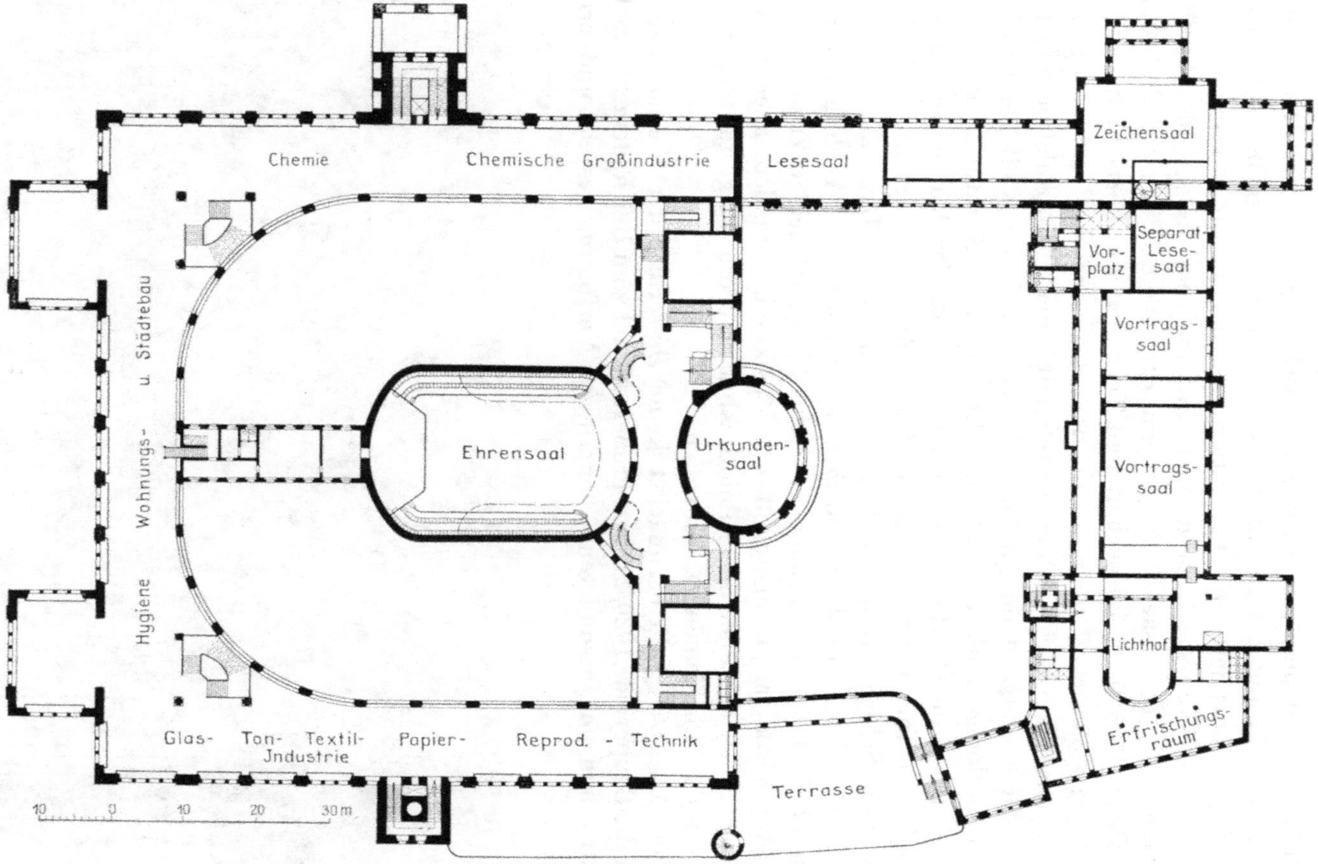


Grundriß des preisgekrönten Entwurfes von G. von Seidl

Der Rohbau war fertig, mit dem Innenausbau wurde eben begonnen. Wenn es auch gelang, eine völlige Baueinstellung zu vermeiden, gestalteten sich doch mit der längeren Dauer des Krieges die Verhältnisse immer ungünstiger. Die Arbeiter- und Beamtenzahl wurde immer geringer, die nötigen Baustoffe und Geldmittel standen nicht mehr zur Verfügung, zumal in der Zwischenzeit mit den drei ausführenden Firmen die Abrechnung des Rohbaues vertragsgemäß vorgenommen wurde. So schritten die Ausführungs- und Projektierungsarbeiten nur langsam fort. Gleichwohl wurden bemerkenswerte Leistungen während des Krieges durchgeführt. So wurde die Decke des Ehrensaales mit dem eindrucksvollen Bilde von Professor Julius Diez ausgeführt. Es stellt Wissenschaft und Technik, vom Fortschritt begleitet und sich gegenseitig zum Schaffen anreizend, dar. Professor Mößl nahm die Bemalung der Treppenhausdecke im III. Obergeschoß mit einer im Mittelalter üblichen Personifikation der damals bekannten Planeten vor. Professor Kleiber führte das perspektivische Deckengemälde im Mathematiksaale aus und unter Leitung und nach Entwurf von Professor O. Hupp wurde der Schmuck der Kuppel des Astronomieaufbaues mit Reliefdarstellungen der zwölf Tierkreise aufgebracht.

Ein weiterer Schlag traf das Deutsche Museum. Am 25. Dezember 1919 verschied E. v. Seidl, der Meister vornehmer, intimer Innenarchitektur. Auch ihm war es nicht beschieden, die Vollendung des Baues zu erleben. Die nach seinen Vorschlägen durchgeführten Ausbauten im Dachgeschoß, der Musiksaal, vor allem aber die von ihm hinterlassenen Entwürfe über den Bibliothekbau und die Ausgestaltung des Ehrensaales sichern ihm ein bleibendes Andenken.

Die Nachkriegszeit führte zunächst keine Besserung der Verhältnisse herbei; erst als für die Bauperiode 1920/21 neue größere Mittel vom Reich, dem Staate Bayern, der Industrie und von besonderen Gönnern zur Verfügung gestellt und erhebliche

Erstes Projekt des Ehrensaales von G. von Seidl

Materialstiftungen eingegangen waren, konnte in plangemäßer Weise wieder weitergebaut werden. Der östliche Verbindungsbau wurde bezugsfähig für die Verwaltung und das Neubaubureau des Deutschen Museums erstellt, der Ausbau und die Einrichtung der Gruppenausstellungs- und besonderen Räume wurden vollendet. Leider konnte der Ehrensaal mit Ausnahme der Decke weder nach dem Plane von Gabriel von Seidl noch dem von Emanuel von Seidl ausgeführt werden, da die damals zur Verfügung stehenden Geldmittel nicht ausreichten. Auch war der Ehrensaal so auszubilden, daß er gleichzeitig als Kongreßsaal dienen konnte, da der Bau der Bibliothek mit dem Kongreßsaal auf unbestimmte Zeit zurückgestellt werden mußte. Professor Bieber, der Nachfolger von E. von Seidl in der Bauleitung, wußte die Aufgabe vorzüglich zu lösen und dem Ehrensaal eine bemerkenswerte Ausgestaltung zu geben. Andere Räume wurden nach Entwürfen verschiedener Künstler mit einfacher Ausschmückung fertiggestellt.

Bald waren auch die umfangreichen Installationen, die Kanalisation, Wasserversorgung, Fernheizanlage und die elektrischen Anlagen ausgeführt. Die Heizfirmen, vor allem Emhardt & Auer und Johannes Haag, und die bekannten größeren Elektrizitätsfirmen haben sich hierbei besondere Verdienste erworben, indem sie die Projekte unentgeltlich erstellt, die Ausführung der Heizanlage zu Selbstkosten und die gesamte elektrische Anlage kostenlos durchgeführt haben.

Zu Anfang des Jahres 1925 war der Hauptteil der Anlage, das Sammlungsgebäude mit dem östlichen Verbindungsbau, mit Ausnahme der für die Eröffnung benötigten Räume des II. Stockwerkes vollendet, so daß diese am 7. Mai 1925 in feierlicher Weise stattfinden konnte. Der Bau beanspruchte die lange Zeit von 16 Jahren. Er war eben unter den denkbar ungünstigsten Verhältnissen und den schwierigsten Umständen durchzuführen. Die lange Kriegszeit, die fast ebenso schlimme Nachkriegszeit, der öftere Wechsel in der Bauleitung und in der Vorstandstelle des Neubaubureaus hatten äußerst verzögernd und einschränkend auf die Arbeitsdurchführung gewirkt. Trotzdem haben alle Beteiligten, nicht zuletzt die vielen Ausbaufirmen, alles darangesetzt, in einmütigem, gutem Zusammenarbeiten ein Bauwerk zu schaffen, das als eines der bedeutendsten in der Welt gelten kann.

Die Weiterverfolgung der Seidl'schen Bibliothekbauprojekte war bis nach Eröffnung des Sammlungsgebäudes zurückgestellt worden. Nunmehr wurde aber das Verlangen nach einer Bibliothek immer lauter. Viele Besucher empfanden das Bedürfnis, sich

Gesamtansicht des Deutschen Museums mit dem von G. von Seidl geschaffenen Sammlungsbau und dem von E. von Seidl entworfenen Bibliothekbau

noch eingehender über das Gesehene durch Studium der vorhandenen Literatur und Pläne zu unterrichten. Es mußte daher im Mai 1926 in einem Flügelbau der alten Schweren-Reiter-Kaserne an der Erhard-Straße gegenüber dem Sammlungsbau eine vorläufige Bibliothek für bereits gesammelte 100000 Bände Bücher und Patentschriften, für 12000 Pläne und 700 Zeitschriften eingerichtet werden.

Der Vorstand des Landbauamtes München, Oberregierungsrat Neithardt, erhielt den Auftrag, die Seidl'schen Entwürfe den jetzigen Zeitverhältnissen entsprechend umzuändern und zu vereinfachen. Seine Arbeiten in Form eines sehr klaren Vorprojektes bildeten die Grundlage für einen allgemeinen, im Jahre 1927 durchgeführten Wettbewerb. Wenn auch 131 Entwürfe eingelaufen waren, so brachte dieser doch kein ausführungsreifes Projekt; es ging aber doch aus ihm hervor, daß es richtig

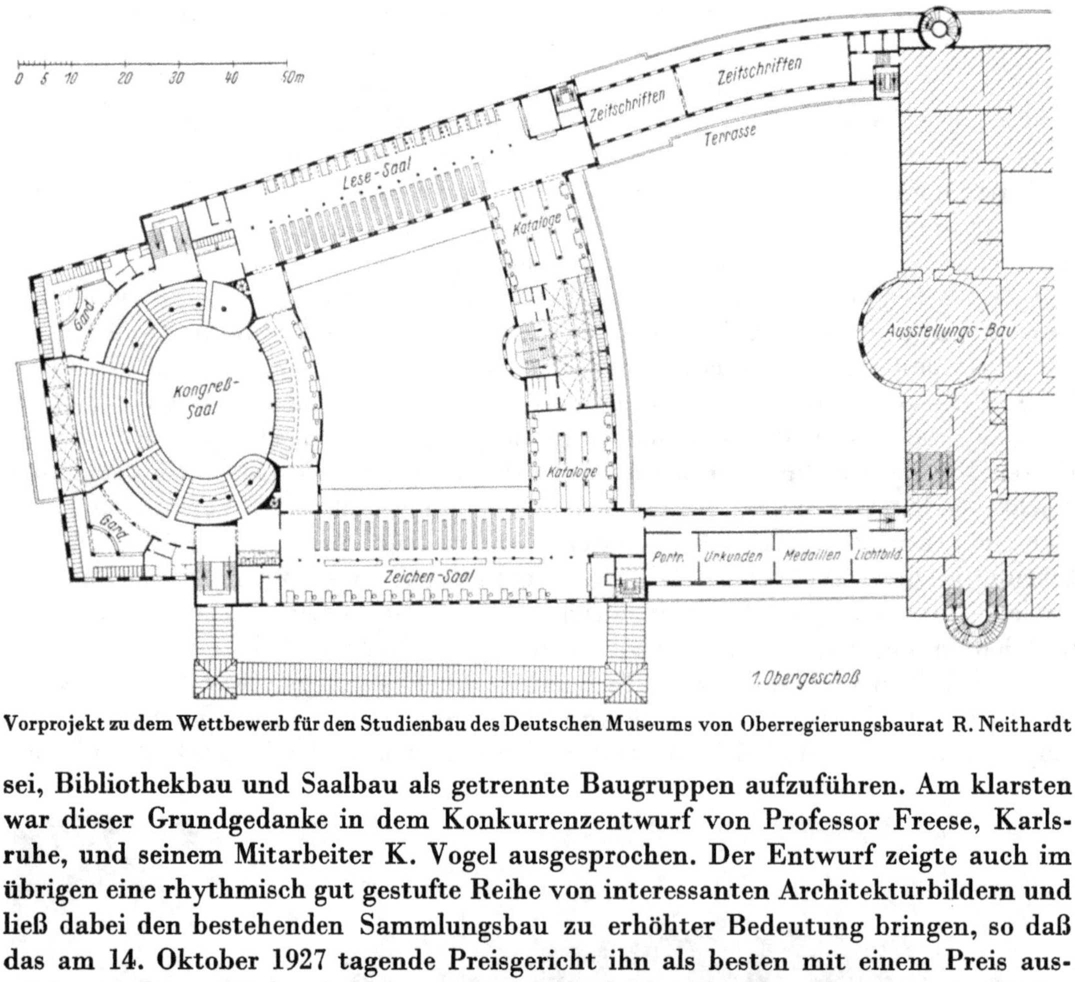


Vorprojekt zu dem Wettbewerb für den Studienbau des Deutschen Museums von Oberregierungsbaurat R. Neithardt

sei, Bibliothekbau und Saalbau als getrennte Baugruppen aufzuführen. Am klarsten war dieser Grundgedanke in dem Konkurrenzentwurf von Professor Freese, Karlsruhe, und seinem Mitarbeiter K. Vogel ausgesprochen. Der Entwurf zeigte auch im übrigen eine rhythmisch gut gestufte Reihe von interessanten Architekturbildern und ließ dabei den bestehenden Sammlungsbau zu erhöhter Bedeutung bringen, so daß das am 14. Oktober 1927 tagende Preisgericht ihn als besten mit einem Preis auszeichnete. Der mit der Ausführung der endgültigen Baupläne betraute Architekt, Geheimer Regierungsrat Professor Dr. German Bestelmeyer, München, legte der weiteren Planbearbeitung die neuen Motive des Wettbewerbes, namentlich den klaren Trennungsgedanken von Bibliothek- und Saalbau zugrunde.

Spätere Beratungen mit Bibliothekfachmännern führten zu weitgehenden Umänderungen des inzwischen entstandenen Projektes. Der ursprünglich vorgesehene Arkadenhof des Bibliothekbaues mußte aus praktischen Gründen fallen. Es erwies

Fliegeraufnahme des Museumsbaues aus dem Jahre 1917

sich der vorgesehene Gesamtraum als nicht ausreichend. Die Lesesäle, die bisher nur im ersten Geschoß untergebracht waren, mußten auf zwei Geschosse verteilt werden, außerdem war die Einziehung eines Querbaues im Hof zur Unterbringung der Katalogsäle notwendig, da deren Lage gerade an dieser Stelle für den Bibliothekbetrieb als besonders wichtig erkannt wurde. Das führte zunächst zu einer vollständig neuen Planung des Bibliothekbaues, die sich in ihrer Abmessung hauptsächlich dadurch kenntlich macht, daß das Hauptgesims des Baues auf gleiche Höhe mit dem unteren Hauptgesims des bestehenden Sammlungsbaues rückte. Das Untergeschoß konnte dadurch zu einem vollwertigen Bureaugeschoß ausgebaut werden. Diese veränderte kubische Gestaltung des Gebäudes war mit der bisherigen kubischen Form des Saalbaues um so weniger in Einklang zu bringen, als gegen diese Form von Fachleuten der Akustik so schwere Bedenken erhoben wurden, daß es nötig war, den Saalbau auf einer ganz anderen Grundlage zu entwickeln. Er erhielt eine ausgesprochene Längsachse und wurde in seiner Höhe bedeutend, bis fast auf die Höhe des durchlaufenden oben erwähnten Hauptgesimses, herabgedrückt. Zwischen Bibliothek- und Saalbau wurde ein geräumiger Hofraum eingeschaltet. Es ergab sich so gegenüber allen früheren Entwürfen ein vollständig neuartiger Gesamtentwurf. In diesem bleibt die beherrschende Haltung des Sammlungsbaues und auch der Grundgedanke Seidls, zwischen diesem und dem Bibliothekbau einen Schmuckhof einzuschalten, erhalten.

Gegen Ende des Jahres 1928 waren die Arbeiten und Projektierungen soweit gediehen und vom Reich, vom Staate Bayern, der Stadt München und der Industrie neben größeren Materialstiftungen so viel Geldmittel zur Verfügung gestellt, daß am 4. September 1928 die feierliche Grundsteinlegung des Bibliothekbaues — besser gesagt des Studienbaues — in Anwesenheit des Reichspräsidenten von Hindenburg stattfinden konnte. Mit dem Erdaushub für die Gründung und das Kellergeschoß wurde am 4. Dezember 1928 durch die Bauunternehmung Rudolf Wolle, Leipzig, begonnen.

# DIE BAUBESCHREIBUNG.

## Die Gesamtbauanlage.

Die Gesamtbauanlage wird aus dem bereits eröffneten Sammlungsbau südlich der Verbindungsstraße der beiden Erhardbrücken und dem noch zu erstellenden Studienbau nördlich dieser Straße bestehen. Letzterer wird sich in den eigentlichen Bibliothekbau und den Kongreßsaalbau gliedern, so daß die Gesamtanlage eine Dreiteilung aufweisen wird. Die neuen Gebäudegruppen werden sich in einer lang entwickelten Front längs der Isar erstrecken. Den Kopf dieser Gesamtanlage wird der

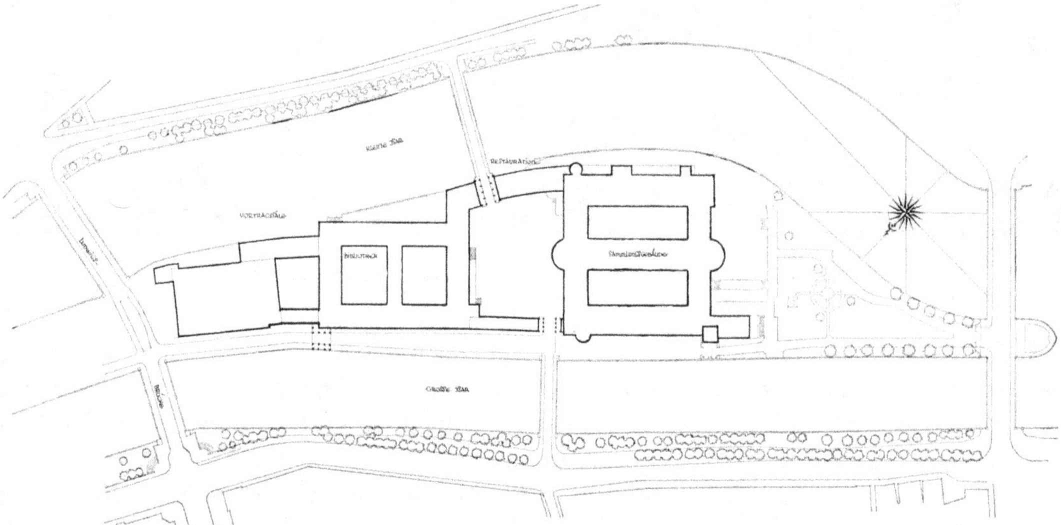

Lageplan des Deutschen Museums und des Studienbaues

Kongreßsaalbau bilden, der bis nahe an die Ludwigsbrücke herantreten und von dort aus seinen klar gesonderten Zugang für Fußgänger und Autoverkehr erhalten wird. Auch für den Bibliothekbau und den Sammlungsbau wird der Hauptzugang bzw. die Zufahrt von dieser Brücke aus und zwar auf der westlichen Seite entlang der großen Isar angelegt werden. Man wird aber auch von den Erhardbrücken aus durch Torbauten im Osten und Westen in den Schmuckhof und von hier aus zu den Haupteingängen des Sammlungsbaues und des Studiengebäudes gelangen.

## Der Sammlungsbau.

Der Sammlungsbau auf dem südlichen Teile der Museumsinsel überdeckt mit einem nahezu quadratischen Grundriß von ungefähr 100 m Seitenlänge eine Fläche von rund 12000 m² und weist dabei einen umbauten Raum von etwa 276000 m³ auf.

Der Bau besteht aus einer größeren Hallenbautenanlage zur Unterbringung der hohen und schweren Sammlungsgegenstände wie Maschinen, Transportmittel usw. und aus einer Saalbautenanlage, die die Hallenbauten an ihren vier Seiten mit Längs- und Querflügeln umgibt und die sonstigen Sammlungsobjekte mit einer Fläche von rund 23000 m² aufnimmt.

Wegen der großen zu übertragenden Lasten mußte der Bau auf den besten Münchener Baugrund, den Flinz, gegründet werden. Dieser liegt indes 10 bis 12 m unter der Hofhöhe. Von einer normalen Gründung mußte daher der hohen Kosten

Modell des Deutschen Museums mit Studienbau von der Ostseite

wegen abgesehen und der Flinz mittels einer Pfahlgründung erreicht werden. Es mußten rund 1500 Stück Bohr- und Rammpfähle aus Beton durch künstliche Auffüllungen und mächtige Kiesablagerungen hindurch eingebracht werden; deren Köpfe wurden mit Eisenbetonschwellen verbunden und darauf die Mauern und Pfeiler des Aufbaues aufgesetzt. Der gesamte Aufbau in Außen- und Innenwänden, Säulen, Pfeilern und Dächern ist in Beton und Eisenbeton erstellt; nur bei wenigen Teilen, wie beim Ehrensaalvorbau, bei der südlichen Ehrenkolonnade usw. ist Haustein verwendet. Die Außenmauern haben im Innern eine gut isolierende und nagelbare Bimsbetonverkleidung erhalten.

Die Zwischenwände bestehen aus Bimsbeton, Ziegelwerk, Hohlziegeln oder Schwemmsteinen. Sie sind im allgemeinen mit Glattputz versehen und haben, von besonderen Räumen abgesehen, Kalkfarbenanstrich, zum Teil mit Tönung und einfachen Abschlußlinien.

Auch die Fußböden sind in verschiedenen Arten durchgeführt je nach der Eignung zu den betreffenden Sammlungsräumen in reinem Zementestrich mit Linoleumbelag, in Platten- oder in fugenlosem Bodenbelag, auch in Ziegelpflasterung, Terrazzo, Holz usw.

Die Saalbauten aus einem 4,10 m hohen Kellergeschoß, drei Obergeschossen von 7,25 m bzw. 6,75 m bzw. 5,90 m Stockwerkhöhen und einem 5 m hohen Dachgeschoß sind zur Erreichung einer guten Führungslinie und einer großen Anzahl von Ausstellungswandflächen in allen Stockwerken mit Ausnahme des obersten Geschosses zweireihig, d. i. in zwei Abteilungen durchgeführt. Die einzelnen Stockwerke sind durch ein Haupttreppenhaus im Nordflügel, durch vier Nebentreppen in den vier Ecken der Saalbautenanlage und durch eine Reihe von Last- und Personenaufzügen miteinander verbunden. — Die Außenarchitektur ist im allgemeinen einfach und doch

Modell des Deutschen Museums mit Studienbau von der Westseite

Perspektive des Sammlungsbaues mit dem östlichen Verbindungsbau

zeigt der Bau ein vortreffliches Architekturbild, das vor allem durch die gewaltigen Baumassen erreicht ist. Das zurückspringende Dachgeschoß mit vorgelagerter Abdachung läßt die Gebäudehöhe der dortigen Umgebung angepaßt erscheinen und bringt eine verjüngende Wirkung nach oben. Die besonderen Einbauten des Saalumbaues, vor allem der Ehrensaalaufbau, der Turm usw. geben dem Bilde Leben und Abwechslung. Die Betonflächen, durch Vorsatzbeton mit Muschelkalkquetschmaterial ihrer kalten Tönung beraubt, zeigen durch Übermeißelung ein Aussehen ähnlich dem Naturstein. Besonders fein gegliederte Teile der Außenflächen, wie die Lisenenausbildungen am Dacharchitrav der Saalbauten wurden für sich hergestellt und in die Fassaden eingesetzt. An dem Bau sind einfache Fenster mit Eichenholzrahmen und -sprossen verwendet. Sie weisen die der Größe des Baues entsprechenden Abmessungen auf. So haben die Fenster im runden Ausbau des Südbaues eine Fläche von je rund 30 m².—Die Dächer der Saalbautenanlage wurden nach Aufbringung einer Lage Dachpappe auf die Betondachplatten mit Kupfer gedeckt.

In der Mitte des Nordflügels erhebt sich als hervortretender ovaler Vorbau, 48 m hoch, der Ehrensaalaufbau mit der Vorhalle und dem Ehrensaal im unteren, der Astronomie und der Sternwarte mit mächtiger Kuppel im oberen Teil. Dieser Bau enthält den Hauptzugang zum Sammlungsbau. Auf einer großen, um den Ehrensaalvorbau laufenden Freitreppe gelangt man zu fünf Eingangstoren. Die Eingangstüren sind aus Eichenholz gearbeitet und an den Außenseiten mit Gußeisen und verzierten Füllungen verkleidet. — Die Vorhalle im Erdgeschoß weist 12 freistehende, 6,5 m hohe jonische Säulen auf, die die schüsselartig vertiefte Eisenbetondecke mit steinmetzartiger Bearbeitung und von bemerkenswerter Konstruktion tragen. Um die Wirkung der Säulen und Decke aus weißem Zement zu erhöhen, haben die Wände einen Wachsfarbenanstrich mit Quaderteilung erhalten. — Der 23 m lange, 17 m breite und 13 m hohe ovale Ehrensaal im ersten Stock mit den Denkmälern der berühmtesten Wissenschaftler und Techniker ist der künstlerisch hervorragendste

Raum. Er tritt schon nach außen hin durch hohe, gut geformte Fenster mit darübergelegenen ovalen Oberlichten und durch einen schmalen durchlaufenden Balkon in Erscheinung. Die rauhen Eisenbetonwände und die Decke aus Eisenbetonparallelträgern mußten durch Rabitzvorbauten zu einer dekorativen Ausschmückung verdeckt werden. Hierdurch entstand eine Stuckdecke, reich ausgebildet mit großer Hohlkehle und Stichkappeneinschnitten, mit der Anlage eines goldenen Tierkreises auf tiefblauem Grunde, der ein prächtiges Gemälde von Julius Diez mit einer allegorischen Darstellung auf die Wissenschaft und die Technik umgibt. Die Wände weisen Lisenenteilungen und Füllungen in grauem Stuckmarmor auf. Die Ein- und Ausgangstüren haben dekorative Portale mit Pilastern und Gesimsen. Die beherrschenden Farben des Raumes sind Grau und Gold. Der Abschluß zwischen Wänden und Decke besteht aus einem Architrav mit Fries- und Konsolgesimse von 2 m Höhe. Der Fußboden ist gemusterter Parkettboden in Nußbaumholz. Obwohl der Ehrensaal mit Rücksicht auf Finanzschwierigkeiten nunmehr künstlerisch viel einfacher durchgeführt ist als Gabriel und Emanuel von Seidl vorgesehen hatten, stellt er doch auch in seiner jetzigen Form nach dem Entwurf von Professor O. Bieber einen prächtigen, des Andenkens der Pioniere der Naturwissenschaft und der Technik würdigen Raum dar. — Über dem Ehrensaalbau verjüngt sich der Bau in wirkungsvoller, konstruktiv bemerkenswerter Weise durch dreimalige Absätze und Übergänge zu einem ovalen Aufbau über den Planetarienräumen, zu einem runden Überbau über dem Galilei-Saal und endlich zu einem Kuppelaufbau der Hauptsternwarte. Diese Absätze sind in architektonisch gut wirkender Weise zu Rundgängen ausgebildet, von welchen aus man den Blick auf die Stadt und das Gebirge hat. Große seitliche, von Säulen eingefaßte und mit Eisenfenstern geschlossene Öffnungen lassen den obersten Rundgang nach außen gut erkennen. Die Drehkuppel der Hauptsternwarte besteht aus einer Eisenkonstruktion mit innerer Holzverkleidung und äußerem Kupferbelag. Ihr zylinderförmiger Aufbau ist mit einem aus Kupfer getriebenen Tierkreis nach dem Entwurf von Professor Otto Hupp geziert. Der Aufbau trägt ein kegelförmiges Dach mit einem festen runden Oberlicht und einem zweiflügeligen Schlitz zum Durchblick für den Refraktor, der auf einem eingebauten, wegen großer Empfindlichkeit des Instrumentes unabhängig von der Decke gegründeten Eisenbetonpfeiler gelagert ist. Als weitere bemerkenswerte Räume des astronomischen Aufbaues sind zwei Nebenräume zu dem Ptolemäischen Planetarium zu erwähnen, die beachtenswerte Ausschmückungen aufweisen. Die dortigen Deckengemälde von den Kunstmalern Brandis und Hans Weber zeigen den nördlichen Sternenhimmel in Renaissancestil und den südlichen in Barock-Charakter. Weiter ist anzuführen der Galilei-Saal, der Ehrenraum der astronomischen Abteilung, mit gewölbter Stichkappendecke und einem Mosaikboden.

Westlich von dem Ehrensaalvorbau ist im nördlichen Saalflügel das Haupttreppenhaus eingebaut. Es enthält bis zum II. Obergeschoß eine dreiarmige, von da ab eine zweiarmige Treppe, gebildet aus einer Reihe eng verlegter, an den Podesten abgeknickter Eisenbetonparallelträger. Auch hier mußte diese bemerkenswerte Konstruktion zur Erzielung einer künstlerischen Ausbildung durch Rabitz- und Moniervorlagen verdeckt werden. Die Treppenstufen haben Kunststeinbelag von gepreßten Platten. Wände und Treppenuntersichten sind weiß gestrichen. Das Brüstungsgeländer besteht aus Säulen in Kunststein. Für die Vorräume und Podeste

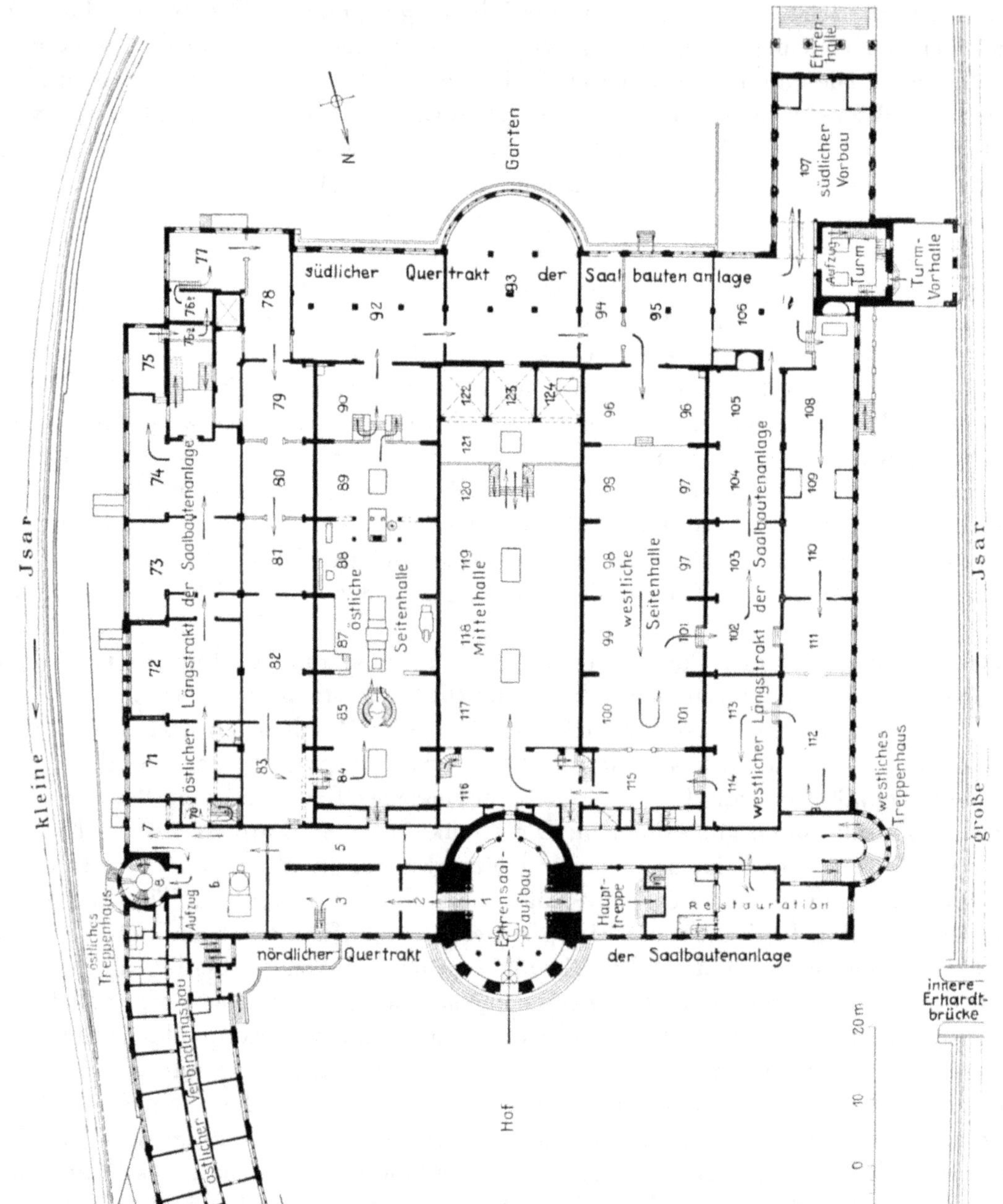


**Grundriß des Erdgeschosses vom Sammlungsgebäude**

**Die eingetragene Führungslinie gibt den Besucherweg an.**

| | | |
|---|---|---|
| Raum | 1 | Vestibül |
| „ | 2 | Empfangsraum |
| „ | 3—5 | Geologie |
| „ | 6 | Aufgaben des Bergbaues |
| „ | 8 | Treppe in die Bergwerke |
| Raum | 71—73 | Hüttenwesen |
| „ | 74 | Gießerei |
| „ | 75 | Alte Schmiede |
| „ | 76 | Schlösser |
| Raum | 77—82 | Metallbearbeitung |
| „ | 83 | Ehrenraum der Metallbearbeitung |
| „ | 84—92 | Kraftmaschinen |
| „ | 93 | Ehrensaal des Verkehrs |
| „ | 94—95 | Fahrräder und Automobile |
| „ | 96—101 | Eisenbahnen |
| „ | 102—103 | Straßenbau |
| Raum | 104—106 | Eisenbahnbau |
| „ | 107 | Tunnelbau |
| „ | 108—110 | Brückenbau |
| „ | 111—112 | Wasserbau |
| „ | 113—114 | Wasserstraßen |
| „ | 115 | Hafenbau |
| „ | 116—124 | Schiffbau |

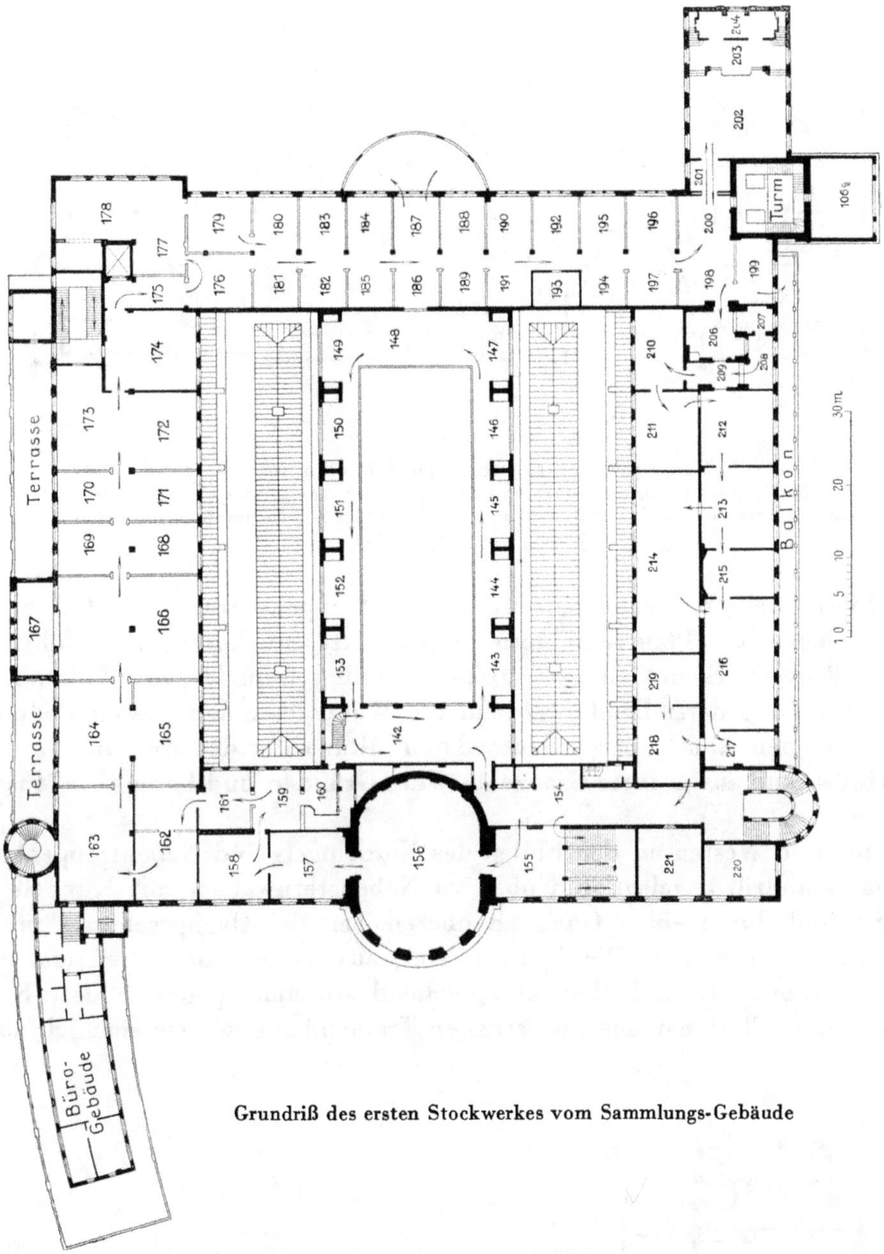


**Grundriß des ersten Stockwerkes vom Sammlungs-Gebäude**

Raum 142—153 Flugtechnik
„ 154 Verstärkerraum
„ 155 Vorsaal
„ 156 Ehrensaal
„ 157 Bildersaal
„ 158—161 Zeit-, Raum-, Gewichtsmessung
„ 162 Mathematik
„ 163—165 Mechanik
„ 166—167 Wärme
„ 168—173 Elektrizität

Raum 174—179 Telegraphie und Telephonie
„ 180—189 Optik
„ 190—193 Akustik
„ 194—205 Musikinstrumente
„ 206—213 Chemische Laboratorien
„ 214—217 Chemische Industrie
„ 215 Ehrensaal der Chemie
„ 218 Lebensmittelchemie
„ 219 Apotheke
„ 220—221 Projektionsraum für Filme und Lichtbilder

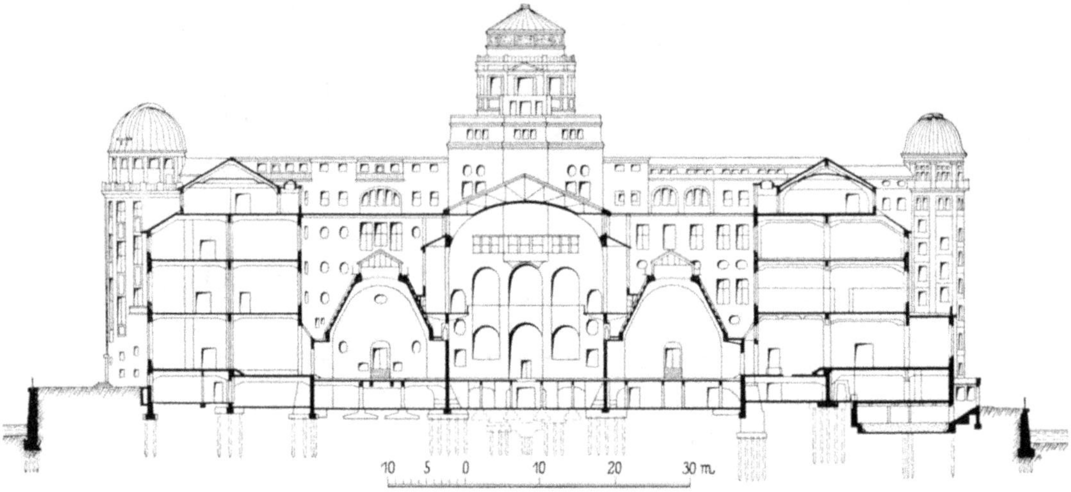


Hauptquerschnitt durch den Sammlungsbau
Die Mittelhalle mit dem Ehrensaal-Aufbau, daran rechts und links anschließend die östliche und westliche Seitenhalle und die Längstrakte der Saalbautenanlage. An den Flügeln östliches und westliches Treppenhaus mit den Nebensternwarten

sind teils Bogen-, teils Kassettendecken, für den Treppenvorraum des III. Stockes ist eine mit eingelegten Planetenbildern geschmückte Stuckdecke ausgeführt. Auf dem zweiten Podeste erkennt man das große dreiteilige Gemälde von Waltenberger, die Grundsteinlegung darstellend, während die Wand über dem ersten Podest die Gedenktafel mit den Namen der bedeutendsten Mitarbeiter des Museums sowie die von Prof. Hildebrand ausgeführte Bronzebüste des Gründers und Leiters des Museums enthält.

Im Osten und Westen an den Enden des Nordflügels sind Nebentreppenhäuser von rundem Grundriß angelegt und oben zu Nebensternwarten mit Kuppeln ausgebildet. Sie sind durch einen Gang im oberen Teil des Dachgeschosses mit der Hauptsternwarte verbunden. Die Treppen sind aus Eisenbetonplatten erstellt, in ihren Untersichten glatt und oben entsprechend stufenartig ausgebildet. Bemerkenswert ist diese Plattenanlage im östlichen Treppenhaus, wo sie sich schrauben-

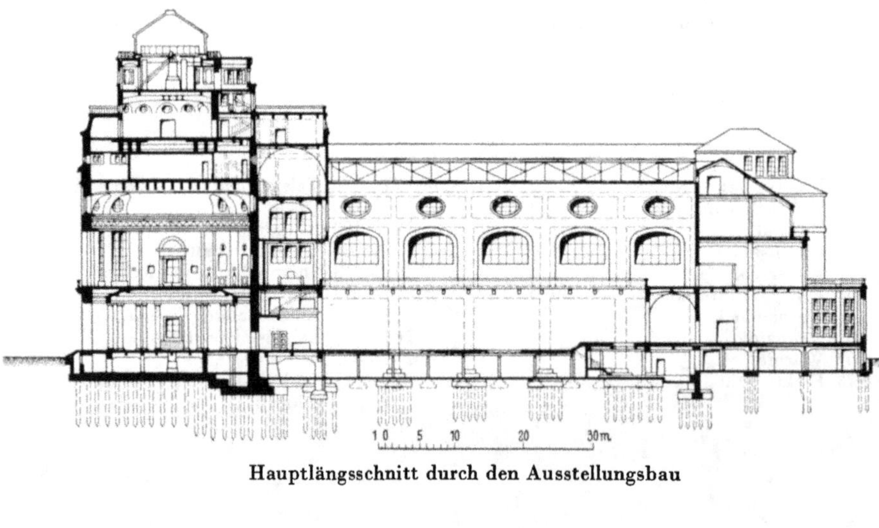


Hauptlängsschnitt durch den Ausstellungsbau

förmig ohne Unterstützung durch eine Spindel nur aus der Treppenhausmauer auskragend in die Höhe windet.

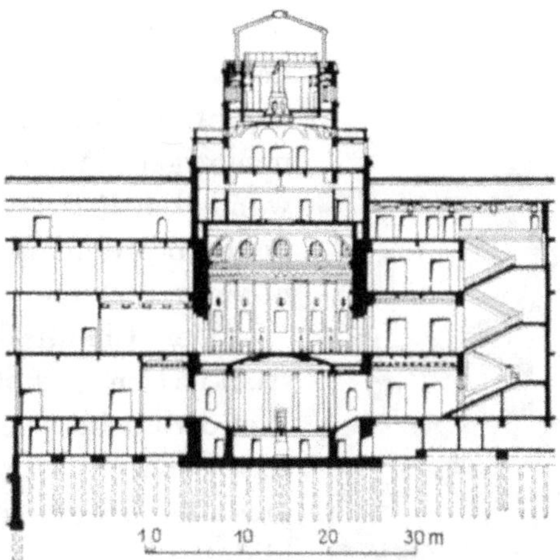

Schnitt durch den Ehrensaal-Aufbau
Vestibül, Ehrensaal, Astronomie und Hauptsternwarte mit Kuppel. Rechts die Haupttreppe im nördlichen Quertrakt

Der Westbau, dessen Fassade durch eine offene, auf ganzer Länge durchgehende Galerieanlage belebt ist, zeigt am südlichen Ende den 67 m hohen Turm, dem ein niedriger Vorbau gegen die Isar zu vorgelagert ist. Im Innern enthält er eine Treppenanlage und zwei Aufzüge, die vom Keller bis zu einer Galerie auf der Höhe von 53 m über Gelände führen. Der innere Raum der Treppe, die Laterne, ist von Einbauten freigehalten, weil er zu Pendel- und Fallversuchen bestimmt ist. Die obere Plattform des Turmes in der Höhe von 63 m über dem Gelände ist mit einer Antennenanlage versehen. Die Außenarchitektur des Turmes ist einfach. Auf der Höhe der inneren Treppenabschlußdecke sind in deren Erweiterung an den vier Seiten Balkone mit verzierten Brüstungsgeländern ausgebaut. Um den von dieser Decke ab nach oben führenden, eine Wendeltreppe enthaltenden inneren Ausbau ist ein Rundgang angelegt, zwischen den Eckbauten offen und durch je zwei Arkadensäulen in den Seitenöffnungen in Erscheinung tretend. Um den Zweck des Turmes zu meteorologischen Versuchen schon nach außen hin zu kennzeichnen, sind die Wandflächen in ungefähr 48 m Höhe über dem Gelände mit meteorologischen Darstellungen und Einrichtungen, wie mit Barometer und Thermometer an der Nord-, mit Windmesser an der Süd- und mit Hygrometer an der Ostseite versehen. Die kleine Vorhalle vor dem Turm gegen die Isar zu hat ein geschweiftes Dach, dessen First einen überlebensgroßen Zentaur nach einem Entwurf von Professor Theodor Georgii trägt.

Von den inneren Räumen des Westtraktes sind vor allem die chemischen Laboratorien, die Apotheke und der Ehrensaal für Chemie im I. Stock zu erwähnen.

Das alchimistische Laboratorium aus der ältesten Zeit in der Gruppe der Chemie zeigt einen von Professor Schulz, Nürnberg, reizend ausgestatteten Raum in Frühgotik mit prächtigen gotischen Türportalen, Kreuzgewölben und Säulen und einem Arkadengang. Der Fußboden hat Ziegelpflaster in Kalkmörtel.

Das sich anschließende phlogistische Laboratorium aus der Zeit des Übergangs der Gotik zur Renaissance — ein drei-

Saaldecke im Südtrakt

Astronomie-Aufbau mit Terrasse und Hauptsternwarte

fenstriger Raum mit einer Segmentbogendecke — hat als besondere Merkmale an der Stirnwand den großen Arbeitsherd mit mächtiger Rauchkutte und an der Längswand den Pristleyschen Kamin. Der Fußboden besteht aus einem Belag von Solnhofener Platten.

Der Chemie-Ehrensaal ist in reich stuckiertem Jesuitenbarockstil mit einem Wandfries, in welchem die Bilder berühmter Förderer der chemischen Industrie medaillonartig eingesetzt sind, ausgebildet.

Das Schmuckkästlein des Museums — die Apotheke von Professor Franz Zell — ist ein zweifenstriger Raum in Barockstil mit hohen Schrankbauten und Vertäfelungen an allen Wänden. Sämtliche Holzteile sind farbig bemalt, wobei die Schrankfüllungen und Schubläden in dekorativer Weise mit figürlichen Darstellungen und Landschaften von Kunstmaler Hans Weber versehen sind. Ein Tonnengewölbe mit Stuckarbeit und Stichkappen zeigt ein entzückendes kleines Deckengemälde mit allegorischen Figuren von Professor W. Kolmsperger.

Am Südbau tritt vor allem der halbrunde, ebenerdige Ausbau in der Mitte des Flügels vorteilhaft in Erscheinung. Von seiner Plattform aus ist die Besichtigung der im Freien auf der Südspitze der Insel aufgestellten Objekte wie Windmühlen usw. ermöglicht. Dieser Flügel ist im Gegensatze zu den übrigen bereits über dem I. Stock abgesetzt. Der dortige Absatz ist zu einer Terrasse ausgebildet. Die Dachfläche ist hier über den geneigten Teil des II. Obergeschosses geführt, so daß nach außen hin kein Rücksprung des Dachgeschosses wie bei den übrigen Flügeln gegeben ist, was den Südbau in vorteilhafter Weise niedriger erscheinen läßt. In seinem Innern befindet sich im Erdgeschoß der Ehrensaal der Gruppe Verkehrswesen, für

Oberer Teil des Turmes mit Barometer und Thermometer

welchen Ludwig Seidl einen 40 m langen und 2 m hohen Gemäldefries mit Darstellungen der Verkehrsmittel aller Zeiten in Vorschlag gebracht hat.

Bearbeitung der Außenflächen

In der Verlängerung des Westflügels über den Turm und den Südflügel hinaus ist ein gut wirkender Anbau als Ehrenkolonnade ausgeführt. Er zeigt an der Giebelseite die Form eines griechischen Portikus mit vier Säulen aus Ettringer Tuff von 19,5 m Höhe. Eine 13 m breite Freitreppe aus rheinischer Basaltlava führt zu einer Estrade dieser Säulenhalle. Im I. Stock ist hier der Musiksaal mit Vorraum untergebracht. Er ist nach dem Entwurf von E. v. Seidl im Rokokostil mit reichen Stuckverzierungen an den Decken und Wänden durchgebildet. Der Saal hat eine durch zwei Treppen zugängliche Galerie, auf der die Orgeln aufgestellt sind, und darunter einen schallsicheren Raum für die Spielautomaten. An der nördlichen Wand ist auf einer Empore eine elektrisch-pneumatische Orgel von Steinmayer mit einem Fernspielwerk aufgestellt. Das prächtige Orgelgehäuse ist von Professor R. Berndl entworfen.

Auch der Ostbau zeigt eine Reihe von Vor- und Aufbauten. Hier tritt vor allem die kreisförmige Treppenanlage am Nordende mit einer Nebensternwarte im oberen Teil in Erscheinung. Terrassen, Giebelaufbauten und die verschiedenen Dachformen geben der Ostfront ein fesselndes Fassadenbild.

Die Hallenbauten. Die Hallen innerhalb der Saalbauten — eine Mittel- und zwei Seitenhallen — haben eine Länge von je 62 m und Breiten von 20,5 m bzw. je 17,5 m. Sie überdecken eine Fläche von rund 3600 m². Die Mittelhalle ist 22,5 m, die Seitenhallen sind je 13,5 m hoch, vom Fußboden bis zur Decke gerechnet. Durch diese Abstufung in den Höhen und die gegebene Gruppierung ist eine gute Belichtung gesichert und auch jene der umgebenden Saalbauten nicht beeinträchtigt. Die Mittelhalle hat Seitenlicht, die Seitenhallen haben ausreichendes Oberlicht.

Die Hallen sind in Eisenbeton in Form von Fachwerken, bestehend aus einer Reihe von Eisenbetonbindern mit Betonausmauerung ausgeführt. Die Binder der Seitenhallen haben Parabelform und sind mit den Bindern der Mittelhalle sowie mit den Pfeilern der West- und Ostflügel der Saalbauten durch Kämpfergelenke verbunden. Die Binder der Mittelhalle sind entsprechend dem Kräfteverlauf konstruiert und berechnet, wobei sich eine Form ergeben hat, die den Einbau von Kabinen zwischen Mittelhalle und Seitenhallen in Erweiterung einer auf 8,5 m Höhe über dem Fußboden laufenden Galerie der Mittelhalle ermöglichte.

Die Mittelhalle ist mit Kupfer auf einer Holzschalung, getragen von einer Eisenkonstruktion, abgedeckt. — An dieser Eisenkonstruktion ist nach unten ein Rabitzgewölbe in Tonnenform angehängt, das den oberen Abschluß der Mittelhalle bildet. — Die Dächer der Seitenhallen sind in Eisenbeton mit Bimsbetonausfüllung erstellt.

Decke des Ehrensaales mit dem Gemälde von Professor Julius Diez

Als Dachbelag sind hier rheinische Schieferplatten in deutscher Deckung auf diese Bimsbetonausfüllung aufgenagelt. — Die Fenster der Mittelhalle sind wie bei den Saalbauten als einfache Fenster mit Eichenholzstöcken, -Rahmen und -Sprossen ausgeführt. — Der Fußboden der Mittelhalle ist ein Langriemenboden aus Buchenholz. Die westliche Seitenhalle hat als Fußbodenbelag bläuliche Devaplatten, die in Zementmörtel verlegt sind; bei der östlichen Seitenhalle wurden hierfür Kunststeinplatten in gelber Tönung, gleichfalls in Zementmörtel verlegt, verwendet.

Die besonderen Einrichtungen. Von den besonderen Einrichtungen sind die Heizanlage und die elektrische Anlage als bemerkenswert zu nennen.

Die Heizanlage ist eine Fernwarmwasser-Pumpenheizung. Die Stadt München gibt die Wärme kostenlos im Muffatwerk, d. i. in etwa 700 m Entfernung vom Deutschen Museum, ab. Dort erhitzt der mit Heizstrom aus Überschußwasserkraft gewonnene oder auch mit Brennstoffen erzeugte Dampf das nötige Wasser. Zur besseren Ausnützung der Überschußwasserkräfte erfolgt während der Nacht eine Wärmeaufspeicherung in zwei Ruthsschen Wärmespeichern. Dabei wird der Dampf durch einen Gegenstromvorwärmer geleitet, in welchem heißes Wasser von 80 bis 90° C erzeugt wird. Bei der Wärmebeschaffung durch Brennstoffe wird das Spannungsgefälle des erzeugten Dampfes in Dampfmaschinen ausgenützt und der Abdampf durch einen Oberflächenkondensator geleitet, in welchem wiederum Wasser auf 70 bis 80° C erwärmt wird. Das Heißwasser wird vom Muffatwerk weg zunächst durch den Kellerraum des Müllerschen Volksbades, sodann in einem betonierten Heizkanal in der Zeppelinstraße durch eine gut isolierte, schmiedeiserne Rohrleitung dem Deutschen Museum zugeführt und durch eine ebenfalls isolierte Leitung von gleicher Abmessung auf gleichem Wege wieder zurückgeleitet. Es ist also eine Ringleitung aus Vor- und Rücklauf mit Kompensationsrohren ausgeführt, in welcher das Wasser durch Pumpen im Muffatwerk von 48 bis 126 m³ stündlicher Wasserführung je nach Bedarf fortgedrückt bzw. angesaugt, also dauernd umgewälzt wird.

Blick in die Seitenhalle

Die Hauptleitung endet in der Unterkellerung des Ehrensaalbaues unter der Vorhalle. Hier wird die Vorlaufleitung durch Schieber für den Ost-, Süd- und Westflügel sowie für den Ehrensaalaufbau und für den Verbindungsbau in fünf Ringleitungen mit Kompensationsröhren verteilt, von welchen die Steigleitungen in die einzelnen Stockwerke bis zum Dachgeschoß der verschiedenen Flügel abzweigen. Von diesen Steigleitungen gehen die Zweigleitungen zu den einzelnen an den Wänden, im allgemeinen unter den Fenstern aufgestellten Radiatoren der verschiedenen Räume. Die Hallenbauten sind an die südliche Ringleitung angeschlossen. Die Rückleitungen mit dem verbrauchten, von der Pumpe angesaugten Wasser werden unter der Vorhalle wieder gesammelt und der Hauptrückleitung zugeführt. Die Isolierung der Leitungen ist so gut, daß nur ein Verlust von 2° bei der Verteilungsstelle unter der Vorhalle gegenüber der Temperatur im Muffatwerk entsteht. Ring- und Steigleitungen bestehen aus schmiedeisernen Röhren. Vom Vorlaufhauptrohr wie auch vom Rücklaufrohr gehen als Zirkulationsleitungen Steigleitungen in die Höhe zu zwei in dem Umbau des Ehrensaalaufbaues vor dem Galilei-Saal untergebrachten, miteinander verbundenen Ausdehnungsgefäßen von je 6,75 m³ Wasserinhalt. Ihr Luftraum ist mit den einzelnen Stockwerksteigleitungen an deren höchsten Punkten durch Luftleitungen zu Druckausgleichen verbunden. Die sämtlichen Ring-

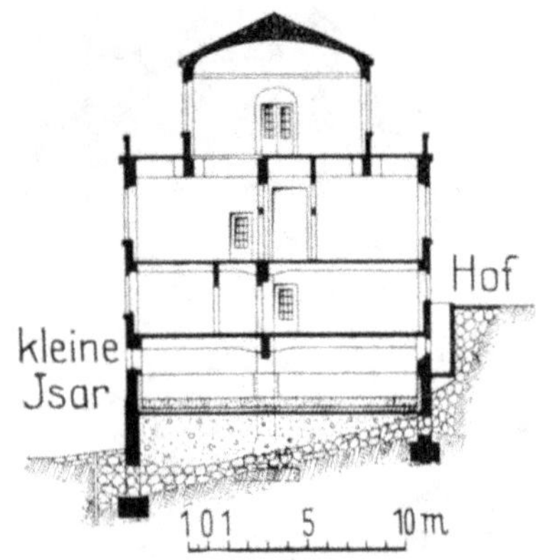

Querschnitt des östlichen Verbindungsbaues. Auf der Hofseite Isolierkanal mit Sickeranlage

leitungen im Gebäude sind beweglich gelagert. Erwähnt sei noch, daß in der Mittelhalle in Nischen unter den Kabineneinbauten sechs Heizapparate aufgestellt sind, durch welche mittels Elektromotoren und gekuppelten Ventilatoren die warme Luft mit Druck in die weiten Räume der drei Hallen ausgeblasen wird. Im Ehrensaal ist die Heizung längs der Fensterseite im Boden, längs der gegenüberliegenden Seite in Verkleidungen unter den Wandgemälden untergebracht.

Die elektrische Anlage. Zur Beleuchtung des Neubaues, für die Motorenanschlüsse für Aufzüge, Kompressoranlage, Modellantriebe und Vorführungen ist eine Starkstromanlage, für Uhren, Telephon und Meldeapparate eine Schwachstromanlage ausgeführt. Der elektrische Strom wird gleichfalls von der Stadt München kostenlos geliefert.

Die Starkstromanlage wird mit Gleichstrom gespeist. Nur für Vorführungen und Versuchszwecke ist in jedem Stockwerke die Möglichkeit der Entnahme von Dreh- und Wechselstrom vorhanden.

Vom Muffatwerk des städtischen Elektrizitätswerkes wird durch zwei Kabelpaare die elektrische Energie in Form von Gleichstrom als Dreileiter, 2 × 110 V, und Drehstrom-Hochspannung mit 5000 V Spannung den Schalträumen im Kellergeschoß des Nordbaues und einer dort verlegten Ringleitung zugeführt. Zur Zeit des größten Verbrauches werden zur Unterstützung der direkten Gleichstromlieferung von rd. 120 kW vier Gleichrichter mit insgesamt 230 kW mit herangezogen. Außerdem ist ein Drehstromtransformator für 100 kVA vorhanden, der den zu Versuchszwecken nötigen Dreh- und Wechselstrom mit 220 V Spannung liefert.

Von der Ringleitung zweigen 13 Steigleitungen ab, welche Schalttafeln in den einzelnen Stockwerken speisen. Von diesen Tafeln aus findet die Verteilung des Gleichstromes statt.

Zur Verteilung des Drehstromes geht vom Schaltraum eine Leitung durch das Untergeschoß des Sammlungsbaues und berührt dabei je eine Schalttafel auf der Ost-, Süd- und Westseite. Von diesen Schalttafeln gehen drei Steigleitungen durch die einzelnen Stockwerke nach den Verteiltafeln zur Entnahme von Drehstrom an den Verbrauchstellen.

Die Schalträume bestehen aus einem Hochspannungsraum, einem Raum für die Gleichrichter und einem Schaltraum für die Verteilschaltanlage.

Der Hochspannungsraum enthält sechs Kammern für den Anschluß vom städtischen Elektrizitätswerk und für die Apparate und Schalter der Transformatoren.

Es sind zwei Transformatoren zu je 200 kVA für die Gleichrichter und ein Transformator zu 100 kVA für die Vorführungsanschlüsse aufgestellt.

Im Gleichrichterraum sind vier Gleichrichter für eine Gleichstromleistung von insgesamt 230 kW und für eine Stromstärke von 250 A je Einheit mit den nötigen Schalt- und Meßeinrichtungen vorhanden.

Die Verteilungsanlage enthält sämtliche Meßinstrumente, Schalter und Sicherungen für die abgehenden Speise- und Verteilungsleitungen.

Es sind rd. 1000 Brennstellen mit einem Stromverbrauch von rd. 160 kW angeschlossen. Der Kraftbedarf für die Aufzüge, für Vorführungen, für Heizapparate und sonstige Anschlüsse beträgt 292 kW Gleichstrom. Die Anschlüsse für Vorführungen und Versuchszwecke erfordern 30 kVA Drehstrom.

Die Gartenanlage. Für Gegenstände, die zu groß sind, um im Museum selbst aufgestellt zu werden, wie Krane, Signalapparate, Originalbrückenteile, Teile aus der Eisenhüttentechnik usw. ist auf der Südseite ein Ausstellungsgarten mit rd. 10 000 m² Grundfläche ausgeführt und der vor dem Ausstellungsbau nordwärts gelegene Platz entsprechend ausgebildet.

Ein kleiner Hügel in der Mitte des Ausstellungsgartens trägt das Original einer Windmühle holländischer Bauart aus Zingst an der Ostsee. Grüne Rasenflächen und Bäume beleben das Bild.

Die Kosten. Durch die während der Bauausführung eingetretene oft sprungweise Änderung des Geldwertes und die ungeheure Inflation lassen sich feste Angaben der Kosten in Goldmark nicht machen. Bei der Abrechnung des bis dahin durchgeführten Rohbaues am Ende des Jahres 1916 waren die Kosten rd. 3 707 000 Goldmark. Es stellte sich also der Kubikmeter umbauten Raumes des Rohbaues auf 13,40 ℳ. Die Vollendung des Rohbaues, die Ausbauarbeiten einschließlich der Gruppenausbildungen, der östliche Verbindungsbau usw. erhöhten diese Kosten auf rd. 15 000 000 Goldmark.

Besondere Angaben. Zur besseren Beurteilung der Größenverhältnisse des Baues mögen folgende Angaben dienen.

An Baustoffen waren erforderlich:

rd. 12 000 m³ Holz, 60 000 m³ Kies und Sand, 3000 t Eisen, 400 Waggons Kalk, 1700 Waggons Zement.

Ausgeführt wurden:

rd. 8100 lfm Pfähle der Gründung, 2600 m³ Stampfbeton für Fundamentschwellen, 9200 m³ Stampfbeton für den Aufbau, 10 000 m³ armierter Beton, 30000 m² Deckenflächen, 4750 m² Fensterflächen, 2600 lfm Säulen und Pfeiler, 13 500 lfm Unterzüge und Rippen, 1700 lfm Bodenleitung, 3300 lfm Gußrohre für Boden- und Steigleitungen.

## Der Studienbau.

Die Bauarbeiten des Studienbaues haben mit dem Baugrubenaushub erst ihren Anfang genommen. Die Beschreibung bezieht sich daher auf das zur Ausführung kommende Bestelmeyer'sche Projekt.

Nach diesem Projekt umfaßt der Studienbau das Bibliothek- und das Saalgebäude. Das Bibliothekgebäude ist auf der einen Seite mit dem Saalgebäude, auf der anderen mit dem Sammlungsbau im Osten und Westen durch niedrig gehaltene Flügelbauten verbunden, wodurch zwischen Bibliothek- und Saalgebäude ein Hof von 900 m², zwischen Bibliothek- u. Sammlungsbau ein solcher von 4700 m² d. i. von nahezu 1,4 Tagwerk Fläche abgegrenzt werden. Der Studienbau weist mit den Verbindungsbauten eine überbaute Fläche von 11 000 m² und einen umbauten Raum von Geländehöhe bis Dachgesimse von 180 000 m³ auf.

Auch beim Studienbau kann eine gewöhnliche Gründung aus den gleichen Gründen wie beim Sammlungsbau nicht durchgeführt werden. Wie hier mit Pfählen, so soll beim Studienbau der tragbare Flinz mittels Betonbrunnen erreicht werden. Es ist eine große Reihe von Brunnen — beim Bibliothekgebäude allein nahezu 280 Stück — von verschiedenen Größen, im Mittel von 1 m Durchm., vorgesehen. Sowohl beim Saalgebäude wie beim Bibliothekbau sollen ein Stahlskelettbau mit 3,6 m Achsen-

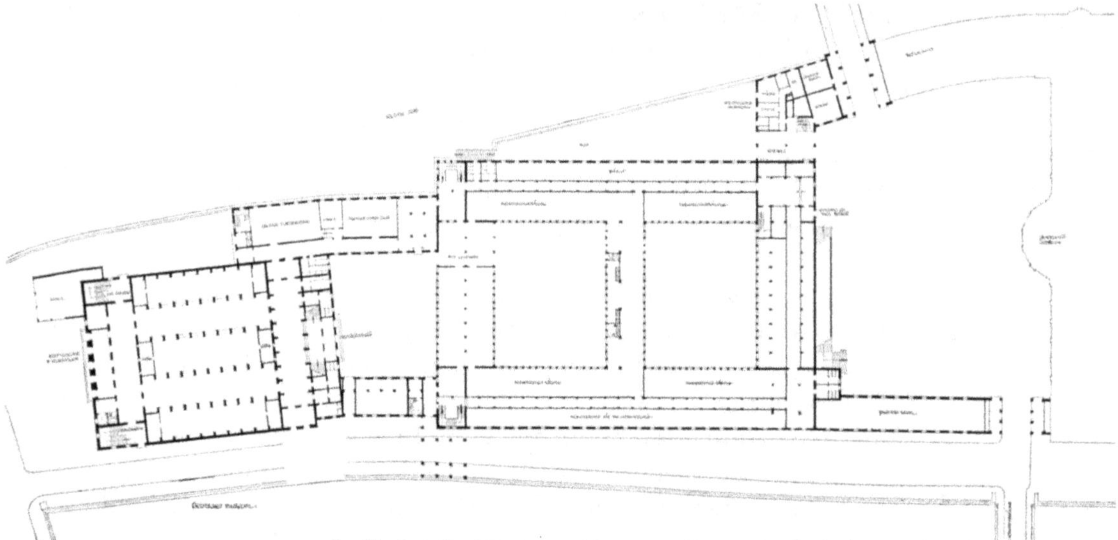

Studienbau des Deutschen Museums. Bürogeschoß

abstand aufgestellt und die Füllungen mit Ziegel- und Bimssteinen ausgemauert werden. Die gesamte Fassadenbehandlung ist in Putz gedacht unter sparsamster Verwendung von Haustein für die Sockel, die Fensterpfeiler und den Speicheraufbau.

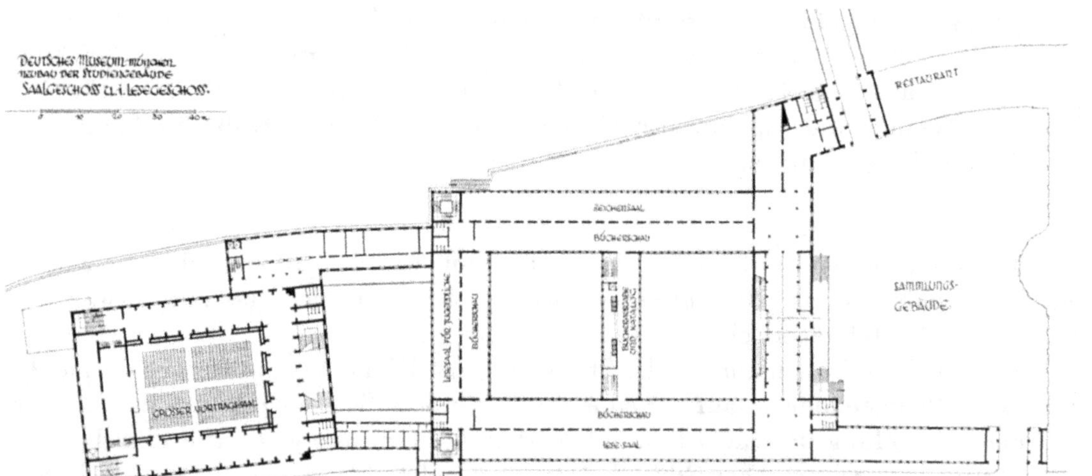


Studienbau des Deutschen Museums. 1. Lesegeschoß

Die einzelnen Geschoßdecken sollen als Massivdecken ausgebildet werden. Sämtliche Bauten sollen in Kupfer eingedeckt werden, so daß sich dieses Material einheitlich über das Museum und die neue Bauanlage hinzieht.

Bei der architektonischen Ausgestaltung des Entwurfes wurde von dem Gedanken ausgegangen, die Architektur aus der Zweckbestimmung der einzelnen Räume zu entwickeln. Die architektonische Formensprache des Ganzen ist von jener einfachen Selbstverständlichkeit und Sachlichkeit, wie sie den derzeitigen wirtschaftlichen Verhältnissen entspricht.

Das Saalgebäude wird mit rd. 66 m Länge und 43 m Breite eine Fläche von 2800 m² überdecken und einen umbauten Raum von rd. 43600 m³ aufweisen.

Es erhält ein Kellergeschoß von rd. 3 m lichter Höhe für Lagerräume, ein 3,5 m hohes Sockelgeschoß mit den Kassen- und Garderobeeinbauten und darüber den Kongreßsaalaufbau von 14 m lichter Höhe mit dem Galeriegeschoß. Der Zugang erfolgt für Fußgänger von der nördlichen Schmalseite, die Vorfahrt für Kraftfahrzeuge liegt an der westlichen Längsseite. Geräumige Garderobeanlagen, breite Saalumgänge, eine Bühne und eine Verbindung mit Wirtschaftsräumen sichern dem Saal, der mit einer

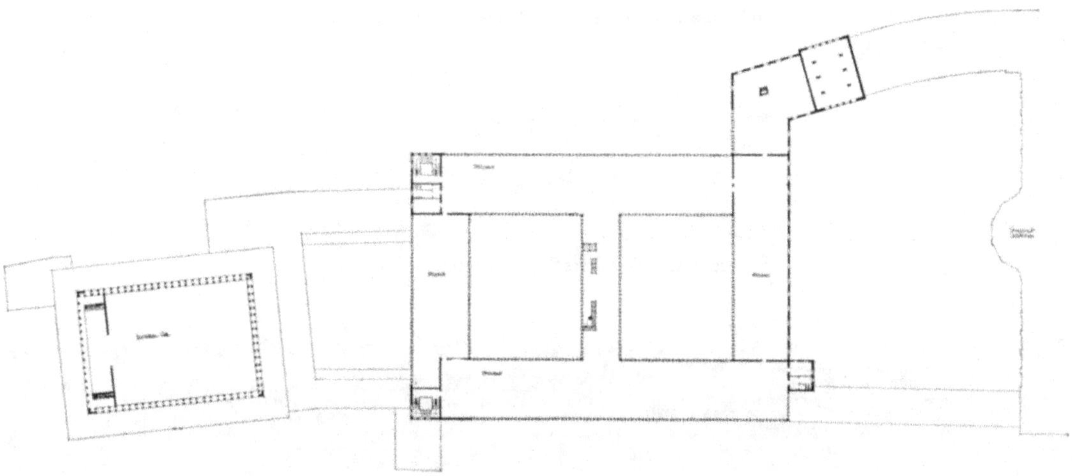

Studienbau des Deutschen Museums. Speichergeschoß

Innenfläche von über 800 m² bei Bestuhlung 1500 Personen aufnehmen kann, eine vielseitige Verwendungsmöglichkeit. Ungefähr 4 m über dem Saalboden wird sich auf der Ost-, West- und Südseite eine durchgehende 3 m breite Galerie erstrecken.

Das Bibliothekgebäude erhebt sich nach dem Entwurf mit je einem 100 m langen und 16 m breiten Ost- und Westlängsflügel in der Richtung des Isarlaufes und einem Nord- und Südquerbau von je 36 m Länge und 16 m Breite sowie einem 10,5 m breiten Mittelquerbau über einer Fläche von rd. 4700 m² mit rd. 94200 m³ umbautem Raum. Gegenüber dem Eingang des Sammlungsbaues erreicht man vom Hof aus über eine vorgelagerte Freitreppe die geräumige Eingangs- und Treppenhalle. Das Bibliothekgebäude erhält ein Kellergeschoß und vier Obergeschosse. Das Hauptgesims liegt wie beim Sammlungsgebäude 20 m über Geländehöhe. Das Kellergeschoß ca. 2,50 m im Lichten hoch, enthält Lager- und Pack- sowie Einstellräume für Kraftfahrzeuge. Im Sockelgeschoß, 3,30 m hoch, sind die Bureau- und Verwaltungsräume, die Sitzungszimmer usw. vorgesehen. Die weiteren zwei Stockwerke von je 4,50 m lichter Höhe enthalten Lese- und Zeichensäle in ausreichender Weise sowie Katalogräume, die Bücher- und Planausgabestellen, eine umfangreiche Handbibliothek mit Bücherschau von 40000 Bänden, die Sammlungen von Urkunden, von Patentschriften und rd. 5000 Zeitschriften.

Das Speichergeschoß von 5 m Höhe enthält die Bücherspeicher für eine Million Bücher und Pläne. Das charakteristische Motiv für den Bibliothekspeicher ist die in Steinpfeiler aufgelöste Außenwand mit hohen, schmalen Fenstern und tiefen Leibungen. Bei völliger Unabhängigkeit der inneren Aufteilung dieses Speichers ist so für jeden Regalgang ausreichend Licht gesichert, wobei die tiefen Leibungen der Pfeiler die ungünstigen Wirkungen der Sonnenbestrahlung für die Bücher nach Möglichkeit mindern.

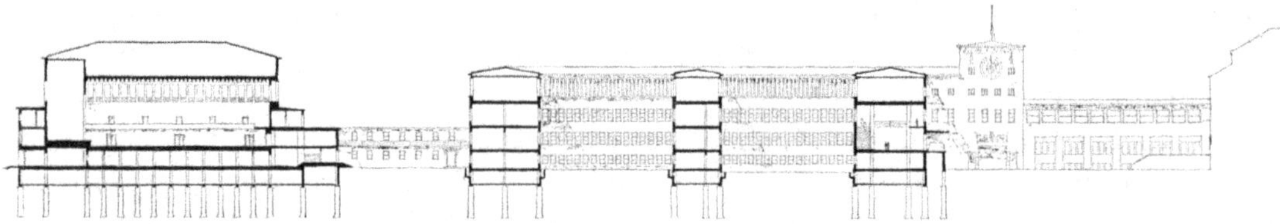

Studienbau des Deutschen Museums. Längsschnitt

Studienbau des Deutschen Museums. Ostansicht

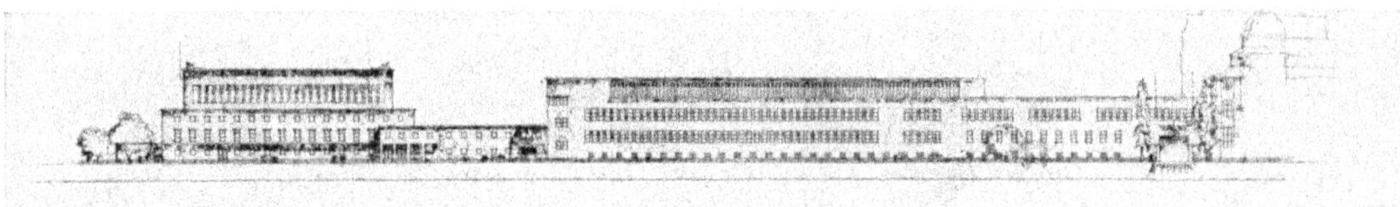

Studienbau des Deutschen Museums. Westansicht

Die Verbindungsbauten. Die Verbindungsbauten zwischen Saal- und Bibliothekgebäude weisen nur zwei Geschosse über dem Kellergeschoß auf. Der östliche Bau enthält einen großen und einen kleinen Vortragssaal für 100 bzw. 200 Besucher, während der westliche Flügel vor allem zum Einbau von Dienstwohnungen bestimmt ist. — In den östlichen Verbindungsbau zwischen Bibliothek- und Sammlungsgebäude wird eine Hausmeisterwohnung, ein Sanitäts- und ein Wachraum, vor allem ein größerer Wirtschaftsbetrieb eingebaut, der in unmittelbarer Verbindung mit dem Sammlungs- und dem Studienbau steht. Der gegenüberliegende westliche Verbindungsbau enthält einen größeren Lagerraum im Sockelgeschoß und Sonderräume in den oberen Stockwerken.

Die Kosten des Studienbaues sind ohne innere Einrichtung auf 7 Millionen Mark veranschlagt.

*

# DIE SAMMLUNGEN DES DEUTSCHEN MUSEUMS.

## AUGUST SIEBERG, DIE ERDE.

Mit Mutter Erde ist des Menschen Dasein und Werdegang seit Anbeginn aufs innigste verknüpft. Diejenigen Züge im Antlitz der Erde, die dem Wohnsitz jeder Sippe das charakteristische Gepräge verleihen, lenkten die Lebensführung und damit die Kulturfortschritte in ganz bestimmte Bahnen, weil schon die elementarsten Bedürfnisse den Menschen zwangen, sich mancher Naturkräfte zu erwehren, andere sich dienstbar zu machen. So entstand die Technik, empirisch in ihren ursprünglichen Formen. Unter diesen Umständen mußte schon in den Kindheitstagen der Völker

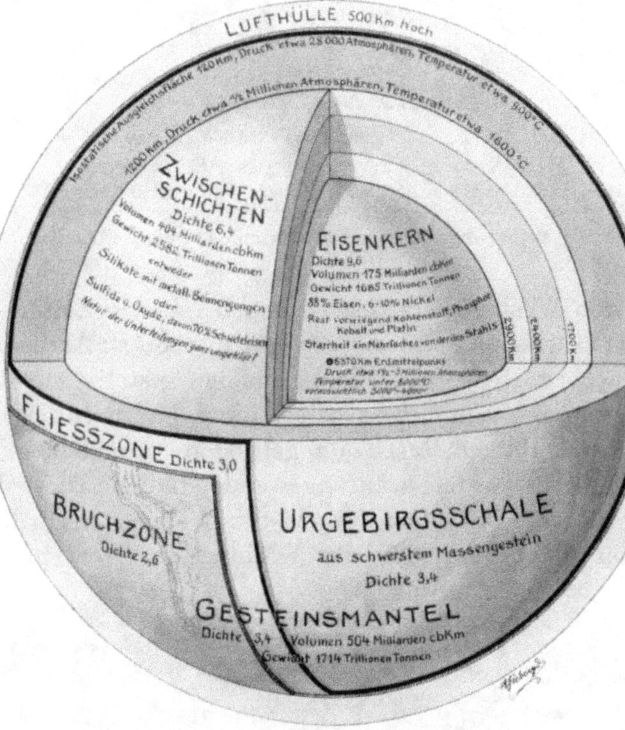


Der innere Aufbau des Erdkörpers

die Frage auftauchen nach dem Verhältnis des Menschen zur Erde. Aus Ahnungen und Mythen entwickelten sich die Naturwissenschaften, und diese boten erst die Grundlage zur planmäßigen Weiterbildung der Technik.

Wegen dieses engsten Verknüpftseins von Naturwissenschaft und Technik mit den wechselvollen Zügen im Antlitz der Erde stellte das Deutsche Museum die Gruppe, die unser Wissen von der Erde im weitesten Sinne, die Geologie, zur Darstellung bringt, an die Spitze.

Eines der größten Rätsel war bis vor kurzem der Aufbau unseres Planeten, die Beschaffenheit des Erdinnern. Denn die Tiefen des Erdkörpers schienen der unmittelbaren Beobachtung so unerreichbar entrückt zu sein, daß man fast mit der gleichen Berechtigung die verschiedensten Hypothesen aufstellen und verteidigen konnte. Vorzüglich in Gemälden und zeitgenössischen Stichen wird dem Besucher

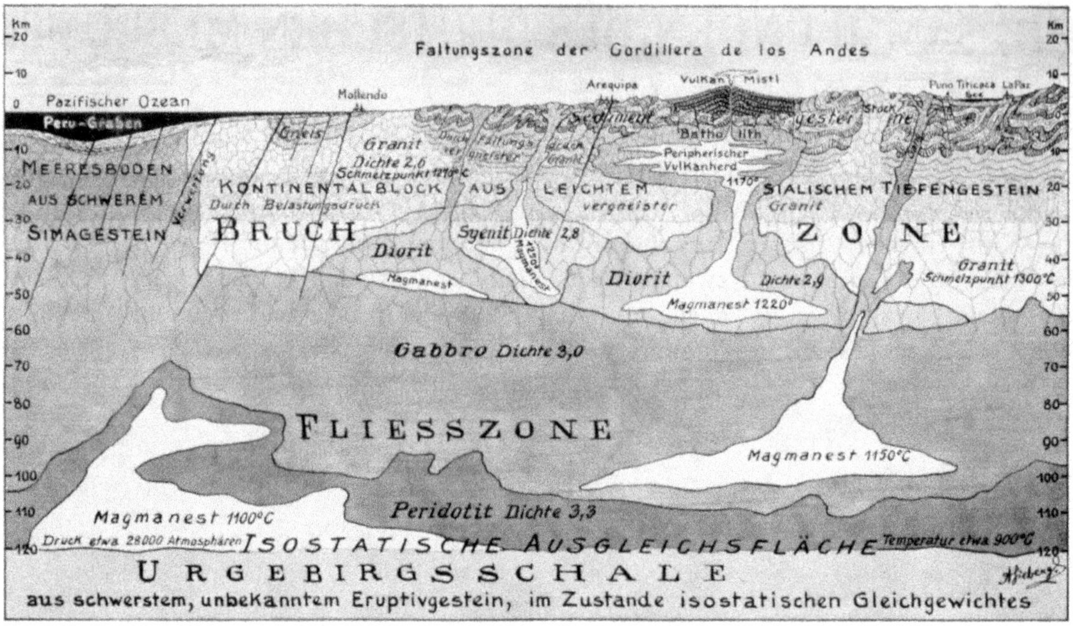


Der Aufbau der irdischen Gesteinsrinde in Südamerika

ein Überblick über den Wechsel der Anschauungen seit den Zeiten der alten Babylonier, eines Plato, Athanasius Kirchner, Descartes u. a. bis zu Arrhenius und Günther geboten. Auf eine sichere, experimentelle Grundlage gestellt wurde die Forschung auf diesem Gebiete erst vor kaum mehr als zwei Jahrzehnten durch deutsche Arbeitsmethoden, die Ernst v. Rebeur-Paschwitz gefunden, vor allem E. Wiechert und seine Schüler ausgebaut und erfolgreich angewendet haben. Diese Forschungsweise beruht darauf, daß die von Erdbeben ausgelösten Wellen den Erdkörper gewissermaßen durchleuchten und damit für das Erdinnere die entsprechenden Dienste

Relief des ostafrikanischen Grabenbruches mit Vulkanen

Modell zur Darstellung der Entstehung der Gebirge nach den Vorstellungen der Anhänger der Erhebungstheorie

leisten wie etwa die Röntgenstrahlen für den menschlichen Körper. Die letzten Forschungsergebnisse auf diesem Gebiete sind an einer aufgeschnittenen Erdkugel dargestellt, die den Eisenkern und die verschiedenen Steinmäntel des Meteoriten Erde nach Maß und Beschaffenheit plastisch vor Augen führt.

Besonders wichtig für die Menschheit ist die oberste, rd. 120 km mächtige Erdhaut, weil sie der Sitz derjenigen Kräfte der Erdtiefe ist, die wir unter dem Begriff der dynamischen Geologie zusammenfassen. In Länge und Höhe maßstabgetreue Profile durch Ostsizilien und quer durch die Anden Südamerikas geben uns eine Vorstellung von den heutigen Ansichten über den Aufbau der Erdkruste. Dem gegenübergestellt ist ein Modell, das die ältere Stübelsche Theorie der Panzerdecke veranschaulicht.

Modell zur Erläuterung von Entstehung und Wirkung der Einsturzbeben

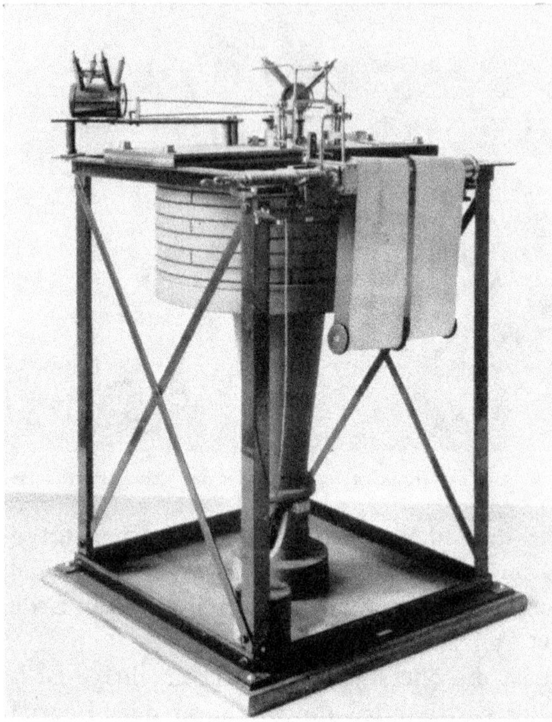

Neuzeitliches Seismometer von Wiechert-Göttingen 1899

Unter den Tiefenkräften des Erdplaneten spielte in der Urzeit der Vulkanismus die führende Rolle, um dann im Laufe der Jahrmillionen zu seiner heutigen Unbedeutendheit herabzusinken; denn gegenwärtig ist seine Verbreitung sehr eingeschränkt, und nur noch vereinzelt wachsen sich seine Äußerungen zu besonderer Größe aus. Einen tieferen Einblick in das Wirken dieser verheerenden Naturkraft gewährt uns reiches Anschauungsmaterial. Karten zeigen die geographische Verteilung der geschichtlich tätig gewesenen Vulkane und die Art ihrer Tätigkeit, Reliefs in natürlicher oder in geologischer Bemalung sowie Bilder führen uns Typen von Feuerbergen und wichtige Vulkangegenden vor Augen. Vulkanische Ausbruchererscheinungen aller Art sind bildlich dargestellt.

In jüngeren Epochen der Erdentwicklung erlangten bei der Umgestaltung der Erdhaut und ihrer Oberfläche die gebirgsbildenden Kräfte die Oberhand über den Vulkanismus. Sie haben die Felsgesteine unter Hebungen und Senkungen teils in Schollen zerbrochen, teils scheinbar bruchlos zu Falten zusammengestaucht und so Hochgebirgsketten geschaffen. Mit den so gewordenen Hauptformen der Gebirgstörungen in ihren wechselseitigen Beziehungen werden wir durch Profile und Reliefs bekannt gemacht. Weiterhin veranschaulichen auch hier wieder Modelle und Zeichnungen in geschichtlicher Reihenfolge die Lehrmeinungen über die Ursachen der Gebirgsbildung, u. a. besonders die neptunistische Theorie Werners und die vulkanistische Erhebungstheorie von Buchs, zwischen denen zu ihrer Zeit ein heftiger Kampf entbrannt war, und weiter fort bis zur neuzeitlichen Theorie der Überfaltungsdecken.

Hand in Hand mit den gebirgsbildenden und mit den vulkanischen Vorgängen, als deren Begleit- und Folgeerscheinungen, gehen die Erdbeben. Sie sind also ein geologischer Vorgang. Aber dieser löst Wellen aus, die den Gesetzen der Physik unterworfen sind und mittels feinfühliger Instrumente, Seismometer genannt, der analytischen Forschung zugänglich gemacht werden können. Diesem jungen Forschungsgebiet ist ein Raum des Untergeschosses gewidmet, zu dem man unmittelbar aus dem Hauptraum gelangt. Hier kommt zunächst das Gesamtgebiet der geologischen Erdbebenforschung, die in den letzten Jahrzehnten stark vernachlässigt worden war, auf neuzeitlichster Grundlage zur Darstellung. Vor allem erhalten wir ein Bild von den Wirkungen und von den Entstehungsursachen der Erdbeben. Modelle von Erdbebeninstrumenten, darunter das älteste Seismoskop von Abbé de Haute Feuille aus dem Jahre 1703 und eines der neuzeitlichen Seismometer, ferner Konstruktionszeichnungen, Seismogramme und eine schematische Darstellung der Fortpflanzung der Erdbeben-

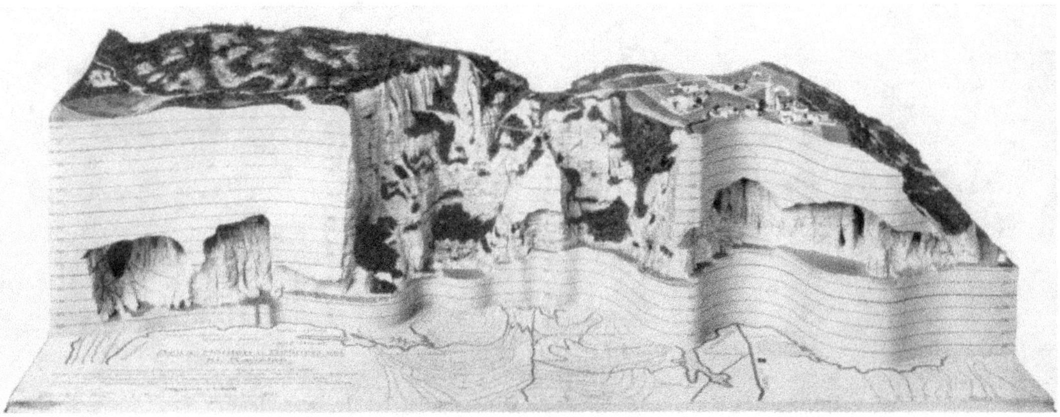

Modell der Reka-Höhlen und der Dolinen im Karst von St. Canzian

wellen und ihres Erscheinens im Seismogramm führen in die instrumentelle und physikalische Erdbebenforschung ein. Je ein mechanisch und ein optisch registrierendes Originalseismometer sind im Betrieb.

In dem Maß, wie die gebirgsbildenden Kräfte von innen heraus Großformen der Erdhaut schaffen, arbeiten die gebirgszerstörenden Kräfte von außen her an der Abtragung der Erhöhungen und an der Herausmodellierung der feineren Geländeformen. Es sind dies die Verwitterung durch chemische Lösung, Hitze und Spaltenfrost, ferner die Erosion des fließenden Wassers und des bewegten Eises, die Abrasion der Meeresbrandung, die zur Höhlenbildung führende Auswaschung leicht löslicher Gesteine sowie die Gebläsewirkung des Windes. Auch hierfür gibt es zahlreiche Belege und Erläuterungen in Gestalt von Modellen und Bildern. Aus den abgelagerten Schuttmassen entstehen Sedimentgesteine.

An der Bildung von Sedimentgesteinen sind außerdem Pflanzen und Tiere beteiligt, wie vor allem an den Darstellungen zur Erklärung der Entstehung von Torfmooren, Braun- und Steinkohlenlagern sowie von Korallenfelsen zu sehen ist.

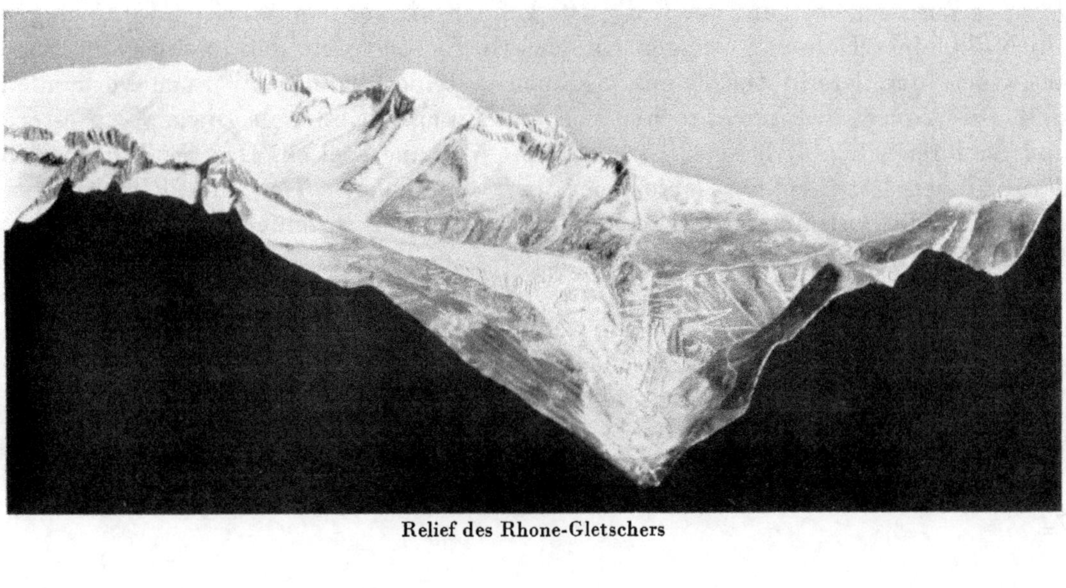

Relief des Rhone-Gletschers

Dreiteiliges Wandgemälde, die Entstehung der Kohle darstellend

Als Endergebnis der Wechselwirkung von gebirgsbildenden und gebirgszerstörenden Kräften im Verein mit dem Wechsel von eruptiven und sedimentären Gesteinen entstanden die verschiedenen Geländeformen, die jeder Landschaft ihr charakteristisches Gepräge verleihen. Das große Relief in der Mitte des Hauptsaales führt uns die wichtigsten Geländeformen der Erde vor Augen, und zwar in einer Gruppierung, die den in der Natur möglichen Verhältnissen durchaus Rechnung trägt. Leider konnte aus museumstechnischen Gründen auf eine Überhöhung nicht verzichtet werden. Geologische Profile an den Seiten zeigen, wie die Oberflächenformen vom inneren Aufbau der Erdrinde abhängen. Die linke Hälfte des Reliefs veranschaulicht diejenigen Geländeformen, die der Faltung der Gesteinsrinde ihre Entstehung verdanken, angefangen mit den kristallinen Hochgipfeln der Kernzone im Faltengebirgsbogen bis zu den Kalk- und Sandsteinbergen der Randzonen und dem vorgelagerten Hügelland. Die verschiedenen Formen des tätigen und des erloschenen Vulkanismus, der Firnbedeckung und der Vergletscherung, der zerstörenden, ablagernden und modellierenden Wirkung von fließendem Wasser und Eis, der Tal-, Seen- und Küstenbildung kommen dabei zur Darstellung. Im Gegensatz dazu bringt die rechte Hälfte die durch Bruch und Verwerfung geschaffenen Geländeformen sowie die hierzu gehörigen Küstenbildungen.

Die Zusammensetzung der Erdkruste kennen wir aus den Arbeiten der Geologen nur bis zu einer Tiefe von wenigen Kilometern. Es zeigt sich, daß in einer Unterlage aus Gneis und Granit flache mit Sedimentgesteinen erfüllte Wannen vorhanden sind. Das Ganze wird durchbrochen von vulkanischen Gesteinen sowie von Nestern und Schloten mit glutflüssiger Lava, die die Vulkane speisen. Das Studium der in den Sedimentgesteinen eingeschlossenen und versteinerten Tier- und Pflanzenreste ermöglicht die Bestimmung des geologischen Alters der einzelnen Gesteinsschichten. Diese Verhältnisse werden, entsprechend den neuesten Forschungsergebnissen, veranschaulicht an einem idealen Profil durch die obersten Teile der Erdrinde, das die ganze Hinterwand des Saales einnimmt. Eine Reihe von kleineren Bildern zeigt, wie sich auf diesem Gebiete unsere Anschauungen im Wandel der Zeiten geändert haben. Versteinerungen sowie Rekonstruktionen von Tieren und Landschaften der Vorzeit, dienen zur Vervollständigung.

E. HILGER, BERGWESEN.

Das Deutsche Museum hat der Abteilung Bergwesen einen ganz besonders großen Platz eingeräumt und die natürlichen Bergbauverhältnisse möglichst getreu zur Darstellung gebracht. Die Abteilung umfaßt 3600 m² Grundfläche und geht durch drei Stockwerke.

Überleitend von der vorausgehenden Abteilung Geologie stellt ein plastisch ausgeführtes geologisches Profil von 10 m Länge und 6 m Höhe die Hauptaufgaben des Bergbaues leichtfaßlich dar, und zwar das Schürfen, die Tiefbohrung, den Stollenbau, den Schachtbau, den Abbau, die Förderung, die Wasserhaltung und die Wetterführung.

Das wichtige Gebiet der Tiefbohrung, dem wir die Erweiterung unserer Kenntnisse über die Erdbeschaffenheit bis über 2000 m Tiefe verdanken, ist durch Modelle, Bilder, Bohrproben und Bohrprofile vertreten. Prähistorische und ethnographische Vorstufen leiten zur Kern- und Diamantbohrung über. Eine Sammlung von typischen Bohrkernen und Original-Bohrwerkzeuge ergänzen die Darstellung.

Es folgen die verschiedenen Methoden des Schachtbaues, auch für besonders schwierige Verhältnisse, wie das Durchsinken von Schwimmsandschichten usw. Ein drei Stockwerk tief hinabreichender Schachtbohrer nach Kind-Chaudron von 12 t Gewicht zieht zunächst den Blick auf sich. Mit dieser Einrichtung werden Schächte mit Wasserzuflüssen, die mittels Pumpen nicht mehr zu bewältigen wären, erfolgreich niedergebracht. Dieses Bohrverfahren wurde zuerst von der Firma Haniel & Lueg, Düsseldorf, angewandt. Eine Gesamtanlage nach dem Kind-Chaudron-Bohrsystem ist in einem beweglichen Modell dargestellt. Ferner ist bemerkenswert das Modell eines mit eisernen Tübbings ausgekleideten und mit Thomsonscher Wasserhebevorrichtung versehenen Schachtes, wie solche bei starken Wasserzuflüssen angewendet werden.

Darstellung einer alten Bergwerksgegend nach Agricola, 16. Jahrhundert

Ein besonderer Raum ist der Schachtförderung gewidmet. Auch hier ist die Darstellung unter Berücksichtigung der verschiedenzeitlichen Entwicklungsstufen erfolgt. Zunächst ist die alte Kübelförderung, mit Förderhaspel von Hand, mit Tiergöpel und mit Wind- und Wasserkraft bewegt, an Bildern und kleinen Modellen dargestellt. Ein Modell zeigt eine ältere Dampfförderanlage der Gutehoffnungshütte; daneben steht ein großes betriebsfähiges Modell einer

Bohrschacht mit dem Original eines Kind-Chaudron-Vorbohrers von 10 t Gewicht

modernen elektrischen Förderanlage, System Ilgner, von Siemens-Schuckert.

Den unterirdischen Schachtbau in älterer und neuerer Zeit lernt man auf der unteren Sohle kennen, zu der man entweder über eine Treppe oder durch einen Fahrschacht gelangt. Im Treppenhaus hat man Gelegenheit, das figürlich belebte Rundbild einer alten Bergwerksgegend mit Schürfarbeiten und Rutengänger zu betrachten. Auf der untersten Sohle wird der Blick durch ein Abteufen, das die früheren einfachen Arbeitsweisen erkennen läßt, gefesselt. Anschließend sieht man durch einen Aufbruch in dem schon oben sichtbaren Bohrschacht den gewaltigen Kind-Chaudron-Vorbohrer mit seinen mächtigen Stoßzähnen über der unter Wasser stehenden Sohle.

Anschließend läßt ein Schachtabschnitt das Abteufen nach dem Senkschachtverfahren und bei lockerem Gestein erkennen.

Das normale Abteufverfahren bei festem Gestein mit geringem Wasserzufluß tritt bei einem weiteren Schacht in Erscheinung, auf dessen Sohle maschinelle Sprengarbeiten mit Preßluftbohrmaschinen der Deutschen Maschinenfabrik-A.-G. ausgeführt werden, und bei dem darüber eine fliegend aufgehängte Abteufpumpe angeordnet ist.

Den Abschluß dieser Darstellung bildet die Vorführung des Gefrier- und Versteinungsverfahrens. Bei ersterem wird Schwimmsand durch künstliche Kälte bis nach dem Durchteufen in eine Frostmauer verwandelt. Bei letzterem wird in wasserführende Schichten Zement eingepreßt, diese dadurch verstopft und dann im gewöhnlichen Verfahren auf der Schachtsohle abgeteuft. Das Gefrierrohrverfahren ist in seinen Einzelheiten und durch ein Gesamtmodell dargestellt, das auch die Tagesanlagen mit der Kälteanlage zeigt.

Über die Treppe oder mittels Aufzug gelangt man zur oberen Sohle, auf welcher der unterirdische Füllortbetrieb in alter und neuer Zeit zu sehen ist. Hier wird die Aufmerksamkeit auf eine Wasserradkammer mit betriebfähigem Kehrrad zur Schachtförderung gelenkt und hierbei gezeigt, daß der Mensch sich die Wasserkraft auch in den Tiefen der Bergwerke dienstbar zu machen gewußt hat. Der zugehörige alte Schacht mit Hängebank und Holzkübel, sowie mit einer hölzernen betriebfähigen Fahrkunst stammt aus dem alten Rammelsberger Kupferbergbau am Unterharz. Ihm

Wasserhaltungspumpe (sog. Heinzenkunst) mit Tretrad nach Agricola

gegenübergestellt ist der Füllort eines neueren Schachtes mit Umbruch, eiserner Gestellförderung und automatischer Durchstoßvorrichtung für die zahlreichen hin- und herlaufenden Förderwagen nach dem Vorbild des Klenzeschachtes der Kohlengrube in Hausham in Bayern.

Bevor man zum Stollenbau und zu den Gewinnungsstellen der Erzbergwerke kommt, kann man sich in einem Vorraum an einer Reihe von Bildern und teilweise betriebfähigen Modellen über die mannigfaltigen Gewinnungsverfahren, wie Firsten-, Strossen-, Quer- und Stockwerkbau usw., einen allgemeinen Überblick verschaffen. Die nun folgenden Stollenbaue und Abbaue sind genaue Nachbildungen des natürlichen Gebirges, von dem in verschiedenen Gruben Gipsabgüsse gemacht wurden. Der Rundgang beginnt mit dem sog. Agricola-Bergwerk, einem nach den Schilderungen des bekannten alten Bergschriftstellers Agricola zusammengestellten Unterharzer Erzbergwerk aus dem 16. Jahrhundert. Es ist hier der Vortrieb in einem engen, niedrigen Stollen gezeigt mit Schlägel und Eisen, den uralten Werkzeugen, die noch heute dem Bergmann als Wahrzeichen dienen. Daneben ist ein Erzabbau mit „Feuersetzen“ gezeigt, ein Verfahren, an Stelle der heutigen Sprengarbeit durch Erhitzen und nachheriges plötzliches Abkühlen mit Wasser das harte Gestein hereinzugewinnen. Interessant ist die alte „Heinzenkunst“, eine Wasserhaltung mit Paternoster-Kettengeschöpf, das mit einem Tretrad betrieben wird, das von den Museumbesuchern in Bewegung gesetzt werden kann.

Zur Gegenüberstellung des alten Unterharzer Erzbergbaues ist moderner Erz-

Altes Steinsalzbergwerk nach dem Vorbild der Grube Wielizka, 18. Jahrhundert

bergbau durch Nachbildungen aus dem Oberharzer Grubenrevier gezeigt. Interessant ist die naturgroße Kahnförderung, die erkennen läßt, wie das in einem Wasserabzugsstollen gesammelte Wasser zu Förderzwecken praktisch verwertet wird. Die Erzgewinnung bei einem schmalen, steil aufgerichteten Erzgang nach der Methode des Firstenbaues ist in drei Abbaustößen zu übersehen. Der in natürlichem Gestein ausgeführte Blei-, Silber-, Zink- und Kupfererzgang bildet hierbei die Mineralausfüllung einer Erdspalte in Grauwacke und Tonschiefer.

An das Erzbergwerk schließt sich die Gruppe Erzaufbereitung. Eine Scheidebank und das Diorama eines Röstplatzes weisen in leicht faßlicher Art auf den Hauptzweck der Aufbereitung hin, nämlich die Erze von dem Ganggestein zu scheiden und die schwefelhaltigen Erze vom Schwefel zu befreien. Ein großes Wandbild unterrichtet über die Hauptverfahren der Erzaufbereitung in alter und neuer Zeit. Die neuzeitliche Erzaufbereitung auf naßmechanischem, magnetischem und chemischem Wege ist durch verschiedene Zerkleinerungseinrichtungen, Siebe, Setzmaschinen, Stoß- und Rundherde, elektromagnetische Maschinen usw. sehr eingehend dargetan. Eine besondere wirkungsvolle Darstellung bildet eine betriebfähige, kleine, naßmechanische Erzaufbereitungsanlage vom Grusonwerk, ferner das Original eines kalifornischen Golderzpochwerks mit Goldamalgamationstisch. Nach diesem Verfahren wird noch heute in Transvaal und Kalifornien das meiste Gold der Welt gewonnen.

Der Gruppe Erzbergbau folgt die Gruppe Salzbergbau. Der Rundgang beginnt mit einer Quellkammer, die eine sprudelnde natürliche und eine künstlich gefaßte

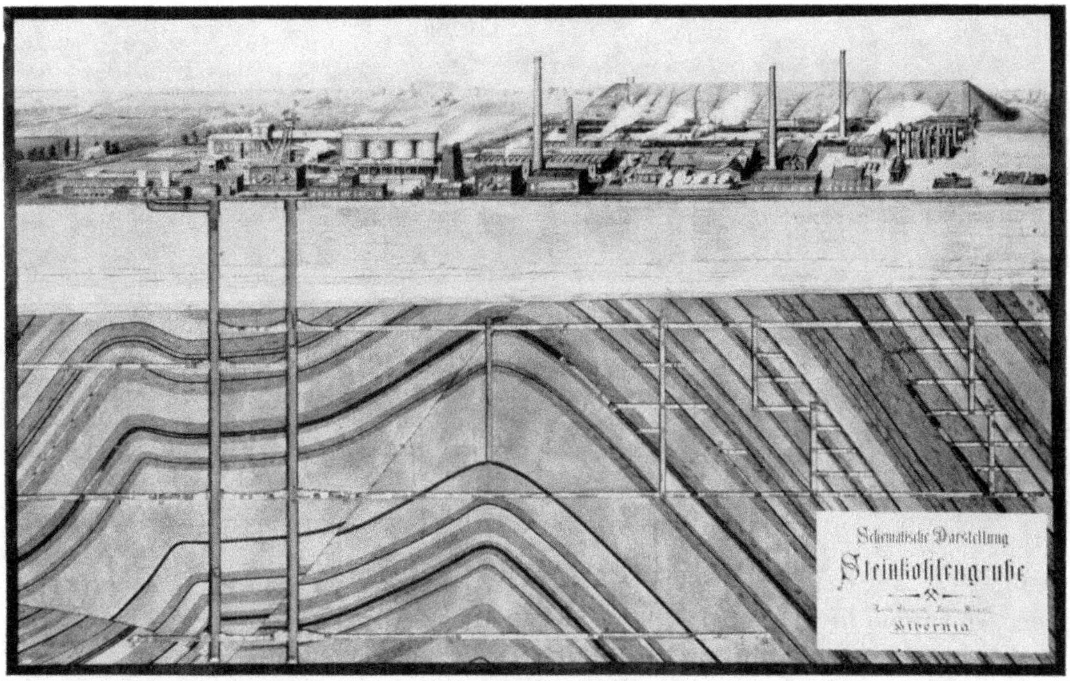


Schematische Darstellung einer Steinkohlengrube nach dem Vorbild der Zeche Shamrock (Hibernia)

Solequelle nach dem Vorbild der sog. „Edelquelle" zu Reichenhall zeigt. Gegenüber der Edelquelle befindet sich ein Diorama, das das mit den Reichenhaller Solequellen verbundene Hauptbrunnenhaus darstellt. Eine Treppe und eine Rutsche, wie sie in Salzbergwerken vielfach üblich ist, führt hinunter zur künstlichen Solegewin-

Diorama eines mitteldeutschen Braunkohlentagebaues. Gemälde von Professor Zeno Diemer

Alte Zechenstube aus dem Erzgebirge mit Originalausrüstung

nung, wo sowohl in Sinkwerken, d. h. in künstlichen, mit Süßwasser gefüllten Salzsteinhöhlen als auch in Spritzwerken durch Anspritzen des salzhaltigen Gesteins Sole gewonnen wird.

Dann folgt die Stücksalzgewinnung in einem alten Steinsalzbergwerk und in einem neuen Kalisalzbergwerk. Das Steinsalzbergwerk ist den Anlagen von Wielizka nachgebildet und zeigt einen von natürlichen Salzpfeilern getragenen domartigen Hohlraum mit dem terrassenförmigen Abbau. Wie in allen Bergwerkgruppen veranschaulichen auch hier lebensgroße Bergleute die ältere Gewinnungsarbeit ohne Sprengmittel. Ein kleiner Schacht zeigt die heute nicht mehr übliche Seilfahrt mittels Schlingen eines Förderseils. In weißen tonnenförmigen Blöcken sieht man dann das versandbereite Salz aufgestellt.

An das Steinsalzbergwerk schließt sich das Kalibergwerk mit seinen farbenprächtigen Salzen. Hier ist in Naturabgüssen eine durch ihre großen Ausmaße bemerkenswerte Abbaukammer nach dem Vorbilde der Grube „Glückauf Sondershausen“ aufgebaut und mit Arbeitern belebt. Eine elektrisch angetriebene Schüttelrutsche und eine elektrische Drehbohrmaschine sind im Original hier aufgestellt.

Die Abteilung Salz- und Kalibergbau wird abgeschlossen durch eine Sammlung der wichtigsten Salzproben und durch die Darstellung eines Salzsudhauses, in das der Besucher durch ein perspektivisches Bild versetzt wird. Es folgt die Vorführung der Gewinnung des wichtigsten nutzbaren Minerales, der Kohle. Man betritt zunächst einen Vorraum, in dem die wichtigsten Anlagen eines Kohlenbergwerkes übersichtlich zusammengestellt sind. Es folgt sodann ein Kohlenbergwerk nach dem Vorbild der Grube Hausham, in der die Kohlengewinnungsarbeiten zu übersehen sind. Im schwachen Flöze sieht man im Strebbau Häuer liegen, die die Kohle hereingewinnen und die entstandenen Hohlräume mit Bergeversatz wieder ausfüllen. Weiter sind eine Bremsberganlage zur Beförderung der Kohlen nach der tieferliegenden Pferdeförderstrecke, ein Füllort, ein unterirdischer Pferdestall usw. zu sehen.

Die Gewinnung der Braunkohle wird durch einen Tiefbau nach dem Vorbild der Grube Waltershoffnung eingeleitet. Der hierfür typische mitteldeutsche Bruchbau mit Abbaukammern von 4 m Höhe, 4 m Breite und 4 m Länge, die man nach Abbau und Leergewinnung wieder zusammenfallen läßt, ist naturgetreu ausgeführt. Eine Kettenförderung zum Transport der Förderwagen vervollständigt die Darstellung.

Rettungstruppe mit Gasschutzgeräten

Dem Braunkohlen-Tiefbau ist ein von Professor Zeno Diemer ausgeführtes Diorama eines Braunkohlen-Tagebaues gegenübergestellt. Es zeigt in einem mächtigen Braunkohlenlager einen Handschurrenbetrieb sowie den maschinellen Abraum und die maschinelle Gewinnung mittels Bagger. Im Hintergrund ist eine Brikettfabrik zu sehen.

Aus den Kohlengruben gelangt man zu einer Darstellung der Kohlenveredlung, und zwar der Aufbereitung, Brikettierung, Verschwelung und Kokerei. Ein großes Modell zeigt die gesamte Tagesanlage der Zeche „Zollern II" mit Förder- und Wetterschacht, Maschinenhaus, Aufbereitung, Kokerei usw.

Den Übergang zur nächsten Abteilung Bergwerkmaschinen bildet eine alte Zechenstube mit Originalausrüstung aus dem Erzgebirge. Die Abteilung Bergwerkmaschinen beginnt mit Maschinen für die Herstellung von Sprenglöchern, und zwar drehenden, stoßenden und schlagenden Gesteinbohrmaschinen, darunter die erste elektrische Solenoid-Bohrmaschine, moderne Hammerbohrmaschinen, sowie stoßende und fräsende Schrämmaschinen.

Die weiteren Gruppen enthalten die Födereinrichtung vom alten Spurnagelhund bis zu den neuesten Grubenlokomotiven. Die älteste erhaltene elektrische Grubenlokomotive von Siemens, 1883, bildet eine wertvolle Bereicherung dieser Sammlung.

Die letzten drei Räume der Abteilung Bergwesen sind der Entwicklung des Sicherheitswesens gewidmet. Zunächst wird eine fast lückenlose Sammlung älterer und neuerer Grubenlampen vorgeführt, und zwar von den altrömischen tönernen Grubenlampen bis zu den neuesten Benzin-Sicherheitslampen und den elektrischen Lampen. Die Rettungsapparate sind vertreten durch alte Schlauchapparate und neuere Regenerationsapparate, darunter eine Originalausrüstung der Shamrocktype, die bei dem großen Grubenunglück zu Courrières eine glänzende Probe ihrer Verwendbarkeit bestanden hat. Belebt wird die Darstellung durch ältere und neuere Rettungsarbeiten.

Der vorletzte Raum dient der Darstellung der Mittel zur Versorgung der Grubenbaue mit guter Luft, der Wetterführung. Es kommen hier von den Feuerkörben, Wetteröfen, Harzer Wetterpumpen an die Grubenventilatoren, als die wirkungs-

Entwicklung der Wasserhaltungs-Anlagen

vollsten Atmungswerkzeuge der Gruben, zur Darstellung. Außer der modellmäßigen Darstellung der Hauptventilatoren, die sich mit ihren großen Flügelrädern nicht im Original in den Sammlungsräumen aufstellen lassen, sind kleine Sonderventilatoren, wie z. B. ein Capell-Ventilator mit einer Lutte betriebfähig aufgestellt.

Den Abschluß der Bergabteilung bildet die Wasserhaltung, durch die das Ersaufen der Grube vermieden wird. Bemerkenswert ist hier ein großes bewegliches Wandmodell, das die Entwicklung von der alten oberirdischen Wasserhaltung mit schwerfälligen, langsamlaufenden Gestängepumpen bis zu den neuen unterirdischen Wasserhaltungsanlagen mit schnellaufenden Kolbenpumpen und elektrisch angetriebenen Zentrifugalpumpen zeigt.

Hochbefriedigt von der Darstellung der Geschichte seiner Arbeit wird auch der Fachmann die Abteilung Bergwesen verlassen. Glückauf!

*

## HÜTTENWESEN

Nur selten kommen die Metalle gediegen vor, und zwar dann nur in verhältnismäßig geringen Mengen; sie müssen fast immer durch sehr verwickelte Verfahren aus den Erzen gewonnen werden.

Das Deutsche Museum bietet einen guten anschaulichen Überblick darüber, wie sich die technischen Verfahren zur Gewinnung der Metalle, insbesondere auch des Eisens aus ersten primitiven, lediglich auf empirischer Grundlage beruhenden Anfängen mit Hilfe von Wissenschaft und Technik zu dem heutigen Stand entwickelt haben.

### C. Schiffner: Metallhüttenwesen.

Die Abteilung „Metallhüttenwesen“ beginnt mit der Darstellung der Hüttentechnik zur Zeit Agricolas in Gestalt von drei Betriebsräumen in natürlicher Größe mit darüber aufgehängten leichtfaßlich erläuternden Wandbildern.

Die ersten zwei Betriebsräume enthalten die Öfen und Hilfseinrichtungen zur Metallgewinnung auf trockenem Wege, d. h. durch Verschmelzen der Erze auf Stein (Rohschmelzen) oder Rohmetall (reduzierendes Schmelzen) und nachfolgende Weiterverarbeitung der Steine und Raffinieren der Rohmetalle, während der dritte Betriebsraum die Einrichtungen zur Metallgewinnung auf nassem Wege zeigt.

Für die Darstellung der einzelnen Metalle auf trockenem Wege haben sich im Laufe der Entwicklung besondere Ofenarten — Schachtöfen, Flammöfen und Gefäßöfen — herausgebildet. Welche Ofenart im einzelnen Falle anwendbar ist, hängt ab von der Art des zu gewinnenden Metalls und von der chemischen Beschaffenheit und Korngröße des zu verarbeitenden Erzes.

Im Schachtofen werden unter Zugabe von Zuschlägen und verkohlten Brennstoffen stückförmige Kupfer- und Nickelerze zunächst auf Stein, Blei- und Zinnerze auf Rohmetall verschmolzen. Die Schachtöfen haben sich aus den in den ältesten Zeiten zur Metallgewinnung dienenden einfachen, aus einer Vertiefung im Erdboden bestehenden Feuern und den späteren niedrigen Herden dadurch entwickelt, daß man die Umfassungswände allmählich auf 2 bis 8 m erhöhte und die erforderliche Verbrennungsluft nicht mehr von oben auf die Beschickung aufblies, sondern unten etwas über der Ofensohle zuführte. Die starke Erhöhung der Öfen war erst möglich, als man Gebläse, deren Entwicklung beim Eisenhüttenwesen veranschaulicht wird, erbauen konnte, die dem Winde eine solche Pressung erteilen, daß er die hohe Beschickungssäule durchdringen kann. Wie sich die Einrichtung und der Betrieb der Schachtöfen entwickelt hat, zeigen eine Vergleichstafel und zahlreiche Bilder und Modelle, sowie ein neuzeitlicher kleiner Schachtofen mit Wassermantel der Firma Fried. Krupp-Grusonwerk in der natürlichen im Betrieb verwendeten Größe.

Durch zweckmäßige Bauart, Ersatz der früher ausschließlich verwendeten Holzkohle durch Koks und Anwendung leistungsfähiger Gebläse wurden große Ersparnisse an Erneuerungskosten, Brennstoffen und Arbeitslöhnen erzielt, wie aus einer Vergleichstafel hervorgeht.

Anschließend veranschaulichen Bilder und Modelle die Entwicklung der Flammöfen, bei denen der Schmelzraum oder Herd von dem mit Rostfeuerung ausgestatteten Feuerraume durch eine Feuerbrücke getrennt ist, so daß das zu erhitzende Gut nur mit den Flammengasen und nicht mit dem Brennstoff selbst in Berührung kommt. In ihnen werden vor allem pulverförmige Erze verhütet, und auch Rohmetalle, ins-

Originalschachtofen mit Wassermantel der Firma Fried. Krupp, Grusonwerk

besondere Kupfer, durch ein oxydierendes Schmelzen raffiniert. Während anfangs die Breite des Herdes 2 bis 3 m, die Länge 3 bis 4 m betrug, besitzen die Herde der neuesten amerikanischen Flammöfen eine Breite von 6 bis 7,5 m und eine Länge von 25 bis 36 m. Ermöglicht wurde eine derartige Vergrößerung dadurch, daß die einfache Rostfeuerung durch die im Eisenhüttengewerbe zuerst zur Anwendung gelangte Halbgas- und Regenerativfeuerung, oder neuerdings durch Öl- oder Kohlenstaubfeuerung ersetzt wurde. Durch diese und andere Verbesserungen hat man die Leistungen der Öfen ungeheuer gesteigert und den Brennstoffverbrauch und die Gestehungskosten stark erniedrigt, und zwar beides in viel stärkerem Maße, als der Vergrößerung allein entspricht.

Von umwälzender Bedeutung für das Kupferhüttenwesen war die Übertragung des zur Stahlbereitung dienenden Bessemer- oder Konverterverfahrens, bei dem Preßluft durch die geschmolzene Masse hindurchgeblasen wird, zur Verarbeitung des Kupfersteins. Die ersten in den Jahren 1856 bis 1879 angestellten Versuche, bei denen man den Wind, wie beim Stahlkonverter, durch den Boden einblies, hatten kein günstiges Ergebnis. Erst als Manhès und David den Wind durch einen ringförmig oberhalb des Bodens angeordneten Windkasten mit wagerechten Düsen einbliesen, gelang es, in einer ersten Blaseperiode das Eisen des Kupfersteins zu oxydieren und zu verschlacken, und in einer zweiten Periode einen Teil des Schwefelkupfers in Oxydul zu verwandeln, welches mit dem restlichen Kupfersulfür unter Abscheidung von metallischem Kupfer reagiert; dieses ist rein genug, um unmittelbar in Anoden für die Kupferelektrolyse gegossen werden zu können. Die Bauart eines Manhès-Konverters zeigt eine Ausführung der Firma Humboldt, Köln-Kalk.

Moderne Kupferhütte

Nur durch Destillation können auf trockenem Wege drei Metalle gewonnen werden: Quecksilber, Zink und Kadmium, ersteres, weil es bis herab zu —39° flüssig ist, letztere beiden, weil ihre Verdampfungspunkte tiefer liegen als die zur Reduktion ihrer Oxyde erforderliche Temperatur.

Das Haupterz für die Quecksilbergewinnung ist der Zinnober, das Schwefelquecksilber, welches beim Erhitzen mit Eisen oder gebranntem Kalk unter Luftabschluß das Metall freigibt, beim Erhitzen unter Luftzutritt aber in schweflige Säure und abdestillierendes Quecksilber zerfällt. Der Quecksilberdampf wird in kleinen bauchigen, ineinandergesteckten Gefäßen (Aludeln) oder in Kammern oder in gekühlten U-förmigen Rohren verdichtet. Bemerkenswert sind die Nachbildungen eines geschlossenen Destillierapparates nach Agricola, sowie Modelle und Abbildungen alter und neuzeitlicher Destillieröfen, wie sie an den drei Hauptgewinnungsorten: Almadén in Spanien (Aludel- oder Bustamenteöfen, 1623 und 1646), Idria in Krain und auf den Hütten in Toskana (Kammerofen von Leithner 1787, Schachtofen von Exeli 1873, Schüttofen von Czermak-Spirek 1886) in Betrieb standen oder noch stehen.

Für die Gewinnung des Zinks (und Kadmiums) durch Destillation kommt nur die dritte Ofenart, der Gefäßofen, in Betracht, da dampfförmiges Zink durch Sauerstoff, Kohlensäure und Wasserdampf schnell wieder oxydiert wird und daher von den Feuergasen getrennt gehalten werden muß. Während man schon seit mehreren Jahrhunderten das Mineral Galmei oder das beim Verschmelzen zinkreicher Blei- oder Kupfererze im Schachtofen sich ansetzende Zinkoxyd zur Messingbereitung verwendet hatte, gelang die technische Herstellung des Zinkmetalls erst zu Beginn des vorigen Jahrhunderts. Haupterze sind Zinkblende (Zinksulfid), welche durch Rösten in Zinkoxyd verwandelt wird, und Galmei (wasserhaltiges kohlensaures Zink) aus dem durch Brennen Wasser und Kohlensäure entfernt werden. Die so erhaltenen, das Zink als Oxyd enthaltenden Produkte werden, mit Reduktionskohle gemengt, in Röhren oder Muffeln aus feuerfestem Ton sehr hoch (13 bis 1400°) erhitzt, wobei Kohlenoxyd und Zinkdampf entweichen, der in an die Muffeln anschließenden tönernen Vorlagen zu flüssigem Metall verdichtet wird.

Wenn diese Arbeitsweise bis heute auch grundsätzlich die gleiche geblieben ist, so sind doch im Bau der Öfen, in der Einrichtung der Feuerungen und in der Herstel-

Darstellungen der Quecksilbergewinnung, Entwicklung der Destillieröfen

lung der feuerfesten Gefäße zahlreiche Verbesserungen eingeführt worden, die durch Gegenüberstellung von Modellen älterer und neuerer Ausführungsarten deutlich erkennbar gemacht sind. Hervorzuheben ist vor allem das Gesamtmodell einer älteren schlesischen Zinkhütte mit zwei Destillieröfen zu je 10 Muffeln und einfacher Rostfeuerung, und als Gegenstück hierzu eine neuzeitliche Destillieranlage der Hohenlohe-Werke A.-G. in Oberschlesien, deren Öfen 72 kleinere Muffeln enthalten und durch Boëtiusfeuerung erhitzt werden.

Nasse Verfahren der Metallgewinnung bestehen in der Auslaugung von Metallen aus ihren Erzen (Gold, Silber, Kupfer, Zink, Wismut) oder in der Scheidung zweier wertvoller Metalle voneinander (Gold, Silber) oder in der Reinigung von Rohmetallen auf elektrolytischem Wege (z. B. Kupfer).

Die Scheidung des Silbers von Gold durch Salpetersäure (Scheidung durch die Quart) wird bereits von Geber (8. bis 9. Jahrhundert) und Albertus Magnus (1193 bis 1280) erwähnt. Im dritten Betriebsraum wird eine nach dieser Methode arbeitende Anlage zur Zeit Agricolas (16. Jahrhundert) gezeigt. Seit 1802 ist dieses Verfahren durch die von d'Arcet, Paris, angegebene billigere und bequemere Schwefelsäurescheidung oder Affination verdrängt worden, bei der das Silber durch heiße konzentrierte Schwefelsäure gelöst und aus der Lösung durch Kupfer oder Eisen ausgefällt wird, während das Gold ungelöst zurückbleibt. Auf diese Weise können noch alte silberne Münzen oder Gebrauchsgegenstände mit nur 0,05 vH Gold wirtschaftlich geschieden werden. Grundlegende Untersuchungen über die Affination hat Pettenkofer 1847 veröffentlicht. Ein Bild zeigt die erste deutsche noch erhaltene Anlage in der Münze zu München; neuere Betriebseinrichtungen werden durch ein Modell der Anlage der deutschen Gold- und Silberscheideanstalt in Frankfurt a. M. veranschaulicht. Bemerkenswert ist eine hierzu gehörige Sammlung kleiner Goldkörner, die aus je 1 kg alter Silbermünzen in den siebziger Jahren, als die Markwährung eingeführt wurde, durch die Scheidung gewonnen wurden.

Seit 1884 ist die Affination an den meisten Orten ersetzt durch die elektrolytische Scheidung nach Moebius, die anfangs in Mexiko, seit 1892 zuerst auch von der Deutschen Gold- und Silberscheideanstalt in Frankfurt a. M. ausgeführt wurde. Die hier benutzte Einrichtung ist im Original ausgestellt. Die Rohsilberanoden werden, in Säcke gehüllt, in den aus saurer Silbernitratlösung bestehenden Elektrolyten eingehängt; das Gold bleibt in den Säcken als Anodenschlamm, das Silber wird bis zu 1000 fein an Kathoden aus Feinsilberblech niedergeschlagen.

Zu ausschlaggebender Bedeutung hat sich neuerdings die elektrolytische Kupferraffination entwickelt, bei der das auf trockenem Wege erzeugte Rohkupfer als Anode in einen Elektrolyten von saurer Kupfersulfatlösung eingehängt, gelöst und in einer Reinheit von 99,9 vH und mehr auf der Kathode niedergeschlagen wird, während die Verunreinigungen teils gelöst bleiben, teils ungelöst in den Anodenschlamm gehen. Die ersten Versuche im Großbetrieb wurden 1874 in Mansfeld, 1876 bei der Norddeutschen Affinerie in Hamburg und 1878 in Oker ausgeführt. Von geschichtlichem Interesse ist die ausgestellte erste Versuchs-Elektrolysierzelle der Norddeutschen Affinerie aus dem Jahre 1867. Heute werden etwa 70 bis 80 vH der Weltkupferproduktion auf diese Weise raffiniert.

Im zweiten Teil der Abteilung „Metallhüttenwesen“ wird die praktische Anwendung der verschiedenen Verfahren an Betriebsbeispielen durch Bilder, Proben, geschichtliche und statistische Angaben vorgeführt.

Ein großes Wandbild zeigt das alte Verfahren der Blei- und Silbergewinnung im Harz zur Zeit Ottos I. im 10. Jahrhundert, angefangen vom Erz bis zum ausgeprägten Silbertaler. Man erkennt, daß schon damals fast dieselben hüttentechnischen Einrichtungen zur Anwendung gelangten, wie sie Agricola im 16. Jahrhundert beschrieben hat, und wie sie in den oben erwähnten drei Betriebsräumen dargestellt sind. Ein weiteres Wandbild gibt Aufschluß über die Blei-, Silber- und Kupfergewinnung zur Zeit Schlüters im 18. Jahrhundert. Das Gewinnungsverfahren ist auch hier grundsätzlich noch das gleiche geblieben, nur sind bereits etwas höhere Öfen, die sog. Krummöfen, in Anwendung.

Betriebsaufnahmen aus wichtigen Hüttenwerken der Gegenwart zeigen in zwei Schaukästen den Verlauf der Metallgewinnung nach den neueren, zum Teil sehr verwickelten Verfahren, durch die es den deutschen Metallhütten trotz der Armut und ungünstigen Zusammensetzung der meisten deutschen Erze gelungen ist, den Wettbewerb mit Amerika, das einen riesigen Reichtum an hochwertigen Erzen besitzt, durchzuhalten. Die Erzeugnisse der verschiedenen aufeinanderfolgenden Teilprozesse werden durch eine Reihe von Proben veranschaulicht. Dargestellt ist vor allem der bedeutendste deutsche, schon seit dem 12. Jahrhundert bestehende Kupfer- und Silberhüttenbetrieb zu Mansfeld, der aus Kupferschiefer mit nur 2 bis 3 vH Kupfer und 0,014 bis 0,021 vH Silber jährlich 15000 bis 20000 t Kupfer und 75 bis 80 t Silber erzeugt, und der 15000 Bergleuten und 2000 Hüttenarbeitern den Lebensunterhalt verschafft. Eine Ergänzung bildet eine schematische Übersichtstafel, auf der der Verlauf der Kupfergewinnung in Mansfeld dem Kupfer-Bessemereibetrieb mit nachfolgender elektrolytischer Raffination (Okerhütte, Mitterberg) und dem nassen Kupfergewinnungsverfahren durch Laugen und Fällen in Rio Tinto in Spanien gegenübergestellt ist.

Ferner wird dargestellt der Bleischmelzbetrieb der Julius- und Sophienhütte bei Goslar im Unterharz, wo die Bleierze des Rammelsberges in Pilzöfen (Schachtöfen) auf Rohblei verarbeitet werden, weiter die Quecksilbergewinnung zu Idria mittels Schüttöfen, die Zinkgewinnung in Oberschlesien, wo vor dem Kriege das meiste Zink erzeugt wurde, die primitive Zinngewinnung in Schachtöfen allereinfachster Art der malaiischen Staaten, die zwei Drittel der Weltzinnerzeugung liefern; als Gegenstück hierzu wird die neuzeitliche Zinngewinnung der Firma Theodor Goldschmidt Akt.-Ges., in Essen mit vorzugsweise Flammofenbetrieb vorgeführt. Endlich kommen zur Darstellung der einzige Nickelhüttenbetrieb in Deutschland von der Firma Basse & Selve in Altena i. W., bei dem die Anwendung des Bessemerverfahrens hervorzuheben ist, der Hüttenbetrieb in Lautenthal im Harz, bei welchem dem Abtreiben des Bleies Silberanreicherungsverfahren nach dem Pattinsonprozeß (1833) oder jetzt dem Parkes- oder Zinkentsilberungsprozeß (1860) vorausgehen, ferner die Goldgewinnung in Kalifornien beim Goldwaschgroßbetrieb, die Goldgewinnung mittels Pochwerks-Amalgamation mit nachfolgendem Zyanidverfahren, nach dem heute das meiste Berggold der Welt gewonnen wird. Einen sowohl in künstlerischer als auch technischer Hinsicht wertvollen Schmuck dieser Abteilung bilden zwei Riesengemälde von Kunstmaler Wriggers mit der Darstellung eines neuzeitlichen Kupfer- und Bleihüttenbetriebes.

### O. Petersen: Eisenhüttenwesen.

Die älteste Form der Eisengewinnung war der Rennfeuerbetrieb, der heute nur noch bei einigen, auf niedriger Kulturstufe stehenden Völkern, z. B. einigen Negerstämmen in Afrika, ausgeführt wird. Das Rennfeuer bestand anfangs nur aus einer Grube oder einem niedrigen Ofen, worin in einem Holzkohlenfeuer Eisenerz niedergeschmolzen wurde. Die notwendige Verbrennungsluft wurde in der ältesten Zeit durch natürlichen Luftzug zugeführt, später sorgten primitive Gebläse für den notwendigen Wind. Das Ergebnis der Schmelzung war ein reichlich mit Schlacken durchsetzter Metallklumpen, die sogenannte „Luppe“, die in teigigem Zustande gewonnen wurde, weil die Temperatur des Feuers nicht ausreichte, das reduzierte metallische Eisen zu schmelzen. Durch wiederholtes Erhitzen und Hämmern wurde die Luppe von den Schlackeneinschlüssen befreit und schließlich zu Werkstücken verarbeitet. In der Sammlung ist das Original eines alten Rennfeuers vorhanden, das in der Lausitz ausgegraben wurde. Ferner veranschaulicht ein großes Gesamtmodell den Rennfeuerbetrieb, wie er heute noch in Kamerun ausgeübt wird. Das Modell wurde unter Leitung des bekannten Kamerunforschers Günther Tessmann ausgeführt; die meisten hierbei benutzten Gegenstände sind von den dortigen Eingeborenen selbst angefertigt worden.

Die Entwicklung geht von den Rennfeuern zu den Schachtöfen. Die Urform der Schachtöfen, der mit rohem Holz betriebene nordische Bauernofen, ist im Bilde dargestellt. Die dann folgenden Stücköfen, die ihren Namen nach den in ihnen erblasenen

„Stück“ erhalten haben, waren Schachtöfen, die bis zum späten Mittelalter im Eisenhüttenwesen gebraucht wurden. Auch sie lieferten, genau wie das Rennfeuer, direkt aus dem Erz eine schmiedbare Luppe, die nach der heutigen Werkstoffbezeichnung als „Schweißstahl“ anzusprechen ist.

Rekonstruktion eines Rennfeuers mit Original-Luppe und -Windform. Gefunden bei Lauchhammer in der Lausitz

Die Kraftmaschine des Mittelalters, das Wasserrad, hat insofern einschneidende Veränderungen im Eisenhüttenwesen hervorgerufen, als die durch das Wasserrad angetriebenen Gebläse in der Lage waren, größere Windmengen mit erhöhtem Winddruck zu liefern. Man konnte deshalb die Öfen höher bauen. Die notwendige Folge aber war, daß die Temperatur im Ofen stieg, und daß man unbeabsichtigt an Stelle der teigigen Luppe ein hochgekohltes flüssiges Eisen aus dem

Blick in den Raum Eisengewinnung aus Erzen. Vorne ein Modell des Rennfeuerbetriebes in Kamerun

Nachbildung eines alten Hochofens aus dem Jahre 1810 mit offener Brust und mit Wasserradgebläse. Nach einem Siegerländer Vorbild.

Ofen erhielt, mit dem man zunächst nichts anzufangen wußte, da es nach dem Erstarren spröde und nicht schmiedbar war. So war aus dem Stückofen, der im direkten Verfahren Stahl lieferte, der Hochofen entstanden, der Roheisen erzeugte, das durch besondere Verfahren in Stahl umgewandelt werden mußte.

An einer Reihe von hübschen Modellen wird die Entwicklung der Hochöfen in den letzten hundert Jahren vor Augen geführt. Die einzelnen Bauarten dieser Entwicklungsreihe, die nach Angaben von Hüttendirektor Albert Knaff angefertigt worden sind, lassen die immer zweckmäßiger werdende Ausgestaltung der Hochofenprofile erkennen. Beigefügte Zahlenangaben vermitteln genauen Aufschluß über die jeweiligen Erzeugungsverhältnisse. Ganz besonders in die Augen springend ist das Modell eines Hochofens aus dem Anfange des 19. Jahrhunderts in natürlicher Größe. Der Hochofen ist durchschnitten, so daß man auch die Art der Beschickung in den einzelnen Zonen verfolgen kann; auch das gesamte Zubehör des Hochofens, das von einem Wasserrad betriebene Gebläse, die Gezähe usw., sind gut sichtbar angeordnet. Als Gegenstück hierzu ist ein neuzeitlicher Hochofen mit Schrägaufzug in einem Modell der Demag A.-G., Duisburg, vorhanden. Der Niedergang der Beschickung in einem neuzeitlichen Hochofen ist an einem Schnittmodell eines wassergekühlten Panzermantel-Hochofens ersichtlich.

Parallel mit der Entwicklung des Hochofens selbst sind auch die Hilfseinrichtungen des Hochofenbetriebes dauernd verbessert worden. Bis in die sechziger Jahre des vorigen Jahrhunderts hatten die Hochöfen eine offene Brust, d. h., sie besaßen einen Vorherd, aus dem die Schlacke dauernd ablief. Die großen Nachteile dieser Einrichtung — ständige Ausbesserungen der Abflußsteine und die Notwendigkeit, das Gebläse beim Abstich des Roheisens abzustellen — wurde durch die von Fritz W. Lürmann im Jahre 1867 erfundene Schlackenform beseitigt. Durch diese Einrichtung wurden erst die riesigen Leistungen der neuzeitlichen Hochöfen ermöglicht. Das Museum besitzt das Original der ersten Lürmannschen Schlackenform.

Original der von Fritz W. Lürmann im Jahre 1867 erfundenen Schlackenform

Die Hochofengebläse sind in einer schönen Entwicklungsreihe, beginnend mit dem Blasebalg primitiver Völker bis zu den neuesten Gichtgasgebläsen, durch Modelle oder Bilder veranschaulicht. Die Erhitzung des Gebläsewindes, der bis vor hundert Jahren kalt in den Ofen geblasen wurde, ist eine Erfindung des Engländers James Beaumont Neilson (1828). Die verschiedenen Bauarten der Winderhitzung, angefangen mit den eisernen Röhrenwinderhitzern bis zu den steinernen Winderhitzern von Cowper und Whitwell, sind auf einer großen Tafel zur Darstellung gelangt. Daneben ist auch ein Modell des Hochofens in Wasseralfingen vorhanden, den der württembergische Bergrat Faber du Faur anfangs der dreißiger Jahre des vorigen Jahrhunderts erstmalig mit einem Winderhitzer ausgestattet hatte, der mit Gichtgas beheizt wurde.

Modell des Hochofens zu Baruth, nach der Beschreibung von Joh. Chr. zu Solms 1757

Modell des ersten Hochofens mit Winderhitzer von Bergrat Faber du Faur aus dem Jahre 1840. Nach der alten Hochofenanlage zu Wasseralfingen

An Gesamtanlagen von Hochofenwerken ist noch das Modell einer alten Anlage zu Baruth aus dem 18. Jahrhundert bemerkenswert, ferner ein Gesamtmodell der Kruppschen Hochofenanlage in Neuwied aus dem Jahre 1879, wobei die Hochöfen einen gemeinsamen senkrechten Gichtaufzug haben und der ältere Hochofen einen eisernen Winderhitzer besitzt, während der neuere bereits mit dem steinernen Winderhitzer von Cowper ausgerüstet ist. Ein großes Wandbild zeigt die zur Firma Fried. Krupp A.-G. gehörende Friedrich-Alfred-Hütte in Rheinhausen bei Duisburg, die in den Jahren 1896/98 und 1903/05 in großzügiger Weise nach neuzeitlichen Gesichtspunkten erbaut worden ist.

In Ländern, die über keine Kohlenvorräte verfügen, dafür aber reiche Erzschätze und große Wasserkräfte zur Erzeugung billigen elektrischen Stromes besitzen, lag der Gedanke nahe, Eisen in elektrisch beheizten Hochöfen zu erzeugen. Es war daher naheliegend, daß man zuerst in Schweden und Norwegen, wo die Voraussetzungen dazu gegeben sind, sich eingehend mit der Frage der elektrischen Verhüttung von Eisenerzen beschäftigte. Das Museum besitzt das Modell des ersten, von der Elektro-Metallgesellschaft in Domnarfvet (Schweden) im Jahre 1909 gebauten elektrischen Hochschachtofens.

Der nächste Raum ist der Darstellung der Entwicklung der Stahlerzeugung gewidmet. Aufgabe der Stahlerzeugung ist es, das kohlenstoffreiche Roheisen in kohlenstoffarmen Stahl umzuwandeln; der Vorgang beruht darauf, daß die in dem Roheisen enthaltenen Nebenbestandteile, namentlich der Kohlenstoff, durch die Einwirkung von Sauerstoff entfernt werden. Je nachdem hierbei der Stahl in teigigem oder flüssigem Zustande gewonnen wird, unterscheidet man Schweißstahl oder Flußstahl.

Wie schon oben bemerkt, war das Erzeugnis des Rennfeuer- oder Stückofenbetriebes Schweißstahl. Größere Bedeutung erlangte dieser jedoch erst, als man dazu überging, ihn im indirekten Verfahren herzustellen, indem man also das im Hochofen erblasene Roheisen in einem Frischfeuer wieder „frisch“, d. h. wieder gut, wieder schmiedbar zu machen versuchte. Das Frischfeuer, in dem unter Einwirkung von Gebläsewind die Oxydation der Eisenbeimengungen vorgenommen wurde, wurde mit Holzkohlen betrieben. Wie ein altes Frischfeuer aussah, zeigt das in der Samm-

Puddelofen

lung befindliche Original von der Eisenhütte zu Hammerau, das mit Luppe und den daraus geformten Schweißstahlproben ausgestellt ist.

Die sich im 17. und 18. Jahrhundert immer stärker fühlbar machende Holzkohlenknappheit veranlaßte die Hüttenleute, sich nach einem anderen Brennstoff, der in größeren Mengen vorhanden war, umzusehen. Erst ums Jahr 1735 gelang es in England, Roheisen mit „abgeschwefelten" Steinkohlen, also Koks, zu erblasen. Aber noch war die Holzkohle bei der Umwandlung des Roheisens in Stahl nicht zu entbehren. Alle Versuche, mit Kohle und Koks scheiterten. Das Roheisen nahm in Berührung mit ihnen Schwefel auf, und der entfallende Stahl war kaltbrüchig. Da gelang es endlich im Jahre 1784 dem Engländer Henry Cort, in einem Flammofen, bei dem die Kohle auf einem vom Schmelzraum getrennten Rost zur Verbrennung gelangte, die Entkohlung des Roheisens durch Einwirkung des in den Feuergasen enthaltenen Sauerstoffs unter Benutzung einer oxydreichen Schlacke durchzuführen. Das Bad wurde durch ständiges Umrühren immer wieder in erneute Berührung mit den frischenden Feuergasen gebracht. Nach diesem Vorgang (rühren = to puddle) wurde das Verfahren mit dem Namen „Puddelverfahren" belegt. Auch das Erzeugnis des Puddelofens war Schweißstahl. Das Museum besitzt Bilder und Modelle älterer Puddelöfen und besonders das Modell einer Puddelofenanlage, in natürlicher Größe, bei dem der in der Längsachse durchschnittene Ofen den Arbeitsvorgang des Puddelns gut erkennen läßt. In Deutschland wurde das Puddelverfahren erst um die Mitte der zwanziger Jahre des 19. Jahrhunderts eingeführt.

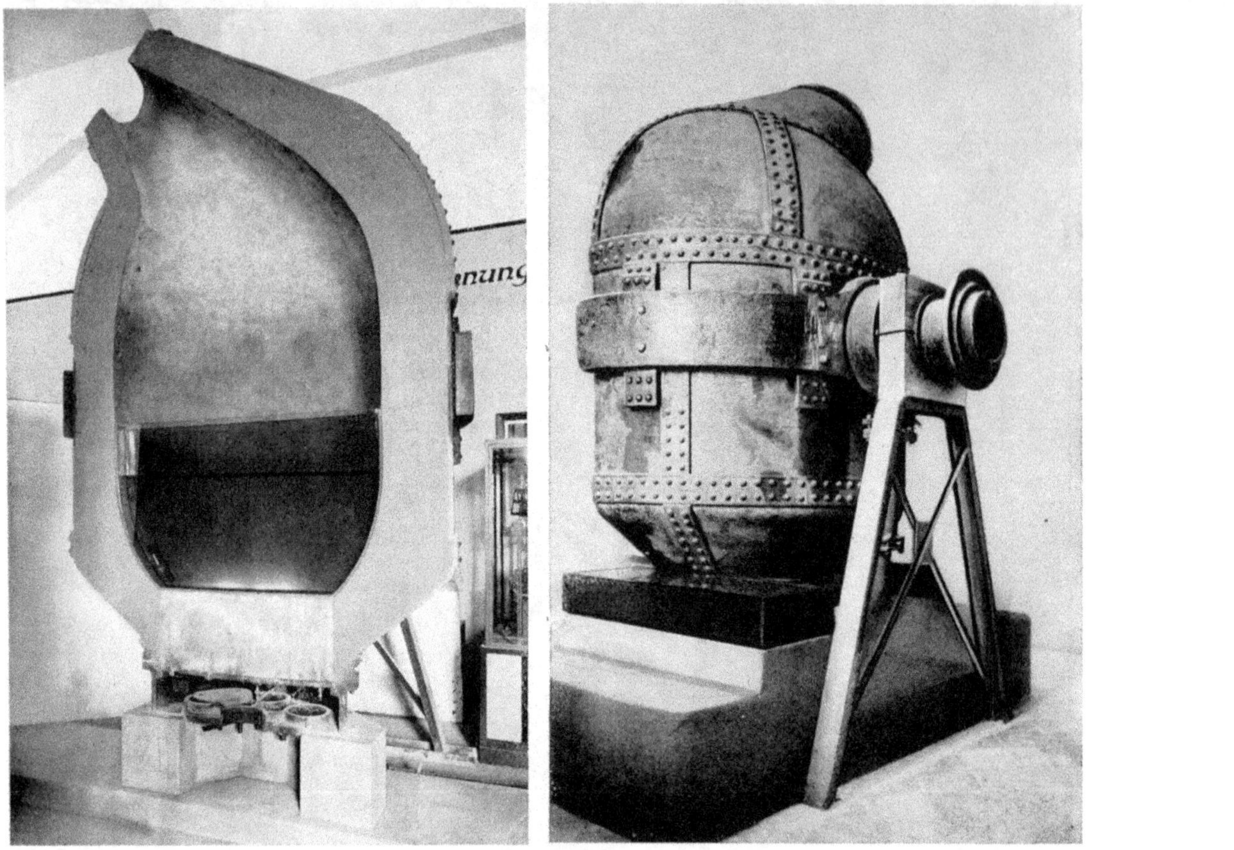

Durchschnittenes Original einer Bessemer-Birne der Kruppschen Gußstahlfabrik aus dem Jahre 1866 für ein Fassungsvermögen von 6 t

Durch die Erfindung des Bessemer-Verfahrens im Jahre 1855 beginnt das Zeitalter des Flußstahls, das besonders durch die Massenerzeugung gekennzeichnet wird; denn die Menge Stahl, die ein Puddelofen in 24 Stunden erzeugen konnte, läßt sich jetzt in 30 Minuten herstellen. Das Verfahren wird in einem birnenförmigen, innen mit feuerfestem Futter ausgekleideten Gefäß, dem Konverter, durchgeführt, indem durch das flüssige Roheisen aus zahlreichen Düsen am Boden des Konverters strömende Luft geblasen wird. Das Museum besitzt eine durchschnittene Bessemerbirne von 6 t Fassungsvermögen, die Alfred Krupp im Jahre 1866 aufstellte. Die Birne ist so eingerichtet, daß der Besucher das Einblasen der Luft gut beobachten kann. Weiter ist eine der ersten Bessemeranlagen Deutschlands, und zwar die des damaligen Hörder-Vereins in Hörde i. W. aus dem Jahre 1863 durch ein Gesamtmodell vertreten; die Leistung betrug damals 6 Schmelzungen von je 4 t in 24 Stunden.

Das Bessemer-Verfahren ist auf die Verarbeitung von phosphorarmem Roheisen angewiesen, da es nicht in der Lage ist, auch den für den Stahl schädlichen Phosphor abzuscheiden. Es war daher ein großer Fortschritt, als es den Engländern Sidney Gilchrist Thomas und Percy Gilchrist im Jahre 1878 gelang, durch Anwendung eines basischen feuerfesten Futters aus Dolomit und durch Zusatz von gebranntem Kalk das Bessemer-Verfahren auch für phosphorreiche Roheisensorten anzuwenden. Bei diesem Verfahren, nach seinem Erfinder „Thomas-Verfahren“ genannt, wird gleichzeitig als Nebenerzeugnis die hochphosphorsäurehaltige Thomasschlacke gewonnen, die für die Landwirtschaft ein wertvolles Düngemittel darstellt. Das Thomas-Verfahren war gerade für Deutschland mit seinem großen Reichtum an phosphorreichen Eisenerzen in Lothringen, in Mittel- und Süddeutschland von allergrößter Bedeutung, wurden doch beispielsweise vor dem Kriege zwei Drittel der gesamten Welterzeugung von Thomasstahl allein in Deutschland erblasen. Ein großes Wandbild zeigt ein neuzeitlich eingerichtetes Thomasstahlwerk mit einer Tagesleistung von 3000 t Stahl.

Als drittes Verfahren in dieser Reihe ist das Siemens-Martin-Verfahren zu nennen, bei dem die Gewinnung des Stahles in einem Herdofen vor sich geht. Das Verfahren, wie es meistens ausgeübt wird, besteht in der Hauptsache in dem Einschmelzen von kohlenstoffreichem Roheisen und kohlenstoffarmem Schrot unter gleichzeitigem Zuschlagen von Kalk zum Abscheiden von Phosphor usw. Das von den Franzosen Pierre und Emil Martin unter Zuhilfenahme der von Wilhelm Siemens erfundenen Regenerativgasfeuerung durchgeführte Verfahren gelang zum ersten Male im Jahre 1864. Es wird nach den Erfindern Siemens-Martin-Verfahren genannt. In Deutschland wurde es von Alfred Krupp im Jahre 1869 eingeführt. Neben Modellen und Bildern älterer und neuerer Siemens-Martin-Öfen ist das Gesamtmodell des Siemens-Martin-Stahlwerkes vorhanden, das im Jahre 1870 bei der Firma Borsig in Tegel erbaut wurde. Ein neuzeitliches Siemens-Martin-Stahlwerk, das entsprechend dem heutigen Stande der Technik ausgerüstet worden ist, wird in einem Modell der Demag A.-G. vorgeführt. Die in dem Modell dargestellten Siemens-Martin-Öfen haben eine Fassung von 80 t und sind kippbar eingerichtet.

Der letzte Teil der Gruppe „Stahlerzeugung“ umfaßt die Darstellung der verschiedenen Verfahren zur Veredlung des Stahls.

Das ältere Veredlungsverfahren, das sog. Zementieren, beruht darauf, kohlenstoffarmen Stahl in Form von Schweißstahlstäben in festem Zustande durch Glühen in Holzkohle Kohlenstoff zuzuführen, worauf der so erhaltene Zement- oder Blasen-

Modell eines Siemens-Martin-Werkes mit angeschlossenem Elektro-Stahlwerk aus dem Jahre 1924

stahl mechanisch mit Hammerschlägen durch Zusammenschweißen raffiniert wird (gärben). Auf der Herstellung dieses sog. Gärbstahls beruht der Weltruf der alten Sheffielder und Solinger Messer-, Scheren- und Klingenindustrie. Die Fortschritte auf dem Gebiete der Zementieröfen sind durch Modelle älterer und neuerer Ausführungsformen kenntlich gemacht.

Während dieses Verfahren naturgemäß keinen Stahl mit gleichartigem Gefüge und homogener Zusammensetzung liefern konnte, gelang es dem englischen Uhrmacher Benjamin Huntsman im Jahre 1740, die Raffination des Zementstahls in flüssigem Zustande in Tiegeln auszuführen und so den hochwertigen Tiegelstahl zu erzeugen. Damit war der Grund zum Weltruhm der alten englischen Gußstahl- und Werkzeugstahlindustrie gelegt. Im Jahre 1811 war es Friedrich Krupp, der dieses Verfahren in Deutschland zuerst einführte und in großem Maßstabe ausbildete. Die großartige Entwicklung, die die Gußstahlerzeugung genommen hat, kommt zum Ausdruck durch die entsprechende Vervollkommnung der in Modellen dargestellten Tiegelstahlöfen. Anfangs, im Jahre 1811, kamen einfache, vertiefte Schachtkoksöfen mit zwölf Tiegeln, dann im Jahre 1874 vertiefte Flammöfen mit Regenerativgasfeuerung für achtzehn Tiegel und schließlich im Jahre 1886 die neueren, über der Hüttensohle angeordneten Regenerativflammöfen für bis zu 100 Tiegel zur Anwendung. Ein großes Wandbild zeigt den fesselnden Anblick beim Guß eines großen, bis zu 100 t schweren Gußstahlblocks, bei dem Scharen von Arbeitern nach und nach über 1000 Tiegel in ununterbrochenem Strahl in eine Riesenform ausgießen. Eine Sammlung durchschnittener Gußstahlblöcke sowie eine Anzahl absichtlich deformierter, aus Gußstahl hergestellter Konstruktionsteile lassen die Hochwertigkeit des Erzeugnisses erkennen.

In der Neuzeit haben die Bestrebungen, Stahl auch im elektrischen Ofen herzustellen, zur Ausbildung eines weiteren Verfahrens geführt, der Elektrostahlerzeugung. Nach den schon gegen Ende der siebziger Jahre des vorigen Jahrhunderts von Wilhelm Siemens angestellten erfolglosen Versuchen der elektrischen Eisen- und Stahlerzeugung gelang es um die Jahrhundertwende, drei verschiedene, für die Praxis brauchbare Ofenbauarten zu schaffen, nämlich den Lichtbogenofen des Franzosen Paul Héroult, den Strahlungsofen des Italieners Emilio Stassano und den Induktionsofen des Schweden Friedrich Adolf Kjellin. Eine Wandtafel veranschaulicht die Wirkungs- und Arbeitsweise dieser drei Ofenarten, die in älteren und neueren verbesserten Ausführungsformen durch Modelle, Bilder und teilweise auch durch Originale vertreten sind. Bemerkenswert ist das Modell des ersten in Deutschland bei den damaligen Stahlwerken Richard Lindenberg in Remscheid zur Anwendung gelangten Héroult-Ofens mit 1,5 t Fassungsvermögen.

Ein Vorführungsmodell erläutert die Wirkungsweise eines Induktionsofens, und zwar eines Frickofens, wie er z. B. bei der Firma Fried. Krupp A.-G. in Essen im Betriebe ist; die Wirkung des Induktionsstromes auf das zu schmelzende Gut wird durch Aufleuchten von kleinen Glühlämpchen in der Schmelzrinne erläutert. Die Anwendung des Drehstromes bei Elektrostahlöfen zeigt ein Modell des Induktionsofens von Röchling-Rodenhauser.

Den Abschluß der Abteilung „Hüttenwesen" bilden Filmvorführungen, die in ununterbrochener Bilderreihe die Arbeitsweise und den Betrieb des Bessemer-Verfahrens, des Siemens-Martin-Verfahrens, der Tiegelgußstahlherstellung und der Elektrostahlerzeugung zeigen.

*

G. LIPPART, METALLBEARBEITUNG.

Die Schaffung von Werkzeugen war wohl der entschiedendste Schritt für die Entwicklung der Menschen. Zehntausende von Jahren seit der Eiszeit blieben Stein und Ton, Pflanzen- und Tierstoffe die Grundlagen für Werkzeuge und Waffen, Geräte und Schmuck. Erst mit der Bronzezeit beginnt eine raschere Entwicklung, die, ziemlich spät, gesteigert durch die Verwendung von Eisen und Stahl und zuletzt gekrönt durch planmäßige wissenschaftliche Arbeit die Metallbearbeitung mit immer größerer Beschleunigung zu der heutigen Formenfülle und Leistungsfähigkeit emporgeführt und damit zur Haupthelferin neuzeitlicher Technik gemacht hat. Ein Längsschnitt durch diese Entwicklung ist in der Abteilung „Metallbearbeitung“ des Deutschen Museums durch Bilder und Modelle, Kopien und Originalwerke anschaulich dargestellt.

Am Anfang steht das Gießen. Prähistorische Völker gossen ihre Waffen und Werkzeuge aus Bronze in Formen aus Stein — Bilder und Nachbildungen zeigen es —; Altertum und Mittelalter bauten das Wachsausschmelzverfahren aus, besonders für Kunstguß aus Erz, dann das Teilformverfahren in Lehm und Sand, auch für Gebrauchsguß aus Eisen. Das Deutsche Museum veranschaulicht auf schematischer Tafel Werdegang und Wirkung dieser Formverfahren und in Natur einige Formen und Abgüsse: eine Glocke „festgemauert in der Erden“ in älterer Lehmformerei, eine Phidias-Figur nach dem Wachsschmelzverfahren von Joh. Stiglmaier 1822. Aus der Sandteilformerei entwickelt sich die Maschinenformerei. Wir sehen als Vorstufen alte Modellplatten der „Rote Hütte“ im Harz; dann die erste Formmaschine mit Wendeplatte von F. Dehne, Halberstadt, Modelle verschiedener Übergangsstufen bis zur neueren Drehtisch-Formmaschine von Wasseralfingen.

Modell des Gießhauses der Erzgießerei von Ferd. von Miller in München, mit Flammofen und Form für den Guß des Kopfes der Bavaria

Alte Sensenschmiede mit Wasserradhammer aus dem Jahre 1803 von Haueisen & Sohn in Neuenburg i. Wrttbg.

Zum Schmelzen baute man zuerst Tiegel-, später meist Flamm- und Schachtöfen. Alle drei Ofenarten sind hier vertreten: ein kippbarer Gebläse-Tiegelofen von Basse & Selve, ein elektrischer Tiegelofen, System Hellberger, das Modell des Flammofens der v. Millerschen Erzgießerei, in dem 1850 die Bavaria in Stücken von 25,3 t gegossen wurde, neben Modellen und Bildern alter und neuer Kupolöfen. Man sieht die Hilfseinrichtungen für Gießereien, wie Gebläsemodelle, darunter ein eigenartiges altes Kolben-Paternosterwerk, eine Sammlung typischer Gußerzeugnisse und endlich Nachbildungen von Gesamtanlagen. Hierunter ist besonders bemerkenswert das große Wandgemälde einer neuzeitlichen Eisengießerei, das dioramaartig in einen Vordergrund mit wirklichen Einrichtungsstücken übergeht: einem Kuppelofen mit selbsttätiger Begichtung, einer Formgrube für ein Zahnrad, sowie Lauf- und Wandkrane der Deutschen Maschinenfabrik A.-G., Duisburg, in Naturgröße.

Vom „Gießen" kommen wir zum „Schmieden" durch eine alte Schwarzwälder Sensenschmiede mit Wasserradhammer. Zwischen der alten Sensenschmiede und der Entwicklung der Hämmer und Pressen ist, nur aus Raumgründen, eine Sammlung von „Schlössern" untergebracht. Sie veranschaulicht an ausgewählten Stücken die Entwicklung der Schloßtechnik, vom uralten Holzschloß mit Hakenschlüssel über das mittelalterliche Besatzungsschloß bis zu den neuzeitlichen Sicherheitsschlössern mit verwickelten Zuhaltungen, Buchstaben und Uhrwerken.

Modell des 1000 Ztr.-Dampfhammers „Fritz", im Betrieb der Firma Fried. Krupp, Essen von 1861 bis 1914
Rechts: Modell eines Dampf-Aufwerfstielhammers aus dem Jahre 1856

Betriebsfähiges Modell einer dampfhydraulischen Presse von Breuer-Schuhmacher, Kalk, für 3000 t Druck

Der Hammer ist uralt. Seine Entwicklung sehen wir hier vom stiellosen Handhammer des Altsteinzeitmenschen bis zum Dampfhammer von 1000 Ztr., dem berühmten „Fritz" von Krupp aus dem Jahre 1861, der durch ein betriebsfähiges Modell verkörpert ist. Wie sich die ungeschlachten Formen der älteren mechanischen Hämmer mit zunehmender Arbeitsgeschwindigkeit verfeinern, verdeutlicht eine Reihe naturgroßer Hämmer; einerseits das Original eines dem ersten Wattschen Hammer nachgebildeten Balanzierhammers und ein im Hofe ausgestellter Nasmyth-Hammer, anderseits ein Ajax-Federhammer, und ein moderner elektrisch betriebener Bêche-Lufthammer mit bequemer und feinfühliger Schlagregelung.

Formt der Hammer das Metall durch Stoß, laut und erschütternd, so wirkt die Presse ähnlich durch Druck, aber still und ruhig; sie hat daher für viele Zwecke den Hammer verdrängt. Vertreten ist sie hier durch einfachere Schrauben-, Kniehebel-, Exzenterpressen in Naturgröße bis zur dampf-hydraulischen Riesenpresse, die durch ein betriebsfähiges Modell nach einer Ausführung von Breuer-Schumacher, Kalk, für 3000 t Preßdruck veranschaulicht ist.

Dem Pressen ähnlich, durch eine Art Kneten, wird Metall durch Walzen bearbeitet. Das erste Walzwerk — dargestellt durch das Modell eines Luppenwalzwerkes mit Wasserradantrieb etwa aus dem Ende des 18. Jahrhunderts — arbeitet mit zwei Walzen nur in einer einzigen Richtung. Zur Beseitigung des leeren Rücklaufs erfand Thomas Walker 1850 das Reversier-Werk, mit Umkehrung der Drehrichtung und fast gleichzeitig Lauth und Joh. Fritz das Trio-Walzwerk mit drei stetig umlaufenden Walzen. Ersteres ist hier dargestellt durch das betriebfähige Modell eines

Block - Reversier - Walzwerkes, letzteres durch ein Trio-Walzgerüst der Maxhütte, Rosenberg, in Naturgröße. Zur Herstellung von Stab- und Formeisen, Schienen und Draht benützt man gefurchte Walzen — Kaliberwalzen —, die im Original und Modell neben Walzproben zu sehen sind. In einem betriebfähigen großen Modell eines Blechwalzwerkes von Gebr. Klein, Dahlbruch, wird vor den Augen des Besuchers ein kurzes Bleistück zur Blechtafel gewalzt. Ein anderes Modell zeigt ein Kruppsches Schienenwalzwerk mit drei Trio-Walzgerüsten und Rollgängen aus dem Jahre 1880, als Gegenstück dazu ein Bild, ein neuzeitliches mit selbsttätiger Bedienung mittels hydraulisch bewegter Hebetische. Für Sonderaufgaben haben sich besondere Walzverfahren entwickelt; das Kruppsche Walzen nahtloser Bandagen für Eisenbahnräder und Borsigs Herstellung nahtloser Ketten sind hier durch Bearbeitungsproben veranschaulicht. Wie man nahtlose Rohre herstellt, zeigt das Modell des ersten Mannesmann-Schrägwalzwerkes und ein großes Wandbild eines neuzeitlichen Pilgerschritt-Walzwerkes zu Höntrop neben Walzmustern, die durch Aufschneiden und Bemalen die eigenartige Walzwirkung auf die Metallfasern sehr schön erkennen lassen.

Schmiedestück von 140 Ztr. Gewicht zum Vergleich der Leistung des 1000 Ztr.-Hammers „Fritz“ und der Leistung einer Schmiedepresse bei 100000 Ztr. Druck

Gießen und Schmieden, Pressen und Walzen dienen gewöhnlich nur zur vorbereitenden Formgebung; die endgültige Gestalt erhält das Metall in der Regel durch schneidende und spanabhebende Werkzeuge.

In der Gruppe „Schneiden und Bohren“ ist das Schneiden durch alte Handscheren und Sägen, durch neuere Bogen- und Kreissägen eingeleitet. Neben einer massigen Hebelschere und Stanze der Gutehoffnungshütte vom Jahre 1810 steht eine neue, motorgetriebene Universalschere und Stanze. Das eigenartige autogene Schneidverfahren von Elektron-Griesheim, bei dem eine Knallgasflamme von starkem Druck das Eisen schmilzt und zerstäubt, ist durch Originalbrenner und durch Schneidproben vertreten.

Uralt ist das Bohren. Aus dem Feuerbohrer zur Wärmeerzeugung entstand der Werkzeugbohrer zur Stoffbearbeitung. Das Museum bietet uns in einer geschichtlich interessanten Zusammenstellung Stufen dieser Entwicklung; in naturgetreuer Nachbildung den über 5000 Jahre alten ägyptischen Steinbohrer als Beispiel der Meißelbohrung, den melanesischen Muschelbohrer aus Bambusrohr als Vertreter der Kernbohrung; im Original mittelalterliche Knarren und Brustleiern bis zum Kruppschen Bohrverfahren für Kanonenrohre aus dem Vollen. Die Bohrmaschinen werden vollkommener und vielseitiger. Bilder zeigen Übergangsformen. Neben der feststehenden Bohrmaschine — dargestellt durch eine Originalmaschine von Werder der Maschinenfabrik Augsburg-Nürnberg A.-G. nach englischem Vorbild — treten bewegliche Bauarten, besonders zur Bearbeitung großer und schwerer Werkstücke, vertreten durch die erste fahrbare Bohrmaschine von Collet & Engelhardt, Offenbach. Die Vergrößerung des Anwendungsbereiches und der Leistung wird durch eine neuzeitliche Radialbohrmaschine, durch eine mehrspindlige Bohrmaschine und andere vor Augen geführt.

Darstellung der Entstehung einer Eisenbahnschiene an Walzproben, die die Zunahme der Länge als Folge der Querschnittverminderung zeigen

Ist beim Bohren das Werkstück fest und das Werkzeug beweglich, so ist es beim Drehen umgekehrt. Die Drehbank gestattet die vielseitigste Bearbeitung und ist daher die verbreitetste Werkzeugmaschine für die Metallbearbeitung geworden. Ihre Entwicklung sieht man zunächst auf einer Wandtafel, dann in Naturstücken. Als Vorstufen kommen Erinnerungen an die alten Töpfer-Drehscheiben, eine primitive Holzdrehbank, wo das Werkstück mittels eines Fiedelbogens hin und her bewegt wird, einfache hölzerne Drehbänke mit Fußtritt und Schwungrad, vollkommenere Drechslerbänke mit besonderen Schablonen-, Oval- und Guillochier-Werken, auf denen kunstfertige Hände die verwickeltsten Gebilde aus Holz und Elfenbein zu fertigen wußten. Dem Gewinde, einem der wichtigsten Dreherzeugnisse, sind besondere Tafeln, Bilder und Schaustücke gewidmet. Geschichtlich besonders beachtenswert ist ein Satz Gewindeschneidzeuge aus dem Jahr 1856 vom Engländer Whitworth, der zuerst in der Technik das nach ihm benannte einheitliche Gewindesystem eingeführt hat. Ein Bild einer Patronendrehbank nach Leonardo da Vinci um 1500 zeigt, wie eine Gewindeschablone, die Patrone, die Drehspindel führt und ein Gewinde entsteht. Im Original ist die hölzerne Patronendrehbank ausgestellt, die G. von Reichenbach für seine optischen Instrumente benützte. Sie weist als großen Fortschritt gegenüber der alten Handauflage des Drehstahls bereits die zwangläufige Drehstahlführung, den Support, auf. Die Patronendrehbank wurde durch die Auswechselbarkeit der Patrone für verschiedene Gewinde vervollkommnet, dargestellt an einer eisernen Drehbank. Dann kam der Revolverkopf, mit mehreren rasch aufeinanderfolgenden Werkzeugen, der die Massenherstellung gleichartiger Drehkörper wesentlich beschleunigt. Schließlich wurden alle Schaltbewegungen selbsttätig gemacht, man erhielt den „Automaten“ und mit ihm eine wesentliche Steigerung der Leistung und Verbilligung der Erzeugung. Im Museum ist er vertreten durch die erste Holzschrauben-Schneidmaschine von Funke & Hueck, Hagen i. Westf., die seit 1862 50 Jahre ununterbrochen ihren Dienst tat, durch den ersten Automaten, den W. L. Chase-New-York 1876 in Philadelphia ausgestellt hat und durch eine neuzeitliche Bank von L. Loewe Berlin.

Hebelschere und Stanze der Gutehoffnungshütte aus dem Jahre 1810

Gegenüber diesen Drehbänken für feinere Arbeiten sind die im Maschinenbau vornehmlich verwendeten zwei Drehbankgattungen angeordnet: Leitspindel- und Plandrehbänke. Die Leitspindel-Drehbank, benannt nach der den Support bewegen-

Nachbildungen und Originale alter Bohrgeräte

Originale alter und neuer Drehbänke

den Gewindespindel, ist im Museum vertreten durch die erste von Fr. König, dem Erfinder der Schnellpresse, 1810 aus England eingeführte Leitspindelbank. Ihr Gegenstück bildet eine neuzeitliche Schnelldrehbank mit Norton-Getriebe zum selbsttätigen Geschwindigkeitswechsel der Leitspindel von Gebr. Böhringer, Göppingen. An Plandrehbänken, die vornehmlich zum Drehen scheibenartiger Körper dienen, ist ausgestellt eine alte Bank der Gutehoffnungshütte aus dem Jahre 1830 mit senkrechter Planscheibe und eine neue Karusselldrehbank von Schieß, Düsseldorf, mit wagrechter Planscheibe, die das Aufspannen des Werkstückes wesentlich erleichtert und durch Vermeiden der Durchbiegung die Bearbeitungsgenauigkeit erhöht.

Tisch-Hobelmaschine von Mannhardt, München, gebaut vor 1840

Es folgt die Gruppe „Feilen, Stoßen, Hobeln", die Bearbeitung ebener Flächen durch geradlinige Arbeitsbewegungen. Die Feile kennen wir schon als vorgeschichtliches Werkzeug. Ihre Herstellung erst durch Hand, später mit Feilen-Haumaschinen, ist an Bildern und Modellen zu sehen. G. v. Reichenbach hat 1818 als einer der Ersten das Feilen von Hand durch die Feilmaschine ersetzt, das Vorbild der heutigen Shaping- oder Querhobelmaschine und der Vertikalstoßmaschine, die in älteren und neueren Ausführungen verkörpert sind. Bei dieser Maschine ist das Werkstück fest und das Werkzeug beweglich; umgekehrt ist es bei den Tischhobelmaschinen, die zuerst Fox im Jahre 1814 und Roberts 1817 aus England einführten. Letzterer Maschine sehr ähnlich ist die im Museum aufgestellte, wahrscheinlich von Joh. Mannhardt, München, stammende Hobelmaschine, die Ludwig I. der Polytechnischen Schule in Nürnberg 1840 schenkte. Die neuzeitliche Entwicklung der Hobelmaschine geht einerseits in der Richtung gewaltiger Werkstücke und entsprechender Maschinenabmessungen, z. B. Tischhobelmaschine bis 14,5 m Hobellänge — durch Bilder verdeutlicht —, anderseits besonderer Arbeitsverfahren, z. B. für Zahnräder. Bemerkenswert ist das hier ausgestellte Original der ersten halb selbsttätigen mit Schablone arbeitenden Kegelrad-Hobelmaschine von Renk, Augsburg, und als Gegenstück eine neuzeitliche ganz selbsttätige Kegelradmaschine von J. E. Reinecker, Chemnitz, die nach dem Abwälzverfahren von Bilgram arbeitet.

Dauerprüfmaschine von Wöhler für Zugbeanspruchung aus dem Jahre 1860

Die hin- und hergehenden Hobelmaschinen hobeln mit geringen Ausnahmen nur in einer Hubrichtung; der leere Rücklauf bedeutet Arbeitsverlust. Ein großer Fortschritt war daher die Erfindung des Fräsers. Die hohe Leistungsfähigkeit der Fräsmaschine hat ihr im Maschinenbau eine große Verbreitung verschafft, allerdings erst in den letzten Jahrzehnten, zuerst vornehmlich unter amerikanischem Einfluß. Ihre Vorläufer, die Uhrmacher-Schneidzeuge, im Original ausgestellt, stammen schon aus dem Ende des 18. Jahrhunderts. Welch vielseitige Arbeit eine neuzeitliche Fräsmaschine leisten kann, ist an der vorgeführten Universalfräsmaschine von Reinecker, Chemnitz, mit Kreisbewegung des Aufspanntisches und Universalteilkopf zu erkennen. Eine selbsttätige Stirnräderfräsmaschine der gleichen Firma zeigt das höchst einfache und dabei außerordentlich genaue Arbeitsverfahren dieser Maschine.

Zur Herstellung besonders glatter und genauer Flächen, zur Bearbeitung von harten Werkstoffen ist die Schleifmaschine unübertroffen, bei der die rasch kreisende Schleifscheibe an die Stelle des Werkzeugstahls tritt. Neben dem alten Schleifstein aus natürlichem Sandstein mit Fußtritt steht die neue selbsttätige Spiralbohrerschleifmaschine mit künstlicher Schleifscheibe aus Schmirgel oder Korund. Die in der Nähe befindliche Universalschleifmaschine sowie eine Zylinderschleifmaschine mit Planetengetriebe dienen für Schlicht- und Polierarbeiten höchster Genauigkeit, wie sie mit anderen Bearbeitungsverfahren nicht zu erreichen sind.

Die Feststellung der Bearbeitungsgenauigkeit ist sehr wichtig in vielen Zweigen der Metallbearbeitung; bildet doch eine große Arbeits- und Meßgenauigkeit die Vorbedingung für die neuzeitliche, wirtschaftliche Massenherstellung mit Austauschbarkeit der Massenteile. Das Messen umfaßt daher zusammen mit der Werkstoffprüfung mit Recht eine besondere Gruppe im Deutschen Museum. Ein Schrank zeigt Meßinstrumente, vom alten Zirkel bis zur Grenzlehre und dem neuesten Zeißschen Optimeter, das Messungen von $^1/_{10000}$ mm erlaubt. Ihre Anwendung wird teilweise auf einem besonderen Tisch vorgeführt.

Die Werkstoffprüfung ist hier nur durch die allgemeiner üblichen physikalischen und metallographischen Verfahren veranschaulicht; die seltenere chemische Prüfung ist in der Abteilung Chemie untergebracht. Zur Ermittlung der Festigkeitseigenschaften von Metallen dienen besondere Prüfmaschinen. Hier findet man im Original eine alte Wöhler-Maschine für wiederholte Zugbeanspruchung als Beispiel einer Reihe von Maschinen, mit welchen Wöhler in den 60er Jahren des vorigen Jahrhunderts zuerst seine klassisch gewordenen Dauerversuche für Zug-, Biegungs- und Verdrehungsbeanspruchung anstellte. Ein Bild zeigt eine Werder-Maschine der Maschinenfabrik Augsburg-Nürnberg A.-G., ein anderes eine 50-t-Universalprüfmaschine von der gleichen Firma. Neben einer älteren stehen neuzeitliche Festigkeitsprüfmaschinen von Mohr & Federhaff, Mannheim; eine Kruppsche Dauerschlagmaschine, ein Charpyscher Pendelhammer für Kerbschlagproben und ein Härteprüfer nach dem Kugeldruckverfahren von Brinell. Dazu kommen typische Untersuchungsproben, darunter ein Schrank mit Versuchslegierungen von Basse & Selve, Altena, verbogene Räder, Achsen, Bleche usw., sowie eine Sammlung Beschußproben Kruppscher Panzerplatten.

Solche Eigenschaftsprüfungen werden neuerdings wertvoll ergänzt durch die Metallographie, die Einblick in das Feingefüge der Metalle und dessen Änderung unter mechanischen, chemischen und Wärmeeinflüssen gewährt; vornehmlich mittels Mikroskop und Kamera. Dieses im Ausland entstandene Untersuchungsverfahren wurde von Martens in Deutschland zuerst eingeführt. Das Museum besitzt von seiner Hand zwei Wandtafeln mit Gefügebildern; ferner Lichtbilder verschiedener metallographischer Aufnahmen.

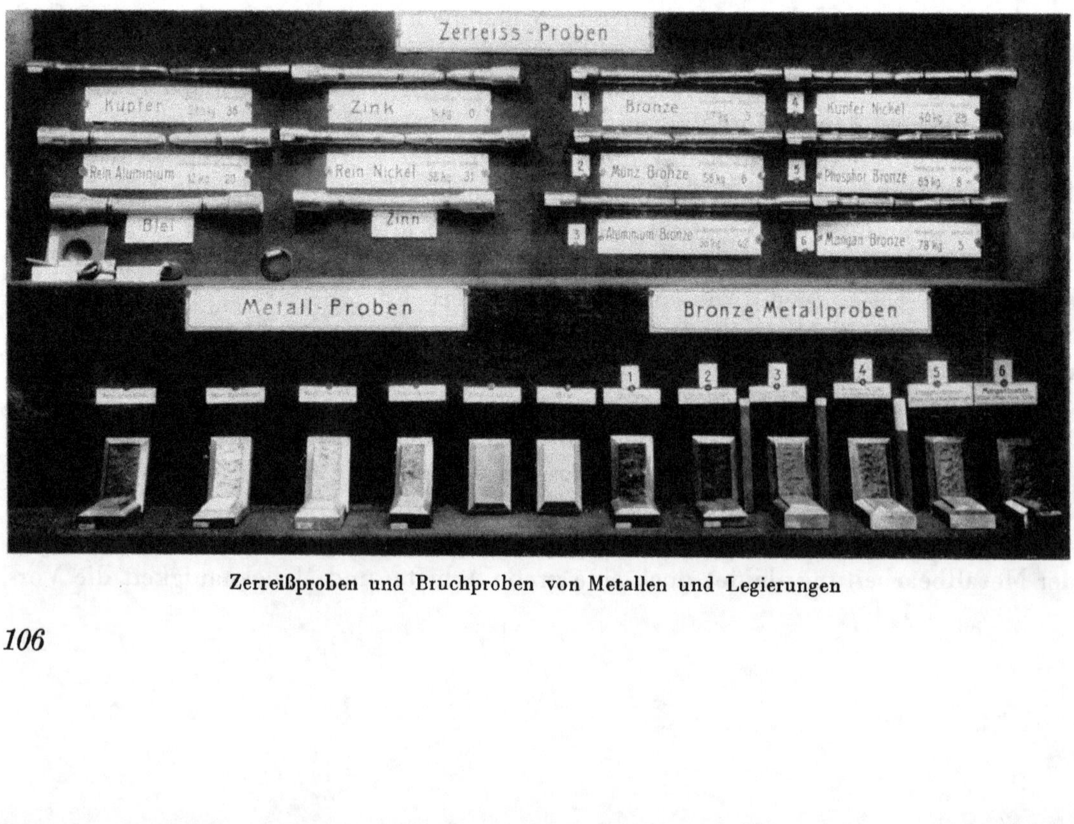


Zerreißproben und Bruchproben von Metallen und Legierungen

**Blick in den Saal Meisterwerke der Gieß- und Treibkunst.**

Den Abschluß der ganzen Sammlung bildet ein Ehrenraum für „Meisterwerke der Metallbearbeitung". Da gibt es Meistergußstücke der Gleiwitzer Hütte, alte Herdgußplatten von Wasseralfingen, die erste Stahlgußglocke aus dem Jahre 1854 von Jacob Meyer, dem Leiter des Bochumer Vereins, der Ausgangspunkt unserer heutigen hochstehenden Stahlformgießerei. Hier steht im Original die Hand der Bavaria, des größten Erzgusses der Welt, 1850 von Ferdinand von Miller in München geschaffen; ein Wandgemälde von Kaulbach hält den geschichtlich denkwürdigen Augenblick dieses Gusses fest. Von den berühmtesten Erzgießern sind Porträts und Bilder ihrer Hauptwerke zu sehen. Schaukästen enthalten Gold-, Silber- und Zinngußstücke mit hervorragenden Ziselier-, Tauschier- und Emaillearbeiten.

Die Schmiedetechnik ist vertreten durch Bilder, wie von der über 2200 Jahre alten 17 t schweren indischen Ruhmessäule in Delhi, von Riesengeschützen usw., dann durch kunstvolle Gitter, Beschläge, Schlösser und Damaszener Waffen, sowie durch Stahlschnittwerke.

Die Metalltreibkunst ist dargestellt durch Abbildungen der größten kupfergetriebenen Bildsäulen, wie der 46 m hohen, 80 t schweren Freiheitsstatue in New-York und des 30 m hohen Hermann-Denkmals bei Detmold, ferner durch gotische Ritterrüstungen. Endlich ist die Galvanoplastik veranschaulicht durch Kopien mykenischer und Halberstädter Funde, ausgeführt von der Württembergischen Metallwarenfabrik Geislingen, durch die ersten galvanischen Arbeiten von F. von Miller aus dem Jahre 1840 und die galvanische Nachbildung einer Ritterrüstung in vereisentem Kupfer von Christofle & Cie., Paris.

*

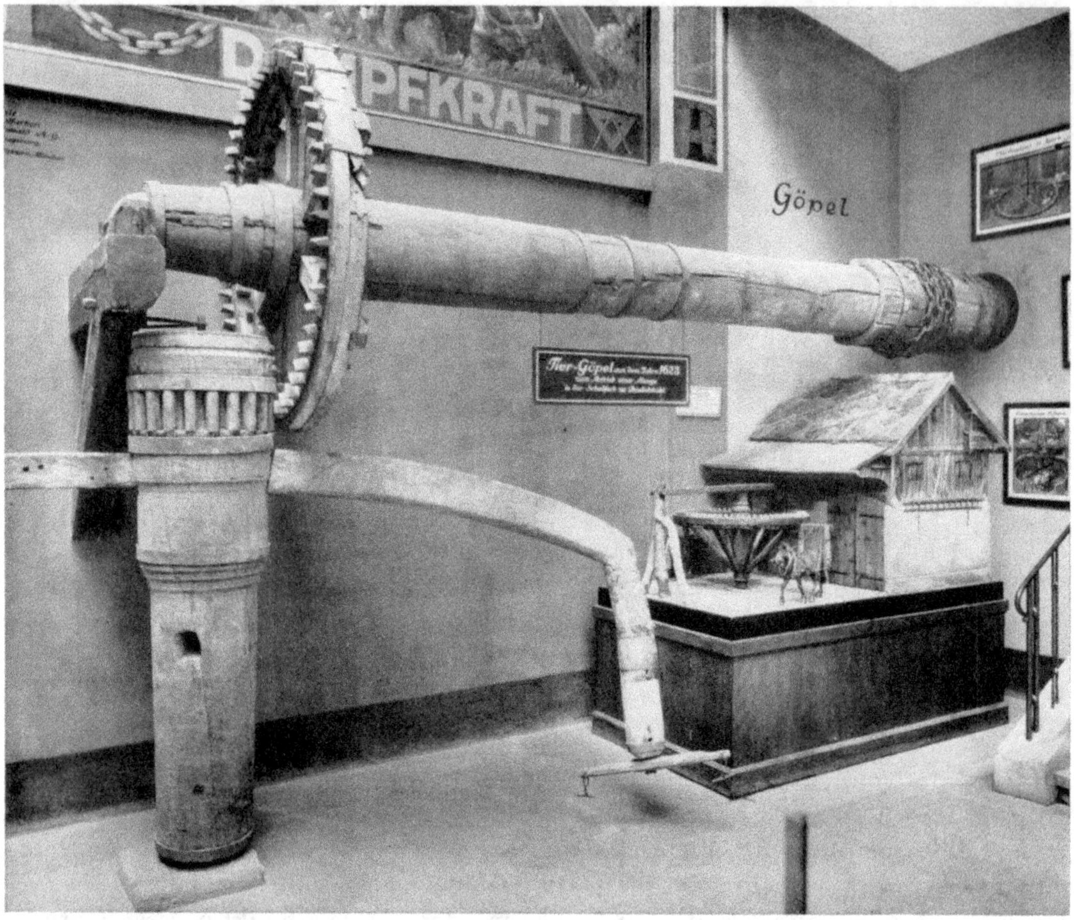


Tiergöpel aus dem Jahre 1623 zum Antrieb einer Mange in der Schadfarb zu Dinkelsbühl

## CONRAD MATSCHOSS, KRAFTMASCHINEN.

Die Kraftmaschine ist das Herz allen technischen und industriellen Schaffens. Weit und mühsam ist der Weg von jenen alten Zeiten, die nur menschliche und tierische Muskelkraft als Antrieb für ihre Arbeitsvorrichtungen kannten, bis zu unserer Zeit, die in früher nie geahnter Weise die Naturkräfte in den Dienst des Menschen gestellt hat.

Die Urquelle aller dieser heute benutzten Energieformen ist die Sonne. Ein großes Wandgemälde, das die Sonnenwärme als Urquelle aller Kräfte, die der Mensch benutzt, darstellt, leitet deshalb zur Abteilung Kraftmaschinen über. In großen Zügen nach den Hauptkraftquellen geordnet, werden in allgemein verständlicher Form die Hauptlinien der großen Entwicklung gezeigt. Anschaulich sieht man bei dem Gang durch die weiten Räume die konstruktiven Verbesserungen an den einzelnen besonders kennzeichnenden Maschinen, und man wird darauf hingewiesen, wie gerade die fortschreitende wissenschaftliche Erkenntnis den Menschen die Möglichkeit gegeben hat, diese Kraftmaschinen immer wirtschaftlicher zu gestalten. Die Maschinen sind zumeist mit Bewegungseinrichtungen versehen; wichtige Teile sind aufgeschnitten, oder es werden diese Teile durch bewegliche Schnittmodelle mit selbsttätig wechselnden Aufschriften erläutert, so daß es auch dem Nichtfachmann ermöglicht wird, die Zusammenhänge klar zu erkennen.

Windmühle aus Zingst aus dem 18. Jahrhundert, betriebsfähig im Garten des Museums aufgestellt

Zunächst wird der Besucher in das Reich der Muskelkraftmaschinen eingeführt, das bis in unsere Zeit reicht. Denn noch heute dient das Tier im Verkehr als Kraftquelle, und der Mensch fährt, sich selbst als Tretmotor benutzend, auf dem Fahrrad. Wir finden die in ältester Zeit gebauten Tretvorrichtungen, die Laufräder und Treträder, und — eine der wichtigsten, auch heute noch gebrauchten Muskelkraftmaschinen — den Göpel. Einen großen Tiergöpel im Original, wie er im Anfang des 17. Jahrhunderts überall zu finden war, sehen wir vor uns. Auf Tafeln sind die Angaben über die Arbeitsleistung von Mensch und Tier zusammengestellt, je nachdem sie diese oder jene Maschineneinrichtung benutzen.

Die strömende Luft, der Wind, ist schon in sehr frühen Zeiten als Kraftquelle in den Dienst des Menschen auf dem Gebiet des Verkehrs gestellt worden. Das Segelschiff finden wir schon in den ältesten Zeiten. Wesentlich länger aber hat es gedauert, bis man den Wind auch zum Antrieb von Maschinen benutzen lernte. Man nimmt an, daß die ersten Windmühlen etwa in der zweiten Hälfte des ersten Jahrtausends aufgekommen sind.

Das Museum zeigt uns besonders bemerkenswerte Konstruktionen von großen Turm- und Bockwindmühlen, darunter auch die historische Windmühle im Park Friedrichs des Großen in Sanssouci. Auch die wichtigsten neueren Windräder, deren Regulierung gezeigt wird, fehlen nicht. Eine alte Bockwindmühle aus dem 18. Jahrhundert im Original und einige Windräder, die ihren Abmessungen nach im gedeckten Raum des Museums nicht Platz finden konnten, sind im Garten betriebsfähig aufgestellt. Einige Modelle der Windmotoren lassen sich

Betriebfähiges Modell einer Mühle mit oberschlächtigem Wasserrad aus Meersburg am Bodensee aus der Zeit um 1700

Original einer Mühle mit Löffelrad aus Rumänien

durch von Ventilatoren erzeugten Windstrom von den Besuchern selbst in Tätigkeit setzen.

Auch die Wasserkraft hat man zum Treiben von Flößen und Schiffen stromabwärts auf dem Gebiet des Verkehrs sehr viel früher benutzen gelernt als zum Antrieb von Maschinen. Vielleicht sind die ersten Wasserräder aus den großen Schöpfrädern, die das Altertum kannte, hervorgegangen. Bemerkenswert ist jedenfalls, daß schon das Altertum in den Wasserrädern die Möglichkeit sah, den Menschen von härtester Muskelarbeit zu befreien. Aber auch hier dauerte es noch lange, ehe die Wasserkraftmaschine aus einem vielbewunderten Einzelfall eine allgemein verwendbare Kraftmaschine wurde.

Von den Wasserrädern und Turbinen zeigt das Museum uns manche bemerkenswerten Formen. Es sei erwähnt das Wasserrad von Zuppinger aus dem Jahre 1859, das mit zu den ältesten nach wissenschaftlicher Erkenntnis aufgebauten Wasserrädern gerechnet wird.

Als hervorragendes Meisterwerk der Technik aus dem zweiten Jahrzehnt des vorigen Jahrhunderts erregt die im Museum aufgestellte Wassersäulenmaschine von Reichenbach die größte Beachtung. Von 1817 bis 1904 hat diese viel beschriebene und bewunderte, durch Wasserdruck getriebene Kolbenkraftmaschine die Sole vom Salzbergwerk in Berchtesgaden zur Saline in Reichenhall gefördert.

Ein der überragenden Bedeutung, die heute den Wasserturbinen als Kraftmaschine zukommt, angemessener großer Raum ist diesen Maschinen gewidmet. Es steht hier die erste, von Fourneyron 1834 für ein Druckgefälle von über 100 m gebaute Turbine, die in St. Blasien im Schwarzwald gearbeitet hat. Hieran anschließend sehen wir in einer Reihe von Originalen und Modellen die weitere allmähliche Entwicklung des Turbinenbaus. Wir finden die erste Henschelturbine aus dem Jahre 1841 und eine der ersten Francis-Spiralturbinen aus dem Jahre 1866. Auch auf eines der ersten Peltonräder im Original sei hingewiesen.

Eine besondere Gruppe beschäftigt sich mit den Gesamtanlagen zur Ausnutzung der Wasserkräfte. Hier sind die alten Bach- und Flußmühlen den neuzeitigen Hoch- und Niederdruckwasserkraftanlagen gegenübergestellt. Aus einem sehr genau ausgeführten Modell der Etschwerke ist zu ersehen, wie das Stauwerk, der Zuleitungskanal, die Druckstollen u. a. m. ausgeführt sind. Ein Modell der Turbinenanlage von Ontario mit den 12000-pferdigen Maschinen zur Ausnutzung der Niagarafälle zeigt uns die gesamte Einrichtung des Kraftwerkes, ebenso wie uns die Darstellung des Walchenseewerks die Anlage einer großen Wasserkraftanlage neuester Zeit mit Speicherwerk veranschaulicht. Große, allgemein verständliche statistische Tafeln geben Aufschluß über die vorhandenen und bereits ausgebauten Wasserkräfte in den verschiedenen Ländern und zeigen auch die Verwendung dieser Kräfte.

Original-Freistrahlturbine mit Doppelregulierung durch Veränderung des Düsenquerschnittes und Ablenkung des Wasserstrahles

Aus dem Bedürfnis nach einer von Wind und Wasser unabhängigen leistungsfähigen Kraftmaschine ist unter Benutzung einer großen wissenschaftlichen Erkenntnis des 17. Jahrhunderts im 18. Jahrhundert die erste wirtschaftlich brauchbare Wärmekraftmaschine, die Dampfmaschine, entstanden. Diese technische Tat hat eine weitreichende Umwälzung auf allen Gebieten der Technik und des von ihr beeinflußten wirtschaftlichen und kulturellen Lebens eingeleitet, in deren Auswirkung

Nachbildung der ersten Dampfmaschine mit Sonnen- und Planetenradgetriebe von James Watt, 1788, und Original eines Wattschen Kofferkessels aus der Zeit um 1810

Dampfmaschine mit schwingendem Zylinder von Alban aus dem Jahre 1840 und Wasserrohrkessel aus dem Jahre 1859

wir noch heute stehen. Durch sie wurde es möglich, ungeahnte Kräfte in den Dienst des Menschen zu stellen. Die Bedeutung dieser technischen Leistung kommt im Museum durch eine Reihe von vorzüglichen Darstellungen des Entwicklungsganges in Originalen, Modellen, Zeichnungen und Tafeln zum Ausdruck.

Der große Magdeburger Bürgermeister Otto von Guericke hatte in planmäßigen wissenschaftlichen Versuchen nachgewiesen, daß die Luft schwer ist, und daß durch den Luftdruck sehr große Kräfte ausgeübt werden können. Die Magdeburger Halbkugeln und ein Gemälde, das die berühmten Versuche Guerickes aus dem Jahre 1654 darstellt, sind in einer anderen Abteilung des Museums zu sehen. Bilder der Papinschen Dampfmaschine und der ältesten Feuermaschine von Newcomen leiten uns zu den bahnbrechenden Erfindungen von James Watt über. Die erste Aufgabe der neuen Maschine war es, aus den Bergwerken, die sich mit den alten Mitteln der Technik der unterirdischen Wasser nicht mehr erwehren konnten, die Wasser zu heben. Es waren große Pumpmaschinen, und so sehen wir denn zunächst eine durch zwei Stockwerke hindurchgehende Wattsche Balancier-Wasserhaltungsmaschine mit dem großen Steuergestänge, wie sie vor mehr als einem Jahrhundert in einem Bergwerk bei Eisleben zum Wasserheben benutzt wurde. Sie ist zugleich die älteste in Deutschland noch vorhandene Dampfmaschine. Die Maschine gibt in ihrer langsamen, schwerfälligen Bewegung ein lebendiges Bild von der Arbeitsweise dieser alten Maschinen. Eine getreue Nachbildung der ersten Wattschen Betriebsdampfmaschine mit Drehbewegung aus dem Jahre 1788 ist dieser Maschine gegenübergestellt. So sahen diese ersten Dampfmaschinen aus, die in alle Betriebe eindrangen und sie von Grund aus umgestalteten. Ein Wattscher Kofferkessel, der erkennen läßt, wie die Einmauerung des Kessels vorgenommen wurde, erinnert daran, mit welch großen

Schwierigkeiten gerade die Dampferzeugung bei den ersten Dampfkraftanlagen verbunden war. Von diesen Anfängen werden wir durch wichtige Abschnitte der weiteren Entwicklung bis zur neuesten Zeit an Hand von Originalen und Modellen geführt. Wir lernen die weitere Ausgestaltung der Balancierdampfmaschine kennen, wir sehen, wie man Maschinen baute ohne Balancier, wie man zu immer genauerer Arbeit und sparsamerer Brennstoffausnutzung gelangt. Die Besucher lernen die erste Betriebsdampfmaschine kennen, die Krupp 1835 benutzte, und ebenso eine Hochdruckdampfmaschine aus dem Jahre 1840 mit schwingendem Zylinder, die von dem Mecklenburger Augenarzt Dr. Alban herrührt, der aus Leidenschaft zur Technik ein berühmter Maschinenbauer geworden war. Hier finden wir auch die erste Ventildampfmaschine von Sulzer aus dem Jahre 1865.

Erste Ventildampfmaschine von Sulzer 1865

In wärmetechnischer Entwicklung ging der Weg zu immer weitergehender Ausnutzung der Expansion und zur Überhitzung des Dampfes. Dementsprechend sehen wir im Museum die Modelle einer der ersten auf dem europäischen Kontinent erbauten Dreifach-Expansionsmaschine, eine 1000-PS-Torpedobootsmaschine von Schichau aus dem Jahre 1884, und die erste Schmidtsche Heißdampfmaschine von 1892.

Seit langem wurde angestrebt, die Energie des Dampfes unmittelbar in Drehbewegung umzusetzen. Man wollte die alte hin und her gehende Kolbendampfmaschine durch das Dampfrad, die Dampfturbine, ersetzen. Eine wirtschaftlich brauchbare Lösung erreichten de Laval und Parsons, deren älteste Turbinen neben der ersten Zoelly-Turbine und anderen neuen Konstruktionen zu sehen sind.

Zur Dampfanlage gehört als wichtigstes Glied die Dampferzeugung. Im Museum sieht man eine Anzahl geschichtlich besonders denkwürdiger Kessel. Der Kofferkessel von Watt wurde bereits erwähnt. Nicht minder sehenswert ist der Wasserrohrkessel von Alban aus dem Jahre 1859. Weiter ist eine besondere Abteilung für Dampfkessel im Untergeschoß eingerichtet. Hier sind zunächst die wichtigsten Brenn-

Hochdruckkessel für 60 at von Schmidt-Kassel 1911

stoffe für Dampfkessel mit ihren Heizwerten auf einer bildlichen Darstellung vereinigt. Die Entwicklung der Kesselfeuerungen von der alten Planrostfeuerung bis zum neuzeitlichen Wanderrost und weiter zur Kohlenstaub-, Gas- und Ölfeuerung wird im nächsten Abschnitt gezeigt. Weiter sieht man die Kesselspeisevorrichtungen und die Speisewasserreiniger und Vorwärmer. In der nächsten Abteilung sind Großwasserraumkessel, Heizrohr- und Wasserrohrkessel einander gegenübergestellt. Auch große Kesselhäuser aus alter und neuer Zeit sind durch Bilder, Modelle und Dioramen veranschaulicht. Der heutige Stand wird gekennzeichnet durch Modelle und Bilder von besonders bemerkenswerten Dampfanlagen. Aus einer dieser Dampfzentralen kann Belehrung über verschiedenste Kessel- und Maschinenbauarten von gleicher Leistung ent-

Erste Zoelly-Dampfturbine, gebaut im Jahre 1903 von Escher, Wyss & Co. in Zürich

nommen werden. Modelle und Originalkesselteile zeigen ferner die Wirkung von Dampfkesselexplosionen. Die Entwicklung der verschiedenen Meßinstrumente bildet den Abschluß dieser Abteilung.

Atmosphärische Gasmaschine von Otto und Langen, 1867, gebaut von der Gasmotorenfabrik Deutz

Einen nicht uninteressanten Abschnitt in der Geschichte der Wärmekraftmaschinen bilden die Heißluftmaschinen, mit denen man gegenüber der Dampfmaschine, die für die Großindustrie von besonderem Nutzen war, nunmehr eine Kraftmaschine für das Handwerk, das Kleingewerbe schaffen wollte. Ericsons und Lehmanns Heißluftmaschinen sind durch betriebsfähige Modelle vertreten. Trotz aller wissenschaftlichen und technischen Arbeit ist es dieser Maschine nicht geglückt, die seinerzeit auf sie gesetzten Erwartungen zu erfüllen. Ein glücklicheres Schicksal hatte die Verbrennungskraftmaschine, die durch die Explosion von Gas- und Luftgemischen betrieben wurde. Diese Maschinengattung hat gerade in Deutschland ihre besondere Pflege und Entwicklung gefunden, was auch durch eingehende Darstellung im Museum zum Ausdruck kommt. Wir finden hier unter den zahlreichen Originalmaschinen und Erstausführungen die Deutzer Gasmaschine von Otto und Langen vertreten, die auf der Weltausstellung in Paris 1867 ihres geringen Gasverbrauchs wegen mit dem ersten Preis ausgezeichnet wurde. Einen sehr großen Fortschritt bedeutet sodann gegenüber dieser ersten atmosphärischen Gasmaschine mit ihrem Schleuderkolben Ottos erste liegende Viertaktmaschine vom Jahre 1876. Auch die Gasmaschine war zunächst nur für das Handwerk und das Kleingewerbe gedacht worden. Der Weg zur Großgasmaschine wurde frei, als es gelang, die Gichtgase der Hochöfen zum Antrieb zu benutzen. Das Modell des ersten Gichtgasmotors von Oechelhäuser aus dem Jahre 1898 erinnert an diesen wichtigen Entwicklungsabschnitt.

Einen in seinen Folgen ungemein weit reichenden Schritt vorwärts bedeutete es, als es gelang, den mit flüssigem Brennstoff betriebenen Explosionsmotor mit hoher

Umdrehungszahl laufen zu lassen. Hiermit entstand der erste praktisch brauchbare Automobilmotor, und der Einführung der Verbrennungskraftmaschine in den Verkehr in Form des Kraftwagens war der Weg geöffnet. Der erste schnellaufende Automobilmotor von Daimler aus dem Jahre 1883 zeigt uns den Anfang dieser Entwicklung. Wir erinnern uns hierbei, daß auch die Erfüllung des Jahrtausende alten Traumes der Menschheit, das Fliegen zu erlernen, erst durch die Entwicklung dieser Kraftmaschinen erreicht wurde.

Deutschland war es vorbehalten, in Form des Dieselmotors eine besonders leistungsfähige und mit dem Brennstoff sparsam umgehende Verbrennungskraftmaschine zu schaffen, die die vielfachste Anwendung fand, seit der erste Dieselmotor 1897 lief, den uns das Deutsche Museum im Original zeigt. Es sei nur erinnert an die Bedeutung der Dieselmaschine im Unterseeboot und an die weitreichende Anwendung im Schiffsverkehr.

Eine übersichtliche Zusammenstellung des Brennstoffverbrauchs und der Wärmeausnutzung in alten und neuen Wärmekraftmaschinen zeigt uns den hierdurch ausdrückbaren großen wirtschaftlichen Fortschritt.

Erste Dieselmaschine 1897, gebaut in der Maschinenfabrik Augsburg

Neuzeitlicher kompressorloser Viertakt-Vorkammer-Dieselmotor, gebaut von den Motorenwerken Mannheim A.-G.

*

Prunkwagen König Ludwigs II. von Bayern, 1878

## EDUARD v. WEISS, LANDTRANSPORTMITTEL.

Die Entwicklungsreihe der Landtransportmittel ist ein getreues Spiegelbild, wie der Mensch im Laufe der Jahrhunderte seine und die Muskelkraft der Tiere, sowie die Naturkräfte sich zu Nutzen machte und die mechanischen Gesetze der Bewegung nach und nach erkannte. Der Mensch war vor allem bestrebt, seine eigene Fortbewegung zu erleichtern. Er bekleidete seine Füße mit Sandalen und Schuhen. Bei Schnee und Eis suchte er, auf Schnee- und Schlittschuhen rasch fortzukommen. Sümpfe und Wasserläufe übersetzte er auf Stelzen und mit Springstangen. Diese werden heute noch von der Landbevölkerung in Holland benützt. War die Traglast für einen Menschen zu schwer, so übernahmen zwei oder mehr die Beförderung, wobei Tragstangen, Tragkörbe, Sänften, Schlitten und Schleifen verwendet wurden. Als dann der Mensch lernte, die Tiere zu zähmen, verwendete er sie auch zum Reiten und Tragen und spannte sie vor Schlitten und Schleifen. Als ihn verschiedene Umstände, wie Klimaänderungen, Anwachsen der Bevölkerung, Mangel an Nahrungsmitteln, Raubzüge der Nachbarn usw. zwangen, seine Wohnsitze zu verlassen, erkannte er bald, daß die Rolle oder das Rad die raschere Fortbewegung größerer Lasten erleichterte. Es entstand der Wagen, der, von Menschen und Tieren gezogen, Jahrtausende hindurch das alleinige Landtransportmittel auf größere Entfernungen war. Seine Bauart wurde immer mehr verbessert. Die Länder wurden mit Straßen durchzogen, auf

Originale und Nachbildungen aus der Gruppe Entwicklung des Fahrrades.
Darunter eine Draisine aus dem Jahre 1817, ein Hochrad aus dem Jahre 1860 und ein Niederrad mit Kreuzrahmen aus dem Jahre 1887

denen der Verkehr sich abwickelte. Erst den letzten Jahrhunderten blieb es vorbehalten, an Stelle der Muskelkraft der Menschen und Tiere zum Fortbewegen der Wagen die Dampfkraft, die Kraft der Verbrennungsmotoren und die elektromotorische Kraft zu verwenden. Es entstand der mechanische Wagen, der jetzt das gesamte Verkehrswesen zu Land beherrscht.

In der ersten Gruppe der Landtransportmittel werden vor allem die verschiedenen Arten von Sandalen und Schuhen, Schnee- und Schlittschuhen, Stelzen u. dgl. vorgeführt. Darauf folgen die Tragvorrichtungen, wie Sänften, Reit- und Lastsättel, Tragkörbe usw., wobei ein Warentransport mittels Kamelkarawane in einem Diorama veranschaulicht ist. Die wichtigsten von den Polarvölkern gebrauchten Schlitten sind durch interessante Originale vertreten; darunter zwei Eskimo-Hundeschlitten, die Peary bei der Entdeckung des Nordpols benutzte, ein Samojedenschlitten mit Renntiergespann, eine Pulka der Lappländer usw. Auch die verschiedenen Typen der in anderen Ländern benutzten Schlitten, z. B. ein Bockschlitten mit Figuren und Ornamenten aus dem 18. Jahrhundert, Kastenschlitten, Prunk-Schlitten usw. sind durch bemerkenswerte Originale und Modelle gezeigt.

In einer weiteren Gruppe wird dem Beschauer die Entwicklung der Wagen und ihrer wichtigsten Teile, wie Räder, Lenkvorrichtungen, Aufhängung und Federung der Wagenkästen usw. vorgeführt. Erwähnt seien hier ein mexikanischer Ochsenkarren mit Scheibenrädern, eine japanische Rikschah, ein Reisewagen aus der Biedermeierzeit, der Prunkwagen König Ludwigs II. von Bayern.

Dreirad mit Kurbelmechanismus und mechanischer Wagen mit Trethebel und Sperrad-Getriebe

Die mechanischen Wagen, von denen insbesondere ein Gartenwagen mit Sperrad-Getriebe aus dem 18. Jahrhundert bemer-

Gruppe aus der Sammlung: Entwicklung des Motorrades.
Erstes Motorzweirad von Daimler 1885 (Nachbildung), Motorzweirad von Wolfmüller und Hildebrand, München, 1894, Motordreirad von de Dion et Bouton 1898

kenswert ist, leiten über zur Gruppe der Fahrräder, in der durch Originale gezeigt wird, wie sich aus den hölzernen Laufmaschinen und Velozipeden die vollendeten Bauarten der modernen Technik entwickelt haben. Es sind u. a. aufgestellt: eine Draisine (1817), eine Nachbildung des ersten Fahrrades mit Tretkurbeln aus dem Jahre 1850, interessante Dreiräder, Hochräder aus Holz und Stahl, die ersten Niederräder, eines der ersten Fahrräder mit Pneumatikreifen von Dunlop.

Es lag nahe, die von Menschenkraft bewegten mechanischen Transportmittel auch mit den einfachen und leichten Verbrennungsmotoren auszurüsten. Schon Daimler baute im Jahre 1885 ein Motorzweirad, das leider bei einem Fabrikbrand zerstört wurde. Eine Nachbildung dieses ersten Motorrades, sowie ein Motorrad im Schnitt von Wolfmüller und Hildebrand aus dem Jahre 1894 sind im Museum aufgestellt.

Die nun folgende Gruppe der durch Naturkräfte bewegten mechanischen Wagen erweckt das größte Interesse der Beschauer, sind sie es doch, die das wirtschaftliche Leben der Menschheit vollständig umgestalten. Wir sehen in einem Bild einen holländischen Segelwagen aus dem 16. Jahrhundert, der durch die Kraft des Windes bewegt wurde. Aber die unbeständige Natur dieser Kraft ließ diesen Kraftwagen keine weitere Verbreitung gewinnen. Ein Wendepunkt in der Benutzung der Naturkräfte zum Antrieb der mechanischen Wagen trat ein, als man Wärmemotoren, und zwar zunächst die Dampfmaschine, hierzu verwendete. Die ersten Ideen zur Anwendung der Dampfkraft tauchten schon vor dem Jahre 1700 auf. Doch erst im Jahre 1769 gelang es dem französischen Ingenieur Cugnot, einen von ihm erbauten Dampfwagen auf den Pariser Straßen vorzuführen. Ein Modell dieses noch plumpen Fahrzeuges ist im Museum aufgestellt. Verschiedene Vorschläge folgen diesem ersten Versuch. In Amerika beschäftigte sich im Jahre 1772 Oliver Evans mit der Herstellung eines Dampfwagens. James Watt, der Erfinder der Dampfmaschine, ließ sich 1784 die Verwendung einer Maschine für Straßendampfwagen patentieren. Sein Betriebsingenieur Murdock fertigte im gleichen Jahre das betrieb-

Modell des Straßendampfwagens von Cugnot aus dem Jahre 1769

Erstes Automobil von Daimler, 1885

fähige Modell eines solchen Fahrzeuges. Von diesem sowie von der Dampfkutsche des Schotten William Symington aus dem Jahre 1786 sind im Museum Bilder aufgestellt. Alle diese Vorschläge fanden jedoch keine praktische Anwendung, da die für den Antrieb der Wagen vorgesehene Niederdruckdampfmaschine für diesen Zweck nicht geeignet war.

Erst als Oliver Evans zu Ende des 18. Jahrhunderts die Hochdruckdampfmaschine erfand, und sie auf einem Straßenwagen anwandte, war dem Bau solcher Fahrzeuge der Weg gebahnt. In England bauten die Ingenieure Richard Trevithick und Andrew Vivian (1801) eine mit Hochdruckdampfmaschine angetriebene Straßenkutsche, von der dem Beschauer im Museum ein Bild vorgeführt wird. Aber erst im Jahre 1825 wurde der Bau des Straßendampfwagens in England so verbessert, daß regelmäßige Verkehrslinien eingerichtet werden konnten. Die wichtigsten dieser Wagen von Gurney, Hancock und Church werden dem Beschauer in Bildern vorgeführt. Doch die schlechte Beschaffenheit der Straßen verhinderte die weitere Verbreitung dieser schweren Kraftfahrzeuge. Nur die Straßendampflokomotiven zum Ziehen von Lastwagen wurden in England weiter vervollkommnet und in der Zeit von 1865 von M. Lotz in Nancy in Frankreich eingeführt. Ein Bild der Lotzschen Straßenlokomotive von 1867 ist im Museum zu sehen.

Die französischen Ingenieure Amédée Bollée und de Dion Bouton verbesserten die Straßendampfwagen und in sehr vollkommener Weise der französische Ingenieur Serpollet. Die Serpolletwagen wurden in Paris in großem Umfange zur Personenbeförderung benutzt. Einer der ersten von Serpollet im Jahre 1891 erbauten Wagen ist im Museum aufgestellt.

Einen großen Aufschwung nahm die Herstellung der Straßenkraftfahrzeuge, als die Deutschen Gottlieb Daimler und Karl Benz den schnellaufenden und leichten Petroleum- und Benzinmotor erfanden und zur Bewegung von Straßenfahrzeugen verwendeten. Die ersten Fahrzeuge dieser Erfinder sind in Originalen aus den Jahren 1885/86 im Museum aufgestellt. Von Jahr zu Jahr entstehen nun neue verbesserte Typen, die im Museum in historisch außerordentlich wertvollen Original-Fahrzeugen vorgeführt werden, u. a. eine Automobildroschke aus dem Jahre 1895, der Protoswagen, der bei der Fahrt um die Erde im Jahre 1908 den ersten Preis erhielt.

Im Jahre 1881 versuchte man, den elektrischen Strom zum Fortbewegen von Wagen zu benutzen. Aber erst als man die Bleiakkumulatoren leichter und dauerhafter herstellte, gelang es, den Elektromobilen einen größeren Aktionsradius zu geben. Dem Beschauer wird auch hier in Modellen und Bildern die Entwicklung dieser Kraftwagen vorgeführt.

Personenwagen der ersten Pferdeeisenbahn auf dem europäischen Festlande, Linz—Budweis 1828

Die Abteilung Eisenbahnen beginnt mit dem ältesten Pferdebahnwagen, der auf Schienen gesetzt wurde. Es ist eine Nachbildung des Personenwagens der ersten auf dem europäischen Kontinent im Jahre 1828 erbauten Pferdebahn zwischen Linz und Budweis. Nach Darstellungen der ersten Dampfbahnen, darunter ein Gemälde von der feierlichen Eröffnung der Nürnberg-Fürther Eisenbahn am 7. Dezember 1835, wird die geschichtliche Entwicklung der Lokomotiven durch Originalmaschinen, Nachbildungen und Modelle gezeigt, wobei Schnitte der wichtigsten Teile und Bewegungseinrichtungen das Studium der Inneneinrichtung und Wirkungsweise der Maschine ermöglichen. Es kommt dabei anschaulich zum Ausdruck, durch welche Mittel die Zugkraft, Geschwindigkeit und Brennstoffausnutzung immer mehr vervollkommnet werden konnten und welche besonderen Bauarten für Schnellzug-, Personenzug-, Güterzug- und Verschublokomotiven, sowie Lokomotiven zum Befahren starker Gleiskrümmungen in den verschiedensten Zeiten angewendet wurden. Besonders bemerkenswert ist die betriebsfähige Nachbildung der im Jahre 1813 von dem Direktor William Hedley der Wylam Kohlenwerke erbauten „Puffing Billy“, die bis zum Jahre 1862 im Dienst stand und im South-Kensington - Museum in London aufgestellt ist. Ferner die Preislokomotive „Beuth“ von Borsig aus dem Jahre 1841, die Modelle der Stephensonschen Preislokomotive „Rocket“ (1829) und der ersten Lokomotive der Nürnberg-Fürther Bahn „Adler“ (1835), die erste Lokomotive von Georg Krauss (1886), die erste von Maffei erbaute

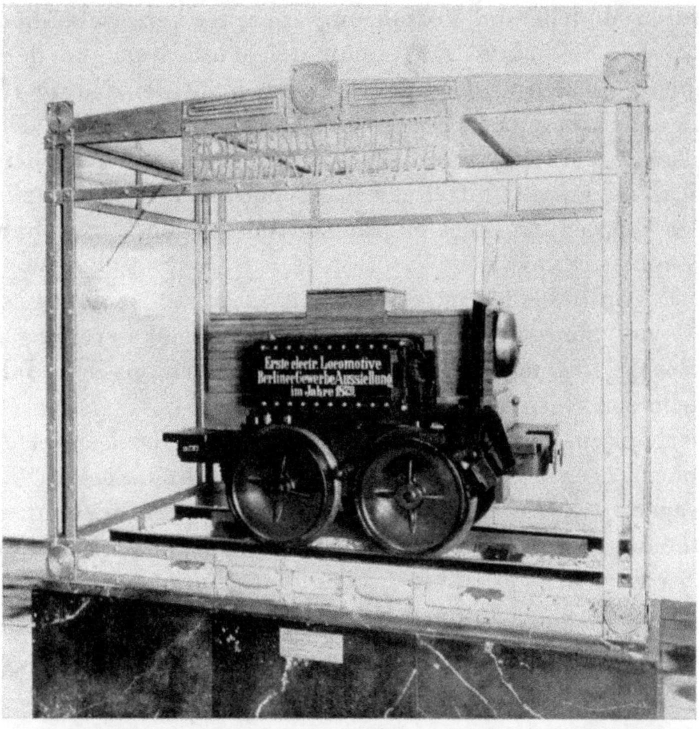


Erste elektrische Lokomotive von Werner Siemens auf der Berliner Gewerbe-Ausstellung 1879

Erste Wechselstromlokomotive, gebaut von den Siemens-Schuckertwerken und der Hannoverschen Maschinenbau A.-G., aus dem Jahre 1912

Schnellzuglokomotive der bayerischen Staatsbahnen aus dem Jahre 1874 mit Schnitten durch Kessel, Zylinder und Tender und mit Bewegungseinrichtung, außerdem Modelle von modernen Vierzylindermaschinen, die wichtigsten in Kurven beweglichen Lokomotiven usw.

Im Anschluß an die Dampflokomotiven wird die Entwicklung der Eisenbahnwagen durch Modelle und Bilder vorgeführt. Der Beschauer kann erkennen, wie bei den Güterwagen durch Verbesserung der Bauart, Verwendung von Eisen und Stahl an Stelle des Holzes u. dgl. das Verhältnis zwischen Ladegewicht und Wagengewicht immer günstiger gestaltet wurde und welche Sonderwagen zur Beförderung von verschiedenen Gütern, wie z. B. Kohlen, Bier, Seefischen, großen Geschützen usw. eingeführt wurden. Auch die verschiedenen älteren und neueren Personenwagen, sowie die Entwicklung ihrer Ausrüstung, wie Bremsen, Beleuchtungs- und Beheizungseinrichtungen usw. sind durch Modelle und Vorführungsapparate veranschaulicht.

Die Seilbahnen und pneumatischen Bahnen, bei denen ein Stück der Rohrleitung einer englischen pneumatischen Bahn aus dem Jahre 1848 bemerkenswert ist, bildet die Überleitung zur Gruppe der elektrischen Bahnen. Diese veranschaulicht die technischen Vervollkommnungen, durch die die elektrischen Bahnen zu einem der wichtigsten Verkehrsmittel geworden sind. Der große Anteil, den deutsche Ingenieure an der Entwicklung dieser Transportmittel genommen haben, ist entsprechend hervorgehoben.

Von besonderem historischen Interesse ist die erste elektrische Lokomotive von Werner Siemens von der Berliner Gewerbeausstellung im Jahre 1879 und die erste Wechselstromlokomotive der Hauptbahnen aus dem Jahre 1912. Außerdem sind Modelle von geschichtlich und technisch wichtigen elektrischen Lokomotiven und Wagen vorhanden, darunter der erste Motorwagen der Lichterfelder Bahn 1881, der Siemenssche Wagen der Schnellfahrversuche Berlin—Zossen 1903, ein Akkumulator-Doppelwagen usw. An einem durchschnittenen Straßenbahnwagen, sowie durch Originale und an Vorführungseinrichtungen ist die Entwicklung der wichtigsten Einzelteile der elektrischen Bahnen veranschaulicht. Statistische Darstellungen über die Ausbreitung der elektrischen Bahnen bilden den Abschluß der Gruppe.

*

## HERMANN BUSCH, STRASSEN- UND EISENBAHNBAU.

Im Anschluß an die Gruppe Landtransportmittel ist die Entwicklung der Verkehrswege in den Gruppen Straßen- und Eisenbahnbau dargestellt. Die Verkehrswege im Altertum waren dazu bestimmt, den Austausch der Landesprodukte zwischen benachbarten Ländern zu ermöglichen, dienten aber wohl vielfach auch militärischen Zwecken. Zunächst handelt es sich jedoch nicht um befestigte Wege, sondern um Natur- oder Erdwege. Zu Straßen wurden diese Verkehrswege, Saumpfade und Karawanenstraßen erst, als das Beförderungsmittel nicht mehr durch Menschen, Reit- und Tragtiere dargestellt wurde, sondern durch Wagen. Sie verlangten eine Fahrbahn, die fest genug war, um die Räder nicht einsinken zu lassen, die aber auch eine ziemlich ebene horizontale Oberfläche haben mußte, damit die Wagen nicht in zu schräge Lage kommen und umstürzen konnten. In den seltensten Fällen fand sich die Bodenfläche dazu unmittelbar geeignet, es mußte also eine Einebnung und künstliche Befestigung der Fahrbahn vorgenommen werden. Der mit größeren Lasten als die bisherigen Transportmittel beladene Wagen erforderte nun aber auch die Innehaltung gewisser Grenzen der Steigung und wegen seiner Bauart eine gewisse Breite der Fahrbahn. Dazu mußte die befestigte Fahrbahn und ihr Untergrund ausreichend entwässert werden, damit nicht bei anhaltendem Regenwetter das Wasser stehen bleiben konnte und Fahrzeug mit Fahrbahnbefestigung zugleich in dem aufgeweichten Untergrund versank.

Die Mittel, welcher sich diese Straßenbaukunst in den verschiedenen Zeiten bediente, werden in dieser Gruppe übersichtlich und in fortlaufender Reihe von den Saumpfaden bis zu den modernen städtischen Straßen gezeigt.

Die alten griechischen Straßen sollen in den Felsboden eingehauene Rinnen für die Wagenräder, alte etruskische Straßen schon gewölbte Basaltpflasterung auf Kiesunterlage und an beiden Seiten geebnete Fußwege besessen haben. Am meisten wissen wir von den Römerstraßen, den Heerstraßen des römischen Imperiums, die ein ausgedehntes Netz bildeten und auch West- und Süddeutschland nach allen Richtungen durchzogen. Zur Zeit Trajans soll die Ausdehnung dieses Straßennetzes über 10000 geographische Meilen, vom Forum Romanum aus gemessen, betragen haben. Das in dieser Abteilung vorhandene alte Kartenwerk, die Tabula Peutingeriana gibt dem Beschauer eine Vorstellung davon, in welchem Umfang und in welcher Art dieses großartige Straßennetz angelegt war. Wir sehen, daß die Linienführung der Straßen nicht, wie heute, nach wirtschaftlichen Rücksichten auf die Art der Lastenbeförderung gewählt war, sondern daß sie, offenbar um militärischen Anforderungen in erster Linie zu genügen, möglichst gerade Linien und die Lage auf den Höhen bevorzugte, auch wenn Damm- und Brückenbauten und starke Steigungen damit verbunden waren. Auch die Bauart der Römerstraßen ist von der unserer heutigen Straßen wesentlich verschieden. Ein Blick auf die ausgestellten Querschnittsmodelle von Römerstraßen zeigt, daß sie mit ihrer Stärke der Befestigung bis zu 1,25 m für weit schwerere Beanspruchung bemessen waren, als die unsrigen und daß der ganze Befestigungskörper eine Art Mauerwerk bildete, das aus Steinschlagschichten verschiedener Steingrößen über einer Flachsteinschicht, alles in Mörtel verlegt, hergestellt war. Die obere Decke wurde vielfach aus einem Pflaster von großen, glatten, mehr oder weniger gut aneinandergepaßten Steinen gebildet. Aus den sonstigen Modellen von Querschnitten hervorragender römischer Straßen, darunter der Via

Querschnittmodell der 312 v. Chr. erbauten Via Appia

Appia mit ihren Denkmälern, ferner der Trajans-Straße an der Donau u. a. ist zu erkennen, wie weit schon die Römer die Straßenbaukunst beherrschten. Das zeigt sich auch aus der Art, wie sie sich mit Hindernissen, wie sumpfigem und moorigem Untergrund, abfanden, durch Anlage eines Bohlenweges, wie er im Modell dargestellt ist.

Im Mittelalter verfielen die Straßen. Bilder und ein Modell geben eine Vorstellung, in welchem Zustand die Straßen sich in jener Zeit befanden. Im 17. und 18. Jahrhundert begann man in Frankreich und Österreich und im Anfang des 19. Jahrhunderts auch in Deutschland wieder mit dem Bau von Straßen. Modelle und Bilder der im Jahre 1675 begonnenen Straße von Paris nach Orleans und der wichtigsten von Telford in England gebauten Straße geben Zeugnis vom Wiederaufblühen des Straßenbaues. In diese Zeit fällt wohl auch die erste Verwendung von Steinschlag zur Straßenbefestigung. Chaussierte Straßen sollen Ende des 18. Jahrhunderts in Frankreich gebaut worden sein. Mit einer besonders zweckmäßigen Bauart chaussierter Straßen, die 1820 ausgeführt wurde, beeinflußt der Schotte Mac Adam die ganze weitere Entwicklung des Landstraßenbaues bis auf unsere Zeit. Eine der ersten Straßen dieser Bauart wird im Modell gezeigt. Neben den Schotterstraßen, die meist einen Grundbau aus Packlage haben, sind die wichtigsten neuen Straßen durch Schnittmodelle vertreten; unter ihnen auch die erste von Gravenhorst 1894 in Hannover gebaute Straße mit eisernem Schienengleis für Fuhrwerke, Kiesstraßen und Klinkerstraßen.

Einen großen Fortschritt in der Kunst, Straßen zu bauen, brachte die Lösung der Aufgabe, die Alpen mit Straßen zu durchqueren. Die Notwendigkeit, bedeutende Höhen mit möglichst geringer Steigung zu erreichen, bot vor allem Anlaß, einer zweckmäßigen Trassierung der Straßen, auf die früher wenig Wert gelegt worden war, besondere Aufmerksamkeit zuzuwenden. Man erkannte, daß neben der wirt-

Modell einer neuzeitlichen Landstraße gewöhnlicher Bauart

schaftlichen Linienführung, d. h. dem Aufsuchen derjenigen Linie, welche die später aufzuwendenden kilometrischen Verkehrskosten zu einem Kleinstwert machen, die technische Linienführung, d. h. das Aufsuchen der bei den vorliegenden Geländeverhältnisse technisch günstigsten Linie, voll zu ihrem Recht kommen müsse.

Bis zum Anfang des 19. Jahrhunderts gab es außer über den Col di Tenda, den Brenner und den Arlberg, die zur Not mit Wagen befahren werden konnten, keine die Alpen überquerende fahrbare Straße. Wollte man mit Wagen hinüber, so blieb nichts anderes übrig, als die Wagen auseinander zu nehmen, stückweise auf Saumtieren hinüber zu bringen und sie auf der anderen Seite wieder zusammenzubauen. Das klingt uns heute kaum glaublich, wissen wir doch, daß schon in sehr früher Zeit die Völker über die Alpen hinwegstrebten und daß trotz großer Gefahren karthagische, römische, gallische und zimbrische Heere, die Germanen in der Zeit der Völkerwanderung, Hunnen und Sarazenen, schließlich die deutschen Könige auf ihren Römerzügen die Alpen überquerten. Sie alle folgten den Längstälern, umgingen die unwegsamen Bergketten mit großen Zeitverlusten und suchten in günstigen Quertälern die niedrigsten und zugänglichsten Joche auf. Allmählich entstanden durch notdürftige Verbreiterungen und Pflasterungen der Pfade und Überbrückungen von Gebirgsbächen, namentlich im Mittelalter, Saumpfade, deren Benutzung durch Errichtung von Hospizen und Schutzhäusern erleichtert wurde. Erst Napoleon I. begann zur Durchführung seiner italienischen Feldzüge mit dem Bau von Kunststraßen, und zwar vollendete er 1806 die Simplonstraße, 1807 die Straße über den Mont Genêve und 1810 die über den Mont Cenis. Ihm folgten später italienische, österreichische und spanische Ingenieure mit der Gotthardstraße im Jahre 1830, der Straße über den Großen und Kleinen St. Bernhard u. a. m. In neuerer Zeit wurde die Axenstraße und die Straße über das Stilfserjoch, die mit 2760 m die höchste Gebirgsstraße in Europa ist, gebaut. Dem Besucher werden durch Lagepläne, Modelle von Quer- und Längsprofilen und Bilder besonders interessanter Strecken die Alpenübergänge in den verschiedenen Jahrhunderten veranschaulicht. Ein besonders lehrreiches Beispiel einer bedeutenden Bergstraße wird durch ein Relief der alten und neuen Kesselbergstraße gegeben.

Moderne städtische Straße

Über die geeignetsten Baustoffe zum Straßenbau findet der Besucher in der Gruppe „Baustoffe" das Erforderliche zur Unterrichtung. Am besten geeignet ist das Urgestein Granit, Gneis, Quarzporphyr, Gabbro. Für leichten Verkehr kommen auch die Sandsteine mit quarzigem Bindemittel und Muschelkalk in Frage, während Sandstein mit tonigem Bindemittel und Jurakalk als weniger geeignet gelten.

Den städtischen Straßen ist eine besondere Abteilung eingeräumt. Die Anforderungen an die städtischen Straßen sind etwas anders wie die an die Landstraßen gestellten. Widerstandsfähigkeit gegen die Beanspruchung durch schweren Lastverkehr, Geräuschlosigkeit der Fahrbahn, Schonung der Zugtiere, Vermeidung von Staub und Geruch, schnelle Herstellung und Ausführbarkeit von Reparaturen, Sicherheit für Menschen und Vieh, spielen im städtischen Verkehr eine weit größere Rolle. Ganz besonders kennzeichnend für die städtischen — namentlich die großstädtischen — Straßen ist die Notwendigkeit, wesentliche Teile der verschiedenen Versorgungsnetze, in neuerer Zeit auch der Verkehrsnetze, unterhalb des Straßenkörpers unterbringen zu müssen. Der Querschnitt einer Hauptverkehrsstraße einer modernen Großstadt, wie er hier zu sehen ist, gibt davon ein anschauliches Bild. Hauptsammler und Nebenleitungen des städtischen Entwässerungsnetzes, Leitungen der Wasserversorgung, Kraft- und Lichtkabel, Fernsprechkabel, Gasleitungen, vielfach auch der Tunnelkörper der Untergrundbahn, an gewissen Kreuzungsstellen sogar mit mehreren Stockwerken übereinander, müssen unterhalb der Straßenbefestigung untergebracht werden, ohne sich gegenseitig zu stören.

In den Sammlungen dieser Abteilung finden sich neben Bildern und Modellen von Straßen des alten Rom und des Mittelalters solche von Straßen unserer Zeit. Die Anlagen unter der Fahrbahn und den Fußgängerwegen sind sehr gut zu erkennen an dem Querschnittsmodell einer modernen städtischen Straße und einem Relief einer Straße von London mit Untergrundbahn und Tunneln, in denen die Versor-

Schnittmodell einer neuzeitlichen Straße mit Untergrund-Straßenbahn, begehbaren Kanälen für Wasser, Gas, Elektrizität und Abwasserkanälen

gungsleitungen untergebracht sind. Die Arten der Pflasterung der städtischen Straßen zeigen eine viel größere Mannigfaltigkeit als die der Überlandstraßen. Als Material werden entweder natürliche oder künstliche Steine verwendet oder sonstige künstliche Produkte. Besondere Beachtung verdient noch die außerordentliche wirtschaftliche Bedeutung, die der Durchführung einer ordnungsmäßigen Reinigung und sorgfältigen Unterhaltung im Straßenwesen zukommt.

Die nächsten Abteilungen bringen die Entwicklung des verwandten, jedoch wesentlich jüngeren und — bis vor kurzem wenigstens — weit bedeutenderen Zweiges der Verkehrstechnik, der Eisenbahnen zur Darstellung. Hier werden die Besucher durch fesselnde Darstellungen belehrt, welche Vorteile der Transport auf Schienengleisen besitzt und welche ungeheure Verbreitung die Eisenbahnen in wenigen Jahrzehnten gefunden haben. An der Hand von Originalen und betriebsfähigen Einrichtungen können die Besucher die Entwicklung des Eisenbahnverkehrs studieren. Modelle und Bilder veranschaulichen die historisch wichtigsten Eisenbahnen und zeigen, welche besondere Ausbildung diese Transportmittel im Gebirge und für den Verkehr in den Großstädten erfahren haben. Die Gruppe der Gleisanlagen und Schienen sowie die Signale und Sicherheitseinrichtungen sind im Garten des Museums untergebracht.

Für die Bestimmung des Begriffs „Eisenbahn" ist das Gleis, der eiserne Schienenstrang, das ausschlaggebende Moment. Durch die eisernen Schienen wurde es möglich, die Reibung fast auf den kleinsten zur Fortbewegung noch notwendigen Wert herabzusetzen und diesen als einen sich nahezu gleichbleibenden Faktor in Rechnung zu stellen. Durch diesen technischen Vorzug erklärt sich in erster Linie das schnelle Sich-Bahnbrechen der Eisenbahn als Fördermittel und die ihr verbliebene Überlegenheit im Landtransportwesen. Daß die Eisenbahn, wie keine andere Erfindung seit der Buchdruckerkunst alle Lebens- und Arbeitsverhältnisse der Menschen in allen Kulturländern so von Grund aus umgestalten konnte, ist der engen Verbindung mit der Dampfmaschine zuzuschreiben, da diese die Möglichkeit schneller, billiger, regelmäßiger, pünktlicher, sicherer und umfangreicher Transporte von Sachgütern und Personen auf beliebige Entfernungen schaffte. Die anfänglichen Störungen wurden schnell überwunden, schon in den vierziger Jahren sind völlig regelmäßige Betriebsverhältnisse festzustellen. Schon die Stephenson 1829 preisgekrönte Lokomotive „Rocket" beförderte einen Zug von 20 t Gewicht mit 30 km pro Stunde Geschwindigkeit, während in England die Geschwindigkeit der „Diligencen" mit 15—16 km, die der Eilposten in Deutschland mit 10 km, die der Frachtwagen auf der Landstraße mit 4 km angenommen werden muß.

Die erste Lösung des Problems, den Reibungswiderstand der Räder auf dem Transportweg möglichst zu verringern, gelang um die Mitte des 16. Jahrhunderts durch einfache Holzbahnen in den Stollen der deutschen Bergwerke. Mitte des 18. Jahrhunderts verlegte man auch unter freiem Himmel eichene Langhölzer mit Querschwellen in regelmäßigem Abstande in einer Bettung aus Steinschlag. Da die Abnützung des Holzes außerordentlich groß war, versuchte man in einer Zeit schlechter Eisenkonjunktur Eisenplatten, die noch als Vorrat lagerten, wenigstens vorübergehend nutzbar zu machen, indem man sie auf die Langhölzer nagelte. Die vorübergehende Einrichtung wurde, da sich ihre Brauchbarkeit glänzend erwiesen hatte, fortan beibehalten und weiter verbessert. Die ersten plattenförmigen Eisenschienen wurden am 13. November 1767 gegossen. Die 1789 von Jessop verwendete gußeiserne Schiene, von der in der Sammlung ein Original zu sehen ist, zeigte schon ein hohes Profil mit kopfartiger Verdickung und konnte zwischen Querschwellen freitragend verlegt werden. Diese Schiene erforderte besondere Fahrzeuge mit Spurkranzrädern, die nun auf die Benutzung der Schienenbahn allein angewiesen waren. Damit wurde die Eisenbahn zum selbständigen Verkehrsmittel. Ein weiterer großer Fortschritt wurde mit der teilweisen Einführung der schmiedeeisernen Schienen von größerer Länge — zunächst noch in der alten Fischbauchform — auf der ersten Eisenbahn für den öffentlichen Verkehr, der Stockton-Darlington-Eisenbahn, die im Jahre 1825 eröffnet wurde, erzielt. Ihr folgte sehr bald die gewalzte Schiene von gleichbleibendem Querschnitt. Das Museum enthält einen Schienenabschnitt der von Stephenson gebauten Liverpool-Manchester-Eisenbahn vom Jahre 1829, Schienen der ersten Eisenbahn in Deutschland zwischen Nürnberg und Fürth von 1835 und zwischen Leipzig und Dresden von 1837. Eine vergleichende Darstellung von Schienensträngen zwischen den ältesten 3 Fuß langen, gußeisernen Schienen und den gewalzten Stahlschienen zeigt die bedeutende Verringerung der Zahl der Stöße infolge der erheblichen Vergrößerung der Schienenlänge. Die Jessopsche Schiene, die bereits alle wesentlichen Teile unserer heutigen Schienenform besitzt, bildete den Ausgangspunkt der Entwicklung des Stuhlschienenoberbaues zur Breitfußschiene auf Quer- und Langschwellen, dem heutigen Oberbau, dessen einzelne Teile, Schienen, Schwellen und Befestigungsteile in ihrem Zusammenwirken die Eigenschaften besitzen, die den heutigen gewaltigen Verkehr auf ihnen ermöglichen.

Im engsten Zusammenhang mit dem Oberbau sind die Weichen, Kreuzungen, Drehscheiben und Schiebebühnen zu betrachten. Namentlich die Weichen haben eine lange Entwicklung mit umfangreicher Forschungs- und Versuchsarbeit bis zu ihrer heutigen Konstruktion hinter sich. Die älteste Form bilden die Schleppweichen, von denen ein Beispiel von der Magdeburg-Leipziger Eisenbahn von 1850 zu sehen ist. Auch eine Reihe anderer älterer und neuerer Weichen sind vorhanden, die ein Bild der Entwicklung geben.

Wichtig sind auch die Stellvorrichtungen der Weichen; einfache Hebel- und Kurbelvorrichtungen, soweit die einzelnen Weichen an Ort und Stelle gestellt werden sollen, verwickelte Apparate, wenn es sich darum handelt, Gruppen von Weichen von einer entfernt gelegenen Stelle aus zu bedienen. Diese Gruppenstellvorrichtungen von Weichen leiten hinüber zu den Sicherungs- und Signaleinrichtungen, da die Notwendigkeit, Weichen auch in den viel und schnell befahrenen Gleisen des regelmäßigen Personen- und Güterzugsverkehrs verwenden zu müssen, dazu zwang, sie miteinander in unmittelbare Abhängigkeit zu bringen, um Leben und Eigentum der Benutzer der Eisenbahnen zu sichern. Weiter sollen die Signale der Stationen in gegenseitiger Abhängigkeit, ferner die Weichen mit den Einfahrt- bzw. Ausfahrtssignalen derart in Verbindung stehen, daß das Fahrtsignal erst gegeben werden kann, nachdem die Weiche für den Weg des Zuges richtig gestellt und festgelegt ist, solange das Signal auf Fahrt steht.

Damit diese Abhängigkeiten der Signaleinrichtungen und Weichen untereinander gewährleistet sind, wurden Stellwerke, Zugtelegraphen, Blockeinrichtungen u. a. geschaffen und im Laufe der Zeit immer mehr vervollkommnet. Um diese Einrichtungen zu erklären und ihre Entwicklung zu veranschaulichen, ist in dieser Abteilung eine betriebsfähige eingerichtete Bahnhof- und Streckenanlage aufgestellt, die den Besuchern im Betrieb vorgeführt wird. Es kommt dabei zur Darstellung, welche Mannigfaltigkeit die Signale der ersten Eisenbahnen besaßen und welche Vervollkommnung die Stellwerke, Eisenbahntelegraphen und Blockeinrichtungen erfahren haben. Auch die verschiedenen Arten und Formen von Signalen, die im Laufe der Zeit verwendet worden sind, werden gezeigt, von dem ältesten Hand- und Flaggensignal und den verschiedenen Mastensignalen mit Wendescheiben, Körben, Flügeln u. a. m. bis zu den für die neuen Bahnen typischen Signalformen. Von den Einzelanlagen sind die ältesten Handstellvorrichtungen, ferner die Stellwerke, bei welchen das Signal erst nach richtiger Einstellung aller Weichen gezogen werden kann, schließlich die neuen Kraftstellwerke für Druckluft und elektrischen Strom im Betrieb zu studieren.

Weiter werden durch eine Streckenanlage, die aus einem Bahngleis mit fahrbarem Wagen, einer Anfang- und Endstation und einem Signalposten besteht, die Übertragungssignale, Bahntelegraphen und Streckenblockeinrichtungen zur Darstellung gebracht. Außer den ältesten optischen Übertragungsmitteln, z. B. Flaggen, Semaphoren u. a., ist die Entwicklung der elektrischen Telegraphen durch betriebsfähig aufgestellte historische Apparate veranschaulicht. Es befinden sich hier eine

Nachbildung des ersten elektrischen Zugmeldeapparates von Steinheil von 1846, ein Nadeltelegraph von Cooke und Wheatstone von 1850, Zeigertelegraphen von Pardely von 1844 und von Siemens von 1860, eine Telegrapheneinrichtung nach Frischen mit Morseschreiber, Läuteinduktor, Läutebude.

Von den Streckenblockeinrichtungen zur Sicherung der Zugfolge ist namentlich eine im Betrieb vorgeführte Anlage mit selbsttätiger Haltfallvorrichtung und Blockapparaten mit Druckknopfsperre, die durch den Zug selbsttätig ausgelöst wird, zu erwähnen.

Während in England und in Amerika die Lokomotivbahnen, besonders nach dem Siege der „Rocket“ bereits Erfolge aufzuweisen hatten, begann auf dem europäischen Festlande die eigentliche Entwicklung des Baues von Lokomotivbahnen erst Mitte der dreißiger Jahre. Die zahlreichen Bilder und Modelle historisch interessanter Bahnen und Bahnhofsanlagen geben dem Besucher einen willkommenen Überblick über die ganze Entwicklung während der ersten Jahrzehnte. So sind die ersten englischen Eisenbahnen, die bahnbrechend waren für die Entwicklung, durch Bild und Wort vertreten, darunter die ältesten Pferde- und Lokomotivbahnen, in den englischen Bergwerksbezirken aus dem Ende des 18. und dem Anfang des 19. Jahrhunderts, die erste Eisenbahn für den öffentlichen Verkehr zwischen Stockton und Darlington (1825) und die von George Stephenson erbaute Eisenbahn Liverpool—Manchester (1830). Weiter sind von der Entwicklung in Österreich bzw. in Deutschland unter anderen Darstellungen der Pferdeeisenbahnen zwischen Budweis und Linz (1828), der Eisenbahn Nürnberg—Fürth (1835), der Dresden—Leipzig (1837), ferner

Blick in den Raum Gebirgsbahnen mit Anschauungsmodell der Gebirgsbahnen der Schweiz

Zahnstange und Zahnrad der ersten Zahnradbahn von Blenkinsop 1812
Nachbildung

Abbildungen der Baaderschen Vorschläge sowie des Planes eines deutschen Eisenbahnnetzes von Fr. von List vorhanden.

Wie beim Straßenbau, so beginnt auch im Eisenbahnbau ein neuer Abschnitt mit dem Bau von Gebirgsbahnen. Sie werden in einer besonderen Abteilung gezeigt. Andauernd starke Steigungen, scharfe Krümmungen und große Längenentwicklung zur Innehaltung der höchst zulässigen Steigung sind die Hauptkennzeichen. Die Semmeringbahn machte in den Jahren 1848 bis 1854 den Anfang. Ihre Ausführung als gewöhnliche Lokomotivbahn wurde durch die auf Grund eines Preisausschreibens mit hohen Anforderungen gebaute Lokomotive ermöglicht. In ziemlich kurzen Abständen folgen weitere Alpenbahnen. Vor allem sind zu nennen die Brennerbahn (1867), bei der besondere Schwierigkeiten bei Kreuzung von Wildwässern zu überwinden waren, die durch Abführung der Bäche mittels Tunnels gelöst wurden. Die Mont-Cenis-Bahn (1871), die den ersten großen Alpentunnel brachte, ferner 1862 die Gotthardbahn, die einen 15 km langen Scheiteltunnel erhielt und die sich besonders auch durch die vorkommenden Steigungen von 27 vom Tausend und die berühmten Hebungsspiralen, die Doppelschleifen und Tunnelschlingen ausgezeichnet. Die Sammlung gibt zunächst eine übersichtliche Darstellung der für Gebirgsbahnen kennzeichnenden Arten der Linienführung, wie Serpentinen, Schleifen, Schlingen u. a. m., ferner Bilder der bedeutendsten Gebirgsbahnen in ihren wichtigsten Partien, insbesondere Modelle der oben genannten Bahnen über den Semmering, über den Brenner und über den Gotthard, mit den interessanten Strecken bei Wasen und am Pfaffensprung, schließlich vergleichende Darstellungen von Alpenübergängen mittels Straßen und Eisenbahnen.

Schon in den ersten Anfängen der Versuche, eine fahrbare Dampfmaschine zur Förderung von Lasten auf den bereits erwähnten Spurbahnen zu benutzen, trat das Bedürfnis hervor, bei Steigungen der Bahn besondere Maßnahmen zu treffen. Man suchte sich zunächst dadurch zu helfen, daß man gerippte Räder verwendete und längs der Gußschiene eine Holzschwelle legte, in die an den Rädern befestigte starke Eisennägel sich eindrückten, um das Gleiten zu verhindern, jedoch ohne Erfolg. Erst Blenkinsop überwand die Schwierigkeiten 1812, indem er der Lokomotive ein wirkliches Zahnrad gab, das in eine neben einer Schiene des Gleises verlegte Zahnstange eingriff und so eine erhebliche Zugkraft auszuüben imstande war. Da man inzwischen das Gleiche durch Vermehrung des Reibungsgewichtes beim Antrieb

Leiter-Zahnstange und Zahnrad der Rigibahn von Nik. Riggenbach, 1870

mehrerer Räder der gewöhnlichen Lokomotive zu erzielen gelernt hatte, trat das Problem zunächst in den Hintergrund. Nur in Amerika wurden weitere Fortschritte gemacht, die bereits in der Richtung einer Verbindung des Reibungs- mit dem Zahnradbetriebe lagen, besonders 1837 bei der Bahn Madison—Indianopolis; und im Jahre 1868 wurde hier auch die erste wirkliche Zahnradbahn auf den Mount Washington durch Marsh vollendet. Sie hatte eine Länge von $4\frac{1}{2}$ km, eine größte Steigung von 377 vom Tausend und war in einfachster Weise auf ein Holzgerüst verlegt, das in dem felsigen Gelände gut abgestützt war. Die Zahnstange lag auf einer Holzschwelle zwischen den beiden Laufschienen aus Bandeisen, die ebenfalls auf Holzschwellen befestigt waren. In Europa machte Riggenbach 1863 Studien für eine neue Zahnradlokomotive und konnte 1869 die Rigibahn als Zahnradbahn in Angriff nehmen und 1872 eröffnen. Einen weiteren Fortschritt brachte die Harzbahn Blankenburg—Tanne, die nach dem System des Schweizers Abt erbaut wurde, mit einer aus drei nebeneinanderliegenden Platten bestehenden Zahnstange, deren Zähne um $\frac{1}{3}$ der Teilung gegeneinander versetzt waren, und mit entsprechender Zahl von Zahnkränzen der Lokomotive. Die Reibung wurde hier bis zur äußersten Grenze ausgenützt und nur die steilste Strecke mit Zahnradbetrieb überwunden. Es wurden Reibungsstrecken bis 25 vom Tausend und Zahnradstrecken bis 60 vom Tausend Steigung mit glänzendem Erfolg bewältigt. In schneller Folge sind dann zahlreiche weitere Bahnen nach Abtschem System in der Schweiz, in Deutschland, Frankreich, Japan, Spanien und in allen Kulturländern zur Ausführung gelangt. Nach einem anderen System einer Zahnstange mit liegenden Zähnen erbaute Locher 1888 die Pilatusbahn und überwand damit Steigungen bis 480 vom Tausend. Schließlich sei noch das System Strub erwähnt, das für die von Guyer-Zeller in Angriff genommene Jungfraubahn Verwendung fand, mit einer wegen der Vereisungsgefahr einfachen, starken hohen Breitfußschiene, in die die Zähne eingeschnitten sind.

Von den meisten dieser die wichtigsten Entwicklungsstufen darstellenden Zahnradbahnen findet der Besucher des Museums belehrende Modelle und Pläne, so von der ältesten Zahnradbahn von Blenkinsop von 1812, von der Riggenbachschen Rigibahn von 1870, von der Pilatusbahn von Locher 1888, der steilsten Zahnradbahn der

Welt. Von der Jungfraubahn, die in einem Tunnel verläuft, ist ein Gemälde mit eingezeichneter Bahnlinie und ein Modell der im Gletschergebiet liegenden Station Eismeer mit Umformeranlage sowie einer elektrischen Lokomotive zu sehen. Das gemischte Reibungs- und Zahnradsystem wird durch das Modell einer Lokomotive der von Abt 1885 erbauten ersten Bahn dieses Systemes Blankenburg—Tanne erläutert.

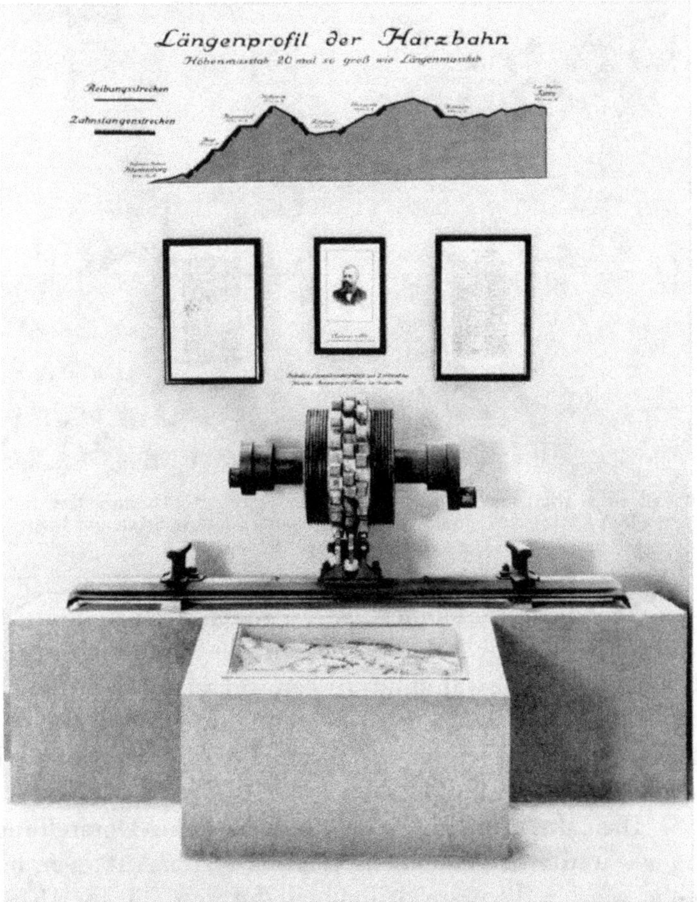

Dreiteilige Lamellenzahnstange und Zahnrad der Harzbahn Blankenburg—Tanne von Roman Abt

Als besondere Gruppe der Eisenbahnen sind noch die Seilbahnen zu betrachten. Die Verwendung des Seiles erfolgt dabei entweder nur zum Fördern oder nur zum Tragen zwischen festen Stützpunkten frei schwebend oder zu beiden Zwecken. Die erste Art ist noch nicht alt, sie hat die Spurbahn zur Voraussetzung. Anders die schwebende Seilbahn. Ihre Anfänge sollen bei Chinesen und Indern schon Jahrtausende zurückreichen, auch bei den Römern und im Mittelalter finden sich Spuren davon. Von einer Seilbahn, schon mit Trag- und Zugseil, wird aus der Zeit der Hussitenkriege berichtet. In einer Abhandlung des Zwickauer Ingenieurs Jacob Leupold, aus dem Ende des 17. Jahrhunderts, wurden schon genaue Einzelheiten über Seilbahnen gegeben. Die ursprüngliche Form des schwebenden Seiles finden wir in den Riesen zur Holzförderung, bei denen die Last an einem Rollenpaar hängend abwärts gleitet. Seit 1868 baute von Dücker Seilbahnen nach demselben Prinzip. 1874 wurde in Deutschland in Teutschental bei Halle die erste Seilbahn mit getrenntem Trag- und Zugseil in Betrieb genommen, nach welchem Prinzip dann weiterhin schwebende Seilbahnen in großer Zahl im In- und Ausland gebaut wurden.

Die mechanische Seilförderung wurde zuerst etwa 1840 auf schiefer Ebene im Kohlenbergbau in Amerika betrieben, wobei ein mit Kohlen beladener Wagen durch einen mit Wasserlast in die Höhe gezogen wurde. 1862 wurde in Frankreich eine schiefe Seilebene zur Personen- und Güterbeförderung mit oben liegender fester Dampfmaschine gebaut. Die 1879 erbaute Gießbachbahn im Berner Oberland benutzte zum erstenmal eine selbsttätige Ausweiche von Abt und eine Zahnstange als Geschwindigkeitsregler und zur Bremsung des abwärts fahrenden Wagens. Als

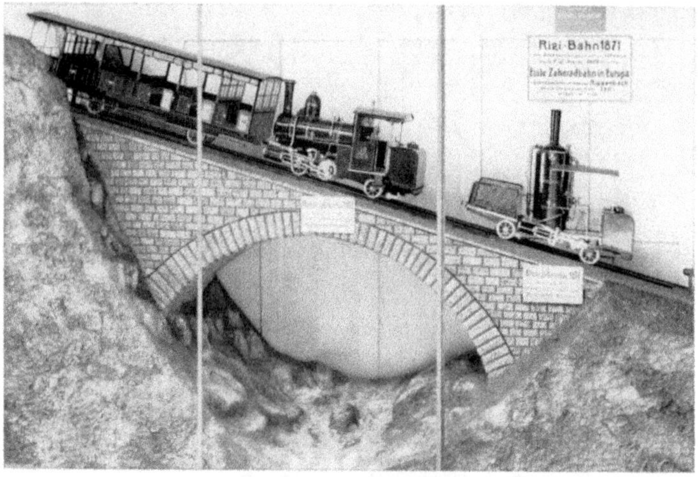

Modell eines Rigibahn-Abschnittes mit der ersten Rigi-Lokomotive mit stehendem Kessel, 1871, und der 1902 gebauten Lokomotive mit liegendem Kessel

Betriebskraft solcher Bahnen wurde zunächst die Schwerkraft benutzt, dann die Hand- und Dampfwinde, auch Wasserrad und Turbine, in neuester Zeit der Elektromotor. Die vollkommenste Art bilden die Kabelbahnen, die namentlich seit den siebziger Jahren als Straßenbahn in den Vereinigten Staaten Verbreitung fanden. In Europa sind sie nur vereinzelt zur Ausführung gelangt. Seilbahnen auf schiefen Ebenen haben auch in Hauptstrecken der Eisenbahnen, so zwischen Aachen und Lüttich, Anwendung gefunden, wurden aber sehr bald wieder stillgelegt, da sich der Lokomotivbetrieb als billiger herausstellte. Erwähnung finden müssen auch die Hänge- und Schwebebahnen, die auf einer aufgehängten Schiene laufen. Erstere sind für Kohlen vielfach im Betrieb. Von letzteren ist das Beispiel der Schwebebahn in Elberfeld—Barmen—Vohwinkel zu nennen.

Das Museum gibt eine übersichtliche Darstellung der Entwicklung der Seilhänge- und Schwebebahnen von den ersten Anfängen bis zu den modernsten Anlagen. U. a. werden die erste Seilhängebahn von Dücker 1870, ein Relief der von Bleichert 1910 im Usambara-Gebirge erbauten steilsten Seilhängebahn der Welt, die Zugspitzbahn, ferner Originalwagen von historisch interessanten Bahnen, darunter Förderwagen der Seilbahn in Teutschental von 1873, der Einseilbahn in Bilbao (Spanien) gezeigt.

Mit dem gewaltigen Anwachsen der Weltstädte und ihres Verkehrs hat sich ein spezieller Zweig der Eisenbahnen entwickelt, der dem Schnell- und Massenverkehr des großstädtischen Geschäftslebens zu dienen bestimmt ist, die Hoch- und Untergrundbahnen. Sie haben als Röhrentunnel und als Unterpflasterbahnen Ausführung gefunden. Ihre Ausbildung sowie die Entwicklung des Schnellverkehrs wird anschaulich zur Darstellung gebracht. Unter anderem werden die erste Untergrundbahn der Welt in London 1860, die erste Hochbahn von New York 1870 und die Hoch- und Untergrundbahn in Berlin, dazu Kreuzungen mehrerer Bahnen und Bahnhofsanlagen gezeigt.

Der Abschluß der Gruppe Eisenbahnen bilden lehrreiche Pläne und Statistiken über die Ausbreitung und Länge der Eisenbahnen in den verschiedenen Zeiten und Ländern. Welche Bedeutung diese für das moderne Verkehrswesen gewonnen haben, tritt besonders hervor aus einer vergleichenden Darstellung, nach welcher die Gesamtlänge aller Eisenbahnen der Erde der zweieinhalbfachen Entfernung des Mondes von der Erde gleichkommt.

*

## KONRAD PRESSEL †, TUNNELBAU.

Nicht nur das fertige Erzeugnis des Ingenieurgeistes im Bunde mit kunstvoller, zäher, aufopfernder Arbeit aller daran Beteiligten fesselt unser Interesse an ein Werk, sondern es ist oft noch mehr sein Werdegang, der vor allem unsere Beachtung und Bewunderung verdient.

In diesen Werdegang einen Einblick zu verschaffen, bietet dieAbteilung „Tunnelbau" reichlich Gelegenheit durch eine große Zahl von Modellen und Bildern, in denen der Verlauf der Tunnelarbeiten in allen Zuständen der Entwicklung gezeigt wird vom Beginn der bergmännischen Arbeit an bis zur Fertigstellung der den Bestand des Tunnels sichernden endgültigen Verkleidung.

Außer diesen Modellen und Bildern enthält die Sammlung eine Reihe von Werkzeugen und Hilfsmitteln, die im Lauf der Zeit ersonnen worden sind, um hauptsächlich die Arbeit der Lösung des „Gebirges" zu erleichtern und zu beschleunigen.

Endlich veranschaulichen noch eine Anzahl von vergleichenden Tafeln die kennzeichnenden Merkmale wie Länge, Höhenlage usw. einiger bedeutsamer Tunnelbauten und die Fortschritte, die hinsichtlich der Vortriebgeschwindigkeit, der Wirkung der Sprengmittel und der Lüftung dieser unterirdischen Arbeitstellen von einem Bau zum andern gemacht worden sind.

Das Bedürfnis nach Schaffung unterirdischer, langgestreckter Hohlräume und die Kunst ihrer Herstellung ist uralt, so alt wie der Bergbau; doch blieben in älteren Zeiten die Ausführungen wegen der Unvollkommenheit der zur Verfügung stehenden Hilfsmittel fast ganz beschränkt auf Werke geringeren Umfangs im Vergleich mit den heutigen und auf Tunnel in standfestem Gebirg, in welchem der geschaffene Hohlraum gegen Einsturz nicht gesichert zu werden brauchte.

Erst die Anwendung der in der Kriegskunst schon früher bekannten und die Erfindung neuer, immer wirksamerer Sprengmittel und die Ersetzung der Handarbeit bei der Herstellung der Bohrlöcher durch mechanische Hilfsmittel, sowie die Vervollkommnung der Einrichtung zur Lüftung der Arbeitstellen und zur Förderung der Ausbruchmassen und Baustoffe hat jenen großartigen Aufschwung bewirkt, den die Tunnelbaukunst im 19. und im laufenden Jahrhundert genommen hat. Die ausgestellten Modelle und die vergleichenden Tafeln zeigen diese rasche und gewaltige Entwicklung in sehr anschaulicher Weise.

Von besonderem historischen Interesse ist das Modell vom Bau des ersten Eisenbahntunnels in Deutschland bei Oberau auf der Strecke von Leipzig nach Dresden aus den Jahren 1837/39. Es läßt erkennen, wie allmählich der große Hohlraum des Tunnels entsteht und wie er durch Mauerwerk gesichert wird.

Auch das Modell vom Bau des Scheiteltunnels der Semmeringbahn, der ersten, in den Jahren 1849 bis 1852 erbauten, Gebirgsbahn in den Alpen, zeigt in einer Reihe von Schnitten die einzelnen Stufen des Arbeitsvorgangs, wie er nach der österreichischen Bauweise stattfindet.

In England, wo die ersten längeren Tunnel für Zwecke der Kanalschiffahrt und der Eisenbahnen erbaut worden sind, hat sich eine besondere, die sog. englische Bauweise ausgebildet, welche die größte Verbreitung gefunden hat. Diese Bauweise ist durch eine, in den wirklichen Größenverhältnissen ausgeführte Nachahmung des Einbaues und der Ausmauerung veranschaulicht, wie sie auf der Südseite des Simplontunnels I stattgefunden haben.

**Modell vom Bau des ersten Eisenbahntunnels in Deutschland bei Oberau an der Strecke von Leipzig nach Dresden in den Jahren 1837 bis 1839**

Es kann nicht wundernehmen, daß im Zeitalter des Eisens bald Bestrebungen auftraten, das in ungeheuren Mengen durch Tunnelbauten der bisher gezeigten Art verschlungene Holz durch immer wieder verwendbare, im Vergleich zu den hölzernen unnachgiebige eiserne Bauglieder zu ersetzen. Den Anstoß hierzu hat, wohl unter dem Eindruck von Brunels eisernem Schildbau, Franz von Ržiha gegeben. Ein Beispiel für die von ihm ersonnene, auch in der grundsätzlichen Anlage neuartige, Einbau- und Herstellungsweise gibt das Modell des Tunnels bei Langenteilen (1878).

Die gesunden Grundlagen des Ržihaschen Systems, hat in den letzten Jahren Alfred Kunz in München aufgegriffen und eine Rüstung aus Eisen in Verbindung mit Holz geschaffen, welche mit sehr gutem Erfolg in 4 Tunneln in lockerem Boden im Lauf des Oberwasserkanals der Alzwerke angewendet worden ist. Diese Kunzsche Tunnelrüstung ist in einem Modell dargestellt. An demselben ist auch noch zu ersehen, daß man Ausbruch und Ausmauerung der Alztunnel nach belgischer Art ausgeführt hat.

Während das oben erwähnte, in natürlicher Querschnittgröße ausgeführte Modell des Simplontunnels den Vorgang beim Ausbrechen und Ausmauern zeigt, wird aus einem zweiten Modell dieses mit 19803 m Länge größten Tunnels der Welt ersichtlich, wie man nach jahrzehntelangem Suchen durch Ausbildung eines Zwillingtunnels in genialer Weise die Aufgabe gelöst hat, die für die Durchführung des Tunnels durch so lange und außerordentlich heiße (56° C Gesteintemperatur) Strecken erforderlichen gewaltigen Luft- und Kühlwassermengen an die Arbeitstellen zu bringen. Durch den Bau des Simplontunnels ist der Beweis erbracht, daß fortan weder große Länge, noch hohe Gesteintemperatur, noch hohe Überlagerung dem Ingenieur Grenzen setzen beim Bau eines Tunnels.

Blick in den Raum der Abteilung Tunnelbau mit der Nachbildung der englischen Bauweise von der Südseite des Simplontunnels

Der Bau sehr langer, tief unter hohen Gebirgen führender Tunnels, die nur von den Mundlöchern aus angegriffen werden können, wäre in unseren Zeiten der freien Arbeit nie zustande gekommen ohne das Hilfsmittel der Gesteinbohrmaschinen.

Die erste derartige Tunnelbohrmaschine, durch Preßluft betrieben, wurde von dem Italiener Sommeiller in den ersten Jahren des Baues des Mont-Cenis-Tunnels (12234 m lang) erfunden und mit Hilfe derselben die Bauzeit von 27 bis 30 Jahren, die bei Anwendung von Handbohrung in Aussicht genommen war, auf etwa die Hälfte dieser Zeit herabgemindert. Der Mont-Cenis-Tunnel (1857 bis 1871) bildet darum einen Markstein in der Entwicklungsgeschichte des Tunnelbaues.

Eine naturgroße Nachbildung dieser denkwürdigen Sommeillerschen Gesteinbohrmaschine ist in unserer Abteilung aufgestellt. Daneben sehen wir noch eine Luftstoßbohrmaschine (Dubois-François) vom Bau des Gotthardtunnels, eine elektrisch anzutreibende Gesteinbohrmaschine von Siemens & Halske und eine mit Druckwasser von 100 at zu betreibende Drehbohrmaschine von Alfred Brandt, welche ihre hervorragende Eignung ganz besonders für sehr lange, durch heiße Gesteingebiete führende Tunnel am Simplon gezeigt hat. 42 km Stollen sind dort mit ihrer Hilfe aufgefahren worden.

So bewunderswürdig die Leistungen sind, die bei den großen Alpendurchstichen aufzubringen waren, so stehen ihnen in nichts nach und mögen sie in manchen Fällen noch übertreffen die außergewöhnlichen Aufgaben, die dem Ingenieur bei der Durchführung von Tunneln unter Wasserläufen oder in schlammigem, wässerigem Boden überhaupt gestellt wurden.

Die erste Großtat dieser Art sehen wir dargestellt im Bild des ersten Themsetunnels, durch den sich sein Erbauer, einer der hervorragendsten Ingenieure aller Zeiten, Marc Isambert Brunel, ein Denkmal gesetzt hat. Durch diesen denkwürdigen

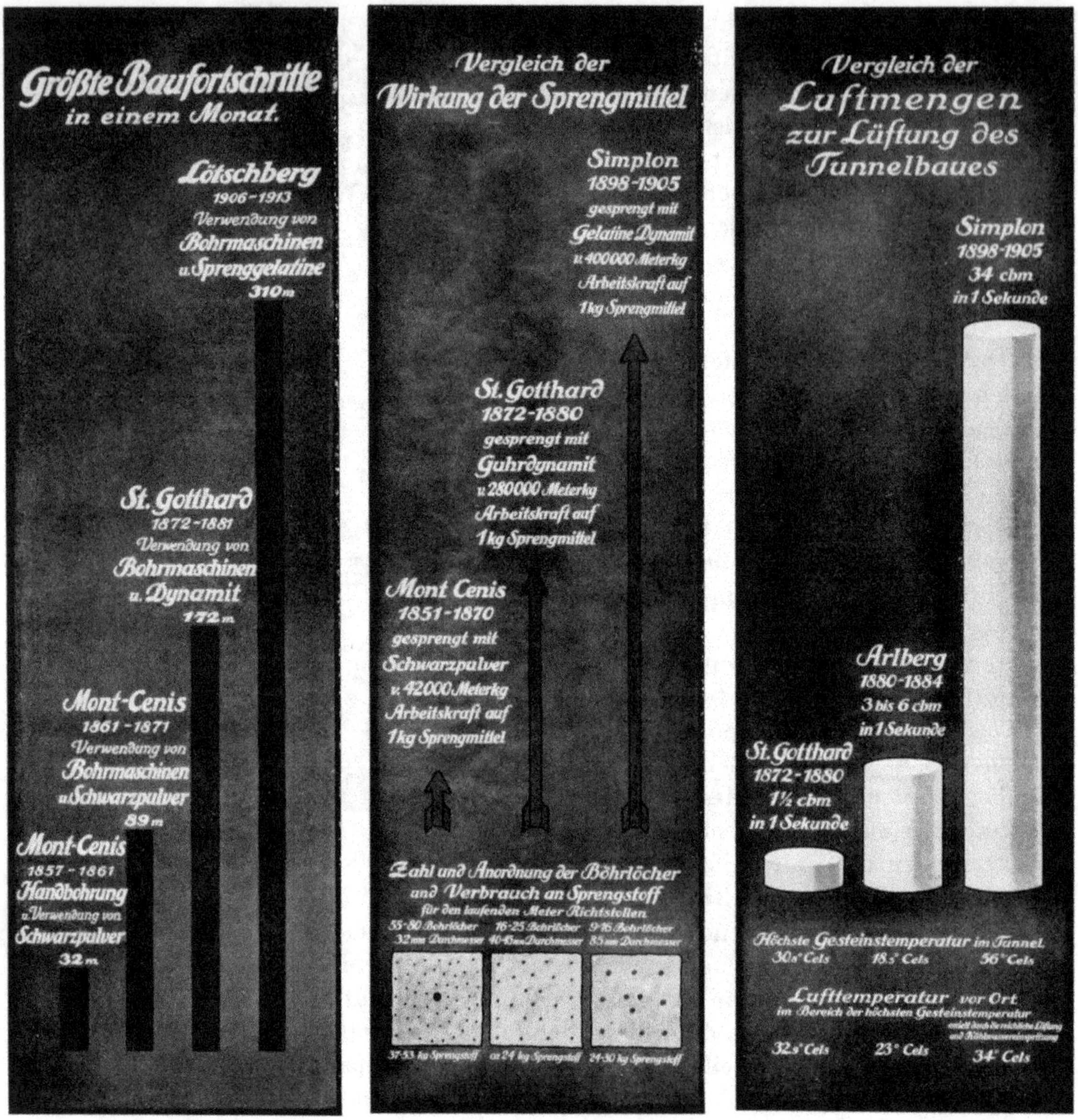


Leistungssteigerung bei verschiedenen Tunnelbauten. Die Darstellung nimmt einen Raum von rund 5 m Höhe und 3 m Breite ein

Bau (1823 bis 1841) sind ganz neue Wege im Tunnelbau gewiesen worden. Die Grundgedanken Brunels verfolgend, ist die „Schildbauweise", ohne und mit Verwendung von Preßluft, zu einem besonderen Zweig des Tunnelbaues ausgebildet worden.

Ein schönes Beispiel für die neuzeitliche Entwicklung, welche die Schildbauweise unter Verwendung von Druckluft genommen hat, zeigt uns der von 1907 bis 1911 in Hamburg unter der Elbe durchgeführte Straßentunnel, wie er im Bild dargestellt ist.

Unter dem Sammelnamen „Unterwassertunnel" ist auch in unserer Abteilung der unter dem Ärmelkanal längst geplante Tunnel dargestellt.

Schließlich sei noch auf die Tafel hingewiesen, auf welcher die kennzeichnenden Merkmale der bedeutendsten „Unterwassertunnel" zusammengestellt sind.

Modell einer Straßenbrücke mit Verkaufsläden über den Dschiliam in Indien

## FRIEDRICH BOHNY, DER BRÜCKENBAU.

Ohne die Brückenbaukunst würden alle Mittel, auf geradem und kürzestem Wege von einem Ort zum anderen zu gelangen, an praktischem Werte verlieren. Wahrscheinlich waren die ersten Brücken Werke der Natur, die später der Mensch unbewußt oder bewußt nachgeahmt hat. Ein Baum im Urwald fiel zufällig über eine Schlucht und wurde zum Übergange benutzt. Durch Nebeneinanderlegen mehrerer Bäume und Verbindung mit quergelegten Ästen, Knüppeln oder Röhricht war bald die erste Balkenbrücke da. Als erstere größere und künstlich angelegte Brücke muß die Hängebrücke angesehen werden. Ihr Haupttragglied ist der Strick oder das Seil, das aus Schling- und Bastpflanzen des Waldes besteht oder aus Fasern oder Tierhäuten zusammengedreht und geflochten ist. Diese über einen Fluß zu spannen, beiderseits zu befestigen und daran eine leichte Stegbahn anzuhängen, war ein leichtes. Noch jetzt befinden sich viele Brücken dieser vorgeschichtlichen und schwanken Bauart im Dienste der Menschen im Innern Asiens, in den wilden Bergen Amerikas und an anderen Orten. Es werden schon ziemlich große Stützweiten von ihnen bewältigt, bis zu 50 m und mehr. Das Deutsche Museum zeigt mehrere Balken- und Hängebrücken in ihrer Entwicklung und in ihrem heutigen Zustande.

So sehen wir jahrtausendelang die einfache Holzbalkenbrücke und die leichte, schwankende Hängebrücke als Bindeglied auf allen Fuß- und Fahrwegen, also den einfachen Balken und das hängende Seil. An den ersteren schloß sich bald der Balken aus Stein, der jedoch wegen seiner großen Schwere und der geringen Elastizität des Stoffes nur bis zu geringen Stützweiten als Brückenträger zu verwenden war.

Bei den Seilbrücken fehlte und fehlt auch heute noch vielfach die Versteifung. Die Beseitigung dieses Mangels ist erst in den letzten 100 Jahren durchgeführt worden, aber nur die neueren großen Hängebrücken weisen Versteifungsträger bester Form auf.

Die einfachen Holzjochbrücken sind von den großen Völkern vielfach bei ihren Heereszügen verwendet worden. Allbekannt sind die Überbrückungen der Römer über die deutschen Ströme, so die 55 v. Chr. von Cäsar erbauten beiden Brücken über den Rhein, von denen im Deutschen Museum ein vorzügliches Modell zu sehen ist.

Den Bogen als Bauform und Brückenträger zuerst verwendet zu haben, wird den Römern zugeschrieben. In Frage kam der Bogen aus Stein, aus behauenen Steinblöcken, auf Lehrgerüsten zusammengebaut und mit oder ohne Mörtel zusammengefügt. Um 600 v. Chr. herum finden sich die Anfänge der ersten Römerbogen, nach denen dann die Römer in ihrem Weltreich ungezählte größere und kleinere Bauwerke ausführten. Noch heute bewundern wir in Italien und Spanien die architektonisch wie ingenieurtechnisch gleich gut ausgeführten Steinbrücken über Flüsse und Ströme, die Aquädukte usw. Die Bogenbauweise der Römer hat sich dann weiter entwickelt bis zur heutigen Zeit. Nach ihr sind die meisten Brücken gebaut worden, die auf den großen Handelswegen des Mittelalters dem Verkehr dienten und die die großen Ströme und Schluchten auf den Handels- und Heeresstraßen zu überspannen hatten.

Als noch bestehendes und ehrwürdiges Zeugnis der Steinbogenzeit ist die im 12. Jahrhundert erbaute Donaubrücke bei Regensburg zu nennen, von der das Deutsche Museum gute Bilder und ein schönes Modell enthält.

Um die geschichtliche Entwicklung abzuschließen, seien noch die Schiffbrücken erwähnt, die auch bis ins älteste Altertum hinein verfolgt werden können. Als leicht zu erbauende Übergänge über breite Flüsse und Ströme finden wir die Schiffbrücke auch heute noch vielfach; als Tragglieder dienen Flöße, Schiffe aus Holz oder Eisen, auch schwimmende Röhren und dergleichen. Ihr Nachteil sind wie bei den Hängebrücken die geringe Versteifung und die schwierigen Anschlüsse an die Ufer bei wechselndem Wasserstande. Eisenbahnschiffbrücken sind daher eine große Seltenheit; als solche sei die Überbrückung des Rheines bei Karlsruhe genannt, die im Deutschen Museum als Modell zu sehen ist.

Während nahezu zweier Jahrtausende seit der Blüte des Römerreiches finden wir dann keinen nennenswerten Fortschritt im Brückenbau. In Holz ging man allerdings vielfach zu größeren Stützweiten über, und die Zimmermeister des Mittelalters und der letzten Jahrhunderte haben in dieser Hinsicht geradezu Musterhaftes geleistet. Die großen Holzbrücken, die meist eine Deckung gegen die Einflüsse der Witterung erhielten, waren Meisterwerke an Kühnheit der Überspannung und an folgerechter Ausführung der Verbindungen, Verschneidungen, Verzahnungen und Verdübelungen. Das Deutsche Museum weist viele Bilder und Modelle auf, darunter von der alten Bamberger Brücke und der Innbrücke bei Rosenheim.

Seit rund 150 Jahren hat der Brückenbau sich nun gewaltig geändert. Der Beginn der Eisen- und Stahlperiode war es, der in verhältnismäßig kurzer Zeit den Fortschritt des Brückenbaues großartig und überwältigend beeinflußte und den Brückenbau auf eine Höhe brachte, die kaum je erträumt werden konnte. Dazu kam später der mächtige Einfluß des Eisenbahnbaues, dem heute der Straßenbau mit seinem Motorwagenverkehr nachfolgt. Welch ein Sprung von den einfachen Holzjochbrücken zur Britanniabrücke Stephensons und von da zu den gewaltigen Auslegerbrücken wie der über den Firth of Forth! Welch ein gewaltiger Fortschritt vom schwankenden Hängesteg zu den Riesenhängebrücken der Amerikaner über den East River und über andere Ströme ihres Landes! Welch eine Steigerung der Stützweiten von den alten Steinbrückenbogen bis zu der Überbrückung des Hafens von Sidney mit einem Stahlbogen von 503 m Spannung! Eine Entwicklung, die auch heute noch nicht ihr Ende erreicht hat.

In erster Linie verdanken wir diesen Fortschritt im Brückenbau den Erzeugern des neuen Baustoffes, den Eisenhüttenleuten, den Stahl- und Walzwerkern. In Deutschland wurde 1828 das Puddeln eingeführt, 1862 das Erzeugen von saurem Bessemereisen in der Birne und 1869 von Siemens-Martin-Stahl im offenen Herd und das Jahr 1885 brachte

Diorama der Brittannia-Brücke. Erbaut von Robert Stephenson in den Jahren 1846 bis 1850

uns den Thomasstahl. Gleichzeitig bescheren uns die Walzwerke die zur Konstruktion nötigen Profile, die Winkel- und Flacheisen, die Formeisen und Bleche und den besonders wertvollen Draht. Gleichzeitig entwickeln aber auch Männer wie Culmann und Schwedler, Ritter und Winkler u. a. die Theorien, nach denen die neuen Eisenträger zu berechnen und zu dimensionieren sind. Hand in Hand geht die Erkenntnis der Baustoffe, durch deren Prüfung und Analyse.

Erst waren es Brücken mit Gußeisenelementen, denen man Aufmerksamkeit schenkte. Die erste und älteste Gußeisenbrücke ist die heute noch bestehende Bogenbrücke über den Severne-Fluß bei Coalbrookdale in England, erbaut 1779. Dann folgen solche mit einfachen Balkenträgern, als deren bedeutendste wohl die 1846 bis 1850 von Robert Stephenson erbaute Britanniabrücke über die Menai-Meerenge angesprochen werden kann, eine geschlossene Röhrenbrücke mit 2 × 70 m und 2 × 140 m Spannweiten für Eisenbahnverkehr. Aus diesem neuen Tragsystem entwickelten sich dann die großen Balkenbrücken mit engmaschigem Netzwerk, von denen die über den Rhein (Köln), über die Weichsel (Dirschau) u. a. wohlbekannt sind. Von der Kölner Brücke, die in zwei Strängen, als Straßenbrücke und als zweigleisige Eisenbahnbrücke, den Rhein überquerte und lange der typische Rahmen des alten Kölner Stadtbildes war, befindet sich ein Originalabschnitt der Eisenbahnöffnung im Hofe des Deutschen Museums. Jetzt sind die Trägerbrücken durch große neue Bogenbrücken mit Zugbändern ersetzt. Es folgen dann weitmaschigere Balkensysteme, wie die von Schwedler, Pauli, Lohse u. a. Der berühmte süddeutsche Altmeister des Eisenbrückenbaues, Heinrich Gerber, baute viele von ihnen. Ein Modell und einige Originalteile der großen Linsenträger (System Pauli), die Gerber 1857 bis 1860 über den Rhein bei Mainz baute, werden im Deutschen Museum gezeigt. Gerber schuf und baute auch die ersten Auslegerbrücken. Das Jahr 1867, in dem er zum ersten Male dieses System in der Straßenbrücke zu Haßfurt ausführte, wobei die Gurtführung streng den Biegungsmomenten folgt, war das Geburtsjahr für das so fruchtbare Gebiet der Ausleger-

Straßenbrücke über den Main bei Haßfurt. Erbaut von Heinrich Gerber 1867.
Eine der ersten Auslegerbrücken. Die Gurtführung folgt streng den Biegungsmomenten

oder Kragträgerbrücken. Als deren größte Vertreter sind heute die Brücken über den Firth of Forth in Schottland mit 521 m lichter Mittelöffnung und die Quebecbrücke mit 549 m Mittelöffnung zu nennen; ihre Entwicklung in den Ausmaßen ist noch nicht abgeschlossen. In Deutschland finden wir typische Vertreter dieser Bauart bei einigen Rheinbrücken (Ruhrort) und vor allem bei den drei Hochbrücken von Holtenau, Rendsburg und Hochdonn über den verbreiterten Nordostseekanal. Von der Rendsburger Brücke erhielt das Deutsche Museum von den Erbauern ein vollständiges und hochinteressantes Modell mit allen Hilfseinrichtungen und Gerüsten während des Baues.

Eine gleich gewaltige Entwicklung zeigten die Bogenbrücken. Wir denken nur an die Rheinbrücken von Worms, Bonn (Modell im Museum) und Düsseldorf, deren Hauptträger auf die Pfeiler und Widerlager Schübe ausüben. Dann an die ungezählten Bogen mit hochliegenden Hauptträgern und mit durch Zugbänder aufgehobenen Horizontalschüben. Zu der ersteren Bauart gehört die über 100 m hohe Kaiser-Wilhelm-Brücke über die Wupper bei Müngsten — vollendet 1897 —, von der das Deutsche Museum ein großes Modell besitzt.

Der Draht als Bauglied brachte uns in der Mitte des letzten Jahrhunderts eine große Bauperiode weit gespannter Hängebrücken. Fast in allen zivilisierten Ländern der Welt wurden solche Brücken gebaut, der Draht von Ufer zu Ufer gesponnen und daran in mehr oder weniger versteifter Form die Fahrbahn angehängt. Besonders hervorragend waren in dieser Hinsicht die Leistungen der Amerikaner, die gleich zu den größten Spannweiten übergingen. Allbekannt sind die Namen von John A. Röbling, Vater und Sohn, die im Spinnen gewaltiger Kabel Hervorragendes leisteten. Ihr größter Ruhm war wohl der Bau der alten Eisenbahn- und Straßenhängebrücke über den Niagara 1854, die als erste dieser Art lange Zeit die einzige geblieben ist.

Ihre Spannweite war 821 Fuß; sie hatte zwei Brückenbahnen übereinander, oben für Eisenbahngleise und unten für den Straßenverkehr. Der Versteifungsträger war ein hoher engmaschiger Gitterträger aus Holz. 1883 vollendete dann der Sohn Röblings die Brooklyn-Brücke über den East River bei New-York, von deren Tragkabel ein Abschnitt im Deutschen Museum zu sehen ist; die Zahl der Drähte ist mehr als 5000. Weitere noch größere Kabelbrücken bauten die Amerikaner, wie die dicht neben der Brooklyn-Brücke gelegene Manhattanbrücke (vollendet 1909) die Williamsbrücke (vollendet 1903), während die größte Aufgabe auf diesem Gebiete, die Überbrückung des Hudson mit rd. 1200 m Spannweite, noch der Lösung harrt.

Hängebrücken mit Ketten als Traggliedern sind hauptsächlich in Europa gebaut worden. Als hervorragendstes Bauwerk und als die schönste Kettenbrücke kann die Elisabeth-Kettenbrücke in Budapest angesehen werden, die in einer Spannweite von 290 m die Donau überspannt und dem Straßenverkehr dient.

Wo Verkehrswege verschiedener Form sich so kreuzen, daß die freie Durchfahrt der Fahrzeuge gehindert wird, müssen bewegliche Brücken angeordnet werden. Ihre Ausführungsformen sind außerordentlich vielfältig. Von der einfachen Schiebebrücke begonnen, finden wir Roll- und Klappbrücken, Hub- und Drehbrücken, Zug- und Schwimmbrücken, Schwebefähren usw. Ebenso vielfältig ist der Mechanismus, der zum Öffnen und Schließen der Arme, Öffnungen und Flügel dient, von der einfachen Handkurbel beginnend bis zum genau gesteuerten elektrischen Universalantrieb.

Die Geschichte des Brückenbaues wäre unvollständig, würde man nicht auch der großen Fortschritte gedenken, die der Massivbau in den letzten 40 Jahren gemacht hat. Auch da ein stürmisches Vorwärtsbestreben zu immer größeren Stütz-

Größte Eisenbahn-Klappbrücke Europas über den Trollhättakanal bei Vänersborg in Schweden

Diorama vom Bau der Straßenbrücke über die Isar bei Grünwald 1903 — 1904

weiten, die 100 m schon hinter sich gelassen haben. Zwei Faktoren unterstützen vor allem diesen Siegeslauf: die Herstellung vorzüglicher Bindemittel, vor allem des Zementes, und die Erfindung des Eisenbetons. Hand in Hand damit ging, wie beim Eisen, die Vertiefung der Theorie des elastischen Bogens und Rahmens und die glückliche Ausnützung der elastischen Eigenschaften von Eisen und Beton im Eisenbeton. Der Eisenbeton ist ein Baustoff, der hinsichtlich der Dauerhaftigkeit, der Kosten der Unterhaltung und der architektonischen Erscheinung den Stahlbögen vielfach überlegen ist; dasselbe gilt von Massivbrücken aus Beton allein oder aus gewählten Natursteinen. Von besonders gut gelungenen Massivbrücken seien die große steinerne Straßenbrücke über das Syratal in Plauen und die Eisenbetonbrücke über die Isar bei Grünwald genannt. Die Stützung jeder Brücke bilden ihre Pfeiler, Widerlager und Gründungen. Besonders die Bauart der Gründungen hat sich im Laufe der Zeiten wesentlich verändert. Die Alten kannten nur die Flachgründung auf breit geschütteten Steinhaufen oder die Gründung auf Pfählen und Pfahlrosten. Das Deutsche Museum zeigt ein Modell des Fundamentes der Römerbrücke über den Rhein zwischen Mainz und Kastell. Später finden wir Gründungen mit offenen Senkkasten und Brunnen, während die Gründung mit geschlossenen Senkkasten unter Verwendung von Druckluft erst seit etwa 70 Jahren in Gebrauch ist. Sie gestattet mit beliebig großen Pfeilerquerschnitten fast beliebig tief, d. h. bis an die Grenze der Arbeitsfähigkeit des Menschen in Druckluft zu gehen. Die erste Druckluftgründung bei der Eisenbahnbrücke über den Rhein bei Kehl im Jahre 1860 ist im Deutschen Museum durch eine vorzügliche Schnittzeichnung veranschaulicht, während die Druckluftgründung der Eisenbahnbrücke über den Rhein bei Düsseldorf durch ein Schnittmodell zur Darstellung gebracht ist. In neuer Zeit finden Gründungen mit Eisenbetonpfählen umfassende Anwendung; sie gestatten in einfacherer Weise als sonst Gründungen in erheblicher und fast unbegrenzter Tiefe vorzunehmen.

Welche Ausblicke die neuesten Baustoffe für Brücken, die hochwertigen Stähle und die hochwertigen Zemente uns bereiten, darüber kan noch kein Urteil abgegeben werden. Wenn nicht alles täuscht, leiten sie eine neue Periode gewaltigen Bauens und der Bewältigung noch größerer Weiten und Höhen ein, als dies bisher durchführbar war.

*

## G. DE THIERRY, WASSERBAU, WASSERSTRASSEN UND HAFENBAU.

Aus dem Zusammenwirken des Meeres und der Sonne, durch die Verdunstung, entstehen die Wolken, aus welchen dann in Gestalt von Niederschlägen das für Trinkzwecke, Bewässerung, Kraftgewinnung, Binnenschiffahrt usw. erforderliche Wasser der Erde zugeführt wird. Schon frühzeitig hat man die Beziehungen zwischen Wasserhöhe (Pegelstand) und Wassermenge erkannt. In Ägypten bedeutete vor Jahrtausenden, wie heutigen Tages, das Ausbleiben des Nilhochwassers Mißernte und Hungersnot. In anderen Ländern verfolgt der Mensch, dessen Heim, dessen ganzes Hab und Gut von den immer weiter steigenden Wasserfluten bedroht werden, wie das Wasser sich dem bisher erreichten höchsten Stand nähert mit der bangen Frage, ob dieser Stand nicht vielleicht überschritten werden wird. So sind die ersten Pegel entstanden.

Den gewaltigen Fortschritt des Pegelwesens erkennt der Besucher des Museums, wenn er die alten Skalenpegel mit den selbstschreibenden und mit elektrischer Fernmeldung ausgestatteten Pegeln vergleicht.

Neben der Kenntnis der verschiedenen Wasserstände und ihrer Dauer bildet die Kenntnis der Wassermengen, die bei den verschiedenen Wasserständen zum Abfluß kommen, die Grundlage für die Lösung aller technischen Aufgaben des Wasserbaues. Die Entwicklung der Hilfsmittel zur Messung der Stromgeschwindigkeit setzt verhältnismäßig spät ein, weil selbst die Verwendung von Schwimmern, den einfachsten Apparaten zur Ermittlung der Stromgeschwindigkeit, genaue Zeitmessungen voraussetzt. Die Herstellung der Sekundenuhr mußte daher vorangehen. Außer Schwimmern weist die Sammlung Pitotsche Röhren zur Messung der durch Stromgeschwindigkeit erzeugten Geschwindigkeitshöhe und Woltmannsche Flügel verschiedener Bauart auf.

Die Ergebnisse hydrotechnischer Beobachtungen und Messungen werden in hydrographischen Karten dargestellt. In welcher Weise diese Darstellungen, den Fortschritten der Wissenschaft entsprechend, vervollkommnet wurden, läßt die Sammlung erkennen. Besonderes Interesse erweckt die Nachbildung der ältesten hydrographischen Karte Deutschlands, von Joh. Bab. Howani in Nürnberg aus dem Jahre 1750. Bei der Ausführung von Wasserbauten spielen verschiedene Baumaschinen eine immer größere Rolle. Modelle von Rammen und Baggern verschiedenster Bauart veranschaulichen, wie jeder Fortschritt in der Erkenntnis verwertet wird, um größere und wirtschaftlichere Leistungen zu erzielen. In vielen Fällen, wie z. B. bei dem Bau des Suezkanals, hat die dringende Notwendigkeit, die menschliche Arbeit durch Baggermaschinen zu ersetzen und zu steigern, diese Hilfsmittel ins Leben gerufen und ihre Entwicklung gefördert. Schwim-

Woltmannscher Flügel, älteres System

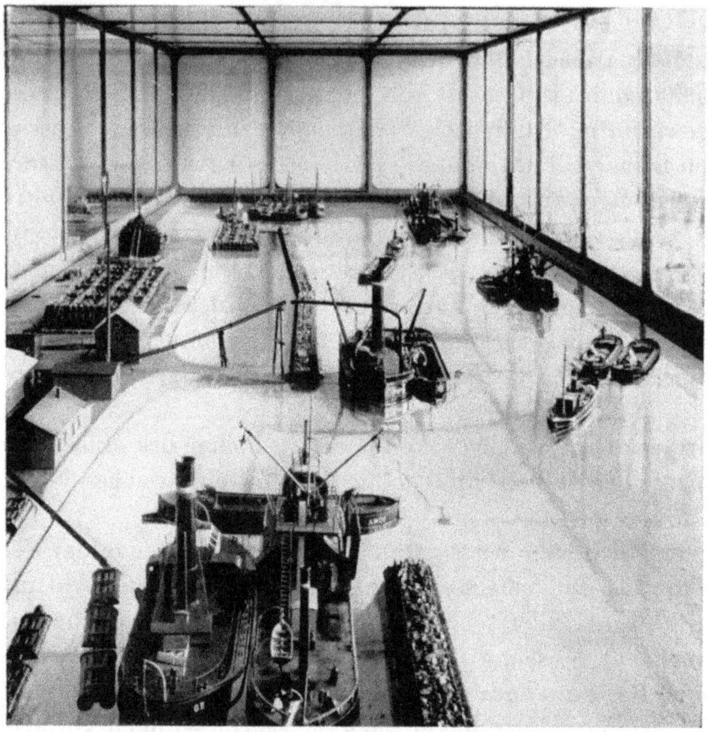

Modell von einem Arbeitsplatz der Unterweserkorrektion, durch die eine Strecke von 70 km für Schiffe mit 7 m Tiefgang fahrbar wurde

mende Eimerbagger, die durch Treträder betrieben wurden, waren schon im Altertum bekannt. Die Löffelbagger, die in großer Anzahl bei dem Bau des Panama-Kanals Verwendung fanden und dessen Vollendung ermöglicht haben, sind aus Amerika zu uns gekommen. Die Saugbagger, die als seetüchtige Geräte die Befreiung der zu unseren Seehäfen führenden Strommündungen von den sich dort ablagernden Sandmassen ermöglichen, wurden dagegen, wohl zum ersten Male, in größerer Anzahl in Holland, bei der Herstellung des Wasserweges von Rotterdam nach der Nordsee verwendet.

Der Abflußvorgang im Gebirge vollzieht sich wegen des übermäßigen Gefälles der zu Tal führenden Bäche und des verhältnismäßig geringen Umfanges des Niederschlaggebietes der einzelnen Zubringer unter schroffen Wechseln hinsichtlich der Wassermenge und in bezug auf die Menge der mitgeführten Sinkstoffe. Die Größe des Niederschlaggebietes ist in den meisten Fällen eine unabänderliche Größe, dagegen gelingt es durch künstliche Maßnahmen, die man als Wildbachverbauungen bezeichnet, die Verwüstungen fruchtbarer Ländereien durch Verkiesung oder Vermuhrung zu verhüten. Neben Darstellungen der ältesten in der zweiten Hälfte des 17. Jahrhunderts in Tirol ausgeführten Bauten zeigen Bilder charakteristische Hochwasserkatastrophen bei nicht verbauten Wildbächen und Flüssen, ferner Modelle und Bilder die verschiedensten Systeme von Flußregulierungen und von Wildbachverbauungen.

Während die ersten an den Flüssen ausgeführten Arbeiten dem Hochwasserschutz dienten, haben die steigenden Anforderungen der Flußschiffahrt, der Landeskultur wie das Bedürfnis, die Energie des fließenden Wassers zur Kraftgewinnung auszunutzen, zu immer weitergehenden Flußbauarbeiten Veranlassung gegeben.

Die ausgestellten Modelle und Bilder der an der Isar, an der Rhone, an dem Wienflusse und dem Main bei Schweinfurt ausgeführten Arbeiten veranschaulichen die Entwicklung und den gegenwärtigen Stand dieses Abschnittes der Wasserbaukunst. In dem Modell eines Bauplatzes der Unterweserkorrektion sind alle die Hilfsmittel zusammengestellt, durch deren organische Zusammenarbeit unter der Leitung des Altmeisters Franzius es gelang, die der Einwirkung von Ebbe und Flut unterworfene fast 70 km lange Strecke der Unterweser für Schiffe von über 7 m Tiefgang fahrbar zu machen, an Stelle der für einen modernen Seehafen ganz unzureichenden

Fahrtiefe von kaum 2 m vor der Korrektion. Erst durch diese mit vollem Erfolg durchgeführten Arbeiten ist es Bremen ermöglicht worden, seinen Platz in der Reihe der deutschen Seehäfen wieder einzunehmen.

Seit den ältesten Zeiten sind die Wehre als Vorrichtungen zur Erzeugung von Gefällkonzentrationen bekannt, die im Betriebe von Wasserrädern ausgenutzt werden. Die ältesten Stauwerke, wahrscheinlich als einfache Erddämme erbaut, sind wohl angelegt worden, als es galt, Wasser für Bewässerungszwecke zu gewinnen. Den Römern waren die Wassermühlen bekannt. Der römische Dichter Ausonius erwähnt in seiner Beschreibung der Reise, die ihn im 4. Jahrhundert an den Rhein und an die Mosel führte, eine Wassermühle in einem Seitental der Mosel. Erst nach der Erfindung der Schiffahrtsschleuse, die dem Leonardo da Vinci zugeschrieben wird, obwohl es zweifelhaft ist, ob sie nicht den Ägyptern schon bekannt war, konnten die Wehre als Mittel zur Förderung der Schiffahrt dienen. Bis dahin bildeten sie Schiffahrtshindernisse, welche die Schiffe nötigten, vor ihnen Halt zu machen und Umladungen vorzunehmen.

Aus den im Museum ausgestellten Zeichnungen und Modellen ist die Entwicklung des Wehrbaues ersichtlich. Von den festen Wehren aus Holz und Stein ausgehend, sind die wichtigsten Bauarten der beweglichen Wehre — Schützenwehre, Jalousiewehre, Nadelwehre, Klappenwehre und Trommelwehre — dargestellt. Neben den Bildern des ersten Klappenwehres von Thenard (1829) und des ersten Trommelwehres von Desfontaines befindet sich das bewegliche Modell des ersten Walzenwehres, das von der Maschinenfabrik Nürnberg für Schweinfurt erbaut wurde.

Außer den Wehren, die eine, sowohl zeitlich als auch räumlich begrenzte Aufspeicherung von Wasser ermöglichen, finden wir Darstellungen von Talsperren, deren Aufgabe darin zu erblicken ist, den Überschuß des Wasserabflusses, in den Zeiten starker Niederschläge oder der Schneeschmelze, für die Zeiten der Wasserknappheit

Die erste Talsperre in Deutschland in Remscheid, gebaut 1889—1891

aufzuspeichern. Der Inhalt des mit Hilfe der Talsperre erzeugten Stausees findet mehrfache Verwendung. Er dient der Trinkwasserversorgung, Bewässerungszwecken, der Kraftgewinnung und dem Hochwasserschutz. Die Sammlung weist Darstellungen der ältesten Staumauern Spaniens, der Talsperren von Alicante (im Jahre 1579 erbaut) und von Almanca (1586) auf. Außerdem finden wir Darstellungen der von Intze erbauten Remscheider Talsperre, wie des fast 2 km langen Staudammes von Assuan, der erst in Tätigkeit tritt, wenn der Scheitel des Nilhochwassers die Sperre passiert hat, um in keiner Weise die althergebrachte Überflutung der Felder in Unterägypten zu beeinträchtigen. Dies erschien um so dringender notwendig, als das Nilhochwasser mit dem Schlamm beladen ist, dem das Unterland seine große Fruchtbarkeit verdankt. Die bei dem Abfallen des Hochwassers im Stausee von Assuan aufgespeicherten Wassermengen dienen in erster Linie der Baumwollkultur.

In neuerer Zeit sollen die in den Stauseen aufgespeicherten Wassermengen auch der Verbesserung der Schiffbarkeit durch Erhöhung der Niedrigwasserstände der Flüsse und der Speisung von Schiffahrtskanälen dienen.

An den ausgestellten Modellen und Bildern von Schiffahrtsschleusen erkennen wir das Bemühen, die Leistungsfähigkeit der künstlichen Wasserstraßen, im harten Wettbewerb mit den Eisenbahnen, immer weiter zu steigern. Mit dem Bedürfnis, Fahrzeuge von einer Tragfähigkeit, die um ein Vielfaches die Tragfähigkeit der Schiffe übersteigt, die vor kaum einem Jahrhundert die Weltmeere befuhren, für den Transport von Massengütern auf den Binnenwasserstraßen in Dienst zu stellen, wachsen auch die Anforderungen hinsichtlich der Fahrgeschwindigkeit. Diese Geschwindigkeit, wie auch die Schleppkosten, sind aber in erster Linie von dem Kanalquerschnitt abhängig, der für den Schiffswiderstand maßgebend ist.

Der Vergleich zwischen den im Museum dargestellten alten italienischen Kammerschleusen oder der um das Jahr 1400 erbauten Stauschleuse des Stecknitz-Kanals (des Vorläufers des Elb—Trave-Kanals) und der Schleuse des Dortmund Ems-Kanals oder der Hotoppschleuse des Elb—Trave-Kanals läßt die großen Fortschritte im Bau unserer Schiffahrtschleusen erkennen. Vor etwa 50 Jahren schien der Bau einer Schleuse, die ein Gefälle von etwa 3 m überwinden sollte, allzugroße Schwierigkeiten zu bieten. Die Forderung einer wirtschaftlich betriebenen Schiffahrt, den mit jeder Schleuse verbundenen Zeitverlust zu vermindern, führte aber schließlich dazu, die Anzahl der Schleusen einzuschränken unter gleichzeitiger Erhöhung des Gefälles an den einzelnen Schleusen.

Um den mit der Zerlegung und Wiederzusammensetzung des Schleppzuges verbundenen Zeitaufwand, der schließlich in der Höhe der Frachtkosten zum Ausdruck kommen muß, herabzusetzen, tritt die Schleppzugschleuse an Stelle der einfachen Kammerschleuse. Den mit dem Schleusengefälle und dem Schleuseninhalt wachsenden Wasserverbrauch vermindert man andererseits durch Sparbecken, die, seitlich angeordnet, den größten Teil der Schleusenfüllung bei der Entleerung aufspeichern, um sie bei der darauffolgenden Füllung wieder in die Schleusenkammer fließen zu lassen. Diese gewaltigen Fortschritte auf dem Gebiete des Schleusenbaues sind ganz augenfällig, wenn man das ausgestellte Modell einer Schleuse des von König Ludwig in den Jahren 1834 bis 1848 erbauten Ludwig-Kanal, zwischen der Donau und dem Main, mit den Plänen der Schleusen für die Rhein—Main—Donau-Wasserstraße vergleicht.

Doppelschleuse des Fischereihafens Wesermünde, ausgeführt 1921—24

Diese Fortschritte haben fraglos der Schleuse einen gewaltigen Vorsprung vor den mechanischen Vorrichtungen zur Überwindung von größeren Gefällen verschafft. Man darf jedoch füglich die Frage aufwerfen, ob die Forderung, das Wasser in einem Kanal möglichst restlos der Kraftgewinnung nutzbar zu machen, nicht zur Anwendung mechanischer Hebevorrichtungen führen wird. Die ersten derartigen Vorrichtungen, die man als Schiffshebewerke bezeichnet, sind in China als geneigte Ebenen, den Vorläufern der Rollbrücken, erbaut worden. Wir besitzen in Deutschland auf dem Oberländischen Kanal, der von Elbing über den Drausensee nach Osterode, am Drewenzsee, Deutsch-Eylau und Saalfeld führt, die älteste bedeutendere Anlage eines mit geneigten Ebenen betriebenen Kanals auf dem europäischen Festland. Es sind auf diesem Kanal, der für Schiffe von etwa 50 t Tragfähigkeit fahrbar ist, fünf geneigte Ebenen vorhanden, mit welchen ein Gefälle von etwa 100 m überwunden wird. das im Museum aufgestellte, betriebsfähige Modell einer dieser geneigten Ebenen zeigt, wie die Schiffe auf dem Schleppwagen allmählich aus dem Wasser gehoben und an einem durch ein Wasserrad betriebenen Drahtseil von einer Haltung in die andere befördert werden.

Im Gegensatz zu den geneigten Ebenen, auf welchen die Schiffe entweder in schwimmendem Zustand in einem mit Wasser gefüllten Trog, aus dem das Schiff beim Einfahren eine seiner Tauchung entsprechende Wassermenge verdrängt oder trocken befördert werden, bewegt sich der Trog bei den Hebewerken in senkrechter Richtung.

Das erste senkrechte Hebewerk wurde im Jahre 1797 von Robert Welden in England als Schwimmerschleuse erbaut, sie war jedoch nur wenige Monate im Betrieb. Der Gedanke von Welden wurde zwar bald nachher von zwei anderen englischen Ingenieuren aufgenommen und verbessert, aber erst das in Henrichenburg, als Ab-

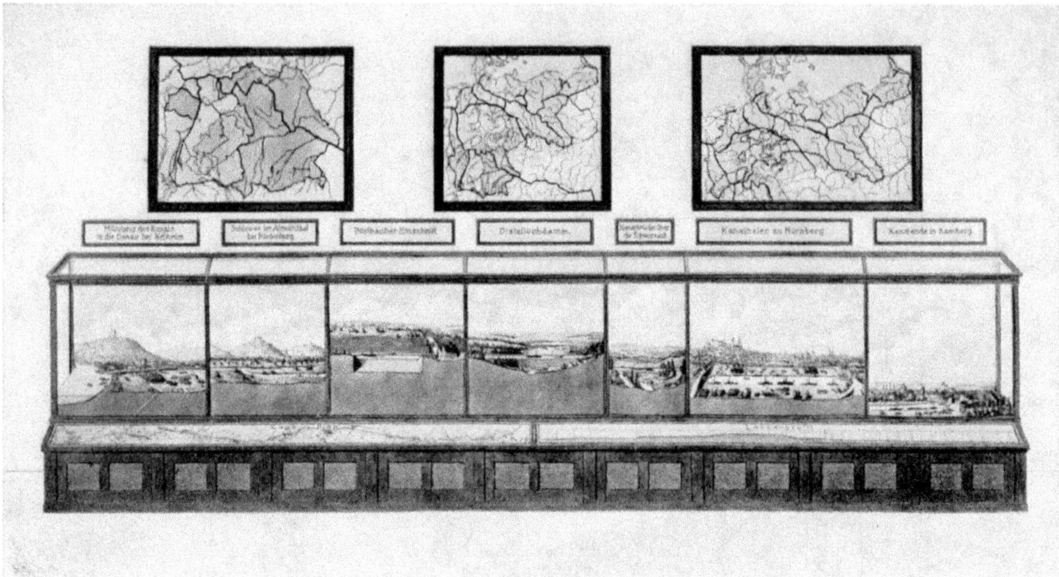

Modell vom Ludwig-Donau-Main-Kanal, erbaut unter König Ludwig I. von Bayern nach den Plänen und unter Leitung des Freiherrn von Pechmann 1836 bis 1845

stieg von der nach Dortmund führenden Scheitelhaltung des Dortmund Ems-Kanals, erbaute Schiffshebewerk stellt die erste brauchbare Anwendung der Idee der Schwimmerschleuse dar.

Der Gedanke des mechanischen Schiffshebewerks hat seit der Fertigstellung des Henrichenburger Hebewerks die deutschen Ingenieure ununterbrochen beschäftigt; davon legen die ausgestellten Projekte und das betriebsfähige Modell Zeugnis ab.

In Bildern und Modellen ist ferner die Fortbewegung der Schiffe auf den Binnenwasserstraßen dargestellt. Neben dem uralten Seilzug, dem Schiffzug mit Pferden, finden wir hier Darstellungen der Ketten und Schleppschiffahrt und verschiedene Systeme der elektrischen Treidelei.

Die Seekanäle unterscheiden sich lediglich in ihren Abmessungen von den Kanälen der Binnenschiffahrt. Durch Reliefs, Karten und Abbildungen sind namentlich die beiden für den Weltverkehr bedeutungsvollsten Kanäle; der von Ferdinand von Lesseps nach Überwindung von fast ebenso großen politischen wie technischen Schwierigkeiten erbaute und im Jahre 1869 eröffnete Suezkanal und der von Lesseps begonnene, von den Vereinigten Staaten vollendete Panamakanal dargestellt. Letzterer ist durch ein von der American Society of Mechanical Engineers gestiftetes Relief besonders anschaulich gemacht.

Den Verkehr zwischen Schiff und Land vermitteln die Häfen. Die Phönizier gelten allgemein als die ältesten Seefahrer und Kolonisatoren. Ihre Häfen Tyrus und Sidon werden von dem Propheten Ezechiel erwähnt, der auch ein recht umfangreiches Verzeichnis der Güter, mit welchen sie Handel trieben, mitteilt. Neben diesen Häfen finden wir in der Sammlung eine Darstellung des von Ancus Marcius im 7. Jahrhundert v. Chr. angelegten, von Kaiser Claudius und von Trajan erweiterten Hafens von Ostia an der Mündung des Tibers. Entsprechend seiner großen Bedeutung für die Versorgung der Kaiserstadt Rom mit ihrer nach Millionen zählenden Bevölkerung war der Hafen von Ostia mit sehr geräumigen Speichern ausgerüstet, die Septimus Severus und Caracalla erbauen ließen. Welchen Umfang der Umschlag im Hafen von Ostia hatte, geht daraus hervor, daß unter Septimus Severus die Getreideeinfuhr aus Sizilien und Sardinien einen Wert von 50 Millionen Sesterzen im Jahre (= ungefähr 10 Millionen Goldmark) hatte. In den gewaltigen Speichern fand aber auch Öl aus Afrika, Wein aus Süditalien und aus Spanien Aufnahme. Plinius berichtet ferner, daß Rom mindestens 100 Millionen für Seide, Edelsteine und Perlen aus China und Arabien ausgab. Dazu kommt der Marmor und alle die kostbaren Steine, die bei den Prachtbauten Roms Verwendung fanden und bei den mangelhaften Landstraßen auf dem Seeweg eingeführt wurden.

Welche Bedeutung die Seeschiffahrt aber auch im Mittelalter hatte, ersehen wir aus einem Bericht aus dem Jahre 1610. Es wird angegeben, daß bis zu 2500 Schiffe auf der Schelde waren; die zuletzt angekommenen lagen zwei oder drei Wochen vor Anker, bevor sie an die Kaien herankommen konnten, um ihre Ladung zu löschen. Erst in neuerer Zeit ist die mechanische Ausrüstung eines Hafens für seine wirtschaftliche Bedeutung maßgebend. Im Museum sind, außer den erwähnten Darstellungen der wichtigsten Häfen des Altertums, die Häfen der Neuzeit durch Hamburg, Bremerhaven und die für die Kohlenausfuhr bedeutendsten Häfen von Duisburg-Ruhrort vertreten. Welche gewaltige Entwicklung der mit dem Schiffbau Schritt haltende Hafenbau in den letzten Jahrzehnten genommen hat, geht daraus hervor, daß noch im Jahre 1860 der durchschnittliche Raumgehalt aller den Hamburger Hafen aufsuchenden Seeschiffe 188 Registertonnen nicht überstieg und daß 14 Tage zu deren Ent-

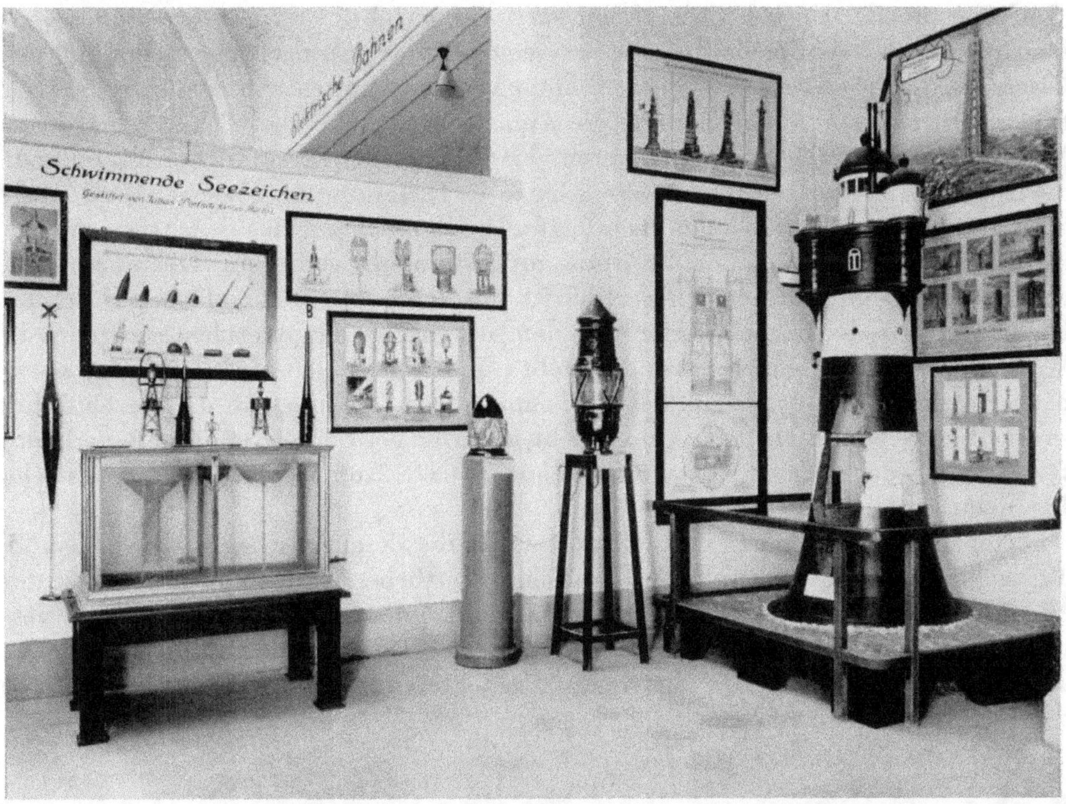


Gruppe aus der Sammlung der Seezeichen und Lichtgeber

ladung nötig waren, während heutigen Tages nicht einmal soviel Stunden benötigt werden, um eine fast zehnfache Getreideladung mit Hilfe pneumatischer Getreideheber zu löschen. Die Tatsache, daß das erste Hafenbecken, der Sandtorhafen in Hamburg, erst im Jahre 1866 eröffnet wurde, beweist, wenn man die gegenwärtige Ausdehnung des Hamburger Hafens berücksichtigt, die ungeheuere Bedeutung unserer Seehäfen für das wirtschaftliche Leben Deutschlands.

Für ein seetüchtiges Schiff bietet erst die Annäherung an die Küste bei unzureichender Bezeichnung des Fahrwassers Gefahren. Es ist daher nicht überraschend, daß das Leuchtfeuerwesen eine größere Bedeutung erlangte, als aus der Küstenschiffahrt, die bei Nacht geschützte Buchten aufsuchte, sich eine Seeschiffahrt entwickelte, die sich auf das freie Meer wagte und auch nachts ausgeübt wurde. Obwohl die Seeschiffahrt erst mit der Erfindung des Kompasses im 14. Jahrhundert größere Bedeutung erlangte, steht geschichtlich fest, daß im 3. Jahrhundert vor Christi Geburt der erste Leuchtturm, der Pharos von Alexandrien, von Ptolemäus Philadelphius erbaut wurde. Er galt als eines der sieben Weltwunder, und die Kunde davon ist bei den lebhaften Handelsbeziehungen zwischen Rom und Ägypten bald nach Rom gedrungen. Die uns erhaltenen Reliefs des Hafens von Ostia, dessen Erweiterung durch Claudius um die Mitte des 1. Jahrhunderts unserer Zeitrechnung in Angriff genommen wurde, lassen einen auf der isolierten Mole, welche die Einfahrt gegen das Eindringen des Seeganges schützte, errichteten Turm erkennen, der zweifellos als Nachbildung des Pharos von Alexandrien angesehen werden muß.

Die ersten Leuchttürme wurden mit Holzfeuer erleuchtet. Die Verwendung von Wachskerzen oder Unschlittkerzen, wie sie noch im Jahre 1807 auf dem Eddystone-Leuchtturm als Lichtquelle dienten, war erst möglich, als nach der Erfindung des Glases die Lichtquellen vor Wind geschützt werden konnten. An Stelle der Kerzen trat am Ende des 18. Jahrhunderts die Argandsche Lampe mit Glaszylinder, deren Wirkung durch parabolische Reflektoren verstärkt wurde. Den stärksten Einfluß auf die Entwicklung des Leuchtfeuerwesens hatte die Erfindung der Fresnelschen Linsen, die zu Anfang des 19. Jahrhunderts erfolgte. Die Entwicklung des Leuchtfeuerwesens ist daher mit der Entwicklung der Optik auf das innigste verknüpft. Die im Museum ausgestellten Lampen lassen den Fortschritt der Lichtquelle vom einfachen Holzfeuer bis zum elektrischen Scheinwerfer, mit dem neuerdings das Azetylen erfolgreich in Wettbewerb tritt, erkennen. Das ausgestellte Modell der Befeuerung des Fahrwassers nach Stettin beweist den Stand der Vollkommenheit, den dieses für die Seeschiffahrt so wichtige Gebiet in Deutschland erreicht hat. Der vor der Wesermündung erbaute Rote-Sand-Leuchtturm wird stets als kühne Tat ein Ruhmesblatt für die deutsche Ingenieurwissenschaft bleiben.

Neben der Bezeichnung des Fahrwassers für die Befahrung bei Nacht spielen die Tagzeichen und die Nebelsignale, durch eine stattliche Anzahl von im Garten des Museums aufgestellten Originalgegenständen, Tonnen, Baken, Semaphoren vertreten, eine nicht minder wichtige Rolle. Der Koloß von Rhodus und die zahlreichen an der ligurischen Küste des Mittelmeeres errichteten Türme sind als die Vorläufer dieser Seezeichen anzusehen.

*

Alter Einbaum vom Starnbergersee

## GUSTAV BAUER, SCHIFFBAU UND SCHIFFSMASCHINENBAU

Bei vielen Ausgrabungen von Wohnstätten vorgeschichtlicher Menschen hat man neben anderem Hausgerät und Gebrauchsgegenständen Boote, mit denen unsere Vorfahren Flüsse und Seen befuhren, gefunden. Diese Fahrzeuge bestehen aus einem ausgehöhlten, hinten und vorn zugeschärften Baumstamm und werden Einbäume genannt. Die auf der untersten Stufe der Kulturentwicklung stehenden Menschen der Jetztzeit, die eingeborenen Australier, benutzen heutzutage noch derartige Einbäume. Aus dieser Ursprungsform des Schiffes entwickelten sich die Fahrzeuge der Naturvölker, wie sie heute noch im Gebrauch sind, wie Flöße, Einbäume, Ausleger-, Rinden-, Flecht-Boote, die mit Fellen überzogenen Kajaks der Eskimos usw., welche im Vorraum in verschiedenen Originalen, Modellen und Bildern gezeigt werden.

Diese einfachsten Schiffsformen waren die Vorläufer der Ruder- und Segelschiffe der Kulturvölker des Altertums und des Mittelalters. Das Bedürfnis, das Fahrzeug auch gegen die Strömung der Gewässer fortzubewegen, führte zur Erfindung der Ruder; hierzu trat dann die Besegelung der Schiffe, welche es ermöglichte, die Windkraft auszunützen. In immer kühneren Ausführungsformen wuchsen im Laufe der Jahrhunderte die Abmessungen der Schiffe bis zu den Trieren der Römer im Altertum, bei welchen die Rudersklaven in drei Decks übereinander saßen, und dann weiter im Mittelalter zu den Prachtgaleeren der veneziani-

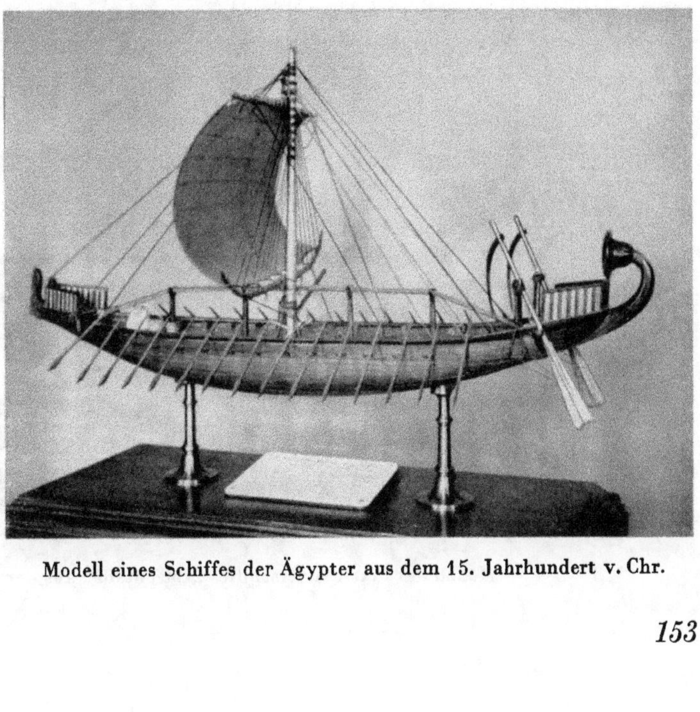

Modell eines Schiffes der Ägypter aus dem 15. Jahrhundert v. Chr.

Modell einer Mittelmeergaleere aus dem 14. Jahrhundert n. Chr.

schen Dogen. Alle diese Schiffsformen werden uns in der ersten Abteilung der großen Schiffbauhalle in vielen Modellen und Bildern gezeigt.

Ägyptische Schiffe aus der Zeit 3500 und 1500 v. Chr., Urkunden der damaligen Zeit nachgebildet; ein phönizisches Schiff um 800 v. Chr.; Ruder- und Segelschiffe der Babylonier, Griechen, Römer, Byzantiner, Normannen und Wikinger; eine Mittelmeergaleere aus dem 14. und 16. Jahrhundert n. Chr. Den Abschluß dieser Gruppe bildet das Modell des Pracht-Ruderschiffes „Buzentaur", welches für die Feste der prunkliebenden Dogen von Venedig erbaut und dann später von bayerischen Herzögen für Hoffeste auf dem Starnberger See nachgebildet worden war.

Die nächste Gruppe zeigt uns die Entwicklung der Segelschiffe vom 15. bis 16. Jahrhundert in Modellen und Bildern. Immer mächtiger und vielseitiger werden der Aufbau und die Abmessungen der Takelage; zu der ursprünglichen reinen Raa-

Modell des Prachtruderschiffes „Buzentaur" aus dem 17. Jahrhundert

Modell der englischen Fregatte Great Harry aus dem Jahre 1550

Besegelung treten Gaffel- und Vorsegel; immer gewaltiger recken sich die Masten in die Höhe. Wir sehen das Modell einer stolzen Hansa-Kogge, des englischen Zweideckers „Great Harry", einer kurbrandenburgischen Fregatte, eines Segelschiffes aus der Zeit Friedrichs des Großen. Auch das Modell der zu welthistorischer Berühmtheit gelangten portugiesischen Caravelle „Santa Maria", auf welcher Columbus die kühne Fahrt über den Ozean wagte und Amerika entdeckte, ist in dieser Gruppe vertreten. Vergleicht man die Abmessungen dieser Nußschale mit den Dimensionen späterer Segelschiffe oder gar heutiger Ozeanriesen, so muß man mit staunender Bewunderung des Mutes gedenken, welcher diese kühnen Seefahrer des Entdeckerzeitalters beseelte, und sie zu ihren das Weltbild umgestaltenden Reisen begeisterte.

Die weitere Entwicklung der Segelschiffe vom 18. bis 20. Jahrhundert wird uns dargestellt durch die Modelle des englischen Vierdeckers „Victory", auf dessen Kommandobrücke Nelson die englische Flotte zum Seesiege von Trafalgar führte, ferner eines sog. Teeklippers, eines ganz scharf gebauten, sehr schnellen Handelssegelschiffes, welches zur Beförderung der kostbaren, leicht verderbenden Teefrachten von China und Indien nach England diente, der deutschen Fregatte „Gefion", des deutschen Schulschiffes „Prinzessin Eitel Friedrich" und des Fünfmast-Vollschiffes „Preußen", des größten Segelschiffes der Welt. Dieses Schiff wurde auf einer deutschen Werft für eine deutsche

Modell der kurbrandenburgischen Fregatte „Friedrich Wilhelm zu Pferd" aus dem Jahre 1670

Halbaufgetakelte Viermastbark „Herzogin Cäcilie", Schiffsjungenschulschiff des Norddeutschen Lloyd

Reederei erbaut und war lange Jahre nicht nur das größte, sondern auch das schnellste Segelschiff der Welthandelsflotte.

Überblickt man die Entwicklung des Segelschiffes von der einfachsten Urform des besegelten Auslegerbootes bis zum Ozean beherrschenden Segelschiff „Preußen", so spiegelt sich hierin die Steigerung des technischen Könnens der Erbauer und der seemännischen Kunst der Seefahrer von mehreren Jahrtausenden wider. Trotz dieses gewaltigen Aufschwunges sowohl der Schiffbau- wie der Segelkunst war das Schicksal des Segelschiffes doch in der zweiten Hälfte des 19. Jahrhunderts erfüllt, als die Dampfkraft ihren Siegeszug im Weltwirtschaftsleben angetreten und sich in kurzer Entwicklungszeit auch die Seefahrt erobert hatte. In unserem Zeitalter der geschäftlichen Hast und der bis zum äußersten getriebenen Ausnutzung der Verkehrsmittel, nicht zum wenigsten der sie bedienenden Menschen werden nur mehr selten die überseeischen Frachten den von Wind und Wetter abhängigen Segelschiffen anvertraut; auch der in den letzten Jahren geschaffene Zwischentyp des sog. Motor-Segelschiffes, bei welchem ein Hilfsmotor für die Fortbewegung des Schiffes bei Windstille vorgesehen ist, wird kaum die Segelschiffahrt wieder zum alten Leben im Seetransportwesen erwecken. Um so größere Bedeutung wird für unsere Nachfahren diese im Deutschen Museum in Modell und Bild wiedergegebene Entwicklungsgeschichte der Segelschiffahrt behalten.

Wenn auch für die große Frage der Weltwirtschaft das Segelschiff der Vergangenheit angehören dürfte, so wird es doch für Sonderzwecke wie Küstenfahrt, Fischerei und Sportbetrieb stets seine Bedeutung behalten. Modelle und Bilder von Fahrzeugen dieser Art sind in der nächsten Gruppe vereinigt. Besonderes Interesse erweckt die Sammlung der Segeljachtmodelle von der kleinsten Bauart von 3 m Länge bis zur größten von 23 m Länge.

In einer besonderen Gruppe werden ferner die verschiedenen Arten von Ruderbooten für Gebrauchs- und Sportzwecke der Jetztzeit gezeigt; unter ihnen die Faltboote.

Neben vielen der Modelle sind Linienrisse, Spantenrisse und Takelrisse aufgehängt, damit es dem Besucher auch möglich ist, sich über die rein technische Seite der Schiffbauentwicklung zu unterrichten.

Erstes praktisch brauchbares Dampfschiff „Charlotte Dundas" aus dem Jahre 1806

Erheblich früher als im Landtransportwesen fand die Dampfkraft im Schiffbau Anwendung. Wenige Jahrzehnte, nachdem James Watt die ersten ortsfesten Dampfmaschinen gebaut hatte, wagte es Fulton, ein Schiff mit einer Dampfantriebsmaschine auszurüsten. Kurze Zeit später folgte die Erbauung des ersten transatlantischen Raddampfers „Savannah". Immer mehr verdrängte die Dampfkraft den Segelantrieb, welcher allerdings bei den ersten Dampfschiffen als Zusatz- und Aushilfmittel noch beibehalten wurde. Der Mut der Konstrukteure wagte sich an immer größere und schwierigere Aufgaben: Der für seegehende Fahrzeuge wenig geeignete Radantrieb mußte dem Schraubenantrieb weichen; die ursprünglich angewandten Maschinensysteme mit liegenden oder schwingenden Zylindern wurden verdrängt durch das der stehend

Vierschrauben-Turbinen-Schnelldampfer „Vaterland" erbaut 1904 von Blohm & Voss

Maschine des Raddampfers „Bohemia“ mit schwingenden Zylindern

angeordneten Zylinder, welches bald uneingeschränkt herrschte. Der Dampfdruck, der bei den ersten Ausführungen 0,2 at betragen hatte, stieg bis auf 17 at; die Umlaufzahlen der Antriebswelle steigerte man bis auf das Vielfache der ursprünglichen; kurz, es dauerte nicht lange, und der jüngere Schiffsmaschinenbau hatte den älteren Bruder, den Landmaschinenbau, in jeder Hinsicht überflügelt. Die größten Kolbendampfmaschinen, die je erbaut worden sind, dienten dem Schiffsantrieb, und auch hier kann sich Deutschland rühmen, die größten Anlagen der Welt erbaut zu haben, und zwar für die deutschen Schnelldampfer, welche Jahrzehnte lang das blaue Band des Ozeans gegen allen fremden Wettbewerb siegreich verteidigt haben. Diese Schnelldampfermaschinen hatten schließlich Abmessungen angenommen, welche sich schwer vorstellen lassen; der letzte deutsche mit Kolbenmaschinen ausgerüstete Schnelldampfer „Kronprinzessin Cäcilie“ hatte zwei Maschinen, die 22,8 m lang und 13,5 m hoch waren. Eine weitere Steigerung der Leistung war kaum mehr möglich, und deshalb ging man bei den später folgenden noch größeren Schnelldampfern der Imperatorklasse zum Dampfturbinenantrieb über. Auch im Turbinenbau war es dem Schiffsmaschinenbau beschieden, die größten Dampfkraftanlagen seiner Epoche geschaffen zu haben; denn zurzeit der Erbauung der Imperatorturbinen gab es keine Landanlage, die an Leistung größer gewesen wäre.

Alle diese Stationen der stürmischen Entwicklung des Dampfschiffes sind durch viele Modelle und Zeichnungen veranschaulicht; von den Modellen seien besonders erwähnt: Das erste Dampfschiff von Fulton; der erste transatlantische Dampfer „Savannah“, der erste deutsche Rheindampfer „Stadt Mainz“ und das erste deutsche Schraubenschiff „Borussia“ vom Jahre 1885; abgeschlossen wird diese Kette der

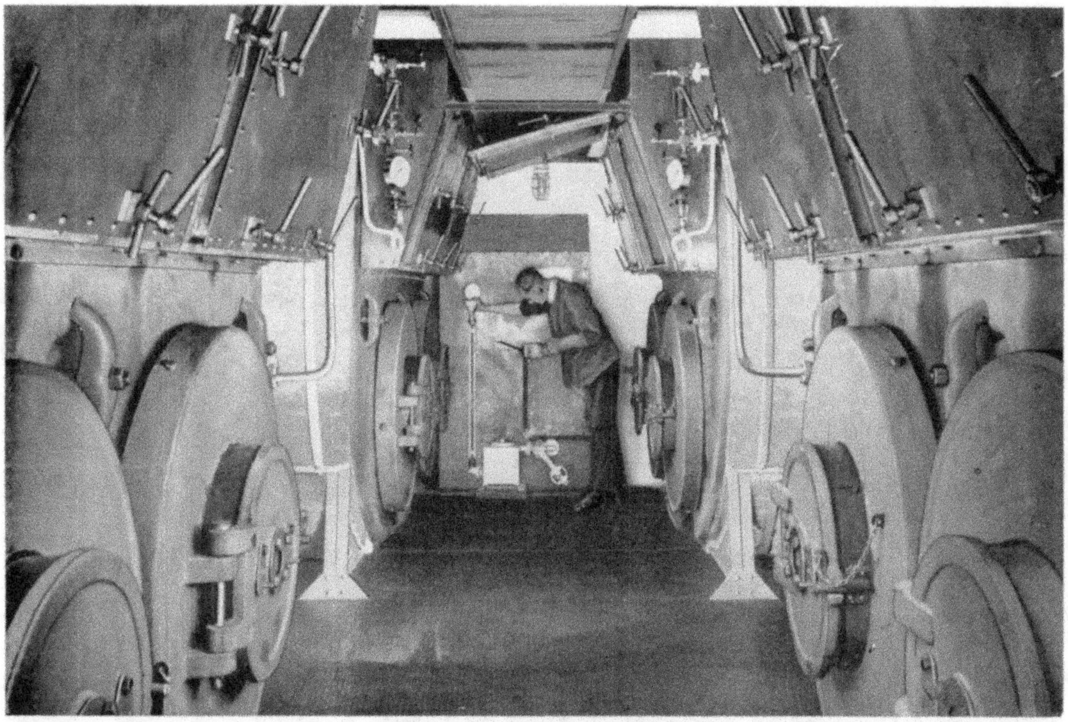

Schiffskesselraum mit Ölfeuerung

Entwicklung durch eine Zeichnung des Riesendampfers „Imperator" und ein Modell seines Schwesterschiffes „Vaterland".

Eine besondere Gruppe enthält sodann Modelle von Spezialschiffen wie Fischdampfern, Kabeldampfern und Schleppern für Ketten-, Rad- und Schraubenantrieb und von Fährbooten.

An den Längswänden der Schiffbauhalle zeigen in Form eines Frieses 12 Gemälde von Professor Zeno Diemer die Entwicklung des deutschen Schiffbaues vom Jahre 1000 bis zur Jetztzeit.

Schnittmodell des Linienschiffes Rheinland

Modell der ersten Betriebsstätte der Schiffswerft von J.W. Klawitter in Danzig aus dem Anfange des 19. Jahrhunderts

Schwimmdock von Blohm & Voss, Hamburg, 1899

In der jetzt folgenden Gruppe „Kriegsschiffe“ wird die Entwicklung der deutschen Kriegsflotte von 1848 an bis zum Weltkriege dargestellt.

Die ausgestellten Modelle von Kanonenbooten, Avisos, großen und kleinen Kreuzern, Linienschiffen und Torpedobooten lassen die im Laufe der Entwicklung immer weiter gesteigerte „Konzentration der Kraft“, welche ein Kriegsschiff darstellt, deutlich erkennen. Einen interessanten Einblick in das Innere eines großen Kriegsschiffes gewährt das Schnittmodell des Linienschiffes „Rheinland“, das von Kaiser Wilhelm II. gestiftet wurde.

Die folgende Gruppe „Werftbetrieb“ zeigt in der einen Hälfte den Bau von Schiffen auf der Helling oder im Baudock; die verschiedenen Bauweisen aus Holz, Eisen oder Eisenbeton werden durch Modelle und Zeichnungen erläutert. Die andere Hälfte der Gruppe dient zur Darstellung der Einrichtungen, welche beim Stapellauf und bei der Reparatur von Schiffen benutzt werden; es sind hier unter anderem mehrere Modelle älterer und neuerer Trocken- und Schwimmdocks aufgestellt. Abbildungen berühmter Werften und statistische Tabellen über den Schiffbau in den verschiedenen Ländern sorgen für weitere Belehrung.

In der Gruppe für „Schiffsignale und nautische Instrumente“ werden uns sämtliche Instrumente, welche auf den Schiffen zur Befehlsübermittlung, zur Ortsbestimmung, Geschwindigkeitmessung usw. benutzt werden, gezeigt. Die Entwicklung der Kompasse, der Sextanten, der Lote und Logge geht aus vielen wertvollen Originalinstrumenten hervor. Die Entstehung des Kreiselkompasses wird durch die ersten Ausführungen und durch eine ganz moderne Anlage erläutert.

Ruderhaus und Brücke

Original des von der Germaniawerft gebauten ersten deutschen Unterseebootes U I

In der Gruppe „Entdeckung der Welt" sind auf einem großen Globus und in drei Gemälden die wichtigsten Entdeckungsfahrten des Altertums und Mittelalters gezeigt.

Die Gruppe „Seehandel" enthält neben statistischem Material über die Entwicklung des Seehandels und der Welthandelsflotte 3 Gemälde der bedeutendsten Handelshäfen des Altertums, des Mittelalters und der Neuzeit.

Endlich zeigt uns die Gruppe „Seekrieg" in einer Anzahl Skizzen die Entwicklung der Seekriegstaktik und in 3 großen Gemälden die bedeutendsten Seegefechte der Weltgeschichte und zwar die Schlachten bei Salamis mit Ruderschiffen, die Viertageschlacht in der Nordsee mit Segelschiffen und die Skagerackschlacht mit neuzeitlichen Panzerschiffen.

In einer besonderen Gruppe wird das Seerettungswesen durch ein großes Gemälde und eine Anzahl Modelle veranschaulicht.

Das Untergeschoß enthält zunächst die Abteilung für „Unterseeboote". Diese jüngste Waffe der Seekriegführung ist das vielseitigste und am meisten ausgeklügelte Kampfmittel, welches denkbar ist und bietet daher dem Konstrukteur eine ungeheure Fülle der schwierigsten Aufgaben. Wie glänzend ihre Lösung dem deutschen Schiffbau gelungen ist, haben die Taten unserer Unterseeboote im Weltkrieg gezeigt. Zur Erinnerung an diese Großtaten deutscher Schiffbaukunst und deutschen Heldentums zur See ist im Untergeschoß der Schiffbauhalle das erste deutsche Unterseeboot U 1 im Original aufgestellt. Dort befinden sich ferner Bilder und Modelle aller Unterseebootsentwürfe und -Ausführungen vom Mittelalter bis zur Jetztzeit. Unter anderem ist auch das Modell eines von dem bayerischen Artillerie-Unteroffizier Bauer im Jahre 1850 erbauten und mit Handantrieb versehenen Tauchbootes ausgestellt, mit welchem seinerzeit eine Anzahl einwandfrei gelungener Tauchfahrten in Kiel und Petersburg ausgeführt worden sind.

Modelle der Unterseeboote von Robert Fulton 1784 und von dem Bayerischen Artillerie-Unteroffizier Wilhelm Bauer 1850

Eine Serie von Lichtbildern zeigt uns ferner die verschiedenen im Laufe des Weltkrieges erbauten Unterseebootstypen, von denen die kleinsten zerlegbar waren, so daß sie durch Eisenbahntransport an ihre Bestimmungshäfen befördert werden konnten. Bei den „Unterseewaffen“ werden uns Zeichnungen, Modelle und Originale von Torpedos und Seeminen gezeigt. Durch ein Diorama ist die Sperre einer Hafeneinfahrt durch Minen zur Darstellung gebracht.

Unten: Modell eines deutschen Unterseebootes der Art U 19—22 aus dem Jahre 1915; oben: Modell eines deutschen Unterseebootes mit Vorrichtung zum Minenlegen aus dem Jahre 1916

Die Gruppe „Bergungswesen“ schildert die Entwicklung der Taucherglocken, Taucheranzüge, Hebe- und Bergungsschiffe. Ein Diorama zeigt uns das Arbeiten von Tauchern beim Heben eines gesunkenen Schiffes.

In der folgenden Gruppe „Schiffsräume“ sind vollständig eingerichtete Schiffsräume alter und neuer Kriegschiffe, früherer und jetziger Passagierfahrzeuge aufgestellt. Neben einer alten Schiffsbatterie bestückt mit Vorderladerkanonen, finden wir Darstellungen moderner Schiffsbatterien, neben einem Schiffssalon mit anschließenden Kabinen des ersten deutschen Passagiersegelschiffes aus der Mitte des vorigen Jahrhunderts den Salon und die Luxuskabine modernster deutscher Schnelldampfer. Durch Dioramen werden uns weitere Schiffsräume wie Küchen, Bäder, Turnhallen usw. anschaulich gemacht.

In der Abteilung Schiffsmaschinen wird zuerst ein Maschinen- und Kesselraum eines der ersten auf der Elbe verkehrenden Raddampfers mit schwingendem Zylinder und Kofferkessel für Holzfeuerung gezeigt.

Von neuzeitlichen Schiffsmaschinenräumen sind dargestellt: Der Maschinen- und Kesselraum eines deutschen Torpedobootes aus dem Jahre 1914 mit stehender Expansionsmaschine und Wasserrohrkessel für Kohlenfeuerung, ein Schiffskesselraum für Ölfeuerung und die Maschinenräume eines Überseedampfers mit Turbinen bezw. Dieselmotoren.

In einem in Originalgröße aufgestellten Karten- und Ruderhaus sind sämtliche Apparate und Einrichtungen zur Navigation des Schiffes und zur Befehlsübermittlung von der Brücke zum Maschinenraum aufgestellt.

Der letzte Raum dient der Darstellung der wissenschaftlichen Forschung auf dem Gebiete des Schiffbaues.

Hier werden in einem Modellschlepptank die in den Schiffbau-Versuchsanstalten ausgeführten Modellversuche zur Feststellung der günstigsten Schiffsform und Schraubenform praktisch vorgeführt.

Außerdem werden in diesem Raum die Entwicklung der Ruder und Rudermaschinen, der Schaufelräder und Schiffsschrauben sowie der Schiffsanker gezeigt.

*

## S. FINSTERWALDER, LUFTFAHRT.

Lange Zeit war die Luftfahrt der Traum der Menschheit, der sich in Mythen und Sagen auslebte und erst seit bald 150 Jahren ist sie für den Menschen in das Reich der Wirklichkeit getreten. Freilich bot die Natur dem Menschen von jeher Vorbilder genug. Im Pflanzenreich ist die Verbreitung der Samen auf dem Wege der passiven Luftfahrt auffällig, und im Tierreich finden sich in fast allen Klassen bei den Reptilien, Amphibien, Fischen, Säugetieren, Insekten und endlich den Vögeln Vertreter der aktiven Luftfahrt. Ihre Flugart und Flugleistungen werden im Deutschen Museum in einer eigenen Gruppe vorgeführt und besonders werden der Knochen- und Muskelbau, die Flugorgane und die Leistungen der Vögel eingehend erläutert.

Gruppe aus der Sammlung von Ballonteilen und Ballonausrüstungen. In der Mitte ein mit allen nötigen wissenschaftlichen Instrumenten ausgerüsteter Korb

Bevor der Mensch selber Luftfahrt treiben lernte, waren bedeutsame wissenschaftliche und technische Vorbedingungen zu erfüllen, von welchen die Gruppe Flugwissenschaft eine Vorstellung gibt. Schon der Aufstieg des ersten Warmluftballons, der Montgolfière, der in einem Modell dargestellt ist, setzt erhebliche physikalische und technische Erfahrungen voraus, und die aktive Luftschiffahrt mit Lenkballon und Flugzeug ist ohne weitgehende Erfahrungen aerodynamischer Art undenkbar, wie sie in eigenen Experimentalanlagen gewonnen werden, die durch viele Zeichnungen und das betriebsfähige Modell eines Luftstromkanales zur Ermittlung von Auftrieb und Widerständen vertreten sind.

Die große Mittelhalle mit umlaufenden Galerien enthält die beiden großen Untergruppen des Menschenfluges, die sich den Prinzipien: „leichter als Luft“ (Ballone und Luftschiffe) und „schwerer als Luft“ (Fallschirme, Drachen, Flugzeuge) unterordnen.

Blick in die Halle für Schiffahrt, Luftfahrt und Flugtechnik

Wir sehen in der Gruppe Frei- und Fesselballone die Entwicklung der Kugel- und Drachenballone von der ersten Montgolfière bis zum Riesenballon „Preußen" und zum Militärdrachenballon. Im Anschluß an die in Modellen dargestellte Formentwicklung wird die Herstellung der Ballone aus Papier, Seide, Goldschlägerhaut und Ballonstoff gezeigt, ebenso die verschiedenen Füllarten mit heißer Luft, Leuchtgas und Wasserstoff. Eine reiche Sammlung von Ballonteilen, Körben aus verschiedenen Zeiten, Ventilen der gebräuchlichsten Konstruktion, Anker und Schleppseilen sowie der wichtigsten Beobachtungsinstrumente für wissen-

Original der Gondel des ersten Militärluftschiffes von Parseval

schaftliche Ballonfahrten vervollständigt das Bild der passiven Luftfahrt des 19. Jahrhunderts. Bemerkenswert ist ein für wissenschaftliche Hochfahrt mit allen Instrumenten ausgerüsteter Korb und die Gondel des Ballons „Preußen", der historische Berühmtheit dadurch erlangte, daß er Menschen bis zur höchsten bisher erreichten Höhe von 11800 m emportrug. Ein seltenes historisches Stück ist die Gondel eines in der Schlacht von Fleurus 1794 von den Österreichern erbeuteten Fesselballons. Das Bestreben, den Ballon in wagrechter Richtung zu lenken und ihn dadurch zum Luftschiff zu gestalten, findet in einer Reihe von Bildern und Stichen beredten Ausdruck. Man sieht auch Kopien der Originalzeichnungen des von General Meusnier 1784 ausgearbeiteten Projektes zur Lenkung des Luftballons, das die verlängerte Form, die Anwendung der Triebschraube und die Einrichtung des Ballonetts zur verlustlosen Änderung der Höhenlage enthält.

Die nun folgende Gruppe Luftschiffbau läßt in zahlreichen Modellen die Entwicklung der unstarren, halbstarren und starren Luftschiffe verfolgen, die durch viele Zeichnungen und Photographien sowie eine Anzahl technisch interessanter Teile berühmter Luftschiffe weiter erläutert wird, darunter die Originalschrauben der Luftschiffe von Schwarz, Dr. Wölfert, Parseval I, Zeppelin I und Schütte-Lanz und die Originalgondel des ersten Militärluftschiffes von Parseval sowie eine Nachbildung der Gondel des ersten Zeppelinluftschiffes. Konstruktionsteile aus Holz, Aluminium und Dural aus den Werkstätten von Zeppelin und Schütte-Lanz vervollständigen das Bild des modernen Luftschiffbaues, der in Deutschland unbestritten einen Höhepunkt erreicht hat, als dessen Ausdruck die Amerika-Luftschiffe LZ 126 und 127 gelten, deren bedeutungsvolle Flüge über den Ozean das Interesse und den Beifall der ganzen Welt gefunden haben.

Wir wenden uns zur zweiten Hauptgruppe: „schwerer als Luft" und finden als passive Geräte dieser Art die ungefesselten Fallschirme und die gefesselten Drachen. Die ersten sind durch zahlreiche Bauarten im Bilde dargestellt, von Leonardo da Vinci angefangen bis zur Neuzeit; ein Original des Systems Käthchen Paulus mit der Figur dieser bekanntesten Fallschirmkünstlerin hängt neben einem neuzeitlichen Korbfallschirm an der Decke. Unter den Drachen fallen zuerst die buntfarbigen, orientalischen, die als Spielzeug dienen, ins Auge, während die modernen zum Heben meteorologischer Instrumente gebraucht werden und damit der Erforschung höherer Luftschichten dienen. Die Entwicklungsreihe vom Flachdrachen zum Zellendrachen steht vor uns, letzterer noch besonders hervorgehoben durch Originale des australischen Erfinders der Kastendrachen Hargrave.

Bei allen Versuchen, den Vogelflug für den Menschen nachzuahmen, spielen, ähnlich wie bei den Luftschiffen Leichtbau und Schnellbetrieb eine wichtige Rolle. Neben alten Ideen wie die von Leonardo da Vinci finden wir moderne in der eigenartigen Hargraveschen Sammlung von Flugapparaten und Motormodellen vertreten, die den Kampf eines geschickten und gedankenreichen Empirikers mit der Erdenschwere eindringlich dartut. In gleicher Richtung liegt das Modell eines Jalousiefliegers des Wiener Uhrmachers Jacob Degen, während anderweitig bereits der viel weniger vogelähnliche Schraubenflieger auftaucht.

Eine theoretisch wie praktisch gleich wichtige Vorstufe des aktiven Fluges ist der Gleit- und Segelflug, der von den Pionieren des menschlichen Fluges, angefangen von Otto Lilienthal bis zu den Rhönsegelfliegern, geübt wurde. Modelle und Original-

Gruppe aus der Sammlung der Flugmotoren und Luftschrauben

versuchsapparate von O. Lilienthal und seiner Nachfolger Chanute, Herring, den Gebrüdern Wright finden sich in der Sammlung, unter denen der Originaldoppeldecker von O. Lilienthal und der erfolgreichste Rhönsegler „Vampyr" hervorgehoben werden müssen.

Hand in Hand mit der durch den Gleitflug geförderten theoretischen Erkenntnis der aerodynamischen Bedingungen des Fluges geht der eigentliche Flugzeugbau, der neben der von Anfang an erstrebten Leichtigkeit zur Hebung der Tragwirkung allmählich zur Vermeidung der schädlichen Widerstände, wie sie durch Spanndrähte und allerlei Ecken und Kanten hervorgerufen werden, fortschreitet. In Modellen läßt sich seine Entwicklung von 1905 bis zur Neuzeit in allen wichtigen Stufen verfolgen.

Unter dem Einfluß der Kriegsanforderungen nahm der Flugzeugbau einen mächtigen Aufschwung und führte in der Nachkriegszeit zu der Ausgestaltung des Flugzeugs als Verkehrsmittel. Die damit parallel gehende Vervollkommnung der Konstruktion ergibt sich aus dem Vergleich, der in nebeneinanderstehenden Glaskästen aufgestellten Konstruktionsmodelle, der aus Holz, Leinwand und Draht gebauten ersten Rumpler-Taube und eines Junkers-Verkehrsflugzeuges als Ganzmetallbau. Zur weiteren Belehrung dient eine Sammlung von Baubestandteilen verschiedener Flugzeuge aus Holz und Metall: Flügelprofile, Holm- und Stielquerschnitte, Knotenpunkte, Rümpfe aus Holzgitter, Sperrholz, Stahlrohr und Furnier. Als historisch bedeutsame Originalflugzeuge hängen im Luftraum der Halle der Whrightdoppeldecker, mit dem die ersten öffentlichen Flüge in Deutschland ausgeführt wurden, ein Blériot-

Eindecker vom Typ des ersten Fliegers über den Ärmelkanal, der Eindecker „Libelle“ von Hans Grade, dem Gewinner des Lanzpreises der Lüfte, die erste Rumpler-Taube des Gewinners des Kathreiner-Preises, das deutsche Kampfflugzeug Fokker D, VII und das erste Ganzmetallflugzeug J. I der Firma Junkers in Dessau. Heute sehen wir in dem möglichst verspannungslosen Metallflugzeug den erfolg- und aussichtsreichsten Typ des Friedensverkehrsflugzeuges und freuen uns des Aufschwunges dieser Bauart in Deutschland.

Das Herz des Flugzeuges wie des Lenkluftschiffes ist der Motor, dessen Wandlung wir in Zeichnungen und geschnittenen Originalen als Standmotor und Umdrehungsmotor verfolgen können. Wir sehen unter anderen den Originalmotor des ersten in Deutschland geflogenen Wrightapparates, einen der ersten Anzanimotoren, den ersten Zweitaktmotor von Hans Grade, den mit dem Kaiserpreis ausgezeichneten Benz-Motor. An neueren Typen sind jene der Bayerischen Motoren-Werke, der Maybach- und der Siemens-Umlauf-Motor vertreten, außerdem ausländische Flugmotoren wie: Renault, Hispana-Suiza usw. Mit dem Flugmotor ist aufs engste der Propeller verknüpft, dessen Entwicklung und Bau in einer besonderen Sammlung verfolgt werden kann, die mit einem Versuchspropeller von Hargrave beginnt und die erprobten Formen von Wright, Voisin, Chauvière, Selve usw. sowie einen Umkehrpropeller für Großflugzeuge enthält. Auch die Herstellung der Holzpropeller aus verleimten Platten und die Berechnung ihrer Beanspruchung wird gezeigt.

Heute dient, in Deutschland wenigstens, die Luftschiffahrt fast ausschließlich dem Verkehr. Vom Ausbau des Luftverkehrs zum eigentlichen Weltverkehr ist in Zukunft noch Großes zu erwarten. Seine bisherige Entwicklung wird auf der Südseite der Galerie vor Augen geführt. Auf zwei großen Karten sind die Flugstrecken zur Zeit der Eröffnung des Sammlungsbaues eingezeichnet. Weitere Karten und statistische Tabellen über die Wirtschaftlichkeit zeigen die allmähliche Zunahme des Luftverkehrs in den verschiedenen Ländern. In Bildern und Modellen werden berühmte Luftreisen dargestellt, wie die erste Kanalüberquerung im Ballon, die Nordpolfahrt Andrées, der erste Überlandflug mit einem Flugzeug usw. Ein dreiteiliges Gemälde von Professor Zeno Diemer zeigt die drei ersten großen Fahrten des Grafen Zeppelin. Anschließend hieran werden die zur Sicherung des Luftverkehrs dienenden Navigationsinstrumente, Signaleinrichtungen usw. gezeigt.

Von Luftverkehrsmitteln selbst sind hier die Modelle des Zeppelin-Luftschiffes „Bodensee“, eines Verkehrsluftschiffes, „System Parseval“ und des Amerika-Luftschiffes LZ 126 aufgestellt. Eine Originalkabine des ersten Junkersschen Verkehrsflugzeuges J 13 sowie Modelle von historischen und neuzeitlichen Fahrgastkabinen sollen den Fortschritt der Reisebequemlichkeit veranschaulichen.

Ein wesentlicher Bestandteil des Flugverkehrs sind die Luftschiffhallen, Flugzeugschuppen und Flugplätze mit ihren Landungsvorrichtungen, deren Entwicklung in Bildern, Karten und Modellen verfolgt werden kann. Unserem Vaterlande mit seiner zentralen Lage inmitten sich kreuzender Luftwege fällt auf diesem Gebiete eine besonders wichtige Aufgabe zu.

*

## WALTHER VON DYCK, MATHEMATIK.

Wesen, Inhalt und Ziele der mathematischen Forschung in ihrer Gesamtheit vor Augen zu führen, kann nicht Aufgabe eines Museums sein; aber die Richtungen, nach welchen das sinnliche Objekt in der Mathematik Selbstzweck ist oder als Mittel zum Zweck dient, können aufgewiesen werden. Damit ist, wenn auch nur ein kleiner Teil der Mathematik, so doch ein großer Kreis von mathematischen Fragestellungen bezeichnet, welche seit alten Zeiten den Geist des Menschen angezogen haben und die er mit Phantasie und Scharfsinn zu lösen sich bemühte. Darüber hinaus ist im Museum, in Ergänzung der Objekte, der Versuch gemacht, auf einer Reihenfolge von Wandtafeln einen Überblick über die wichtigsten Grundgedanken, Methoden und entscheidenden Entwicklungsstufen der mathematischen Forschung zu geben und in den Feldern eines Wandfrieses in kurzen chronologischen Notizen die bedeutendsten Gelehrten und ihre entscheidenden Arbeiten aufzuweisen. Eine Bilderreihe ergänzt diese Tabellen nach der persönlichen Seite.

Die vorgeführten Objekte lassen sich in die folgenden Gebiete der reinen und der angewandten Mathematik einordnen:

1. Elementare und höhere Geometrie, 2. Anwendungen der Geometrie in der Analysis, 3. Angewandte Mathematik (mechanische, naturwissenschaftliche und technische Anwendungen), 4. Apparate zur Mechanisierung des Zeichnens und Rechnens.

### 1. Elementare und höhere Geometrie.

Man kann als Ziel der geometrischen Forschung nicht schlechtweg sinnliche Anschauung und Darlegung räumlicher Objekte bezeichnen; denn Grundvorstellungen, Methoden und Aufbau gehen zwar ursprünglich von räumlichen Dingen aus und knüpfen an sie an, handeln aber von völlig abstrakten Gedankengebilden, die auch nicht durchweg durch Idealisierung oder durch Grenzvorstellungen aus realen Objekten gewonnen sind, und sie bedienen sich logischer Schlußfolgerungen, die viel allgemeiner sind als die spezielle, den Raumvorstellungen entnommene Form ihrer Einkleidung.

Dagegen hat sich die darstellende Geometrie, deren Objekte wir hier voranstellen, entwickelt zu dem ausgesprochenen Zweck, der Kunst, der Wissenschaft und der Praxis die Hilfsmittel räumlicher Darstellung an die Hand zu geben, die sie jeweils für ihre besonderen Absichten bedarf.

Die allmähliche Klärung der Raumvorstellungen und der stufenweise Fortschritt in der graphischen Darstellung räumlicher Objekte läßt sich am besten in den Kunstwerken der verschiedenen Völker und Epochen verfolgen; etwa angefangen von den gleichsam nur in Grund- und Aufriß vorgestellten, als Silhouetten wirkenden Zeichnungen und Wandmalereien der Ägypter, zu den ersten Versuchen einer perspektivischen Darstellung in den pompejanischen Wandmalereien, über die auch die Maler des frühen Mittelalters nicht hinauskamen; dann zur Entwicklung bestimmter Regeln der perspektivischen Konstruktion durch Bruneleschi und Alberti; zu ihrer weiteren Durchbildung durch Albrecht Dürer („Underweysung der Messung mit dem Zirckel und Richtscheyt, in Linien, Ebenen und gantzen Corporen“ 1525), Guido Ubaldi, Lambert u. a., die zugleich Schattenkonstruktion und Verteilung des Lichtes nach bestimmten Regeln gelehrt haben. Der Abguß eines Reliefs von Ghiberti aus dem Baptisterium in Florenz (von 1442) und des „Theatrum sacrum“ von Pozzo, in einer Altarnische von San Ignatio in Rom aufgestellt, zeigen die Anfänge und den Fortschritt der Reliefperspektive, die in den trefflichen, in Dresden

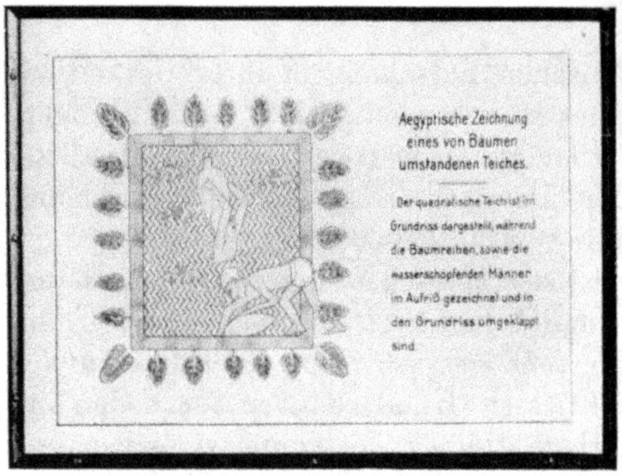

Darstellungen ohne perspektivische Verkürzung in Grund- und Aufriß in ägyptischen Malereien

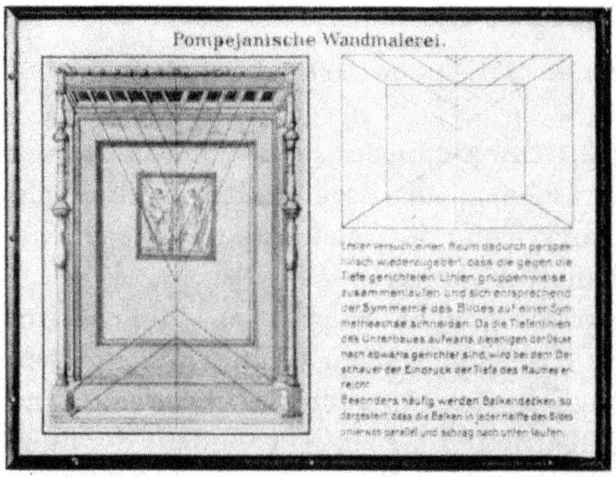


Parallellaufende, symmetrisch angeordnete Tiefenlinien auf pompejanischen Wandmalereien

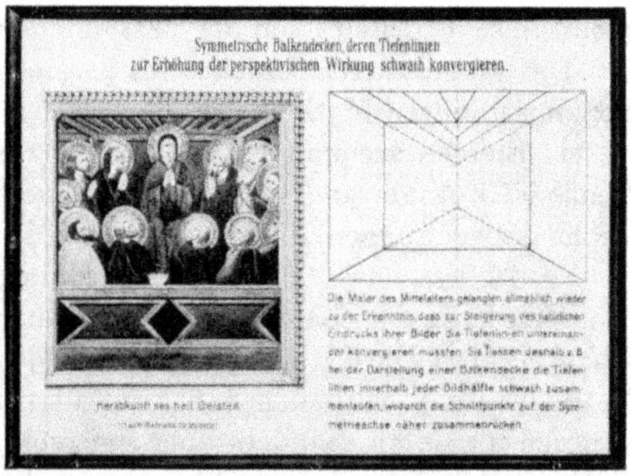


Konvergierende, symmetrisch angeordnete Tiefenlinien auf Bildern des frühen Mittelalters

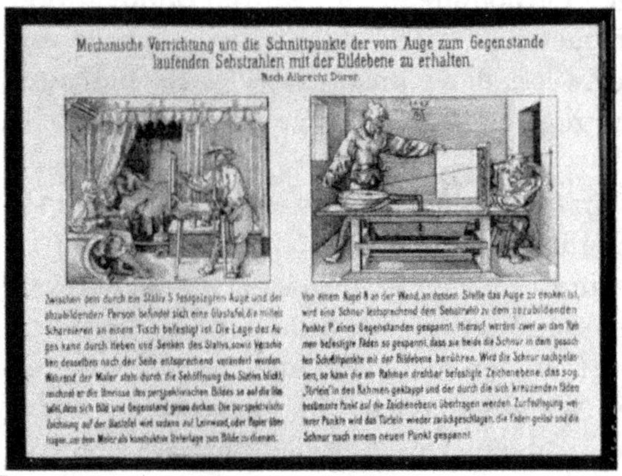


Vorrichtung zum Zeichnen perspektivischer Bilder nach Dürers „Underweysung“

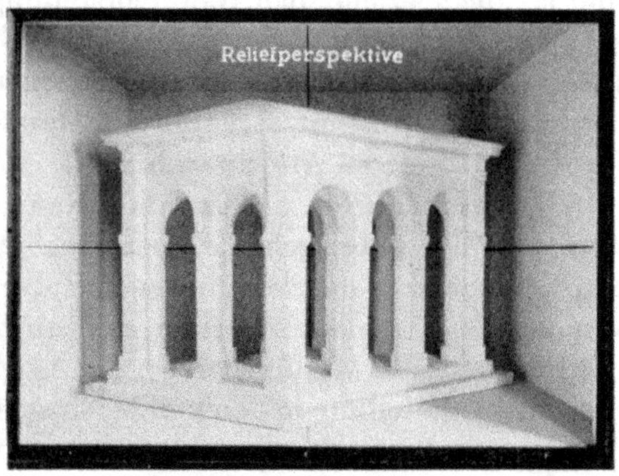


Beispiel einer Reliefperspektive. Modell von Burmester

hergestellten Modellen Burmesters und den perspektivischen Bühnenbildern der heutigen Zeit ihre Vollendung erfahren haben.

Hier anschließend seien die gleichfalls von Burmester herrührenden graphischen Darstellungen und Modelle hervorgehoben zur Frage der „optischen Täuschungen“, bei welchen durch Anordnung, Beleuchtung und Bewegung Sinneseindrücke zustande kommen, die nicht mit der Wirklichkeit übereinstimmen.

Eine große räumliche Perspektive bietet die Decke des Hauptraumes der Sammlung; an ihr kommt die Bedeutung des Augenpunktes für die perspektivische Wirkung besonders eindrucksvoll zur Geltung, eine Raumwirkung, deren sich die Künstler des 17. und 18. Jahrhunderts an den aus plastischen Umrahmungen herausgeführten Deckengemälden in Kirchen und fürstlichen Schlössern besonders gerne bedienten, die dann weiter in den Panoramen der Neuzeit (es sei an Bühlmanns Rom erinnert) nach der horizontalen Tiefenwirkung besonders eindrucksvoll zur Geltung gebracht wurde.

Nachbildung des „Theatrum sacrum" (Hochzeit zu Kanaan) von Pozzo (St. Ignatio in Rom)

Eine zweite Serie von graphischen Darstellungen und Modellen bezieht sich auf die Elemente der Geometrie. Die fünf regulären Körper, auch wohl die Platonischen genannt, haben als „nächst der Kugel schönste Raumgebilde" schon in symbolischer Form in den mystischen Betrachtungen der Pythagoräer eine bedeutungsvolle Rolle gespielt, indem sie dort den „vier Elementen" und dem „primum mobile" zugeordnet wurden. Kepler hat sie den fünf damals bekannten Planeten in der Weise zugewiesen, daß sie, in bestimmter Anordnung einander ein- und umgeschrieben, in den Radien der zugehörigen Kugelschalen die Entfernungen der Planeten von der Sonne wiedergeben. Zwei Jahrhunderte später hat Möbius die Symmetrieeigenschaften der regulären Körper in seinen eleganten Untersuchungen über geschlossene Gruppen räumlicher Bewegungen auf eine neue Weise hervorgehoben, weiterhin Klein sie in Beziehung gesetzt zu den algebraischen Problemen der Auflösung der Gleichungen dritten, vierten und fünften Grades und den funktionentheoretischen der Aufstellung gewisser durch ihre Symmetrieeigenschaften ausgezeichneter Normalfunktionen. Endlich sind sie mit der Ausgangspunkt geworden für jene allgemeinen Betrachtungen über Gruppen von Raumtransformationen, welche in der Theorie der Kristallstruktur und für die Aufstellung der Kristallsysteme eine entscheidende Rolle spielen. Sohnckes und Groths Modelle zur Struktur der Kristalle, Schönflies' erschöpfende Modelle der regulären Gebietseinteilungen des Raumes veranschaulichen den Aufbau.

Gerade in der Aufsuchung von ebenflächigen Körpern von regulärer und halbregulärer Gestalt, mit einfachen und überschlagenen („sternförmigen“) Seitenflächen ist die Formenfreudigkeit der Geometer von jeher hervorgetreten, vom Pentagrammum mysticum beginnend, zu Keplers sternförmigen Polygonen und Polyedern, die er in seinem Mysterium cosmographicum und in der Harmonia mundi beschreibt, zu Dürers Konstruktionsvorschriften bis zu den heutigen seit Möbius nach ihrer prinzipiellen Bedeutung gewürdigten Netzkonstruktionen im Raume und zu den Projektionsmodellen der sechs regelmäßigen vierdimensionalen Körper, die für unsern Raum gleichfalls die Bedeutung regulärer Einteilungen besitzen.

Ihnen reihen sich Modelle zur „Geometrie der Lage“ an, welche die von Maßverhältnissen unabhängigen Eigenschaften geometrischer Gebilde in typischen Formen kennzeichnen.

Eine weitere Reihe von geometrischen Modellen und graphischen Darstellungen hat die Gestalten krummer Linien und Flächen zum Gegenstand.

Sie können betrachtet werden nach ihrem Gesamtverlauf, wie ihn Archimedes und Apollonius von Pergä für die Kurven zweiten Grades als Schnitte von Kegeln dargelegt haben oder nach ihrem Verhalten in der Umgebung „regulärer“ oder „singulärer“ Stellen, also nach ihren „differentiellen“ Eigenschaften. Der Gedanke, auch krumme Flächen anschaulich darzustellen, gehört, wie der ganze Ausbau der Geometrie der krummen Flächen, dem letzten Jahrhundert an. Modelle aller Flächentypen zweiten Grades sind erstmals vor etwa hundert Jahren angefertigt worden. Es geht die Anregung hierzu auf Monge und seine Schule zurück. Eine erste Sammlung von geometrischen Modellen wurde im Anschluß an Monge's Géométrie descriptive von dessen Schüler Bardin für den Unterricht an der école d'application in Metz hergestellt, später durch Muret fortgeführt und auch auf die Gebiete der angewandten Mathematik ausgedehnt (Darstellung der Formen schwingender Saiten, Wellenfläche des Lichtes, St. Venants Modelle zur Biegung und Torsion prismatischer Stäbe). In Deutschland entstanden im Anschluß an einzelne geometrisch bedeutsame Probleme gelegentlich interessante Modelle, so Kummers elegantes Modell der Brennfläche des Ellipsoids und die überaus exakten Modelle von Schwarz zur Theorie der Flächen kleinsten Flächeninhaltes, der Flächen konstanter Krümmung u. a. Der Gestaltenreichtum, der Plückers geometrischer Betrachtungsweise innewohnt und die bewußt geometrische Einstellung von Clebsch und seinem Freundeskreis führte zu einer neuen Belebung der Geometrie und geometrisch anschaulicher Methoden. Klein und Brill schufen an der Technischen Hochschule in München im Zusammenhang mit dem in der gleichen Richtung für die Bedürfnisse des Technikers eingestellten Unterricht ein mathematisches Institut, in dem in der Folge und bis auf den heutigen Tag, anschließend an besondere Fragestellungen eine Reihe neuer Anschauungsmittel für den höheren mathematischen Unterricht zur Ausführung gelangte. Sie wurden damals durch den Verlag von Brill in Darmstadt veröffentlicht, späterhin vom Verlag von Schilling in Halle und von B. G. Teubner in Leipzig übernommen. Der Grundstock der geometrischen Modelle des Deutschen Museums entstammt diesen Veröffentlichungen, die späterhin durch anderweite Objekte bereichert wurden. So waren an der Technischen Hochschule in Karlsruhe unter Wiener, an den anderen Technischen Hochschulen, an der Universität Leipzig gleichfalls auf Kleins Initiative, in Göttingen durch Schwarz und Klein Institute und Arbeitsstätten entstanden, in denen jeweils die besonderen Neigungen und der Gedankenkreis der Dozenten zum Ausdruck gelangte. Auch hievon zeugen die Sammlungen unseres Museums.

In diesen erweiterten Interessenkreis wurden von selbst, sei es aus einem unmittelbaren Bedürfnis, sei es im Sinne einer Ökonomie des Unterrichtes,

2. Die Anwendung der Geometrie in der Analysis und

3. Die Angewandte Mathematik

mit einbezogen.

Die Verwertung geometrischer Vorstellungen auf algebraischem Gebiet, in der Funktionentheorie, in der Theorie der Differentialgleichungen bot sich zunächst dar. Noch mannigfaltiger sind die Anwendungen auf mechanische, naturwissenschaftliche und technische Fragen. Ihre Vielseitigkeit zu überblicken, bot eine 1893 von der deutschen Mathematikervereinigung in München veranstaltete Ausstellung mathematischer und math.-physikalischer Modelle, Apparate und Instrumente Gelegenheit, eine Vorführung, die ihre Vorgängerin in der 1876 in London stattgefundenen bedeutsamen Ausstellung hatte, deren Objekte zu einem großen Teil in das Kensingtonmuseum übergegangen sind. Ihr durch den Schreiber dieser Zeilen herausgegebener Katalog kann auch der gegenwärtigen mathematischen Abteilung des Deutschen Museums als ergänzender Führer dienen. War die Londoner Ausstellung (die übrigens auf die gesamten Naturwissenschaften ausgedehnt war) besonders ausgezeichnet durch die Vorführung von Rechenmaschinen bis zu Thomsons harmonischem Analysator, so bot die Münchner Ausstellung Gelegenheit, die damals neuen Betrachtungsweisen der theoretischen Physik vorzuführen, mechanische Vorstellungen als Analogien für anderweite physikalische Vorgänge zu benutzen (Thomson, Maxwell, Boltzmann). Hierher gehörige Modelle sind in der physikalischen Abteilung unseres Museums aufgestellt, und auch mehrfach in den andern Abteilungen des Museums eingereiht.

In einer vierten Gruppe sind die Apparate zur

4. Mechanisierung des Zeichnens und Rechnens

zusammengestellt.

Maßstab „Eichmaß", Lineal und Zirkel bilden die elementaren Zeichenapparate. Überaus interessante und prinzipiell wichtige Überlegungen sind es, welche die „Reichweite" dieser Apparate feststellen. Es sind hierbei Konstruktionen, die mit dem Lineal allein, solche die mit Lineal und Eichmaß, sodann solche die mit dem Zirkel allein (Geometrie des Zirkels) und solche, die mit Lineal und Zirkel ausführbar sind (Konstruktionen zweiten Grades) zu unterscheiden. Weiterhin sind für Konstruktionen höheren Grades einfachste Instrumente (Zirkel mit drei Spitzen, Reihen gegeneinander längs der Schenkel nach Art einer „Schiebelehre" verschiebbarer rechter Winkel u. a.) von ebenfalls zu bestimmender Reichweite einzuführen. Schon im Altertum führte das Delische Problem der Verdoppelung des Würfels und die Aufgabe der Dreiteilung eines beliebigen Winkels zur Aufstellung solcher Konstruktionen höheren Grades. Mannigfache Verwendung finden heute einfache Gelenkmechanismen zur Erzeugung algebraischer Kurven (Geradführungen, Dreistabbewegungen, Pantographen, übergeschlossene Mechanismen), dann Rädermechanismen zur Erzeugung von Zykloiden und zyklischen Kurven, Kegelschnittzirkel verschiedenster Konstruktion, die speziell dem Unterrichte dienen. Von den weiteren der Kinematik zugehörenden Apparaten haben besonders die Perspektographen in der Hand des Architekten praktische Verwendung gefunden. Auch müssen hier die an anderer Stelle

Saalecke der mathematischen Abteilung: Modelle krummer Oberflächen. — Tafeln des Frieses: Historische Tabellen. — Wandbekleidung: Grundgedanken der mathematischen Forschung. Bilder bedeutender Mathematiker. Alte und neue Rechenmaschinen. Rechenstäbe. Rechenschieber und Rechenscheiben

des Museums aufgestellten photogrammetrischen Apparate Erwähnung finden, die eine immer größere Bedeutung für Landmessung und Kartographie gewinnen.

Es folgen die Rechenmaschinen, gleich interessant durch die Art der Übersetzung des Rechenvorganges in den Mechanismus, wie heute unentbehrlich bei allen größeren rechnerischen Aufgaben.

Die vorgeführten Rechenmaschinen zeigen die Entwicklung vom römischen Abakus, den einfachen Zählapparaten der Chinesen, Japaner und Russen, wie sie noch heute im Handel und Wandel im Gebrauch sind, beginnend. Es folgen die Rechenstäbe Napiers, die zur Multiplikation größerer Zahlen dienen; sodann die Additionsmaschinen und die eigentlichen Rechenmaschinen, welche Multiplikation und Division zweier Zahlen durch wiederholte Addition bzw. Subtraktion erreichen und diese durch die Drehung miteinander gekoppelter Räder bewerkstelligen. Die Sammlung enthält eine von Grimme, Natalis & Co. in Braunschweig gefertigte genaue Kopie der Leibnizschen Rechenmaschine, deren Original die Stadtbibliothek von Hannover bewahrt. Die Hahnsche Rechenmaschine ist in zwei Originalausführungen von Schuster (1809 und 1820) vertreten. Die Thomassche Maschine (1820) ist in der Ausführung von Burkhardt (Glashütte) durch ein Demonstrationsmodell — welches Staffelräder, Radeinstellung und Zehnerübersetzung übersehen läßt — und durch eine sechsstellige Maschine vertreten. Ferner sind einige „Brunsviga"-Rechenmaschinen, System Trinks, aufgestellt. Die sog. Multiplikationsmaschinen, bei welchen die Multiplikation einer mehrstelligen Zahl mit einer einstelligen durch eine einzige (Multiplikations-) Operation an Stelle wiederholter Additionen erfolgt, sind vertreten durch eine ältere und eine neuere Sellingsche Maschine (Prinzip der Nürnberger Scheere) und durch eine Maschine von Egli-Steiger (Prinzip des Einmaleinsblocks).

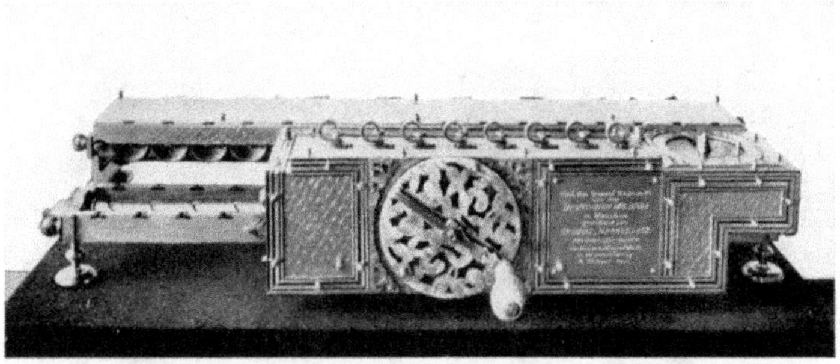

Nachbildung der Rechenmaschine von Leibniz

Hieran schließt sich eine Sammlung älterer und neuerer Rechenstäbe und Rechenscheiben. Darunter befinden sich zwei ältere große logarithmisch geteilte Rechenstäbe, neuere Rechenschieber (Faber, Nestler), logarithmische Rechentafeln, Rechenuhren und Rechenscheiben.

Die Methoden des graphischen Rechnens, im „calcul nomographique" von Ocagne und in den Arbeiten von Mehmke und Runge besonders ausgebildet, sind durch Originaltafeln erläutert — speziell zur Auflösung höherer Gleichungen, zur Berechnung von Funktionen mehrerer Variablen und zur Darstellung verschiedener funktioneller Beziehungen aus den Gebieten der angewandten Mathematik (Physik, Technik).

Eine dritte Gruppe von Apparaten zum numerischen und graphischen Rechnen bilden die Integrationsmaschinen.

Es lassen sich unterscheiden: 1. Eigentliche Integraphen, welche das einfache Flächeninhaltsintegral als Funktion der oberen Grenze graphisch oder numerisch in jeder Lage geben; 2. Planimeter, welche den Flächeninhalt geschlossener ebener Figuren durch Umlaufen ihrer Contur numerisch ergeben, während die Ablesungen in den Zwischenlagen nur mittelbar von Belang sind; 3. Integraphen zur Bestimmung anderer als Inhaltsintegrale und 4. Integraphen zur Integration allgemeinerer Differentialgleichungen.

Zu den ersten Apparaten gehört der Integraph von Akdank-Abakanowicz, der unmittelbar die Aufgabe der Integration der Entstehungsweise des Integrals gemäß realisiert; dem Gedanken nach von höchster Einfachheit, für genaue Maßbestimmung aber wegen eines kaum zu vermeidenden Spielraumes im Gang des Apparates weniger geeignet, dagegen vortrefflich zur Demonstration des Aufzeichnens der Integralkurven, interessant auch, um den umgekehrten Prozeß des Differentiierens durch Umkehrung des Bewegungsvorganges zu erläutern.

Unter den eigentlichen Planimetern befinden sich einige ältere Konstruktionen, aus dem Jahre 1815 von G. Zobel und Jos. Müller in München, sowie ein Linearplanimeter von Wetli-Hansen. Sodann das Original des ersten Polarplanimeters von Amsler und neuere Konstruktionen desselben; Polarplanimeter in der Ausführung von Ott (Kempten); Kugelplanimeter und Kompensationsplanimeter von Coradi (Zürich). Ein großes Kugelrollplanimeter gestattet die unmittelbare Demonstration dieser Meßinstrumente.

An weiteren Integrationsapparaten enthält die Sammlung ein großes Momentenplanimeter von Amsler-Laffon und ein Stereographometer zur Ausmessung sphärischer Flächen nach Amsler.

Hierher gehören noch die wichtigen Integraphen zur „harmonischen Analyse", d. i. zur Bestimmung der Koeffizienten einer Fourierschen Reihe aus der graphisch

Linearplanimeter von Wetli-Hansen | Flächenberechnungs-Maschine von J. G. Zobel und Jos. Müller | Polarplanimeter von Amsler | Kugel-Rollplanimeter von Coradi

für ein bestimmtes Intervall gegebenen Funktion. Auf Maxwell führt eine einfache graphische Konstruktion unter Verwendung eines Planimeters zurück, die Finsterwalder für praktische Zwecke ausgebildet hat. Dann ist Thomsons berühmter Apparat zur Vorausberechnung der Flutbewegung zu nennen. Henrici und Sharp haben zwei von Coradi ausgeführte Apparate angegeben, welche auf einer sehr interessanten Benützung rollender Kugeln und darauf abrollender Räder, die schon Thomson verwendet hat, beruht. Indessen ist Bau und Justierung des Apparates sehr kompliziert, und er liefert deshalb nur bei verständnisvollster Benützung hinreichend genaue Resultate. Wesentlich einfacher in seinen Konstruktionsteilen ist ein von Dipl.-Ing. Mader erdachter, in der Sammlung vertretener Apparat; die sichere Einstellung und Bedienung ermöglicht für praktische Zwecke voll ausreichende Genauigkeit der Endresultate.

Die Aufgabe der Integration allgemeinerer Differentialgleichungen, durch welche ein ebenes Richtungsfeld gegeben ist, hat man zunächst auf graphischem Wege durch Näherungskonstruktionen zu lösen versucht (Runge). Die Herstellung mechanischer Apparate kommt hier wesentlich darauf hinaus, ein scharfkantiges Rad so zu führen, daß seine Ebene an jeder Stelle in die durch das Richtungsfeld vorgeschriebene Richtung fällt und sich also jeweils in dieser Richtung fortbewegt. Apparate dieser Art sind von Dyck angegeben worden.

Im allgemeinen ist zu sagen, daß alle Bewegungsmechanismen als Integrationsapparate aufgefaßt und verwendet werden können, soferne die Änderungen ihrer Einstellung von einer Anfangskonfiguration im Laufe der Bewegung in eine Endkonfiguration stetig übergehen. So ist das Fahrrad (ganz abgesehen von der durch dasselbe möglichen Messung der Weglänge) eine Integrationsmaschine, wenn man auf die Beziehung zwischen Ablauf des Hinterrades (Bogenelement des beschriebenen Weges) und Winkeldrehung der Steuerung (Kontingenzwinkel der Bahnkurve) achtet und dieselbe als eine (differentielle) „Steuervorschrift“ beim Fahren zugrunde legt. Die Wegkurve des Hinterrades ist dann die Lösung der als „innere Gleichung“ bezeichneten graphisch zu gebenden Steuervorschrift.

Der Abteilung Physik ist vorangestellt eine Gruppe:

Zeit-, Raum- und Gewichtsmessung.

1. Die Gruppe Zeitmessung gibt zunächst die Entwicklung des Kalenders

und der Zeiteinteilung. Eine weitere Zusammenstellung zeigt die Entwicklung der Sonnenuhren sowie die Typen der antiken Wasser-, Öl- und Sanduhren. Besonders bemerkenswert ist hier eine Nachbildung der Wasseruhr des Ktesibios.

Im gleichen Saal besteht die von Reithmann & Hupp in München in den Jahren 1900—1906 verfertigte astronomische Kunstuhr, die vor kurzem ein neues Werk durch die Firma Gebr. Junghans erhalten hat. Die Uhr gibt außer der mittleren Zeit die wahre Sonnenzeit, das Datum, das Jahr, den Auf- und Untergang der Sonne und des Mondes, die Lichtgestalten des Mondes, den jeweils sichtbaren Fixsternhimmel, die Stellung der Planeten zur Sonne u. a. an.

Die astronomischen Pendeluhren sind durch Originale von Doll, Liebherr, Mahler und Riefler vertreten. Die Rieflersche Anlage besteht aus einer Hauptuhr mit synchronisierter Nebenuhr.

Wasseruhr des Ktesibios

Im nächsten Saale werden die verschiedenartigen Hemmungen für Großuhren durch betriebsfähige Modelle veranschaulicht.

Weiter seien hier hervorgehoben die Nachbildung der ersten Pendeluhr von Galilei und eine Zykloiden-Pendeluhr nach Huygens. Es folgen Spezialuhren, wie Jahresuhren, Kontrolluhren, ein Chronoskop nach Hipp, eine Blindenuhr sowie eine sich selbst (unter Benützung der Luftdruckschwankungen) aufziehende, ständig laufende Uhr. Unter den elektrischen Uhren befinden sich Anlagen von Steinheil in München, Hipp in Neuchatel sowie von Siemens & Halske in Berlin.

Die Entwicklung der Turmuhren ist durch ein Turmuhrwerk mit Spindelgang und Wage aus dem 16. Jahrhundert, ein Turmuhrwerk mit freischwingendem Pendel sowie durch Werke von Mannhardt, Riefler, Neher & Söhne gezeigt.

Eine sehr reichhaltige, von dem verstorbenen Geheimrat Junghans gestiftete Sammlung gibt eine historische Reihenfolge von Taschenuhren in sehr wertvollen Originalen, so den ersten Nürnberger Eieruhren. Auch sind die verschiedenen Hemmungen dieser Uhren, Spindelgang, Zylindergang, Ankergang usw. in vergrößerten Modellen dargestellt.

Die Uhrenfabrikation erläutert eine Schwarzwälder Uhrmacherwerkstätte aus der Zeit von 1800 bis 1850 sowie für die Neuzeit die Vorführung der zur Massenfabrikation von Weckern dienenden Maschinen, wie sie z. B. in den Uhrenfabriken von Gebr. Junghans in Schramberg verwendet werden.

2. Wagen und Gewichte. Neben einer historischen Übersicht über die Gewichtseinheiten verschiedener Zeiten und Völker gibt diese Gruppe eine Sammlung

Schwarzwälder Uhrenmacherwerkstätte

ägyptischer Gewichte, griechischer Bleigewichte, byzantinischer Bronzegewichte, römischer Gewichte aus Bronze und Stein, sowie die Originale der bayerischen Normalgewichte aus Bergkristall und eine Nachbildung des Kilogramm-Urmaßes. Die Entwicklung der römischen Wage, der gleicharmigen Wage, der Brükken- und Federwagen ist in einer lückenlosen Reihe dargestellt; daneben Handelswagen, Geld- und Briefwagen, Personenwagen sowie die besonders wichtigen Präzisionswagen für wissenschaftliche Zwecke. Unter ihnen Originale von Steinheil, Meyerstein, Stollenreuther u. a.

Die berühmte Wage, mit welcher Jolly in den Jahren 1879/80 unter Zuhilfenahme einer 5775 kg schweren Bleikugel die Dichtigkeit der Erde bestimmte, ist im Turm des Museums neben der großen Bleikugel aufgestellt.

Die Sammlung der Aräometer enthält Nachbildungen typischer Gewichtsaräometer von Roberval, Fahrenheit, Nicholson usw. sowie Volumenaräometer der Accademia del Cimento, von Boyle u. a. Ältere und neuere Pyknometer ergänzen diese Sammlung.

In drei Übersichtstafeln ist der Weg von den natürlichen Maßen zu den Normalmaßen und zu den wiederauffindbaren Maßen dargestellt.

3. Raummessung. Hier sehen wir zunächst eine Sammlung der wichtigsten Längenmaßstäbe; angefangen von der babylonischen Elle bis zu älteren und neueren Urmaßen (darunter eine interessante eiserne Kopie der Toise, welche für die Gradmessung in Peru 1736 gedient hat).

Die Entwicklung der Hohlmaße ist durch eine historische Übersicht der Hohlmaße verschiedener Zeiten und Länder sowie durch eine Sammlung älterer, insbesondere bayerischer Hohlmaße veranschaulicht. Eine besondere Zierde dieses Saales bilden die österreichischen Originalhohlmaße aus der Zeit Maria Theresias, ein Geschenk des technischen Museums in Wien.

*

W. WIEN †, PHYSIK.

Mechanik. Den ältesten Teil der Physik, der sich nicht wie die späteren aus zusammenhängenden wissenschaftlichen Versuchen und Beobachtungen entwickelt hat, sondern durch Zusammenfassung der Beobachtungen des täglichen Lebens entstanden ist, bildet die Mechanik.

Im Altertum kannte man nur die Statik, die Lehre vom Gleichgewicht der Kräfte. Wenn auch die vollständige Theorie der Statik erst im 16. Jahrhundert durch Stevin gegeben wurde, so besaß doch das Altertum die Kenntnis einer ganzen Reihe statischer Gesetze. Die einfachen Maschinen, die sich alle auf das Hebelprinzip zurückführen lassen, Hebel, Rolle, Flaschenzug, Winde, waren schon, wie die Darstellungen ägyptischer und assyrischer Denkmäler zeigen, vor mehr als 4000 Jahren bei der Fortbewegung großer Massen in Verwendung und ermöglichten erst den Bau der gewaltigen Pyramiden und Tempel, die immer noch das Erstaunen und die Bewunderung aller Beschauer erregen.

Die Mechanik als Wissenschaft entstand, als man lernte, die verschiedenen einzelnen Erfahrungen zusammenzufassen und durch allgemeine und einfache Gesetze auszudrücken. So stellte Archimedes das Hebelgesetz auf, aus dem die verschiedenen, an den einfachen Maschinen gemachten Erfahrungen abgeleitet werden konnten.

Eine andere, im Altertum bekannte und gebrauchte Vorrichtung, die schiefe Ebene, läßt sich aus dem Satz vom Parallelogramm der Kräfte ableiten, das von Stevin aufgestellt, von Newton für Bewegungen und andere gerichtete Größen der Physik verallgemeinert wurde.

Wenn so die Grundlagen für die Statik schon im Altertum gelegt wurden, so ist die Dynamik, die Lehre von den Bewegungen, ausschließlich in der Neuzeit entstanden. Durch Beobachtungen der Zeitdauer der Pendelschwingungen und der Fallzeit frei fallender Körper hat Galilei die Gesetze der allgemeinen Mechanik geschaffen, das Gesetz der Trägheit und das Gesetz der gleichförmig beschleunigten Bewegung. Auf dieser Grundlage baute dann Newton nach Hinzufügen des Gesetzes der Gleichheit von Wirkung und Gegenwirkung und Anwendung der Infinitesimalrechnung die allgemeine theoretische Mechanik auf. Geprüft wurde sie nicht so sehr im Anfang durch Beobachtungen und Erfahrungen in unserer Umgebung als durch die Anwendung auf die Bewegungen der Himmelskörper. Die Genauigkeit der astronomischen Beobachtungen wurde durch die Anwendung des Fernrohres so gesteigert, daß der Vergleich der Erfahrung mit den Folgerungen aus der theoretischen Mechanik eine so scharfe Prüfung für diese ermöglichte, wie sie durch irdische Beobachtungen niemals möglich gewesen wäre.

Auf diese Weise ist die theoretische Mechanik als erstes Gebäude der theoretischen Physik errichtet worden. Sie hat nicht nur die Bedeutung gehabt, das Vorbild für alle späteren Systeme der theoretischen Physik zu sein, sondern auf die Richtung der menschlichen Erkenntnis überhaupt einen entscheidenden Einfluß auszuüben. Seit den ungeahnten Erfolgen der theoretischen Mechanik hat der Mensch erst das Zutrauen gewonnen, daß die logische Kraft seines Geistes befähigt sei, die Natur zu begreifen. Diesem Zutrauen, dieser Überzeugung verdanken wir vor allem anderen den gewaltigen Aufschwung im Naturerkennen, durch den sich die Neuzeit so sehr von früheren Zeiten unterscheidet.

Verzahnungen aus der Sammlung der kinematischen Demonstrationen

Die Mechanik ist, ebensowenig wie jeder andere Teil der theoretischen Physik, eine endgültig festgestellte, unveränderliche Lehre.

Die Theorien der Relativität zeigen, mögen sie nun richtig sein oder nicht, daß die Mechanik weiterer Verfeinerung fähig ist. Es ist aber nicht so, daß die alte Mechanik durch die Relativitätstheorie umgestürzt werden könnte. Sie wird immer, wie der Physiker sich auszudrücken pflegt, die erste Annäherung an die Wirklichkeit bilden und für die Darstellung der überwältigenden Mehrzahl der beobachtbaren Tatsachen ausreichen. Nur für ganz wenige, an der Grenze des Beobachtbaren liegende Fälle erscheint es möglich, zwischen der alten Mechanik und der Relativitätstheorie zu unterscheiden, die immer mehr in das Gebiet der reinen Mathematik hinübergleitet.

Ein großer Teil der Mechanik, die Bewegungslehre starrer Körper ist als abgeschlossen zu betrachten, und wird durch neue Erfahrungen nicht mehr abgeändert werden. Dagegen ist unsere Kenntnis der deformierbaren Körper der inneren Kräfte, der Oberflächenkräfte und der Flüssigkeitsbewegungen noch sehr unvollkommen.

In der Gruppe Mechanik des Deutschen Museums ist die allmähliche Erkenntnis der Gesetze vom Gleichgewicht und der Bewegung der Körper durch Originale und Nachbildungen berühmter Versuchsapparate sowie durch zahlreiche Demonstrationseinrichtungen veranschaulicht. Das gesamte Gebiet gliedert sich in drei Gruppen: Die Erforschung der Gleichgewichte und der Bewegung fester Körper, mit besonderer Berücksichtigung der Kinematik, die mechanischen Erscheinungen an flüssigen und gasförmigen Körpern, die Wellenlehre.

An Hebelmodellen nach Archimedes, Leonardo da Vinci und Galilei ist die Erkenntnis des Hebelprinzips dargestellt, Modelle von Rollen, Flaschenzügen, Rad an der Welle u. a. zeigen die Anwendung des Hebelprinzips. Ein Modell mit zwei beweglichen schiefen Ebenen und Demonstrationsapparate über die Schrauben- und Keilwirkung veranschaulichen, in Verbindung mit einer Titelvignette, das Gedankenexperiment Stevins, der 1585 die Wirkung des Keiles erklärte. Stevin war es auch, der am Seilpolygon zuerst das Prinzip vom Kräfteparallelogramm nachwies, das dann von Newton als besonderes Prinzip der Mechanik ausgesprochen wurde. Demonstrationen veranschaulichen die Zusammensetzung schief gerichteter und paralleler Kräfte und die Lehre vom Schwerpunkt. Vorführungsmodelle gestatten die Darstellung der, auch von Stevin gefundenen, goldenen Regel der Mechanik, daß die Produkte aus den Gewichten und den zurückgelegten Wegstrecken, die Arbeit, für Kraft- und Lastgewicht gleich sind. Was also bei einer Maschine an Kraft gewonnen wird, geht an Weg verloren. Hierin liegt eine Anwendung des Satzes von der Erhaltung der Energie.

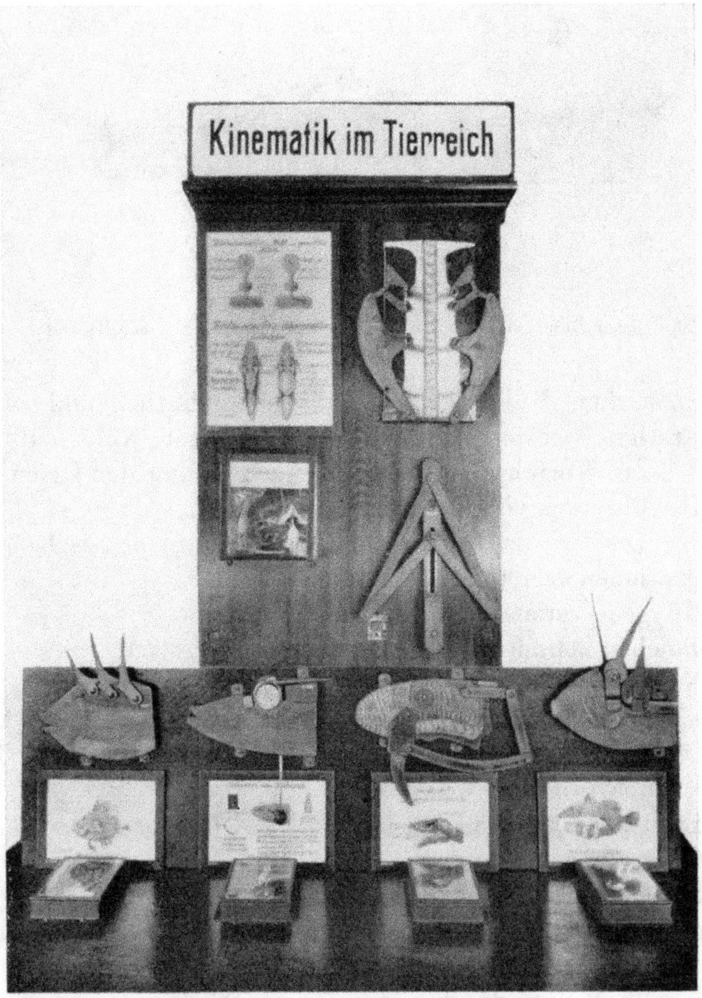


Darstellung einiger im Tierreich vorkommenden Gesperre, Spannvorrichtungen und Kurbelgetriebe

Durch eine wertvolle Sammlung von kinematischen Modellen nach Reuleaux und durch bildliche Darstellungen sind die geometrischen Verhältnisse, Wege, Geschwindigkeiten und Beschleunigungen erläutert. Weiter wird eine knappe Übersicht derjenigen Mittel gegeben, die zur Erzwingung von bestimmten Bewegungen dienen, u. a. Kurbelgetriebe, Kurvenschubgetriebe, Rädergetriebe, Sperrgetriebe, Zugorgangetriebe, Druckorgangetriebe.

Die Theorie der Verzahnung wird an dreizehn Modellen veranschaulicht, welche die Zykloidenverzahnung, die Evolventenverzahnung, die Punktverzahnung und Verzahnung an Schraubenrädern betreffen.

In einigen von O. Thilo hergestellten Präparaten und Modellen wird gezeigt, daß bei verschiedenen Tieren Knochenverbindungen vorkommen, die beispielsweise bei Fischen und Ottern als kinematisches Gesperre oder als Druckmesser oder als Schubkurbel wirken.

Modell zur Demonstration der Wirkung des Schlickschen Schiffskreisels

Eine Fallrinne und ein Pendel, mit welchen Galilei 1638 den Fall der Körper experimentell untersucht hat, sowie Tafeln mit der Erläuterung der von Galilei gefundenen Fallgesetze sind neben den Apparaten zur Demonstration der Wurfparabel nach 'sGravesande, einer Atwoodschen Fallmaschine von Wiesenpaintner und einer Fallmaschine zu Demonstrationszwecken von Leybolds Nachfolger, Köln, aufgestellt.

Zur Vorführung und zu Versuchen über den freien Fall ist der 67 m hohe Turm des Museums vorgesehen.

Die Gesetze des mathematischen und physischen Pendels sind durch Demonstrationen nach Galilei und Huygens veranschaulicht; daneben befindet sich eine Nachbildung des Katerschen Reversionspendels. Der Foucaultsche Pendelversuch zum Nachweis der Erddrehung wird an einem 64 m langen Pendel im Schacht des Turmes vorgeführt.

Modell zur Demonstration des Frahmschen Schlingertanks

Die Wirkung der Zentrifugalkraft wird durch eine Nachbildung der Zentrifugalmaschine von 'sGravesande erläutert, die er bei seinen Vorlesungen um 1742 zur Demonstration der Wirkung der Zentrifugalkraft benutzte. Andere Versuchsvorrichtungen späterer Zeit zeigen die Abplattung der Erde, den Zentrifugalregulator und die Erscheinung, daß von zwei verschieden schweren rotierenden Flüssigkeiten die schwerere nach außen flieht.

Die Newtonschen Gravitationsgesetze von 1687

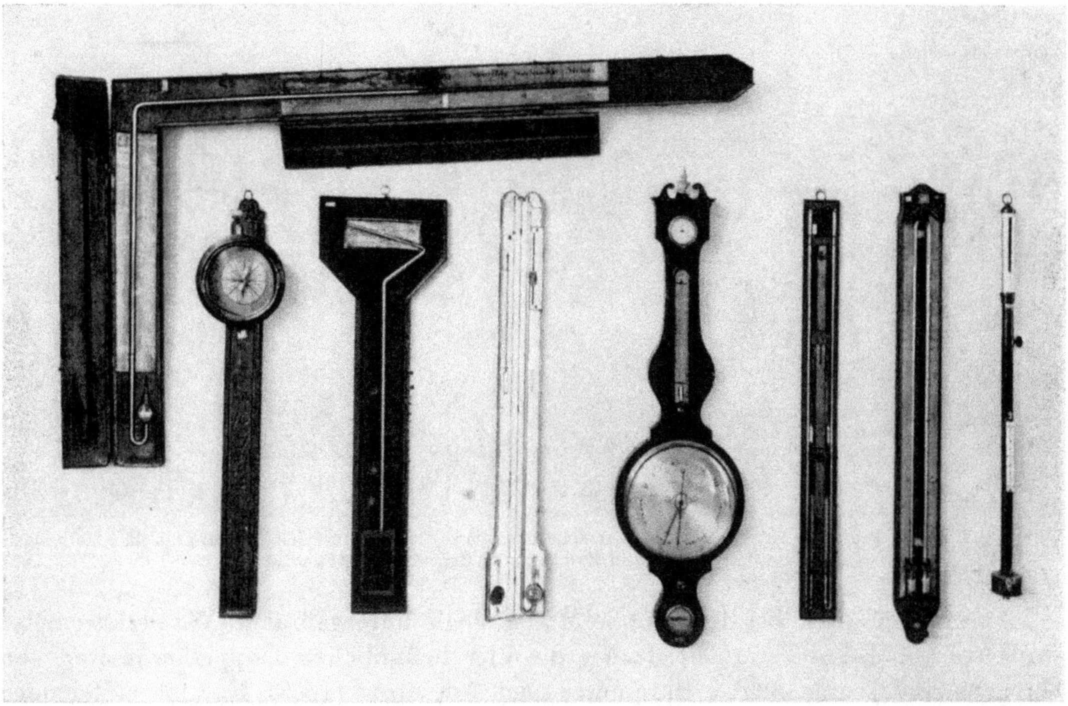

Gruppe aus der Entwicklungsreihe des Barometers

sind erläutert an einer Darstellung der Bewegung des Mondes um die Erde. Die ersten Versuche zum experimentellen Nachweis der Newtonschen Massenanziehung durch Maskelyne um 1774 mittels Lotablenkung und Cavendish um 1798 mittels Horizontalpendels sind durch Zeichnungen dargestellt, während die Bestimmung der Massenanziehung durch Ph. von Jolly um 1879 bei der im Vestibül aufgestellten Wage und der hierbei verwendeten großen Bleikugel erläutert ist.

Zur Demonstration der beim Herumschwingen eines in der Hand gehaltenen Gewichtes entstehenden Reaktionsbewegungen ist der von Professor L. Prandtl gebaute Drehschemel zur Aufstellung gelangt.

Die auffallenden Kräfte und Bewegungen eines in der Hand gehaltenen Kreisels und eines aufgehängten Kreisels können an einigen aus Fahrrädern gefertigten Vorrichtungen beobachtet werden. Auch die Erscheinung der Präzession eines unter dem Einfluß der Schwerkraft stehenden Kreisels wird an einer Vorrichtung gezeigt.

Von den zahlreichen wichtigen Anwendungen des Kreisels ist die des Schiffskreisels und des Kreiselkompasses durch betriebsfähige Demonstrationsmodelle von O. Schlick und von Anschütz & Co. dargestellt. Ein Originalkreiselkompaß befindet sich in der Abteilung für Schiffbau, ein Modell zur Demonstration des Frahmschen Schlingertanks ist neben dem Schiffskreisel aufgestellt.

An einem von O. Schlick konstruierten Modell können die durch die Auf- und Abbewegung der Kolben der Schiffsmaschine hervorgerufenen Stampfbewegungen und ihre Beseitigung durch Massenausgleich veranschaulicht werden.

Die Entwicklung der Gesetze über den Stoß elastischer und unelastischer Körper ist dargestellt durch Versuchsnachbildungen nach Huygens und durch das ballistische Pendel.

Wandgemälde von Professor Räuber, das die Versuche Otto von Guerickes mit den Magdeburgischen Halbkugeln vor dem Kaiser und Reichstag zu Regensburg 1654 zeigt

Das in dem Turm bei der Gruppe Meteorologie untergebrachte Wasserbarometer von Otto von Guericke (1660), ferner die hier befindlichen Doppelbarometer von Huygens (1672), abgekürztes Barometer nach Amontons (1688), Radbarometer nach Hooke (1665), Winkelbarometer nach Moreland, transportables Barometer nach Fortin zeigen die Entwicklung des Barometers seit Toricelli.

Originalluftpumpe von Otto v. Guericke, Magdeburger Halbkugeln und Pumpenstiefel

Am gleichen Orte sind die Originalluftpumpe von Otto von Guericke, die Magdeburger Halbkugeln und der Pumpenstiefel, die dem Museum im Jahre 1908 vom Physikalischen Institut der Universität Berlin überwiesen wurden, aufgestellt. Das hierzu gehörige große Wandgemälde von Professor Räuber, das die Vorführung der Magdeburgischen Experimente auf dem Reichstag veranschaulicht, hängt im ersten Saale der Mechanik.

Die Entwicklung der Kolbenluftpumpen ist dargestellt durch das Original einer Senguerdschen Luftpumpe von Jan van Musschenbroek aus dem Jahre 1708, eine große zweistufige Luftpumpe nach 'sGravesande, gefertigt von G. F. Brander um 1760, eine Ventilluftpumpe nach Hawksbee, und moderne Luftpumpen, die Geryk-Luftpumpe von Fleuß, die Rotationsölluftpumpe von Siemens-Schukkert.

Demonstrationstisch für die Erscheinungen im luftverdünnten Raum, die der Besucher des Museums sich selbst vorführen kann

Von den Quecksilberluftpumpen sind aus der Zeit nach 1858 zur Schau gestellt: die älteste noch vorhandene Geißlersche Luftpumpe ohne Hahn von A. Toepler aus dem Jahre 1865, eine Wasserluftpumpe nach dem Prinzip der Sprengelschen Quecksilberluftpumpe von Robert Bunsen, eine automatische Quecksilberluftpumpe von Kahlbaum und zwei neuere Pumpen von A. Raps und W. Gaede, von denen die erste eine durch Druckwasser getriebene Toeplersche Pumpe ist, die zweite auf dem Prinzip einer umgekehrt laufenden Gasuhr konstruiert wurde. Den Abschluß dieser Sammlung bildet die Quecksilberdampfstrahlpumpe von W. Gaede, mit der die höchsten Verdünnungen von $10^{-6}$ mm Quecksilberdruck erreicht werden.

Für Demonstrationen im luftverdünnten Raume arbeitet eine Siemenssche Rotationsölluftpumpe auf einen größeren Rezipienten, an den kleinere Rezipienten angeschlossen werden können. Die Höhe des Vakuums wird durch einen Bourdon-Manometer angezeigt.

Es wird hier gezeigt, daß sich die luftleeren Magdeburger Halbkugeln nur mit Gewalt trennen lassen, daß der Auftrieb im Vakuum verschwindet, daß eine Holzkugel und eine Feder im luftleeren Raum gleich schnell fallen, daß der Schall sich im Vakuum nicht fortpflanzt. Ferner können im Vakuum beobachtet werden: die Bewegung eines Radiometers und das Kochen von Wasser bei Zimmertemperatur.

Die Grundgesetze der Aerostatik sind durch Nachbildungen und Zeichnungen der pneumatischen Automaten von Heron von Alexandria, durch eine Demonstration der Gesetze von Boyle und durch Versuche über den Auftrieb der Luft und über die Luftwiderstände erläutert.

Aerodynamische Versuche, und zwar die Messung des Winddruckes mit dem Pendelanemometer, die Wirkungsweise des Injektors, die auf dem Luftstrahl frei schwebende Kugel, das Ansaugen zweier Metallplatten (aerodynamisches Paradoxon) können an einer Preßluftleitung mit einem Druck von 5 Atmosphären gemacht werden. Neben dem Originalapparat von Magnus, mit welchem der nach ihm benannte Effekt entdeckt wurde, wird als praktische Anwendung derselben der Flettner-Rotor vorgeführt.

Für die Erläuterung des Gesetzes vom hydrostatischen Druck sind die Gesetze des Archimedes über das Schwimmen der Körper durch Demonstrationen veranschaulicht und der kartesianische Taucher ist als Beispiel der Anwendung des Gesetzes dargestellt. Die Apparate von Blaise Pascal zur Darstellung des hydrostatischen Paradoxons sind durch eine Nachbildung vertreten. Auch die hydraulische Presse von Bramah ist aufgestellt und erläutert. Das archimedische Prinzip ist durch eine Nachbildung des Archimedischen Versuches mit der Krone des Königs Hiero von Syrakus dargestellt.

Die Entwicklung der Hydrodynamik und ihre Anwendung wird gezeigt an dem Torricellischen Ausflußtheorem der Zusammenziehung des Strahles, der Druckabnahme infolge Reibung beim Fließen in Röhren, an Druckänderungen bei Querschnittänderungen des Rohres nach Bernoulli und an der Saugwirkung des fließenden Wassers bei Injektoren (Strahlpumpen). Ein Segnersches Wasserrad, das die Wirkung der Reaktion veranschaulicht und die Bewegung der Wasserwellen bilden den Abschluß dieser Gruppe.

Energie. Das Prinzip der Erhaltung der Energie, das in der Mitte des 19. Jahrhunderts von Robert Mayer entdeckt, von Joule experimentell begründet und von Helmholtz für alle Gebiete der Physik verallgemeinert wurde, ist das allgemeinste bisher bekannte Naturgesetz. Es bildet die Brücke zwischen den beiden großen Gebieten der Physik, der Mechanik im weiteren Sinne (Mechanik im engeren Sinne, Wärme, Schall) und den elektromagnetischen Vorgängen (Magnetismus, Elektrizität, Elektromagnetismus, Licht). Die Verwandlung von mechanischer Energie in elektromagnetische und umgekehrt, das bekannte Problem der Kraftübertragung, bildet eine der hervorragendsten Aufgaben der modernen Technik und Wirtschaft.

Das Prinzip von der Erhaltung der Energie hat sich bisher auf allen Gebieten, in der anorganischen und in der organischen Welt bewährt. Es liegt nicht nur dem naturwissenschaftlichen, sondern auch dem wirtschaftlichen Denken zugrunde. Schwierigkeiten für seine Anwendung haben sich bisher gezeigt bei der Entwicklung der Fixsterne, wo es bisher nicht gelungen ist, die Quelle der ungeheuren Energiemengen aufzufinden, die von den Fixsternen durch unermeßliche Zeiträume ausgestrahlt werden, ferner in der Atomphysik, wo ein Gegensatz zwischen der von der Erforschung der Atome geforderten Quantentheorie und der bisherigen klassischen Theorie des Elektromagnetismus bestehen bleibt. Ob sich diese Schwierigkeiten werden beseitigen lassen, wenn man dem Energieprinzip nur statistische Bedeutung, die sich auf bestimmte Durchschnittswerte bezieht, beilegt, wird erst durch die Forschung der nächsten Jahrzehnte festgestellt werden können.

Die Sammlung „Energie“ bildet die Einleitung der physikalischen Gruppen, und der Saal, in dem sie untergebracht ist, ist schon architektonisch durch einen um eine Stufe höher gelegten, erkerartigen Ausbau besonders hervorgehoben. Dieser

Ausbau soll ein Ehrenraum für die an der Erforschung der Energiegesetze besonders verdienten Männer, wie Robert Mayer, Clausius, Helmholtz, Boltzmann, W. Wien, Planck u. a. sein. Hier sollen Urkunden und soweit möglich auch Originalapparate der genannten Forscher aufbewahrt werden. An den Wänden sind 6 große Tafeln aufgehängt, welche einen auch dem Laien verständlichen Überblick über das ganze Forschungsgebiet geben sollen. Diese Tafeln behandeln, wie es auch in den Überschriften zum Ausdruck kommt: Die historische Entwicklung des Energieprinzips, die historische Entwicklung der mechanischen Wärmetheorie, die thermodynamischen Hauptsätze, die Entwicklung der kinetischen Gastheorie, die Strahlungsenergie und Quantentheorie, Energie und Masse.

Originalapparat v. Robert Mayer zur Bestimmung der Arbeit von Motoren unter Benutzung des mechanischen Wärmeäquivalentes

In dem Vorraum des Ehrensaales sollen zunächst die verschiedenen Methoden zur Messung der mechanischen Energie, z. B. durch den Pronyschen Zaum, durch elektrische oder Flüssigkeitsbremsung, durch Torsion der Welle, und andere an betriebsfähigen Modellen vorgeführt werden.

Ein großes Modell veranschaulicht den berühmten Rumfordschen Versuch von 1798 über die Umwandlung von Arbeit in Wärme. Im Mittelpunkte des Saales steht der Originalapparat von Robert Mayer, mit welchem er die Arbeit von Motoren für industrielle Zwecke unter Ausnutzung des mechanischen Wärmeäquivalents bestimmen wollte.

Andere Bestimmungen des mechanischen Wärmeäquivalents durch Joule in den Jahren 1842—1849 und durch Hirn 1857 sind durch Zeichnungen erläutert. Von den hierzu verwendeten Apparaten ist eine Nachbildung des im Science-Museum in London befindlichen Originalkalorimeters von Joule und ein Originalapparat von Puluj neben pneumatischen Feuerzeugen aufgestellt.

Andere Versuche über die Umwandlung von mechanischer Wärme in Arbeit, Licht, elektrische Energien und anderes sowie über die Umwandlung von Wärme in Arbeit sind auf einem 8 m langen Demonstrationstisch erläutert. Hierbei wird durch schematische Zeichnungen die bei den Umwandlungsprozessen als Wärmestrahlung und in anderer Form zu Verlust gehende Energie besonders hervorgehoben.

Wärme. Die Erkenntnis, daß die Wärme eine Energieform ist, die mechanische Wärmelehre, hängt mit der Entdeckung des Gesetzes von der Erhaltung der Energie eng zusammen. Mayer berechnete zuerst das mechanische Wärmeäquivalent aus den spezifischen Wärmen der Gase. Joule bestimmte dieselbe Zahl durch eine Reihe von

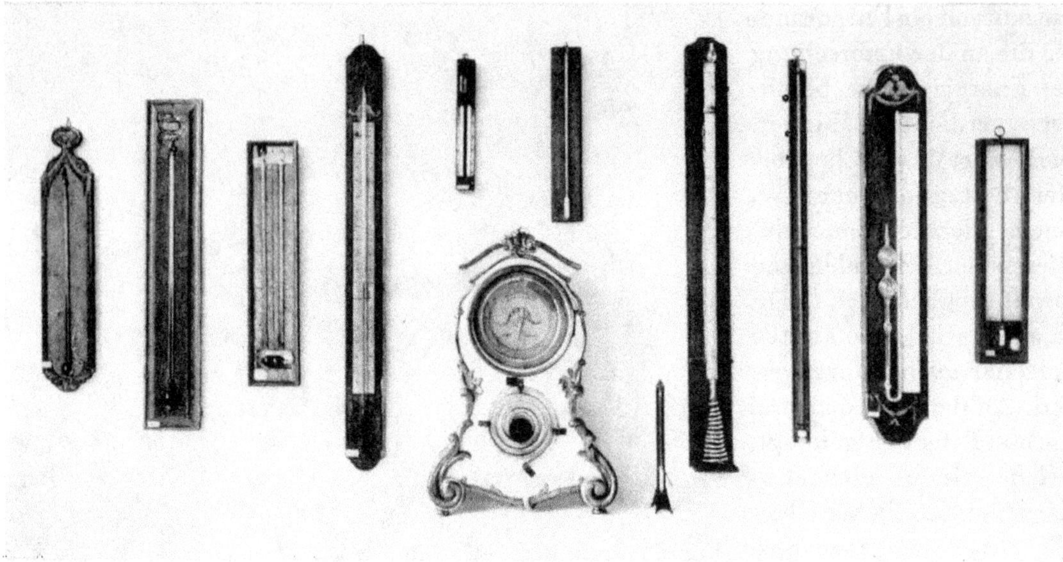

Gruppe aus der Sammlung: Entwicklung des Thermometers

Versuchen, bei denen Arbeit in Wärme verwandelt wurde. Bald wurde erkannt, daß die Wärme nichts anderes ist als die Molekularbewegung im Innern der Körper. Es entstand die kinetische Gastheorie, welche auf diese Bewegungen näher eingeht. Diese Theorien haben allmählich zu der modernen Atomphysik geführt, welche sich von den früheren physikalischen Theorien durch Einführung statistischer Methoden unterscheidet. Die Wärmebewegung hat einen vollkommen unregelmäßigen Charakter, und hierdurch werden die sog. nicht umkehrbaren Vorgänge bedingt, wenn eine regelmäßige Bewegung in eine ungeordnete Molekularbewegung übergeht. Als mathematischer Ausdruck für diese Bewegung tritt die Entropie auf, welche durch die „Wahrscheinlichkeit“ eines bestimmten Zustandes bedingt ist. Besonders deutlich wurde der Charakter dieser unregelmäßigen Bewegung durch die Beobachtung der Brownschen Bewegung kleiner Teilchen, die nach den Gesetzen der Wahrscheinlichkeit erfolgt. Dieser besondere Charakter der Wärmebewegung hat zur Folge, daß die Wärme ein Gebiet für sich bildet und daß besondere Maßbestimmungen wie die der Tem-

Vorrichtung, mit der der Besucher selbst Versuche mit flüssiger Luft vornehmen kann und zwar das Frieren von Quecksilber, das Starrwerden von Kautschuck, das Pentanthermometer, die Verfestigung von Kohlensäure und die Abnahme des elektrischen Widerstandes eines Drahtes bei Temperaturerniedrigung

Betriebsfähige Originalmaschine von Linde zur Verflüssigung der Luft

peratur für sie erforderlich sind, welche neben dem Energiemaß der Wärme, der Wärmemenge, auftritt.

Der Saal Wärme enthält in der Hauptsache Apparate und Darstellungen der Methoden für die Bestimmung der Temperaturen, der Ausdehnung der Körper, der Wärmemengen, für Verdampfung, Strahlung und für die Verflüssigung der gasförmigen Körper.

Die verschiedenen Arten der Temperaturmessung sind durch Demonstrationen über die Ausdehnung fester, flüssiger und gasförmiger Körper, die Änderung der Dichte schwimmender Körper, die Änderung der Farbe und Helligkeit glühender Substanzen, die Entstehung eines elektrischen Stromes bei Erwärmung der Kontaktstelle zweier verschiedener Metalle sowie schließlich die Änderung des elektrischen Widerstandes eines Zuleitungsdrahtes veranschaulicht.

Die Entwicklung des Thermometers wird erläutert durch das Thermoskop von Galilei, Weingeistthermometer der Accademia del Cimento von 1669, erste Luftthermometer von Amontos 1707, durch das erste Quecksilberthermometer von Fahrenheit und durch ältere Originalthermometer aus dem Ende des 18. Jahrhunderts. Die Reihe wird fortgesetzt durch das Maximum- und Minimumthermometer nach Cavendish 1757 und Rumford 1794, die zur Messung kleinerer Temperaturerhöhungen dienenden Differentialthermometer nach Leslie 1804 und Rumford 1806, durch Luftthermometer von Jolly 1874 und durch neuere Quecksilberthermometer von Beckmann und Niehls u. a.

An optischen Pyrometern ist eines von Holborn und Kurlbaum, eines nach Lummer vorhanden und ein Widerstandspyrometer von Hartmann und Braun.

Zur Demonstration der Ausdehnung fester, flüssiger und gasförmiger Körper ist das Stabpyrometer von Musschenbroek und die Versuchsanordnung von Lavoisier und Laplace aufgestellt.

Zur Messung von Wärmemengen und von spezifischer Wärme sind weitere wichtige Apparate vertreten, z. B. das Eiskalorimeter von Lavoisier-Laplace und von Bunsen und das Wasserkalorimeter von F. Neumann.

Im Anschluß an die wissenschaftlichen Untersuchungsapparate sind Brennmaterialien wie Holz, Braunkohle, Steinkohle, Alkohol usw. in denjenigen Mengen aufgestellt, welche zur Erzeugung einer bestimmten Wärmemenge erforderlich sind.

Aus dem Gebiete der Verdampfung sind die von Papin und Boyle angestellten Versuche über die Abhängigkeit des Siedepunktes von dem herrschenden Drucke und die Messung des Dampfdruckes nach Regnault durch Demonstrationen und Zeichnungen erläutert.

Die zur Feststellung des jeweiligen Gehaltes der Luft an Wasserdämpfen dienenden Hygrometer (Feuchtigkeitsmesser) sind in der Gruppe Meteorologie untergebracht.

Strahlung und Leitung der Wärme werden dargestellt durch die Mellonischen Apparate, Apparate von Biot von 1804 und Sénarmont von 1847, einen Apparat nach Ingenhousz von 1790 und einen Originalapparat von Wiedemann und Franz von 1853.

Die Verwendung der geringen Leitfähigkeit des luftverdünnten Raumes zur Wärmeisolation ist durch das Originalvakuumgefäß von A. Weinhold veranschaulicht.

Die Verflüssigung der Gase, welche gerade in neuester Zeit eine weitgehende technische Bedeutung erlangt hat, ist in ihrer wissenschaftlichen Entwicklung durch Versuchsnachbildungen und Originalapparate gezeigt. Die Gruppe beginnt mit einer Darstellung der Versuche von Cagniard-Latour und Faraday (1822—1823). Die Versuche zur Verflüssigung der Kohlensäure zeigt die Kompressionspumpe von Natterer. Das Festwerden von unter hohem Druck ausströmender Kohlensäure sowie der Thomson-Joule-Effekt werden vorgeführt.

Es folgt dann eine Gaspresse von Andrews und daneben ein Apparat von Cailletet von 1877, mit welchem zum ersten Male die sog. permanenten Gase, Sauerstoff und Stickstoff, verflüssigt wurden.

Die von Linde 1895 erdachten Einrichtungen zur Herstellung von größeren Mengen flüssiger Luft sind durch eine Windung der ersten Gegenstromspirale und durch eine vollständige betriebsfähige Anlage wiedergegeben. Ferner befindet sich hier ein Gegenströmer zur Zerlegung der flüssigen Luft in ihre Bestandteile, eine Zeichnung einer Lindeschen Sauerstoffanlage sowie ein Modell einer Sauerstoffanlage nach Claude von der Air liquide in Paris gestiftet.

Raum für die Darstellung der Reflexion der Wellen

Zu Demonstrationen mit flüssiger Luft dienen 5 mit flüssiger Luft gefüllte Gefäße, welche in einem Schranke zum Eintauchen von Versuchskörpern auf- und abbewegt werden können. Es wird gezeigt, wie das Quecksilber in flüssiger Luft gefriert, wie der Kautschuk darin seine Elastizität verliert, wie ein Thermometer bis auf 180 Grad unter Null sinkt, wie gasförmige Kohlensäure fest wird und wie der elektrische Widerstand eines Zuleitungsdrahtes zu einer elektrischen Lampe abnimmt.

Optik. Die Lehre vom Licht reicht auch schon ins Altertum zurück. Allerdings sind die Kenntnisse der Alten Welt auf dem Gebiete der Optik sehr geringe gewesen. Ptolemäus versuchte, die Gesetze der Brechung aufzufinden, ohne daß er zu einfachen Ergebnissen gelangte. Es war das damals auch nicht möglich, da die Goniometrie noch nicht entwickelt war. Erst Snellius stellte im Jahre 1626 das allgemeine Gesetz der Brechung auf, das der ganzen praktischen Optik zugrunde liegt.

Originalapparate von Jos. von Fraunhofer. Spektralapparat, Beugungsapparat, Mikroskop und optische Gläser

Die Zerlegung des Lichtes in seine farbigen Bestandteile hat in einwandfreier Weise erst Newton durchgeführt. Er stellte mit Hilfe des Prismas einfache, nicht weiter zerlegbare Spektralfarben her. Bekanntlich hat Goethe die Lehre Newtons angegriffen, indem er leugnete, daß das weiße Licht zusammengesetzt sein könnte. Goethe ging hierbei nicht von physikalischen sondern von physiologischen Überlegungen aus. Daß Weiß von uns als einfacher Sinneseindruck empfunden wird, läßt sich nicht bestreiten; aber physikalisch ist das weiße Licht doch aus einzelnen Elementen zusammengesetzt und kann in ein Spektrum aufgelöst werden. Von Newton rührt auch die erste Theorie des Lichtes her, die als Emanationstheorie bezeichnet wird. Nach dieser besteht das Licht aus kleinen Teilchen, die von dem leuchtenden Körper ausgesandt werden. Diese Lehre hatte, durch die Autorität Newtons gestützt, großen Erfolg, zumal sie die bald nach ihrer Aufstellung gemachte Entdeckung der Aberration des Lichtes in einfacher Weise erklären konnte. Es gelang ihr aber nicht, die Farben dünner Blättchen, die Newtonschen Farbenringe, die Beugungserscheinungen, die Doppelbrechung und die Polarisation zu erklären. Endgültig widerlegt wurde sie durch die Messung der Lichtgeschwindigkeit in Flüssigkeiten durch Foucault. Die Beobachtung ergab, daß die Fortpflanzungsgeschwindigkeit im optisch dichteren Medium kleiner war, während sie nach der Lehre Newtons hätte größer sein müssen.

Gleichzeitig mit der Emanantionstheorie Newtons wurde die Wellentheorie des Lichtes von Huygens aufgestellt. Sie war zunächst als longitudinaler Wellenvorgang gedacht, und konnte daher von den Vorgängen der Doppelbrechung und Polarisation keine Rechenschaft geben. So behielt die Newtonsche Lehre ein Jahrhundert lang die

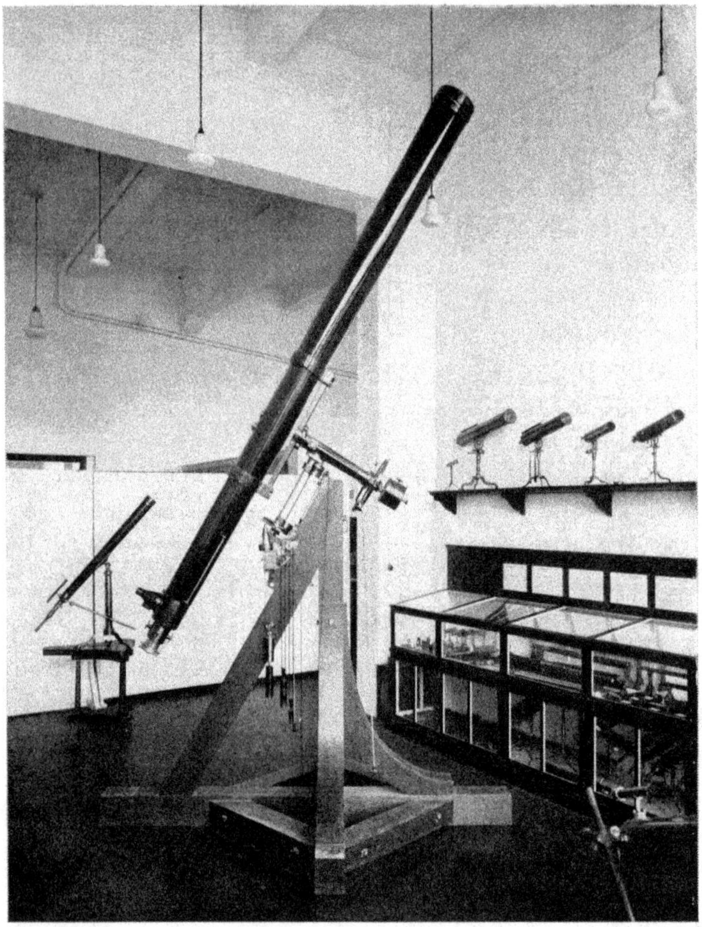

Fraunhofers Neunzöller, mit dem der Astronom Galle 1846 den Neptun entdeckte

Oberhand bis am Anfange des 19. Jahrhunderts Th. Young und Fresnel die Farben dünner Blättchen und die Newtonschen Ringe als Interferenzerscheinungen erklärten. Als Fresnel dann die Transversalität der Lichtschwingungen einführte, gelang es in kurzer Zeit, ein theoretisches Gebäude zu errichten, das die gesamten Interferenz- und Beugungsvorgänge, die Interferenzen des polarisierten Lichtes und die verwickelten optischen Vorgänge in Kristallen umfaßte. Dieser Lehre lag die Vorstellung eines elastischen Lichtäthers zugrunde, der alle Räume ausfüllt, und in welchem sich das Licht mit seiner großen Geschwindigkeit wie Wellen in einem elastischen Körper ausbreitet. Da man nur transversale, keine longitudinalen Wellen bemerkte, mußte der Äther unzusammendrückbar sein. Diese Theorie wurde von Franz Neumann und G. Kirchhoff weiter ausgebildet, während Mac Cullagh zeigte, daß die elastische Theorie mit den Vorgängen in der Optik nicht vollständig vereinbar war. In der Tat gelang es nicht, die gewöhnlichen Gesetze der Spiegelung und Brechung aus der elastischen Theorie abzuleiten. Diese Schwierigkeit wurde durch J. Cl. Maxwell beseitigt, der an Stelle der elastischen Theorie die elektromagnetische setzte. Diese behauptet, daß Licht und elektromagnetische Wellen der drahtlosen Telegraphie Vorgänge gleicher Art sind. Beide breiten sich mit gleicher Geschwindigkeit aus. Dieser Lehre verhalf Hertz durch seine berühmten Ver-

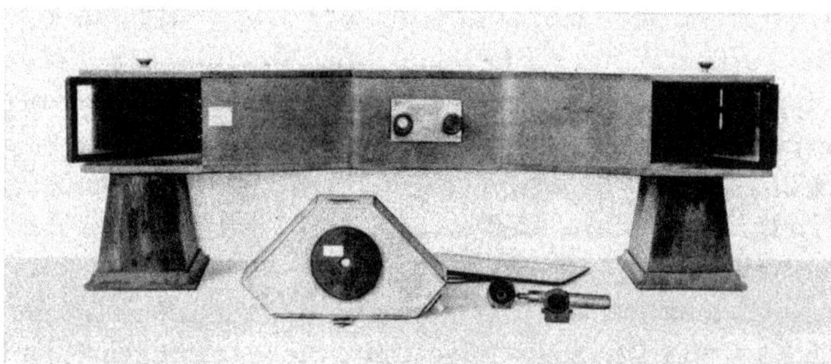

Originalapparate von Helmholtz. Telestereoskop, Phakoskop und Augenspiegel

Terrasse mit Fernrohren vor dem Saal der Optik

suche zum Siege, durch die er nachwies, daß elektromagnetische Wellen und Licht sich tatsächlich gleich verhalten.

Mit der Entwicklung der Lehre vom Licht ging die Lehre von der Strahlung parallel. Die Strahlung ist ein energetischer Vorgang, weil wir Licht und Wärmestrahlen durch Energieausstrahlung glühender Körper erhalten. Die Lehre von der Strahlung gehört aus diesem Grunde auch der Wärmelehre an. Ihre Entwicklung ist daher durch die Anwendung der Thermodynamik wesentlich gefördert. Das weitere Eingehen auf die Atomvorgänge bei der Lichtaussendung hat dann zur Quantentheorie geführt, die sich mit der alten Theorie in Widersprüche verwickelt hat, deren Lösung noch nicht absehbar ist. Durch die Entdeckung der Spektralanalyse hat sich von der Lehre der Strahlung noch ein besonderes Gebiet, die Spektroskopie, abgelöst, das in neuerer Zeit einen ungeheuren Umfang angenommen hat.

Die Entwicklung der optischen Instrumente ist von der Entwicklung der Lichttheorie ziemlich unabhängig gewesen. Seit der Einführung achromatischer Linsen hat das Brechungsgesetz unter Benutzung der Dispersion genügt, um die sog. geometrische Optik, die Lehre von den Abbildungsfehlern und ihrer Beseitigung zu entwickeln.

Von besonderer Bedeutung war für die Leistungsfähigkeit der optischen Instrumente die Anwendung der Beugungstheorie durch Abbe, Helmholtz und Rayleigh. Erst durch diese Theorie war man imstande, die Leistungsfähigkeit eines optischen Instrumentes richtig beurteilen und die Wege zu finden, um sich der theoretischen Grenze soviel wie möglich zu nähern. Es war dies nicht nur für das Mikroskop von grundlegender Bedeutung, sondern man lernte erst auf diesem Wege die Auflösungsfähigkeit eines Fernrohres richtig zu beurteilen. Eine Weiterentwicklung dieser Lehre führte dann zu der Michelsonschen Methode der Messung der Durchmesser der Fixsterne.

Durch den reichen Bestand an Originalapparaten unserer bahnbrechenden deutschen Forscher und durch die tatkräftige Unterstützung unserer optischen Industrie, die uns in die Lage setzte, die optischen Gesetze an großen neuartigen Demonstrationsapparaten vorzuführen, war es möglich, das große Gebiet der Optik, das im Südtrakt untergebracht ist, besonders reich mit Material zu versehen. Sechs aufeinanderfolgende Säle haben die Abteilungen: Erforschung der Natur des Lichtes, Ausbreitung, Reflexion und Brechung des Lichtes, das Auge und das Sehen, Fernrohr und Mikroskop, die Lichtprojektion einschließlich der Kinematographie aufgenommen.

Im ersten Saale zeigen Bilder und Modelle die Bestimmung der Lichtgeschwindigkeit durch O. Römer, Fizeau, Michelson und andere. Hieran anschließend wird das Grundgesetz der Photometrie an Demonstrationen in einer Dunkelkammer und durch eine Sammlung von Originalphotometern veranschaulicht. Den Mittelpunkt des Saales bilden die Originalapparate (Spektralapparat, Prismen und Beugungsapparat) von Fraunhofer und der Steinheilsche Spektralapparat, der seinerzeit nach Kirchhoffs Angaben gebaut wurde. Die Spektralanlage kommt dann weiter durch Demonstrationen, durch die Entwicklungsreihe der Spektralapparate und Spektraltafeln zur Darstellung,

Originalversuchsanordnungen nach Malus, Nörrenberg, Fraunhofer und Schwerd führen die Polarisations- und Beugungserscheinungen vor Augen.

In zwei Übersichtstafeln wird ein Überblick über die Theorien des Lichts gegeben. Im zweiten Saale werden die Gesetze der Reflexion und der Brechung an sechs von der Firma Carl Zeiß, Jena, gestifteten optischen Scheiben in besonders anschaulicher Weise dargelegt.

In einem besonderen Schranke sind die historischen Apparate aufgestellt, die Alhazen, Kepler, Descartes und Newton zur Erforschung der Brechungsgesetze dienten.

Unter den Demonstrationen der Linsen und Spiegelbilder ist das gleichfalls von der Firma Zeiß gestiftete Miniaturtheater bemerkenswert. Die über eine Bühne hinter dem Theater gehenden Besucher werden mit Hilfe von zwei großen Planspiegeln

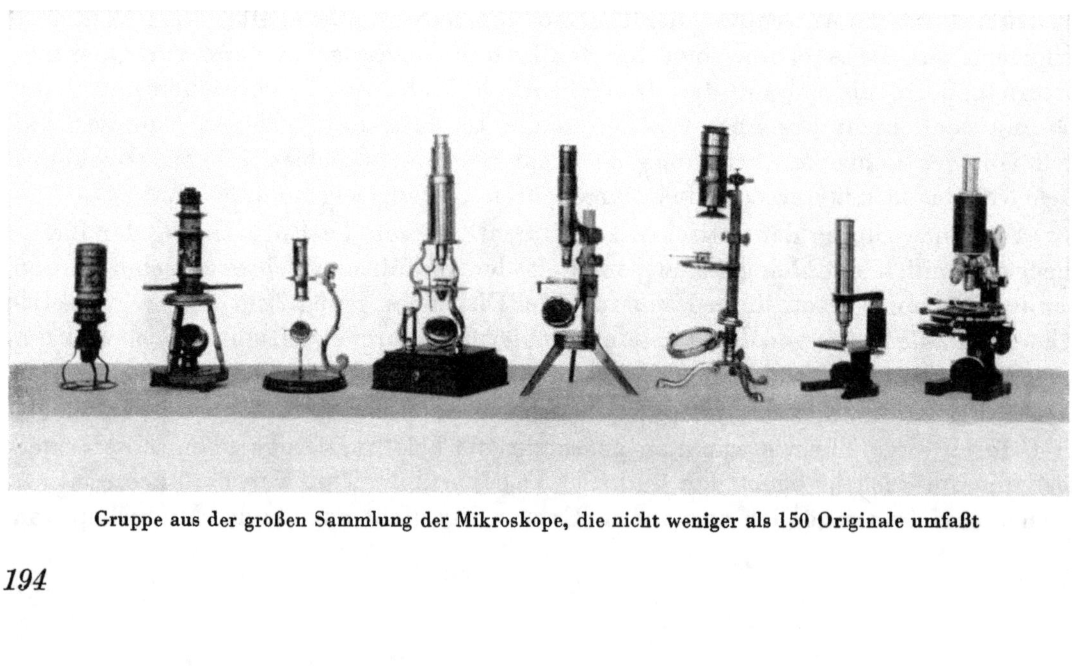

Gruppe aus der großen Sammlung der Mikroskope, die nicht weniger als 150 Originale umfaßt

nach einem Hohlspiegel verkleinert und als reelles Bild auf eine kleine Bühne geworfen, wo sie von den vor dem Theater stehenden Besuchern gesehen werden.

Die Abteilung „Das Auge und das Sehen“ umfaßt historische Abbildungen und Modelle über den Bau und die Funktion des Auges. Von den Augenuntersuchungsapparaten sind die Augenspiegel von Helmholtz ein reflexloser Augenspiegel nach Prof. Torner, ein Ophtalmoskop nach Wessely, das Ophtalmometer von Javal und die Apparate zur Prüfung des Farbensinnes von Heß bemerkenswert. Die Wirkung der Brillen wird an besonderen Modellen objektiv veranschaulicht, die Entwicklung der Brille und des Stereoskops ist in nahezu vollständiger Stufenreihe vorhanden.

Ein besonderes Dunkelkabinett dient zur Demonstrierung der Erscheinungen des Farbensehens, der Nachbilder und Kontrastwirkungen, der Dauer des Lichteindrucks usw.

Im Mittelpunkte des Saales „Fernrohr und Mikroskop“ steht der berühmte neunzöllige Refraktor Fraunhofers, mit dem der Astronom Galle im Jahre 1846 den Neptun entdeckt hat.

Die Entwicklung des Fernrohres ist vom einfachen Pappfernrohr bis zum modernen Prismendoppelfernrohr in Originalen und Abbildungen mit Beschreibungen veranschaulicht, und die wichtigsten Typen daraus, das nicht achromatische Pappfernrohr, das Spiegelteleskop, zwei achromatische Fernrohre von Dollond und Fraunhofer, sind zum Durchsehen auf eine ferne Prüftafel aufgestellt. Die Herstellung und Prüfung des optischen Glases ist durch eine Sammlung von Proben veranschaulicht, auch befinden sich hier die Originalpendelschleifmaschine von Fraunhofer und das Handschleifgerät von G. S. Ohm.

Zu den wertvollsten Spezialsammlungen des Museums gehört zweifellos die der Mikroskope, welche in mehr als einhundert Stufen einen lückenlosen, auch für den Historiker unschätzbaren Überblick über die Entwicklung dieses wichtigen Instrumentes zur Verschärfung unseres Auges gibt. Die Instrumente tragen die hervorragendsten Namen, wie Leeuwenhoek, Musschenbroek, Brander, Oppelt, Adams, Jones, Martin, Dellabarre, Dollond, Fraunhofer, Merz, Oberhäuser, Amici, Abbe, Zeiß und andere. Als kostbarstes Dokument der neueren Zeit enthält diese Abteilung den Original-Diffraktionsapparat von Ernst Abbe, mit welchem dieser seine fundamentalen Arbeiten über die Grenzen der Leistung des Mikroskopes ausgeführt hat.

Zur Darstellung der Leistung des Mikroskopes dient eine Reihe älterer und neuerer Instrumente, darunter ein Ultramikroskop.

Im nächsten Saale ist die Lichtprojektion zunächst durch historische Entwicklungsreihen von Projektionsapparaten, von den ersten Sonnenmikroskopen der Laterna Magica von Kircher bis zum modernen Kinoprojektor veranschaulicht. Vertreten sind auch die Wundertrommeln und Stroboskope als Anfänger der Kinematographie sowie die kinematographischen Aufnahmeapparate von Marey, Lumière, Kamm und die Wiedergabeapparate von Edison, Meßter, Ernemann und anderen.

Zur Vorführung besonders interessanter Arten der Lichtprojektion, wie z. B. der stereoskopischen Projektion des farbigen und sprechenden Films, steht ein besonderer Projektionsraum zur Verfügung.

*

Eine von Ohm um 1830 benutzte Elektrisiermaschine mit Flaschenbatterie, rechts die Nachbildung einer Elektrisiermaschine von Otto von Guericke von 1663

## J. ZENNECK, ELEKTRIZITÄT UND TELEGRAPHIE.

Als ich zum ersten Male die Säle der elektrischen Abteilung des Deutschen Museums betrat und zur allgemeinen Orientierung die Überschriften und Jahreszahlen an den ausgestellten Apparaten las, kam mir der Gedanke, wie die Abteilung wohl ausgesehen haben würde, wenn das Museum nicht im Jahre 1925, sondern im Jahre 1800 eröffnet worden wäre. Wenige Schränke würden genügt haben, um alles das aufzunehmen, was damals bekannt war: die paar Apparate für Reibungselektrizität (Elektrostatik), besonders die Originalapparate Otto von Guerickes, jenes Bürgermeisters von Magdeburg und Physikers nicht von Beruf, aber von Gottes Gnaden, die „Leidener" Flasche von Kleist, die Galvanischen und Voltaschen Versuche über Berührungselektrizität und ein paar natürliche und künstliche Magnete und Magnetnadeln. Alles andere, was die vielen Säle und Schränke der jetzigen elektrischen Abteilung an Entdeckungen, Erfindungen und technischen Apparaten bergen, ist in den letzten 125 Jahren geschaffen worden.

Wenn wir die Originalapparate oder ihre Nachbildungen, die Modelle, Zeichnungen und Beschreibungen, wenn wir diesen Anschauungsunterricht, den die elektrische Abteilung des Deutschen Museums uns über die Geschichte von Physik und Technik gibt, auf uns wirken lassen, so kommt uns überwältigend zum Bewußtsein, wie viele grundlegend neue Erkenntnisse diese letzten 125 Jahre gebracht haben. Die Thermoelektrizität von Seebeck, der Elektromagnetismus von Oerstedt, die Elektrodynamik von Ampère, die Induktionserscheinungen von Faraday, die Kathodenstrahlen von Hittorf, die Kanalstrahlen von Goldstein, die elektrischen Schwingungen von Feddersen und die elektrischen Wellen von Hertz, die Röntgen-

Originalapparate von Galvani aus dem Jahre 1789

strahlen — sie alle bedeuten keine Weiterentwicklung von bisher Bekanntem, sie sind Entdeckungen von völlig Neuem. Jeder, der im Deutschen Museum die Originalapparate, die zu diesen Entdeckungen geführt haben, betrachtet, wird sich einer gewissen Andacht nicht erwehren können, wenn er daran denkt, daß diese einfachen Apparate der Naturerkenntnis ganz neue Gebiete erschlossen haben.

Man muß vielleicht Physiker oder Elektrotechniker sein, um eine zweite Gruppe von Apparaten im Deutschen Museum voll würdigen zu können, die Apparate der Männer, die es sich zur Lebensaufgabe gemacht hatten, durch exakte Messungen die Gesetze, die diesen neuentdeckten Erscheinungen zugrunde liegen, aufzufinden und zu prüfen. Ihnen verdanken wir es, daß wir jene Erscheinungen heute quantitativ beherrschen; auf ihren Arbeiten konnte sich eine

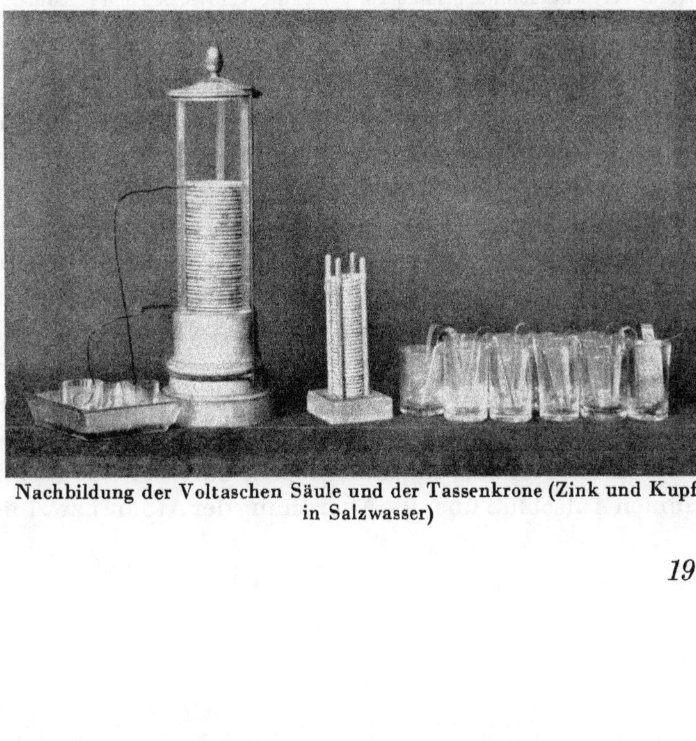

Nachbildung der Voltaschen Säule und der Tassenkrone (Zink und Kupfer in Salzwasser)

Original-Versuchsanordnung, mit der M. von Laue, W. Friedrich und P. Knipping 1912 die Interferenz der Röntgenstrahlen entdeckt haben

Theorie der elektromagnetischen Erscheinungen aufbauen. In diesem Sinne wollen die Apparate von Coulomb, von Ohm, von Gauß und Weber, von Helmholtz und Kohlrausch verstanden sein. In diesem Sinne müssen auch alle die elektrischen und magnetischen Meßinstrumente aufgefaßt werden, die Elektrometer, Magnetometer, Strom- und Spannungsmesser, die Wellenmesser der Hochfrequenztechnik, Instrumente, die das Ergebnis und Werkzeug wissenschaftlicher Arbeit darstellen und die die elektrische Abteilung des Deutschen Museums in den Ausführungen der besten deutschen Firmen besitzt. Besonders erwähnt werden muß die Originalanordnung von v. Laue, Friedrich und Knipping (1912), in der diese ein Bündel Röntgenstrahlen durch ein Kristall auf eine photographische Platte auffallen ließen und durch die auf der Platte entstehenden Interferenzfiguren die Wellennatur der Röntgenstrahlen außer Zweifel setzten. Es war einer von den Versuchen, die die Wissenschaft mit einem mächtigen Ruck weitergebracht haben. Siebzehn Jahre lang war man trotz aller Anstrengungen kaum über das, was Röntgen bei Entdeckung seiner Strahlen mit bewunderungswürdigem Geschick gefunden hatte, hinausgekommen. Seit den Versuchen v. Laues, Friedrichs und Knippings und seitdem Bragg eine einfache Methode zur Aufnahme von Röntgenspektren angegeben hatte — Spektrographen nach dieser Methode insbesondere auch ein Vakuumspektrograph von Siegbahn und ein Spektrograph nach der Methode von Debije und Scherrer sind im Röntgensaale des Deutschen Museums aufgestellt —, seitdem haben zwei Wissenschaften in den Röntgenstrahlen ein Handwerkzeug von ungeahnter Bedeutung erhalten, die Atomphysik durch die Erforschung der Röntgenspektren der Elemente und die Kristallographie durch die Möglichkeit, mit Hilfe von Laue-Aufnahmen Aufschluß über die Anordnung der Atome bzw. Ionen im Kristall zu bekommen.

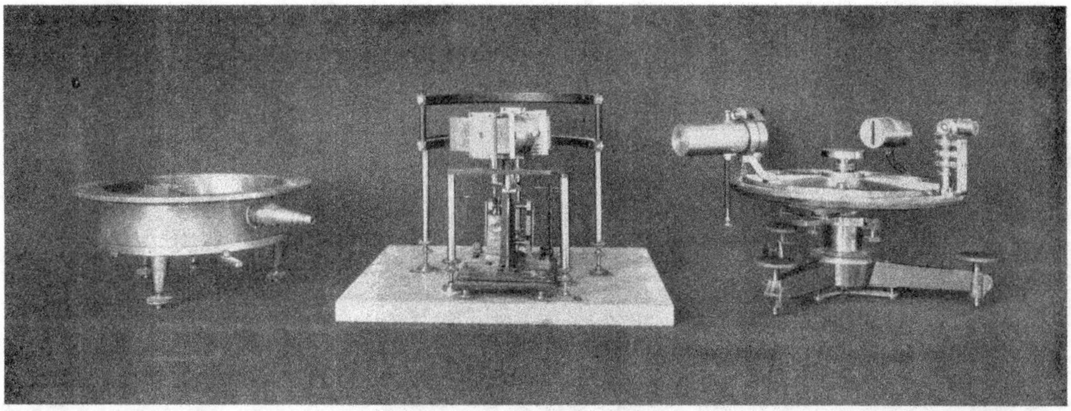

Vakuum-Spektrograph von Prof. Siegbahn, erster Röntgen-Spektrograph von W. Friedrich, Röntgen-Spektrometer mit Ionisationskammer

Was die Physik und speziell die elektrischen Erscheinungen für unsere heutige Kultur bedeuten, das muß jedem zum Bewußtsein kommen, der sich die technischen Anwendungen der elektrischen Erscheinungen ansieht. Hier tritt so recht vor Augen, was die Technik der Physik verdankt, aber auch was die Technik aus den einfachen physikalischen Erscheinungen und Apparaten gemacht und welche neuen Ideen sie selbst beigetragen hat.

Röntgen, dessen Strahlen eine neue Ära in der Physik eröffnet haben, war sich augenscheinlich schon zur Zeit seiner Entdeckung darüber klar, welche Möglichkeiten für die praktische Anwendung seiner Strahlen bestanden. Die Aufnahme der Knochen einer Hand und diejenige einer Schrot- und Kugelpatrone im Patronenlager einer Büchsflinte wiesen schon auf die Bedeutung für Medizin und Technik hin. Die Entwicklung der Röntgentechnik, die in erster Linie mit der Anwendung in der Medizin verknüpft war, bezog sich demnach fast ausschließlich auf die Röhren, die zu immer größeren Leistungen und für immer kürzere, zum Teil sogar kinematographische Aufnahmen ausgebildet wurden. Den Weg, den diese Entwicklung genommen hat, zeigt die Röntgenabteilung des Deutschen Museums, die in fast lückenloser Reihe die verschiedenen Typen der Röntgenröhren enthält, von den einfachsten Röhren der ursprünglichen Form bis zu den modernen Coolidge- und Lilienfeld-Röhren, die die Elektronen-Emission aus glühenden Metallen in höchstem Vakuum verwenden. Das Bedürfnis der Röntgentechnik nach immer höheren Spannungen und immer höheren Leistungen für die Speisung der Röntgenröhren hat der Technik neue Aufgaben gestellt und wie jede neue Aufgabe auf sie befruchtend gewirkt. Lange Zeit suchte man die Aufgabe dadurch zu lösen, daß man den Betrieb mit Funkeninduktor und, da es

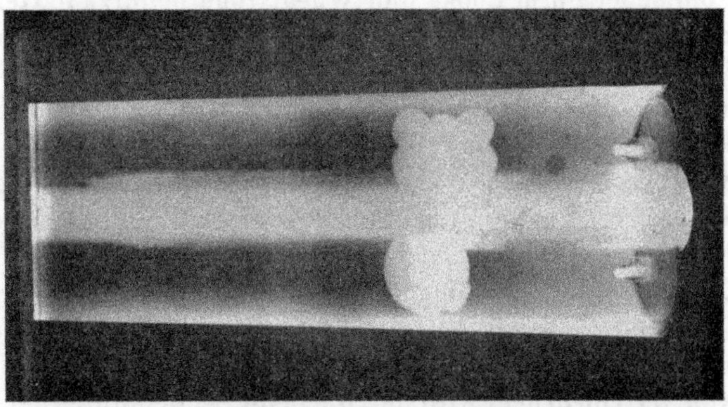

Röntgenaufnahme einer Büchsflinte, kurz nach der Entdeckung der Röntgenstrahlen hergestellt

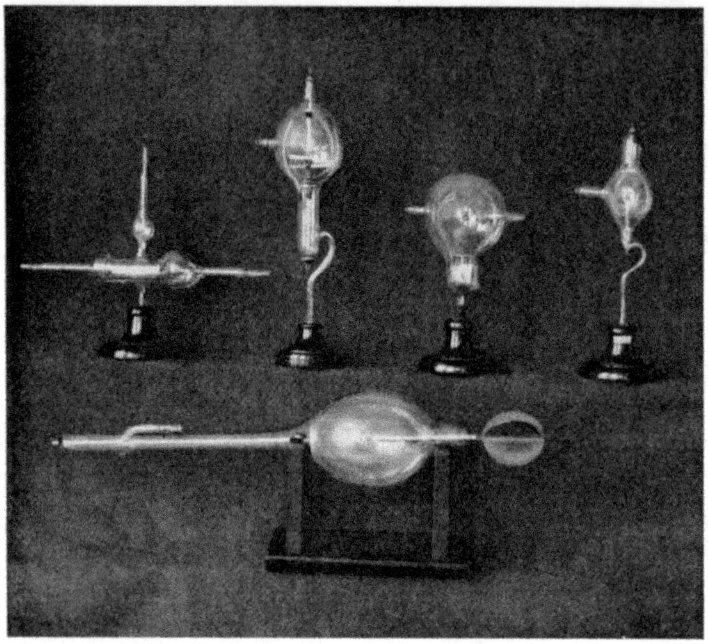

Ältere Röntgenröhren aus der Sammlung: Entwicklung der Röntgenröhren

am Funkeninduktor selbst nicht viel zu verbessern gab, hauptsächlich die Unterbrecher verbesserte, von denen in einem Schranke des Deutschen Museums fast alle praktisch gebrauchten Formen vorhanden sind. Dann ging man dazu über, den Funkeninduktor durch den Wechselstromtransformator zu ersetzen und auf der Hochspannungseite den Strom durch einen rotierenden Umschalter gleichzurichten. Und schließlich kam man zu einer Anordnung, wie sie durch einen Röntgenapparat der Firma Siemens & Halske vertreten ist: man machte eine Anleihe bei der Hochfrequenztechnik und wandte wie diese zur Gleichrichtung des hochgespannten Wechselstroms Hochvakuumventile mit Glühkathode an.

Bei einem zweiten Anwendungsgebiet, der Telegraphie, deren Entwicklung das Deutsche Museum in besonders vollständiger Weise zeigt, fällt eines auf. Der erste elektrische Telegraph, von Sömmering (1809), beruht auf der chemischen Wirkung des elektrischen Stroms, einem Prinzip, das bei der späteren Entwicklung ganz fallen gelassen wurde. Aber der Gedanke Sömmerings, den elektrischen Strom zur Nachrichtenübermittlung zu benutzen, ist geblieben, wenn man auch statt der chemischen die magnetische Wirkung des Stroms heranzog. In einer außerordentlich großen Menge von feinsinnigen Konstruktionen und Schaltungen ist dieses Prinzip sowohl für den Geber wie für den Empfänger durchgeführt worden. Verhältnismäßig rasch gab man im Empfänger die Nadel- oder Zeigertelegraphen auf, wie sie Schilling von Cannstatt (1832) und im Prinzip auch Gauß und Weber (1833) und in vollkommener Form Cooke und Wheatstone benutzt hatten und bei denen die Zeichen durch die Bewegung einer oder mehrerer Magnetnadeln markiert wurden. An ihre Stelle traten die Schreibtelegraphen, wie derjenige von Morse (1835) oder der von Steinheil (1836), dessen Original sich im Deutschen Museum befindet. Sie bekamen wieder einen ernsten Konkurrenten in dem bekannten und noch heute viel verwandten Typendrucker von Hughes, der die Telegramme gleich in gewöhnlicher Druckschrift aufschreibt. Bei der Entwicklung des Gebers war das Ziel Bequemlichkeit und Schnelligkeit. Es ist im höchsten Maße bemerkenswert, daß schon der Telegraph von Schilling von Cannstatt (1832) im Geber eine Tastatur ähnlich derjenigen des Hughes-Apparates und daß schon der Morseapparat von 1835 einen automatischen Geber zeigt in Form einzelner in eine Schiene eingesetzter Metallzacken von verschiedenem Abstand, die beim Senden unter der Sendetaste hindurch gedreht wurden, eine Anordnung, wie sie jetzt als Lochstreifen zu jedem Schnelltelegraphen gehört. Aber so früh diese Ideen auch auftauchten, die verschiedenen Arten von Apparaten, die im Deutschen Museum aufgestellt sind, beweisen, wie lang der Weg war, der zum modernen Siemens-Schnelltelegraphen führte, den man wohl heute als den vollkommensten Repräsentanten der Telegraphenapparate betrachten darf.

Im Gebiete der Telephonie ist ein Besitz des Deutschen Museums von besonders großem historischen Wert, der Originalapparat von Reis (1863), der zuerst den Gedanken einer elektrischen Übertragung der Sprache, wenn auch in unvollkommener Weise, realisiert hat. Seine Lösung des Problems war nicht praktisch brauchbar, aber sein Gedanke ist geblieben und nachher in dem Telephon von Bell (1876) und dem Mikrophon von Hughes (1878) in praktisch brauchbarer Form verwirklicht worden. Abgesehen davon, daß man die Magnete des Telephons heute in wirksamerer Form baut, als Bell es konnte, und daß man die Kohlestäbe des Mikrophons von Hughes durch Kohlekörner ersetzt hat, haben diese beiden Apparate sich bis heute nur wenig geändert. Die technische Entwicklung hat sich hier mit etwas ganz anderem beschäftigt, mit der Ausbildung von Telephonzentralen, die das ungeheuere Fernsprechbedürfnis des heutigen zivilisierten Menschen zu befriedigen vermögen. Im Deutschen Museum sind die vier Entwicklungsstufen des Vielfach-Umschalte-

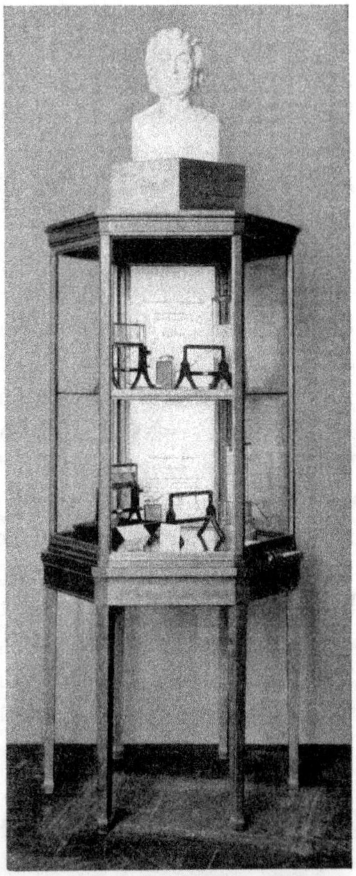

Der erste elektrochemische Telegraph von Th. von Sömmering 1809

Magnetinduktions-Zeigertelegraph von Werner Siemens 1856, Elektromagnetischer Zeigertelegraph von Werner Siemens 1846, Zeigertelegraph von Fardely 1843, Fünfnadeltelegraph von Cooke und Wheatstone 1837

systems aus den Jahren 1878 bis 1904 in einem Originalschrank der Firma Zwietusch & Co. dargestellt. Und eine besonders glückliche Idee war, als Demonstration eines selbsttätigen Fernsprechamtes die automatische Hauszentrale des Deutschen Museums von Siemens & Halske in einen Glasschrank einzubauen. Wer sich die Zeit nimmt, vor diesem Schrank einige Minuten zu warten, wird meist Gelegenheit haben, das sinnreich gebaute Werk im Betrieb zu sehen.

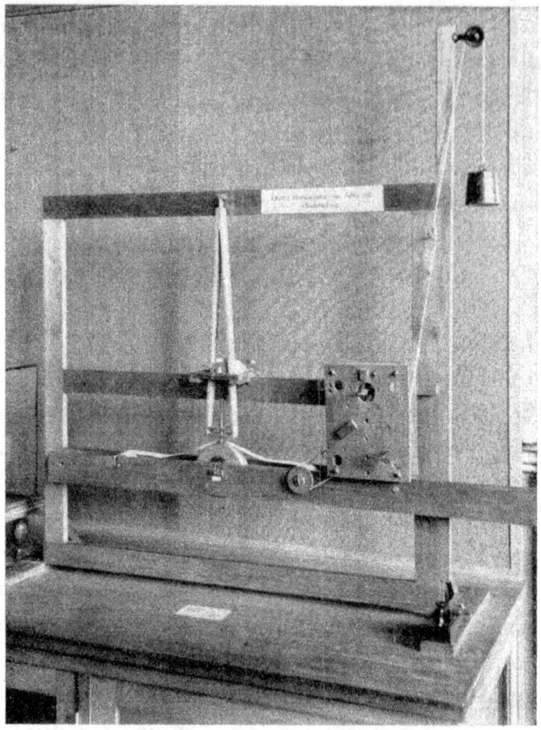

Ältester Morseapparat von 1835

Nicht vergessen sind im Deutschen Museum die Leitungen für Telegraphie und Telephonie und deren Entwicklung. Neben allen möglichen Materialien und Konstruktionen für den Leitungsbau sind besonders die Originalapparate von Pupin und eine große Zahl der verschiedensten Ausführungsformen von Pupinspulen vorhanden. Eine Originalmontierung der Deutschen Fernkabel-Ges. zeigt, wie ein Fernkabel mit seinen Endverschlüssen, Pupinspulen und Kondensatormuffen aussieht.

Tritt man von den Räumen für Telegraphie und Telephonie in die Säle für drahtlose Telegraphie und Telephonie, so scheint es auf den ersten Blick, als ob man in eine neue physikalische und technische Welt komme. Und dieser erste Eindruck ist ganz richtig: sowenig sich die drahtlose Telegraphie und Telephonie historisch aus der Drahttelegraphie und -telephonie entwickelt hat, so wenig hat sie mit ihr, abgesehen vom Zweck, in ihren physikalischen Grundlagen und ihrer technischen Ausbildung gemein. Die drahtlose Telegraphie ist die Domäne der elektrischen Schwingungen und Wellen, und zum wertvollsten Besitz des Deutschen Museums gehört der Originalapparat von Feddersen, mit dem dieser im Jahre 1856 die Schwingungen bei der Entladung von Kondensatorkreisen zum ersten Male, und zwar mit Hilfe von Funkenaufnahmen im rotierenden Spiegel,

Originaltelephon von Philipp Reis 1863

Betriebfähige Klappenschränke und Vielfachumschalter für Telephonzentralen von E. Zwietusch & Co., Berlin

experimentell nachgewiesen hat, und die Originalapparate von Hertz, mit denen ihm die Herstellung von elektromagnetischen Wellen in Luft und längs Drähten gelungen ist und mit denen er die Eigenschaft dieser Wellen studiert hat. Für jeden, der die Arbeiten von Hertz gelesen hat, wird es eine besondere Freude sein, in den Oszillatoren, Resonatoren, dem Pechprisma, den Polarisationsgittern und den großen Parabolspiegeln im Museum alte Bekannte zu finden. Vielleicht erscheinen diese Apparate aus Holzleisten, Blech und Drähten auf den ersten Anblick primitiv. Aber wer auf diesem Gebiete gearbeitet hat, der weiß die vorzügliche Dimensionierung zu würdigen, gegen die manche modernen und schön polierten Demonstrationsapparate für Hertzsche Wellen einen erheblichen Rückschritt bedeuten.

Das Ziel von Feddersen und Hertz war die Prüfung von Folgerungen, zu denen die elektromagnetischen Theorien geführt hatten. An eine praktische Verwendung ihrer Ergebnisse dachten weder Feddersen noch Hertz. Daß wir heute eine drahtlose Telegraphie haben, ist das Verdienst Marconis, der seine ganze Energie daran setzte, um auf der Grundlage der Hertzschen Wellen ein neues Nachrichtenmittel aufzubauen. Die Entwicklung war ungemein rasch. Nicht mehr als 30 Jahre ist es her, seit Marconi seine ersten Versuche auf wenige Kilometer machte. Heute gibt es keine Entfernung der Erde, die nicht durch elektrische Wellen zu überbrücken wäre, kein größeres Schiff, das nicht eine drahtlose Station an Bord hätte. Im Gegensatz zur Entwicklung der Elektrotechnik oder der gewöhnlichen Telegraphie und Telephonie zeichnet sich diejenige der drahtlosen Telegraphie und Telephonie durch eine ganz

Originalapparate von Feddersen, mit denen dieser 1856 durch Funkenaufnahmen im rotierenden Spiegel die Schwingungen bei der Entladung von Kondensatorkreisen nachgewiesen hat

Saalbild der drahtlosen Telegraphie

besondere Mannigfaltigkeit in der Anwendung physikalischer Erscheinungen aus. Die Sammlung des Deutschen Museums gibt einen vorzüglichen Begriff von der Vielseitigkeit dieser Entwicklung. Sie enthält sämtliche Senderarten, darunter einen Braunschen gekoppelten Sender, wie er 1899 bis 1900 bei den Versuchen auf der Nordsee und denjenigen, der 1901 bis 1902 zwischen Cuxhaven und Helgoland im Betrieb war, eine Löschfunkstation von Telefunken nach der Methode von M. Wien, das Original eines der ersten Poulsen-(Lichtbogen-)Sender, Hochfrequenzmaschinen zur Verwendung mit oder ohne Frequenzvervielfachung von R. Goldschmidt, Graf Arco und C. Lorenz, den ersten Frequenzwandler von J. Zenneck, verschiedene Röhrengeneratoren nach der Erfindung von A. Meißner, durch die erst eine praktisch brauchbare drahtlose Telephonie ermöglich wurde. In ähnlicher Vollständigkeit ist auch die Entwicklung der Empfänger dargestellt, vom einfachen Schreibempfänger mit Fritter bis zum modernsten Röhrenempfänger mit Hoch- und Niederfrequenzverstärkung, auch ein Empfänger mit Rahmenantenne für Funk-Peilung. Eine ausgezeichnete Stellung in der modernen drahtlosen Telegraphie und Telephonie, und zwar sowohl im Sender als im Empfänger nehmen die Elektronenröhren ein, eine Erfindung L. de Forests, deren Tragweite er selbst nicht ahnte. Tatsächlich hat es wohl niemals in der Geschichte der Technik einen Apparat gegeben, der ein ganzes Gebiet derartig umgestaltet hat, wie es die Elektronenröhren in der drahtlosen Telegraphie taten. Die Elektronenröhre, die auf dem Boden der drahtlosen Telegraphie entstand, ist heute auch für die Physik ein Handwerkzeug von größter Bedeutung geworden. Daß das Deutsche Museum die

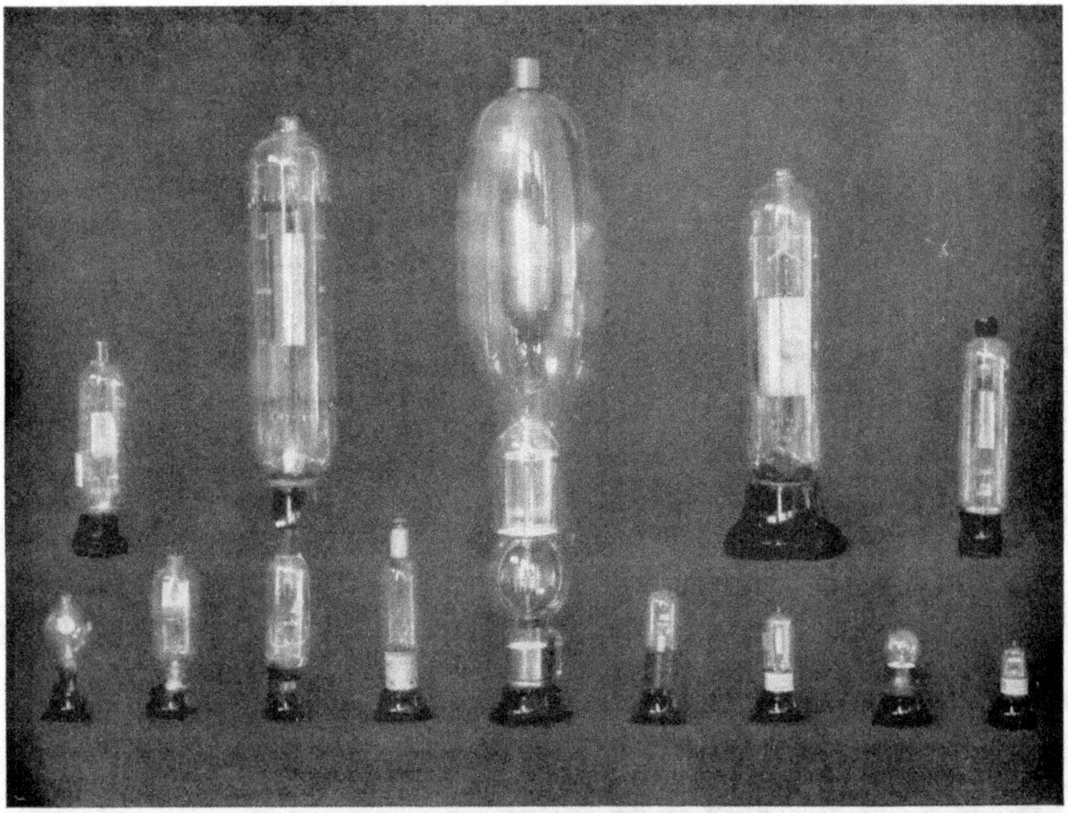

Gruppe aus der Entwicklung der Elektronenröhren

Wichtigkeit der Elektronenröhren voll gewürdigt hat, geht am besten daraus hervor, daß in ihm ungefähr alle Größen und Konstruktionen von Elektronenröhren von der kleinsten Verstärkerröhre bis zu den größten Senderöhren aufgestellt sind.

Es ist überall im Deutschen Museum Sitte, die Apparate und Maschinen nicht nur wie die ausgestopften oder in Spiritus gesetzten Tiere einer zoologischen Samm-

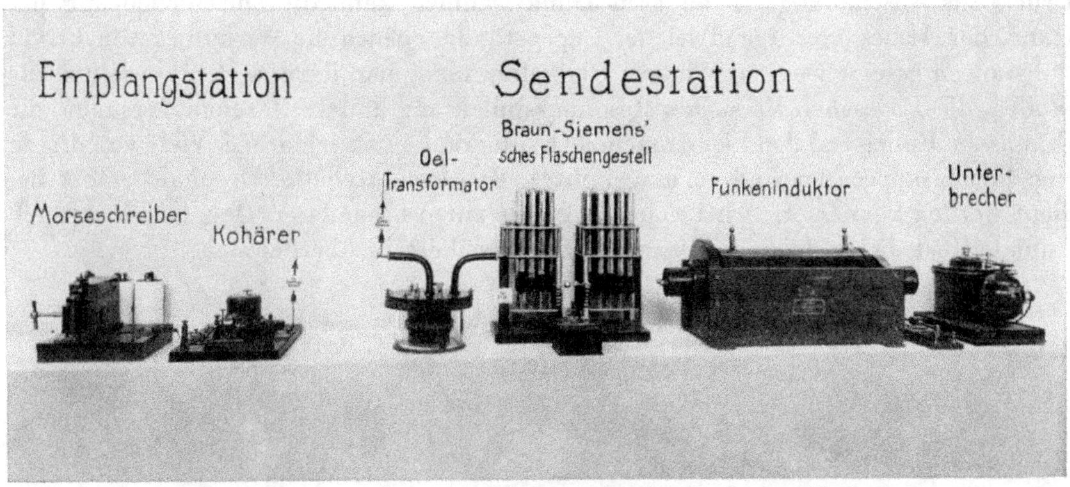


Originalapparate aus der ersten Funkensenderanlage Cuxhaven-Helgoland

Originalapparate von Ampère für die Forschungen auf dem Gebiete der elektrodynamischen Wirkungen des elektrischen Stromes

lung auszustellen, sondern wenn irgend möglich sie auch durch Demonstrationsversuche gewissermaßen im Leben vorzuführen. Ein Schrank mit Versuchsanordnungen zur statischen Elektrizität, die durch eine Influenzmaschine betrieben werden, versetzt uns in alte Zeiten, während die Empfangsanlage, die an die Hochantenne des Deutschen Museums angeschlossen ist, die modernsten Errungenschaften von drahtloser Telegraphie und Telephonie vorführt. Die kräftigen magnetischen Wirkungen des elektrischen Stromes werden an einem starken Elektromagneten der Allgemeinen Elektricitäts-Gesellschaft und die Messung magnetischer Felder mit einer Lenardschen Wismutspirale gezeigt. Sehr lehrreich für die physikalisch Vorgebildeten sind die Demonstrationsversuche über die Anziehung und Abstoßung beweglicher Stromleiter, die die Gesetze von Ampère zeigen, und diejenigen über die elektrische Induktion, die Faradays Entdeckung illustrieren. Ein großer Funkeninduktor der Firma Max Kohl soll die Funkenentladung zeigen und eine größere Anzahl von Röhren, die in Dunkelkabinetten aufgestellt sind, bringen die verschiedenen Entladungsformen in verdünnten Gasen von verschiedenem Druck zur Anschauung. In anderen Dunkelräumen kann die Durchleuchtung der Hand, des Armes oder irgendwelcher Gegenstände, ebenso die Wirkung radioaktiver Substanzen gezeigt werden. Weitere Dunkelräume dienen dazu, stehende elektrische Wellen, die Teslaschen Versuche, Resonanzspulen und andere Resonanzversuche, die Braunsche Röhre und den Siemensschen Oszillographen zu erläutern. Viele von diesen Vorführungsapparaten sind so eingerichtet, daß sie durch die Besucher selbst bedient werden können. Es wird sicher auf viele einen besonderen Reiz ausüben, auch einmal selbst die Rolle eines Experimental-Physikers zu übernehmen.

*

## BERTHOLD KELLERMANN†, MUSIKINSTRUMENTE.

Das Verlangen, Stimmen der Natur nachahmend an schwingungsfähige, tönende Körper bannen und nach Belieben wachrufen zu können, hat sich, wie mit Sicherheit anzunehmen ist, schon in den frühesten Zeiten bei kulturell noch wenig entwickelten Völkern geltend gemacht. Es fand seine Betätigung in den ersten primitivsten Klangwerkzeugen, welche nichts anderes waren als getrocknete, gespannte Tierhäute, Holzstäbe und Steinplatten, welche durch Anschlagen, sowie Muscheln und Teile von Bambus- oder Schilfröhren, bei denen die von ihnen umschlossenen Luftsäulen durch Anblasen in tönende Schwingungen versetzt wurden. Aus solchen Urinstrumenten ist im Laufe von Jahrtausenden, gestützt auf die zunehmende Erkenntnis der physikalischen Gesetze von der Entstehung der Klänge, die reiche Fülle hochwertiger Musikinstrumente entstanden.

Unter Berücksichtigung des engen Zusammenhanges der betreffenden Naturgesetze und ihrer Nutzbarmachung sind den Räumen des Museums für Akustik jene für Musikinstrumente unmittelbar angeschlossen.

Hier befinden sich, in einzelne Gruppen geschieden, nach Entstehungszeit und Klangcharakter geordnet, die wichtigsten bisher zu erlangenden Arten und Formen aus alter und neuer Zeit in Originalen sowie in Ab- und Nachbildungen. Die erste Gruppe umfaßt die sog. rhythmischen Instrumente, welche sich zwar nicht zur Wiedergabe von Melodien, wohl aber zur eindringlichen Betonung von Takt und Rhythmus eignen. Für den sinnenden Betrachter sind diese insofern von besonderem Interesse, als sie das Zutreffende des Ausspruches: „Im Anfang war der Rhythmus" auch hinsichtlich des Urbeginnes der musikalischen Kunst bestätigen. Der Entwicklungsgang dieser Instrumente ist ohne weiteres erkennbar. Die Sammlung zeigt Rasseln und Klangstäbe von Naturvölkern, das Sistrum der Ägypter, Trommeln und Pauken u. a. Die an den älteren Trommeln zum Zwecke der größeren Spannung der Membran angebrachten Spannungsschnüre, sind, wie bei den Pauken, durch Spannschrauben ersetzt worden. Bei den neuesten Paukenformen dient eine Hebelvorrichtung zur Umstimmung in verschiedene Tonhöhen.

Neben den ausgeprägt rhythmischen Instrumenten befinden sich in dieser Abteilung noch solche, welche als Übergangsformen zur folgenden Gruppe angesehen werden können. Es sind die „Marimba" und der „Javanische Anklung". Die Marimba, an welcher Resonatoren aus Flaschenkürbissen auffallen, gehört zur gleichen Instrumentengattung, wie die jetzt noch vereinzelt gespielte Holz- oder Strohzither, im Volksmund das „hölzerne Gelächter" genannt. Der Anklung dagegen, gefertigt aus größeren und kleineren Bambusrohrstücken, welche durch Schütteln an einem Widerstand anschlagend zum Erklingen gebracht werden, zählt zur Klasse der abgestimmten Klangstäbe.

Das weite Gebiet der Musikinstrumente im eigentlichen Sinne beginnt mit der Gruppe der Blasinstrumente. Diese sind nach der Art der Tonerzeugung, wodurch der wesentliche Unterschied ihres Klangcharakters bedingt ist, eingeteilt. Schematische Zeichnungen sowie betriebsfähige Instrumente, die an einen Blastisch angeschlossen sind, veranschaulichen die Entstehung ihrer klanglichen Eigenart. Beginnend mit den Holzblasinstrumenten, erblickt der Beschauer die Panspfeife. Diese ist eine der ältesten Formen der Flötenpfeifen. Die Flöte selbst, von deren

Rhythmische Instrumente

erster Gestaltung wir nur aus Beschreibungen und durch Abbildungen auf Denkmälern vorchristlicher Zeit Kenntnis besitzen, hat sich in ihrer Ursprünglichkeit am längsten nahezu unverändert erhalten. Es war eine sog. Schnabelflöte mit einem Umfange von nur wenigen Tönen. Auch die Querflöte, die sich bald zu ihr gesellt haben muß, kam lange nicht über ihre Urform hinaus. Erst mit dem Aufblühen der Instrumentalmusik, zu Anfang des 17. Jahrhunderts, begann eine wesentliche Umgestaltung derselben, wie aller während der Kreuzzüge im Abendlande eingeführten Musikinstrumente. Immer aber noch war die mangelhafte Technik der Spieler und der dadurch bedingte Widerstand gegen alle Neuerungen die Ursache einer nur äußerst langsam fortschreitenden Ausbildung der Instrumentenbaukunst. Zwar waren die Komponisten insofern anregend tätig, als sie an die einzelnen Instrumente immer höhere Anforderungen bezüglich des Tonumfanges stellten, aber der Erfolg war zunächst nur der, daß von jeder Art eine immer mehr anwachsende Reihe größerer und kleinerer Formen angefertigt wurde, so daß schließlich die Zahl der Blasinstrumente 86 erreichte. Von diesen besitzt die Sammlung an Flötenarten die Plockflöten, Flageolette und Querflöten nebst einigen Abarten. Die erste Verbesserung an der Querflöte, welche später alle anderen Flöten verdrängte, erfand Quantz, der berühmte Flötist und Lehrer Friedrichs des Großen. Er vermehrte die Zahl der Spiellöcher und brachte daneben zwei mit Klappen verschließbare an. Das auswechselbare Mittelstück zur Einstimmung ersetzte er durch einen im Rohre verschiebbaren Pfropfen. Ihre jetzige Gestalt gab ihr um die Mitte des vorigen Jahrhunderts der Münchner Hofmusiker Böhm, dessen wissenschaftlicher Beirat Prof. v. Schafhäutl war.

Die Entwicklung der Holzblasinstrumente mit doppeltem Rohrblatt ist durch die verschiedensten Arten dieser Gattung veranschaulicht. Dazu gehören die alten Schalmeien und deren größte Formen, die Bomharte (Pommern), mit in der oberen Ausbuchtung des Rohres versenktem Rohrblatt, das Krummhorn, das keine weitere Ausbildung erfahren hat, sowie die Oboen und Fagotte. Die Oboe, deren Vorgängerin die Schalmei war, wurde wahrscheinlich in Frankreich erfunden und ist in ihrer heutigen Gestalt ungefähr 200 Jahre alt. Die an ihr vorgenommenen Verbesserungen bestehen in der Vermehrung der Klappenzahl von zwei auf vierzehn. Zu den Oboen zählen auch das Englische Horn und die Oboe d'amore. Ersteres im 17. und 18. Jahrhundert als Oboe da caccia allgemein verbreitet, hatte sichelförmige Gestalt und war mit Leder überzogen, während die jetzige Form, der Länge des Rohres wegen, im Winkel gebaut wird. Die Oboe d'amore ist ganz veraltet. Durch einen kugelförmigen Schalltrichter mit enger Öffnung war ihr Klang stark gedämpft. Das Fagott, erfunden 1525 vom Kanonikus Afranio zu Ferrara, der das überlange Rohr des Bomhart teilte und zu einem Bündel (fagotto) zusammenfaßte, erfuhr erst im 19. Jahrhundert durch Almenröder und Böhm eine höhere Ausbildung. Die für den Bläser wichtigste Neuerung sowohl bei der Oboe als auch beim Fagott war die Beseitigung des versenkten Rohrblattes, wodurch er, nachdem das nun freistehende Rohrblatt von ihm direkt mit den Lippen gefaßt werden mußte, erst die volle Gewalt über das Instrument hinsichtlich des Ausdruckes gewann. Die Gruppe der Holzblasinstrumente mit einfachem Rohrblatt, das auf dem Schnabel des Rohres angebracht, als aufschlagende Zunge wirkt, bilden die Klarinetten. Diese wurden von Denner in Nürnberg im Jahre 1700 erfunden, der auch durch Anbringung einer kleinen Öffnung am Rohre, welche mit einer Hilfsklappe bedeckt ist, das Überblasen in die Duodezime erleichtert hat. Das Museum besitzt an Klarinettenformen auch eine Altklarinette, eine Baßklarinette und ein Baßetthorn.

Zu den Holzblasinstrumenten zählt auch der in mehreren Formen vertretene Dudelsack. Von den Babyloniern stammend, wurde er über die ganze Welt verbreitet. Ursprünglich als Hirteninstrument, im 13. Jahrhundert auch von den Troubadours und Minnesängern benützt, nachdem er sogar mehrfach bei Weihnachtsfeiern der christlichen Kirche geduldet worden war, gelangte er im 17. Jahrhundert besonders in Frankreich zu solchem Ansehen, daß sich namhafte Musiker als Komponisten und Virtuosen mit der „Musette" befaßten. Die nächste Gruppe zeigt jene Blasinstrumente, bei welchen der Klang durch Vibration der Lippen des Bläsers erzeugt wird. Ihre dem frühesten Altertum entstammenden Arten sind im jüdischen Schophar und im Nachtwächterhorn vertreten. Weitere Formen dieser Hörner erblickt der Beschauer an den Alpenhörnern, einer Abart der alten Heerhörner, und in den kleinsten Arten, den Hüfthörnern. Bei allen diesen beschränkte sich der Umfang auf wenige Naturtöne. Erst um das Jahr 1000 vollzog sich, vermutlich in England, die Umbildung der größeren Formen zum Zink, der als gerader und krummer Zink bei der Instrumentalmusik des 16. und 17. Jahrhunderts eine große Rolle spielte. Aus dem Zink bildete sich das in Schlangenwindungen gebaute Serpent, erfunden vom Kanonikus

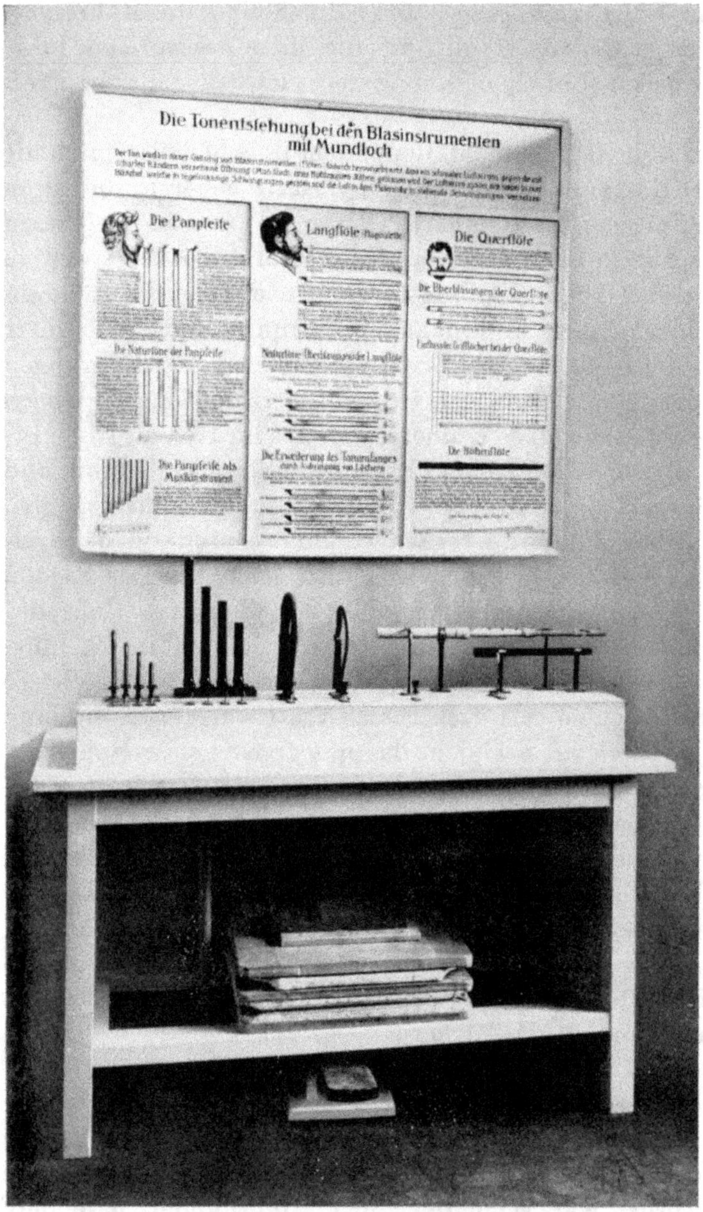


Vorrichtung für die Erklärung der Entstehung von Tönen bei den Blasinstrumenten mit Mundloch. Antrieb durch Blasebalg

Guillaume zu Auxerre 1590. Durch Anbringung mehrerer Tonlöcher war sein Klangumfang beträchtlich erweitert worden. Zink und Busine, letztere schon im 12. Jahrhundert aus einem engen Metallrohr angefertigt, können wegen ihres Mundstückes, das sich mehr und mehr der Kesselform nähert, als Übergangsinstrumente zur Gruppe der Blechblasinstrumente angesehen werden. Diese sind in der Sammlung durch das Jagdhorn, Ende des 17. Jahrhunderts in Frankreich entstanden, Waldhörner, Trompeten, Posaunen und Tuben vertreten. Die an ihnen vorgenommenen Umgestaltungen sind offensichtlich. Von größter Bedeutung aber für ihren Tonumfang und ihre Spieltechnik wurden die Stimmbögen, zuerst um die Mitte des 18. Jahrhunderts an der Trompete angebracht und bald darauf auf das Horn übertragen, ferner das System der Klappen, Ende des 18. Jahrhunderts, und jenes der Ventile, das 1813 von Blühmel erfunden worden war. Die tiefsten Blechblasinstrumente sind die Tuben, welche 1835 von Moritz und Wiprecht erfunden wurden.

Der reichhaltigste Teil der Sammlung erschließt sich dem Beschauer mit den Saiteninstrumenten. Sie sind gruppenweise geordnet, je nachdem ihre Saiten durch Zupfen, Streichen oder Anschlagen zum Klingen gebracht werden können. Die erste Gruppe zeigt, als ihre wichtigsten Vertreter, die Harfenarten ältester Zeiten in Nachbildungen nebst Originalen von alten Tiroler Formen und deren spätere Weiterbildung, wie die Hakenharfe vom Ende des 17. Jahrhunderts, die einfache Pedalharfe, erfunden 1720 von Hochenbrucker und die letzte Vervollkommnung an einer von Erard 1820 erbauten Harfe mit Doppelpedalen zur zweimaligen Umstimmung der Saiten um je eine halbe Tonstufe höher.

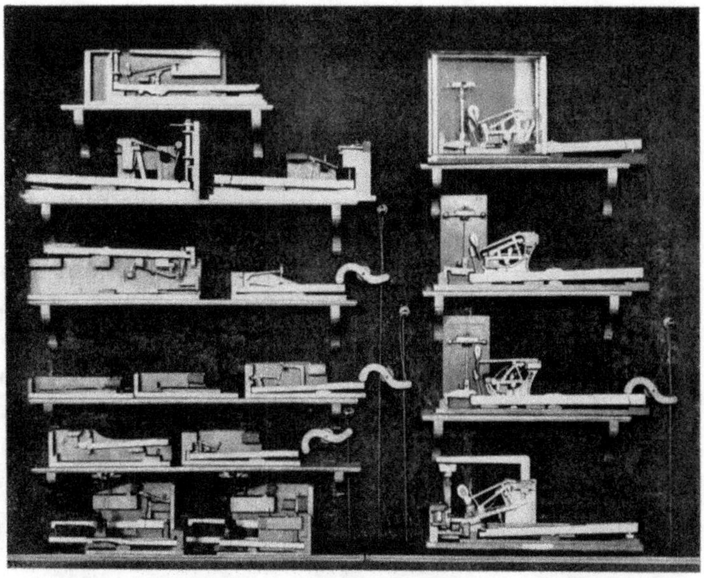

Gruppe aus der Sammlung Entwicklung der Klaviermechanik. Die wichtigsten Modelle können durch eine Zugvorrichtung bewegt werden

Übergehend zur Gruppe der Lauten, erfahren wir, daß diese Instrumentenart, deren Abbildung schon sehr alte ägyptische Grabdenkmäler aufweisen, bei den Arabern besonderer Beliebtheit sich erfeute, durch diese nach Spanien und Unteritalien gelangte und im 14. Jahrhundert über ganz Europa verbreitet gewesen ist, wo sie bis weit in das 17. Jahrhundert, namentlich in der guten Hausmusik, eine große Rolle spielte. Anschließend an die Lauten ist die Guitarre in verschiedenen Formen ihrer Entwicklung vorhanden.

Die dritte Art von Zupfinstrumenten zeigt die Sammlung an typischen Zister- und Zitherformen aus Tirol, Bayern und Thüringen.

Die Darstellung der Streichinstrumente beginnt mit ihren Urformen, dem arabischen Kemangeh, dem indischen Rebab und Nachbildungen der alten Rubebe und Lira. Wie aus diesen Formen allmählich unsere heutigen Streichinstrumente entstanden sind, ist in der Sammlung übersichtlich dargestellt. Einen für die Spieltechnik wichtigen Fortschritt läßt die Fidel erkennen, deren schon in Berichten aus dem 9. Jahrhundert Erwähnung geschieht. Er besteht darin, daß hier zum ersten Male ein selbständiger Hals auftritt, wozu noch die Einbuchtungen auf beiden Seiten des Körpers kommen. Neu ist auch der aus drei Teilen zusammengefügte Körper, dessen Decke und Boden durch Zargen verbunden sind. Die Fidel ist abendländischen Ursprungs. Ihre Umwandlung zur Violenform vollzog sich zwischen dem 14. und 17. Jahrhundert. Ihr schließen sich die eigentlichen Violen an, welche in verschiedenen Größen als Viola da braccia und da gamba gebaut wurden. Diese sind die direkten Vorläufer unserer heutigen Streichinstrumente, welche schon um die Mitte des 17. Jahrhunderts durch Amati und Stradivari zur höchsten Vollendung geführt worden sind. Neben den fertigen Instrumenten zeigt die Sammlung die Herstellung ihrer einzelnen Teile aus dem Holzkeil, die Entwicklung der Bogen und der Stege.

Wir betreten nun die Abteilung der Klaviere, deren Vorgänger das Cymbal der Zigeuner hinsichtlich der Klangerzeugung durch Anschlag der Saiten ist. In fast lückenloser Folge ist ihre Entwicklung und die ihrer Mechaniken vom 12. Jahrhundert an bis auf die Neuzeit an zahllosen, wertvollsten Originalen ersichtlich. Beginnend mit dem Clavichord, dessen kleinste Formen noch auf den Knien gehalten oder auf den Tisch gestellt wurden, daran anschließend die Kielflügel — Clavi-

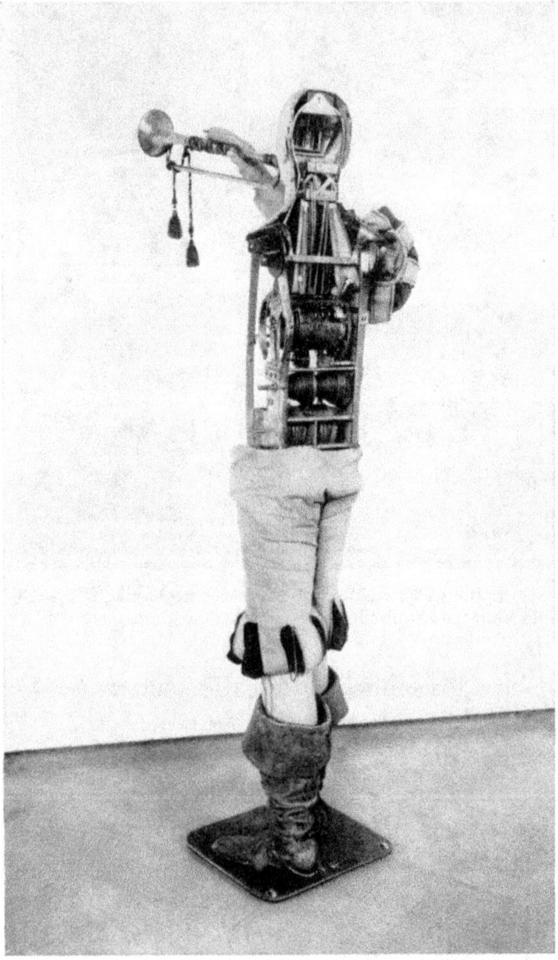

Trompeter-Automat von Friedrich Kaufmann 1810

cymbalum und Clavicytherium —, die Hammerklaviere in Tafel-, Pianino- und Flügelform bis zur letzten Vollendung. Zur Demonstration der Bewegung der einzelnen Teile ihrer Mechaniken können die wichtigsten Modelle durch eine Zugvorrichtung bewegt werden.

Die wesentlichen, im Verlaufe der Jahrhunderte vorgenommenen Neuerungen wurden vor allem angeregt durch das Bestreben, die Klangkraft zu verstärken, den Tonumfang zu erweitern und die Ausdrucksfähigkeit zu erhöhen. Die wichtigsten Errungenschaften nach diesen Richtungen sind: die Vermehrung der Saitenzahl im Zusammenhange mit der Einführung der Chromatik, die Umwandlung der „gebundenen“ Instrumente, bei welchen für zwei verschiedene Töne nur eine Saite mit zwei Tasten angebracht war, in „bundfreie“, die Änderung der Anschlagsart, ausgehend von der Messingtangente und Federkieltangente bis zur Hammermechanik fortschreitend, durch welch letztere erst die Hervorbringung von Stärkegraden des Klanges in allen Abstufungen möglich geworden ist. Nachdem aus dem mit dünnen Messingsaiten bezogenen Clavichord das mit stärkeren Stahlsaiten ausgestattete Clavicymbalum hervorgegangen war, wurde es nötig, die länger schwingenden und klingenden Saiten durch eine in Verbindung mit den Trägern der Kielfedertangenten stehende Vorrichtung abzudämpfen. Ihr folgte eine weitere, welche den Zweck hatte, alle Saiten gleichzeitig von der Dämpfung zu befreien, wodurch auch das Mitklingenlassen nicht angeschlagener Saiten möglich wurde, die aber noch mit dem Knie bedient werden mußte. Die Erfindung der Hammermechanik vollzog sich im 18. Jahrhundert. An dieser waren Cristofori aus Padua 1711, Marius in Paris 1716 und die Deutschen Silbermann und Schröter um die Mitte des 18. Jahrhunderts beteiligt. Ihre verhältnismäßig noch mangelhaften Mechaniken erfuhren durch Stein in Augsburg, der auch der Erfinder der sog. deutschen Mechanik ist, eine wesentliche Verbesserung. 1784 brachte Erard in Paris die Pedale an. Aus seiner Fabrik gingen die besten Mechaniken seiner Zeit hervor, die vorbildlich gewesen sind für alle späteren oder gleichzeitigen Vervollkommnungen, an deren Gewinnung sich alle hervorragenden Firmen des In- und Auslandes beteiligten. Anfangs des 19. Jahrhunderts begannen die Klavierbauer Englands den Stimmstock und die Anhängeplatte mit Eisen-

Sammlung der Tasteninstrumente im Musiksaal des Museums. Entwicklung des Klavieres, des Flügels, des Harmoniums und der Orgel

sparren zu spreizen, um der immer mehr anwachsenden Zugkraft des Saitenbezuges zu begegnen, die bei den heutigen Konzertflügeln über 20000 kg beträgt. Aus klanglichen Gründen bedeckte Pape aus Württemberg von 1815 ab die Hämmer mit Filz. Die Einführung der aus einem Stück gegossenen Eisenrahmen und der gekreuzten Saiten stammt von Steinway in New-York. Auch die Resonanzböden, Stimmstöcke und Stege zeigen eine fortschreitende Entwicklung, die geniale Anordnung der Tasten dagegen, deren Erfinder nicht bekannt ist, konnte von keinem der späteren Neuerungsversuche verdrängt werden. Der größte Teil der Klaviere und der technischen Entwicklung ihrer einzelnen Teile ist im westlichen Ecksaal des Südtraktes untergebracht.

Den krönenden Abschluß der Räume für Musikinstrumente bildet der im Barockstil ausgeführte intime Musiksaal mit einer vorzüglich gelungenen Akustik. Er soll hauptsächlich der Vorführung der wertvollsten und klangreichsten Klaviere nebst Orgel und Harmonium und der für sie gedachten Musikstücke dienen.

Dort findet der Besucher, übersichtlich aufgestellt, die Spitzen der jeweiligen Entwicklung der Tasteninstrumente, unter denen sich von Klavieren ein Clavichord, ein Spinett, ein Clavicytherium, ein Virginal, einige Kielflügel (Clavicymbalum), darunter ein Bachflügel, ein Reiseklavierchen von Mozart, ein Pianino von Berdux und ein Konzert-Aliquotflügel von Blüthner neuester Konstruktion befinden.

Die Entwicklung des Harmoniums und seiner Abarten befindet sich auf dem Podest unter der Empore, von ihren Anfängen im 18. Jahrhundert bis zu den modernen Druck- und Saugluftharmonien. Den Abschluß dieser Entwicklung bildet ein Pedalharmonium von Steinmayer & Comp. Die tönenden Teile dieser Instrumente bilden Zungen, welche durch Luft aus Blasebälgen, die mit den Füßen bedient werden, in Schwingung geraten. Den Zugang der Luft vermitteln Klappen oder Ventile, welche durch die Tasten der Klaviatur geöffnet und geschlossen werden können. Wie bei der Orgel ermöglichen Register Klangmischungen verschiedener Art.

Auf der Empore ist die Entwicklung der Orgel dargestellt. Die an ihr angebrachten Verbesserungen sind, da ihre wesentlichen Teile durch das Gehäuse verdeckt sind, vom Beschauer nicht ohne weiteres zu erkennen. Die Orgel ist jenes Instrument, welches zuerst höheren künstlerischen Zwecken dienstbar gemacht wurde. Ihre vermutliche erste Form zeigt eine Nachbildung einer Wasserorgel, die angeblich 170 v. Chr. vom Griechen Ktesibios erfunden worden ist. Daneben stehen tragbare Orgeln aus dem 17. Jahrhundert und eine Positivorgel vom Jahre 1693 sowie eine Kirchenorgel von 1630 mit interessanter Inschrift. Als Repräsentant der modernsten elektro-pneumatischen Orgel ist ein von der Firma G. F. Steinmayer in Öttingen gestiftetes Werk an der der Empore gegenüberliegenden Wand angebracht. Ihr Spieltisch befindet sich unter der Empore. Er ist durch ein vielfaches Kabel mit dem Werke verbunden. Diese Orgel stellt ein Meisterwerk der modernen Orgelbaukunst dar, welches in seiner Mechanik und dem Klangzauber seiner Register kaum mehr übertroffen werden kann.

Unter der Empore befinden sich noch in einem schalldicht abgeschlossenen Raum verschiedene Musikautomaten, während die Entwicklung des automatischen Klaviers von den ersten Vorsetzapparaten mit Noten aus gelochten Pappstreifen bis zum neuesten Reproduktionsflügel Bechstein-Welte in dem kleinen Raume am Eingang zum Musiksaal gezeigt wird.

Überschauen wir rückblickend noch einmal den Reichtum der durchwanderten Räume, so erweisen sich die an sich stummen Zeugen einer mehrtausendjährigen Entwicklung der Instrumentenbaukunst, wenn sie zur Entfaltung ihrer tönenden Seele gebracht werden, zugleich als die Verkünder des Werdeganges der gesamten Instrumentalmusik.

*

A. SCHMAUSS, METEOROLOGIE.

Die Gruppe Meteorologie hat eine etwas abgelegene, aber „aparte“ Aufstellung gefunden: Im Vorbau zu dem Turme. Der Foucaultsche Pendelversuch, der am Fuße desselben zu sehen ist, führt günstig hinüber, da die Ablenkung durch die Erdrotation auch bei den atmosphärischen Bewegungen zu beachten ist.

Der Turm selbst ist in den Dienst der Meteorologie gestellt, indem der Schöpfer des Deutschen Museums gewünscht hat, daß die wichtigsten meteorologischen Elemente in riesigen Registriervorrichtungen weithin sichtbar sein müßten. Wie bei der Anregung des Planetariums war die Technik damit vor eine gewaltige Aufgabe gestellt. Die gebräuchlichen meteorologischen Instrumente haben nur kleine Maße, die man nicht ohne weiteres vergrößern konnte, um dem Wunsche nachzukommen.

So sind Meisterwerke der heutigen Technik entstanden: An der Nordseite ein riesiges Thermometer, darüber das Barometer. Da die Kräfte, die auch von einem großen Aneroid bei Druckänderungen entwickelt werden, nicht hingereicht hätten, einen Zeiger von der Größe eines riesigen Uhrzeigers zu bewegen, mußte die Firma Lufft, Stuttgart, eine Relaisanordnung ersinnen, um die Druckänderungen des Aneroides nur als Anreger zur Betätigung kleiner Elektromotoren zu benutzen, welche ihrerseits mit Hilfe einer Fernsteuerung den großen, weithin sichtbaren, über einer riesigen Zifferplatte spielenden Zeiger zu bewegen haben. Bei je 4/100 mm Druckänderung erfolgt, ausgelöst durch den Zeiger des Aneroides, die Steuerung des großen Zeigers, wobei gleichzeitig der Aneroidzeiger wieder in seine alte Stellung zurückgebracht wird, durch eine entsprechende Drehung des ganzen Aneroides. Das Schaltungsschema und die Vorgänge bei der Betätigung des Apparates sind in dem der Meteorologie zugewiesenen Raume im Turme genau erläutert.

Eine ähnlich schwierige Aufgabe war der Firma Fueß, Berlin, der auch das Thermometer an der Nordseite des Turmes zu danken ist, auf seiner Südseite zugewiesen. Es galt, die Angaben einer auf dem Turme spielenden Windfahne und eines Windmessers dort sichtbar zu machen. Auch hier konnten die schwachen Kräfte der meteorologischen Instrumente nur als Anregung für zwei Steuerungen benützt werden, deren eine den auf einem Zifferblatte umlaufenden Richtungszeiger, deren andere den Stand eines gebremsten Schalenkreuzanemometers abzulesen erlaubt.

Der Firma Lambrecht, Göttingen, fiel die Aufgabe zu, an der Ostseite des Turmes den Stand eines Hygrometers weithin sichtbar zu machen.

Man wollte damit den Nachweis erbringen, daß man z. B. Kirchtürme in den Dienst des meteorologischen Unterrichtes stellen könne.

Nun zu den Sammlungen! Als ordnendes Prinzip wird man finden: Das von der Meteorologie benötigte Instrumentarium ist in den Schränken untergebracht; darüber befinden sich graphische und bildliche Darstellungen, welche einigen Überblick über den Stand des meteorologischen Wissens geben. Als dritte Gruppe fügt sich ein Überblick über die Entwicklung der Wetterkarte und die Anleitung zu ihrer Lektüre ein.

Aus dem Instrumentarium treten zunächst die älteren Instrumente hervor, die zu sammeln wir besonderen Anlaß und Gelegenheit hatten, da die Akademie der Kurpfalz das erste meteorologische Netz eingerichtet hatte, der wir unsere Stationen am Hohenpeißenberg usw. verdanken. Die Instrumente sind nach den meteorologischen Elementen, Luftdruck, Temperatur, Feuchtigkeit, Wind, Niederschlag, geordnet; in jeder Gruppe kann man die Entwicklung von den alten Instrumenten bis zur Neuzeit verfolgen. Es sind auch manche Instrumente darunter, die man nur als Verirrung bezeichnen kann, die als solche aber natürlich sehr interessant sind. Das gilt von älteren Instrumenten wie von neueren. Man beobachtet ja auch auf anderen Gebieten gelegentlich das Bestreben, fast möchte man sagen, die Freude, eine Sache kompliziert zu lösen. Auch der riesige Baro-Thermograph von Schreiber, der die Aufmerksamkeit des Besuchers in erster Linie auf sich zieht, ist nur eine interessante Konstruktion.

Die in der Abteilung untergebrachten Instrumente zur Bestimmung der meteorologischen Verhältnisse der höheren Luftschichten (Aerologie) ergänzen die Apparate, welche in der Gruppe Luftfahrt aufgenommen werden mußten. Hier begegnet man insbesondere den interessanten Konstruktionen der deutschen Pioniere auf diesem Gebiete: Aßmann, Hergesell und Kleinschmidt.

Der Wandschmuck blieb dem meteorologischen Unterricht vorbehalten. Über dem Eingang finden wir den Aufbau unserer Atmosphäre nach einem sehr bekannten Bilde von A. Wegener. Hier interessieren vor allem die Höhenlagen, in denen sich bestimmte meteorologische Vorgänge abspielen, und die Höhenangaben der meteorologischen Sondierungen. Zu beiden Seiten sind wichtige optische Erscheinungen schematisch und doch künstlerisch dargestellt. An den beiden Längsseiten ist ein kurzer Überblick über die wichtigsten Grundtatsachen der Meteorologie gegeben, wie die Abnahme des Luftdruckes mit der Höhe, die Verteilung der Temperatur in der Vertikalen, der Wärmeumsatz an der Erdoberfläche usw.

Von den im Raume aufgestellten Schaukästen enthält der eine eine Zusammenstellung alter, aus Kalendern entnommener meteorologischer Drucke, die uns erkennen lassen, wie alt der Glaube des Volkes an die Bedeutung von Konstellationen für das Wetter ist. Auch die älteste Wetterkarte von Halley, 1686, die erste Isothermenkarte von A. von Humboldt, 1817, die erste Karte der mittleren Isobaren von E. Renou, 1864, wird dort gezeigt.

Der andere Schaukasten zeigt die typischen Luftdruckkarten, nach denen sich der jährliche Witterungsverlauf abspielt, gedacht als Einführung für die Lektüre der täglichen Wetterkarte, die darüber zum Aushang kommt und damit die Verbindung mit der Gegenwart vermittelt, wie es sonst in keiner Abteilung des Museums möglich ist. Für etwas tiefer schürfende Besucher ist auch die neueste Theorie der Hoch- und Tiefdruckgebiete, vornehmlich nach dem Norwegerschema von V. Bjerknes an der Ostwand zur Darstellung gebracht worden, sowie das überaus anschauliche Modell von Stüve, Frankfurt, an dem das Auf- und Abgleiten der warmen und kalten Luftmassen studiert werden kann, die unmittelbare Ursache der Witterungsbildung.

Eine Freude für das Auge sind die an der Fensterseite aufgereihten herrlichen Wolkenbilder, die unsere deutschen Flieger im Kriege „zur Erholung“ aufgenommen haben.

Alles überschauend steht am Fenster die Büste eines der Großen im Reiche meteorologischer Forschung: G. von Neumayer, von 1876 bis 1904 der Gründer und Leiter unserer Seewarte in Hamburg, der sich um die Ausbildung der synoptischen Meteorologie, um den Wetterdienst, die größten Verdienste erworben hat.

*

RICHARD WILLSTÄTTER, CHEMIE.

Als Oskar von Miller mit dem Plane des Deutschen Museums an die Öffentlichkeit trat, war der Gedanke zündend und erfolgverheißend, ein Museum von Meisterwerken der Technik zu schaffen, es erschien jedoch als ein bedenkliches, kaum ausführbares Unternehmen, die Errungenschaften der Chemie und anderer Naturwissenschaften in einem Museum darzustellen. Adolf von Baeyer und andere führende Hochschullehrer standen dem Plane mit starkem Mißtrauen gegenüber. Grundlegende Experimente und Entdeckungen der Naturforschung stellen sich nämlich an Apparaten und Präparaten so unscheinbar und geringfügig dar, daß es nicht gewöhnlicher und nicht geringer Vorbildung bedarf, um die Eigenart und Bedeutung einer Beobachtung, einer Versuchsanordnung, einer Theorie zu begreifen. Auf anderen und den meisten Gebieten, die das Museum pflegt, läßt sich der Fortschritt anschaulich und verständlich, belehrend und erhebend darstellen. Die erste Dampfmaschine, der Explosionsmotor, das älteste Fahrrad, das erste Flugzeug — mögen sie als die ersten Erfindungen ihrer Art primitiv sein, und eben, weil sie primitiv sind —, sie sind beredte und auf den ersten Blick überzeugende Denkmäler des wissenschaftlichen und technischen Fortschrittes. Wenn aber der Besucher ein Fläschchen mit einigen Kubikzentimetern braun gewordenen Öles oder wenn er ein Retörtchen mit Zinkstaub unter dem Porträt Adolf von Baeyers betrachtet, so fehlt dem Museumsobjekte die unmittelbare Anschaulichkeit und Beredtsamkeit gegenüber dem Laien, auch dem gebildeten Laien. Der Kenner wird freilich mit feierlicher Empfindung die Aufschrift auf dem kleinen Fläschchen im Präparatenschrank lesen, die ihm sogleich einen Fortschritt in der Erforschung der Materie ins Gedächtnis ruft. Jenes bräunliche Öl ist das Phenylhydrazin von Emil Fischer. Dies war das ausgezeichnete Werkzeug, mit dem in den achtziger Jahren Fischer die Konstitution der Zucker erschloß. Es ist dasselbe Phenylhydrazin, aus dem L. Knorr das Antipyrin gewann, den Grund legend zur fabrikmäßigen Synthese wertvoller Arzneimittel. Und jene Retorte mit Zinkstaub stellt die Methode dar, mit der A. Baeyer die Konstitution des Indigofarbstoffes enträtselte und mit der in seinem Laboratorium Gräbe und Liebermann das Alizarin aufklärten.

Die chemischen Dinge haben keine so ursprüngliche Anschaulichkeit, daß sie ohne Vorkenntnisse verstanden werden und ohne gewisse einfache Vorstellungen, für die wieder ein bestimmtes Maß von Kenntnissen unentbehrlich ist. Die Schule gibt leider diese elementaren Kenntnisse der Chemie nicht. Und die Fortschritte der Technik lenken sogar davon ab, sie erzeugen die Gefahr, daß sich das Publikum der Städte oberflächlich und gedankenlos an das Wunder gewöhnt. Jedermann benützt die Telegraphie und die Telephonie, die ohne Draht den Luftraum und das Weltmeer überbrücken, und man lernt und fragt zu wenig, was Luft und Wasser sind. Noch weitere tiefgreifende Wesensverschiedenheiten gibt es zwischen der chemischen Abteilung und anderen Gruppen des Museums. Während der Maschinenbauer oder der Elektrotechniker Konstruktionen schafft, für die das Naturgeschehen kein Vorbild hinstellt, besteht ein großer Teil chemischer Forschung nur im Entschleiern der Eigenschaften und der Konstitution der Stoffe, die sich in der Natur finden oder die aus Naturprodukten bei einfachen Prozessen, z. B. beim Erhitzen, hervorgehen. Die künstliche Darstellung der Stoffe hat die Kenntnis des Aufbaues ihrer kleinsten Teilchen zur Voraussetzung und die chemische Synthese hat stets die Nachahmung der natürlichen Gebilde zum ersten Ziele gehabt; erst in zweiter Linie kam der Versuch, die natürlichen Vorbilder abzuändern und zu übertreffen.

Es waren also besondere Schwierigkeiten zu überwinden, um dem Besucher des Museums die Erforschung der Materie und die Anwendung der Forschungsergebnisse für die künstliche Erzeugung der Stoffe vorzuführen. Es wird sich nun zeigen, wie es dem Deutschen Museum geglückt ist, diese Schwierigkeiten zu überwinden und eine anschauliche und verständliche Ausstellungsgruppe für die Chemie zu schaffen. Diese Abteilung wird den Besucher lehren, mit welchen Mitteln und Methoden die chemischen Gesetze entwickelt worden sind, und sie wird in eindrucksvoller Darstellung die engen Zusammenhänge erkennen lassen zwischen wissenschaftlicher und technischer Arbeit, zwischen dem kleinen Laboratoriumsexperiment und der Übertragung in die gewaltigen Dimensionen der chemischen Großindustrie.

Schon der erste Teil der chemischen Arbeit, die Analyse im weitesten Sinne, soll im Museum anschaulich dargestellt werden. Das Deutsche Museum soll in dieser Abteilung zeigen und zeigt auch in der Tat den Sinn und die Bedeutung der chemischen Formeln. Eine Formel des Kohlenwasserstoffs Benzol zum Beipiel, die Sechseckformel, die August Kekulé im Jahre 1865 aufstellte:

Chemisches Laboratorium aus dem 16. Jahrhundert (Alchimistisches Laboratorium)

Laboratorium des 18. Jahrhunderts (Phlogistisches Laboratorium) mit Originalen und Nachbildungen aus den Arbeitsstätten von Boyle, Marggraf, Priestley, Scheele und ihren Zeitgenossen

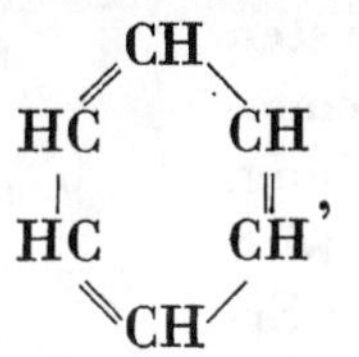

hat den Grund zur Erforschung einer großen Körperklasse gelegt. Diese Formel ist das „leuchtende Sternbild" geblieben, nach welchem die Erforscher der aromatischen Verbindungen „dankbar ihren Kurs steuern". Der theoretische Gedanke des deutschen Chemikers hat auf die Entwicklung der organischen Chemie und auf die unserer Farbstoffindustrie einen entscheidenden Einfluß ausgeübt.

Der Besucher betritt zuerst das alchimistische Laboratorium, das mit kunstvoll und phantastisch geformten Gerätschaften aus dem 16. und 17. Jahrhundert eher Kulturbilder darstellt denn Wege wissenschaftlichen Erkennens. In Originalen und Kopien sind Schmelz- und Probieröfen mit Blasebalg, Muffeln und Tiegeln aufgestellt, Kapellenherde zum Destillieren und Sublimieren, eine Gruppe von Öfen nach Teniers Alchimistengemälde. Der Umgang zum alten Laboratorium zeigt technische Einrichtungen, wie die antike Terpentinölgewinnung, die Schwefelfabrikation, den Destillierherd eines mittelalterlichen Kräutergartens, eine Apparatur zur Säuregewinnung nach Glauber.

Den folgenden Saal nimmt das Laboratorium des 18. Jahrhunderts ein,

Lavoisiers Versuchsanordnung bei der Analyse der Luft. Verkalkung von Quecksilber beim Erhitzen in einem abgeschlossenen Luftraum. Bei der Oxydation wird ein Fünftel des Luftvolumens verbraucht

das phlogistische. Getreue Nachbildungen führen die Luftpumpe und die Vakuumdestillation von Boyle vor, die Einrichtung Marggrafs zur Phosphorgewinnung, analytische Apparate von Bergman. Hier überschreiten wir die Schwelle zur modernen Wissenschaft. Das Zeitalter der quantitativen Chemie, angebahnt durch die Entdeckungen von Priestley, Scheele und Cavendish und begründet durch die Theorien von Lavoisier, beginnt hier. Es ist die Zeit, in der die Irrlehre vom Phlogiston gestürzt wird, in der sich die induktive Methode in der Chemie durchsetzt. Der Satz von Bacon: „Non fingendum aut excogitandum, sed inveniendum, quid natura faciat aut ferat" wird fruchtbar durch die Methode von Lavoisier, die quantitative Beobachtung chemischer Vorgänge, sei es durch die Messung der Volumina bei den Gasreaktionen oder die Wägung der reagierenden Stoffmengen. Die Wage wird zum wichtigsten Apparate der Chemie. Die Versuchsanordnungen in diesem Raume, ganz unscheinbar, mit den primitivsten Mitteln konstruiert, zählen zu den bemerkenswertesten der ganzen Abteilung. In getreuen Kopien der Apparate wird die Entdeckung des Sauerstoffs beim Erhitzen von rotem Quecksilberkalk oder von Braunstein nach Joseph Priestley und Carl Wilhelm Scheele, die Entdekkung des Wasserstoffs von Cavendish, die Erklärung der Natur des Sauerstoffs und seiner Rolle in den Verbrennungserscheinungen durch Lavoisier dargestellt. Wir sehen Lavoisiers grundlegenden Versuch der Verkalkung von Quecksilber beim Erhitzen in einem abgeschlossenen Luftraum: ein Fünftel des Luftvolumens wird bei der Oxydation verbraucht. Dies ist die Analyse der Luft. Daneben finden wir Lavoisiers berühmte Analyse des Wassers, die Zerlegung des Wasserdampfes mit glü-

Die Sammlung der chemischen Elemente

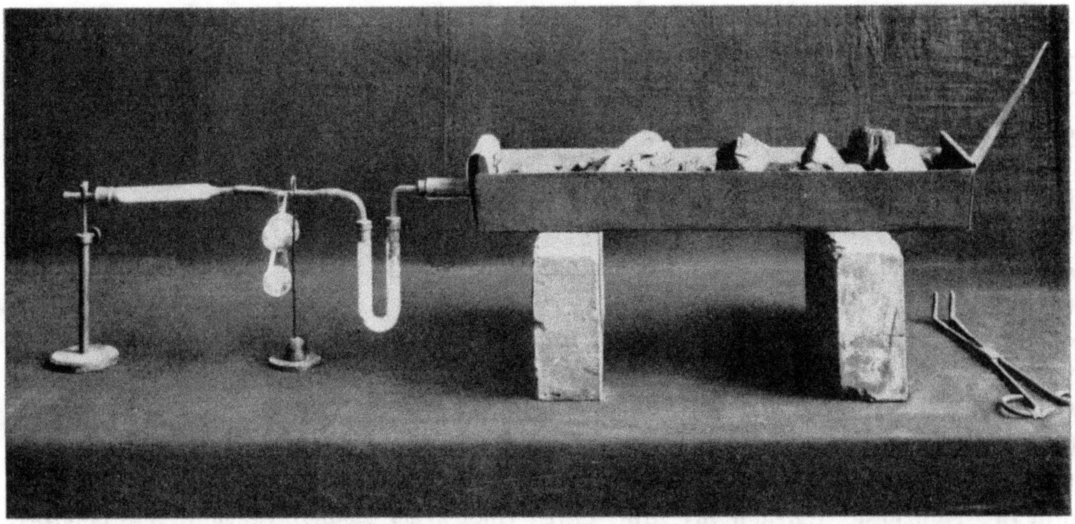

Liebigs Apparat für die Elementaranalyse organischer Verbindungen aus dem Jahre 1831

hendem Eisen im Flintenrohre, wobei elementarer Wasserstoff entwickelt und aufgefangen wird. Die Verbrennung der Kerze wird auf der Wage gezeigt, wobei die gasförmigen Verbrennungsprodukte aufgefangen und mitgewogen werden; die Körper geben beim Verbrennen nicht Feuermaterie, Phlogiston, ab, sondern die Verbrennung verläuft unter Gewichtsvermehrung, nämlich unter Aufnahme von Sauerstoff.

Wandert der Besucher von den Arbeitstischen der Lavoisier-Periode durch die folgenden Räume, so findet er in übersichtlichen graphischen Darstellungen und in Modellen („Aufbau der Materie") die Anschauungen in gemeinverständlicher Weise erklärt, die für die Entwicklung der wissenschaftlichen Chemie im vorigen Jahrhundert wegleitend waren: die Atomtheorie von Dalton, die Molekularlehre von Avogadro, die Valenzanschauungen von Kekulé und die Stereochemie von van't Hoff. Vor diesen Tafeln soll der Besucher verweilen. Er wird lernen, wie die Chemie die Zusammensetzung der Verbindungen erklärt, deren kleinste Teilchen, die Moleküle, aus verschiedenen Bausteinen zusammengesetzt sind, nämlich aus den kleinsten Mengen der beteiligten elementaren Stoffe, den Atomen. Auf diese letzten Einheiten hat die Chemie des 19. Jahrhunderts die Materie zurückgeführt. Ein neues Zeitalter der Chemie ist aber mit der Entdeckung des Radiums durch das Ehepaar Curie im Jahre 1898 angebrochen. Die Untersuchung der radioaktiven Elemente hat, wie die hier aufgestellten graphischen Darstellungen lehren, es ermöglicht, Zerfall und sogar willkürliche Zerlegung von Elementaratomen zu verfolgen und in den Bau der Atome tiefer einzudringen. Die mit chemischen Mitteln nicht zerlegbaren verschiedenen Elemente lassen sich noch auf einfachere Elementarmaterie zurückführen, aus der sie aufgebaut sind; Helium und Wasserstoff sind als Zerfallprodukte einer Anzahl von Elementen nachgewiesen worden.

Mit den Fortschritten der chemischen Theorie steht in engem Zusammenhang die zunehmende praktische Verwertung der Stoffe, die sich zu größter wirtschaftlicher Bedeutung entwickelt. Den technischen Fortschritt bringt in diesem Raume des Museums die Vervollkommnung der Einrichtungen und Apparate und das Anwachsen der Sammlungen bekannt gewordener Naturprodukte wie auch der Reihen von Reagentien des Laboratoriums zum Ausdruck. In den Laboratorien der Neuzeit findet der Besucher auch Gelegenheit, selbst zu experimentieren, mit ein paar einfachen Handgriffen anschauliche chemische Prozesse herbeizuführen.

Das Laboratorium aus der ersten Hälfte des 19. Jahrhunderts, das ein Liebig-Laboratorium genannt werden kann, enthält Erinnerungen an die Arbeiten von Davy, Faraday, Berzelius, Thénard, Gay-Lussac, Wöhler und Bunsen, hauptsächlich aber in Originalen und in Nachbildungen Gerätschaften, die Justus Liebig in seinem Gießener Laboratorium benützte und andere, Arbeitstische, Digestorien, Herde, die Liebig (1852) im Münchener Laboratorium einrichtete. Das Wichtigste in dieser Sammlung ist Liebigs Apparat für die Elementaranalyse organischer Verbindungen (1831). Die einfache Methode, Kohlenstoffverbindungen durch Wägung ihrer Verbrennungsprodukte Wasser und Kohlensäure quantitativ zu analysieren, erschloß Gebiete organischer Verbindungen von ungeahnter Ausdehnung der Untersuchung und der Synthese. Wurden bis zum Jahre 1883 etwa zwanzigtausend Kohlenstoffverbindungen mittels der Elementaranalyse untersucht und bestimmt, so vermehrte sich die Zahl seitdem in rascher Steigerung bis auf weit über zweihunderttausend Körper. Die allgemein anwendbare Methode der organischen Analyse erfuhr später die bedeutendste Vervollkommnung (im Jahre 1911) durch die Mikromethode und -Apparate von Fritz Pregl, die im Museum aufgestellt sind. Nun genügt für eine Analyse eine hundertmal kleinere Stoffmenge, wenige Milligramme. Die schwer zugänglichen Verbindungen, denen der Physiologe begegnet, lassen sich nach diesem neuen Verfahren analysieren. Die Vervollkommnung der anorganischen Analyse zeigen die kunstvollen Apparate zur Atomgewichtsbestimmung von O. Hönigschmid, die im Museum Aufstellung gefunden haben.

Die Chemie der Neuzeit ist in zwei weiteren Sälen zur Anschauung gebracht. Das Museum zeigt hier die heute üblichen Laboratoriumseinrichtungen, Apparate und Methoden neben den Erinnerungen an die großen Meister des letzten halben Jahrhunderts, wie A. Kekulé, M. Berthelot, A. W. Hofmann, J. Wislicenus, V. Meyer,

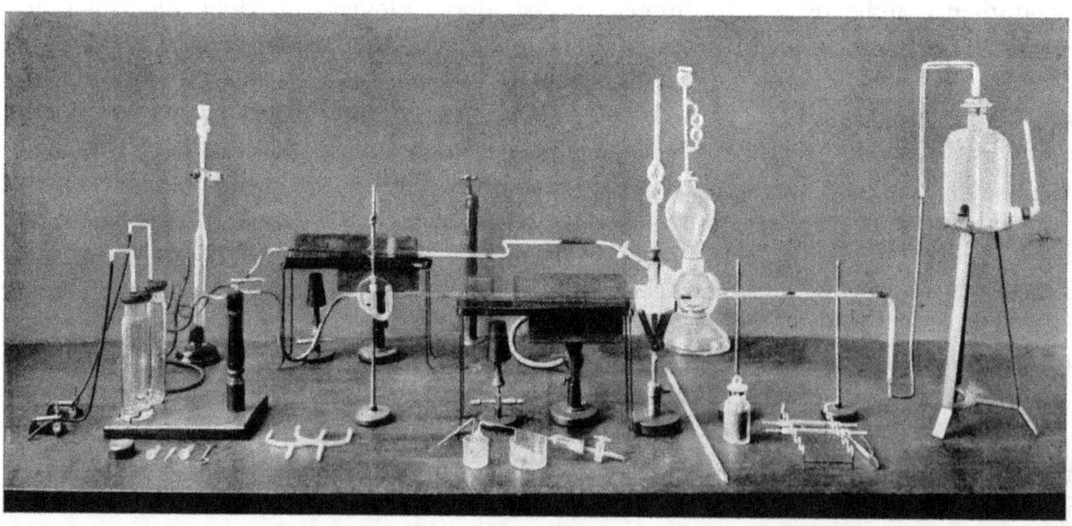

Apparate für die Mikromethode der organischen Analyse von Fritz Pregl aus dem Jahre 1911

Originalapparate zur Atomgewichtsbestimmung von O. Hönigschmid

A. von Baeyer, J. H. van't Hoff und E. Fischer. An unvergängliche Forschungsergebnisse erinnert bald eine Präparatenprobe, bald eine kleine Apparatur, die nicht so leicht den rechten Eindruck von der Bedeutung der wissenschaftlichen Leistung zu erwecken vermag. Der Entdecker der Diazoverbindungen und der Azofarbstoffe, Peter Grieß, hat für die Auffindung der eigenartigen und reaktionsfähigsten Atomkombination keinen anderen Apparat als einen Glasbecher, kein anderes Mittel als wässerige Lösungen gebräuchlicher Reagentien nötig gehabt. Die wunderbare Experimentierkunst Adolf von Baeyers hat zumeist mit einem einzigen Apparat vorlieb genommen, mit einem kleinen Reagierrohr. Aber nur wenige Schritte weiter, in den Sälen der chemischen Fabriken, da finden wir in Bildern und Modellen unserer Großindustrie die wahren Denkmäler unserer bahnbrechenden Forscher. Die Chemie erstrebt, die Natur der Stoffe zu erkennen. Zugleich verleiht ihr die Beherrschung der Stoffe wirtschaftliche Macht, die Möglichkeit, Tausenden Brot zu gewähren und die Wohlfahrt des Volkes zu heben.

Eine Art kleiner Bogenlampe, die in Wasserstoffatmosphäre brennend Azetylen erzeugt, erinnert an die erste direkte Synthese des Azetylens durch Berthelot (1863). Das Azetylenkalzium oder Kalziumkarbid, durch Wöhler 1862 zuerst beschrieben, ist dann in den neunziger Jahren fabrikmäßig eingeführt, das Azetylen dadurch leicht zugänglich geworden. Wieder ein paar Jahrzehnte gehen vorüber, bis große Fabriken bei Burghausen und bei Köln in Betrieb kommen, um das Azetylen zu wichtigen organischen Verbindungen wie Alkohol und Essigsäure zu veredeln.

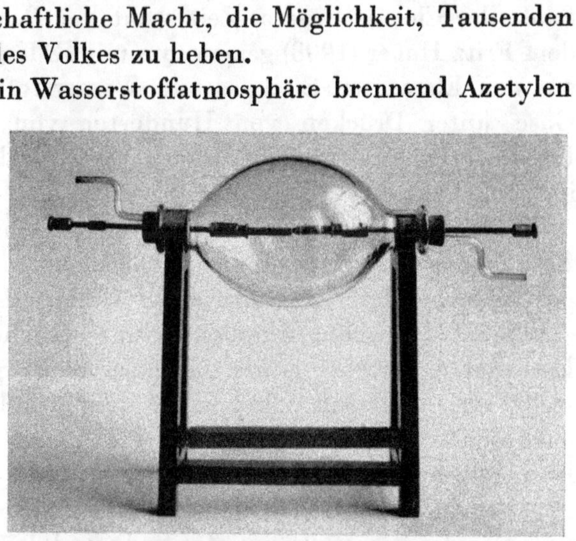

Bogenlampe in Wasserstoff-Atmosphäre, mit der Berthelot 1863 die Synthese des Azetylen ausführte

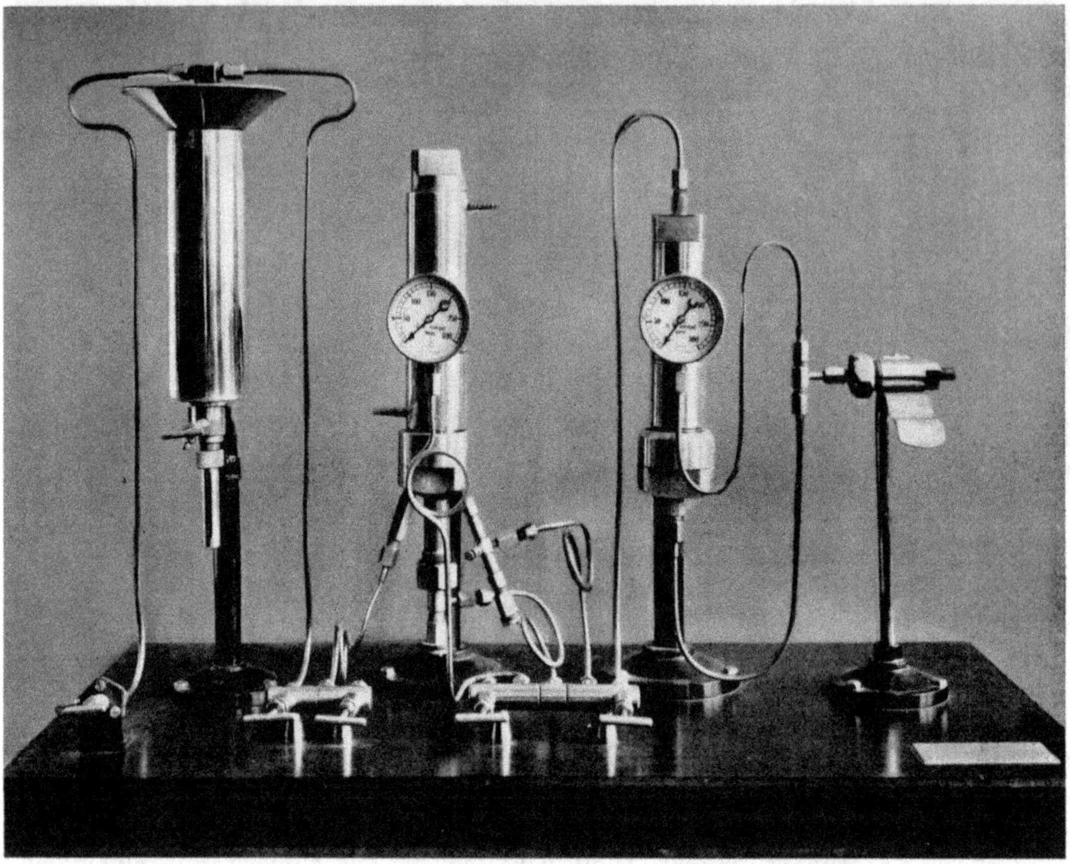

Apparat, mit dem Fritz Haber 1908 Ammoniak synthetisch darstellte

Denselben Zusammenhang zwischen Theorie und Praxis, zwischen wissenschaftlichem Experiment und technischer Ausgestaltung zeigen zwei Denkmäler des Museums, die zu den schönsten in der Gruppe der Chemie zählen. In diesem Saale der Chemie unserer Zeit steht der Besucher vor dem kleinen Apparate, mit dem Fritz Haber (1908) gemeinsam mit R. le Rossignol die Synthese des Ammoniaks aus den Elementen Stickgas und Wasserstoff vollbrachte, in kühner Neuerung die Gase unter Drücken von Hunderten von Atmosphären erhitzend. Aus diesem Laboratoriumsversuche ist unsere größte Industrie entstanden, von der ein Modell im benachbarten Raum einen überwältigenden Eindruck hervorrufen wird.

Auf dem Wege zu den Modellen der chemischen Fabriken durchschreitet der Besucher den Ehrensaal der chemischen Industrie Deutschlands, den Medaillonporträts von Heinrich Caro, Adolf Frank, Heinrich Brunck und anderen ihrer bedeutendsten Gründer schmücken. In stattlichen Schränken sind hier die wichtigsten Erzeugnisse der chemischen Industrie in Präparaten von ansehnlicher Form ausgestellt. Hier schließen sich nun die großen Säle der anorganisch- und der organisch-chemischen Industrie an und einzelne Räume für die Chemie der Riechstoffe und der Nahrungsmittel und für die pharmazeutische Chemie.

Die Museumsstücke der Großindustrie veranschaulichen namentlich die Gewinnung der Schwefelsäure, der Soda und der Stickstoffverbindungen. Die Schwefelsäurefabrikation wird in der Entwicklung von einer alten englischen zu einer modernen

Modell der Anlage zur Ammoniakdarstellung nach dem Verfahren von Haber-Bosch

Bleikammeranlage und zum Kontaktverfahren vorgeführt, das R. Knietsch (1897) in der Badischen Anilin- und Soda-Fabrik zur Durchführung brachte. Andere Modelle stellen die Sodaprozesse nach Leblanc und nach Solvay dar. Neben der Salpetersäurefabrikation aus Chilesalpeter steht das Verfahren der Luftverbrennung. Der großen Bedeutung für unsere Stickstoffwirtschaft, die der Kalkstickstoff von A. Frank und N. Caro gewonnen hat, entspricht das schöne Modell der Fabrikation von Kalziumkarbid und Kalziumzyanamid. Unter diesen Museumsstücken das großartigste ist das Modell der von Carl Bosch auf Grund der Haberschen Ammoniaksynthese geschaffenen Stickstoffindustrie, das in diesem Saale unter den großen Wandgemälden der Leunawerke und der Farbenfabriken vorm. Baeyer & Co. in Leverkusen aufgebaut ist. Der Besucher, der vom Laboratoriumsapparate der Haberschen Synthese an diese Stelle kommt, wird bewundernd ahnen, mit wie viel Erfindungsgeist und Tatkraft der große Techniker, ungeheuere Schwierigkeit und Gefahren überwindend, den Laboratoriumsversuch zur wirtschaftsbeherrschenden Großindustrie entwickelt hat. Hunderttausende Tonnen atmosphärischen Stickstoffs im Jahre werden mit Wasserstoffgas, das die Verbrennung von Kohle durch Wasserdampf liefert, in erhitzten Stahlgefäßen unter hohen Drücken zur Reaktion gebracht. Das Ammoniak wird zur Anwendung als Dünger in geeignete Formen (Ammonsalpeter, Harnstoff u. a.) verwandelt, anderseits zu Salpetersäure verbrannt. Die chemische Industrie stellt heute ausschließlich durch eigene Arbeit ohne Einfuhr von Rohstoffen der Landwirtschaft die zur Steigerung, ja zur Vervielfachung der Bodenerträgnisse erforderlichen Stickstoffverbindungen zur Verfügung.

Alte Apotheke mit einer Sammlung der mittelalterlichen Arzneistoffe

Im Saale der organisch-chemischen Industrie stellt ein großartiges Modell die Veredelung des Steinkohlenteers dar, nämlich die Gewinnung von Benzol, Nitrobenzol und Anilin und anderen Ausgangs- und Zwischenprodukten aus dem Teer und ihre Verarbeitung auf Azofarbstoffe. Präparate in Schränken geben Zeugnis von der technischen Synthese des Kautschuks, die während des Krieges in Leverkusen erfolgreich durchgeführt wurde, von der Gewinnung des synthetischen Indigofarbstoffes, der von Ludwigshafen aus das Naturprodukt verdrängt hat, von der Umwandlung geringwertiger Trane in feste, geruchlose Speisefette. Das Kabinett für Riechstoffe stellt das antike und das orientalische Riechstoffwesen dar und veranschaulicht die moderne Gewinnung der Riechstoffe aus pflanzlichem, tierischem und synthetischem Material und ihre Verarbeitung und Verwendung im Handel. Die pharmazeutische Chemie ist in dem feinen Rahmen einer alten Apotheke dargestellt mit einer Sammlung der mittelalterlichen Arzneistoffe, gruppiert in Vegetabilia, Animalia, Mineralia und Chemicalia, in echten alten Apothekengefäßen. Das Bild der Neuzeit fügt sich in denselben Rahmen. Eine nach medizinischen Gesichtspunkten gruppierte große Sammlung moderner Heilmittel kündet den Fortschritt.

*

## ALBERT GUT, DAS HOCHBAUWESEN.

### Baumaterialien, Hochbauten, Wohnungs- und Siedlungswesen, Städtebau.

Zur Herstellung von Bauten jeder Art werden zunächst einmal Baustoffe benötigt. Die Abteilung für Bauwesen des Deutschen Museums wird deshalb sinngemäß durch eine Abteilung für Baumaterialien eingeleitet. Der Laie macht sich von den vielen Arten von Baustoffen, die es gibt, der Mannigfaltigkeit ihrer Eigenschaften und Verwendungsmöglichkeiten meistens keinen oder nur einen sehr unbestimmt umrissenen Begriff. Eine Übersicht zu geben über die gebräuchlichsten Baustoffe, ihre Gewinnung bzw. die Art ihrer Herstellung, ihre Eigenschaften und deren Prüfung sowie über die verschiedenen Möglichkeiten ihrer Verwendung, ist Zweck und Aufgabe der Abteilung „Baumaterialien“ des Deutschen Museums. Bevor auf deren Schilderung eingegangen wird, seien einige allgemeine Bemerkungen für den Laien vorausgeschickt.

Nach der Art ihrer Gewinnung unterscheidet man natürliche und künstliche Baustoffe. So gibt es z. B. natürliche, d. h. in der Natur gewonnene, und künstlich hergestellte Steine. Ein in der Natur gewonnener Stein ist z. B. der Sandstein oder der Marmor, der bekannteste künstlich hergestellte Stein der Ziegelstein, der künstlich durch Brennen aus Ton gewonnen wird. Dem natürlichen Baustoff „Holz“, der im Walde wächst, kann man beispielsweise den künstlich gewonnenen Beton oder das im Hochofenprozeß gewonnene Eisen oder den aus beiden Baustoffen zusammengesetzten Eisenbeton gegenüberstellen.

Die Anforderungen, die der Mensch an die Baustoffe in bezug auf ihre Eigenschaften stellt, sind sehr verschiedenartig. Wenn man einen Laien nach der wichtigsten Eigenschaft fragen würde, die nach seiner Meinung ein Baustoff haben muß, so wird er vielleicht sagen, er müsse „fest“ sein. Aber „Festigkeit“ ist kein eindeutiger Begriff. So kann z. B. ein Baustoff in dem Sinne „fest“ sein, daß er besonders gut Druck verträgt (Druckfestigkeit), was beispielsweise schon bei den verschiedenen Steinarten in nur unterschiedlichem Grade der Fall ist. Andere Baustoffe dagegen weisen wieder eine besondere Zugfestigkeit auf, z. B. Eisen. Der Umstand, daß kein natürlicher Baustoff die wichtigsten Eigenschaften gleichzeitig oder gar in gleichem Maße besitzt, hat dazu geführt, zusammengesetzte Baustoffe herzustellen. So hat im Eisenbeton der Beton die besondere Aufgabe, die Druckspannungen aufzunehmen, während die in ihn eingelegten Eisenstäbe die Zugspannungen ausgleichen. Eine im Wohnungsbau besonders geschätzte Eigenschaft ist die geringe Wärmedurchlässigkeit bzw. gutes Wärmespeichervermögen. Sie haftet unserem seit Jahrtausenden in Gebrauch befindlichen Ziegelstein in besonderem Maße an, weshalb er auch noch durch keinen anderen Baustoff verdrängt werden konnte. Manche Baustoffe haben die Eigenart, nur an der Luft zu erhärten, z. B. Kalkmörtel, während andere auch unter Wasser fest werden, z. B. Zement. Wasserundurchlässige Baumaterialien sind für manche Bauzwecke, besonders zu Isolierungen, unentbehrlich. Andere sollen wieder gegen Kälte oder Hitze isolieren. Eine wichtige Eigenschaft der Baustoffe, besonders im Außenbau, ist die der Beständigkeit, namentlich gegen Witterungseinflüsse jeder Art. Noch wichtiger vielleicht ist das Verhalten der verschiedenen Baustoffe gegenüber Feuer: so gibt es z. B. „feuersichere“ und „feuerfeste“ Bauweisen. Zur Feststellung, ob

Die verschiedenen Holzarten, Vorkommen, Wachstum, Eigenschaften und Verwendung

und in welchem Grade diese verschiedenen Eigenschaften, die nur als Beispiele, also nicht erschöpfend, aufgezählt sind, bei einem Baustoff vorhanden sind, gibt es besondere Prüfungsverfahren, die im Bauwesen eine immer bedeutsamere Rolle spielen. Sie werden teilweise im nachstehenden noch kurz gestreift werden.

Betreten wir nun die für die Baumaterialien bestimmten Räume des Deutschen Museums, so begegnen wir zunächst dem Baustoff „Holz“. In Bildern, Beschreibungen und vor allem in Natur werden die wichtigsten Holzarten, ihr Wachstum und ihre Eigenschaften vorgeführt. An natürlichen Stämmen der gebräuchlichsten Hölzer, die zur besseren Erkennung der Maserung künstlich durchleuchtet sind, wird die Struktur, der „anatomische Bau“ des Holzes durch Offenlegung je eines Flader-, eines Spiegel- und eines Hirnschnittes sowie einer Astbildung veranschaulicht. Von zwei prachtvollen Dioramen, gestiftet von der Fachgruppe „Sägeindustrie“ im Reichsverband der Deutschen Industrie stellt das eine einen älteren Zimmereiwerkplatz, das zweite eine alte Sägemühle im Betrieb vor. Während uns in einem Durchgangsraum eine bis in alle Einzelheiten naturgetreu ausgestattete historische Schreinerwerkstätte mit älteren Werkzeugen und Einrichtungen zur Holzbearbeitung bekannt macht, ist ein großer Saal der neuzeitlichen Holzbearbeitung gewidmet. Man sieht hier u. a. das Modell einer modernen Sägewerksanlage, vor allem aber die wichtigsten neuzeitlichen Holzbearbeitungsmaschinen wie eine Pendelsäge, eine Bandsäge, eine

Abrichthobel- und Kehlmaschine, eine Zapfenlochkettenfräse, ein Kreissägegatter, selbstverständlich auch eine neuzeitliche Hobelbank und sämtliches Handwerkszeug für Schreiner. Die meisten Maschinen können auf Wunsch im Betriebe vorgeführt werden. Für unsere Jugend wie aber auch den Laien überhaupt besonders lehrreich ist die Vorführung des Werdeganges eines Schrankes, eines Stuhles usw. Zur Ergänzung enthält ein Schrank eine ausgesuchte Auswahl prächtiger Gesellenstücke von Schreinern. Ein anderer Ausstellungsschrank wieder belehrt uns über das Wesen der Intarsie und ihren Werdegang. Die Verwendung des Holzes für Bauzwecke jeder Art ist in einem der folgenden Säle in der Abteilung Hochbauwesen dargestellt.

Das bei weitem wichtigste und am weitesten verbreitete Baumaterial bilden die natürlichen und künstlichen Steine. In dem großen Saal, der ihnen eingeräumt ist, wird durch bildliche Darstellungen, Modelle und Dioramen die Gewinnung und Bearbeitung der Natursteine, die Aufbereitung des Zementes, die Entwicklung der Ziegelherstellung, den Werdegang des Kalksandsteines und des Schlackensteins veranschaulicht. Bei den natürlichen Steinen interessiert besonders die Gefügebeschaffenheit. An natürlichen Proben können wir diese studieren beispielsweise beim Syenit, Granit, Diorit, Diabas, Quarzporphyr, Muschelkalk, Feldspatbasalt, Kalktuff, Sandstein, Marmor, Basalt und anderen, und zwar werden uns alle diese Baustoffe in der Form, wie sie in der Natur vorkommen, und mit Anschliff vorgeführt. Nicht alle Gesteinsarten sind in gleicher Weise für Bauzwecke geeignet. Die einen sind in ihrem Gefüge zu weich, andere wieder, z. B. die Marmore, in ihrem Vorkommen zu selten und daher zu teuer. So kommt es, daß wir in manchen Gegenden unseres Vaterlandes, in denen gerade ein Naturstein besonders häufig zu finden ist, nicht nur die Kirchen und die öffentlichen Gebäude in wertvollem Naturstein erbaut finden (wie z. B. die mittelalterlichen Dome von Freiburg, Mainz, Worms und Speyer aus rotem Mainsandstein), sondern oft auch die gewöhnlichen Wohnhäuser aus solchem verhältnismäßig edlem Material hergestellt sehen, während an Natursteinen ärmere Gegenden ausschließlich auf den künstlich hergestellten Stein, vor allem den Ziegelstein, angewiesen sind. In dieser Abteilung finden wir auch zahlreiche Beispiele für die oben erwähnten Prüfungsverfahren, wie z. B. verschiedenem Druck ausgesetzte oder mittels

**Darstellung der Ziegelherstellung vor 4000 Jahren**

Sandstrahlgebläses bearbeitete Proben, aber auch Verwitterungsprodukte verschiedener Art, die uns den „inneren Wert" der Gesteine erkennen lassen.

Dieser Darstellung der wichtigsten natürlichen Gesteine steht die Schilderung des Werdegangs der wichtigsten künstlichen Steine gegenüber. Der am weitesten verbreitete künstliche Stein ist der schon eingangs erwähnte, aus Ton (Ziegelerde) hergestellte Ziegelstein. Schon im grauen Altertum hat man Ziegelsteine angefertigt. In der Bibel heißt es im 11. Kapitel der Genesis: „Wohlauf, lasset uns Ziegel streichen und brennen. Und nahmen Ziegel zu Stein und Ton zu Kalk." Das war, als die Nachfolger Nimrods, des Urenkels des Patriarchen Noah, in Mesopotamien einwanderten, das Chaldäische Reich gründeten, Ninive erbauten und, wie die Bibel berichtet, den Turmbau zu Babel begannen. Zu dieser Zeit muß also die Kunst, aus Ton Ziegel zu formen und zu brennen, bereits bekannt und geübt gewesen sein. Auch in den Pyramiden des alten Reiches von Memphis in Unterägypten ist Ziegelmauerwerk gefunden worden. Zunächst wurden die Steine wohl aus Lehm — in Ägypten aus Nilschlamm — geformt und lediglich an der Luft getrocknet. Erst später erkannte man, daß die Wirkung des Feuers auf den Ton diesem eine hohe Festigkeit und fast völlige Beständigkeit gegen Witterungseinflüsse verleiht, ja ihn glashart macht, wenn er bis zum Schmelzen erhitzt wird. Die Verwendung der Ziegel hat sich dann über die ganze Kulturwelt verbreitet. Ägypten, Spanien, Babylonien, Persien haben zahlreiche Ausgrabungen geliefert, die eine hohe Blüte des Backsteinbaues beweisen. Der Ziegel bot auch durch seine Weichheit und leichte Formbarkeit alle Möglichkeiten der Flächendekoration und Gliederung der Bauteile. Farbige Ziegel, Ornamentstücke, die aus glasierten Ziegeln zusammengesetzt waren, bemalte und gebrannte Tonstücke lassen schon die ausgegrabenen Reste der Paläste von Persepolis und Pasargadä erkennen. Von den Euphrat- und Tigrisländern aus können wir die Verbreitung und die Entwicklung des Backsteinbaues über Kleinasien, Griechenland und die nordischen Länder verfolgen.

Der Ziegel diente vor allem zur Herstellung jeglicher Art von Mauerwerk. Der Backstein hatte von jeher die einfachste Form eines rechtwinkligen Parallelepipeds, dessen Abmessungen allerdings verschiedentlich wechselten. Das heute am meisten gebräuchliche sogenannte „Reichsformat" hat die Abmessungen 6,5 : 12 : 25 cm. Außer in der Form des Ziegelsteins werden Ziegelwaren auch noch in anderen Formen hergestellt, z. B. als Dachziegel, Platten, Röhren usw. und in den verschiedensten Schmuckformen. Das Formen erfolgt entweder aus nasser Erde, und zwar sowohl durch Handarbeit, als auch durch Ziegelstrangpressen, oder aus trockener Ziegelerde mittels Stempelpressen. Für das Brennen der Ziegel gibt es verschiedene Verfahren. Das einfachste ist der Feldbrand, wie er vielfach noch auf dem flachen Lande üblich ist, der aber viel Abfall und ein wenig ansehnliches Steinmaterial liefert. Der fabrikmäßige Brand erfolgt in Öfen, von denen man zwei Gruppen unterscheiden kann, je nachdem ob der Brand in unterbrochenem oder ununterbrochenem Betrieb erfolgt. Der letztere ist der wirtschaftlichere und am besten im Hoffmannschen Ringofen ausgebildet, der alle anderen Systeme überflügelt und dessen Erfindung eine völlige Neugestaltung des ganzen Ziegeleigewerbes herbeigeführt hat. Der Hoffmannsche Ringofen stammt aus dem 19. Jahrhundert, und etwa zur gleichen Zeit gelang es, Ziegel mit Maschinen zu formen. Fortan wurde nicht nur die Schnelligkeit der Herstellung, sondern auch die Gleichmäßigkeit der Ziegel und ihre Billigkeit so gesteigert, daß sie auch in denjenigen

Gegenden ein unentbehrlicher Baustoff wurden, wo bisher andere Baustoffe geherrscht hatten, weil sie an Ort und Stelle gewonnen werden konnten.

Zwei weitere wichtige Baustoffe sind der Kalk und der Zement, die sowohl als Verputzmaterial, vor allem aber in der Form von Mörtel als Verbindungsmaterial für jede Art von Mauerwerk, Verwendung finden. Der Kalk wird als Kalkstein durch Brennen in Kalköfen gewonnen. Der Kalkofen hat ebenso wie der Ziegelofen seine besondere Entwicklungsgeschichte. Man unterscheidet ebenfalls Öfen mit unterbrochenem und ununterbrochenem Betrieb, die in unserer Ausstellung im Bilde zu sehen und im einzelnen erläutert sind.

Vielseitiger noch als die Verwendungsarten des Kalkes sind diejenigen des Zementes, der als einer der wichtigsten Baustoffe der Gegenwart und der Zukunft gewertet werden muß. Die Gruppe „Zement", eingerichtet durch den „Verein deutscher Portlandzementfabrikanten", vergegenwärtigt uns die Bedeutung dieses Baustoffes. Der Zement gehört zu den hydraulischen Bindemitteln, d. h. er erhärtet auch unter Wasser. Man unterscheidet natürliche und künstliche Zemente. Die natürlichen Zemente werden durch Brennen aus hydraulischen Kalken hergestellt, während man die künstlichen Zemente durch „Nachahmung" der Zusammensetzung der natürlichen Zemente gewinnt, indem man nämlich z. B. Kalkstein und Ton im richtigen Verhältnis möglichst innig mischt und brennt. Natürliche hydraulische Bindemittel sind die hydraulischen Kalke (Grau- oder Schwarzkalke), die Romanzemente und der Natur-Portlandzement, künstlich hergestellte Zemente die künstlichen Portlandzemente, Eisenportlandzemente, Schlacken- und Hochofenzemente und die Traßportlandzemente (Traßzemente). Unter allen diesen hydraulischen Bindemitteln ist der Portlandzement das wichtigste und verbreitetste. Seiner Darstellung ist daher ein besonders breiter Raum gewidmet. An der Hand verschiedener Modelle von Zementwerken und der gebräuchlichsten Maschinen können wir uns ein klares Bild von der Herstellung dieses bedeutsamen Baustoffes machen.

Der Zement ist auch der wichtigste Bestandteil des Baustoffes „Beton", der im Bauwesen eine immer größere Rolle spielt. Dieser Bedeutung trägt auch die Vorführung im Deutschen Museum Rechnung, einmal durch eine unter Mitwirkung des Bundes der deutschen Betonwerke veranstaltete Ausstellung „Betonwerkstein und Betonwaren", sodann durch die Vorführung der Verwendung des Betonwerksteines am Bau. Der Betonbau ist weit äl-

Modell einer neuzeitlichen Portlandzement-Fabrik

Aufbereitungsanlage für keramische Massen

ter, als gewöhnlich angenommen wird. Vitruv berichtet schon von der Herstellung von Bauwerken in Rom durch Verwendung von Beton in Kisten. Die Kunst des Betonbaues scheint indessen jahrhundertelang verloren gewesen zu sein, auch scheint es sich bei den Bauten der alten Zeit, besonders in Rom, in der Hauptsache um Kalkbeton gehandelt zu haben. Anlaß zum Wiederaufleben des Betonbaues soll ein Fund beim Bau der Waterloobrücke in London gegeben haben. Man stieß dort auf sehr harten Fels, der sich bei der Untersuchung als Ablagerung von Kalkbeton herausstellte, wahrscheinlich dadurch entstanden, daß dort am Ufer ein Kalkschiff gesunken war und sein Inhalt mit dem Ufersand vermischt zu der festen Masse, Beton, erhärtete. Diese Beobachtung wurde für den Bau eines großen öffentlichen Gebäudes benutzt. In Frankreich soll schon etwas früher, 1816, mit Romanzement hergestellter Beton für die Dordognebrücke bei Souillay benutzt worden sein. Von da an kam die Benutzung von Beton allmählich in Aufnahme, langsam und zunächst erst für untergeordnete Teile von Bauwerken, weil die neue oder vielmehr wiederaufgefundene Bauweise mit dem Mißtrauen weiter Kreise zu kämpfen hatte. Die Eroberung der Welt setzte erst ein, als der Portlandzement erfunden wurde und die wünschenswerten Eigenschaften des hydraulischen Bindemittels auf künstlichem Wege zuverlässig und mit großer Gleichmäßigkeit erzielt werden konnten. Die großen Vorteile in der Anwendung, die Möglichkeit, monolithische Bauwerke zu schaffen, deren Form und Festigkeitseigenschaften man innerhalb gewisser Grenzen fast beliebig beeinflussen konnte, brachen dem Beton schnell Bahn, und als noch, durch die Erfindung Moniers angeregt, die Vereinigung von Beton und von Eisenstäben in einem einheitlichen Querschnitt als Eisenbeton gelang, da konnte es nicht ausbleiben, daß das Bauwesen eine große Umwandlung erfuhr.

Die Materialien, aus denen der Beton hergestellt wird, sind Kies, Steinschlag aus natürlichen und künstlichen Steinen verschiedener Korngröße, Sand und Wasser und als Bindemittel vor allem Zement. Diese Materialien gehen, besonders unter Druck, eine völlig feste Verbindung ein. Die Mischung der Materialien kann von Hand erfolgen, wird aber bei größeren Bauten durch besondere Betonmischmaschinen besorgt. Je nach der Menge des zugesetzten Wassers läßt sich der Beton bei seiner Herstellung in trockenerem oder feuchterem Zustande halten. Von der dadurch bestimmten, mehr oder weniger plastischen Form hängt die Art der Verarbeitung als Stampfbeton, Schüttbeton und Gußbeton ab. Bei dem ersteren, der namentlich zur Herstellung von Fundamenten und Mauerwerk jeder Art Anwendung findet, wird die Betonmasse erdfeucht gehalten, in Schichten von 20—25 cm Höhe zwischen einer Holzschalung aufgebracht und dann so lange gestampft, bis an der Oberfläche Wasser austritt. Nach erfolgter Abbindung wird die Holzschalung entfernt. Man nennt dieses Verfahren auch die Trockenbetonierung. Beim Schüttbeton und Gußbeton, die vor allem bei Bauten unter Wasser verwendet werden, ist fettere Mischung und größerer Wasserzusatz, beim Gußbeton bis zu einer Art Breiigkeit, erforderlich, damit die Betonmasse, die nicht gestampft werden kann, sich besser lagert. Es ist dies die sogenannte Naßbetonierung.

Porzellan-Rundofen

Eine ungeahnte Entwicklung hat der Betonbau in der Form des Eisenbetons genommen. Dessen Herstellung beruht auf der innigen Verbindung von Beton mit eingelegten Rundeisenstäben, die die Aufgabe haben, die Zug- und Schubspannungen aufzunehmen, da der Beton nur ganz geringe Zugfestigkeit besitzt. Einer breiteren Öffentlichkeit wurde der Eisenbeton erstmals auf der Pariser Weltausstellung im Jahre 1867 vorgeführt. Seine Verwendbarkeit ist heute fast unbegrenzt. Nicht nur ganze Wohn- und vor allem Geschäftshäuser einschließlich der gesamten Fundamente, Wände und Decken, werden in Eisenbeton errichtet, sondern auch im Brücken- und Hallenbau hat er sich ein weites Feld erobert. Im Grundbau, also für Fundamente und Gründungen unter Wasser, hat er sich in gleicher Weise wie für besondere Konstruktionen (z. B. Decken, Gewölbe, Treppen usw.) bewährt. Der Betonbau ist heute eine Wissenschaft für sich geworden. Wir sehen deshalb in unserer Gruppe auch die Prüfung von Zement, Beton, Eisenbeton und der dazu verwendeten Rohstoffe, die dazu erforderlichen Instrumente und die Eigenschaften der verschiedenen Mörtelarten und Betonmischungen in eingehender Weise dargestellt.

Die Führungslinie bringt uns nunmehr zu einem prächtig ausgestatteten Saal, welcher der Keramik eingeräumt ist. Die Erzeugnisse der Keramik werden aus Ton hergestellt. Tone sind erdige Massen, die ursprünglich durch Verwitterung feldspathaltiger Gesteine entstanden sind, dann aber den mannigfachsten chemischen Veränderungen unterworfen waren. Zusammensetzung und Eigenschaften der Tone sind infolgedessen sehr verschiedenartig. Bautechnisch wichtig sind der kaolinartige Pfeifenton, der zur Herstellung von Steingut und Fayencen verwendet wird; die feuerfesten Tone, die beispielsweise für den Hochofenbau, die Herstellung von Schmelztiegeln und Chamottesteinen u. dgl. in Frage kommen; die Töpfertone, aus denen u. a. Ofenkacheln, Wasserröhren und Töpfergeschirr hergestellt werden, während das Porzellan aus Kaolin (Porzellanerde) bereitet wird. In Vitrinen werden uns die Rohstoffe der Keramik, nämlich die verschiedenen Tone in natürlichem und gebranntem Zustande vorgeführt, während wir in einem Wandbild den Herstellungsprozeß von Porzellan und Steingut verfolgen können. Dieser wird außerdem praktisch erläutert u. a. durch das Modell einer Tonaufbereitungsanlage sowie die Modelle eines Porzellanrundofens und eines Tunnelofens für ununterbrochenen Betrieb. Besonders interessant ist eine Vitrine, welche die Formgebung durch drehen, gießen, pressen usw. an Hand der Entstehung beispielsweise einer Kaffeekanne, eines Isolators, eines Tellers, einer Pfeife usw. anschaulich macht. Ein prachtvoller Aufbau in Pyramidenform in der Mitte des Saales beherbergt Fertigerzeugnisse von der einfachsten Art bis zu den erlesensten Stücken, und zwar Porzellane, Töpferwaren, Steingut und Steinzeug.

Ein Übergangsraum zeigt uns in einem Diorama in natürlicher Größe eine alte Töpferwerkstätte mit allen dazugehörigen Einzelheiten, während die Darstellung einer Glashütte aus der Zeit Agricolas (um 1550) in der gleichen naturgetreuen Ausführung zu der nächsten Abteilung, die dem Baustoff des Innenausbaues „Glas" gewidmet ist, überleitet. Die Glasfabrikation ist ein hochinteressanter Vorgang, der in diesem Raum in allen Einzelheiten vor Augen geführt wird. Der chemischen Zusammensetzung nach ist Glas das zusammengeschmolzene, vollständig amorphe Gemenge mindestens zweier oder auch mehrerer Silikate, unter denen sich regelmäßig kieselsaurer Kalk befindet. Die für das Bauwesen wichtigsten Gläser bestehen aus Kieselsäure, Kalk, Tonerde und Alkalien, nämlich Kali oder Natron. Die Kieselsäure wird in der Regel in der Form von Quarzsand geliefert, während die Alkalien durch Pottasche und Soda zugeführt werden. Die Rohmaterialien werden zerkleinert, in einem bestimmten Gewichtsverhältnis gemischt und dann in Öfen geschmolzen. Die Glasmasse ist bei Weißglut dünnflüssig, bei Rotglut teigartig. In einem großen Schaukasten wird uns die Entwicklung der Glasschmelzöfen — am wichtigsten sind der Hafenofen und der Wannenofen — vorgeführt. Die heute ebenfalls wichtigen Glaskühlöfen sind im Bilde veranschaulicht. Die Formgebung des Glases erfolgt vor allem in zwei verschiedenen Arten, durch Blasen und durch Gießen. Zur Herstellung geblasenen Glases bedient sich der Glasbläser einer „Pfeife", eines langen eisernen Blasrohres. Mit Hilfe dieser Pfeife entnimmt der Glasbläser dem Glasfluß einen Tropfen, dem durch Aufblasen, Drehen und Schwenken die verschiedenartigsten Formen gegeben werden können. Wenn die Masse des ersten Tropfens nicht ausreicht, wird sie durch wiederholtes Eintauchen in die flüssige Glasmasse vergrößert. Auch das Fensterglas (Tafelglas) wird durch Blasen hergestellt, und zwar gibt der Glasbläser der Glaskugel durch Drehen und Schwingen schließlich die Gestalt einer Walze, die allerdings zunächst noch durch einen halbkugelförmigen Boden verschlossen ist. Nachdem dieser durch weitere Vorkehrungen entfernt worden ist, wird der Walzenmantel an einer Längsseite aufgeschnitten, schließlich auf eine stark erhitzte geschliffene Tonplatte gelegt und dort in die Form einer rechteckigen, ebenen Glasplatte gebracht. Die verschiedenen Ausstellungsgegenstände in der Abteilung Glas geben uns die Möglichkeit, diesen Prozeß an dem Werdegang einer Fensterscheibe zu studieren. Die Herstellung von Fensterglas auf maschinellem Wege wird durch das Modell einer Fensterglasziehmaschine u. a. vorgeführt. Ein anderes großes Modell zeigt dann des weiteren die Herstellung von Tafelglas durch Gießen und Walzen, was der zweiten Art der Formgebung entspricht. An Maschinen sind u. a. noch eine Glaspresse zur Herstellung von Preßglas, eine halbautomatische Flaschenblasemaschine und andere zu sehen. Immer wieder ist, wie auch in den früheren Abteilungen, ganz besonderer Wert auf die Darstellung des Werdeganges, die Entwicklung eines Stückes, gelegt (z. B. Werdegang eines Kelchglases, eines Glaskruges, eines Fadenglases usw.). Auch das Gravieren der Gläser, der Werdegang eines Glasbildes, wird erklärt. Ein prachtvoller Aufbau in der Mitte des Saales führt wiederum die Fertigprodukte vor, und zwar ausgeführte Gläser jeder Art, so z. B. originale altrömische Gläser, altdeutsche Gläser, Kristallgläser, ferner Spezialgläser für die Wissenschaft, die Gläser für elektrische Beleuchtungskörper und zuletzt das gesamte Bauglas in seinen verschiedenen Formen, z. B. Rohglas, geschliffen und poliert; farbiges und farbloses Ornamentglas; Drahtglas, d. i. Glas mit einem darin eingebetteten Eisendrahtnetz; Spiegelglas, das aus einem feineren und bleihaltigen Glassatz hergestellt und beiderseitig geschliffen und poliert wird. Schließlich birgt die umfangreiche Abteilung für Glasfabrikation auch noch die Darstellung des Werdeganges eines Glasmosaiks, das durch die Zusammensetzung unzähliger, kleiner farbiger Glassteine entsteht. Die monumentale Wirkung der Mosaikkunst veranschaulicht das den Ausstellungsraum überspannende Gewölbe, welches vollständig mit herrlichen Mosaikgemälden mit Darstellungen aus der Glasfabrikation überzogen ist.

Alte Glashütte mit Schmelzofen aus der Zeit Agricolas

* * *

Nach dem Durchwandern der Räume für die Baumaterialien empfangen den Besucher des Deutschen Museums die Säle, die dem eigentlichen Hochbauwesen eingeräumt sind. Hier wird gezeigt, wie und in welchen Formen die in der vorhergehenden Abteilung vorgeführten Baustoffe im Laufe der Jahrhunderte praktische Anwendung gefunden haben und heute noch finden. Einen breiten Raum nimmt dabei naturgemäß

Modell einer Wohnhütte als Beispiel der Anfänge des Wohnungsbaues

der Wohnungsbau ein, aber auch der Bau öffentlicher Gebäude jeder Art spielt selbstverständlich eine bedeutende Rolle. Der erste Hauptraum, den wir betreten, enthält eine Darstellung der Urwohnungen in der Form großer Modelle, die teils in Glasvitrinen, teils in künstlich beleuchteten Dioramen zur Aufstellung gelangt sind. Die Urwohnungen der Menschen waren die Höhlen und die Felsenwohnungen. Auch die Hütten sind als Urwohnungen anzusprechen. Sie sind in drei bezeichnenden Formen anzutreffen: Die primitive Form des Windschirms als Wohn- und Lagerstätte hat vor allem den Zweck, das Feuer vor Wind und Regen zu schützen, und bildet erst den Übergang zur Hütte. Deren älteste Form ist das Kegelhausdach, bei dem der Hütte die Form des Kegels zugrunde gelegt ist. Bei der Bienenkorbhütte hat der Bienenkorb als Vorbild gedient; sie erinnert in ihrer Form bereits an das spätere Dach. Es folgt dann eine Gruppe von germanischen Hütten aus vorgeschichtlicher Zeit: bei der Grubenhütte diente eine Erdgrube als eigentliche Wohnstätte, die zum Schutze gegen Regen und Sonne mit einer Hütte überdeckt war. Später umgab man die Hütte zum Schutze gegen Angriffe von Tieren und Menschen mit Palisadenwänden. Bei den Eskimohütten können wir einen unterschiedlichen Typ der Hütte feststellen, je nachdem es sich um eine Unterkunftsstätte für den Winter — dargestellt ist eine im Bau befindliche Hütte aus Eisblöcken — oder für den Sommer handelt. Alle diese Wohnungsarten haben sich bis heute noch in vielen Weltgegenden erhalten. Ihre Ergänzung fanden diese primitiven Wohnstätten in Zelten, Wohnschiffen, Wohnwagen u. dgl. Als Beispiel einer fahrbaren Wohnung bei veränderlichem Wohnsitz am Wasser ist ein japanisches Wohnschiff ausgestellt. Die Beweglichkeit der Behausung führt zu der Gruppe der Zelte, die zweifellos diejenige Art von Unterkunftsmöglichkeit bedeuten, die am leichtesten von Ort zu Ort mitzuführen ist. Hier sehen wir u. a. ein arisches Zelt als Beispiel eines rechteckigen Zeltes mit Satteldach; ferner ein Indianerzelt als Beispiel eines kegelförmigen Zeltes, das mit Häuten bespannt ist, die wiederum mit Bemalungen, wichtige Lebensereignisse darstellend, verziert sind. Der Eskimostamm auf der Wanderung bedient sich des typischen Eskimozeltes. Die heute noch gebräuchliche Zeltform eines Nomadenstammes ist das zum Sonnenschutz aus leichter Stoffbespannung hergestellte Beduinenzelt. Alle die bisher geschilderten Wohngelegenheiten fanden ihre Fortsetzung und Vervollkommnung in den Pfahlbauten und in den Siedlungen. Von den vorgeschichtlichen Pfahlbauten aus der Steinzeit erhalten wir ein anschauliches Bild. Sie waren am Ufer von Seen angelegt und bestanden aus Reihen von in den Seeboden eingerammten ganzen Stämmen mit einem Rost aus Balken darauf, zwischen denen sich vielfach auch eine Ausfüllung von Reisig, Steinen und Erde fand. Auf der von dem Rost getragenen Plattform oberhalb des Seespiegels waren Hütten aus Holzfachwerk errichtet, dessen Felder mit geflochtenem Reisig ausgefüllt, mit Moos verstopft und innen und außen mit Lehm ausgeschlagen waren. Als Beispiel für ein Pfahlbauhaus am Wasser wird uns eine Pfahlbauhütte am Bodensee aus vorgeschichtlicher Zeit, ein Holzbau mit Lehmwänden und Strohdach, vorgeführt. Besondere Erwähnung verdient in diesem Zusammenhang aber vor allem eine in einem Durchgangsraum in natura dargestellte Pfahlbauansiedlung aus vorgeschichtlicher Zeit am Starnbergersee, deren Innenraum, von dem man einen Ausblick auf den See und auf die gesamte Pfahlhaussiedelung hat, betreten werden kann. An diese Pfahlbauten erinnern auch die Häuser der Batak auf Sumatra, Holzhäuser am Rande des Urwaldes mit Schnitzereien und Bemalungen, deren Eigentümlichkeit darin besteht, daß die eigentliche Hütte hoch gestellt auf Pfählen ruht. Diese Hüttenform stellt den Übergang zu dem Haus in zwei Stockwerken dar. Als Beispiel für eine Dorfsiedlung eines Urvolkes erblicken wir in einer großen Wandnische das Diorama einer solchen Siedlung auf der Insel Bali in Indien mit gleichzeitiger Darstellung von Szenen aus dem Volksleben.

Modell eines Holzhauses der Batak auf Sumatra

Wenn wir von dem Gebrauch von Erde und Lehm absehen und die Herstellung menschlicher Schutzunterkunft daraus noch nicht als Bauen in unserem heutigen Sinne betrachten wollen, so sind als die ältesten Stoffe, deren Verwendung zum Bauen uns bekannt ist, Holz und Stein zu bezeichnen. Ob der Holzbau, dem im Deutschen Museum ein besonderer Saal eingeräumt ist, als die älteste von beiden Bauweisen für menschliche Wohnungen angesehen werden muß, ist nicht sicher festgestellt, die ursprünglichste ist sie jedenfalls. Alle Völker des Altertums haben Holz zu ihren Bauten verwendet; die Ägypter kannten den Holzbau, im östlichen Asien ist er seit Jahrhunderten geübt und in Deutschland ist er ganz besonders als die von altersher den Germanen eigentümliche Bauweise festzustellen. Für den Häuserbau hat vielfach der Blockbau Anwendung gefunden, der sich in den ältesten bekannten Beispielen zeigt, aber auch heute noch in schwach besiedelten, holzreichen Gegenden angewendet wird, wobei aus unbehauenen, wagerecht gelegten Nadelholzstämmen, die an den Hausecken durch Überblattung miteinander verbunden waren, Wände gebildet wurden. Werden dagegen behauene Hölzer als Pfosten senkrecht gestellt und die Felder

Modell eines mittelalterlichen Hauses als Beispiel für Fachwerkbau

zwischen ihnen mit gespundeten Brettern ausgesetzt, so spricht man von Stabbau. Ein konstruktiv bedeutender Fortschritt bedeutete jene Holzbauart, die aus starken senkrechten Ständern, wagerechten Schwellen und Riegeln und schrägen Streben einen seitlich unverschiebbaren Rahmen bildeten, dessen Zwischenfächer entweder mit Holzbohlen oder mit Mauerwerk ausgefüllt wurden. Im letzteren Falle spricht man von „Fachwerk". Der Holzfachwerkbau hat im Laufe der Jahrhunderte, besonders im Mittelalter, eine bedeutsame Entwicklung durchgemacht. In Deutschland gibt es noch zahlreiche Städte, in denen solche Fachwerkbauten, oft mit hervorragenden Schnitzereien und Malereien versehen, in großer Zahl erhalten sind, die von dem künstlerischen und baulichen Sinn unserer Vorfahren ein ebenso beredtes wie glänzendes Zeugnis ablegen. Unsere Sammlung enthält zahlreiche Modelle von solchen ehrwürdigen und meistens weit über ihr engeres Vaterland hinaus bekannten Fachwerkbauten, an denen sich auch in hervorragendem Maße die technische und künstlerische Entwicklung des Holzbaues und Fachwerkbaues studieren läßt. Daß auch Monumentalbauten in Holz errichtet werden können, dafür bildet das Modell der norwegischen Stabbaukirche in Gol, die aus dem 14. Jahrhundert stammt, ein beredtes Beispiel. Den neuzeitlichen Holzbau verkörpert das Modell eines Funkturms, zu dem das Modell eines alten Leuchtturms das Gegenstück bildet. Die Holzkonstruktionen früherer Zeiten sind durch alte Dachstühle, Modelle des Kehlbalken- und Pfettendaches sowie von Hänge- und Sprengewerken veranschaulicht, während z. B. das Modell einer Reitschule, einer Markthalle, eines Kuppelbaus und einer Bahnhofshalle neuzeitliche Holzkonstruktionen verkörpern.

Sehr umfangreiche Anwendung hat das Holz von altersher bis in unsere Zeit auch im Brückenbau und im Wasserbau gefunden. Ganze Wälder von Stämmen großer Längen und Stärken finden sich in den Untergrund an der Küste und an den Gewässern des Binnenlandes eingerammt, die als Pfahlroste dienen und durch deren Vermittlung die Kaimauern, Schleusen, Molen, Brückenpfeiler und andere Bauwerke an unseren Flüssen, Kanälen und Häfen die von ihnen aufzunehmende Last auf tiefere, tragfähige Schichten übertragen. In älterer Zeit hat man für diese Bauten mit Vorliebe Eichenholz verwendet, während in neuerer Zeit auch in umfangreicher

Weise Nadelhölzer zur Verwendung gelangen. Der großen Dauerhaftigkeit des ersteren Baustoffes, der, wenn er dauernd unter Wasser ist, überhaupt nicht fault, ist es zu danken, daß wir noch heute an sehr vielen alten Holzbauten die Kunst unserer Vorfahren bewundern können.

Beim Steinbau, dem wir uns jetzt zuwenden wollen, kommen vornehmlich drei Ausführungsarten in Betracht: der Ziegelbau, der Steinbau aus natürlichen Steinen und der Steinbau aus künstlichen Steinen. Der erste Saal, den wir durchschreiten, ist dem Ziegelbau eingeräumt. Von der Bedeutung, die der Ziegel zu allen Zeiten im Bauwesen gehabt hat, ist schon bei den Baustoffen die Rede gewesen. Nunmehr wird uns vor allem seine konstruktive und formale Verwendung vorgeführt. An den Wänden sind zunächst die wichtigsten Ziegelverbände der Antike, des Mittelalters und der Neuzeit in natürlichen Ausführungen zu sehen, wobei jedesmal die bezeichnenden Merkmale der Verbände im einzelnen beschrieben sind. Sodann ist die Entwicklung des Ziegelbaues durch verschiedene Modelle veranschaulicht, von denen einige als Stichproben angeführt seien. So zeigt zunächst ein großes Modell den Kaiserpalast in Trier, den wir als ältesten deutschen Ziegelbau ansprechen können. Ein prachtvolles Modell, das den ganzen Mittelraum einnimmt, stellt einen der monumentalsten Ziegelbauten aller Zeiten, das Pantheon in Rom dar, bei dem wir auch den prächtigen, überwölbten Innenraum in allen Einzelheiten studieren können. Hier liegen die konstruktiven Fortschritte, die die Römer in der Geschichte des Steinbaues zu verzeichnen haben, nämlich in der Entwicklung des Gewölbebaues. Die Kuppel des Pantheons und die weitgespannten Tonnengewölbe und Kreuzgewölbe der Basiliken und sonstigen öffentlichen Gebäude sprechen in dieser Beziehung eine laute Sprache. Als ein weiterer Ziegelsteinbau von ganz großem Format reiht sich die Frauenkirche in München an. Ist sie doch das bekannteste und berühmteste Ziegelbauwerk des deutschen Südens und zugleich das Wahrzeichen der Stadt des Deutschen Museums. Die internationale Verbreitung des Ziegelbaues beweisen u. a. die Modelle einer Moschee in Kairo, der Kathedrale in Zaragossa, des Holstentors in Lübeck und des Schinkelhauses in Berlin, die, abschließend mit dem Chilehaus in Hamburg zugleich die geschichtliche Entwicklung des Ziegelbaues bis in die jüngste Zeit hinein erläutern.

In der nächsten Abteilung gelangt zunächst der natürliche Stein in seinen verschiedenen Verwendungsmöglichkeiten zur Darstellung. An den Wänden sind wieder — wie beim Ziegelbau — die verschiedenen Bauweisen in Wort und Bild und in praktischen Ausführungen erläutert. Wir gehen zurück in die Zeiten weit vor Christi Geburt und sehen in natürlicher Größe Zyklopen- und Polygonmauerwerk dargestellt. Das erstere setzt sich aus unbearbeiteten Steinblöcken zusammen, die zuweilen mit Lehmmörtel, meistens jedoch ohne Bindemittel zusammengefügt sind. Geschichtliche Beispiele für diese Art des Bauens sind die Mauern von Tirynth und Mykenä in Griechenland. Das Polygonmauerwerk besteht aus Natursteinen von unregelmäßigen Formen, deren Lager-, Stoß- und Ansichtsflächen bearbeitet sind. Die Steine wurden meistens ohne Bindemittel geschichtet. Die Bearbeitung und Nutzbarmachung des Natursteins erstreckt sich fast auf die ganze Welt, wo Gesteine vorkamen. Als erste Anfänge der Verwendung von Steinen zur Erfüllung irgendwelcher menschlicher Zwecke sehen wir für den Totenkult bestimmte Steinhaufen auf Gräbern oder Monolithe aus vorgeschichtlicher Zeit, wie sie sich in den Dolmen, in Deutschland Hünengräber genannt,

Modell eines hölzernen Funkturmes

gewaltigen unbehauenen Steinblöcken, die auf einzelnen kleinen Blöcken oder Steinhaufen wie auf Füßen ruhen, darstellen. Die eigentlichen Bauwerke aus Stein, bei denen schon bestimmte Konstruktionsgrundsätze zu erkennen sind, reichen bis 3000 v. Chr. zurück. Aus diesem Zeitabschnitt haben wir in den Pyramiden die ältesten und wohl die eindruckvollsten Bauwerke überhaupt. Wir kennen vierzig von diesen riesenhaften Bauten, ebenfalls Grabmäler, die in einzelnen Gruppen in der Nähe des alten Memphis aus großen Quadern, auch schon unter teilweiser Verwendung von Backsteinen mit einer heute nicht mehr vorhandenen polierten Granitbekleidung versehen, zur Zeit der ersten Dynastien des altägyptischen Reiches errichtet wurden. Sie legen Zeugnis ab einmal von der Fähigkeit, die das ägyptische Volk damals schon besaß, Steine zu gewinnen und zu bearbeiten, sowie diese Bauwerke, deren Abmessungen wir heute noch bewundern, zusammenzufügen, sodann von den gewaltigen Arbeitsleistungen, die bei der Herrichtung, der Heranbeförderung und dem Einbau solcher Steinmassen vollbracht wurden. Der überragenden Bedeutung der ägyptischen Pyramiden in der Geschichte des Steinbaues ist durch eine besondere Darstellung im Deutschen Museum Rechnung getragen, nämlich durch ein Diorama der Pyramide von Gizeh mit ihrer Umgebung. Ein Teil der Pyramide kann durch den Besucher selbst durch Drücken auf einen Knopf auf maschinellem Wege versenkt werden, so daß das Innere mit seinen Gängen und der Grabkammer sichtbar wird. Ein Gedankenflug von diesen Pyramiden bis etwa zu dem mit einem gewaltigen Monolith abgedeckten, ebenfalls in einem Modell verkörperten Grabmal des Theoderich in Ravenna läßt uns die gewaltige Bedeutung des Kultbaues in der Geschichte des Steinbaues ermessen. Nach dem Kultbau waren es vornehmlich die Tempelbauten, die schon in frühen Jahrhunderten fast nur in Natursteinen ausgeführt worden sind. In Griechenland, Italien, Sizilien und Kleinasien, in Babylonien und Syrien sind uns zahlreiche Denkmäler erhalten geblieben. Das prachtvolle Modell des Tempels zu Ägina verkörpert den griechischen Tempelbau und zugleich den antiken Quaderbau. Das Modell ist an einer Stelle in größerem Umfange offengelegt, wodurch die Möglichkeit gegeben ist, die bauliche Zusammensetzung des Bauwerkes zu studieren. Der indische Tempelbau ist durch den Taj Mahal-Tempel zu Agra vertreten, der in einem Diorama gezeigt wird. Ein weiteres Feld des Steinbaues sind die Nutz- und Wohnbauten, vor allem die Paläste. Von dem Schatzhaus des Atreus in Mykenä, das wir in einem Modell sehen und das uns insbesondere wegen seiner eigenartigen, als Anfang der Wölbekunst anzusprechenden, durch allseitige allmähliche Überkragung von Steinen hergestellte Überdeckung interessiert, bis zu diesen Palästen oder den mit gewaltigen Tonnen- und Kreuzgewölben überspannten Bädern und Thermenanlagen des alten Roms, welch ein gewaltiger Weg der Entwicklung! In der Tat bedeutet die römische Zeit den Höhepunkt in der Steinbearbeitung und der Steinverwendung. Von den Römern ist diese Kunst in alle Erdteile getragen worden. Auch auf deutschem Boden finden wir in den römischen Lagern, Befestigungen, Mauern, Toren usw. noch Erinnerungsmale an diese Zeit. Als Denkmal dieser Art aus bayerischen Landen ist die Porta Praetoria in Regensburg ausgestellt. Das heute nur mehr als Bruchstück erhaltene Bauwerk war ein aus unbehauenen Kalksteinen gemauertes Tor am Nordausgang eines römischen Legionslagers (castra regina), das in der zweiten Hälfte des 2. Jahrhunderts unter Kaiser Marc Aurel angelegt worden war. Heute gilt dieses Bauwerk als der älteste noch aus der Römerzeit erhaltene Hochbau Bayerns. Eine neue Blütezeit und damit den zweiten Höhepunkt erlebte dann der Steinbau im frühen und späten Mittelalter; es ist das Zeitalter der großen Dome. Und es sind Spitzenleistungen künstlerisch hochstehendster und technisch glänzendster Steinbearbeitung und Formengebung, die die romanische und die gotische Baukunst aus dem toten Gestein schufen. Als das großartigste und eindruckvollste Bauwerk dieser Zeiten auf deutschem Boden darf der Kölner Dom angesprochen werden, der in einem großen Schnittmodell, welches die konstruktiven Gedanken dieses technischen Meisterwerks gut erkennen läßt, zur Darstellung gebracht ist. In der Renaissance und Barockzeit bezieht der Steinbau dann auch noch in besonderem Maße den Profanbau in seinen Wirkungskreis ein. Als ein hervorragendes Beispiel dieser Seite des Steinbaues wird der Pavillon vom Zwinger in Dresden durch ein Modell vorgeführt, während das Leibnizhaus in Hannover den Steinbau der deutschen Renaissanceperiode auf dem Gebiete des Wohnungsbaues in trefflicher Weise kennzeichnet. Da es bei der Fülle der Denkmäler, die in den ver-

Modell der Frauenkirche in München

Modell einer Pyramide, von dem ein Ausschnitt zur Aufdeckung des inneren Baues versenkt werden kann

schiedensten Ländern die Entwicklung des Steinbaues erläutern könnten, unmöglich ist, diese auch nur in einem kleineren Bruchteil in der Form von Modellen vorzuführen, werden die letzteren durch eine große Zahl von photographischen Aufnahmen ergänzt. Eine prachtvolle Ergänzung dieser Ausstellung bildet ein elektrisch betriebenes Panorama, an dem gleichzeitig für 18 Personen plastische Laufbilder mit Darstellungen namhafter Baulichkeiten aus Deutschlands Fachwerk-, Ziegel- und Natursteinbau vorgeführt werden.

Der Steinbau aus künstlichen Steinen wird heute am besten verkörpert durch den Beton- und Eisenbetonbau. Von der epochemachenden Bedeutung des Betons und des Eisenbetons ist bereits unter den Baustoffen die Rede gewesen. Die praktischen Verwendungsarten dieser beiden Baumaterialien, die zweifellos bis heute noch nicht erschöpft sind, sollen in einer noch im Ausbau befindlichen Abteilung gesondert vorgeführt werden. Man wird hier in getrennten Ausstellungskästen zunächst einmal die Grundmaterialien ausgestellt finden, auf der einen Seite das Eisenmaterial, auf der anderen Seite das Betonmaterial, nämlich Kies, Sand und Zement. Eine zweite Ausstellungsgruppe behandelt dann Technik und Berechnung. Hier wird man u. a. Modelle von den ältesten Beton- und Eisenbetonbauten finden, ferner Betongußhäuser nach Edison und vor allem ein Modell, welches die Herstellung von Eisenbeton veranschaulicht. Des weiteren wird ein Bauplatz mit Betonfundamenten und einem halbfertigen Betonbau zu sehen sein. Diese Gruppe wird durch die Darstellung verschiedener deutscher und ausländischer Betonbauten ergänzt

Modell des Athenetempels auf der griechischen Insel Ägina, gebaut im 5. Jahrhundert v. Chr.

werden, wobei die riesigen Fortschritte seit den Zeiten des Altertums (römische Betonbauten), aber auch in Deutschland selbst durch die Gegenüberstellung von Betonkonstruktionen aus den Jahren 1850 und 1900 besonders in die Augen springen. Eine letzte Untergruppe bringt Eisenbetonbauten in bezeichnender Verbindung mit Ziegelbau, mit Eisen und mit Glas. Den Mittelpunkt des Raumes wird eine doppelte Darstellung eines amerikanischen Wolkenkratzers bilden, der einmal im Gerippe und daneben fertiggestellt zu sehen sein wird.

Nach ähnlichen Grundgedanken wird der ebenfalls noch im Ausbau befindliche Raum für Eisenbau ausgestaltet werden. Zunächst werden wir in die Lage gesetzt, uns über konstruktive Einzelheiten, und zwar solcher alter und neuer Art, zu unterrichten. Diese Gegenüberstellung von „alt“ und „neu“ wird auch bei der Ausstellung bekannter Eisenbauten der Leitgedanke sein, um auf diese Weise die Entwicklung möglichst anschaulich zu machen. Etappen in dieser Entwicklung sind etwa ein Gewächshaus aus der Biedermeierzeit, der Glaspalast in München, der Eifelturm in Paris, der Funkturm in Nauen, die Ausstellungshalle in Frankfurt a. M. und ein eisernes Wolkenkratzergerippe aus Amerika. Außerdem werden noch Modelle von eisernen Brücken in der gleichen Richtung belehrend wirken. Die neuesten Ergebnisse auf dem Gebiete des Eisenbaues werden durch Stahlhäuser und eine Stahlbaukirche zur Geltung gebracht.

Zu den verschiedenen Zweiggebieten, die sich unter dem Sammelbegriff „Hochbauwesen“ zusammenfassen lassen, gehört auch der Wohnungsbau. Er hat schon in der vorstehenden Darstellung eine bedeutsame Rolle gespielt, da aus allen wichtigeren Baumaterialien, die beschrieben worden sind, auch Wohnhäuser hergestellt werden. Jedoch konnte die bisherige Betrachtung immer nur von dem betreffenden Baustoff ausgehen, weniger die Systematik der Entwicklung des Wohnhauses untersuchen. Aus diesem Gedankengang heraus schließt sich an die im vorstehenden beschriebenen Abteilungen des Deutschen Museums auch noch eine solche des Wohnungsbaues an. Da aber die Entwicklung des Wohnungsbaues mit der Entwicklung des Siedlungswesens und des Städtebaues aufs engste zusammenhängt, sind diese drei Sondergebiete in einem Saal vereinigt. Zum lückenlosen Studium der Geschichte des Wohnhauses ist es aber erforderlich, die bereits früher erwähnten Ausstellungsgegenstände an entsprechender Stelle einzureihen.

Die Urform des Wohnhauses war das Einraumhaus: die Höhlenwohnung, die Felsenwohnung, das Zelt und die Hütte in ihren verschiedenen Formen; kurz, alle jene Urwohnungen, die bereits oben besprochen worden sind, können durchweg als Einraumwohnungen angesprochen werden. Die Einraumwohnung beherbergte gleichzeitig Mensch und, soweit solches vorhanden war, Vieh. Auch beim niedersächsischen Bauernhaus in seiner älteren Form können wir, wenn wir einen besonders charakteristischen Typ des ländlichen Wohnungsbaues heranziehen wollen, diese Vereinigung von Mensch und Tier unter einem gemeinschaftlichen Dach noch heute feststellen. Das Modell dieses Hauses ist so eingerichtet, daß das Dach hochgehoben werden kann und der Einblick in das Innere möglich ist. Von dem Stallraum werden dann in der weiteren Entwicklung — und das gilt für diese ganz allgemein — zunächst die Schlafräume für die Menschen abgetrennt, dann folgt die Küche. Alle Räume bleiben aber nach wie vor unter einem Dach vereinigt, wie dies auch oft bei dem Schwarzwälder Bauernhaus anzutreffen ist. Demgegenüber ist das Kennzeichen einer fränkischen Gehöftanlage die Trennung des Wohnhauses von Stallgebäude, Scheune und Tenne derart, daß sich die einzelnen Baulichkeiten um den Hof herumlagern und diesen rings umschließen. Bezeichnend für das ländliche Wohnhaus ist aber immer, daß es auf vier Seiten frei steht. Diese Feststellung ist deshalb von Bedeutung, weil auch das städtische Wohnhaus sich in Deutschland von diesem Typ her entwickelt hat.

Die Entwicklungsreihe des städtischen Wohnhauses wird durch das Modell eines griechischen Wohnhauses aus Priene aus dem 2. Jahrhundert v. Chr. eingeleitet, bei dem sich die einzelnen Räume des Hauses um die inneren Höfe gruppieren und nach diesen öffnen, während die Außenfassade eine untergeordnete Rolle spielt. Auch hier ist wieder das Modell so eingerichtet, daß die Dächer hochzustellen sind, um einen Einblick in das Innere zu gewinnen. Als Beispiel des römischen Wohnpalastes dient ein großes Modell vom Haus des Sallust in Pompeji. In Deutschland lassen sich im Mittelalter drei Formen des städtischen Wohnhauses unterscheiden. Die erste ist das bereits erwähnte, auf allen Seiten freistehende Haus, das auf das ländliche Haus zurückzuführen ist, ursprünglich wie dieses mit dem Giebel der Straße zugekehrt war, sich aber später, als sich die Häuserreihen der Straße zu schließen begannen, um 90° drehte und dann mit der Traufe parallel zur Straße stand. Eine zweite Form ist die des durch Teilung eines größeren Hauses entstandenen Teilhauses, das wir auch heute noch in den verschiedensten Teilen Deutschlands antreffen. Die Teilung erfolgt meistens senkrecht, also durch die Mitte des Giebels, aber auch wagerecht nach Stockwerken. Die letztere Teilung hatte das rechtlich interessante Stockwerkseigentum zur Folge, für das München noch zahlreiche, ganz besonders eigenartige Beispiele in den sogenannten „Herbergen“ in seinen Mauern birgt. Die letzteren sind dadurch entstanden, daß sich mehrere Bauherren zur Verbilligung der Baukosten zur gemeinschaftlichen Errichtung ihrer Behausungen unter einem gemeinschaftlichen Dach miteinander verbanden. Diese Zeugen einer entschwundenen Zeit sind unrettbar der Vernichtung verfallen, zumal sie in gesundheitlicher Beziehung vieles, wenn nicht alles, zu wünschen übrig lassen. Um so erfreulicher ist es, daß mehrere Gruppen solcher Herbergen im Deutschen Museum durch naturgetreue Modelle der Nachwelt erhalten sind, die auch von der malerischen Wirkung dieser Anlagen Zeugnis ablegen. Die dritte Form des städtischen Wohnhauses ist das sogenannte Reihenhaus, dessen Traufe und Dachfirst parallel zur Straße standen und dessen Giebelwände sich ohne Zwischenraum an die Giebelwände der Nachbarhäuser anschlossen. Diese Form ist auch der Typ des städtischen Wohnhauses bis auf den heutigen Tag geblieben, soweit es sich um das Vorderhaus handelt. Die Entwicklung ist lediglich einmal im Punkte der Vermehrung der Stockwerkszahl und des weiteren in der baulichen Ausnutzung des rückwärtigen Teiles des Hausgrundstücks, das in früheren Jahrhunderten in der Regel unbebaut blieb und als Garten verwendet wurde, weitergegangen. So entstanden die Seitenflügel und Quergebäude, die oftmals, besonders in der inneren Stadt, denkbar kleine Höfe umschlossen. Als typisches Beispiel eines solchen „Patrizierhauses“ der Innenstadt begegnet uns in unserer Ausstellung das Modell eines Hauses in der Theatinerstraße in München, das in seinem Querschnitt nicht nur die Lage der Räume zueinander, zum Hof, zur Treppe usw., sondern auch die innere Einrichtung der Räume und damit ihre Zweckbestimmung genau erkennen läßt. Wie die großstädtische Entwicklung des Wohnhauses dann weitergegangen ist, zeigt in lehrreicher Weise ein Modell von dem gleichen Hause nach durchgeführtem Umbau als eingebautes neuzeitliches Wohn- und Geschäftshaus. Diese Entwicklung ist städtebaulich und gesundheitlich weniger erfreulich. Erst die Zeit nach dem Weltkriege hat hier wieder einen Aufschwung und Fortschritte gebracht, wovon im Zusammenhang mit der städtebaulichen Entwicklung unserer Städte noch die Rede sein wird.

Häuser in der Vorstadt Au bei München

Bevor wir uns dieser zuwenden, besuchen wir noch die Gruppe Siedlungswesen, die sich mit der ländlichen Siedlung befaßt. Hier finden wir eine Reihe von Plänen, die uns verschiedene Formen des Dorfes in charakteristischen Beispielen vor Augen führen. Die Entwicklung des Dorfes bedeutet in diesem Zusammenhang die Lage der einzelnen Häuser zu einander, als auch zu dem zu ihnen gehörigen Grundbesitz. So sehen wir sogenannte „Einödshöfe“, d. h. Einzelhöfe, die inmitten der einzelnen in Kultur genommenen Landstücke liegen. Eine Art Gegenbeispiel ist das Haufendorf. Wie der Name schon sagt, liegen die Häuser auf einem Haufen beisammen. Die Höfe sind nach Richtung und Entfernung willkürlich und regellos um die unregelmäßig verlaufenden Ortswege zusammengebaut. Die Feldflur dagegen ist in zahlreiche Abschnitte (Gewanne) geteilt, wie sie sich teils aus der verschiedenen Bodenbeschaffenheit, teils aus der mit fortschreitendem Bedürfnis erfolgten Erweiterung der Anbaufläche ergeben haben. In jeder Gewanne hat jeder Siedler seinen Anteil. Bei einem anderen Typ, dem Runddorf, sind die Häuser mit der Giebelseite radial zum Anger (Dorfmittelpunkt) gestellt. Das Dorf hatte anfänglich nur einen Ausgang. Die Feldflur ist in geschlossene, segmentartige Stücke (Hufen) geteilt, die die Anteile der einzelnen Siedler ausmachen. Den Übergang zur städtischen Anlage bildet der Plan des Marktes Brugg bei Fürstenfeld (heute Fürstenfeldbruck) aus dem Jahre 1809. Die Form der Siedlung ist durch ihre Anlage am Übergang der alten Salzstraße Wasserburg—Augsburg über die Amper bedingt. Der Hauptteil der Siedlung entstand unmittelbar nördlich der Amperbrücke zu beiden Seiten der Marktstraße.

Wenn so die ländliche Siedlung schon bestimmte Entwicklungsformen aufweist, so ist dies naturgemäß erst recht bei der städtischen Siedlung der Fall. Die Gruppe Städtebau veranschaulicht in einer Auswahl charakteristischer Beispiele diese Entwicklung. Bei dem vorher erwähnten Plan von Fürstenfeldbruck wurde bereits auf die städtischen Anklänge hingewiesen. Es handelt sich dabei um eine Art Zwischenglied, um eine Marktgemeinde, das ist eine Siedlung, die sich um einen Markt bildete, bei der der Markt die Veranlassung zur Ansiedelung gegeben hatte. Typisch für das Mittelalter sind u. a. diejenigen städtischen Siedlungen, die sich in Anlehnung an eine Burg gebildet haben. Ein großer Plan von Nürnberg, der später durch ein entsprechendes Rundbild ersetzt werden soll, zeigt uns eine derartige Siedlungsanlage, zugleich aber auch den Typ der gewachsenen Stadt, bei der der ursprünglich innere Kern um die Burg herum noch heute zu erkennen ist, von dem sich die später „angewachsene" Neustadt deutlich abhebt. Das Gegenstück zu der gewachsenen Stadt ist die gegründete Stadt. Die planmäßige Gründung und Neuanlage einer ganzen Stadt ist in Deutschland verhältnismäßig selten, häufiger schon die Gründung von Vorstädten im Anschluß an vorhandene Städte. Zahlreichere Beispiele von begründeten Städten sind aus dem Ausland bekannt. So ist auch in dieser Sammlung die gegründete Stadt durch zwei australische Stadtentwürfe vertreten. Zu dem Typus der gegründeten Städte gehört auch die Gartenstadt, die erstmals in England in ihrer reinen Form verwirklicht worden ist. Als Gartenstadt wird eine planmäßig angelegte, räumlich abgeschlossene Siedlungsanlage bezeichnet, bei der unter vorheriger Festlegung der Art der Bebauung und Bodenausnutzung eine weitgehende Verbindung von Wohnhaus und Garten vorgesehen ist, als Wohntyp das Klein- und Einfamilienhaus bevorzugt wird und der Wertzuwachs des Geländes eine gemeinnützige Verwendung findet. Aus diesen Voraussetzungen ergibt sich, daß Gartenstädte, schon wegen der Kosten für den Baugrund, nur in der Form von Neugründungen abseits von vorhandenen Städten angelegt werden können. Erfolgt die Anlage einer gartenmäßigen Siedelung im Anschluß an einen bereits vorhandenen Stadtkörper, so wird sie als Gartenvorstadt bezeichnet. Den Typ der Gartenstadt vertritt in unserer Sammlung die englische Gartenstadt Welwyn. Des weiteren sind Modelle von der Siedelung Hellerau bei Dresden, als der bekanntesten deutschen Gartenstadt aus der Vorkriegszeit, ausgestellt.

Eine besonders bemerkenswerte Periode in der Geschichte des deutschen Städtebaues war die der landesfürstlichen Bautätigkeit, die etwa Mitte des 16. Jahrhunderts beginnt und Anfang des 19. Jahrhunderts ausläuft. Wie der Name schon sagt, versteht man darunter jene Zeitspanne, in der es sich die Landesfürsten besonders angelegen sein ließen, in planmäßiger Weise Siedlungen ins Leben zu rufen. Schon aus dem Anfang des 16. Jahrhunderts ist uns eine Siedlungsanlage bekannt, die nach der Art ihrer Entstehung gewissermaßen als der Auftakt dieser planmäßigen Siedlungstätigkeit bezeichnet werden kann. Es ist dies die heute noch bestehende und in höchstem Maße sehenswürdige Siedlung des Großkaufmanns Jakob Fugger des Zweiten in Augsburg, die sogenannte Fuggerei, deren Modell im Deutschen Museum ausgestellt ist. Diese Siedlung ist nicht nur städtebaulich, sondern auch durch die Art ihrer Entstehung höchst bedeutsam, da sie von ihrem Gründer von vornherein für arme Leute und Handwerker bestimmt war. Infolgedessen galt sie nicht nur zur Zeit ihrer Errichtung, sondern auch für die Folgezeit als beispielgebende soziale Tat. Eine besonders großzügige planmäßige Siedlungstätigkeit entwickelten die preußischen Könige. Friedrich II. z. B. hat durch die Schenkung und Lieferung von Baumaterialien, die Hergabe von Baugeldern und die Gewährung von sogenannten „Baufreiheiten" um die Mitte des 18. Jahrhunderts in vorbildlicher Weise den Wohnungsbau gefördert. Seine Siedlungstätigkeit erstreckte sich sowohl auf die Anlage von Kolonien für Arbeiter und Handwerker, als auch auf die Gründung ganzer Bauerndörfer. Als Beispiel sehen wir die friderizianische Siedlung Zinna bei Jüterbog im Regierungsbezirk Potsdam. Abgeschlossen wird diese Reihe von Siedlungen durch den Plan einer städtischen Siedlung aus dem Jahre 1812, die Neustadt bei Magdeburg.

Es folgen dann schließlich noch zahlreiche Modelle, Pläne und photographische Aufnahmen aus dem letzten Zeitabschnitt des deutschen Städtebaues, der Nachkriegszeit. Wie schon oben angedeutet wurde, ist dieser Abschnitt in besonderem Maße durch die Förderung des Wohnungs- und Siedlungswesens durch die öffentliche Hand unter dem Druck der nach dem Weltkrieg eingetretenen Wohnungsnot gekennzeichnet. Diese Mitwirkung der öffentlichen Gewalten, insbesondere der Gemeindeverwaltungen, hat ganz gewaltige Fortschritte im Wohnungsbau, Siedlungswesen und Städtebau mit sich gebracht. Sie hängen aufs engste mit der Lösung der städtebaulichen Seite des Wohnungsproblems zusammen, die in der Richtung der Befreiung des Blockinnern von jeglicher Bebauung und damit in der Randbebauung und in der weiteren Entwicklung in der Ausbildung des bandmäßig aufgelösten Blockes und schließlich des Zeilenbaues, der eine gleichmäßige Besonnung und Belichtung aller Wohnräume gewährleistet, gesucht und gefunden wurde. Modelle und Aufnahmen beispielsweise von der großzügigen städtischen Siedlung an der Großdiesdorferstraße in Magdeburg oder von der Großsiedlung in Berlin-Britz, von Siedlungen in Hamburg, Leipzig und anderen Städten, bringen diese Fortschritte in drastischer Weise zum Ausdruck. Des weiteren ist aber aus den ausgestellten Objekten zu erkennen, daß die Großstadt nach dem Kriege eine Auflockerung durch planmäßige Förderung des Kleinhausbaues erfahren hat. Zahlreiche Städte umgeben sich sogar bewußt mit einem Kranze neugegründeter Flachbausiedlungen, für die in der Siedelung Hohe Lache bei Dessau, Mockau bei Leipzig und anderen Beispiele gegeben sind. In diesen Fortschritten und vor allem in den ihnen zugrunde liegenden Bestrebungen ist ein gut Stück deutscher Volksgesundheit gewährleistet. Die Hoffnung, daß sie über die Periode der Wohnungsnot hinaus in Deutschland für das Wohnungs- und Siedlungswesen und den Städtebau maßgebend sein werden, läßt uns unsere gemeinsam durchwanderte Abteilung für Hochbauwesen mit einem erfreulichen Blick in die Zukunft verlassen.

*

## KARL FINCKH, BELEUCHTUNG.

Noch ist es Tag, da rühre sich der Mann!
Die Nacht tritt ein, wo niemand wirken kann!

Der lähmenden Nacht einen, wenn auch schwachen Abglanz des freundlichen Tageslichtes aufzuzwingen, ist menschliches Bestreben zu allen Zeiten gewesen. Die Sonne, die große Kraftquelle, gab das Vorbild dazu, das Feuer, einmal im Besitz des Menschen, gab die Möglichkeit der Erfüllung. Der Augenblick, in dem bewußt zum ersten Male das Feuer zur Beleuchtung und nicht zum Wärmen benutzt worden ist, liegt im Dunkel der Vorzeit. Schon Homer kennt das Kienholz und vorgeschichtliche Funde bezeugen den Gebrauch von Öllampen.

Denkt man an die heutige Fülle und Bequemlichkeit der Beleuchtung, so kann man die ungeheure Entwicklung der Lichttechnik ermessen. Diese Entwicklung ist aber recht ungleichmäßig gewesen. Durch Jahrtausende ist nichts Wesentliches oder wenigstens grundsätzlich Neues geschehen, solange als Quelle des Lichtes nur die unveränderte Flamme Verwendung fand, in der glühender Kohlenstoff leuchtete. Erst Ende des 17. Jahrhunderts brachte die Entwicklung der Physik und der Chemie neue erfinderische Gedanken, die bis in die allerneueste Zeit der Beleuchtung einen mächtigen Aufschwung gaben. Und trotzdem sind es nur wenige Jahre, die uns von der gelegentlichen Anwendung des Kienspans trennen.

Das Deutsche Museum verfügt über einen lückenlosen und schier unerschöpflichen Anschauungsstoff zur Entwicklung des Beleuchtungswesens, dessen Wert noch dadurch erhöht wird, daß er meistens in Originalstücken vorhanden ist. Seine Aufstellung folgt im allgemeinen der zeitlichen Entwicklung.

Der älteste Leuchtkörper ist der Kienspan. Besonders harzreiches Holz gab seiner Flamme die Leuchtkraft. In Metallkörben oder Haltern verschiedenster Formen konnte er an den gewünschten Orten aufgestellt werden. Aus ihm entwickelten sich die Fackeln, bei denen durch Auftragen von Teer, Pech und Werg auf einen Holzkern die Leuchtkraft und Brenndauer erhöht wurde. Wesentlich später, in römischer Zeit, erscheint die Kerze als Lichtquelle. Ihr Brennstoff war Wachs und Talg. Als Docht dienten anfangs Pflanzenfasern, z. B. Bambus oder Binsen, die mit Wachs überzogen wurden. Der Baumwolldocht wurde erst später erfunden, und die letzten Verbesserungen, der geflochtene Baumwolldocht mit chemischer Imprägnierung, der, ohne zu kohlen, verbrannte und nicht mehr geschneuzt zu werden brauchte, gehörten dem 19. Jahrhundert (Cambacères um 1825). Die Fortschritte der Chemie führten zur selben Zeit zur Verwendung von Stearin, Paraffin, Ceresin (Reichenbach, Chevreul, Gay-Lussac 1825). Das älteste Verfahren zur Herstellung von Kerzen bestand im fortlaufenden Durchziehen des Dochtes durch den geschmolzenen Brennstoff. Das Museum zeigt das Modell einer alten Wachszieherei. Später wurde das Gießverfahren entwickelt, bei dem das geschmolzene Wachs um den fest ausgespannten Docht gegossen wird. Halter für Kerzen, von den einfachsten Formen bis zum wertvollen Kronleuchter, hat jedes Zeitalter entwickelt. Im Mittelalter und in der neueren Zeit war die Kerzenbeleuchtung ausgesprochene Luxus- und Kirchenbeleuchtung.

Fast ebenso alt wie die Verwendung der festen Brennstoffe zur Erzeugung der leuchtenden Flamme ist diejenige der flüssigen Brennstoffe Olivenöl und Rüböl. Sie brachte die Erfindung der Lampe, die in ihrer einfachsten Form aus einem Ölgefäß besteht, aus der ein Docht aus Pflanzenfaser das Öl emporsaugt und am freien Ende in gleichmäßiger Flamme verbrennen läßt. Öllampen in den verschiedensten Formen finden sich bei allen Kulturvölkern; sie wurden, zu größerer Zahl vereint, auch in Kronleuchtern verwendet. Bis ins späte Mittelalter bleibt diese Lampe unverändert, nur künstlerisch nach dem Geschmack ihrer Benutzer abgewandelt. Als einzige Verbesserung erfand Cardanus das Röhrchen zur Führung des Dochtes und eine mechanische Vorrichtung zum Nachstellen desselben, sowie die Höherstellung des Ölbehälters. Erst spätere Zeiten bemühten sich um weitere Verbesserungen. Der frühere Volldocht wurde zum Flachdocht zum Zwecke der Vergrößerung der Flamme entwickelt (Léger 1783). Argand (1783) erfand den Runddocht, bei dem die Verbrennungsluft nicht nur von außen, sondern auch von der Mitte aus zugeführt werden konnte. Außerdem lehrte er den Glaszylinder, der schon früher erfunden wurde, richtig anzuwenden. Die letzte Verbesserung der Rüböllampe war 1836 die Moderateurlampe, bei der der Zufluß des Öles automatisch durch eine Feder mit Uhrwerk unter Druck geregelt wurde.

Alte Öllampen

Rüböl und die anderen bis dahin benutzten Öle sind zäh und steigen nur schwer im Docht hoch. Das dünnflüssige Erdöl oder Petroleum wurde schon lange gelegentlich an seinen Fundstellen als Brennstoff verwendet. Aber erst als ein weltumspannender Vertrieb des Petroleums durchgebildet war, wurde seine Verwendung allgemein, und einige Jahrzehnte bildete die mit ihm betriebene Lampe die verbreitetste Lichtquelle. Infolge der leichten Entzündbarkeit des Öles mußten Flamme und Ölvorrat sorgfältig getrennt werden. Silliman bildete 1855 die erste brauchbare Lampe aus, die in der Folgezeit durch Einführung des Rundbrenners verbessert wurde.

Inzwischen hatte man gelernt, auch gasförmige Brennstoffe der Beleuchtung dienstbar zu machen. Schon 1680 hatte Becker den Steinkohlen „den Teer und brennbares Gas“ entzogen. Doch dauerte es noch lange, bis trotz verschiedener Versuche von Engländern, Franzosen und Deutschen dieses brennbare Gas zur Lichtquelle wurde. Murdock in England war am erfolgreichsten mit diesen Versuchen. Er beleuchtete 1792 sein Wohnhaus mit Leuchtgas und von 1798 ab die Fabrik in Soho bei Birmingham, in der er tätig war. Das Gas wurde durch trockene Destillation von Steinkohle gewonnen. Der große Vorteil dieser Beleuchtungsart war, daß man, was

Alte Straßenlaternen. Nachbildung der ersten öffentlichen Straßenbeleuchtung vom 16. Jahrhundert in Paris, Siemens Regenerativgaslaterne, alte Berliner Straßenlaterne um 1830

bisher unmöglich war, von einer zentralen Stelle aus den Brennstoff weiterleiten und an beliebigem Orte verwenden konnte. So wurde das Leuchtgas im besonderen Maße ein Helfer für die bisher sehr stiefmütterlich bedachte Straßenbeleuchtung. Sehr rasch begannen die Städte, sich für die neue Beleuchtung zu interessieren. Winzler, ein Deutscher, der sich in England Winsor nannte, ein Schüler Murdocks, richtete 1813 die erste Gasanstalt in London ein, der 1815 diejenige in Paris folgte. In Deutschland erhielten 1825 Hannover und 1827 Berlin durch eine englische Gesellschaft die ersten Gasanstalten. Die rasche Entwicklung, in der viele Millionen Werte angelegt wurden, ergibt sich aus der Tatsache, daß 1868 schon 530 deutsche Städte Gasanstalten hatten. Die Einrichtungen der Gasanstalten zeigt das Museum an anderer Stelle. Es war nicht leicht, ein für Beleuchtungszwecke gutes und dabei gleichmäßiges Leuchtgas zu erzeugen; die technische Entwicklung der Brenner für die Gasbeleuchtung war eine verhältnismäßig einfache. Zuerst verwendete Einloch- und Zweiloch-Brenner wurden 1805 von Stone durch Schnittbrenner ersetzt, die aus Speckstein bestanden. Auch Rundbrenner wurden eingeführt. 1879 erfand Friedrich Siemens den Regenerativ-Brenner, bei dem die heißen Abgase zur Vorwärmung des Leuchtgases und der Luft benutzt wurden. Neben dem Leuchtgas aus Steinkohle wurden noch einige andere Gasarten zur Beleuchtung benutzt. Das Ölgas aus Braunkohle und Teer fand Verwendung bei der Zugbeleuchtung, das sogenannte Blaugas beim Betrieb von Leuchtfeuern und Seezeichen. Das Azetylen aus Kalziumkarbid, das ein glänzend weißes Licht gibt, war im Betrieb teuer und nicht ohne Schwierigkeiten.

Es mag daran erinnert werden, daß der Träger des Leuchtens aller bisher beschriebenen Lichtquellen der erhitzte, noch unverbrannte Kohlenstoff ist, der sich in der Flamme abscheidet. Die Temperatur dieses glühenden Kohlenstoffs ist nicht sehr hoch, etwa 1200°. Nach den Strahlungsgesetzen ist eine bessere Ausbeute an Licht, bezogen auf die zugeführte Energie des Brennstoffes, nur zu erwarten, wenn es gelingt, die Temperatur des Strahlers zu erhöhen. Dies war den seit 1840 in Wettbewerb mit der Gasbeleuchtung tretenden elektrischen Lichtquellen gelungen und zwang auch die Gasbeleuchtung zu neuen Anstrengungen, um im Wettbewerb zu bleiben. Man mußte versuchen, mit Hilfe der Wärme der Gasflamme feste Körper auf möglichst hohe Temperatur zu bringen, wozu der Versuch von Drummond 1826 ein Vorbild bot. Drummond hatte mit Hilfe einer Knallgasflamme ein Stück Kalk sehr hoch erhitzt, so daß es ein blendend weißes Licht aussandte, das gelegentlich als

Scheinwerferlicht Anwendung fand. Nachdem Bunsen schon 1855 den Weg gezeigt hatte, durch geeignete Luftzuführung den leuchtenden Kohlenstoff der Flamme so zu verbrennen, daß die Flamme nicht mehr leuchtete, aber ihre Temperatur gesteigert wurde, brachte 1885 Fahnejelm nadelförmige Stifte aus gebrannter Magnesia in der entleuchteten Flamme zum Glühen. Schon das nächste Jahr brachte die Erfindung, die der Gasbeleuchtung neue Bahnen wies. Der Chemiker Auer von Welsbach fand, daß die feuerfesten Gemische von Oxyden seltener Erden sehr reichlich Licht aussandten, wenn sie in genügend feinverteilter Form in die Flamme gebracht wurden. Die feine Verteilung erzielte er, indem er Strümpfe aus Baumwollgewebe mit den Salzen dieser Erden tränkte und durch Verglühen in ein Oxydskelett verwandelte. Mehrere Jahre arbeitete er an der Verbesserung dieser Erfindung, bis 1892 in einer Mischung von 99% Thoroxyd und 1% Ceroxyd die beste Mischung und gleichzeitig ein genügend widerstandsfähiger Leuchtkörper gefunden war. Die Oxyde glühten bei der Temperatur des Bunsenbrenners. Das Gasglühlicht fand rasche Verbreitung. In den ersten Jahren standen die Glühstrümpfe in der Flamme, durch einen Stift getragen. 1902 erfanden Bernt und Cerwenka das hängende Gasglühlicht, das eine bessere Ausnutzung des Lichtes gestattete, weil es unmittelbar nach unten fiel. Die Verwendung von komprimiertem Gas und komprimierter Luft, zum Teil schon vorher gemischt, erhöhten weiterhin den Wirkungsgrad der Glühstrümpfe. In Form von stehendem und hängendem Preßgas, als sogenanntes Millenniumslicht und Niederdruckstarklicht, beherrschte das Gasglühlicht um die Jahrhundertwende die Straßen- und Fabrikbeleuchtung. Zur Erleichterung des Betriebes bediente sich die Gasbeleuchtung besonderer Zündapparaturen, wie Kleinflamme, Druckstoßzündung und elektrische Fernzündung. Auch andere flüssige und gasförmige Brennstoffe zogen aus der Auerschen Erfindung Vorteil.

Entwicklung der Öllampen

Ungefähr zu derselben Zeit, als durch die Einführung gasförmiger Brennstoffe eine zentrale Kraftquelle für die Beleuchtung größerer Anlagen geschaffen wurde, tat sich noch ein zweiter Weg für die Erzeugung künstlichen Lichtes in der Verwendung elektrischer Energie auf. Volta hatte 1799 in der nach ihm benannten Säule die erste Quelle für den elektrischen Strom geschaffen. Die Enden einer solchen Säule verband 1801 Thénard durch einen dünnen Draht, der zum Glühen kam. Damit war der erste Vorversuch für eine elektrische Glühlampe gemacht, bei der ein fester

Körper, ohne sich zu verändern oder zu verbrennen, bei hoher Temperatur Licht ausstrahlt. 1813 führte der englische Physiker Davy einen Versuch durch, der als Grundlage der zweiten Richtung der elektrischen Beleuchtung betrachtet werden muß, der Beleuchtung durch Bogenlampen. Er entnahm einer Batterie galvanischer Elemente den Strom, um zwischen zwei Stäben aus Kohle eine elektrische Entladung herbeizuführen, die vorzugsweise den einen Kohlenstab, die sogenannte Anode, zu hellstem Glühen brachte, so daß er ein strahlendes Licht aussandte.

Bis zur technischen Anwendbarkeit beider Erfindungen war noch ein weiter Weg zurückzulegen. Das Bogenlicht entwickelte sich schneller. Im Gegensatz zu der Glühlampe verbrennen bei ihm die Kohlen, der Abstand zwischen ihnen wird zu groß und der Bogen erlischt. Erst 1848 erfand Foucault die erste technisch brauchbare Lampe. Statt der bisher üblichen Holzkohle benutzte er die viel schwerer verbrennbare Gaskohle und an Stelle der Regulierung von Hand setzte er eine solche mittels Uhrwerk und Elektromagnet, die später durch Serrin verbessert wurde. Einen anderen Weg mit rein elektrischer Regulierung durch ein Solenoid beschritt Archereau. Diese Einrichtung wurde vielfach verbessert und in besonders guter Form in Deutschland von Siemens & Halske auf den Markt gebracht. Die bis dahin entwickelten Bogenlampen waren Einzellampen, d. h. jede einzelne erforderte eine eigene Stromquelle. Die weitere Entwicklung strebte danach, mehrere Bogenlampen durch eine Stromquelle zu speisen, und zwar durch Anwendung verschiedener Schaltungen in ihrem Regulierwerk. Es entstanden die Nebenschlußlampen von Serrin-Loutin, Gramme, Fein und anderen und die Differenziallampe von v. Hefner-Alteneck (1879). v. Hefner-Alteneck, damals Chefingenieur bei Siemens & Halske, ist auch dadurch berühmt geworden, daß er die nach ihm benannte Einheitslampe erfunden hat, mit der noch heute vergleichende Lichtmessungen gemacht werden. Zu erwähnen sind noch die Kerzen von Jablochkow (1876), die sich durch die Anordnung nebeneinanderstehender Kohlen auszeichnen, während üblicherweise die Bogenlampen übereinanderstehende Kohlen haben. Durch die Entdeckung des dynamoelektrischen Prinzips durch Werner v. Siemens (1867) war es mittlerweile auch möglich geworden, die für den Betrieb großer Bogenlampen nötigen Energien einfach und billig zu erzeugen. Die moderne Entwicklung des Gasglühlichts zwang die Bogenlampe zu neuen Anstrengungen bezüglich der Wirtschaftlichkeit ihres Lichtes. 1899 erfand Bremer die Effektbogenlampe, bei der die Kohle mit Salzen von Erdalkalien und seltenen Erden getränkt ist, wodurch die Lichtausbeute erhöht wird, 1910 Jandus und Carbone die Dauerbrandlampen, bei denen der Lichtbogen weitgehend von der Luft abgeschlossen ist, so daß die Kohlen länger halten und die Instandhaltungskosten dadurch geringer werden.

Nicht weniger vielgestaltig als die Entwicklung der Bogenlampe ist diejenige der Glühlampe seit Thénards grundlegenden Versuchen. Allerdings dauerte es viel länger als bei der Bogenlampe, bis eine Glühlampe geschaffen wurde, die genügend Licht gab und nicht schon nach ein paar Stunden außer Betrieb kam. Die hierzu zuerst verwendeten chemischen Stoffe, wie Platin (Grove 1840) und Iridium, konnten nicht hoch genug erhitzt werden, um genügend Licht zu geben. Dasjenige Element, das diese Bedingungen erfüllte, der Kohlenstoff, war zwar bekannt, konnte aber nicht in die geeignete Form gebracht werden, und durfte außerdem nicht in Berührung mit Luft glühen, da es sonst verbrannte. Die ersten Versuche mit Kohlenstoff als Leuchtkörper in der sogenannten Halbglühlampe waren daher recht unvollkommen. Erst

1854 gelang es Heinrich Göbel in Amerika eine verkohlte Bambusfaser in einem luftleer gemachten Röhrchen zum Glühen zu bringen. Göbel war deutscher Abkunft. Er verfolgte seine Erfindung nicht weiter; sie geriet daher bald in Vergessenheit, und es dauerte noch lange Jahre, bis die Kohlenfadenlampe als brauchbare Lichtquelle ausgebildet wurde. Seit 1877 beschäftigte sich Swan in England und Edison in Amerika mit ihrer Herstellung. Zuerst erreichte Edison das Ziel, eine technisch verwendbare Lampe herzustellen. Er verwendete eine verkohlte Bambusfaser als Leuchtkörper, der in einem birnenförmigen luftleeren Glaskolben eingeschlossen war, und den jetzt noch üblichen Metallsockel mit Schraubgewinde zur Verbindung mit der Stromquelle aufwies. Damit hatte er der Glühlampe grundsätzlich die Form gegeben, die sie heute noch hat. Edison gilt daher allgemein als der Erfinder der Kohlenfadenlampe, wenngleich die Idee zur Herstellung einer solchen Lampe, wie oben ausgeführt, schon vor Edison mehrfach gefaßt worden ist. Edison hatte in der technischen Durchbildung seiner Lampe eine außerordentlich glückliche Hand, während es Swan erst nach längeren Versuchen und Änderungen gelang, eine leicht und allgemein verwendbare Lampe auszubilden. Dagegen fand Swan jenes technische Verfahren zur Herstellung der Kohlefäden, das jahrzehntelang beherrschend war. Statt verkohlte Pflanzenfaser zu nehmen, löste er Kollodium in Eisessig und spritzte diese Lösung durch Düsen in Fadenform. Durch chemische Behandlung wurde die Lösung zum Erhärten gebracht und die Zellulose verkohlt.

Entwicklung der Glühlampen

Edison zeigte seine Lampe einem größeren Publikum zum ersten Male auf der Elektrizitätsausstellung in Paris im Jahre 1881. Schon ein Jahr später wurde ihre Herstellung in Deutschland durch Siemens & Halske und ein weiteres Jahr später durch die deutsche Edison-Gesellschaft, die spätere AEG, aufgenommen. Damit begann der Ausbau der Glühlampe, die ursprünglich reine Luxusbeleuchtung war, für die verschiedensten Verwendungszwecke. Man stellte die Lampen in allen Größen von Bruchteilen einer Kerze bis zu mehreren 100 Kerzen her und paßte die Form den Bedürfnissen der Beleuchtung, wie Straßenbeleuchtung, Illuminationsbeleuchtung, Grubenbeleuchtung usw., an. Hunderte von Formen wurden geschaffen; das Museum zeigt sie meist in Originalstücken. Auch der spezifische Wattverbrauch wurde laufend verringert. Während die ältesten Lampen etwa 5 Watt je Kerze und spätere Lampen etwa 3,5 Watt je Kerze verbrauchten, gelang es Howell 1904 durch sehr hohes Vorglühen der Kohlenfäden den Kohlenstoff zu verdichten, so daß solche Lampen nur etwa 2,5 Watt je Kerze verbrauchten. Das war das Äußerste, was man mit Kohle als Leuchtkörper erreichen konnte.

Wie der Bogenlampe machte auch der Kohlenfadenlampe das Gasglühlicht viel zu schaffen. Trotz aller Vorzüge der elektrischen Beleuchtung konnte man ausrechnen, daß die Lichteinheit in Gasglühlicht billiger zu stehen kam, als in der Kohlenfadenlampe. Es machte sich daher der Erfindergeist der Physiker und der Glühlampentechniker auf die Suche nach Körpern, die höher erhitzt werden konnten als Kohle, da die mittlerweile klargelegten Grundgesetze der Lichtausstrahlung ein starkes Ansteigen der Lichtausbeute mit wachsender Temperatur voraussagten. Einmal angestoßen, ging die Entwicklung, stets Gutes durch Besseres verdrängend, mit raschen Schritten vorwärts, bis etwa 1914 die Glühlampenbeleuchtung sich wiederum endgültig an die Spitze aller Beleuchtungsarten gesetzt hatte. Die erste Verbesserung brachte 1897 die Erfindung des Physikers Nernst. Er hatte gefunden, daß Mischungen der Oxyde seltener Erden, jedoch in anderer Zusammensetzung als im Gasglühlicht, in Stäbchenform gebracht sich durch den elektrischen Strom erhitzen lassen und sehr helles weißes Licht ausstrahlen. Die nach ihm benannte Nernstlampe war das technische Ergebnis dieser Erfindung. Mit ihr konnte man eine Kerze mit etwa 1,5 bis 1,7 Watt erzeugen. Allerdings benötigten diese Lampen eine besondere Heizvorrichtung, da die Oxydstäbchen kalt den elektrischen Strom sehr schlecht leiten. In die Ausbildung der Lampe und ihrer Zündeinrichtung wurde unendlich viel technischer Scharfsinn hineingesteckt, und doch wurde die Nernstlampe bald durch die einfacheren und leistungsfähigeren Metallfaden- und Metalldrahtlampen überholt.

Man wußte, daß genügend hochschmelzende Metalle einen Leuchtkörper mit guter Lichtausbeute ergeben müssen, und es wurde an vielen Stellen nach solchen Metallen gesucht. Das Osmium, das Tantal und das Wolfram wurden für geeignet befunden. Die Eignung des Osmiums entdeckte Auer von Welsbach 1898. Das Osmium, ein recht seltenes Metall, konnte nicht wie viele andere Metalle in Drahtform gezogen werden. Um die für eine Glühlampe nötige Fadenform zu erzielen, mußte ein umständliches Verfahren entwickelt werden. Das pulverförmige Osmiummetall wurde mit einem Bindemittel zu einer Paste verarbeitet, durch eine Düse zu einer haarnadelähnlichen Form gepreßt, gesintert und diese Bügel zu Lampen verarbeitet. 1902 erschien diese Osmiumlampe der Auergesellschaft als erste Metallfadenlampe auf dem Markt. Ein nicht zu beseitigender Nachteil war die verhältnismäßig große Brüchigkeit der Fäden.

Das Tantal hatte Werner von Bolton 1903 zum ersten Male in einer Form dargestellt, die eine technische Verwendung gestattete. Glücklicherweise war das Metall duktil, so daß es, wie ein Eisendraht, auf jeden beliebigen Durchmesser gezogen werden konnte, was die Herstellung der verschiedenen Typen wesentlich erleichterte. Der Leuchtdraht konnte auf ein vorher angefertigtes Gestell bequem gewickelt werden. 1905 trat die Tantallampe in Wettbewerb zur Osmiumlampe. Sie hatten beide einen Verbrauch von etwa $1\frac{1}{2}$ Watt je Kerze. Sie begannen eben der Kohlenfadenlampe das Gebiet streitig zu machen, als sie selbst durch eine weitere Verbesserung abgelöst wurden. Es war gelungen, das Wolfram mit einem wesentlich höheren Schmelzpunkt den Glühlampen dienstbar zu machen. Verschiedene Verfahren traten hierfür auf, die mit den Namen Just, Hanamann, Kuçzel verknüpft sind. Als das Beste erwies sich eine Nachbildung des beim Osmium beschriebenen Verfahrens, das unter Blau bei der Auergesellschaft entwickelt wurde. 1905 erschienen die ersten Wolframlampen, die nunmehr nicht viel mehr als 1 Watt je Kerze verbrauchten. 1910 gelang es in Amerika, auch das Wolfram zu Draht zu ziehen, wodurch eine wesentliche Vereinfachung der Herstellung und größere Haltbarkeit der Lampe erzielt wurde. Eine erhebliche Erweiterung ihres Anwendungsgebietes erfuhren die Wolframlampen 1913 durch die insbesondere durch Langmuir geförderte Erkenntnis, die Verdampfung des Wolframs durch eine Füllung des Glaskolbens mit einem chemisch nicht wirksamen Gase zurückzudrängen. Dadurch gelang es, den Verbrauch bis zu ½ Watt je Kerze zu vermindern. Die dadurch ermöglichte Herstellung großer Glühlampen machte diese weitgehend den Bogenlampen gleichwertig, während die Glühlampen, die nicht Leuchtkörper aus Wolfram hatten, vom Markte verschwinden mußten.

Neben Glühlampen und Bogenlampen hat die Elektrotechnik noch eine weitere Art von Lichtquellen geschaffen, die in ihrer Anwendung nicht sehr umfangreich sind, aber oft sehr in die Augen springen, da sie der Luxus- und der Reklamebeleuchtung dienen. Es sind dies die Gasentladungsröhren, als deren Vorbild die Geißlersche Röhre gelten kann. In ihnen wird das Licht erzeugt nicht durch Strahlung von festen Körpern bei hoher Temperatur, sondern durch die Strahlung der in den Glasgefäßen eingeschlossenen Gase, die durch elektrische Entladungsvorgänge ausgelöst wird. Die Physik unterscheidet bei dieser Entladung zwischen positiver Lichtsäule und negativer Glimmentladung, die beide zur Anwendung kommen. Der älteste technische Vertreter dieser Beleuchtung mit positiver Lichtsäule ist das Moore-Licht, das als Deckenbeleuchtung in einem der Säle des Museums vorgesehen ist. Charakteristisch für das Moore-Licht ist, daß das leuchtende Gas, wenn auch in kleinen Mengen, nachgeliefert werden muß, wozu fein ausgedachte Apparaturen nötig sind. Ein weiterer Vertreter ist das Neon-Licht in verschiedenen Ausführungen für Gleichstrom und Wechselstrom. Die rote Farbe dieses Röhrenlichtes ist bekannt. Die negative Glimmentladung findet Anwendung in den Glimmlichtlampen von geringer Lichtstärke, bei denen sich die aus Eisen hergestellten Elektroden mit einem rötlichen Licht überziehen.

In den letzten Jahren hat die Entwicklung ruhigere Bahnen eingeschlagen. Dagegen verbreitet sich mehr und mehr die Erkenntnis, daß die bloße Schaffung neuer Lichtquellen nicht restlos die Aufgabe löst, mit der künstlichen Beleuchtung dem alles beherrschenden Tageslicht gleichzukommen. Die Grundsätze der guten Beleuchtung schließen Fragen in sich, wie die der Menge und der gleichmäßigen Verteilung des Lichtes, der Vermeidung der Blendung, der richtigen Schattenwirkung und viele andere. An der Aufstellung von Maßeinheiten, an der Erforschung der Gesetze und an der Aufstellung von zweckmäßigen Regeln wird seit Anfang des Jahrhunderts gearbeitet. Heute hat dieses Gebiet, dessen wirtschaftlicher Wert für die Steigerung der Arbeitsleistung und für die Erhöhung der Verkehrssicherheit und Bequemlichkeit nicht zu unterschätzen ist, große Bedeutung erlangt. Im Eingangssaal zur Abteilung „Beleuchtung" gibt das Deutsche Museum durch eine Anzahl Demonstrationen und Vergleiche zwischen alter und neuer Zeit ein eindrucksvolles Bild dieser Bestrebungen.

*

## OSCAR KNOBLAUCH, HEIZUNG.

Eine große Zahl von Einrichtungen ist entweder für die Erhaltung des menschlichen Lebens unentbehrlich oder für die Lebensführung angenehm und wirtschaftlich vorteilhaft. So ist es erklärlich, daß man auf die Anfertigung und Ausgestaltung derartiger Gegenstände besondere Sorgfalt verwendet und zugleich bei der Herstellung alle technischen Fortschritte ausnutzt. Jede geschichtliche Darstellung der Entwicklung einer dieser Einrichtungen — sowohl in Bildern und Büchern als greifbar in einem Museum — hat daher zugleich einen kulturgeschichtlichen Inhalt. Denn sie läßt aus der Form und der Wirkungsweise der betreffenden Einrichtung während der einzelnen Zeitepochen zugleich die einzelnen Kulturepochen erkennen.

So vermittelt auch ein Rundgang durch die Abteilung „Heizung" im Deutschen Museum, mit ihrer Unterteilung in Küchen- und Wohnungsheizung, den Besuchern einen Überblick über die zeitliche Entwicklung, welche die wissenschaftliche Erkenntnis und die technische Erfahrung auf dem Gebiet des Heizungswesens durchgemacht hat. Daß die einzelnen Gegenstände zu den verschiedenen Zeiten so waren und so wirkten, wie es das Museum zeigt, ist ja darin begründet, daß sie dem jeweiligen Stande der menschlichen Erkenntnis nach gar nicht anders sein konnten. Auch die Abteilung „Heizung" stellt demnach in geschichtlicher Folge gleichsam einen Querschnitt durch den jeweiligen menschlichen Besitzstand an Feuerungs- und heiztechnischen Erfahrungen dar.

Die Abteilung beginnt mit der Küchenbeheizung, die sich nach der Beschaffenheit der Wärmeerzeugung in diejenige mit festen Brennstoffen, also Holz und Kohlen, in diejenige durch brennbare Gase und endlich in die durch den elektrischen Strom gliedert.

Nachbildung eines alten offenen Herdes

Aus der Verwendung des verhältnismäßig wenig Gase entwickelnden Holzes und der Anspruchslosigkeit früherer Generationen erklärt sich die Tatsache, daß man in früherer Zeit offene Herde benutzte, die kaum einen besonderen Abzugskamin hatten. Wir gelangen von der Feuerstätte der Pfahlbauzeit und dem einfachen Holzknechtherd zur bürgerlichen Küche mit Herd und Rauchabzugskamin. Ferner sehen wir in Bildern den Unterschied einer altdeutschen und einer ganz neuzeitlichen Großküche und erkennen, wie in letzterer, dank dem technischen Fortschritt, an Übersichtlichkeit gewonnen wird und an Hilfspersonal gespart werden kann.

Verschiedene Herdtypen für Holz- und Kohlenfeuerung sind aufgestellt,

Altdeutsche Küche mit Herd und Rauchfang

auch ein sog. Grudeherd in älterer und in neuerer Ausführungsform, der besonders in den Gegenden der Braunkohlengewinnung benutzt wird.

Die Ausbreitung der Gasbeleuchtung führte naturgemäß auch zu derjenigen der Gasbeheizung, die besonders in der Küche zur Anwendung kommt. Sie hat den Vorzug, daß bei ihr der Brennstoff jederzeit und in beliebiger Menge vorhanden ist, und zwar ohne einen mühsamen Transport bis zur Feuerstelle. Bei dem Übergang von der Beleuchtung zur Beheizung bedurfte man nur einer konstruktiven Änderung des Gasbrenners, indem man beim „Bunsenbrenner" die Gasflammen durch Luftzufuhr nichtleuchtend machte und durch vollkommene Verbrennung der Kohlenstoffteilchen des Gases zu Kohlensäure eine starke Erhöhung ihrer Heizkraft erzielte. Neben der Entwicklung der Gasbrenner vom einfachen zum vollkommenen und vom kleinen zum großen ist dann auch die elektrische Heizung in geschichtlicher Entwicklung dargestellt. An Bequemlichkeit und Sauberkeit ist sie der Gasheizung noch überlegen und sowohl in der Küche als auch im Wohnraum außerordentlich leicht anzubringen, weil sie keine Verbrennungsgase erzeugt und nur, wie in der elektrischen Glühlampe, einen den Strom leitenden Körper erwärmt. Trotz des noch etwas teureren Preises der elektrischen Heizung gegenüber den anderen Heizungsarten, kommt sie in der Küche wegen der erwähnten Annehmlichkeit mehr und mehr zur Anwendung.

Zum Vergleich sind nebeneinandergestellt drei neuzeitliche Großherde in Originalausführung, und zwar einer für Kohlen-, ein zweiter für Gas- und ein dritter für elektrische Heizung.

Als Ergänzung der Kücheneinrichtung ist noch die Warmwasserbereitung dargestellt, die teils durch Gas, teils durch den elektrischen Strom betätigt wird. An geschnittenen Originalen älterer und neuerer Bauart kann der Aufbau erkannt, an gebrauchsfähigen Apparaten die Wirkungsweise vorgeführt werden.

An die Heizung der Küche schließt sich die der Wohnräume an. Die für diese passendste Heizvorrichtung ist je nach den besonderen Verhältnissen verschieden. Bei der Wahl ist zu berücksichtigen, ob das Zimmer dauernd oder nur vorübergehend benutzt wird, ob es ein einzeln gelegener Raum ist oder ob es einen Teil einer zusammenhängenden geheizten Wohnung bildet, endlich ob der Bewohner möglichst bald nach dem Eintritt in sein vorher ungeheiztes Zimmer die Wirkung der Heizung verspüren will, oder ob bis dahin eine mehr oder minder lange Zeit verstreichen darf. Somit läßt sich nicht etwa aus den im Museum aufgestellten verschiedenen Heizungsarten eine für alle Fälle beste, sondern immer nur die für den besonderen Fall geeignetste auswählen.

Dabei muß die Temperaturverteilung im Zimmer der Gesundheit des Bewohners zuträglich sein. Sie darf in Kopfhöhe nicht zu hoch und am Fußboden nicht zu gering sein. Hiernach ist die Höhe des Ofens und die Verteilung der die Wärme abgebenden Teile seiner Oberfläche einzurichten. Da der menschliche Fuß der Körperteil ist, dem verhältnismäßig die meiste Wärme entzogen wird, so muß die Wärmezuführung zu ihm bei der Heizung besonders berücksichtigt und die ungesunde Wirkung eines kalten Fußbodens beseitigt werden.

Zur Erzielung der gewünschten Zimmertemperatur ist selbstverständlich die Größe der Heizvorrichtung, also etwa die des Ofens, maßgebend. Da ein großes Zimmer erfahrungsgemäß nur mit einem großen Ofen warm erhalten werden kann, so ist der Laie geneigt, die Größe desselben nach dem Kubikinhalt des zu beheizenden Raumes auszuwählen. Hierbei ist aber folgendes zu beachten: Während der Anheizperiode müssen sowohl die Raumluft als auch die Begrenzungswände zunächst hinaufgeheizt werden. Wenn dagegen die Luft und die Wände die gewünschte Temperatur erreicht haben, ist es nur noch nötig, diesen Zustand zu erhalten; falls Wände, Fußboden und Decke gar keine Wärme an die äußere, kältere Umgebung abströmen ließen, könnte die Heizung am Ende der Anheizperiode völlig abgestellt werden.

Man erkennt daraus, daß das dauernde Weiterheizen nach der Anheizperiode nur dazu dient, die Wärmeverluste zu decken, die das geheizte Zimmer erfährt, und daß daher der Wärmebedarf eines Zimmers nur zum einen Teil von seiner Größe, zum anderen, unter Umständen größeren Teile durch die vom Architekten zu verantwortende Wärmedurchlaßzahl der Begrenzungswände bedingt ist. Ein besserer Wärmeschutz der letzteren, der durch Vergrößerung der Mauerstärke und durch Anwendung von Wärmeisolierstoffen erreicht wird, bedingt zwar eine gewisse Vermehrung der Baukosten; ihr steht jedoch, als einer einmaligen Ausgabe, eine dauernde Einsparung an Heizungskosten gegenüber.

Unter Berücksichtigung dieser Überlegung ist es nicht schwer, den leitenden Gedanken der im Museum aufgestellten Heizungsarten zu erkennen, aber außerdem auch zu beurteilen, wie weit in den einzelnen Entwicklungsstadien der gewollte Zweck erreicht worden ist.

Die Heizanlagen der Wohnräume gliedern sich wie die der Küche je nach dem Heizmaterial in solche für feste und gasförmige Brennstoffe sowie in solche für elektrischen Betrieb und lassen sich ferner je nach dem Umfang der Heizanlage als Einzelheizung, Zentralheizung und Fernheizung unterscheiden.

Altrömische Luftheizung

Die Sammlung beginnt mit der Darstellung der Einzelheizung für feste Brennstoffe, und zwar mit den offenen Feuerstätten, die außer in den bei der Küchenheizung schon erwähnten Herden, in Gegenden milderen Klimas als transportable Becken für Holzfeuerung benutzt wurden. Kunstvoll ausgeführte altgriechische und pompejanische Formen aus Ton, sowie solche aus Metall von spanischer, italienischer und türkischer Herkunft sind aufgestellt.

Den Übergang von der offenen Feuerstätte zu der geschlossenen bildet der Kamin mit seinen seitlichen Umschließungswänden und seinem Rauchfang, der gleichzeitig durch seinen natürlichen Zug die Rauchbelästigung vermindert. Bei ihm kommt die Wärmeübertragung wesentlich durch die Wärmestrahlung zustande, die dem beheizten Raum eine große Behaglichkeit verleiht und den Kamin besonders in England sehr beliebt gemacht hat.

Aus dem halbgeschlossenen Kaminfeuer entwickelt sich die geschlossene Feuerstelle, der Ofen, bei dem die Hitze des Feuers zunächst auf seine Umschließungswände aus Stein, Ton oder Eisen übertragen wird und erst von diesen aus die Raumluft erwärmt.

Die mehr oder minder große Steinmasse des Kachelofens ermöglicht es, einen Teil der Verbrennungswärme des Heizmaterials aufzuspeichern, um sie erst später nach dem Abbrennen des Feuers der Raumluft zukommen zu lassen. Diese Einschaltung der Steinschicht zwischen der Feuerung und den zu beheizenden Raum hat den Vorteil, daß die äußere Oberfläche des Ofens nur mäßig warm ist, also den Vorzug einer milden Wärmeabgabe bietet. Dem steht jedoch für gewisse Verhältnisse ein Nachteil gegenüber. Da die Steinmasse eine nicht sehr große Temperaturleitfähigkeit hat, so braucht die Wärme längere Zeit zu ihrem Durchgang. Der bekannte Berliner Kachelofen, der sich am Morgen noch warm anfühlt, auch wenn die Heizung schon am Abend vorher ausgegangen ist, eignet sich also nicht, wenn man schon kurze Zeit nach dem Anzünden der Feuerung die Erwärmung eines Zimmers wünscht.

Die ursprüngliche Form des Kachelofens glich dem gemauerten Backofen. Das Kunstgewerbe verzierte später den Mauerkörper mit schön glasierten Kacheln. Neben einem reich ausgestatteten Kachelofen mit Ecksitz aus einem Schweizer Schloß steht im Museum ein moderner Kachelofen mit einem sogleich zu besprechenden Dauerbrandeinsatz. Während die Kachelöfen früher reichlich hoch gebaut wurden, werden sie jetzt niedriger gehalten und, um die gewünschte wärmeabgebende Oberfläche zu erhalten, breiter gebaut als früher. Man strebt dabei mehr als bisher danach, dem Zimmer nicht nur die gewünschte Wärmemenge zuzuführen, sondern gleichzeitig auch die gesundheitlich beste Temperaturverteilung zu erzeugen. Da die am Ofen erwärmte Zimmerluft von selbst nach oben steigt, während sich die Bewohner des Zimmers in dessen unterer Hälfte aufhalten, so ist es zweckmäßig, die Form aller Öfen nicht unnütz hoch zu wählen.

Durch Errichtung von Versuchsstationen hat man sich mit Erfolg bemüht, die Leistungsfähigkeit und Wirtschaftlichkeit der Kachelöfen auf Grund wissenschaftlicher Untersuchungen zu steigern. Besonders genannt sei die von der heiztechnischen Kommission des Verbandes bayerischer Hafnermeister in München ins Leben gerufene Anstalt.

Parallel mit der Entwicklung der Kachelöfen ging die der eisernen Öfen. Ihre Hauptvorteile sind die geringen Anschaffungskosten, der kleinere Raumbedarf und das schnellere Durchwärmen des Zimmers, infolgedessen schon sehr bald nach dem Anfeuern eine Erwärmung des Zimmers fühlbar ist. Dem steht als Nachteil, im Vergleich mit dem Kachelofen, das geringere Wärmespeicherungsvermögen und die höhere Oberflächentemperatur gegenüber, durch die leicht eine Belästigung durch Glühhitze und eine unerwünschte Verbrennung des dem Ofen anhaftenden Staubes stattfinden kann.

Nach der Dauer der Bedienungspausen unterscheidet man Schüröfen, Füllöfen und Dauerbrandöfen. Bei den Schüröfen ist ein dauerndes Nachlegen des Brennstoffes erforderlich. Der Wunsch, das Nachfüllen des Feuerungsmateriales in größeren Zwischenpausen vorzunehmen, hat zu den sogenannten Füllöfen geführt, die zur Aufnahme des Brennstoffbedarfes für die Dauer eines ganzen Tages einen großen Verbrennungsraum besitzen, und bei denen der Abzug der unverbrannten Gase durch die darüberliegenden brennenden Schichten erfolgt. Das Bedürfnis, den Heizbetrieb Tag und Nacht aufrechtzuerhalten, führte endlich zum Dauerbrandofen. Der älteste bekannte Dauerbrandofen ist der Meidinger-Ofen, der zuerst für die zweite deutsche Nordpol-Expedition 1870 auf Veranlassung von Admiral Koldewey von Professor Meidinger-Karlsruhe gebaut worden ist. Neben einem im Original aufgestellten Meidinger-Ofen stehen in modernen Ausführungsformen geschnittene Dauerbrandöfen verschiedener „irischer“ und „amerikanischer“ Bauart. — Man vereinigt auch wohl den „Dauerbrenner“ mit dem wärmespeichernden Grundgedanken des Kachelofens, indem man in letzteren einen Dauerbrandofen einsetzt.

**Modell einer Heißwasserheizung, System Joh. Haag-Augsburg, aus den 70er Jahren des vorigen Jahrhunderts**

Die bequeme und saubere Bedienung der Gasöfen hat ebenso wie für die Kochzwecke so auch zur Wohnungsheizung zu einer weitgehenden Verwendung derselben geführt. Wie der Vergleich mit den älteren Öfen zeigt, gehen die Gedanken der neueren Konstruktionen dahin, eine zu starke Erhitzung der Ofenoberfläche zu vermeiden, also eine milde Wärmeabgabe zu erreichen und außerdem durch Glühendmachen von keramischen Massen, die in den unteren Teil des Gasofens eingebaut werden, eine starke Wärmeabgabe durch Strahlung zu erzielen, die besonders gegen den Fußboden gerichtet ist.

Modell eines Hauses mit Dampfheizung in der Ausführung von Bechem und Post aus dem Jahre 1878

Anschließend ist die elektrische Heizung dargestellt. Sie beruht, wie schon bei der Anwendung in der Küche erwähnt wurde, auf der Wärmewirkung des elektrischen Stromes beim Durchgang durch eine Widerstandsmasse. Sie ist in gesundheitlicher Hinsicht sehr vorteilhaft, doch sind die Kosten der elektrischen Energie im allgemeinen noch so hoch, daß ihre Verwendung zu Heizzwecken zurzeit nur in seltenen Fällen zur Anwendung kommen kann. Die in neuester Zeit so vielseitig in Angriff genommene Ausnützung der Wasserkräfte eröffnet jedoch die Möglichkeit einer wesentlichen Verbilligung. Denn die bei Nacht im Überschuß anfallende elektrische Energie kann in Wärme verwandelt, in Wärmespeichern gesammelt und dann bei Tag zur Raumheizung verwandt werden.

Die nächsten Räume umfassen die Zentralheizung, bei der mehrere Zimmer von einer einzigen Feuerstelle aus beheizt werden können. Je nach dem die Wärme übertragenden Medium können die verschiedenen Arten der Zentralheizung in Luft-, Wasser- und Dampfheizung eingeteilt werden.

Von Interesse ist die Tatsache, daß bereits die alten Römer Fußboden- oder sogenannte Hypokaustenheizungen gebaut haben; dies beweist, daß schon damals der hygienische Vorteil eines warmen Fußbodens bekannt war. Diese Heizung kann als ältester Vorläufer der Luftheizung angesehen werden. Sie erfolgte in zwei Perioden; in der ersten wurden die Heizgase in Kanälen unter dem Fußboden entlang geführt und erwärmten das Mauerwerk. In der zweiten Heizperiode wurde die Feuerung unterbrochen, frische Luft an dem erhitzten Mauerwerk vorbeigeführt, auf diese Weise erwärmt und durch abdeckbare Bodenöffnungen den Räumen zugeleitet. In natürlicher Größe ist eine solche Heizung im Museum den Ausgrabungen des Römerkastells der Saalburg nachgebildet.

Bei der eigentlichen Luftheizung wird die Frischluft in einer besonderen Luftkammer an den wärmeabgebenden Flächen einer Heizvorrichtung vorbeigeführt, um dann als Heizluft in Steigkanälen den Räumen zugeleitet zu werden. Je nachdem die Heizvorrichtung mit Feuergasen, Wasser oder Dampf erhitzt wird, unterscheidet man Feuerluft-, Wasserluft- und Dampfluftheizungen. Je nachdem ferner stets dieselbe Zimmerluft oder Frischluft von außen der Heizkammer zugeleitet wird,

Heizzentrale, Schalt- und Regulierraum einer Pumpenwarmwasserheizung mit Ferndampfanschluß der Firma Sulzerheizung G. m. b. H., Mannheim

unterscheidet man Zirkulations- und Pulsionsluftheizungen. Die Heizluft strömt entweder durch den natürlichen Auftrieb oder wird durch einen Ventilator fortgeleitet. Als Beispiele sind eine Feuerluftheizung mit Heizkammer, Ofen und Kanälen sowie eine Pulsionsluftheizung im Original-Heizapparat für Großheizung, System Junkers, aufgestellt.

Die Wirkungsweise einer Schwerkraft-Warmwasserheizung wird durch ein in dem Vorraum befindliches Modell veranschaulicht. Das Wasser wird im Kessel auf 80° C erwärmt und steigt, durch die Erwärmung spezifisch leichter geworden, von selbst in der als „Vorlauf" bezeichneten Leitung bis zum obersten Stockwerk des Hauses hinauf. Hier verteilt es sich in verschiedene Stränge und gibt dann in den einzelnen Stockwerken beim Durchfließen der Heizkörper seine Wärme ab. Auf 60° C abgekühlt und spezifisch schwerer geworden gelangt es im „Rücklauf" wieder in den Kessel zurück.

Man richtet die Warmwasserheizung auch so ein, daß sie selbst einzelne Stockwerke beheizen kann. — Bei größerer räumlicher Ausdehnung von Gebäuden genügt der durch die Schwerkraft bedingte Auftrieb des warmen Wassers nicht mehr, um die Reibung beim Strömen durch die Leitungen zu überwinden. Zur Aufrechterhaltung des Umlaufes wird dann eine Pumpe in das Leitungsnetz eingebaut. — Ein Ausschnitt einer solchen neuzeitlichen Pumpen-Warmwasserheizung zeigt alle Meßinstrumente, mit denen auch bei einer ausgedehnten Heizung der Betrieb und die Temperaturverteilung in allen Teilen überwacht werden kann.

Des historischen Interesses wegen sei noch erwähnt ein Originalmodell von Perkins aus dem Jahre 1831, bei dem hoch erhitztes, also unter beträchtlichem Druck stehendes Wasser benutzt wird. Wegen ihrer Gefährlichkeit kommen solche Heißwasseranlagen nicht mehr zur Wohnungsheizung, sondern nur mehr zu industriellen Zwecken zur Verwendung.

Anschließend hieran ist die Dampfheizung dargestellt, bei der als Wärmeträger der in einem Dampfkessel erzeugte Dampf dient, der in geschlossenen Leitungen zu den einzelnen Heizkörpern strömt und in ihnen durch Kondensation seine Wärme abgibt. Bilder zeigen die ersten Projekte und Ausführungen von Dampfheizungen, so von Cook aus dem Jahre 1745, und die erste in Deutschland von Catel im Jahre 1810 mit Hochdruckdampf ausgeführte. Ein Modell stellt eine Niederdruckdampfheizung dar; das einer solchen Beheizung für ein Schulhaus soll noch die neuzeitlichen selbsttätigen Einrichtungen für die Konstanthaltung des Dampfdruckes zeigen.

Die wesentlichsten Bestandteile der Zentralheizung, wie die Kessel, Heizkörper, die Temperatur- und Verbrennungsregler, sind teils in Modellen, teils im Original in älterer und neuerer Ausführungsform aufgestellt.

Endlich folgt die dritte Gruppe der Zentralheizungen, die Fernheizung. Bei dieser werden nicht nur einzelne Gebäude, sondern eine große Anzahl, ja ganze Stadtteile von einer entfernt liegenden Zentrale beheizt. Eine Fernheizung läßt sich besonders wirtschaftlich durchführen, wenn die Betriebe für elektrische Beleuchtung und Kraft sowie für die Heizung vereinigt und dadurch die Betriebskosten herabgesetzt werden.

Dampffernheizungen wurden zuerst in Amerika in großem Umfange ausgeführt. Ein großes Bild veranschaulicht das erste Dampffernheizwerk in Europa, das im Jahre 1900 in Dresden in Verbindung mit dem Elektrizitätswerk von Rietschel und Henneberg ausgeführt wurde.

Ein Tafelmodell endlich zeigt die gegenwärtig bedeutendste Städteheizung zu Hamburg.

Erstes europäisches Fernheizwerk, Dresden

Dem Bedürfnisse nach Erniedrigung der natürlichen Temperaturen ist bis zum vierten Jahrzehnt des 19. Jahrhunderts ausschließlich durch Ansammlung und Verwendung von Natureis und in geringerem Maße durch Verdunstung von Wasser und durch „Kältemischungen" entsprochen worden.

So beginnt die Sammlung einleitend mit geschichtlichen Daten und Darstellungen, welche auf das Vorkommen des Natureises und dessen Eigenschaften Bezug haben. Die Struktur des Eises ist durch Abbildungen und Diapositive von Schneekristallen (darunter mikroskopische Aufnahmen von Neuhaus) anschaulich gemacht.

Natureisgewinnung im Nymphenburger Kanal

Eine Bilderreihe zeigt die Eisgewinnung aus einer vergletscherten Schneelawine. Über Polareisbildungen gewähren photographische Aufnahmen von Prof. Drigalski gelegentlich der deutschen Südpolar-Expedition (1901—1903) interessante Einblicke. Ein Beispiel für Flußeisgewinnung wird durch das betriebsfähige Modell der Eisgewinnung im Nymphenburger Kanal gegeben. Durch Modelle wird auch die Art der Aufbewahrung des Eises und dessen Benützung zur Kühlung in Eiskellern, Eishäusern und Eisschränken gezeigt.

Die Kühlung durch Verdunstung ist veranschaulicht in Gefäßen aus porösem Material, wie sie im Orient Verwendung finden. Das durch die poröse Wandung dringende Wasser kühlt bei seiner Verdunstung diese Wandung und damit den Inhalt der Flasche ab.

Die Wirkung der Verdunstung wird an zwei Thermometern unmittelbar ersichtlich gemacht, von welchen das eine infolge eines feuchten Umschlages eine niedrigere Temperatur zeigt. Von diesem Temperaturunterschied wird zur Messung des Feuchtigkeitsgrades der umgebenden Luft Gebrauch gemacht.

Der Vorschlag einer Raumkühlung durch Verdunstung an porösen Röhren aus früherer Zeit ist durch eine bildliche Darstellung gezeigt.

Eine ausgedehnte technische Anwendung hat in neuerer Zeit die Verdunstungskühlung in den „Rückkühlern“ gefunden, in denen das in den Kondensatoren der Wärmekraftmaschinen und der Kältemaschinen erwärmte Kühlwasser auf konstanter Temperatur erhalten wird. Das Modell eines solchen „Berieselungskühlers“ veranschaulicht diese Anwendung.

Für Kältemischungen, wie sie im Haushalt zur Herstellung von Speiseeis gebraucht werden, sind in einer Tafel die Zusammensetzung und die erzielbaren Temperaturerniedrigungen ersichtlich gemacht und dazugehörige Apparate aufgestellt.

Von ungleich größerer Bedeutung für die Kühlung sind die im 19. Jahrhundert entstandenen Kältemaschinen. Eine große Wandtafel erläutert in kurzer Übersicht ihre Gliederung und Geschichte. Ihr Wesen besteht darin, daß den abzukühlenden Körpern Wärme bei Temperaturen entzogen wird, welche tiefer liegen als die Temperatur der Umgebung, und daß unter Aufwand von Arbeit diese Wärme auf solche Temperatur gehoben wird, daß sie an Kühlwasser abgegeben werden kann. Die Erniedrigung und Erhöhung der Temperaturen vermittelt je in Kreisläufen ein „Kälteträger“, welcher unter Vergrößerung seines Volumens auf die untere Stufe herabsteigt und unter Verkleinerung des Volumens auf die Kühlwassertemperatur gehoben wird. Als Kälteträger dienen entweder verdampfende Flüssigkeiten in „Kaltdampfmaschinen“ oder atmosphärische Luft in „Kaltluftmaschinen“.

In den „Kaltdampfmaschinen“ dienen als Kälteträger verhältnismäßig flüchtige Flüssigkeiten, wie Ammoniak, Kohlensäure, Schweflige Säure u. a., bei deren Verdampfung den abzukühlenden Körpern Wärme entzogen wird. Die Rückführung der Dämpfe in die tropfbar flüssige Form erfolgt bei den „Kompressions-Kaltdampfmaschinen“ durch unmittelbare Drucksteigerung unter Arbeitsaufwand und Abgabe der Wärme an Kühlwasser, bei den „Absorptions-Kaltdampfmaschinen“ durch Absorption mittels einer anderen Flüssigkeit und nachfolgender Ausscheidung unter höherem Drucke und höherer Temperatur.

Bei den Kaltluftmaschinen wird atmosphärische Luft verdichtet, die dabei eintretende Erwärmung von Kühlwasser aufgenommen und alsdann durch Ausdehnung unter Arbeitsverrichtung die nötige Temperatursenkung bewirkt.

Die drei Arten sind zunächst dargestellt:

1. Die Absorptionsmaschinen:
   a) durch das betriebsfähige Original eines Apparates, wie er 1867 von F. Carré auf den Markt gebracht wurde, bei dem mittels Handpumpe eine weitgehende Luftverdünnung hergestellt, hierdurch Wasser in der angeschlossenen Flasche verdampft und bis zum Gefrierpunkt abgekühlt wird, während die Dämpfe durch Schwefelsäure absorbiert werden;
   b) durch bildliche Verkörperung einer ununterbrochen wirkenden Ammoniak-Absorptionsmaschine, wie sie seit 1857 durch F. Carré in hoher Vollkommenheit geliefert wurden.

2. Kompressions-Kaltdampfmaschinen sind schon seit 1834 durch Perkins, später insbesondere durch Siebe u. a. in England ausgebildet worden. Wie aber anfänglich der Dampfmaschinenbau sich nicht an Dampfdrücke heranwagte, die wesentlich über die atmosphärischen hinausgingen, so benutzten die Genannten als Kälteträger Äthyläther, dessen niedrige Dampfdrücke jedoch sehr große Zylinder-

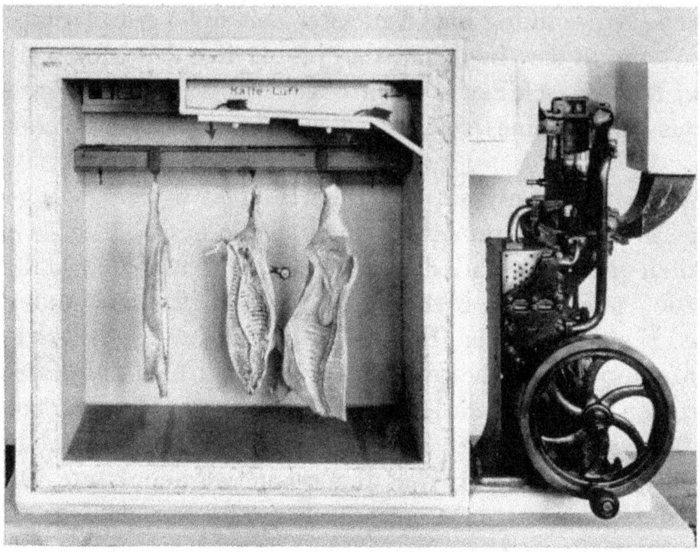

Kaltluftmaschine Bauart Lightfoot

abmessungen und geringe Wirkungsgrade bedingten. Vor dem zur Beseitigung dieser Übelstände erforderlichen Übergang zu flüchtigeren Kälteträgern scheute man sich insbesondere mit Rücksicht auf die schwierige Abdichtung der beweglichen Dichtungen, der Stopfbüchsen. Die Überwindung dieser Schwierigkeiten gelang nach einem erfolglosen Versuch Telliers 1871 im Jahre 1874 Pictet zunächst mit schwefliger Säure, während Linde 1871 bis 1876 durch verschiedene auf einer Tafel dargestellte Bauformen den Übergang zu Ammoniak dadurch ermöglichte, daß er je zwischen den Kälteträger und die Atmosphäre Sperrflüssigkeiten, zuerst Glyzerin, alsdann Mineralöle von tiefliegendem Erstarrungspunkt legte. Im Jahre 1881 ging Linde auch zu Kohlensäure über. Mit diesen Maschinen war die neuzeitliche Kältemaschine gewonnen, die in Verbindung mit den gleichzeitig ausgebildeten Einrichtungen zur Verwendung der Kälte die gegenwärtige Verbreitung in allen Kulturländern herbeiführte. Die Sammlung wird das Modell der 1877 nach Triest gelieferten ersten Ammoniakmaschine enthalten, die nach dreißigjährigem Betriebe nunmehr im Technischen Museum in Wien aufgestellt ist.

Für diejenigen Fälle, in denen die chemische Industrie Temperaturen verlangte, welche unter dem Erstarrungspunkte von Ammoniak (—77°) und Kohlensäure (—56°) liegen, ging die Gesellschaft für Linde's Eismaschinen zur Verwendung von Äthan als Kälteträger über.

3. Die Kaltluftmaschinen, deren Prinzip zuerst im Jahre 1834 durch Herrschel erläutert und 1845 durch Gorrie angewendet wurde, sind hauptsächlich zum Schiffstransport von Gefrierfleisch benützt worden, ohne — wegen ihres großen Arbeitsverbrauches — in der Industrie Fuß fassen zu können. Sie wurden durch Haslam, Hall und Lightfoot gebaut. Die Bauweise des letzteren ist durch ein Modell veranschaulicht.

In der Mitte des Saales sind Kompressoren von Kaltdampfmaschinen aufgestellt, und zwar ein Originalkompressor zu einer Kohlensäuremaschine von Windhausen (1884), zwei ebensolche von L. A. Riedinger, alte Bauart (1883), und neuere Bauart (1906), und ein solcher mit Verdichter zu einer Schwefelsäuremaschine von Borsig (1906). Die Sammlung enthält weiterhin das Modell einer kleineren Ammoniakmaschine, der sogenannten „Rheinland"-Maschine der Gesellschaft Linde für 2500 cal Stundenleistung. Ferner haben hier Platz gefunden einige Kleinkältemaschinen, wie sie neuerdings für das Kleingewerbe und für die Haushaltungen zahlreich verwendet werden, seitdem der elektrische Antrieb und die selbsttätige Regelung eine geschulte Wartung nicht mehr notwendig machen. Eine derartige sogenannte „Autopolar"-Maschine mit Methylchlorid als Kälteträger, Bauart Linde, für eine Stundenleistung von 350 cal ist im Original aufgestellt. Sie wird im Betrieb vorgeführt und zeigt ihre Kälteleistung an der Eiskruste auf dem Rippenverdampfer. Eine selbsttätige Maschine, die nach dem Absorptionsprinzip Mannesmann arbeitet, ist in Verbindung mit einem Kühlschrank zu sehen.

Verwendung der künstlichen Kälte. Während bis in das 8. Jahrzehnt des vorigen Jahrhunderts Kältemaschinen im wesentlichen nur zur Herstellung von Eis in kleineren Generatoren mit Handbetrieb Verwendung fanden, so trat nunmehr eine Änderung dadurch ein, daß Einrichtungen zu direkter Verwendung der Kälte geschaffen wurden.

Eine Reihe von Modellen der Gesellschaft für Lindes Eismaschinen zeigt einige Hauptgruppen dieser Einrichtungen, die zu allgemeiner Einführung gelangt sind.

Zunächst sind in einem Maschinenhaus zwei gekuppelte Kompressoren für eine Leistung von 300000 cal/h mit ihrer Antriebsdampfmaschine zu sehen. Diese Kompressoren saugen aus den „Verdampfern", die in den benachbarten drei Verwendungsräumen eingebaut sind, die Ammoniakdämpfe an und verdichten sie auf etwa 12 at. Bei diesem Druck werden die Dämpfe in dem über dem Maschinenraum stehenden Berieselungskondensator verflüssigt und dann durch eine Regulierstation den einzelnen Verdampfern wieder zugeführt.

In der Eisfabrik liegen auf dem Boden eines rechteckigen Salzwasserbehälters die eisernen Rohrschlangen, in denen das Ammoniak verdampft und hierdurch die durch Zirkulationsflügel in Umlauf gebrachte Sole auf etwa —7° C gehalten wird. Die reihenweise zusammengefaßten Eiszellen werden an dem einen Generatorende durch einen Füllapparat selbsttätig mit Süßwasser versehen und von einem Laufkran in die kalte Sole eingesetzt. Mit Hilfe eines Vorschubmechanismus bewegen sich die auf Rollen laufenden Zellenreihen gegen das andere Ende des Generators, wo die ausgefrorenen Zellen herausgehoben und in ein mit erwärmtem Wasser gefülltes Gefäß eingetaucht werden, damit sich das Eis von den Zellenwandungen löst. Die Eisblöcke gelangen dann durch die Eisrutsche ins Freie oder in ein Eislager. Die Leistung des dargestellten Eisgenerators entspricht 1000 Ztr. je Tag. Die Bauart des ersten derartigen 1878 in München aufgestellten Eisgenerators ist bis heute das Vorbild für den Bau weiterer Apparate geblieben.

Die Brauerei-Kühlanlage umfaßt zwei Verdampfer, durch die einerseits Süßwasser auf nahezu 0° gekühlt wird, um für die Bedienung der „Bierkühlapparate" und der „Gärbottichschwimmer" das früher verwendete Eis zu ersetzen und anderseits Sole auf etwa —7° C zur Zirkulation durch die Kühlrohrsysteme in den Lagerkellern als Ersatz für die früher verwendeten Eisräume. Diese erstmalig 1877 in der Münchener „Spatenbrauerei" für den Betrieb und 1881 in Dortmund für die Lagerung des Bieres angewendeten Einrichtungen haben in wenigen Jahren eine gewaltige Ausdehnung gewonnen und eine teilweise Umgestaltung des ganzen hierdurch von der Jahreszeit unabhängig gewordenen Brauereibetriebes herbeigeführt.

Schlachthofkühlanlage. In den Kühl- und Gefrierräumen der Schlachthöfe, Großschlächtereien, Markt- und Kühlhallen und ähnlicher Betriebe geschieht die Konservierung des Fleisches und anderer Lebensmittel vorwiegend durch Ventilationskühlung. Die Luft wird durch die in den einzelnen Kühl- und Gefrierräumen ver-

Erzeugung und Verwertung künstlicher Kälte mit Lindeschen Kältemaschinen

legten Holzkanäle angesaugt, zur Kühlung, Trocknung und Reinigung durch die aus Verdampferröhren bestehenden Luftkühler getrieben und von neuem den Einzelräumen durch Druckkanäle zugeführt. Die erste Schlachthofkühlung wurde 1883 in Wiesbaden eingebaut. Über den Umfang dieser Kälteverwendungsanlagen gibt die über den Modellen dargestellte Statistik der von der Gesellschaft für Lindes Eismaschinen bis 1928 gelieferten Kälteanlagen mit nahezu 11000 Kältemaschinen einen Überblick.

Die Anwendung künstlicher Kälte zum Versand von Lebensmitteln ist einerseits dargestellt durch das Modell eines Eisenbahn-Kühlwagens Bauart Humboldt und anderseits durch die Schnittzeichnung der Kälteanlage auf dem englischen Seeschiffe „Ayrshire“ für den Versand von Gefrierfleisch aus subtropischen Ländern nach Europa. Hinzugefügt wird das Modell einer Kälteanlage, wie sie auf deutschen Passagierdampfern benützt werden.

Die Herstellung von durchsichtigem Klareis wird durch eine Reihe von Bildern gezeigt. Es handelt sich hierbei wesentlich darum, die Luftbläschen durch Bewegung des Wassers an den Gefrierflächen zu beseitigen, die sich aus der in dem Wasser absorbierten Luft beim Gefrieren ausscheiden und das Eis trübe erscheinen lassen.

Sehr verbreitet ist die den oben geschilderten Generatoren zuerst 1881 in Barmen angeschlossene Einrichtung, wonach Blechlamellen, „Flossen“, in die Eiszellen eingetaucht und mit selbsttätig abnehmender Schwingungsweite in denselben hin- und herbewegt werden. Neuerdings wird vielfach das Einblasen von Luft zur Bewegung des Wassers benutzt. In England und Amerika werden häufig durchsichtige Eistafeln von bedeutenden Dimensionen dadurch hergestellt, daß das Gefrierwasser an großen Verdampferflächen während des Gefriervorganges in Umlauf gehalten wird. In Deutschland ist auch die Verwendung von destilliertem Wasser vielfach zur Herstellung von reinstem Eis benützt worden.

Als eine besondere Art der Eisbildung ist auch die für Eisbahnen dargestellt.

Das Gebiet der tiefen Temperaturen unterhalb —100° ist in der Abteilung Physik (Wärme) geschichtlich und durch einzelne Apparate veranschaulicht. Seit 1895 hat sich aus dem Lindeschen Verfahren der Luftverflüssigung eine „Technik der tiefen Temperaturen“ entwickelt, die weitgehende industrielle Verwendung, insbesondere zur Trennung von Gasgemischen und zur Herstellung von Sprengstoffen, gefunden hat.

*

## JOSEPH BRIX, WASSERVERSORGUNG, KANALISATION, ABWASSERREINIGUNG UND BADEWESEN.

Wasser ist eine der Hauptlebensbedingungen im Dasein des Menschen. Eine Wasserstelle in der Wüste, eine Quelle im Lande, ein Bach- oder ein Flußlauf bildeten schon in den ältesten Zeiten den Ausgangspunkt für das Gedeihen einer Oase, einer Siedlung, eines Ortes und einer Stadt.

Die Abteilung „Wasserversorgung" gibt einen Überblick, wie der Mensch seinen Bedarf an Trinkwasser aus dem Wasservorkommen der Natur sich zu verschaffen vermag, welche Hilfsmittel er zur Aufdeckung, Gewinnung, Hebung, Förderung, Aufspeicherung und Verteilung des Wassers an die Verbraucher zu verwenden gelernt hat, und wie er die Zuführung großer Wassermengen mit und ohne Druck durch Anlage von Leitungen gemeistert hat. Es wird auch gezeigt, auf welche Weise ungeeignetes, getrübtes oder sonst verunreinigtes und gesundheitsschädliches Wasser in tadelloses Trink- und Nutzwasser umgewandelt werden kann.

Im ersten Raum der Wasserversorgungsabteilung sind die verschiedenen Anlagen zur Wassergewinnung wie Quellfassungen, Brunnen, Zisternen, Fluß- und Seewasserfassungen durch Abbildungen und Beschreibungen und durch zum Teil betriebsfähige Modelle zur gemeinverständlichen Darstellung gekommen.

Die Gewinnung von Quellwasser wird durch alte und neuzeitliche Schöpfungen veranschaulicht. Ein Modell einer Quellfassung bei St. Moritz im Engadin z. B. zeigt, daß selbst die Völker der Bronzezeit Quellen faßten, um deren Bestand zu erhalten, ihre Benützung zu erleichtern und sie vor Verunreinigung zu schützen. Im Gegensatz hierzu ist eine der größten Quellfassungsanlagen der Neuzeit an dem betriebsfähigen Modell der Münchener Quellfassung auf dem Taubenberg zu studieren. Andere Arten der Quellwassergewinnung zeigen Modelle von Fassungen mittels Sickerrohre, Senkbrunnen und Wasserschloß, sowie das Demonstrationsmodell eines durch Bohren hergestellten artesischen Brunnens.

Die Gewinnung des Grundwassers ist durch die hierfür in Frage kommenden Schacht- und Rohrbrunnen veranschaulicht. Das Modell eines unhygienischen Schachtbrunnens, wie er heute noch in manchen Dörfern und Bauernhöfen zu finden ist, ist dem eines neuzeitlichen, ganz aus Beton hergestellten Brunnens gegenübergestellt. Vorhandene Modelle und Bilder zeigen die Erschließung des Grundwassers durch einfache Schlag- und Bohrrohre (Abessinier-Brunnen) bis zu den den höchsten Anforderungen genügenden Rohrbrunnen.

Modell zur Darstellung einer neuzeitlichen Quellwassergewinnung

Die Niederschlagswassergewinnung wird, an-

Mittelalterlicher Ziehbrunnen

gefangen von ihrer ursprünglichen Form, der Sammlung des Regens in einfacher Grube oder Tonne, über die gemauerten Zisternen des Altertums hinweg bis zu den venezianischen Brunnenzisternen und den amerikanischen Regenzisternen mit Filtereinrichtung gezeigt.

Es sind ferner dargestellt Sammelteiche und Zisternen, welche in tropischen Ländern und an der Meeresküste gelegenen Ortschaften Verwendung finden, um das während der Regenzeit zur Verfügung stehende Regen- und vermehrte Quellwasser für die Zeiten des Wassermangels zu sammeln und aufzubewahren. Man sieht die Abbildungen der großen Teiche, die König Salomo in der Nähe des alten Jerusalem anlegen ließ, und ein Bild von den ältesten Sammelteichen in Indien; Darstellungen neuerer Talsperren gewähren einen Einblick in das Verfahren zur Gewinnung des Niederschlagswassers im großen und die Bedeutung dieser Anlagen für die Wasserversorgung der Städte.

Einen wichtigen Teil der Niederschlagswassergewinnung stellt die Wasserentnahme aus Flüssen und Seen dar. Der Besucher erfährt, daß im Mittelalter Paris mit Seinewasser, London mit Wasser aus der Themse versorgt wurde, und daß das erste große Zentralwasserwerk in Deutschland gleichfalls ein Flußwasserwerk war, das 1848 in Hamburg errichtet wurde.

In einem Diorama kommen zur Darstellung die primitiven Einrichtungen, welche die Bewohner regenarmer Länder erfanden, um das Wasser für den häuslichen Gebrauch und zur Bewässerung ihrer Länder oft recht mühsam von steilen Ufern aus, z. B. dem Nil, Euphrat und Tigris, mit dem Wippbaum (Shaduf), dem chinesichen Schaufel- und Paternosterwerk (ägyptisches Sakieh) und anderen Vorrichtungen zu entnehmen. Wassertraggefäße aus Rinde und ausgehöhlten Früchten, Wassersäcke aus Tierfellen, poröse Wasserkrüge aus Ton u. dgl. sowie das Gewerbe der Wasserträger und Wasserverkäufer klären darüber auf, daß die Heranbringung des Wassers und sein Genuß nicht immer so leicht und billig gemacht wird, wie durch unsere heutigen Wasserversorgungsanlagen. Im Zusammenhang damit wird an Hand einer Wandtafel gezeigt, in welcher Weise die großen deutschen Städte mit Wasser versorgt werden.

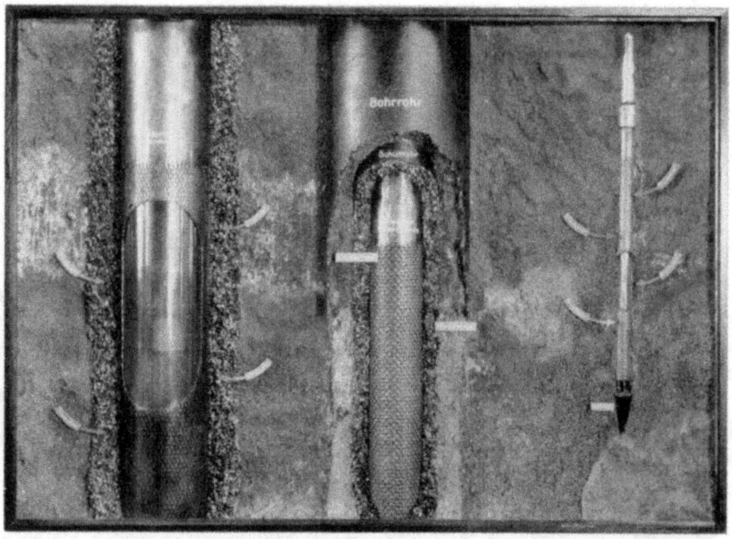
Erdausschnitt mit freigelegten Rohrbrunnen zur Fassung von Grundwasser

Unter den Hilfsmitteln zur Untersuchung der Wasserbeschaffenheit geben besondere Präparate Auskunft über die im Wasser vorkommenden niederen Tiere und Pflanzen, welche für reines und verunreinigtes Wasser kennzeichnend sind. Die durch chemische Wasseranalyse gefundenen Bestandteile, wie Blei, Arsen, Eisen, Ammoniak, Kohlensäure, Schwefelsäure, Kalk, Magnesia usw. lassen einen Schluß zu, ob das Wasser giftige, fäulnisfähige, Härte bildende oder sonst seine Brauchbarkeit beeinträchtigenden Stoffe enthält, während auf Nähr-

Wasserversorgung im alten Ägypten

Römische Wasserleitung

böden gezüchtete Kulturen von Cholera-, Typhus- und Ruhrbazillen dem Besucher zeigen, daß mit Hilfe der Bakteriologie ein verseuchtes Wasser zu erkennen ist, und dadurch die Beseitigung dieser Gefahr für das menschliche Leben ermöglicht wird.

Der gesundheitliche Einfluß einer guten Wasserversorgung auf die Bevölkerung wird durch Tabellen erläutert; und die Bedeutung der wissenschaftlichen Wasseruntersuchung sowie der unschätzbare Wert unserer kommunalen Wasserversorgungsanlagen wird dem Besucher recht klar, wenn er erfährt, daß in Deutschland alljährlich gegenwärtig 600000 Menschen weniger sterben, als es der Fall wäre, wenn die gesundheitstechnischen Einrichtungen und die sanitären Verhältnisse auf dem vor etwa 50 Jahren befindlichen Standpunkte stehen geblieben wären.

Den Abschluß der Abteilung „Wassergewinnung" bildet die Übersicht über die Anlagen zur Leitung und Verteilung des Wassers.

Abbildungen von geschichtlich bedeutenden Wasserzuleitungen, so z. B. der von den Griechen erbauten hervorragenden Hochdruckwasserleitung von Pergamon (197 bis 159 v. Chr.) und der gewaltigen römischen Aquädukte zeigen, welch große Bedeutung schon in diesen Zeiten der Herbeischaffung ausreichend guten Trinkwassers beigelegt wurde.

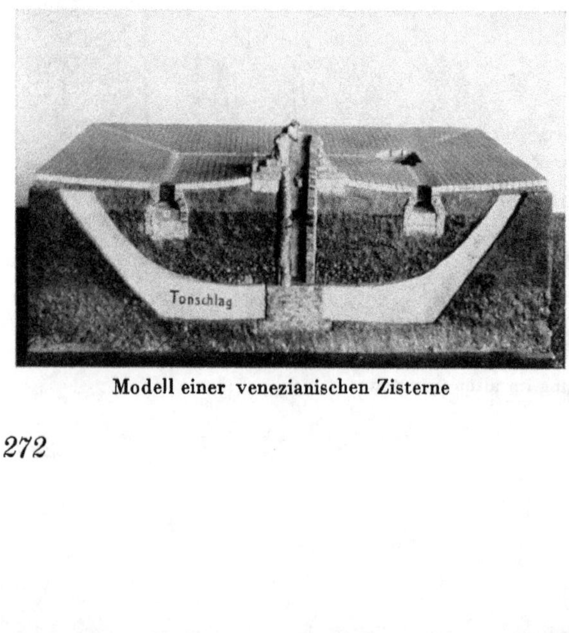


Modell einer venezianischen Zisterne

Alte Wasserkunst mit Wasserantrieb der Stadt Augsburg

Die Baustoffe, aus denen die Wasserleitungen vom Altertum bis zur Neuzeit hergestellt wurden, sind aus den Originalstücken aus Stein, Holz und Blei, Kupfer, Eisen, Beton u. a. zu erkennen.

Über die Apparate zur Messung und Anzeige des verbrauchten Wassers gibt eine Zusammenstellung der Hauptarten von Wassermessern, darunter auch ein betriebsfähiger Woltmann-Wassermesser, den erwünschten Aufschluß. Tabellen und Aufzeichnungen berichten über den Wasserverbrauch in verschiedenen Zeiten und Städten.

Eine wichtige Rolle in der Wasserversorgung spielt die „Aufspeicherung" des Wassers für die Zeiten größeren Wasserbedarfs. Schon die Römer erkannten die Notwendigkeit der Wasseraufspeicherung, wie eine Abbildung eines römischen Wasserbeckens bei dem Kastell Gandolfo am Albaner See zeigt. Die weitere Entwicklung, die konstruktive Ausführung und künstlerische Formgebung der Wassersammelbehälter in Form von Flurbehältern und Wassertürmen, darunter der architektonisch bedeutende Wasserturm in Erlangen, werden durch eine größere Anzahl von Modellen und Abbildungen veranschaulicht.

Im nächsten Raum wird der Entwicklungsgang der Wasserhebemaschinen übersichtlich gezeigt — von Schöpf- und Zieheinrichtungen und von der ersten vom Griechen Ktesibios um 150 v. Chr. erfundenen Pumpe an, über die seit allgemeiner Verwendung des Gußeisens im 19. Jahrhundert entstandenen Konstruktionen von Kolben-, Preßluft-, Zentrifugal- und Kreiselpumpen und über Wasserstrahlpumpen und hydraulische Widder hinweg bis zu den größten Wasserwerkspumpen.

Doppeltwirkende Balancierwasserpumpe, geb. 1859 v. Klett & Co., Nürnberg

Erster Wassermesser von Siemens & Halske

Nunmehr folgt der wichtige Abschnitt, welcher sich mit der Verbesserung und Untersuchung der Wasserbeschaffenheit befaßt. Hierunter fallen die Reinigungs- und Desinfektionsmethoden, welche überall dort in Frage kommen, wo das Wasser, so wie es zur Verfügung steht, seiner physikalischen, chemischen oder bakteriologischen Eigenschaften wegen nicht verwendet werden kann oder darf.

Solche Verbesserungsmethoden zeigen z. B. Bilder einer römischen Piscina und des ersten Simpsonschen Sandfilters, Modelle der Königsberger Sandfilter, der Enteisenungsanlage in Zwickau und eine Ozonisierungsanlage, ausgeführt für das Wiesbadener Wasserwerk in Schierstein am Rhein. Auf die ausgestellten Hausfilter, die mittelalterlichen Sandsteinfilter, den Filteraufbau und die Schnellfilter sei an dieser Stelle noch hingewiesen. Auch auf die Wasserreinigung auf chemischem und elektrolytischem Wege, sowie durch ultraviolette Strahlen und die Wassergewinnung aus dem Meereswasser durch Trinkwasser-Destillationsapparate wird aufmerksam gemacht.

Die Abteilung „Kanalisation“ zeigt, daß Wasserversorgung und Kanalisation in engster Wechselbeziehung zueinander stehen. Sie ergänzen einander und erfordern sich gegenseitig. Gleichwie jedes städtische Ableitungsnetz einer Wasserversorgungsanlage zu seiner notwendigen Reinhaltung durch ausreichende Wassermengen bedarf, so muß für jede Wasserversorgung eine ausreichende Kanalisationsanlage zur Ableitung des verbrauchten Wassers geschaffen werden, wenn nicht die an sich segensreiche Zuführung reinen Trinkwassers Anlaß zu Bodenverunreinigungen und schädlichen Bodendurchnässungen geben soll. Es wird in dieser Abteilung gezeigt, wie bereits die Kulturvölker des Altertums in Erkenntnis der Notwendigkeit der Schmutzwasserentfernung aus den Städten bedeutende Entwässerungsanlagen zur Ausführung brachten, wie im Mittelalter öffentliche Gesundheitspflege und die Fürsorge für zweckmäßige Abwässerbeseitigung vernachlässigt wurden, und daß die immer weiter fortschreitende Verseuchung von Boden und Wasser verheerende Epidemien, namentlich Cholera- und Typhusepidemien, zeitigte, so daß die städtischen Verwaltungen dazu gedrängt wurden, alle verbrauchten Wässer und abschwemmbaren Stoffe rasch und gründlich aus dem Bereich der Orte abzuleiten und sie in unschädlicher, tunlichst aber nutzbringender Weise dem natürlichen Kreislauf wieder zu übergeben.

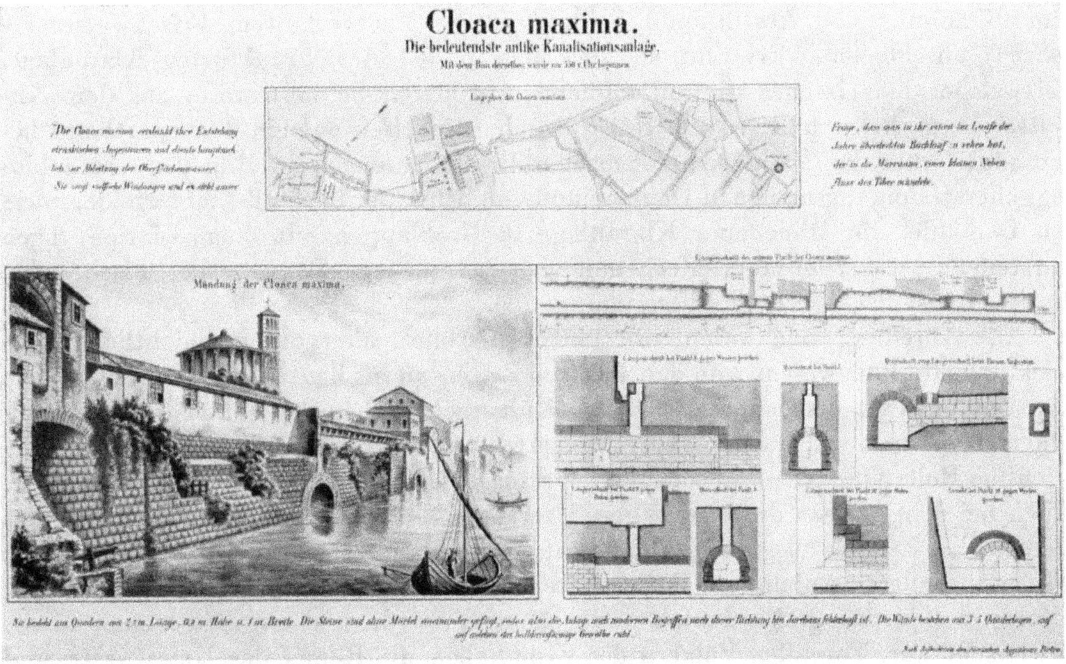


Cloaca maxima in Rom, die bedeutendste antike Kanalisationsanlage

Der Museumsbesucher kann diesen soeben kurz geschilderten Weg der geschichtlichen Entwicklung der Abwässerbeseitigung an einem lehrreichen und ausführlichen Material an Beschreibungen, Abbildungen und Modellen verfolgen. Eine Abbildung des hervorragendsten Kanalbauwerkes im Altertum, der „Cloaca maxima“ in Rom, das Modell eines alten Hauses mit Versitzgrube in der Sendlingerstraße in München, ein Modell der ersten in Deutschland systematisch zur Durchführung gebrachten Kanalisation von Bunzlau, sowie Modelle und Bilder von Sonderbauwerken wie Kanalverbindungen, Kreuzungen, Entlüftungseinrichtungen, Regenauslässe, Sinkkasten, Spülvorrichtungen und Schnee-Einwürfe werden sein besonderes Interesse erregen.

Daran anschließend werden in der Abteilung „Abwasserreinigung“ die Methoden über die Reinigung und Unschädlichmachung der Abwässer veranschaulicht. Zunächst wird der Besucher darüber aufgeklärt, daß zwar mit der Entfernung der Abfallstoffe aus dem Bereiche der Einwohnerschaft ein gewaltiger Fortschritt erzielt wurde, aber das Einleiten der Abwässer in die fließenden Gewässer mit dem Wachsen der Städte zu einer zunehmenden und schließlich unerträglichen Verunreinigung und Verseuchung der öffentlichen Wasserläufe führte. Einer reinigenden Behandlung der Abwässer vor Einleitung in ihre natürlichen Vorfluter mußte deshalb immer größere Aufmerksamkeit zugewendet werden. Die hieraus innerhalb der letzten 40 Jahre hervorgegangenen Abwasserbehandlungs-Verfahren werden in den Hauptarten durch eine große Zahl von Zeichnungen und lehrreichen Modellen von erfundenen und erprobten Klär- und Reinigungsmethoden erläutert. Wir sehen gewöhnliche Sandfänge, Beispiele von Rechen und Gittern zur Abfangung der groben Schwimm- und Schwebekörper, es werden Fettfänge gezeigt; wir finden ferner die Kläranlagen nach dem mechanischen Verfahren (Absitzverfahren) zur Darstellung gebracht, woran sich die chemischen Fällungsverfahren und die biologischen Reinigungsverfahren mit und ohne Trennung von Absitz- und Schlammraum (Faulverfahren, Frischwasserverfahren) anschließen. Erwähnt sei hier das Modell der Frankfurter Kläranlage, bei welcher Flügelrechen die ankommenden gröberen Schmutzstoffe aus dem Abwasser herausholen und sie selbsttätig durch Abstreifen auf ein Transportband beseitigen; ferner das Modell einer Emscher Brunnenanlage, ein Bild der ersten biologischen Reinigungsanlage in Deutschland von Schweder in Groß-Lichterfelde, sowie ein Gemälde, die Münchener Kläranlage in Großlappen mit allen Einrichtungen darstellend, wie Sandfang, Rechenanlage, Klärbecken, Pumpwerke, Fischteiche, Berieselungsanlage, Schlammbeseitigung u. a.

Die Abteilung Badewesen gibt einen Überblick über die geschichtliche Entwicklung des Badewesens von den ältesten Zeiten an bis heute. Es ist an bildlichen Darstellungen zu ersehen, daß bei den Kulturgebräuchen der Völker des vorklassischen Altertums, wie Inder, Assyrer und Ägypter, die Begriffe rein und unrein eine wichtige Rolle spielten, und sich das Wasser einer hohen Wertschätzung erfreute. Auch bei den Völkern des klassischen Altertums, den Griechen und Römern, findet sich zu aller Zeit der ausgeprägte Hang zur größten Sauberkeit an Leib und Kleidung. Einen besonderen Anlaß zum Baden boten die Gymnasien, die Stätten körperlicher Übung, wo gesprungen, gelaufen und gekämpft wurde, und ein Bad zum Schlusse erwünscht war. Von allen Völkern der Erde haben die Römer das Gewaltigste und Großartigste an Bädern geschaffen, was die Welt kennt, ihre Thermen. Ein Modell der Thermen des römischen Kaisers Diocletian, die gegen 305 n. Chr. eröffnet wurden und eine Fläche von 14000 qm bedeckten, gibt einen Einblick in die Einrichtungen und den Betrieb dieses Riesenwerkes. Daß auch im Orient das Badewesen nicht vernachlässigt worden ist, und dort die kleinste Stadt in der Regel ihr Bad hatte, zeigt ein Modell eines Türkenbades, und daß die alten Deutschen trotz der klimatischen Ungunst ihres Wohnsitzes den Bädern mit einer gewissen Leidenschaft zugetan waren, berichten uns alte Schriftsteller. Ein Modell eines mittelalterlichen Badehauses veranschaulicht, welch große Bedeutung damals die öffentlichen Badestätten hatten, welche in den Städten und Ortschaften errichtet wurden und deren Zahl unseren heutigen Badeanstalten erheblich überlegen war. Mit welchen Einrichtungen heute ein großstädtisches modernes Volksbad ausgestattet ist, ist an einer schematischen Darstellung verbildlicht.

Das Baden und Schwimmen im Freien, in Flüssen, Teichen und Seen ist von jeher gebräuchlich und beliebt gewesen. Die verschiedenartige Ausführung der Freibäder veranschaulichen Bilder und Dioramen von Strandbadeanstalten, von schwimmenden Flußbadeanstalten, von Stadions und Seebädern.

Bäder zu Heilzwecken, bei denen namentlich die Mineral- und Thermalquellen des Landes benutzt wurden, finden wir schon bei den Griechen und Römern. Hochberühmt waren schon im Altertum die warmen Schwefelquellen von Thermopylae und Albano bei Padua, die Bäder von Nîmes und Bajae. Zu den berühmtesten Badeorten im Mittelalter zählten unter anderen Baden im Aargau, Gastein und Karlsbad. Die Entwicklung der Bäder zu Heilzwecken ist durch Bilder und Modelle versinnbildlicht.

Ein besonderer Teil der Abteilung Badewesen ist der Entwicklung der Badezimmer und Badeeinrichtungen gewidmet. Bilder und Modelle geben einen interessanten Überblick, wie aus primitiven Anfängen das Hausbad bis zum heutigen Luxusbad ausgebildet wurde.

## E. SCHILLING, DIE GASTECHNIK.

Nachbildungen der ersten englischen Öfen von Murdock mit eisernen Gefäßen zur Entgasung von Steinkohle

Die Natur hat uns die Sonnenenergie vergangener Jahrtausende in den Brennstoffvorräten der Erde aufgespeichert. Sie sind die Schatzgrube, aus der die Technik den größten Teil der zu ihrer Entfaltung nötigen Kräfte schöpft. Sind diese Schätze auch auf der ganzen Erde in reichen Mengen verbreitet, so ist es doch erste Pflicht der Technik, sparsam mit ihnen umzugehen, denn sie sind nicht unerschöpflich wie die Wasserkräfte. Bemüht sich einerseits die Heiz- und Maschinentechnik, den Wärmeinhalt der Brennstoffe, vor allem der Stein- und Braunkohle, durch verbesserte Verbrennungseinrichtungen aufs äußerste auszunutzen, so war der menschliche Geist andererseits seit langem bestrebt, die rohen Brennstoffe in besser ausnützbare, wertvollere Bestandteile zu zerlegen. An dieser Umwandlung oder Veredelung hat die Gastechnik wesentlichen Anteil, indem sie die Kohle durch Erhitzen unter Luftabschluß in ein brennbares Gas, in flüssige Nebenprodukte und in den hochwertigen, rauchlos brennenden Koks zerlegt. War anfangs das Bedürfnis nach Licht die Triebfeder, in dem Steinkohlengas ein neues, der alten Kerzen- und Ölbeleuchtung überlegenes Beleuchtungsmittel zu gewinnen, so traten mit Einführung des Gasglühlichtes und der elektrischen Beleuchtung die lichtgebenden Eigenschaften des Gases gegenüber seinen wärmespendenden

Entgasungsofen von Schilling und Bunte mit 9 Schamotteretorten, Generatorfeuerung und Luftvorwärmung aus dem Jahre 1878

Modell des Ofenhauses des Gaswerkes Nürnberg mit Schrägretortenöfen und mechanischer Bedienung

in den Hintergrund. Das alte Leuchtgas wurde zum Heizgas, das durch die Möglichkeit zentraler Verteilung in Rohrnetzen, durch seine vollkommene Verbrennung und bessere Ausnützbarkeit der Wärme, sowie durch seine bequemere Handhabung und Anpassungsfähigkeit an die verschiedenen Bedürfnisse der Verwendung zu einem geschätzten Wärmemittel für Haushalt, Gewerbe und Industrie wurde. Daneben erkannte man immer mehr den Wert der flüssigen Nebenprodukte, des Steinkohlenteers, als Ausgangsprodukt für die chemische Industrie, und des Gaswassers als Rohstoff zur Herstellung von Ammoniakverbindungen, wozu noch die Gewinnung von Benzol und Cyanprodukten aus dem Gase kam.

Die Abteilung „Gastechnik" zeigt dem Beschauer zunächst die Anfänge der Gaserzeugung zu Beleuchtungszwecken in Nachbildungen der ältesten Retorten und Öfen mit denen Murdock, der Mitarbeiter von James Watt, Ende des 18. Jahrhunderts die Gasbeleuchtung in der berühmten Maschinenfabrik von Boulton & Watt in Soho und in den großen Spinnereien Englands einführte. Es folgen dann die Nachbildungen der ersten Gaserzeugungsöfen mit eisernen Originalretorten aus der Zeit der Einführung der Gasbeleuchtung in Hannover und Berlin im Jahre 1826. Die weitere Ausbildung der Öfen mit größeren, zahlreicheren und widerstandsfähigeren Retorten wurde erst möglich, als die alte Rostfeuerung durch eine bessere und wirtschaftlichere Beheizungsart ersetzt werden konnte. Die Nachbildung des Retortenofens von Schilling-Bunte aus dem Jahre 1878 zeigt, wie durch die Herstellung eines eigenen Heizgases aus Koks in einem angebauten Generator und durch die Ausnützung der Wärme der Verbrennungsgase zur Vorwärmung der Verbrennungsluft die Grundlage zur weiteren Entwicklung gelegt wurde. Eine Reihe großer Modelle läßt die Fortschritte erkennen, die durch Vergrößerung und durch schräge oder vertikale Anordnung der Retorten in Verbindung mit der mechanischen Zu- und Abfuhr von Kohle und Koks in der Leistung der Gaserzeugungsöfen erzielt wurde. Die fortschreitende Vergrößerung der Retorten führte endlich zu großen schmalen Entgasungskammern, womit sich die Öfen der Gaswerke den Kammeröfen der Kokereien näherten, während diese durch die Fortschritte der Ofenfeuerung und Gewinnung von Gas als Nebenprodukt sich immer mehr zu großen Gaszentralen entwickelten, die ihr überschüssiges Gas durch ausgedehnte Fernleitungsnetze abzusetzen trachten.

Münchener Schrägkammeröfen

Neben der Entgasung der Steinkohle unter Luftabschluß gewann die Herstellung nichtleuchtender Heizgase in Generatoren durch Einblasen oder Ansaugen von Luft bzw. Wasserdampf durch eine glühende Koksmasse mit der zunehmenden Verwendung von Gas zu Heizzwecken immer größere Bedeutung. In einer Nebenreihe ist diese Entwicklung an Modellen und Bildern von Wassergas- und Kraftgasanlagen gezeigt. Während die Kraftgase sich wegen ihres niedrigen Heizwertes zu zentraler Verteilung in Rohrnetzen wenig eignen, wird das mit hoher Flammentemperatur brennende Wassergas vielfach dem Steinkohlengase beigemischt, in Amerika auch mit den Dämpfen von Petroleumdestillaten gesättigt als angereichertes Wassergas neben dem Steinkohlengas verteilt. Ein Wandmodell deutet die neueste Richtung der Gastechnik an, Stein- oder Braunkohle in Gaserzeugern teilweise oder vollständig in Gas überzuführen.

Gegenüber der Reihe von Ofenmodellen führt der Gang durch die Abteilung Gastechnik den Besucher weiter zu den Apparaten, in denen das Gas gekühlt, gewaschen, gereinigt und aus den Retorten oder Kammern abgesaugt und in die Gasbehälter gedrückt wird. Anschließend zeigen Modelle, Proben und Wandtafeln die Verarbeitung der Nebenprodukte und die Gewinnung von Benzol aus dem Gase. Originale, Modelle und Bilder führen alsdann die Entwicklung der Druckregler und Gasbehälter vor Augen. Die Bewegung und Abdichtung von ausziehbaren Behältern mit Wasser-

Benzolgewinnungsanlage

abschluß und von Scheibenbehältern mit trockener Abdichtung ist an betriebsfähigen Modellen zu beobachten. Weiterhin folgt eine Reihe von zum Teil betriebsfähigen Gasmesseroriginalen aus verschiedenen Zeiten, die den Gang und die Entwicklung der nassen und trockenen Gasmesser nebst Münzgasmessern bis zu den neuesten Flügelrad- und Stauscheibenmessern für große Gasmengen verfolgen lassen.

Mit welchen Schwierigkeiten die Verteilung des Gases in Rohrleitungen anfangs zu kämpfen hatte und wie das Rohrmaterial und die Dichtungen allmählich verbessert wurden und schließlich zu den geschweißten Stahlrohrverbindungen der Hochdruckleitungen führten, wird durch ausgewählte Rohrproben ersichtlich gemacht. Erst diese Fortschritte machten die Gasfernleitung unter höherem Druck möglich,

Schematische Darstellung eines Gaswerks mit Schrägretortenöfen

Ausziehbarer Gasbehälter der Stadt Hamburg

die mit der in einem Plan gezeigten ersten Gruppenversorgung von St. Margrethen in der Schweiz begann, sich in Europa einzuführen, während in Amerika das in den Petroleumfeldern vorkommende Naturgas schon längst mit 6 bis 7 at Überdruck auf große Entfernungen fortgeleitet wurde. Statistische Tafeln geben über den Verbrauch von Naturgas in den Vereinigten Staaten Amerikas Aufschluß.

Ein Diorama des Gaswerks Wien-Leopoldau und eine schematische Darstellung eines Gaswerks beschließen diesen Teil der Gruppe Gastechnik. Ihm folgt noch ein Laboratorium, das mit den wichtigsten Apparaten zur Druckmessung, Untersuchung der Reinheit des Gases, seines Leucht- und Heizwertes, sowie zur vollständigen Gasanalyse in historischer Entwicklungsfolge ausgestattet ist. Wandtafeln erläutern die Vorgänge bei der Herstellung der verschiedenen Gasarten, deren Benennung und wichtigste Eigenschaften.

Erst im Laufe der Zeit ist die Gastechnik, die anfangs auf Erfahrung beruhte, immer mehr von der Wissenschaft durchdrungen und auf mehreren technischen Hochschulen zu eigenen Lehrstühlen erhoben worden. Die Entwicklung dieses Faches der Allgemeinheit vor Augen geführt zu haben, ist das Verdienst des Deutschen Museums.

Diorama „Gaswerk der Stadt Wien“-Leopoldau mit Horizontalkammeröfen, beheizt durch Generatorgas aus zentraler Anlage

C. KÖTTGEN, L. GRAETZ UND H. BECKMANN, ELEKTROTECHNIK.

Im Vergleich mit anderen Gebieten der Naturwissenschaft und Technik, deren Werden oft viele Jahrhunderte rückwärts zu verfolgen ist, kann man der Elektrotechnik nur ein geringes Alter, aber eine desto stürmischere Entwicklung zusprechen. Die ersten praktischen Anwendungen fand sie in der ersten Hälfte des vorigen Jahrhunderts bei der Nachrichtenübertragung und Galvanoplastik. Diese blieben lange Zeit ihre wichtigste Domäne. Besonders in der Nachrichtenübertragung war sie schon in ruhige Fortschrittsbahnen eingelenkt, als man versuchte, den elektrischen Strom auch zu größeren Arbeitsleistungen heranzuziehen. Von diesem Wendepunkt an kann man die Gebiete des Schwachstromes und Starkstromes unterscheiden. Beide haben Fortschritte aufzuweisen, die die Welt in Staunen gesetzt haben und wohl nur mit denen der Dampfmaschine zu vergleichen sind; dem Zeitalter des Dampfes folgte das der Elektrizität.

Die Schwachstromtechnik, die um die Jahrhundertwende in eine zweite Blütezeit eingetreten ist, hat im Deutschen Museum in den Abteilungen Physik, Elektrizität und Telegraphie würdige Aufnahme gefunden, während die Starkstromtechnik mit ihren wichtigsten Gruppen, der Erzeugung, Fortleitung, Umwandlung und Verteilung des elektrischen Stromes, gesondert in der Abteilung Elektrotechnik zur Darstellung gebracht ist.

Als das Geburtsjahr der Starkstromtechnik gilt das Jahr 1866, in dem es Werner Siemens gelang, elektrischen Strom (elektrische Arbeit) in wirtschaftlicher Weise aus mechanischer Arbeit zu erzeugen. Für die wechselseitige Umwandlung dieser beiden Energieformen, bei der ein magnetisches Kraftfeld als Mittler erforderlich ist, wurden vordem Dauermagnete benutzt, deren Stärke und Unveränderlichkeit aber nicht befriedigen konnten. Siemens ersetzte sie durch Elektromagnete und benutzte als erster zu ihrer Erregung den von der Maschine selbst erzeugten Strom, nachdem er erkannt hatte, daß die im Eisen zurückbleibende Remanenz als Anfangserregung ausreichte und sich nach wenigen Umdrehungen der Maschine bis zur Grenze der magnetischen Sättigung steigern ließ. Durch die Entdeckung dieses „dynamoelektrischen Prinzips" gelang es, Stromerzeuger zu bauen, die bei gleicher Leistung um ein Vielfaches kleiner und leichter waren als die bisherigen magnet-elektrischen, und vor allem, den Stromerzeugern jede beliebige Leistungsfähigkeit zu geben.

Auf dieser Grundlage entwickelte sich die Starkstromtechnik und drang in ständig zunehmendem Maße in alle Zweige der Technik und des menschlichen Lebens fördernd und befruchtend ein, so daß sie sich heute überall als unentbehrlicher Helfer bewährt hat.

Als Anwendungsgebiet des Starkstroms kam zuerst die Beleuchtung, dann in schneller Folge die Elektrochemie, die Kraftübertragung und die Wärmeübertragung in Frage. Die Möglichkeit, elektrische Energie mit einfachsten Mitteln und ohne erhebliche Verluste auf weite Entfernungen fortleiten, beliebig teilen, umwandeln, aufspeichern und messen zu können, machte sie für diese Zwecke besonders geeignet.

Im Deutschen Museum wird die Entwicklung der Starkstromtechnik in fünf größeren Räumen zur Anschauung gebracht, die fast zu eng für ihre Bestimmung sind. Diese räumliche Beschränkung ließ sich auch nur dadurch vertreten, daß alle Anwendungen der Elektrotechnik wie auch die größte Zahl der Vorläufer der Dynamomaschinen den Abteilungen Physik, Beleuchtung, Verkehrswesen usw. überwiesen

Gesamtaufnahme der Glasschränke im Ehrenraum der Elektrotechnik

wurden. Erfreulich ist es aber, daß es wegen des geringen Alters der Starkstromtechnik gelungen ist, eine verhältnismäßig große Zahl geschichtlich wertvoller Maschinen und Geräte vor dem Untergang zu bewahren und als Marksteine ihrer Entwicklung der Nachwelt zu überliefern.

Das Bestreben, Besuchern ohne Fachkenntnisse das Wesen des elektrischen Stromes in lebendiger, anschaulicher Weise zu erläutern, stößt dadurch auf Schwierigkeit, daß keines der menschlichen Sinnesorgane zur unmittelbaren Wahrnehmung der Elektrizität oder des Magnetismus geeignet ist. Nur ihre Wirkungen können wir erkennen. Daher sind in dieser Abteilung in reichem Maße Bilder oder plastische Darstellungen und Versuchsgeräte, die vom Beschauer selbst bedient werden können, als Lehrstoff herangezogen. Zum Einblick in das Wesen der Elektrizität bietet besonders die Hydraulik geeignete Vergleiche. Dem elektrischen Gleichstrom (gemessen in Ampère), der durch eine Drahtleitung fließt, kann man die Wassermenge gegenüberstellen, die in der Zeiteinheit durch eine Rohrleitung strömt, der elektrischen Spannung (Volt) den statischen Druck- oder Höhenunterschied zwischen dem Ober- und Untergraben eines Wasserkraftwerkes, dem elektrischen Widerstand (Ohm) den Reibungswiderstand einer Wasserrohrleitung, der elektrischen Leistung (Voltampère) die gleichwertige mechanische Leistung einer Wasserkraftmaschine. Schwieriger ist es, für Wechselstrom und Drehstrom und noch mehr für Induktivität und Kapazität passende mechanische Vergleiche zu finden. Dieser kurze Hinweis zeigt gleichzeitig, mit welchen Schwierigkeiten die Pioniere der Elektrotechnik zu kämpfen hatten, um sich von den oft sehr verwickelten Vorgängen eine anschauliche Vorstellung zu machen. Wissenschaft und Technik haben sich hier verbunden und gegenseitig befruchtet. Der aufmerksame Beobachter wird dieses gemeinsame Band beim Durchschreiten der Ausstellung unschwer erkennen. Die Entwicklung der Meßgeräte, die Berechnung der Maschinen und ihr Einfluß auf deren Formgebung sind deutliche Beweise dafür.

Erste magnetelektrische Maschine von Pixii

Wir betreten mit Ehrfurcht den Ehrenraum der Elektrotechnik, in dessen Mitte das Original der ersten Dynamomaschine von Siemens (1866) auf einem hohen Marmorsockel in einem vornehm verzierten Glasschrank aufgestellt ist. Früher stand dieses im Reichspostmuseum, während sich im Deutschen Museum eine naturgetreue Nachbildung befand. Diese beiden Stücke sind inzwischen gegeneinander ausgetauscht worden. In kleineren Glasschränken stehen der Ringanker von Pacinotti (1860), der erste Drehstrommotor mit Kurzschlußanker von Dolivo-Dobrowolsky (1887), der erste technisch brauchbare Transformator von Blathy, Déri, Zipernowsky (1885).

Als Vorläufer der dynamoelektrischen Maschine sind in den Räumen der Abteilung Elektrotechnik nur einige der wichtigsten magnetelektrischen Maschinen aufgenommen: die von Pixii (1832), Stöhrer (1843), die große Alliance-Maschine mit 336 Dauermagneten und 96 Induktionsspulen von Nollet und Malderen (1859) und als Abschluß der Entwicklung der mustergültig gebaute und bis heute unverändert gebliebene „Blockinduktor“ von Siemens (1855), das ist eine von Hand betriebene Maschine mit Doppel-T-Anker für Block- und Läutewerke.

Blockinduktor von Werner Siemens mit Doppel-T-Anker

Als wesentlichen Fortschritt im Bau dynamoelektrischer Maschinen zeigt der Ehrenraum noch zwei Gramme-Maschinen aus der Werkstatt von Bréguet in Paris, bei denen der bereits seit 1860 bekannte Ringanker mit Kollektor von Pacinotti, als neuartig aber unterteiltes Eisen (Draht) im Anker zur Bekämpfung der Erwärmung angewendet wurde. Die kleinere Maschine aus dem Jahre 1872 ist eine Stiftung der Siemens-Schuk-

Originalmaschine mit Ringanker von Gramme

kertwerke, die große, 1874 für die Kupferscheidewerke in Hamburg geliefert, zeigt einen Ringanker mit Doppelstabwicklung und zwei Kollektoren, die in Parallelschaltung die für damalige Zeit bedeutende Leistung von 1500 A bei 8 V, also 12 kW, abgeben konnten.

Es ist sehr lehrreich, an den Ausstellungsstücken des Deutschen Museums zu verfolgen, welche Sorge den damaligen Elektrotechnikern die noch ungeklärte Erwärmung des Ankereisens durch die in raschem Wechsel stattfindende Ummagnetisierung bereitete und welche Wege sie einschlugen, um die Wärme abzuführen oder ihre Entstehung zu verhindern. Zunächst diente als Notbehelf die Berieselung des Ankers mit Wasser; später wurden Bauformen entwickelt, bei denen eine Ummagnetisierung ganz vermieden wurde, indem das Ankereisen — ebenso wie die Feldmagnete — feststanden und nur die induzierte Wicklung rotierte. Da dieses bei dem ringförmigen Anker von Pacinotti technisch nicht möglich war, brachte von Hefner-Alteneck die Ankerwicklung auf der Außenfläche eines Hohlzylinders an und ließ sie samt Kollektor um das von einer Achse getragene, feststehende, massive Ankereisen rotieren. Der nächste erfolgreiche Schritt führte ihn 1872 zu der endgültigen Form des Trommelankers, bei dem das Ankereisen an der Drehung teilnimmt, nachdem er gleichzeitig mit Gramme erkannt hatte, daß die Unterteilung des Ankereisens die Entstehung schädlicher Wirbelströme (Foucaultströme) verhinderte. Heute ist bei Gleichstrommaschinen der Hefnersche Trommelanker und bei Wechselstrommaschinen seine Umkehrung, die Hohltrommelwicklung die feststehende Bauform geworden.

Von geschichtlichem Interesse ist noch die in dem Ehrenraum aufgestellte größere kollektorlose Unipolarmaschine für Gleichstrom von Siemens und Kirchhoff, 1881, die damals große Hoffnungen erweckte, und der erste Mehrphasen-Wechselstromerzeuger von Fr. Haselwander, 1887.

Größere Glasschränke enthalten wertvolle Urkunden von Siemens über galvanische Vergoldung, Zeigertelegraph, Wassermesser, Guttapercha-Kabel, dynamoelektrisches Prinzip, Stickstoffgewinnung, Vorschläge zum Patentgesetz, von Pacinotti über die Priorität des Ringankers, von Edison über die Glühlampe, 1880, von Schuckert über die Ausstellung München 1882 und von Frölich über das Dynamometer.

Im zweiten Raum ist die Entwicklung der Gleich- und Wechselstrommaschinen zur Darstellung gebracht. An mehreren Versuchsgeräten wird die Ent-

Flachringmaschine von Schuckert

stehung des elektrischen Stromes durch die 1831 von Faraday entdeckte Induktion von Wicklungen, die sich in einem magnetischen Feld bewegen, erläutert. Der Beschauer erkennt an den angeschlossenen Meßgeräten, daß bei Bewegung von Spulen in einem wechselnden Magnetfeld Stromimpulse wechselnder Richtung entstehen, daß diese aber durch Kommutatoren oder Kollektoren in Ströme gleichbleibender Richtung und Stärke verwandelt werden können.

Dynamomaschine mit Trommelanker und stehenden Feldmagneten von Hefner-Alteneck

Die technische Ausgestaltung der Gleichstrommaschinen bis zu den jetzt feststehenden Bauformen wird in großen Zügen an Bildern, Originalmaschinen und Modellen dargestellt. Einige Vorläufer und Zeitgenossen der dynamoelektrischen Maschine, wie die Maschine von Wilde (1866), die außer der Hauptmaschine noch eine Hilfserregermaschine mit Dauermagneten und I-Anker sowie doppelten Riemenantrieb besaß, und die Maschine von Ladd (1867), gleichfalls mit zwei Ankern für die Erregung und den Nutzstrom, aber gemeinsamem Feldsystem, führen uns zu den eigentlichen Dynamomaschinen. Hier sehen wir im Bilde die Maschine von Wheatstone, 1867, der selbständig aber wenige Monate nach Siemens gleichfalls das dynamoelektrische Prinzip fand, daneben aber auch zuerst die Nebenschlußwicklung zur Anwendung brachte, zwei der ältesten Maschinen von Schuckert, und zwar eine mit doppelter zylindrischer Ringwicklung, 1874, für Erregung und Nutzstrom, die mit zwei eigenartigen Stiftkollektoren mit Reibscheiben versehen ist, und eine der bekannten Flachringmaschinen, 1877, die bis zum Jahre 1892 in unveränderter Form hergestellt wurden. Die großen Polflächen dieser Maschinen trugen viel zur Verringerung des magnetischen Widerstandes des Luftweges und zur Erhöhung ihrer Lei-

Edison-Z-Dynamomaschine, erbaut von der Electric-Light-Company, New York, für die Internationale Elektrizitäts-Ausstellung, Paris 1881

stungsfähigkeit bei. Weitere typische Bauformen zeigen die Maschine v. Hefner-Alteneck, 1878, mit symmetrischem Magnetgestell und Folgepolen und eine größere Edison-Maschine, 1881, die durch ihre tiefliegende Achse für Riemenantrieb besonders geeignet war und auf der Elektrizitätsausstellung in Paris zum erstenmal zur Speisung von Glühlampen diente, sowie die Maschine von Örlikon (sog. Manchestertype), die 1884 für die Kraftübertragung Kriegstetten—Solothurn benutzt wurde. In Amerika wurden anderseits zu dieser Zeit zwei eigenartige, besonders für hohe Spannungen geeignete Maschinen herausgebracht, beide mit offener Ankerwicklung, von Brush, 1879, und Thomson-Houston, 1880. Letztere besaß einen kugelförmigen Trommelanker mit drei Wicklungen, erstere einen gezahnten Ringanker. Von beiden Maschinen befinden sich Originale im Deutschen Museum.

Zweipolige Außenpolmaschine von Garbe, Lahmeyer & Co.

Bis zum Anfang der achtziger Jahre konnte man noch keinc einheitliche Richtung für den Aufbau der Dynamomaschinen erkennen. Die wissenschaftliche Durchdringung des neuen Gebiets war noch nicht so schnell gefolgt, daß man darauf eine durchsichtige Berechnung der Maschinen aufbauen und ihre günstigste Formgebung bestimmen konnte.

Durch die Untersuchungen von Werner Siemens über den magnetischen Kreis, 1881 und 1884, deren wichtigstes, dem Ohmschen Gesetze ähnliches, Ergebnis war, daß das magnetische Feld $= \frac{\text{Summe der mangnetisierenden Kräfte}}{\text{Summe der magnetischen Widerstände}}$ ist, sowie durch diejenigen von Hopkinson, 1885, erhielt die Berechnung der Maschinen eine feste Grundlage. Während daher in dem bekannten Handbuch der Elektrotechnik von Kittler, 1892, noch 74 verschiedenartige Formen von Magnetsystemen dargestellt wurden, sind diese in den folgenden Jahren auf eine einzige Form zurückgeführt, nämlich auf die der symmetrisch gebauten Außenpolmaschine, die als zweipolige Maschine zuerst von Lahmeyer, 1887, ausgeführt wurde und die besonders in ihrer späteren Ausführung als mehrpolige Maschine den einfachsten konstruktiven Aufbau und geringe schädliche magnetische Streuung besitzt.

Die bisher erwähnten Dynamomaschinen waren sämtlich für Riemenantrieb bestimmt. Im Gegensatz zu den damals gebräuchlichen Dampfmaschinen erforderten sie hohe Drehzahlen und ihre Leistungen waren noch verhältnismäßig klein. Die ersten Zentralen wie die von Edison in New-York, 1881, und in der Markgrafenstraße in Berlin, 1885, erforderten daher eine große Zahl von Maschineneinheiten und machten durch die vielen Riemenantriebe schon äußerlich einen unruhigen Eindruck, so daß der unmittelbare Antrieb größerer elektrischer Einheiten durch Dampfmaschinen für einen sicheren Betrieb zu einem dringenden Bedürfnis wurde. Die ersten derartigen Maschinen waren die Innenpolmaschinen von Siemens & Halske, die 1887 mit einer Leistung von je 300 PS für die Erweiterung der Zentrale in der Markgrafenstraße und später, bis 1900, in größeren Einheiten bis 1500 PS geliefert wurden. Wenn diese Maschinenform auch später wegen ihres etwas umständlichen mechanischen Aufbaues durch die Außenpolmaschine verdrängt wurde, so wurde sie doch als wichtiger Fortschritt zur Zeit ihrer Entstehung sehr beachtet, besonders weil sich die Außenseite des Ankerringes gleichzeitig als Kollektor ausbilden ließ. In dieser Form ist sie als Modell in verkleinertem Maßstabe dargestellt.

Innenpolmaschine von Siemens & Halske

Weitere wichtige Maßnahmen zur Leistungssteigerung der Gleichstrommaschinen wie die Einführung der künstlichen Kühlung, 1898, und der Wendepole, 1899 nach Rotth, Siemens & Halske, wie der Aufbau der im Anfang des neuen Jahrhunderts entstandenen schnellaufenden Turbomaschinen sind in Bildern und Modellen dargestellt.

Gleichstrommaschinen können ohne Änderung ihrer Bauteile sowohl als Generatoren wie als Motoren verwandt werden. Bei Wechsel- und Drehstrommaschinen sind dagegen unter Ausnutzung der besonderen Eigenschaften des magnetischen Drehfeldes Motoren mit besonders einfachen Bauformen entstanden; daneben werden aber, wenn auch in geringerer Zahl, sog. Synchronmotoren benutzt, die den Stromerzeugern gleichartig sind.

Wechselstrom-Erzeuger und -Motoren sind daher getrennt zu behandeln. Die geschichtliche Entwicklung der ersteren ist im Deutschen Museum sowohl durch vereinfachte bildliche Darstellungen, wie durch wertvolle Originalmaschinen erläutert. Hier sehen wir die ersten Einphasenmaschinen von Gramme aus dem Jahre 1876 mit sternförmigem Läufer und ringförmigem Ständer sowie die von Siemens & Halske mit Scheibenanker ohne Eisenkerne aus dem Jahre 1878, die zunächst zum Betrieb einzelner Bogenlampen und der nur für Wechselstrom geeigneten Jablochkoff-Kerzen benutzt wurden, sowie eine Einphasenmaschine von Ganz & Co., 1885, mit einem sternförmigen Läufer und einem mit radialen Polzacken versehenen Anker.

Klauenpolmaschine nach Örlikon und Schuckert

Zwei Modelle stellen Maschinen mit eigenartigen Magneträdern dar, die von

Gleichpolmaschine von Schuckert

Örlikon für die Kraftübertragung Lauffen—Frankfurt 1891 bzw. Schuckert 1896, hergestellt wurden: eine Klauenpolmaschine mit einer rotierenden und mit zwei Schleifringen versehenen Erregerwicklung für den Läufer und eine sog. Gleichpolmaschine mit einer einzigen feststehenden Erregerspule. Beide hatten den Nachteil einer starken Magnetisierung der Ankerwelle und letztere außerdem den einer großen Streuung und schlechten Materialausnutzung.

Den Übergang zu modernen Formen zeigen zwei weitere Modelle einer 72-poligen Einphasenmaschine von Brown, Boveri & Co., Mannheim, sowie eine Drehstrommaschine gleicher Polzahl von Siemens & Halske, 1900, beide wie auch die vorstehenden mit Hohltrommelwicklung, die als Umkehrung der v. Hefnerschen Trommelwicklung anzusehen ist.

Schließlich ist noch ein größeres, im Maßstab 1:5 ausgeführtes Modell eines Dreiphasen-Turbogenerators für 50000 kVA und 1500 U/min von Brown, Boveri & Co. zu erwähnen; nimmt man aus diesem einen Kreisausschnitt von 90° heraus, so findet man auf den Schnittflächen die gesamten Wicklungen aufgezeichnet.

Diese Maschinen können wegen ihrer großen Abmessungen und Gewichte nur in verkleinerten Modellen zur Darstellung gebracht werden. Um aber dem Beschauer einen Begriff von der wahren Größe solcher Maschinen und ihrem Aufbau zu vermitteln, ist die Hälfte des Stators eines Drehstromerzeugers mittlerer Größe von Brown, Boveri & Co. für 1070 kVA und 250 U/min ausgestellt. Dabei ist noch zu berücksichtigen, daß derartige Maschinen mit einer Leistung von 60000 kVA, also 60facher Größe, bereits mehrfach ausgeführt sind.

Noch wuchtiger erscheint ein großer Magnetpol (Nachbildung in natürlicher Größe in Holz) zu einem 8-poligen Einphasen-Generator für $16^2/_3$ Frequenz, den die Siemens-Schuckertwerke für das Walchenseewerk lieferten und der 10650 kVA bei 250 U/min leistet. Das Gewicht eines solches Poles beträgt 7700 kg und die auf ihn ausgeübte Zentrifugalkraft bei 1,8facher Drehzahl 2750000 kg entsprechend der Ladung von 275 Eisenbahnwagen!

Großes Unterteil eines Stators

Die Entwicklung der Drehstrommotoren, deren Verbreitung die der Gleichstrommotoren weit überflügelt hat, wird u. a. gezeigt an einem der ersten Motoren mit Kurzschlußanker für die Kraftübertragung Lauffen—Frankfurt a. M. aus dem Jahre 1891 sowie neueren Motoren mit Kurzschluß- und Schleifringanker.

Einer der ersten Drehstrommotoren mit Kurzschlußanker der Kraftübertragung Lauffen—Frankfurt

Die unübertroffene Einfachheit dieser Motoren, die durch die technische Auswertung der grundlegenden Versuche von Ferraris über das Drehfeld, 1885, und die Einführung des verketteten Dreiphasenstromes durch v. Dolivo-Dobrowolsky entstanden sind, wird nur dadurch beeinträchtigt, daß sie dem Netz neben der Wirkleistung einen nicht unerheblichen Betrag an Blindleistung zur Aufrechterhaltung des magnetischen Feldes entnehmen, wodurch eine volle Ausnutzung der Zentrale und der Zuleitungen verhindert wird. Die zahlreichen Versuche zur Beseitigung dieses Übelstandes führten zur Ausführung von Kommutatormotoren, mit denen sich die Nacheilung des aufgenommenen Stromes gegenüber der Spannung verringern oder beseitigen ließ, so daß sich der cos $\varphi$ dem Wert 1 nähert. Zuerst wurde diese günstige Eigenschaft neben der einer guten Regelbarkeit 1891 von Görges an seinem Drehstrom-Kollektormotor beobachtet. Diese wichtige Erkenntnis hat aber viele Jahre geschlummert, ehe sie in umfangreicherem Maße zur Anwendung kam. Ein kompensierter Drehstrommotor des Sachsenwerkes ist ein Beispiel dieser Entwicklung.

Ein großes Diorama einer modernen Fabrik elektrischer Großmaschinen zeigt in anschaulicher Weise sowohl den Herstellungsgang solcher Maschinen in ihren einzelnen Bearbeitungsstufen als auch die Übersichtlichkeit des Betriebes durch Anwendung elektrischer Einzelantriebe der Werkzeugmaschinen und elektrisch angetriebener Transportgeräte. Die unübertreffliche Kraftverteilung durch Elektromotoren in den Werkstätten, die man sich früher bei mechanischer Kraftübertragung nur mit einem Gewirr von Transmissionswellen und Riemen vorstellen konnte, hat ihnen ein ganz anderes Gesicht gegeben.

Drehstrom-Kommutatormotor von Görges

Der dritte Raum umfaßt Umformer, Gleichrichter, Akkumulatoren und Transformatoren. Mit Ausnahme der Akkumulatoren, die nur zur Aufspeicherung elektrischer Energie in Form von Gleichstrom dienen, sind die vorstehenden Maschinen und Geräte zur Umwandlung der Stromart, der Spannung oder der Stromstärke bestimmt. Als Umformer bezeichnet man im besonderen Maschinen mit einem oder mehreren rotierenden Ankern für beliebige Stromarten, unter Gleichrichtern Geräte ohne bewegte Massen zur Umwandlung von Wechselstrom in Gleichstrom und unter Transformatoren solche zur Umwandlung von Wechselströmen einer Spannung in solche einer anderen Spannung. Die allgemeinste Art der Umwandlung bieten hiernach die Umformer in Gestalt von Motorgeneratoren, deren Läufer nur durch Riemen oder Wellenübertragung gekuppelt, elektrisch aber völlig voneinander getrennt sind. Als Vertreter derselben sehen wir Umformer für Gleichstrom-Gleichstrom, Gleichstrom-Drehstrom und Drehstrom-Gleichstrom, darunter einen Maschinensatz für den Betrieb von Radioröhren der drahtlosen Nachrichtenübertragung, der einerseits den Heizstrom für die Glühfäden, 25 Amp. mit geringer Spannung, anderseits 1500 Volt als Anodenspannung liefert.

Diorama einer Großmaschinenfabrik

Eine Sonderart der Umformer stellt der Einankerumformer dar, bei dem die Umformung von (Wechselstrom oder) Drehstrom in Gleichstrom (oder umgekehrt) in einem Anker erfolgt, der mit Schleifringen zur Zuführung des Drehstromes und mit einem Kollektor zur Abnahme des Gleichstromes ausgerüstet ist. Bei diesen steht aber die zugeführte Drehstromspannung in einem bestimmten Verhältnis zur Gleichstromspannung. Bei den Kaskadenumformern nach Bragstadt und la Cour, die aus einem Drehstrommotor und einem mit ihm gekuppelten Einankerumformer bestehen, ist man dagegen in der Wahl der beiden Spannungen frei. Die im Läufer des untersynchron laufenden Motors induzierten Wechselströme geringerer Frequenz dienen zur Speisung des Einankerumformers und die dem Ständer zugeführte primäre Leistung wird zum Teil in mechanische, zum Teil in elektrische Leistung und ihre Summe im Einankerumformer in Gleichstrom umgewandelt. Durch schematische Darstellungen werden diese verwickelten Vorgänge anschaulich gemacht.

Endlich sind unter den Umformern noch diejenigen zu erwähnen, die zur Entlastung des Netzes von Blindströmen dienen. Derartige — auch Phasenschieber genannte — Maschinen führen den Läufern großer Drehstrommotoren die zur Magnetisierung erforderliche Blindleistung zu. Das Schnittmodell einer solchen Drehstrom-Erregermaschine der Siemens-Schuckertwerke nach Leblanc, 1895, zeigt ihren Aufbau, bei dem besonders auffällt, daß der nur als magnetischer Rückschluß für den Anker dienende Ständer keinerlei Wicklung trägt.

Als Übergang zu den Gleichrichtern sind der Pendel- und der Nadel-Gleichrichter zu erwähnen, die allerdings wegen ihrer geringen Leistungsfähigkeit nur wenig Bedeutung erlangt haben und meist nur noch für elektromedizinische Geräte und elektrische Entstaubung benutzt werden. Bei ihnen erfolgt die Umwandlung von Wechselstrom in Gleichstrom durch die mechanische Steuerung eines Kontaktes oder Lichtbogens im Takt der Wechselzahl, während bei den nachfolgenden Gleichrichtern die Steuerung durch Ionen oder Elektronen geschieht.

Die Wirkung der elektrolytischen Gleichrichter nach Graetz beruht darauf, daß zwischen Aluminium und Kohle-Elektroden in einer Alaunlösung der Strom bei Spannungen unter 22 V lediglich in der Richtung von der Kohle zum Aluminium fließt. Durch eine Zusammenstellung von zwei Paar derartiger Zellen, die mit verschiedenen Polen an den gleichen Wechselstrom-Anschlüssen liegen, werden beide Halbwellen des Wechselstromes für die Umwandlung ausgenutzt. Die Wirkung dieser Schaltung ist in einer leicht verständlichen Darstellung durch einen Vergleich mit einem Wasserrohrnetz erläutert. Denkt man sich eine Wheatstonesche Brücke nicht aus elektrischen Leitern, sondern aus Wasserrohren mit Rückschlagventilen zusammengesetzt und führt in zwei diagonal gegenüberliegenden Punkten einen Wasserstrom wechselnder Richtung ein, so entsteht in dem zweiten Diagonalzweig ein Wasserstrom gleicher Richtung. Diese Graetzsche Schaltung hat neuerdings auch für die höchsten Spannungen von 200 kV und darüber bei der Speisung von Röntgenröhren für Zwecke der Diagnostik eine unerwartete Anwendung gefunden, indem durch vier als Ventile wirkende Glühkathodenröhren der hochgespannte Wechselstrom ohne mechanische Hilfsmittel in hochgespannten Gleichstrom verwandelt wird. Das Prinzip der Glühkathoden-Gleichrichter, das darauf beruht, daß zwischen einer kalten Anode und einer aus einem glühenden Draht bestehenden Kathode der Strom nur in der Richtung zu dieser übergeht, wird an einem Originalapparat von Wehnelt dargestellt. In ähnlicher Weise wirken die Quecksilberdampf-Gleichrichter, bei denen der Glühfleck auf der Quecksilberoberfläche durch den Betriebsstrom selbst unterhalten wird. Derartige Quecksilber-Gleichrichter sind in verschiedenen Formen und Größen dargestellt, u. a. ein sechsphasiger in Glaskolben für 250 A und die Erstausführung eines zwölfphasigen in einem Eisengefäß von Brown, Boveri & Co. für 20 kW, 100 A. Diese Großgleichrichter haben wegen ihrer Wirtschaftlichkeit und Betriebsicherheit auch für Anlagen mit großen Laststößen, z. B. für die Berliner Stadt-, Ring- und Vorortbahnen, eine ausgedehnte Anwendung gefunden und werden bereits in Einheiten ausgeführt, deren Leistung der der größten Maschinen gleichkommt.

Quecksilberdampf-Großgleichrichter mit Eisengefäß

Die elektrische Aufspeicherung wurde durch den deutschen Physiker Johann Wilhelm Ritter entdeckt und eingehend erforscht. 1802 baute er den ersten Aufspeicherapparat aus kreisrunden Kupferplatten, die voneinander durch „kochsalznasse" Papplatten getrennt waren. Josef Sinsteden benutzte 1854 zum erstenmal Bleiplatten in verdünnter Schwefelsäure. Gaston Planté stellte 1859 den ersten technisch brauchbaren Akkumulator her. Er wickelte zwei Bleiplatten spiralig auf, trennte sie durch Weichgummistreifen, lud und entlud sie in verdünnter Schwefelsäure und steigerte dadurch ihr Aufnahmevermögen. Karl Kirchhof meldete im Jahre 1861 in New-York ein Patent auf einen Bleiakkumulator an, dessen wirksame Schichten durch ein elektrolytisches Verfahren erzeugt wurden. Der deutsche Mechaniker Metzger in Alt-Breisach baute im Jahre 1879 einen Akkumulator mit Platten aus durchlochten Bleiblechen, zwischen denen sich die wirksame Schicht befand. Im Jahre 1881 wurden verschiedene, für die Entwicklung des Akkumulators wichtige Patente angemeldet. Das Patent von Faure schützte die Benutzung von Bleiverbindungen, die vorgängig mechanisch oder chemisch auf Platten oder Gewebe aufgetragen wurden.

Volckmar benutzte als erster Bleigitter als Träger. Charles F. Brush war der erste, der Großoberflächenplatten verschiedener Form vorschlug. Die Gebrüder Henry und Hubert Tudor bauten 1883 Großoberflächenplatten, auf deren Rippen nach dem Verfahren von Planté durch Laden und Entladen Masse gebildet wurde. Zur sofortigen Erreichung einer höheren Kapazität wurden die Rippen dann nach dem Verfahren von Faure mit Masse ausgestrichen und die Platten geladen. Wenn durch den Gebrauch im Laufe der Zeit die Masse herausfiel, so entstand gleichzeitig aus dem Blei der Platte selbst eine neue wirksame Schicht.

Im Jahre 1887 unternahm Adolph Müller die technische Verwertung der Tudor-Akkumulatoren, gründete am 1. Januar 1888 in Hagen i. Westf. die Fabrik Büsche & Müller, die im Jahre 1889 in die Firma Müller & Einbeck und im Jahre 1890 in die Accumulatoren-Fabrik Aktiengesellschaft (AFA) umgewandelt wurde. Die Gesellschaft übernahm die Bauart des Tudor-Akkumulators und entwickelte daraus die heutigen Akkumulatoren mit Großoberflächenplatten. Die Art, wie Henry Tudor die wirksame Schicht seiner Platten herstellte, wurde bald verlassen und ein eigenes elektrochemisches Verfahren ausgearbeitet, bei welchem die wirksame Schicht durch Stromeinwirkung (Formation) aus dem Blei gebildet wurde. Großoberflächenplatten wurden anfangs für Positive und Negative benutzt, später nur noch für die Positiven, während für die Negativen Gitterplatten verschiedenster Bauart Verwendung fanden. Im Jahre 1902 wurden als negative Platten Kastenplatten eingeführt, großfeldrige Gitterplatten, die aus zwei Teilen zusammengesetzt und außen durch perforierte Weichbleibleche, zwischen denen sich die Masse befindet, verschlossen sind.

Seit den Jahren 1884 lieferte die holländische Firma de Khotinsky Akkumulatoren, deren Platten aus Bleistreifen, die mit Masse gefüllt waren, bestanden. Diese Bauart übernahm die Firma Gottfried Hagen in Kalk bei Köln und gründete im Jahre 1890 die Kölner Accumulatoren-Werke (K. A.W.); diese gaben aber bald die ursprüngliche Bauart auf und führten die von Dr. Sieg gebauten Gitterplatten, die in ähnlicher Ausführung noch heute im Gebrauch sind, ein. Im Laufe der Jahre wurden zahlreiche andere Akkumulatorenfabriken gegründet, die in ihren Konstruktionen teils sich an vorhandene Fabriken anlehnten, teils ein eigenes Plattensystem hatten, so Wilhelm Hagen in Soest und außerdem verschiedene Firmen, die zum großen Teil nicht bestehen blieben, wie Correns, Boese, Pollack, Majert, Morian, Schulz, Watt.

Im Jahre 1900 wurden Patente auf Akkumulatoren mit unveränderlichen Elektrolyten ziemlich gleichzeitig von Jungner und Edison genommen. Edison benutzt für seine Akkumulatoren, die er technisch zu hoher Vollkommenheit brachte, vernickelte Eisen- oder Stahlgitter; seine Positiven enthalten ein höheres Nickeloxyd, die Negativen schwammförmiges Eisen. Ähnliche Bauart weisen die Stahlakkumulatoren der Deutschen Edison-Akkumulatoren-Company G. m. b. H. auf, gegründet 1905; als positive Masse dient ebenfalls Nickeloxyd, als negative schwammförmiges Eisen oder Kadmium.

Die Entwicklung der elektrischen Akkumulatoren wird durch eine umfangreiche Sammlung ihrer Einzelteile und vollständiger Elemente und Batterien dargestellt.

Die Erfindung des Wechselstrom-Transformators, der erst die Energieübertragung auf weite Entfernungen ermöglicht hat, ist auf die klassischen Versuche von Faraday, 1831, über das Auftreten von Induktionsströmen in einer Wicklung beim Entstehen oder Verschwinden eines magnetischen Feldes zurückzuführen. Die auf dieser Grundlage entstandenen, besonders von Ruhmkorff seit 1851 hergestellten Induktorien wurden jedoch lange Zeit nur für physikalische und viel später erst für technische Zwecke benutzt. Die ersten dieser Art mit offenem Eisenkreis wurden von Elihu Thomson 1879 und Gaulard und Gibbs hergestellt. Aber erst durch die Anwendung eines geschlossenen, pollosen, d. h. streuungslosen Eisenkreises schufen Blathy, Déri, Zipernowsky 1885 den ersten technisch brauchbaren Transformator, dessen Erstausführung für die Landesausstellung in Budapest sich im Deutschen Museum befindet. Auch die Parallelschaltung der Primärwicklungen wurde von ihnen zuerst angegeben. Bald folgten Gaulard und Gibbs und alle späteren Konstrukteure ihren Spuren. Die weitere Ausgestaltung dieser für die Ausbreitung der elektrischen Kraftübertragung äußerst wichtigen Geräte wird an zahlreichen Mustern dargestellt. Allen diesen Bauformen ist der Grundgedanke gemeinsam, daß sich der Eisenpfad und die Wicklungen nach Art von zwei Kettengliedern gegenseitig vollständig umfassen. Die Sammlung zeigt u. a. den ersten größeren, für die Frankfurter Ausstellung 1891 gelieferten Einphasentransformator von Görges sowie den ersten Drehstromtransformator von Oelschläger und Görges, 1891, deren Polschenkel in drei unter 120° gegeneinander geneigten Ebenen liegen, und den der Allgemeinen Elektrizitäts-Gesellschaft für die Kraftübertragung Lauffen—Heilbronn 1892, mit drei Polschenkeln in einer Ebene.

Transformator von Blathy-Deri-Zipernowsky

Der Aufbau eines Großtransformators für 20000 kVA wird an einem Schnittmodell der Siemens-Schuckert-Werke im Maßstab 1:4 erläutert. An diesem sind die Verankerungen des Eisenkörpers und der Wicklungen zur Erhöhung der Kurzschlußfestigkeit sowie die Abführung der Wärme durch Ölkühlung und die Zirkulation und Rückkühlung des Öles zu erkennen.

Ein im Betrieb vorgeführter Prüftransformator mit einer Oberspannung

Drehstrom-Transformator von Oelschläger und Görges

von 100000 Volt mit Kugelfunkenstrecke von Koch & Sterzel zeigen die Wirkungen der Hochspannung und die Meßvorrichtungen für sie.

Von den Leistungstransformatoren pflegt man die (im vierten Raum untergebrachten) Meß- und Kleintransformatoren zu unterscheiden. In ihrer Wirkungsweise besteht zwar kein wesentlicher Unterschied gegenüber den ersteren, aber mit Rücksicht auf ihre Verwendung haben sich gewisse Sonderformen ausgebildet. Sie dienen zum Anschluß von Meßgeräten, da es oft vorteilhaft ist, diesen nur geringere, aber den Vollwerten proportionale Spannungen oder Ströme zuzuführen.

Je nach der Höhe der Oberspannung führt man die Meßtransformatoren mit Luft- oder Ölkühlung oder mit Massefüllung aus oder schützt eine der beiden Wicklungen gegen Überschlag der Spannung durch Porzellankapselung.

Auch kann man in gleicher Weise wie bei den Leistungstransformatoren Kern- und Manteltransformatoren unterscheiden, je nachdem die Wicklungen auf Polkerne aufgeschoben oder durch den Eisenkörper ummantelt werden. Während aber Leistungstransformatoren in überwiegender Zahl als Spannungswandler wirken, muß man bei Meßwandlern zwischen Spannungs- und Stromwandlern unterscheiden, ohne deswegen auf physikalisch verschiedene Wirkungsweise dieser Geräte schließen zu müssen.

Der primär an einer wenig veränderlichen Spannung liegende Spannungswandler besitzt ein fast konstantes magnetisches Feld, seine Sekundärwicklung darf geöffnet aber zur Vermeidung von Überlastungen nicht kurzgeschlossen werden. Der im Nutzstromkreis, in Hintereinanderschaltung mit dem großen, aber veränderlichen Nutzwiderstand liegende Stromwandler entwickelt dagegen ein mit der Stromstärke sehr veränderliches Feld, seine Sekundärwicklung darf unbedenklich kurzgeschlossen, aber zur Vermeidung von Überspannungen nicht geöffnet werden. Ferner kann man lediglich wegen ihrer verschiedenartigen Verwendungsweise die Regel aussprechen, daß ein als Spannungstransformator angeschlossener Wandler nur die Spannung, ein als Stromtransformator angeschlossener Wandler nur den Strom transformiert.

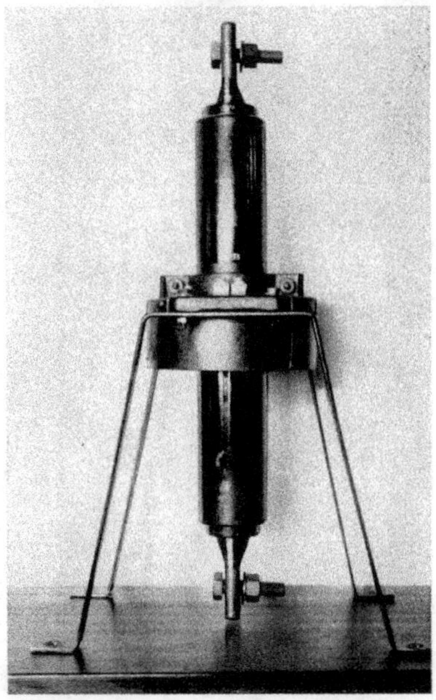

Einleiter-Stromwandler mit Repelit-Durchführung von S & H

Die verschiedenartigen Bauformen der beiden Wandlerarten sind durch eine große Zahl von Schaustücken zur Darstellung gebracht. Bei den Stromwandlern für größere Ströme interessieren besonders diejenigen, bei denen die Primärwicklung im Zuge der Netzleitung liegt und nur aus einem gestreckten Leiter (d. h. einer Windung) besteht. Ein typisches Beispiel dafür ist der Einleiter-Stromwandler von Siemens & Halske mit Hartpapierumpressung, die den mit der Sekundärwicklung versehenen Eisenring gegen den Übertritt der Hochspannung schützt. Solche Wandler sind in hohem Maße kurzschlußfest, da der Primärleiter äußeren mechanischen Kräften nicht ausgesetzt ist.

Die Entwicklung der Kraftübertragung wird in Bildern und — teilweise betriebsfähigen — Modellen dargestellt, so die erste Hochspannungs-Kraftübertragung von Miesbach nach München, 1882, mit 2000 V Gleichstrom und der bescheidenen Leistung von 0,4 PS und ein durch sie betriebener Wasserfall im Glaspalast, ferner das Elektrizitätswerk Lauffen und die Kraftübertragung Lauffen—Frankfurt a. M., 1891.

Der vierte Raum zeigt die Entwicklung der Meßinstrumente und Zähler sowie der Schalter, Sicherungen und Schalttafeln. Messungen der elektrischen Stromstärke und Spannung wurden schon lange Zeit vor der Entwicklung der Starkstromtechnik ausgeführt. Es handelte sich dabei aber vorwiegend um Laboratoriumsmessungen. Als Meßinstrumente waren nur die Nadelgalvanometer in Gebrauch, bei denen der Strom parallel zu einer Magnetnadel geführt wurde und diese aus dem magnetischen Meridian ablenkte. Solche Galvanometer waren bis zur höchsten Empfindlichkeit ausgebildet und gestatteten Ströme von $10^{-11}$ A zu messen. Aber für jeden Gebrauch mußten die Instrumente, da sie von der jeweiligen Stärke des Erdmagnetismus abhängen, vorher geeicht werden. Sehr starke Ströme kamen nur selten vor, konnten aber durch passende Abzweigungen mit denselben Instrumenten nach Bedarf gemessen werden. Diese umständliche Meßmethode war für die Technik unmöglich. Es mußten Instrumente geschaffen werden, die — einmal geeicht — ohne weiteres die Stromstärke oder die Spannung, namentlich große Stromstärken und große Spannungen abzulesen gestatteten. Anstelle der Nadelgalvanometer wurden daher zunächst Meßgeräte mit hinreichender Genauigkeit hergestellt unter Verwendung weicher, sorgfältig ausgeglühter Eisenkerne mit geringer Hysteresis. Das erste Galvanometer dieser Art war das Federgalvanometer von F. Kohlrausch, 1876, bei dem ein an einer Feder aufgehängter Eisenkern in

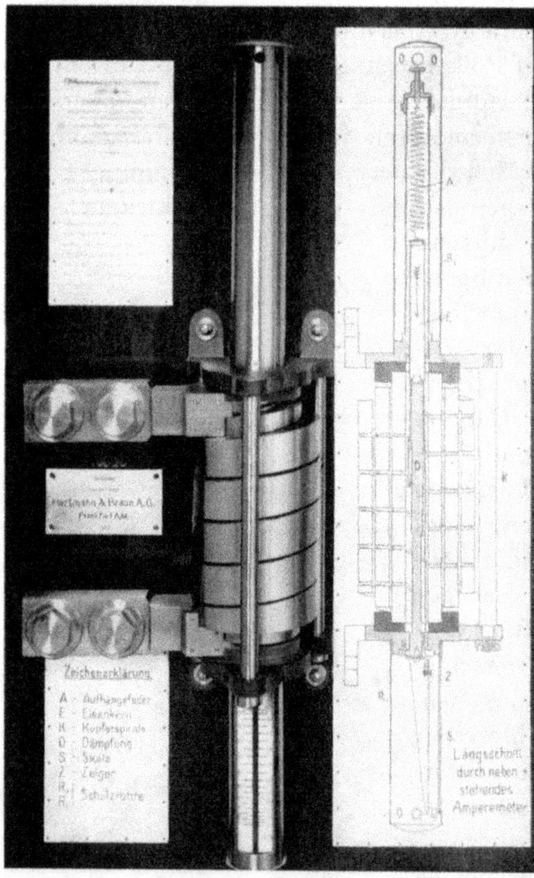

Elektromagnetischer Strommesser 2000 Amp. System Kohlrausch

eine stromdurchflossene Spule, mehr oder minder weit, je nach der Stromstärke, hineingezogen wird. Das Museum besitzt u. a. ein großes Exemplar für sehr starke Ströme (bis 2000 A) von Hartmann & Braun und ein für Vorträge und Demonstrationen geeignetes Galvanometer dieser Art. Störend war bei dieser Bauart die Feder, da diese unter Umständen ihre Eigenschaften im Laufe des Gebrauchs verändert. Man konnte die Feder vermeiden, indem man Eisenstücke drehbar exzentrisch lagerte und sie den Einwirkungen der Kraftlinien einer Stromspule aussetzte. Derartige Apparate wurden von Uppenborn schon 1881 gebaut — eines der ersten dieser Ampèremeter besitzt das Museum — und besonders von Hummel 1884 verbessert. Ein wesentlicher Fortschritt bestand in der starken Dämpfung der Bewegung durch Anwendung einer Dämpferkammer. Diese Weicheiseninstrumente ließen sich auch ohne weiteres für Wechselströme verwenden — nach dem Vorgang des Bellatischen Elektrodynamometers — und wurden so vielfach benutzt. Die Bauart ist gewöhnlich so, daß innerhalb der stromdurchflossenen Spule ein festes und ein drehbares Eisenstück angebracht sind. Durch die Wechselströme werden beide in gleicher Weise induziert und das bewegliche Stück wird abgestoßen und führt eine Drehung aus. Das Deutsche Museum zeigt Instrumente dieser Art von verschiedenen Firmen.

Für genauere Messungen von Gleichströmen, insbesondere auch in Maschinenräumen, in denen durch die Bewegung von Eisenmassen oder benachbarte Starkströme unkontrollierbare und veränderliche magnetische Kräfte entstehen, ging man aber bald zu dem umgekehrten Prinzip der Drehspule über. In einem starken magnetischen Felde, das von solchen äußeren Einflüssen nicht beeinflußt wird, befindet sich, drehbar angeordnet, eine Drahtspule, durch die der zu messende Strom fließt. Diese Drehspulmeßinstrumente, die namentlich von Weston zuerst verbreitet wurden, werden als Präzisionsmeßinstrumente bezeichnet. Die Drehspule wird bei den Schalttafelinstrumenten und den tragbaren Meßinstrumenten in Spitzen gelagert. Sie erhält immer nur schwache Ströme, einige Hundertstel bis Zehntel Ampère, die, wenn es sich um die Messung starker Ströme handelt, durch Abzweigung von diesen erhalten werden. Solche Apparate von Weston, Siemens & Halske, Hartmann & Braun sind in verschiedener Ausführung als Strom-, Spannungs- und Widerstandsmesser aufgestellt. In der Stromempfindlichkeit ist man bei Instrumenten mit Spitzenlagerung bis zu $10^{-7}$ A gelangt, die Spannungsempfindlichkeit ist dabei erheblich geringer.

Für Wechselströme sind die Drehspulinstrumente nicht anwendbar. Um auch für diese genauere Messungen zu erzielen, als durch die Weicheiseninstrumente erreichbar ist (sie geben nur auf 1 bis 2 vH genaue Angaben), ging man zu den elektrodynamischen Meßinstrumenten über, bei denen eine bewegliche Spule sich in dem Feld einer festen Spule dreht. Das Museum zeigt die erste, schon sehr gute Bauart von Weston aus dem Jahre 1882, der sich dann die immer mehr verbesserte Bauart von Siemens & Halske, Hartmann & Braun und andere anschlossen. Dieselbe Bauart mit einer Spannungsspule und einer Stromspule wird auch zur Messung der Leistung von Gleich- und Wechselströmen in den Wattmetern benutzt.

Zur Messung von Wechselströmen konnten auch Apparate dienen, die auf der erzeugten Jouleschen Wärme beruhen. Um diese zu messen, kam Cardew 1882 auf den Gedanken, die Ausdehnung eines so erwärmten Drahtes nutzbar zu machen, um einen Zeiger vor einer Skala zu bewegen. Dieses erste Hitzdrahtinstrument von

Die ersten Hitzdraht-Instrumente von Cardew

Cardew enthält einen langen Silberdraht, der durch die Stromwärme ausgedehnt wird. Die Übertragung der Ausdehnung auf den Zeiger einer Skala wurde dann von Hartmann & Braun wesentlich vereinfacht, wodurch diese Apparate auch viel handlicher wurden. Das Museum zeigt diese Hitzdrahtampèremeter und Voltmeter in verschiedenen Exemplaren und auch ein Demonstrationsampèremeter derselben Art.

Die immer weiter gehende dauernde Überwachung vieler Betriebe durch fortgesetzte Messungen hat zur Konstruktion von registrierenden Meßinstrumenten geführt, bei denen der Zeiger des Apparates stetig oder in gewissen Zeitintervallen seinen Stand auf einem vor ihm vorbeigeschobenen Papierstreifen markiert. Das Museum zeigt außer einigen älteren Bauarten von Horn, Chauvin und Arnoux insbesondere einige derartige Apparate von Siemens & Halske sowie von Hartmann & Braun.

Zur Messung hoher Spannungen von Gleich- und namentlich Wechselströmen werden elektrostatische Meßapparate im Prinzip nach dem Kelvinschen Elektrometer gebaut. Auch hiervon zeigt das Museum einige Bauarten.

Nur kurz seien die Ferraris-Instrumente, die auf dem Drehfeldprinzip beruhen, und die Apparate zur Messung der Frequenz von Wechselströmen durch Resonanz mittels schwingender Zungen erwähnt. Die angeführten Meßgeräte sind in der Form von tragbaren Apparaten und Schalttafelapparaten aufgestellt.

Eine ganz neue Aufgabe erwuchs der Elektrotechnik, als die Verteilung des elektrischen Stromes auf viele, voneinander unabhängige Teilnehmer begann; es mußte der Verbrauch jedes einzelnen über bestimmte Zeitabschnitte gemessen werden. Dazu dienen die Elektrizitätszähler. Der Verbrauch an elektrischer Energie bestimmt sich durch das Produkt aus Stromstärke und Spannung (in Watt) und der Verbrauchzeit (in Stunden gerechnet). Bei Wechselströmen kommt dabei zunächst nicht die volle Stromstärke in Betracht, sondern nur der Anteil des Wirkstromes. Die Zähler, die diese Messung auszuführen erlauben, nennt man Wattstundenzähler. In vielen Fällen genügt es statt dessen, die Ampèrestunden zu messen, da die Spannung des Netzes nur geringen Schwankungen unterworfen ist. In der Tat waren die ersten Zähler auch nur Ampèrestundenzähler. Die Ampèrestunden kann man bei Gleichstrom in einfachster Weise durch das Gewicht abgeschiedener elektrolytischer Produkte messen, da dieses Gewicht dem Produkt aus der Stromstärke und der Dauer des Stromdurchgangs proportional ist. Edison hat gleich bei Beginn der Verteilung elektrischer Ströme zur Glühlichtbeleuchtung derartige elektrolytische Zähler eingeführt, zum Teil mit, zum Teil ohne Zählwerk. Bei dem ersten derartigen Zähler von Edison, 1881 wurde die Abscheidung von Zink durch Wägung gemessen. Es sind zwei solche Zer-

Erster Elektrolytischer Zähler von Edison

setzungszellen vorhanden, die abwechselnd benutzt werden. Lange Zeit waren die elektrolytischen Zähler dann verschwunden, aber seit einer Reihe von Jahren sind sie wieder neu eingeführt worden. Das Museum zeigt noch einen der neuen Stiazähler von Schott, in dem Quecksilber abgeschieden wird, und einen Wasserstoffzähler der Siemens-Schuckertwerke, der durch eine von Hatfield erfundene Kathode die sonst dabei auftretenden Schwierigkeiten überwunden hat.

Ein neues und fruchtbares Prinzip wurde in die Zählerkonstruktion durch Aron eingeführt, das zugleich den Vorzug hatte, daß nur mechanische Hilfsmittel dabei erforderlich waren. Aron maß die Ampèrestunden oder die Wattstunden dadurch, daß er die Schwingungen eines Uhrpendels durch elektromagnetische oder elektrodynamische Kräfte verlangsamte. Ein Pendel, das einen Magneten am Ende trägt, der innerhalb einer stromdurchflossenen Spule schwingt, zeigt einen Gangunterschied gegen ein gewöhnliches Pendel einer Uhr. Dieser Gangunterschied wächst mit der Zeit und hängt von den elektromagnetischen oder elektrodynamischen Kräften ab, die auf das Pendel wirken, gibt also die Ampèrestunden oder Wattstunden an, und zwar die Wattstunden, wenn das Pendel statt eines Magneten eine Spule trägt, die an die Spannung angelegt ist. Diese Pendelzähler oder Aron-Zähler sind in verschiedenfacher Form in allmählich fortschreitender Verbesserung im Museum aufgestellt. Der Gangunterschied des beeinflußten Pendels gegen das nicht beeinflußte wurde zuerst durch Vergleich mit einer Taschenuhr bestimmt. Sehr bald aber brachte Aron zwei Pendel an, ein beeinflußtes und ein nicht beeinflußtes, die durch ein Differentialgetriebe auf ein Zählwerk wirkten. So konnte man an diesem direkt die Ampèrestunden oder Wattstunden ablesen. Das Museum besitzt einen solchen Wattstundenzähler, 1888, bei dem das beeinflußte Pendel eine

Zweite Form des Aron-Zählers

Spannungsspule trägt, die über einer Stromspule schwingt. Daneben ist das gewöhnliche, nicht beeinflußte Uhrpendel aufgehängt. Eine große Verbesserung der Genauigkeit erfuhren diese Pendelzähler dadurch, daß Aron zwei ganz kurze Pendel anbrachte, von denen jedes eine Spannungsspule trägt und deren Stromrichtung periodisch durch eine Schaltuhr gewechselt wurde. Ein derartiger Zähler, der lange Zeit wegen seiner Genauigkeit bevorzugt wurde, ist ebenfalls im Museum zu sehen.

Links: Erster Magnetmotorzähler nach W. von Siemens
Rechts: Elektrodynamischer Wattstundenzähler Siemens-Schuckertwerke

Vielfach wurde versucht, die Stellung des Zeigers eines Ampèremeters durch mechanische Mittel in gewissen Zeitabschnitten aufzuzeichnen, um so auf mechanischem Wege die Ampèrestunden zu ermitteln. Von diesen elektromechanischen Zählern, die sich aber nicht eingeführt haben, enthält das Museum den Säbelzähler von Werner Siemens und einige andere Bauarten.

Dagegen hat sich ein anderes Prinzip, das in die Zählerkonstruktion eingeführt wurde, als äußerst fruchtbar und praktisch erwiesen, nämlich das Prinzip des elektrischen Motors. Man läßt einen Ring- oder Trommelanker in einem magnetischen Feld rotieren und mißt dabei die Zahl der Umdrehungen, wobei das Drehmoment des Motors durch eine Dämpfung ausgeglichen wird. Ein derartiger Magnetmotorzähler, den Werner Siemens schon 1886 konstruierte, ist im Museum aufgestellt. Es ist das Verdienst von Hummel und Elihu Thomson, daß sie erkannten, daß zur Erhöhung der Meßgenauigkeit Eisen bei diesen Zählern vermieden und zur Verringerung der Reibung die Lagerung der Achse möglichst sorgfältig ausgeführt werden muß, sowie, daß die Dämpfung am besten durch die Wirbelströme in einer drehbaren Scheibe im Felde eines Stahlmagneten erfolgt. Diesen Grundsätzen entsprechen die heutigen Gleichstromzähler in der Hauptsache. Eine gewisse Fehlerquelle bildet bei diesen Zählern die Stromzuführung zum Anker durch Bürsten. Diese Schwierigkeit suchte Ferranti durch seinen Queck-

Quecksilber-Motorzähler von Ferranti

Erster Induktionswechselstromzähler von Blathy

silber-Motorzähler zu umgehen, bei dem von Strömen durchflossenes Quecksilber in dem Felde eines Magneten in rotierende Bewegung kommt. Durch diese Bewegung des Quecksilbers wird eine auf ihm schwimmende, an einer Achse befestigte Kupferplatte mitgenommen, deren Drehung zur Zählung benutzt wird. Dieser Ferrantizähler ist namentlich in England und Holland viel verwendet worden. Andere Mittel, um die Bürsten zu vermeiden, wurden bei den oszillierenden Zählern der AEG angewendet.

Für Wechselströme war das Prinzip des Motorzählers, abgesehen von den Aron-Zählern, das einzig anwendbare. Besonders einfache Wechselstrommotoren erhält man nach dem von Ferraris angegebenen Prinzip dadurch, daß man zwei in der Phase gegeneinander verschobene Wechselfelder auf einen Anker wirken läßt. Ein Demonstrationsapparat zeigt im Museum diese Ferraris-Wirkung, die unabhängig auch von Borel und Shallenberg gefunden wurde. Um Wattstunden genau zu messen, muß das Stromfeld gegen das Spannungsfeld um 90° in der Phase verschoben sein, was genau nur durch Anordnung von Hilfsfeldern zu erreichen ist. Der erste sehr brauchbare Zähler dieser Art wurde von Blathy schon 1889 gebaut. Es wurden verschiedene Möglichkeiten gefunden, um die beiden Wechselfelder genau um 90° in der Phase gegeneinander zu verschieben, so von Raab, von Hummel und anderen. Ein Induktionszähler von Hummel aus dem Jahre 1899 ist im Museum dargestellt und daneben im selben Maßstab ein moderner Isaria-Induktionszähler, um zu zeigen, wie außerordentlich die Bauarten vereinfacht und verbessert und wie wesentlich die Abmessungen der Zähler verkleinert wurden.

Für Drehströme wurde von Möllinger ein besonderer Drehstromzähler gebaut. Heute wird Drehstrom durch zwei in der sogenannten Aron-Schaltung verbundene Induktionszähler gemessen, die auf dasselbe Zählwerk arbeiten.

Mit der großen Ausbreitung der Elektrizität entstanden auch für die Zähler verschiedene neue Aufgaben. So wurden die Tarife für den Stromverbrauch je nach den Umständen verschieden gestaltet und es entstand die Aufgabe, Tarifzähler, Doppeltarifzähler und sogar Mehr-

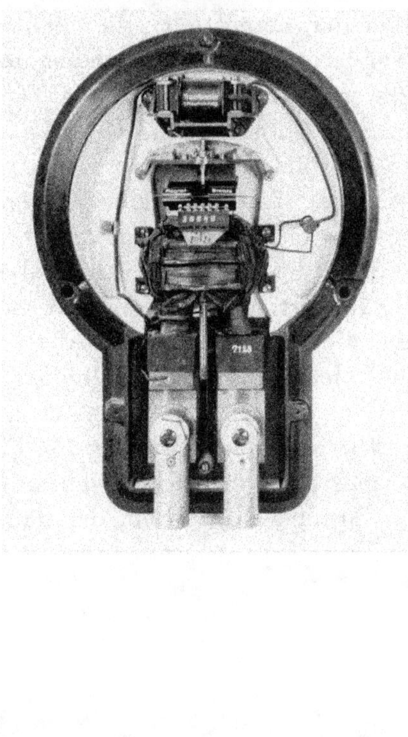

Links: Wechselstromzähler von Hummel
Rechts: Isaria Wechselstromzähler 5 Amp.

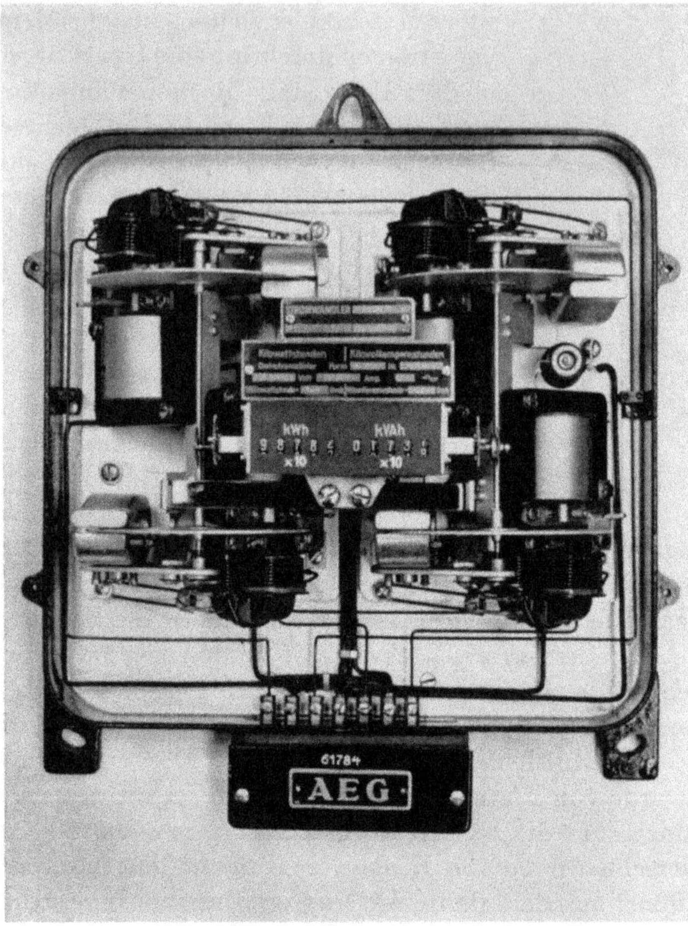


Wirk-Scheinverbrauch-Zähler der AEG

fachtarifzähler herzustellen. In elektrischer Beziehung bilden diese gegenüber dem Dargestellten nichts wesentlich Neues. Es tritt bei ihnen nur eine entsprechende Einwirkung auf das Zählwerk hinzu. Das Museum zeigt eine Anzahl solcher Tarifzähler. Eine neue Aufgabe wird aber jetzt den Zählern in Wechselstromnetzen gestellt. Bei dem Anschluß von Transformatoren und Motoren an Wechselstrom- und Drehstromnetze ist der von dem gewöhnlichen Zähler wirklich gemessene Verbrauch, nämlich die sogenannte Wirkleistung kleiner als die dem Produkt aus Strom und Spannung entsprechende sogenannte Scheinleistung. Die Scheinleistung enthält nicht nur den Wirkverbrauch, sondern auch den Blindverbrauch, der durch die fortwährende Ummagnetisierung der Eisenmassen in den Transformatoren und Motoren entsteht. Man hat seit einiger Zeit begonnen, die Tarife so zu gestalten, daß auch der Blindverbrauch eines Abnehmers in gleichem Verhältnis mitberechnet wird. Es werden infolgedessen Zähler hergestellt, die nicht nur wie die gewöhnlichen die Wirkleistung messen, sondern welche auch daneben noch die Blindleistung oder direkt die Scheinleistung messen. Von diesen neuen Zählern besitzt das Museum den Wirk- und Scheinverbrauch-Zähler der AEG. Der Zähler besitzt zwei Induktionsmotorzähler, bei denen die Phasendifferenz zwischen dem Stromfeld und dem Spannungsfeld eine verschiedene ist. Die beiden Zähler arbeiten auf ein Überholungsgetriebe so, daß der jeweils rascher laufende von beiden das gemeinsame Zählwerk antreibt. Außerdem treibt der eine von ihnen, der ein gewöhnlicher Induktionszähler ist, sein eigenes Zählwerk an. Dadurch gibt dieses letztere Zählwerk die Wirkleistung, das andere aber die Scheinleistung mit der erforderlichen Genauigkeit an. Es ist wahrscheinlich, daß derartige Zähler allmählich größere Verbreitung finden werden.

In übersichtlicher Weise sind die wichtigsten Fortschritte in der Leitungsverlegung dargestellt. Zunächst, aus den Kinderjahren der Elektrotechnik, der Schutz der Leitungen durch U-förmige Holzleisten, der damals als vorzügliche Lösung angesehen wurde, und die offene Verlegung isolierter Leitungen auf Porzellanknöpfen. Als Wendepunkt der Entwicklung sind die verschiedensten Arten von Isolierrohren zum Schutz der Leitungen, das Bergmann-, das Peschel- und das Stahlpanzerrohr anzusehen, denen für Sonderzwecke der Kuhlo-, der Hackethaldraht und die Anthygronleitungen folgten. Den Schluß bildet der Heinisch-Riedel-Schutz, der eine ständige Kontrolle des Isolationszustandes der Leitungen und deren Abschaltung bei auftretenden Fehlern bewirkt.

Zum Schutz der Leitungen gegen Überlastung dienen Sicherungen, die ähnlich den Bruchsicherungen im Maschinenbau eine absichtlich geschwächte Stelle im Zuge der Leitungen bilden. Hier finden wir Streifensicherungen, die trotz ihres ehrwürdigen Alters noch heute in großer Zahl und in den verschiedensten Formen benutzt werden, sowie Patronensicherungen in Originalmustern vom Jahre 1884 an, ferner Röhrensicherungen, die hauptsächlich für höhere Spannungen bestimmt sind.

Blitzableiter zum Schutz der Anlagen gegen Überspannungen sind in vielen Mustern zur Schau gestellt, die ältesten als Zacken- und Rollenableiter, die zuerst in der Telegraphie Verwendung gefunden haben. Als Mittel zur schnelleren Lichtbogenlöschung des nachfolgenden Betriebstromes finden wir u. a. eine mechanische Funkenverlängerung von Schuckert und den berühmten Thomson-Ableiter mit magnetischer Funkenlöschung. Als wichtigstes Gerät dieser Art ist aber der Hörnerblitzschutz von Oelschläger, 1896, anzusehen, der durch seinen dynamischen Auftrieb den Lichtbogen unter Vermeidung von Überspannungen zum allmählichen Verlöschen bringt, und durch den die Betriebsicherheit der Hochspannungsanlagen stark gefördert wurde.

Das Gebiet der Geräte, die für die Erzeugung und Verteilung der Elektrizität und besonders für die Zwecke der Kraftübertragung geschaffen sind, ist so umfangreich, daß eine einigermaßen vollständige Darstellung ihrer Entwicklung im Deutschen Museum nicht erwartet werden darf. Die ersten Starkstromschalter zeigen die gleichen primitiven Formen und Baustoffe wie die Kleinschalter; erst um die 90er Jahre tritt hierin ein Wandel ein. Um diese Zeit werden aber auch schon Sonderapparate, z. B. Zellenschalter von Schuckert, in guten Bauformen entwickelt. Auch die ersten selbsttätigen Schalter stammen aus dieser Zeit, so ein selbsttätiger Akkumulatorenausschalter nach Richter, Siemens & Halske, 1888, selbsttätige Minimal-, Maximal- und Magnetausschalter, 1891, 1894, 1897, von Schuckert nach Hermann Müller. Ähnliche Geräte aus späterer Zeit, wie Maximalschalter mit kräftigem magnetischen Bläser von Schuckert sowie solche mit Kniehebelantrieb und Freiauslösung der Siemens-Schuckertwerke und AEG und Motorschutzschalter mit thermischer Auslösung zeigen die Fortschritte.

Für Hochspannungsanlagen waren neue leistungsfähige Schalter erforderlich. Zunächst versuchten 1899 Siemens & Halske und Oerlikon, dafür Luftschalter in Form von Röhrenschaltern zu verwenden, bei denen der Lichtbogen durch ein topfförmiges Isolationsgefäß allseitig eingeschlossen war. Bald gingen aber alle Elektrizitätsfirmen zu Ölschaltern über. Eine wohldurchdachte Bauart eines solchen ist der erste Dreikessel-Ölschalter mit acht Unterbrechungstellen je Phase von Siemens & Halske nach Patzelt, 1901. Als Sonderbauart für Industrieanlagen ist der bewährte, allseitig gekapselte Ölschaltkasten von Voigt & Haeffner mit unterer Kabelzuführung und der Schaltkasten von Reyrolle zu erwähnen, bei dem die Sammelschienen und

Ausfahrbarer Schaltwagen nach Klingenberg

die Zuführungsleitungen zum Ölschalter zur Erhöhung der Betriebsicherheit durch Kapselung geschützt und mit Kabelmasse umgossen sind.

Mit besonderem Interesse wird der Beschauer die gewaltige Entwicklung der Schaltanlagen an den Stellen der Erzeugung und des Verbrauches elektrischer Energie verfolgen. Im ersten Stadium kann man nur von Schalt„brettern“ sprechen, die zur Aufnahme der Hebelschalter, Sicherungen, Meßinstrumente und ihrer Verbindungen dienten, als Beispiel wird ein größeres Schaltbrett von Schuckert aus dem Jahre 1890 gezeigt, auf dem außer obigen Geräten auch einpolige Dosenschalter für die einzelnen Lichtkreise angebracht sind. Ein wesentlicher Fortschritt bestand schon in der Verwendung von Schiefer und Marmor für die Grundplatten an Stelle des nicht feuerfesten Holzes. Beispiele dafür sind Schalttafeln von Schorch, 1893 und 1900; auch die Verwendung von deutschem, schlesischem Marmor an Stelle von italienischem ist zu erwähnen. Die Sicherheit der Bedienung gegen Berührung stromführender Teile wurde durch Unterbringen der Schaltgeräte auf der Rückseite der Schalttafel gefördert, während auf der Vorderseite nur noch die mechanischen Betätigungsorgane und die gekapselten Meßgeräte oder ihre Skalen verblieben. Da hierbei die isolierenden Eigenschaften der Schalttafeln ohne Bedeutung waren, konnte man auch ganz auf sie verzichten und ging daher vielfach zu Grundplatten aus Blech über, die wegen ihrer Festigkeit besonders für rauhe Betriebe bevorzugt wurden und durch die Möglichkeit ihrer Erdung einen weiteren Schutz der Bedienung bildeten. Diese Vorteile lassen sich an den Blechschalttafeln der AEG, 1905, und von Voigt & Haeffner, 1910, erkennen. In der Form von Pultschalttafeln werden sie auch freistehend mit allseitiger Blechabdeckung ausgeführt, wie ein Generatorschaltpult der AEG zeigt. Da die Schaltgeräte hinter der Schalttafel immer schwerer und zahlreicher wurden, mußten zu ihrer Aufnahme besondere Gerüste errichtet werden; als Beispiel wird eine Anlage von Schuckert für 600 Volt gezeigt.

Rundbild vom Murgwerk und Schwarzenbachwerk

Um die Revision der — im Betrieb unter Hochspannung stehenden — Schaltgeräte zu erleichtern und diese zu dem Zweck spannungslos zu machen, wurden ausfahrbare Schaltwagen gebaut; ein solcher der AEG nach Professor Klingenberg aus dem Jahre 1905 und der Siemens-Schuckertwerke für das Elektrizitätswerk Haag zeigen derartige Bauarten. Als Beispiel einer vollständigen, aus solchen Schaltwagen zusammengesetzten Schaltanlage sei noch auf das Modell des Uppenbornwerks in Moosburg bei München von Voigt & Haeffner hingewiesen.

Der fünfte, letzte Doppelraum umfaßt die Entwicklung der Zentralstationen und Elektrizitätswerke sowie der Leitungen und Maste. Die ersten Elektrizitätswerke sind durch eine Auswahl farbiger Zeichnungen festgehalten, so die von Jablochkoff, 1880, Gramme, 1881, Edison 1881 und 1884, die in der Markgrafenstraße in Berlin, 1885, die erste Dreileiteranlage mit Akkumulatoren in Barmen, 1888, sowie die erste größere Wechselstromanlage in Köln, 1891. Es handelt sich hierbei durchweg noch um Maschinen mit Riemenantrieb. Daneben ist als Gegensatz die Zentrale Hamburg-Neuhof aus dem Jahre 1926 zu sehen, bei der der bisher größte Dieselmotor Deutschlands von 15000 PS zum direkten Antrieb eines Stromerzeugers dient.

Eine bildliche Darstellung erinnert ferner an die berühmte Kraftübertragung Lauffen—Frankfurt a. M., 1891, nach einem großzügigen Plan von Exz. von Miller, die durch die AEG und Oerlikon gemeinsam zur Durchführung gebracht wurde. Diese Anlage stellt einen Wendepunkt in der elektrischen Energieübertragung dar, da hier zum erstenmal eine erhebliche Leistung (300 PS) auf größere Entfernung

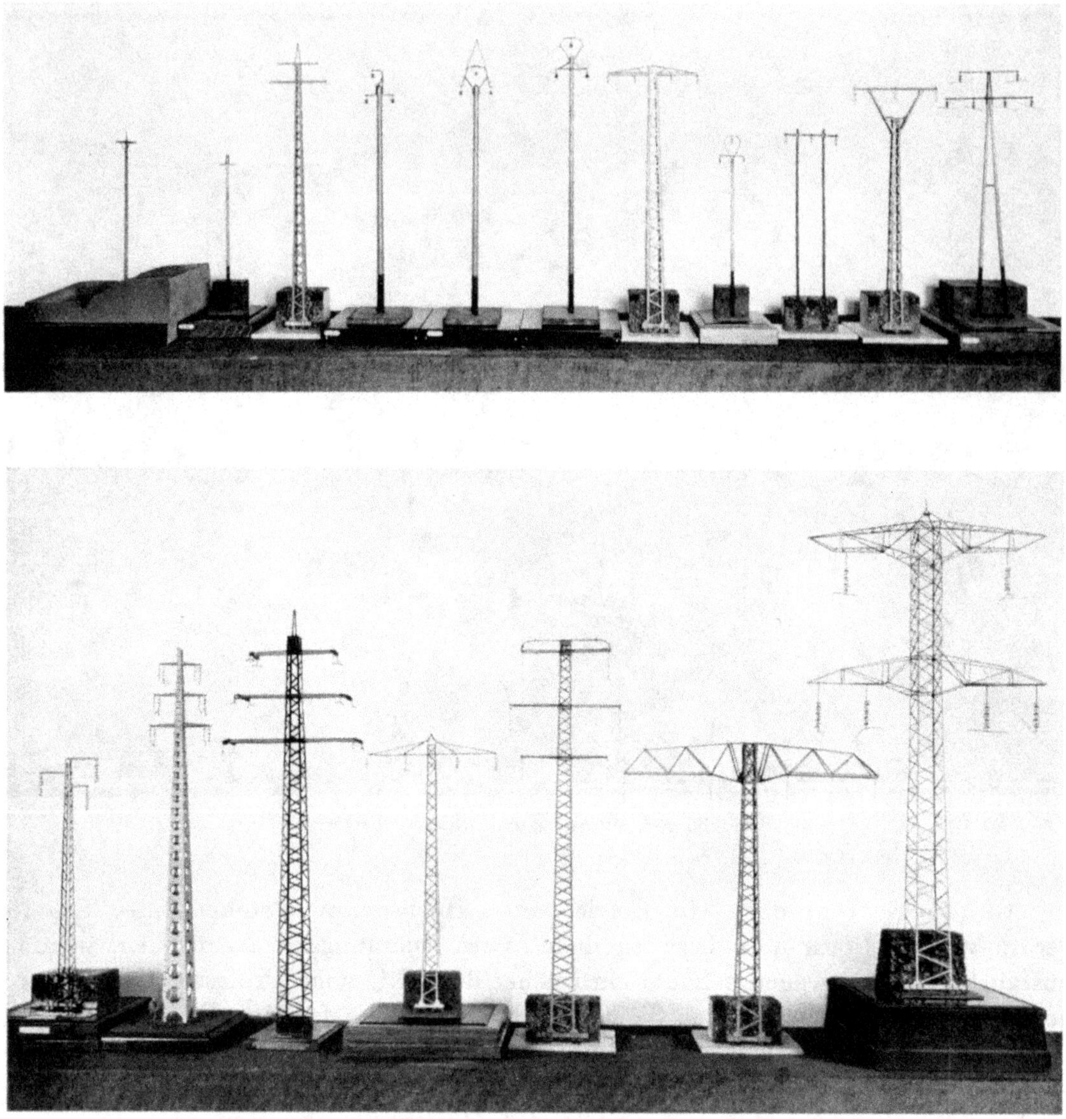

Entwicklung der Starkstrommaste

(175 km) mittels Hochspannung (bis 25000 Volt verketteter Drehstrom) übertragen wurde.

Noch plastischer für den Beschauer werden derartige Zentralen durch mehrere Dioramen zur Darstellung gebracht, unter denen die Edison-Zentrale in New York, 1882, die erste größere Kraftübertragung von Tivoli nach Rom von Ganz & Co., 1892, und als neuere Anlage das Murgwerk, Siemens-Schuckertwerke 1926, als große Wasserkraftanlage, verbunden mit einer Talsperre und einem Hochdruckspeicher zu erwähnen sind.

Die zur Fortleitung des elektrischen Stromes dienenden oberirdischen, blanken Leitungen aus Kupfer und Aluminium sind in verschiedenen Ausführungsformen dargestellt, als Einfachleitungen, als Vollseile sowie als Hohlseile, letztere zur Übertragung von Hochspannung, wobei sie zur Vermeidung von Strahlungsverlusten als

Großes Rundbild der Elektrizitätsversorgung von Bayern

Hohlkörper mit großem äußerem Durchmesser ausgebildet werden. Auch Muster der wichtigsten Leitungsverbindungen sind vorhanden.

Die isolierten, unterirdisch zu verlegenden Leitungen sind durch reiche Sammlungen von Kabelquerschnitten vertreten, darunter auch Sonderkonstruktionen, wie Pfannkuch (AEG)- und Lypro-Kabel (SSW), die außer dem Hauptleiter noch isolierte Hilfsleiter enthalten zwecks dauernder Überwachung ihres Isolationszustandes und selbsttätiger Abschaltung, die aber nur bei auftretenden Isolationsfehlern, dagegen nicht bei Überlastung eintreten darf. Die verschiedenen Verlegungsarten der Kabel sind durch Zeichnungen erläutert.

Als Träger blanker Fernleitungen dienen die Starkstrommaste. Diese sind in ihren verschiedenen Ausführungen in Holz, Eisen und Eisenbeton als Modelle (26 St.) im gleichen Maßstab 1:25 ausgeführt und geben daher einen anschaulichen Vergleich, wie die Höhe und Stärke der Maste mit der zu übertragenden Spannung und Spannweite wachsen muß. Zeichnungen erläutern die Aufrichtung solcher Maste; von den dabei auftretenden Schwierigkeiten kann man sich einen Begriff machen, wenn man bedenkt, daß derartige Maste z. B. bei Flußkreuzungen eine Höhe bis 125 m erhalten.

Große farbige Karten zeigen die erste Drehstrom-Kraftübertragung Lauffen-Heilbronn, die wichtigsten Kraft- und Umspannwerke Deutschlands sowie die Höchstspannungsleitungen für 110000 und 220000 Volt, welche die elektrische Energie über das ganze Land verteilen, und ein großes Diorama die Elektrizitätsversorgung von Bayern.

Modell der Freiluftstation Wildau des Märkischen Elektrizitätswerkes

Getragen werden die Leitungen durch Stützer oder Hängeketten aus Porzellan, Silimanit oder ähnlichen keramischen wie auch aus künstlichen Stoffen. Eine große Zahl von Mustern zeigt die Ausführungen in ein- oder mehrteiliger Bauart für die verschiedenen Spannungen. Ebenso werden die Durchführungen von Leitungen durch Wände von Gebäuden oder Deckel von Transformatoren und Ölschaltern teils aus keramischen Stoffen, teils aus Hartpapier angefertigt. Letzteres wird erzeugt durch Aufwickeln von Papier mit einem Anstrich von Schellack oder Kunstharz, z. B. Bakelit, das durch nachträgliche chemische Umwandlung, Polymerisierung, zu einer festen, widerstandsfähigen Masse erhärtet.

Die neueren Elektrizitätswerke und besonders die dafür erforderlichen Schaltanlagen, deren Raumbedarf häufig den der Maschinen- und Kesselhäuser übertrifft, werden durch eine größere Zahl von sauber ausgeführten Modellen und Dioramen, z. B. der Großkraftwerke Golpa-Zschornewitz und des Klingenberg-Werkes in Berlin sowie des Walchenseewerkes zur Anschauung gebracht. Für den Aufbau der Schaltanlagen ist zunächst die ältere Bauart zu erwähnen, bei der die Transformatoren, Ölschalter, Trennschalter, Sammelschienen in getrennten Stockwerken untergebracht sind, wie die erste, 100 kV-Anlage in Deutschland für Gröditz—Lauchhammer. Eine weitere Bauform ist das Kammersystem, das an einem Modell des Umspannwerkes Karlsfeld bei München gezeigt wird. Eine größere Übersichtlichkeit gewährt die Hallenbauweise, bei der unter Fortfall von Wanddurchführungen alle vorgenannten Geräte in einer großen, gemeinsamen Halle untergebracht und nur die Ölschalterkessel zur Vermeidung der Verqualmung des Raumes bei Bränden in einen Kellerraum versenkt sind, während ihre Deckel im Fußboden der gemeinsamen Halle liegen. Als Beispiel ist das Umspannwerk Rheinau des Badenwerkes zu nennen.

Eine in Amerika und in den letzten Jahren auch in Europa vielfach angewendete Bauart ist die der Freiluftstationen, bei denen alle Geräte, wetterfest gebaut,

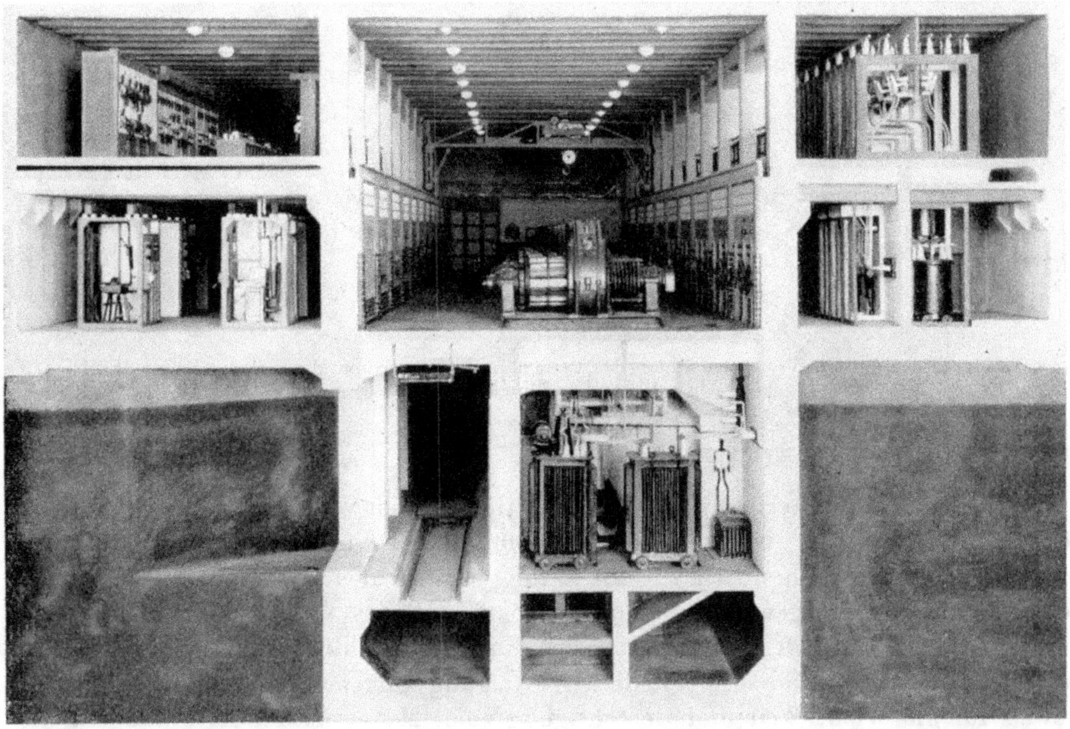

Modell vom Unterwerk Leipzig

im Freien aufgestellt werden und nur ein kleiner umbauter Raum für die Bedienung und Unterbringung etwaiger empfindlicher Meßgeräte und Reparaturwerkstätten vorgesehen ist, wie bei der Freiluftstation Wildau bei Berlin der AEG für das Märkische Elektrizitätswerk. Der Fortfall an Gebäudekosten und die geringere Feuergefahr sind Vorteile dieser Bauart, denen allerdings ihr größerer Platzbedarf gegenübersteht. Die zusammengehörigen Geräte und Leitungen wurden dabei zunächst mit Hilfe von umfangreichen Eisenkonstruktionen übereinander angeordnet, neuerdings ist man aber trotz größeren Platzbedarfes vielfach zu der sog. Flachbauweise übergegangen, bei der die Geräte nur auf niedrigen Sockeln nebeneinander zur Aufstellung kommen. Dadurch wird eine größere Übersichtlichkeit der ganzen Anlage erzielt, wie das Modell der Freiluftstation Wildau zeigt.

Ein Beispiel für eine bedienungslose Station zeigt ein Modell des selbsttätigen Gleichrichter-Unterwerks der Berliner Elektrizitätswerke A.-G. in Zehlendorf.

Aber nicht nur über, sondern in stark bebauten Städten auch unter der Erdoberfläche wurden größere Elektrizitätswerke gebaut, so in Leipzig ein großes, von den Siemens-Schuckertwerken errichtetes Umformerwerk am Roßplatz. Dieses Werk enthält bei vollem Ausbau 10 (zurzeit 7) Drehstrom-Gleichstrom-Umformer von je 2000 kW, nebst Transformatoren sowie zwei große Batterien für je 1800 A und die gesamte Schalt- und Verteilungsanlage, wozu noch 200 Kabeleinführungen und die künstliche Belüftung des Raumes kommen. Die Bauschwierigkeiten wurden dadurch vergrößert, daß die Sohle 7 m unter dem Grundwasserstand liegt.

*

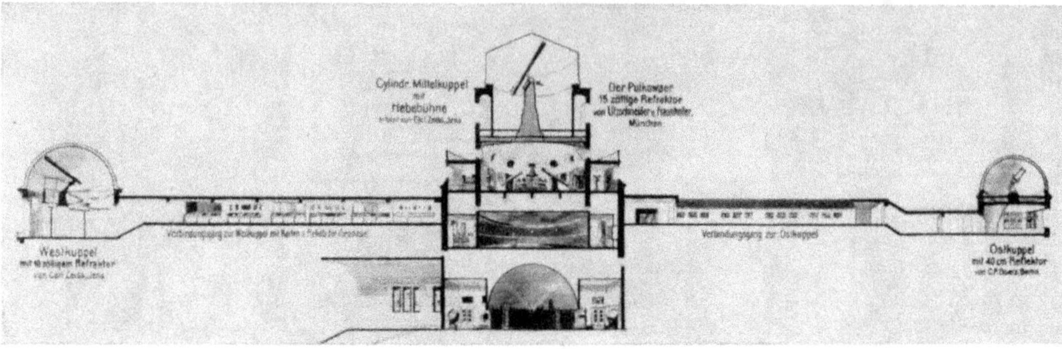


Schnitt durch den Astronomieaufbau. Unten das Ptolemäische Planetarium, darüber das Kopernikanische, der Galileisaal und die Mittelkuppel

## MAX WOLF, ASTRONOMIE.

Die wegen ihres Alters und Einflusses auf die anderen Wissenschaften als „Mutter der Naturwissenschaft“ bezeichnete Astronomie bietet ein hervorragendes Beispiel, wie die Wissenschaften durch die Erfindung immer neuer Werkzeuge zu ihrem heutigen Stand emporgewachsen sind. Der Satz, daß das Werkzeug in erster Linie die Wissenschaft schafft, läßt sich an der Entwicklung der Sternkunde vielleicht am besten verfolgen, und so bietet diese Verfolgung umgekehrt einen anschaulichen Beweis für die Wichtigkeit und Berechtigung eines Museums der Erfindungen, wie es das Deutsche Museum sein soll.

Die Sammlung des Museums sucht vor allem die geschichtliche Entwicklung der astronomischen Instrumente in möglichst lückenloser Folge vorzuführen. Dann kommt aber auch der andere Zweck des Museums zur Geltung, dem Besucher Gelegenheit zu bieten, selbst die Wirkungsweise von Apparaten kennen zu lernen, um dadurch Anregung zu neuem Fortschritt zu geben. Daher wurden bei der Anlage die für eine Volkssternwarte erforderlichen Kuppeln, Terrassen und Modellräume vorgesehen. So wird dem ganzen Neubau durch den den Nordtrakt krönenden Astronomieaufbau mit seiner großen Mittelkuppel und den beiden kleineren an beiden Flügeln ein eigenartiger Charakter verliehen.

Von der ersten Auffassung, daß sich jeden Morgen eine Sonne und jeden Abend Sterne am Himmel entzünden, bis zu jener, daß die gleiche Sonne und die gleichen Sterne wiederkehren und der neue Mond der alte ist, war ein langer Weg. Und es zwang die Notwendigkeit der Zeitrechnung, das Suchen nach Hilfe von oben gegen die irdische Not und nach Regeln für Witterung und Wohl und Wehe des Volkes wie des einzelnen, unter dem Druck religiöser Vorstellungen, zur Beobachtung der Bewegung der Gestirne. Die Beobachtungstätigkeit ungezählter Jahrtausende war erforderlich, brauchbare Zeitmaße zu schaffen; und ebenso lange — für den erstrebten Zweck vergeblich — wurden in ungezählten „Wenn“ und „Dann“ die ersten Grundlagen für das Verständnis der himmlischen Bewegungen niedergelegt.

Bequemer als für die alten Babylonier der für die kurzlebigen Menschen so langsame Himmel, führt uns das Museum in dem großen Zeißschen Planetarium, einem Wunderwerk moderner Technik, die Bewegungen des Himmels in raschem Spiel vor Augen. Wenn wir auf dem dunklen Gewölbe die Sterne, unglaublich naturgetreu, ihre täglichen Bahnen und dann zwischen ihnen Sonne und Wandelsterne, mit beliebig vergrößerter Geschwindigkeit, ihre gewundenen Wege ausführen sehen, dann können wir begreifen, wie schwer es gewesen sein muß, aus den sich in der Natur so langsam abspielenden Vorgängen die Formen der Bahnen zu erfassen, um sie der Berechnung und dem Verständnis zu erschließen.

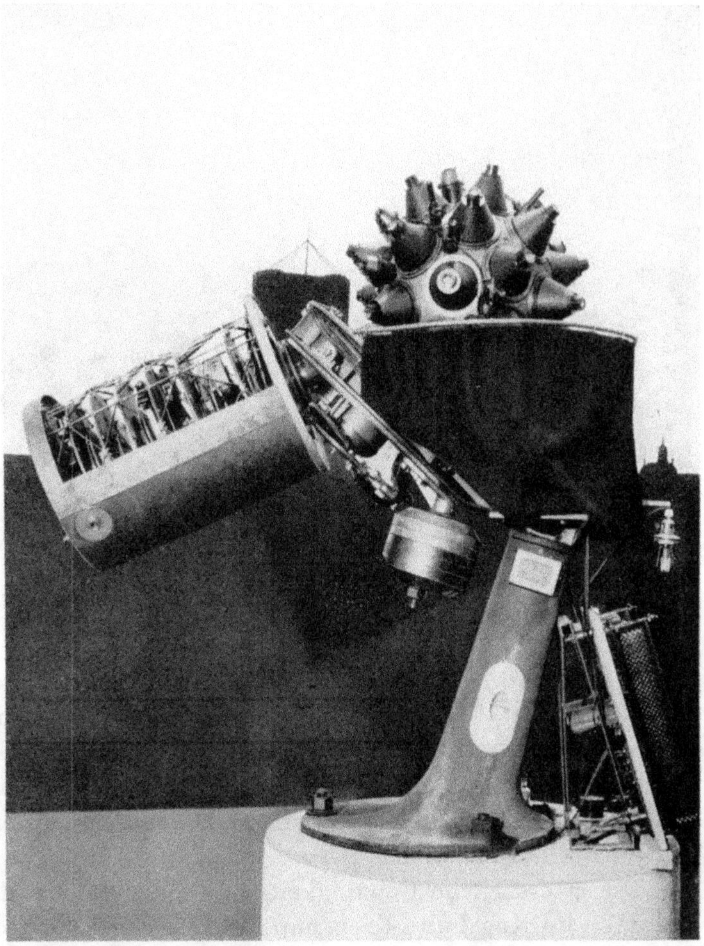
Das System von Projektionsapparaten für das Zeißsche Planetarium

Nur wenig weiß man von den gewaltigen Warten und Instrumenten der alten Zeiten, wie man sie im Ptolemäussaal abzubilden versucht hat. Aus der Fülle der Erkenntnisse, die die Babylonier und Ägypter den Griechen überließen, muß auf eine lange Reihe von Erfindungen und eine entwickelte Technik geschlossen werden. Zu dem rastlosen Fleiß der Vorgänger kam bei den Griechen der unbezähmbare Erkenntnisdrang und seine kaum durch religiöse und konventionelle Vorurteile geknechtete Kühnheit, die sich — gerade wie heute — in den verjüngenden Kolonien hervortat. In wenig hundert Jahren kam man zur Erkenntnis der Kugelgestalt der Erde, rückte den Sternenhimmel in unermeßliche Ferne, erklärte die Mondphasen, fixierte die scheinbaren Bahnen von Sonne, Mond und Planeten, verstand die Finsternisse, maß das Fortrücken des Äquators und suchte den Abstand von Mond und Sonne und die Größe der Erdkugel zu messen. Durch die Wahrnehmung der Helligkeitsperioden von Merkur und Venus, und auch von Mars, wurde man dazu veranlaßt, den Mittelpunkt ihrer Bahnen in der Sonne zu suchen; und der entscheidende Schritt, die Sonne in das Zentrum der Welt zu setzen, die Erde zu entthronen, ist durch Aristarch und Seleukos mehr als anderthalb Jahrtausende vor Kopernikus getan worden. Daß sich die große Errungenschaft nicht halten ließ, lag daran, daß die Erfindertätigkeit nicht gleichen Schritt gehalten hatte. Die Meßgenauigkeit war noch nicht groß genug, die Instrumente noch nicht vorhanden, um diejenigen kleinen Größen, die zur Verteidigung der kühnen Schlüsse unbedingt erforderlich waren, zu sichern.

Man darf aber nicht glauben, daß bei den Griechen nichts erfunden und konstruiert und nicht genau und eifrig beobachtet worden ist. Durch Ptolemäus und

Diorama des Observatoriums in Jaypur, erbaut in den Jahren 1718 bis 1734

andere haben wir Kenntnis von einer erstaunlich großen Zahl von Warten, die, ausgerüstet mit Gnomonen, Sonnenuhren und Globen, mit stets verbesserten Armillarsphären, Astrolabien und Quadranten unermüdlich bei der Beobachtung zu finden waren, von deren Instrumenten aber nur wenig auf uns gekommen ist. In den Pulten und an den Wänden im Ptolemäussaal sucht das Museum uns davon eine Vorstellung zu geben.

Die erforderliche Genauigkeitsschwelle ist nicht überschritten worden; das alte Vorurteil für Kugel und Kreis und für die Hoheit des Irdischen setzte die Erde wieder fest auf ihren Thron, und wir finden im System des Ptolemäus (um 150 n. Chr.) das Fazit der griechischen Astronomie. Die Erde ruht im Zentrum, und die Planetenbewegung wird durch den sinnreichen aber komplizierten Mechanismus der Epizykeln dargestellt, wie uns das Sendtner'sche Modell des Museums im ersten Raume vor Augen führt.

Der Untergang der griechischen Freiheit, der Sieg der Astrologie, die Stürme der in Bewegung geratenen Völker und das ganz auf den Glauben konzentrierte Interesse der Menschheit verursachten den Verfall der Wissenschaft. Einen zweiten Aufstieg brachte die Blüte der arabischen Kultur. Zuerst wohl durch die im Islam geforderte Genauigkeit von Gebetszeiten und Richtungen hervorgerufen, dann vom „Almagest“ des Ptolemäus ausgehend, entfaltete sich eine umfassende Beobachtungstätigkeit, die die griechische Instrumententechnik aufleben und sie übertreffen ließ. Die zunehmende Erkenntnis, daß nur Genauigkeitsteigerung Fortschritt bringen konnte, führte zur Erbauung immer mehr verfeinerter und immer größerer Meßinstrumente. Der Quadrant Ulugh Beighs besaß einen Radius von 56¼ m. Die Trigonometrie machte Fortschritte, die Planetentafeln wurden verbessert, Sternkataloge hergestellt und die erste Gradmessung ausgeführt. Wir finden im Museum Nachbildungen arabischer Meßinstrumente, auch sonst verschiedene Darstellungen aus dieser großen Zeit. Das fesselnde Diorama der viel späteren indischen Sternwarten zeigt dem Besucher viele Anklänge an diese Periode der Technik.

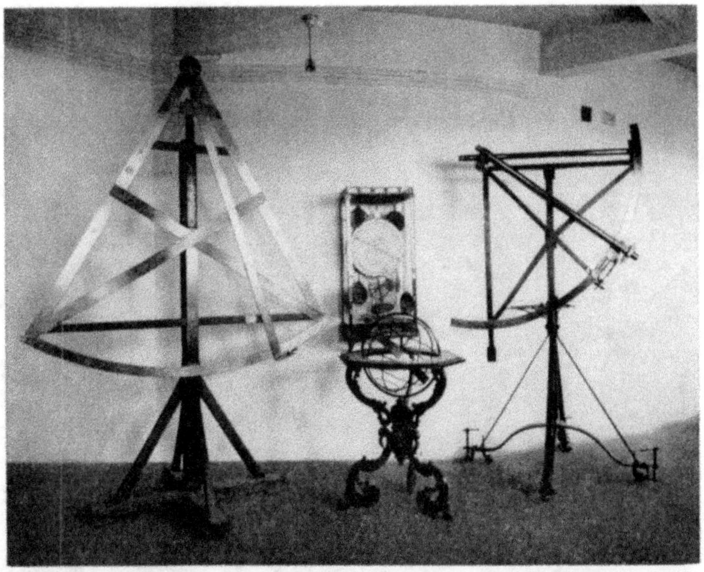

Links: Nachbildung eines von Joh. Phil. von Wurzelbau (1651—1725) in Nürnberg benutzten Sextanten. Rechts: Ein Höhenquadrant von J. G. Fellwöck, 1768. In der Mitte ein Himmelsgerüst, deutsche Arbeit aus dem 18. Jahrhundert, dahinter ein Schrank mit Astrolabien berühmter Mechaniker des 16. und 17. Jahrhunderts

Auch da wurde die Entwicklung vorzeitig abgebrochen. Für die Zukunft waren aber die in Spanien entstandenen arabischen Zentren von großem Einfluß, und von dort drang viel in die eben aufblühende mitteleuropäische Geisteskultur. Gleichzeitig kam der Almagest über Italien bei uns zu seinem Einfluß, Purbach und Regiomontan (um 1460) waren die Pioniere. Auf die Verbesserung seiner Tafeln, mit veranlaßt durch die notwendig gewordene Kalenderreform, konzentrierte sich ein vielseitiges Streben in Italien, Frankreich und Deutschland. Bald finden wir unser Vaterland im Zentrum des Vormarsches und Nürnberg mit seiner Sternwarte an der Spitze. Der Bau von Meßinstrumenten blühte dort auf, die Räderuhr wurde in Benutzung genommen und die Refraktion gefunden. Die Verbindung der Sternkunde mit der eben erst erstandenen Buchdruckerkunst bildete eine Epoche für beide. In diese Zeit fällt die Entdeckung Amerikas und die erste Fahrt nach Indien, der bald Magalhaes' Erdumseglung folgte. Die nautische Astronomie wurde vor neue Aufgaben gestellt. Die Kugelform der Erde war praktisch erwiesen, damit die Emanzipation der Astronomie von Unten und Oben angeregt und Himmel und Hölle zur Wohnungsänderung gezwungen. In dieser Zeit der Erweiterung alles Denkens und der gärenden Hoffnungen lebte Kopernikus: „Terrae Motor, Solis Coelique Stator". Von neuem versetzte er die Sonne in das Zentrum der Planetenschar, und seither ist sie da als Königin geblieben.

Der Darstellung des Kopernikanischen Systems dienen die Planetarien, Tellurien und Abbildungen im Kopernikussaal sowie einige Stufen höher das große, kunstvolle Kopernikanische Planetarium von Zeiß, in welchem der selbst mit der Erde fahrende Besucher sich klar machen kann, wie einfach sich die scheinbar so komplizierte Bewegung der Planeten aus der Mitbewegung der Erde verstehen läßt.

Die neue Auffassung durch verfeinerte Beobachtung zu beweisen oder zu widerlegen, war das Ziel der Astronomen des Jahrhunderts der Reformation. Damals bildete die Sternwarte in Kassel unter ihrem fürstlichen Astronomen Wilhelm IV. einen Angelpunkt für den Fortschritt in Instrumentenbau, Meßkunst und Rechnung. Wir finden da die erste Drehkuppel; die Sternmessung wird auf den Meridian bezogen; an die Stelle des Holzes tritt durchweg das Metall für die Meßinstrumente — man vergleiche die Modelle im Vorraum des Galileisaales —; die Sekundenuhr

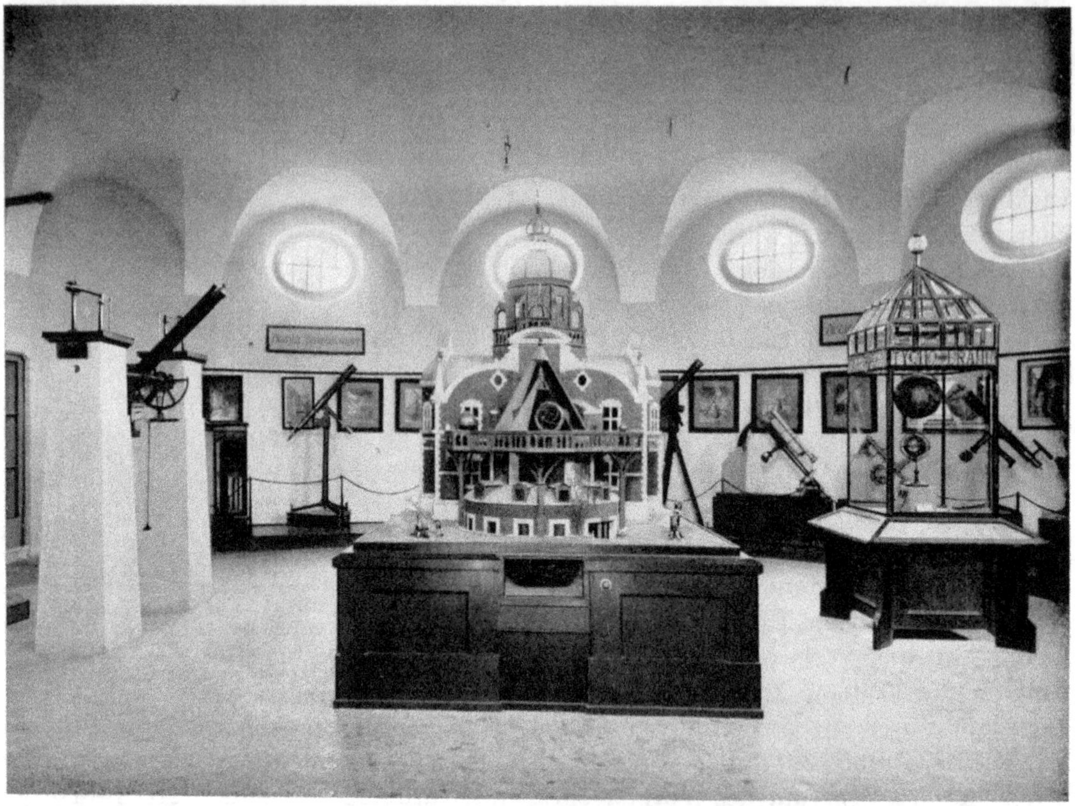

Blick in den Galileisaal. In der Mitte ein Modell der Uranienborg Tycho Brahes, der größten Sternwarte aus dem 16. Jahrhundert. Im Hintergrunde die Sammlungen zur Entwicklung des Refraktors und des Sternphotometers

erscheint und wird zur Positionsbestimmung verwandt; hier erfolgt der Anstoß zur Erfindung der Dezimalbruchrechnung und der Logarithmen. Der größte Beobachter dieser Zeit, Tycho Brahe, erhielt hier Anregung und die Empfehlung, die ihm in seiner dänischen Heimat zum Bau der Uranienborg verhalf. Das prächtige Modell der Uranienborg, dieser größten Warte aus dem 16. Jahrhundert, nimmt den Ehrenplatz im Galileisaal ein. Tychos Bild mit dem seines Quadranten finden wir im Vorraum.

Tychos Fortschritte im Instrumentenbau und seine Ausdauer schufen das bis dahin an Schärfe unerreichte Beobachtungsmaterial, aus dem unser Kepler seine grundlegenden Gesetze der elliptischen Bewegung ableitete und damit der Kopernikanischen Anschauung den Sieg verschaffte.

Um 1608 wurde in Holland das Fernrohr erfunden. In der Hand Galileis, des Reformators der Mechanik, des Entdeckers der Fall- und Trägheitsgesetze, zeigte es bald, welch Hilfsmittel der Sternkunde erstanden war. Die Berge des Mondes wiesen auf eine zweite Erde, die neu entdeckte kleine Welt Jupiters war ein Abbild des Kopernikanischen Systems und die Jupitersatelliten folgten den Keplerschen Gesetzen. Die Rotation der Sonne, wie sie durch ihre Flecken angezeigt wurde, ließ auch die Erdrotation zu Recht bestehen, während die Entdeckung der Venusphasen die Unmöglichkeit der geheiligten Anschauung des Ptolemäus bewies.

Die Einführung des Fernrohres bildet wohl den denkwürdigsten Akt in der Geschichte der Astronomie; diese Erfindung hat ihr unahnbaren Fortschritt gebracht. Mit Andacht betrachten wir die Nachbildung von Galileis Fernrohr im Galileisaal, dann das Original des langen Rohres, mit dem Simon Marius in Ansbach (um 1610) die Jupitermonde verfolgte und den Andromedanebel entdeckte, und das Modell des Instrumentes des Pater Scheiner, mit dem dieser (um 1618) die Sonnenrotation erforschte. Seine Maschine interessiert uns besonders; verkörpert sie doch die Erfindung des dem Umschwung des Himmels folgenden Äquatorials.

Als aus Keplers Gesetzen und Galileis dynamischen Erkenntnissen heraus Newton den Gedanken der Gravitation erfaßte, da war es auch das Fernrohr, das ihm dazu verhalf, seine Hypothese zu erproben, indem es Picard die erste genaue Gradmessung ermöglichte und damit Newton den richtigen Zahlenwert von der Größe der Erde verschaffte. Erst da konnte er zeigen, daß der fallende Stein auf der Erde und der kreisende Mond dort oben der gleichen Kraft gehorchen; erst dann konnte er sein Gesetz auf die Körper des Planetensystems anwenden. Zahlreiche Darstellungen aus der Newtonschen Himmelsmechanik bietet uns das Museum im Raum des Kopernikanischen Planetariums.

Wie die Erfindung der Analysis und die Anwendung des Gravitationsgesetzes durch Newton selbst und die Reihe seiner Nachfolger den Aufbau der Himmelsmechanik erzeugte und zu Triumphen der Vorhersage führte, das ist wohl das stolzeste Kapitel in der Geschichte der Wissenschaften. Es läßt sich aber leicht zeigen, daß alles ohne die Erfindung der verbesserten Meßinstrumente, der Uhr und des Fernrohres unmöglich gewesen wäre!

Das gleiche gilt von der größten Entdeckung des 16. Jahrhunderts, dem Nachweis, daß das Licht Zeit zur Fortbewegung braucht, der dem Dänen Olaus Römer aus der Beobachtung der Jupitermonde gelang, eine Errungenschaft, die später durch Bradleys Entdeckung der Aberration und Fizeaus Geschwindigkeitsmessung seine Bekräftigung fand.

Hevels prächtige Instrumente und seine Danziger Sternwarte, wie wir sie im Sternwartensaal dargestellt finden, zeigen die bewunderungswürdige Leistung eines genialen Liebhabers in dem durch den dreißigjährigen Krieg verarmten Deutschland. Die Bedürfnisse der Gradmessungen und der Seefahrt führen um jene Zeit zur Gründung der großen Observatorien in Paris und Greenwich (1667, 1675) und bewirken einen mächtigen Aufschwung des Instrumentenbaues, besonders in England. Während das durch Newton eingeführte Spiegelteleskop für unmittelbare Beobachtungen sich überall verbreitete, waren der Vernier (1631), das Schraubenmikrometer (1640), die Libelle (1660) und das Ablesemikroskop (1687) erfunden und den Meßinstrumenten dienstbar gemacht worden. Von Römer wurde (1689) der erste Meridiankreis gebaut, ein Instrument, das sich zum Fundament der messenden Astronomie entwickelte. Zahlreiche Originale, Modelle und Bilder im südöstlichen Vorraum des Galileisaales zeigen uns diese Entwicklung.

Das Linsenfernrohr wurde erst 1758 durch Dollond verbessert. Die Verwendung zweier verschiedener Glassorten führte ihn zum achromatischen Objektiv. Die langen dünnen Sehrohre — wie wir sie zahlreich im Museum finden, z. B. auch in Hevels Warte — verschwinden. Aber die Unmöglichkeit des Gusses größerer Glasscheiben, die erst von dem Schweizer Guinand um 1800 überwunden wurde, ließ nur schwache Fernrohre entstehen, so daß sie die Spiegelteleskope nicht verdrängten. Im Gegenteil wurden diese durch Wilhelm Herschel zu noch größerem Ansehen

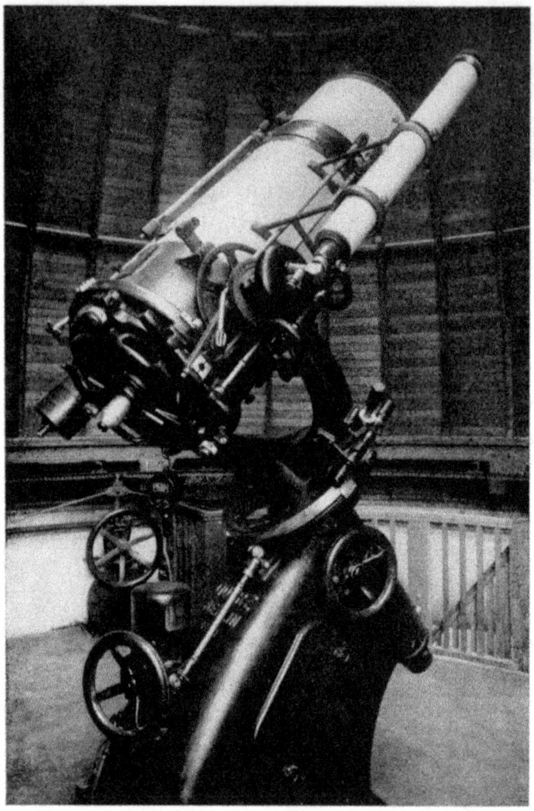

Neuzeitlicher Reflektor von C. P. Goerz in der Ostkuppel des Museums

gebracht. Mit seinen selbstgefertigten Teleskopen, von denen wir Modelle und Abbildungen im Galileisaal finden, drang Herschel in bisher ungekannte Tiefen der Fixsternwelt. Durch seine Forschungen über die Nebelflecke, die Doppelsterne, die Erstreckung des Sternsystems und die Raumbewegung der Sonne stellte er die Fixsternforschung für die ganze Folgezeit in den Vordergrund.

Durch Fraunhofers Achromate wurden aber die Spiegelteleskope bald, und zwar für fast ein Jahrhundert, ganz zurückgedrängt. Trotz der Einführung der versilberten Glasspiegel (Liebig-Foucault) treten sie erst wieder am Ende des 19. Jahrhunderts nach der Einführung der Photographie ins erste Glied. Die mächtigsten zu unserer Zeit benutzten Instrumente, besonders in Amerika, sind Spiegelteleskope. Das prächtige Modell eines großen Teleskopes (in Bergedorf), aus der Werkstätte von Zeiß, finden wir im Galileisaal, und ein recht ansehnlicher Reflektor moderner Bauart von Goerz steht in der Ostkuppel unseres Museums dem Besucher zur Verfügung.

Aus Bouguers und Lamberts Prinzipien erstand der Sternkunde in der Photometrie ein mächtiges Hilfsmittel. Während sich ihre theoretische Entwicklung vorzüglich an die Namen der Münchener Forscher Lommel und Seeliger knüpft, binden sich die Etappen ihrer instrumentellen Entwicklung hauptsächlich an die Typen von Schwerd, Steinheil, Seidel, Zöllner, Pickering, Müller, Guthnick u. a., die fast alle zu einer Sammlung im Galileisaal vereinigt sind. Es sei daran erinnert, wie die genaue Helligkeitsbestimmung der Sterne sich heute zu einem der wichtigsten Hilfsmittel beim Studium der inneren Bewegungsvorgänge und für die Abstandsbestimmungen im Sternsystem entwickelt hat.

Die Uhren sind vom Himmel nicht zu trennen. Vom Gnomon und der Sonnenuhr der Alten bis zur elektrisch getriebenen Münchener Riefler-Uhr waren und sind sie das unentbehrlichste Arbeitsgerät des Astronomen. In Bürgis und Huyghens' Pendeluhr erwuchs ihm eines seiner feinsten Meßwerkzeuge, und die fortgesetzte gegenseitige Anregung von Uhrmacherkunst und Sternbeobachtung ist ein sehr lehrreiches Kapitel in der Geschichte der Erfindungen. Im Museum finden wir die Entwicklung in fast lückenloser Reihe: Die Sonnenuhren vor dem Verbindungsgang zur Ostkuppel, die neueren Uhren in der ihnen eigens gewidmeten Abteilung.

Der Bau feinerer astronomischer Instrumente lag zu Ende des 18. Jahrhunderts ganz in der Hand der englischen Künstler. Bird, dann Ramsden, der die erste Kreisteilmaschine herstellte, versorgten die Welt mit Meßinstrumenten, und ihre Schüler Cary (von dem das Museum ein wertvolles Altazimut besitzt), Troughton und Simms suchten ihren Ruhm zu übertreffen. In Deutschland hatte Brander in Augsburg ihnen zwar oft gefährliche Konkurrenz gemacht (zahlreiche Instrumente von seiner Hand im Museum zeigen uns seine Leistungen), aber England behielt sein Monopol. Die Gründung des mechanisch-optischen Instituts in München durch Reichenbach (1804) brachte Wandlung. Die von ihm gebaute Teilmaschine, die wir in der Abteilung Geodäsie des Museums finden, stellte die Ramsdensche in den Schatten, und seine dem modernen Gefühl schon recht nahe kommenden Konstruktionen fanden bald überall Anklang. Als der junge Fraunhofer Guinands Schmelzkunst verbessert und seine eigenen grundlegenden optischen Methoden entwickelt und zur Anwendung gebracht hatte, da eroberten sich die Münchener Instrumente die Welt. Bald waren die Reflektoren überall durch Fraunhofersche Fernrohre verdrängt; Fraunhofers Neunzoller für Dorpat war das mächtigste Fernrohr seiner Zeit. „Approximavit Sidera."

Mit Frauenhofers Rohren mißt Struve die Doppelsterne, bestimmt Bessel die erste Fixsternentfernung, findet Galle den Neptun, liefert Mädler die erste richtige Mondkarte und schafft Argelander die Bonner Durchmusterung. Die Firma (unter Merz) versorgte nach Fraunhofers frühem Tode viele Jahrzehnte lang die Erde mit Hauptinstrumenten. Das 15zöllige Fernrohr in der Mittelkuppel des Museums, das 1838/39 als größter Refraktor der Welt für Pulkowa gebaut wurde und durch glückliche Fügung in den Besitz des Museums gelangte, legt Zeugnis ab für die Leistungsfähigkeit der Münchener Künstler jener Zeit.

Als modernes Gegenstück zeigt uns die Firma Zeiß in der Westkuppel des Museums einen neuen größeren Refraktor. Fast hundert Jahre emsigster Arbeit und Erfindertätigkeit, wie sie sich besonders an die Namen der deutschen Künstlerfamilie Repsold, von Steinheil und Reinfelder, von Abbe, der Mitarbeiter des Zeißwerkes, an diejenigen der Engländer Grubb und Cooke, der Amerikaner Clarke, Brashear, Fauth, Warner, Swasey, Hale und Ritchey knüpft, liegen zwischen den beiden Werken der Präzisionstechnik.

Ähnliche lehrreiche Vergleiche kann der Besucher an den Modellen der größeren modernen Instrumente anstellen, die sich um die Uranienborg gruppieren. Wieviel Erfindertätigkeit liegt zwischen Scheiners oder Römers Äquatorial und einem modernen Photo-Refraktor mit seinen Kraftmaschinen und elektrischen Hilfseinrichtungen, oder zwischen einem tychonischen Quadranten und einem Ertelschen oder Repsoldschen Meridiankreis. Ebenso nützliche Vergleiche gestatten die Sternwartenmodelle; hier die einfachen arabischen oder indischen Mauerwerke und dort die elektrisch betriebenen Drehkuppeln und Hebebühnen einer modernen Anstalt.

Es sind nach dem Fernrohr und der Pendeluhr besonders zwei Erfindungen gewesen, die uns den raschen Fortschritt verschafft haben: die Spektralanalyse und die Photographie. Von elektrischen Apparaten, Stereoskop, Photozelle und vielem anderen kann hier nicht gesprochen werden. Im Galileisaal führt uns das Museum einige der wichtigsten Instrumente vor: von H. C. Vogels erstem Spektrometer bis zum Einsteinturm und den modernen Photofernrohren; und in den Galerien um das Kopernikanische Planetarium wird eine blendende Sammlung von Himmelsphotographien und spektroskopischen Aufnahmen ausgestellt.

Das 15zöllige Fraunhofersche Fernrohr, 1838—39 gebaut für Pulkowa, in der Mittelkuppel des Museums

Am Neujahrstage 1801 ist der erste Planetoid, die Ceres, entdeckt worden, was die Veranlassung zu den klassischen astronomischen Untersuchungen von Gauß gewesen ist — der dreihundertste neue Planetoid ist 1890 gefunden —, der tausendste 1923; ein anschauliches Maß für das beschleunigte Tempo, wie es durch die Einführung der Photographie 1891 hervorgerufen wurde. Während uns die Photographie die sterngefüllten Tiefen der Milchstraße, die Dunkelnebel und die Formen der Spiralnebel enthüllte, getreue Sternkarten und das Material für die statistischen Untersuchungen des Weltbaues brachte und die Meßgenauigkeit zu ungeahnter Schärfe steigerte, zeitigte die Spektroskopie mit Hilfe der Photographie, die großartige Entwicklung der Sonnenphysik, wobei die Sonne sozusagen zum erweiterten Laboratorium für die Atomphysiker wurde. Die Einheit der Materie im Weltraum wurde erwiesen und die Geschwindigkeit der Sterne mit Dopplers Prinzip gemessen. Man konnte ihre Temperaturen bestimmen und begann das Spiel in ihrem Innern zu verstehen. Die Leuchtkraft eines Sterns und damit sein Abstand, bei fast beliebiger Entfernung, konnte aus seinem Spektrum, oder aus Lichtwechsel u. a. gefunden werden. So kann jetzt das Senkblei weit über die Grenzen des Milchstraßensystems hinausgeworfen werden.

Gerade an diesen nie erwarteten Erfolgen der Wissenschaft des 20. Jahrhunderts läßt sich der Leitsatz unseres Museums, daß erst das Werkzeug den Fortschritt der Wissenschaft ermöglicht, besonders bequem verfolgen! Allerdings auch der andere, daß das Bedürfnis der Forschung neue Erfindungen anregt, wobei sich die verschiedenen Disziplinen, wie Physik, Astronomie, Mathematik, Chemie usw. in früher kaum für möglich gehaltener Weise wechselseitig befruchten.

*

Gemälde von der Messung auf der 21 km langen Basislinie zwischen München und Aufkirchen im Jahre 1801

## MAX SCHMIDT, GEODÄSIE.

Geodätische Messungen werden auf der Erdoberfläche ausgeführt, um sowohl von kleineren Gebieten derselben als auch von ganzen Ländern und Erdteilen naturgetreue Karten und Pläne für geographische, militärische und technische Zwecke herzustellen. Diese Messungen können mit Hilfe der auf der Erdoberfläche gezogen gedachten geographischen Netzlinien in innigen Zusammenhang gebracht und nach den Haupthimmelsrichtungen durch astronomische Beobachtungen orientiert werden. Hierbei werden mannigfache zum Messen von Längen, Höhen und Winkeln dienende Instrumente verwendet, die in einfachster Form schon im Altertum bekannt waren, aber im Laufe der Zeit vielfache Verbesserungen und Verfeinerungen erfahren haben, um den fortwährend gesteigerten Anforderungen an den Genauigkeitsgrad der Messungen genügen zu können.

Als Maßeinheiten für Längenmessungen waren ursprünglich vom menschlichen Körper entnommene Fußmaße und deren Unterabteilungen und Vielfache im Gebrauch. Wie dies uns ein aus dem Jahre 1550 herrührender Holzschnitt zeigt, wurde in jener Zeit die Größe einer Meßrute zu 16 Fuß in der Weise ermittelt, daß 16 Mann, klein und groß, wie sie nach und nach aus der Kirche gehen, jeder vor den anderen einen seiner mit Schnabelschuhen bekleideten Füße stellten. Diese Länge war „die rechte Meßrute, mit der man das Feld messen soll“. Jetzt bildet der aus Gradmessungen ermittelte zehnmillionste Teil des durch Paris laufenden Erdmeridianquadranten die Grundlage für unser im öffentlichen Verkehr gebräuchliches metrisches Maß- und Gewichtssystem, während für manche wissenschaftliche Zwecke die durch physikalische Messungen aufs genaueste bestimmten Lichtwellenlängen gewisser Spektrallinien die kleinsten Maßeinheiten darstellen.

Die Winkelmessungen hat man in alter Zeit nur bis auf ganze Grade ausgeführt. Unsere heutigen Kreisteilmaschinen, welche im Museum durch die berühmte Originalmaschine von Reichenbach und durch eine automatische Kopierteilmaschine von Heyde in Dresden vertreten sind, gestatten, die Winkelteilungen bis auf hundertstel Bogensekunden genau auszuführen.

Von den zu unmittelbaren geodätischen Längenmessungen bei Landesvermessungen dienenden Meßstangen sind im Museum die Basisapparate von Bonne, Reichenbach und Bessel vorhanden. Eine Messung mit dem Apparat von Bonne, die unter Mitwirkung von militärischen Hilfskräften im Jahre 1801 auf der 21 km langen Basislinie zwischen München und Aufkirchen unter Oberleitung des Obersten

Original der Kreisteilmaschine von Reichenbach aus dem Jahre 1804

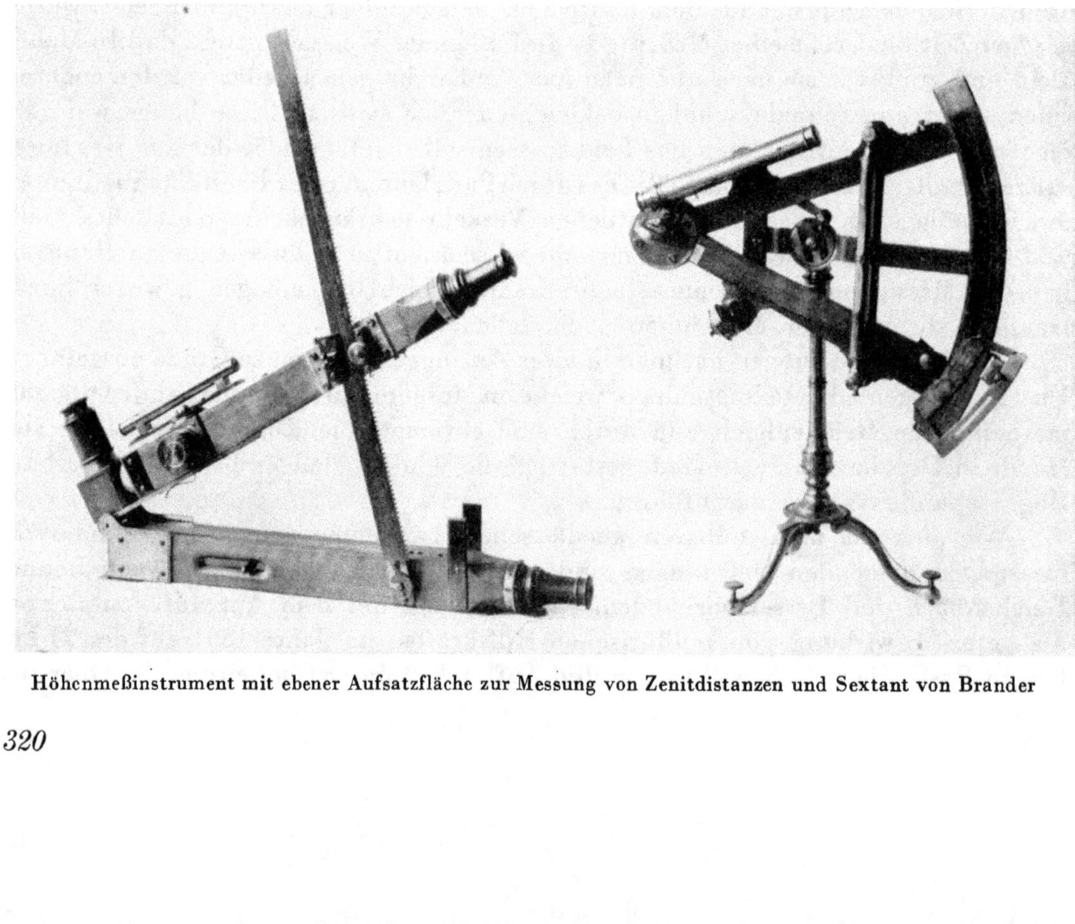

Höhenmeßinstrument mit ebener Aufsatzfläche zur Messung von Zenitdistanzen und Sextant von Brander

Bonne stattgefunden hat, ist in der Kopfleiste dargestellt. Die durch trigonometrische Messungen auf 28 km vergrößerte Linie bildet die Anfangsseite des bayerischen Hauptdreiecksnetzes, das der ersten vom bayerischen topographischen Bureau in München ausgeführten Landesaufnahme zugrunde liegt, die später für die Herstellung der in der Verjüngung 1 : 100 000 in Paris in Kupferstich hergestellten topographischen Karte von Bayern Verwendung gefunden hat. Das Blatt Regensburg dieser musterhaft gestochenen Karte befindet sich unter den älteren im Museum ausgestellten Kartenwerken von Bayern.

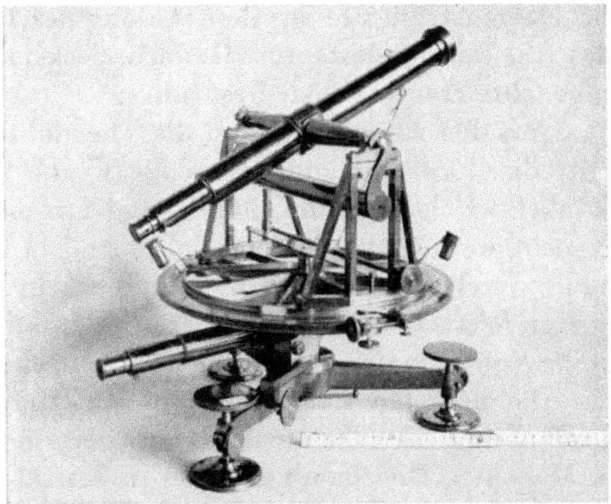

Repetitionstheodolit von Reichenbach, Utzschneider und Liebherr 1814

Zu genauen Höhenmessungen dienten bis ins 18. Jahrhundert mit Diopten versehene Wasserwaagen und Pendelinstrumente, deren Anwendung bis ins klassische Altertum zurückreicht. Unter diesen verdient eine Nachbildung der Picardschen Pendelwaage aus der Mitte des 17. Jahrhunderts besondere Beachtung.

Aus kreisbogenförmig gebogenen Glasröhren hergestellte Libellen sind noch bei den in den Augsburger Werkstätten von Brander und Höschel gegen Ende des 18. Jahrhunderts gefertigten Nivellierinstrumenten verwendet, die nach Art der Kanonenrohre gegossene Fernrohre aufweisen. Die ersten spindelförmig ausgeschliffenen Libellenröhren sind 1768 in Paris hergestellt worden und werden zurzeit mit solcher Feinheit ausgeführt, daß sie in Verbindung mit guten Meßfernrohren Neigungswinkel bis auf Bruchteile von Bogensekunden mit Sicherheit beobachten lassen. Bei geometrischen Höhenmessungen wird dadurch ein so hoher Genauigkeitsgrad erreicht, daß die Unsicherheit des Höhenunterschiedes zweier, mehrere tausend Meter voneinander entfernten Festlandspunkte nicht mehr als ein Millimeter auf das Kilometer beträgt. Diese Art von Nivellierinstrumenten ist im Museum in verschiedenen Größen vertreten, darunter befinden sich große, für Feinnivellierungen bestimmte Instrumente aus den Werkstätten von Breithaupt & Sohn in Kassel, Ertel & Sohn in München und Zeiß in Jena.

Eine besondere Gruppe bilden die Spiegelinstrumente, die in ihrer einfachsten Form als Winkelspiegel und Winkelprismen zum Abstecken von festen Winkeln von 45°, 90° und 180° dienen, und, da sie in freier Hand benützt werden, einer festen Aufstellung nicht bedürfen. Werden sie mit Kreissektoren oder Vollkreisen versehen, so erhalten sie die Form von Spiegelsextanten und Spiegel- oder Prismenkreisen und dienen zum freihändigen Messen von Winkeln in allen Größen und Lagen. Auch zur Ausführung von Winkelmessungen in Dreiecksnetzen und zu Sternbeobachtungen zur See und auf Forschungsreisen, sowie auf Luftfahrzeugen finden sie Verwendung. Eine feste Aufstellung dagegen erfordern die mit Diopten oder Fernrohren als Zielvorrichtungen versehenen Winkelmeßinstrumente, die schon im Altertum zu Sternbeobachtungen dienten und deshalb als Astrolabien bezeichnet wurden. Zu dieser Art von Instrumenten gehören die in der Sammlung befindlichen holländischen

Scheibeninstrumente aus dem Anfang des 17. Jahrhunderts und die noch am Ende des 18. Jahrhunderts für Hauptdreiecksmessungen verwendeten Multiplikationstheodolite französischen Ursprungs.

Aus den Astrolabien sind die Theodolite hervorgegangen, mit welchen man unmittelbar horizontale und vertikale Winkel messen kann, statt der früheren schiefen Winkel, welche einer umständlichen Umrechnung bedürfen, wenn horizontale Winkel gesucht werden. Solche Theodolite sind in der letzten Hälfte des 18. Jahrhunderts außer durch englische Werkstätten auch in Deutschland, besonders durch die Augsburger Werkstätte von Brander und Höschel, gebaut worden und durch mehrere große Stücke in der Sammlung des Deutschen Museums vertreten.

Die neuesten Fortschritte in der Herstellung von Theodoliten und im Bau geodätischer Instrumente überhaupt zeigen die in den Werkstätten von Ertel & Sohn in München, Breithaupt & Sohn in Kassel, Hildebrand in Freiberg i. Sachsen und von Zeiß in Jena gefertigten Instrumente, die in musterhafter Ausführung in der Abteilung Geodäsie des Deutschen Museums vertreten sind.

Die ursprünglich für die Grundsteuervermessung des Landes im Anschluß an das Hauptdreiecksnetz ausgeführten Meßtischaufnahmen lieferten Flurpläne im Maßstab 1 : 5000, die auch als Unterlage für topographische Arbeiten dienen.

Letztere befassen sich neben der Kartierung topographischer Einzelheiten mit umfangreichen Höhenmessungen, d. h. Nivellements und tachymetrischen Punktbestimmungen und führen zur Darstellung der Oberflächengestalt des Geländes in Höhenschichtlinien.

Als neuere Vermessungsmethode nimmt die Photogrammetrie eine bemerkenswerte Stellung ein, wobei aus der durch ein verzeichnungsfreies photographisches Objektiv entworfenen Zentralprojektion Grundriß und Aufriß der aufgenommenen Objekte abgeleitet werden. In einer Anzahl von Wandtafeln und Modellen sind die perspektivischen Beziehungen zur Rekonstruktion des Gegenstandes aus zwei oder mehreren perspektivischen Bildern näher erläutert.

Große Fortschritte wurden durch Einführung der Stereophotogrammetrie erzielt, wobei die Fähigkeit des körperlichen Sehens zu Meßzwecken praktisch verwertet wird. Zur Auswertung der stereoskopischen Aufnahmen dienen Stereokomparatoren, Stereoautographen und Stereoplanigraphen.

In einer Anzahl Wandtafeln sind solche Stereoaufnahmen und die daraus konstruierten Schichtlinienkarten dargestellt.

Wenn ein Gelände nicht betretbar ist, oder übersichtliche Aufnahmestandorte nicht gefunden werden können, so wird das Gebiet mit einer Fliegerkamera vom Flugzeug aus photographiert. Liegen die photographischen Platten hierbei annähernd horizontal und weist das Gelände keine bedeutenden Höhenunterschiede auf, so erhält man ein kartenähnliches Bild, das durch „Entzerren“ noch berichtigt werden kann. Aus einer Anzahl entsprechend angeordneter Fliegerbilder eines Geländes, die unter beliebigen Neigungswinkeln in ganzen Reihen aufgenommen worden sind, können mit dem Zeißschen Stereoplanigraph oder dem Hugershoff-Heydeschen Autokartograph Schichtlinienkarten hergestellt werden.

Auch zur Vermessung bewegter Objekte, wie der Meereswellen, der ziehenden Wolken, der Bahn fliegender Geschosse usf., werden in neuester Zeit die in der Geodäsie erprobten photogrammetrischen Meßmittel und Meßmethoden verwendet.

*

O. JOHANNSEN, TEXTILINDUSTRIE.

Durch die Bedürfnisse der Bekleidung und des täglichen Lebens wurde der Mensch früh dazu geführt, aus den feinen faserartigen Einzelgebilden der Tier- und Pflanzenwelt Gespinste und Gewebe herzustellen. Was aber anfangs nur rein mechanische Kunstfertigkeit der Hand war, führte rasch zur wirklichen bildnerischen Kunst; denn bald erkannte der Mensch, daß diese künstlich aus formbaren Stoffen gewonnenen Gebilde durch Zeichnung und Farbe, Phantasie und Geschmack zu wahrhaft künstlerischen Äußerungen des menschlichen Strebens nach Ausdruck des Schönen benützt werden könnten. Wenn auch infolge der Vergänglichkeit der Rohstoffe aus den ältesten Zeiten nur wenig Textilgebilde auf uns gekommen sind, so beweist dies wenige schon die große Bedeutung der textilen Künste für die kulturelle Entwicklung der Menschheit. Vor allem aber brauchen wir nur zu sehen, wie noch auf wenig entwickelter Kulturstufe stehende Völker Textilerzeugnisse mit den einfachsten Mitteln fertigen, die in Arbeit und künstlerischer Durchdringung unser Entzücken erregen. Es sei z. B. nur hingewiesen auf die Teppiche des Orients.

Bis in die zweite Hälfte des 18. Jahrhunderts hinein war alle textile Arbeit nur mittels ziemlich einfacher Werkzeuge und mechanischer Vorrichtungen, der Handspindel, des Hand- und Fußspinnrades, des einfachen Handweb- und Wirkstuhles, ausgeübt worden. Auch die kurzfaserige Baumwolle, die die Natur in großen Massen zu erzeugen vermag, die dem Altertum schon bekannt war und vermutlich zu Beginn des 14. Jahrhunderts nach Deutschland kam, verstand man zunächst nicht anders zu verarbeiten, als die viel leichter von Hand spinnbaren Langfaserstoffe des Flachses und der Wolle. Da es aber nicht möglich war, mit den primitiven, uralten Vorrichtungen aus der kurzen, aber sonst so ausgezeichneten Baumwollfaser — denn die Schwierigkeit des Handspinnens wächst umgekehrt zur Faserlänge — gleichmäßige und feine Gespinste herzustellen, war die Baumwolle hinter den alten „klassischen" Rohstoffen stets im Rückstand geblieben. Als dann aber gegen Ende des 18. Jahrhunderts das damals englische Nordamerika sich als erstklassiges Baumwolland erwies, hat dieser Rohstoff in England einen mächtigen Impuls ausgelöst, für seine Verarbeitung leistungsfähige Spinnvorrichtungen zu erfinden. Wenn dieser Umstand selbstverständlich auch nicht allein zu den sich überstürzenden Erfindungen auf textilem Gebiete in England geführt hat, so hat er doch einen großen Anteil an dem raschen Verlauf der Erfindungsepoche auf diesem Gebiet gehabt. Wie die ganze Entwicklung vor sich ging, ist in der Abteilung „Textilindustrie" durch Originale, naturgetreue Nachbildungen und Bilder übersichtlich dargestellt.

Der erste Raum „Gespinstfasern" zeigt auf Wandtafeln die historische und technische Entwicklung. Die aufeinander folgenden zahlreichen Einzelarbeitsgänge, die die Rohstoffe bis zum Fertiggespinst zu durchlaufen haben, sind hier, wie auch die Rohstoffe selbst, durch übersichtlich zusammengestellte Proben veranschaulicht. Es sind alle Rohstoffe des Tier-, Pflanzen- und Mineralreiches (Wolle, Haare, Seide, Flachs, Baumwolle, Asbest, Metallfäden usw.) berücksichtigt. Als Besonderheiten treten die Darstellung der zwanzigjährigen Versuchsergebnisse der Seidenraupenzucht mit Schwarzwurzelblättern von Prof. Dr. Harz in München und das verloren gegangene, von Prof. Wilhelm von Miller (München) wiedergefundene Verfahren für die Herstellung von zyprischen Goldfäden hervor. In diesem Raume haben auch die Ersatzfaser- und Kunststoffindustrien, wie sie im Laufe der letzten

Jahrzehnte entstanden sind und sich in Deutschland namentlich während des Krieges und nach dem Kriege entwickelt haben, ihren Platz gefunden. So ist die Herstellung der Zellulosegarne (Papiergarne usw.), die in Deutschland für die Gewinnung von Ersatz für Jutegarne in ihren wichtigsten und besten Verfahren erfunden und ausgebaut wurde (Verfahren von Türk und Verfahren von Claviez) dargestellt, nebst der nach dem Kriege in bedeutsamer Weise in Deutschland weiter entwickelten Verwertung der „verwollten" oder „verbaumwollten" (kotonisierten) Bastfaser (elementarisierte Einzelzellen von Flachs und Hanf; Verfahren von Dr.-Ing. E. Gminder; Verfahren von Walter Kämpfe). Die Kunststoffe (künstliche Seiden) sind durch die Erstlingserzeugnisse des französischen Chemikers de Chardonnet (Collodiumseide, 1884), verschiedene neuere Viscoseseiden, Kupferseiden, Azetatseiden usw. veranschaulicht.

Der nächste Raum ist der Darstellung der Entwicklung der Spinnereivorbereitung für Baumwolle und Wolle gewidmet. Es werden ältere und neuere Hilfsmittel gezeigt, um den von Natur für das Spinnen noch ungeeigneten Fasern durch aufeinanderfolgende Arbeitsgänge (Reinigen, Zerlegen, Ordnen, Kämmen, Vergleichmäßigen, Verfeinern bis zum Vorgarn) den für das Spinnen erforderlichen Grad der gleichmäßigen Anordnung zu erteilen.

Die mechanische Verarbeitung begann, wie eingangs schon angedeutet, am Ende des 18. Jahrhunderts mit der kurzfaserigen Baumwolle, die hierfür durch ihre Massenerzeugung vorbestimmt war und zur Massenverarbeitung hinleitete. Die meisten grundlegenden Erfindungen in der mechanischen Spinnerei wurden damals für die Baumwollindustrie gemacht, und erst später sind sie in mehr oder weniger veränderter Form auch auf die übrigen Faserindustrien übergegangen, abgesehen natürlich von originellen Erfindungen, wie sie durch die Eigenheiten der verschiedenen Rohstoffe bedingt wurden.

Als wichtiger Vorgang der Spinnereivorbereitung ist das Kardieren (Krempeln), die Entwirrung der Faserbüschel und ihre Zerlegung in Einzelfasern sowie die Herstellung des ersten geordneten florartigen Faserverbandes besonders berücksichtigt. In der Sammlung ist besonders bemerkenswert die Nachbildung der ersten Kardiermaschine (Karde) von Arkwright, dem Begründer der mechanischen Spinnereivorbereitung (1780), sowie das Original einer Deckelkarde aus der von Arkwright zu Cromford ins Leben gerufenen ersten Baumwollspinnerei der Welt. Besonderes historisches Interesse bietet auch die erste Versuchsmaschine für das Kämmen von Kammwolle von Josua Heilmann (1845, Mülhausen), dem Hauptbegründer der mechanischen Kämmerei. Die Fortentwicklung der Heilmannschen Kämmaschine läßt u. a. ein moderner betriebsfähiger Wollkammstuhl (System Gégauff) der Firma Fried. Krupp, A.-G., Essen, erkennen.

Die Entwicklungsreihe der Strecken enthält das Original einer älteren Baumwollstrecke sowie eine für die mechanische Verarbeitung von Kammwolle grundlegende Nadelstabstrecke der Firma Fried. Krupp, A.-G., Essen.

Die Vervollkommnung der mechanischen Vorgarnbildung in der Streichgarnspinnerei ist wiedergegeben durch die Gegenüberstellung eines alten Kratzenflorteilers (1851) und eines Riemchenvorteilers, der von Ernst Geßner in Aue i. Sa. (1859 bis 1861) erfunden wurde und bahnbrechend gewesen ist.

Die Darstellung der Entwicklung der Vorgarnbildung aus Baumwolle enthält die historisch sehr interessante Nachbildung der sog. „Laternenbank" von Arkwright (1780), die einem Originalflyer gegenübergestellt ist, der heute als die vollkommenste und sinnreichste Baumwollvorspinnmaschine angesehen werden kann.

Ein vollständiger Maschinensatz aus einer Baumwollspinnerei der Schweizer Spinnereien von Kunz in Uster a. d. A. (1830) zeigt den allgemeinen Verlauf der mechanischen Verarbeitung der Baumwolle und besteht aus Schlagmaschine, Karde, Kanalmaschine, Doubliermaschine, Strecke und Flyer. Bilderserien veranschaulichen den Verlauf der Verarbeitung in den neuzeitlichen Spinnereien.

Der nächste Raum „Feinspinnen" umfaßt zwei Hauptgruppen: 1. die Spinnvorrichtungen mit absatzweisem, unterbrochenem, und 2. die mit stetigem Arbeitsprozeß. Beim absetzenden oder unterbrochenen Spinnen wird die Aufwindung vollkommen von der Fadenbildung oder vom eigentlichen Spinnen getrennt; beim stetigen Spinnen erfolgen Spinnen und Aufwinden unmittelbar nacheinander ohne Unterbrechung, d. h. stetig oder gleichzeitig.

Das älteste Spinnwerkzeug mit absatzweiser Spinnweise, mit dem jahrhundertelang die einfachsten wie die feinsten Gespinste hergestellt wurden und mit dem z. B. der Orient heute noch arbeitet, ist die Handspindel. Ein Schaukasten enthält eine Sammlung von typischen Handspindeln, die zum Teil aus altägyptischen und altperuanischen Frauengräbern stammen und den Verstorbenen als Symbol des häuslichen Fleißes beigegeben wurden.

Im Anfang des 16. Jahrhunderts wurde die Handspindel durch das leistungsfähigere Handspinnrad ersetzt, das in mehreren Originalen in der Sammlung vertreten ist.

Als sich Ende des 18. Jahrhunderts die Baumwolle als Gespinstfaser infolge der Steigerung ihres Anbaues durchzusetzen begann und außerdem durch die Vervollkommnung des mechanischen Webstuhles die Leistungsfähigkeit der Handspindeln und Handspinnräder nicht mehr genügte, erfolgte, wie oben schon erwähnt wurde, in England die Umstellung der Handspinnerei zur Maschinenspinnerei. Es kam die Epoche der grundlegenden Erfindungen im Gebiete der mechanischen Spinnerei, eine Zeit, die in die Faserindustrie eine fast beispiellose Umwälzung hineintrug. Ende des 18. Jahrhunderts entstanden die mehrspindligen Spinnmaschinen, welche erst mit Wasserkraft, dann mit Dampfkraft in Gang gesetzt wurden und heute vielfach mit Elektrizität betrieben werden. Allerdings ist die Anwendung von mehr als einer Spindel auch an Handspinnrädern schon früh versucht worden, so soll Leonardo da Vinci ein zweispindliges Handrad entworfen haben, und in China war ein dreispindliges Handrad vor mehr als 200 Jahren bekannt (s. unten).

Eingeleitet wird die Epoche der Erfindungen der Fertigspinnmaschinen durch die Jenny-Spinnmaschine von Hargreaves 1763—1769. Die Sammlung enthält die Nachbildung dieser Maschine mit 16 ortsfesten Spindeln sowie das älteste erhaltene Original einer Streichwoll-Jenny-Spinnmaschine mit 60 Spindeln, welche noch ein ursprüngliches Konstruktionselement, die fahrbare Presse, besitzt. Diese älteste Spinnmaschine wurde später durch die sog. Zylindermaschine verdrängt, die denselben Arbeitsgang einhielt, aber statt der Presse Lieferzylinder, die aber keine Streckzylinder waren, besaß. Diese Zylindermaschine wird heute allgemein in der Streichgarnspinnerei angewendet. Hargreaves baute seine Jenny-Maschine, die er nach seiner Tochter so benannt hatte, zuerst mit 20 Spindeln, später mit 50 und 80 Spindeln.

Raum mit neuzeitlichen Spinnmaschinen; in der Mitte das Original eines neuzeitlichen Selfaktors

Die nächste Entwicklungsstufe bildet die Mulemaschine, deren Hauptmerkmal die fahrbare Anordnung der Spindeln und die ununterbrochene Verfeinerung und Zuführung des Vorgarnes mittels eines Walzenstreckwerkes ist. Die naturgetreue Nachbildung der ersten „Mule" von Samuel Crompton (1779) ist der Jenny-Maschine gegenübergestellt. Die noch heute gebräuchliche Bezeichnung „Mule" (Maulesel) sollte bedeuten, daß die Maschine als eine Art Bastardmaschine durch eine Kombination Hargreavesscher und Arkwrightscher Ideen (Wagen von Hargreaves mit Streckwerk von Arkwright) entstanden ist. Crompton arbeitete, 16 Jahre alt, an einer Jenny-Maschine und wurde hierdurch zu seiner Erfindung angeregt.

Die nächste Entwicklungsstufe in der fortschreitenden Ausschaltung der menschlichen Hand bei der Spinnarbeit stellt eine halbautomatische Mule-Spinnmaschine des bedeutendsten Schweizer Spinners Kunz von 1830 dar. Die beschwerliche Wageneinfahrt und die damit verbundene Aufwicklung des gesponnenen Garnfadens, die einen hohen Grad von Geschicklichkeit erforderte, mußte hierbei noch von Hand geschehen. Derartige Maschinen liefen noch in den 90er Jahren in der Schweiz auf feine Nummern. Das Bestreben, dem Spinner auch diese Arbeit abzunehmen und eine vollkommen automatisch spinnende Maschine zu schaffen, führte zur Erfindung der selbsttätigen Mulemaschine, des Selbstspinners (Wagenspinners) oder „Selfaktors". Sie wurde von dem englischen Konstrukteur Roberts zwischen 1820 bis 1835 entwickelt und erhielt von ihm eine vollkommen selbsttätige Aufwindungseinrichtung (Roberts Quadrant usw.). Die Maschine ist in ihrer Konstruktion ständig weiter

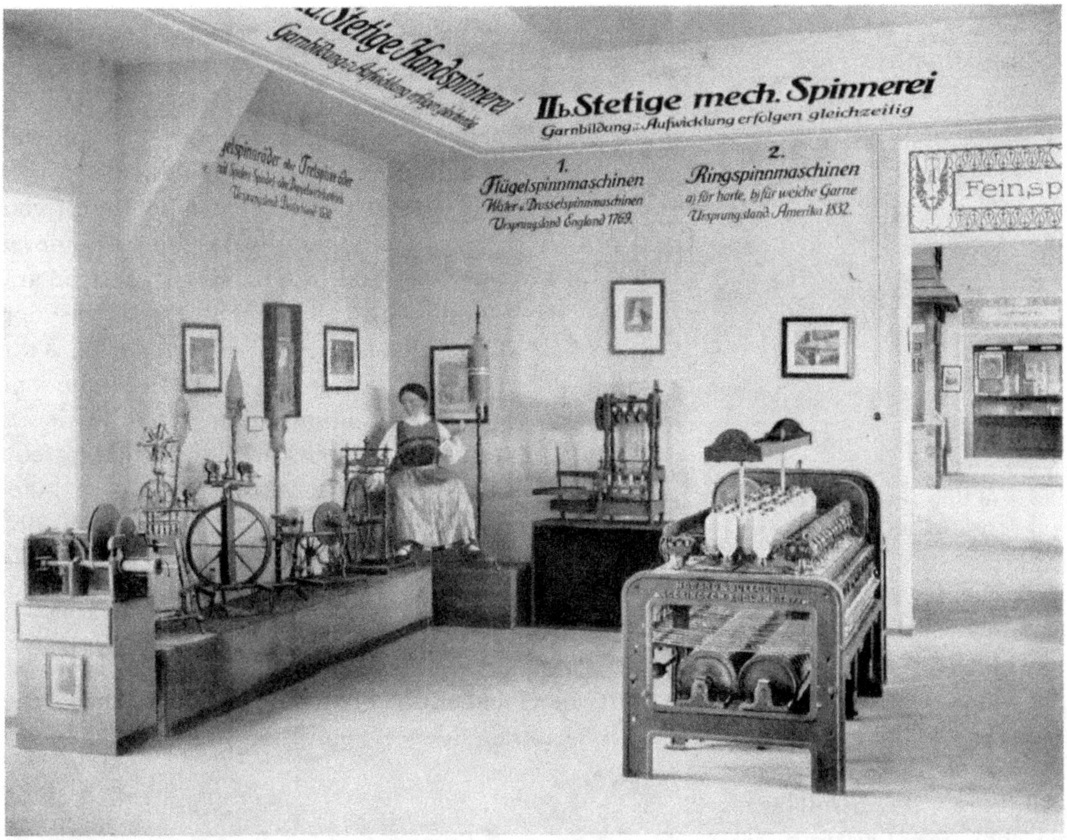


**Entwicklung der stetigen Spinnerei. Nachbildung des Spinnrades von Leonardo da Vinci 1500. Sammlung von Tretspinnrädern, Nachbildung der Waterspinnmaschine, Original-Ringspinnmaschine**

verbessert worden, so daß damit heute in unübertrefflicher Weise Garne der höchsten Feinheitsnummern bei hoher Leistungsfähigkeit erzeugt werden können. Durch Einbau zahlreicher Hilfsvorrichtungen ist die Aufwindung zu großer Vollkommenheit durchgebildet und die Wartung in hohem Maße vereinfacht worden.

Ein neuer Selfaktor der Elsässischen Maschinenbaugesellschaft Mülhausen ist als Abschluß der Entwicklungsreihe der unstetigen Spinnvorrichtungen im Original aufgestellt. Er ist im normalen Betrieb mit etwa 1000 Spindeln ausgerüstet und leistet so viel wie früher 6000 Frauen in mühsamer Weise mit Handspindeln zu spinnen vermochten.

Mit der Entwicklung der unstetig spinnenden Maschinen hielt die der stetig spinnenden Schritt. Die älteste stetig spinnende Vorrichtung ist das Flügelspinnrad, das als neues Arbeitselement eine Spule besitzt, die lose auf der mit einem Flügel versehenen Spindel angeordnet ist. Der Flügel dreht und festigt den Faden, und indem letzterer die Spule, die durch Reibung langsamer läuft als der Flügel, nachschleppt, entsteht durch die Differenz zwischen Spindel- und Spulenumläufen die Aufwindung. Verfeinerung (Verzug von Hand), Drehung oder Festigung und Aufwindung erfolgen hier also in stetigem, nicht unterbrochenem oder abgesetztem Vorgang. Eine Sammlung von typischen Spinnrädern verschiedener Zeiten und Länder läßt die mannigfaltige Gestaltung erkennen. Bemerkenswert ist die Nachbildung eines alten Spinnrades nach Leonardo da Vinci um 1500.

Älteste Darstellung des Spinnens und Webens auf einer schwarzen Urne aus dem Tumulus bei Oedenburg in Ungarn

Das Spinnrad erhielt aber erst die praktische Bedeutung durch die Erfindung des Tretspinnrades, welche dem Steinmetz Jürgen in Watenbüttel um 1530 zugeschrieben wird.

Der Übergang von der stetigen Handspinnerei zur Maschinenspinnerei vollzog sich wie bei der unstetigen am Ende des 18. Jahrhunderts, als der Zeitgenosse von Hargreaves, Arkwright, etwa um 1770 die erste sog. Waterspinnmaschine erfand, die in naturgetreuer Nachbildung aufgestellt ist. Das Charakteristische war hierbei die Verfeinerung (der Verzug) des Vorgespinstes durch ein Zylinderstreckwerk, dessen Erfindung aber schon weiter zurückliegt und nicht von Arkwright herrührt. Die Erfindung des Zylinderverzuges oder Walzenstreckwerkes rührt von Lewis Paul (1738) her, der auch die erste Karde gebaut hat.

Diese erstmals mit Wasserkraft betriebene und danach als Watermaschine bezeichnete Spinnmaschine war von weittragender Bedeutung, weil damit zuerst festere, als Kettgarne verwendbare Baumwollgarne bei höherer Leistung erzeugt werden konnten. Verschiedene Bilder zeigen die weitere Verbesserung der Waterspinnmaschine, die, abgesehen von konstruktiven Verbesserungen und Änderungen, in der Flachs-, Hanf- und Juteindustrie, die keine Selfaktoren und Ringmaschinen verwenden, bis heute ausschließlich benützt wird. Als neueste Verbesserung der Flügelspinnmaschine wird der elektrische Flügelantrieb mit selbstbremsender Spule, mechanischem Spulenwechsel und Druckknopfsteuerung von Dr.-Ing. Schneider in Lenzburg (Schweiz) vorgeführt.

Originale von alten Handwebeapparaten

Den Höhepunkt der Entwicklung der stetig spinnen-

Raum der Handweberei. In der Mitte ein Seidenwebstuhl aus Damaskus

den Maschinen bildet die Ringspinnmaschine, die in der ersten Hälfte des 19. Jahrhunderts in Amerika entwickelt wurde. Die Fadendrehung erfolgt hierbei nicht mehr durch eine Flügelspindel, sondern mittels einer Öse (Läufer), die auf einem Ring geführt und als Überbleibsel der Flügelöse anzusehen ist. Der Läufer ist hier die Spindel und die Spule, die den Antrieb erhält, schleppt die Spindel, was auch am alten Trittrad schon in Umkehrung der sonst üblichen Schleppung der Spule durch den Flügel verschiedentlich angewendet worden ist.

In der Sammlung ist eine der ersten in Europa ausgeführten Ringspinnmaschinen von der englischen Firma Howard & Bullough Accrington (1877) gegenüber ihrem Rivalen, dem Selfaktor, aufgestellt. Er erscheint seltsam, daß es fast ein halbes Jahrhundert dauerte, bis die Ringspinnmaschine in Europa dauernd Eingang fand. Dies lag daran, daß die Ringspindelkonstruktion nicht vollkommen genug war und man in Europa eine große Vorliebe für die Mulemaschine hatte, die wohl um 30 vH weniger liefert, dagegen weichere und vollere Garne spinnen kann und für alle Feinheiten, bis zur höchsten, geeignet ist. Infolge der Eigenart des Herausspinnens fällt das Mulegarn stets voller aus als das dagegen etwas magere Ringgarn, so daß für die Gespinstgattungen „weich und voll“ das Ringgarn dem Mulegarn nicht ebenbürtig ist (Strickgarne). Dagegen ist die Ringmaschine für alle härteren Garne, Kettgarne, dem Selfaktor überlegen, sie wird jedoch heute in ihren verbesserten Ausführungsformen vielseitiger als früher angewendet und hat für mittlere Feinheiten

Alte Leinwandwebstube aus dem Fichtelgebirge mit Schaftwebstuhl, Scheerlatte und Spulrad

den Selfaktor stark verdrängt. Insbesondere übt die Einführung der neuen Gleit- oder Durchzugstreckwerke für höhere Verzüge neuerdings erheblichen Einfluß aus.

Die Hauptentwicklungsformen von Ringspindeln, einschließlich der Ausrüstung mit Kugel- und Rollenlagern, sind durch Schnittdarstellungen einander gegenübergestellt. Die Bestrebungen, die Ringspinnmaschine zu verbessern und für die Erzeugung weicher Garne geeigneter zu machen, sind durch Bilder von Konstruktionen der Sächsischen Maschinenfabrik vorm. R. Hartmann, Chemnitz, und von Brown, Boveri & Co. zum Ausdruck gebracht.

Die Entwicklung der Spinnerei von der Spinnstube bis zum heutigen Spinnereigroßbetrieb läßt erkennen, wie durch die Maschine die Leistung nach Menge und Güte in einem Jahrhundert größere Fortschritte machte als früher in Jahrtausenden.

Der nächste Raum ist der Darstellung der Entwicklung der Weberei gewidmet.

Unter Weben versteht man die uralte Kunst, durch geeignete Verschlingung von zwei Fadensystemen, dem Längsfaden oder der Kette und dem Querfaden oder dem Schuß, dem Einschlag, ein flächenartiges Gebilde, das Gewebe, Flachgewebe, zu erzeugen. Das Weben hat sich durch die bahnbrechenden Erfindungen der letzten Jahrhunderte aus primitiven Anfängen zu großer Höhe erhoben, doch muß zugegeben werden, daß der mechanische Webstuhl, der noch immer mit den grundlegenden Elementen des alten Handstuhles arbeitet, rein bewegungstechnisch noch viele Unvollkommenheiten besitzt. Es scheint aber, daß sich in dieser Beziehung eine bedeutsame Entwicklung anbahnt.

Ein Merkmal der Weberei ist die Verwendung von Schäften, welche die für das Durchziehen der Schußfäden erforderliche Hebung und Senkung der Kettenfäden bewirken und damit die sog. Fachbildung bewerkstelligen. Man bezeichnet dies als Schaftweberei.

Die Gruppe wird eingeleitet durch eine Hallstatt-Urne mit der ältesten Darstellung des Spinnens und Webens, sodann durch einen Flechtrahmen, ein Webegatter usw., welche die primitivsten Anfänge der Schaftweberei erkennen lassen.

Als besondere Vorstufe der Schaftweberei können auch die uralten Griff- oder Halbschaftwebstühle gelten. Als Beispiel hierfür ist das Original eines ostafrikanischen und eines japanischen Webstuhles aufgestellt.

Wenn man die Schwierigkeiten des Webens auf dem Halbschaftwebstuhl mittels Litzenstab (Halbschaft) und Weberschwert verfolgt, ist es verwunderlich, daß man nicht früher auf die Arbeitsweise des eigentlichen Schaftstuhles kam, welcher durch zwei Stäbe die Litzen zu Schäften sammelt und diese mittels Fußtritten bewegt, hierdurch die Fachbildung einheitlich hervorbringend.

Die verschiedenartige Ausgestaltung der Schaftwebstühle zeigt eine anschließende Sammlung typischer Webstühle verschiedener Zeiten und Länder, wie z. B. einen afrikanischen Baumwoll-Webstuhl aus Dahome, einen Seidenwebstuhl aus Damaskus, einen Jutewebstuhl aus den Ardennen sowie einen altdeutschen Samtwebstuhl.

Ein Schaftwebstuhl, wie er sich jahrhundertelang in der gleichen Gestalt erhalten hat, wird in einer Webstube aus dem Fichtelgebirge gezeigt mit allen Nebeneinrichtungen, wie Scheerlatte und Spulrad, zur Vorbereitung der Kett- und Schußfäden.

Die erste bahnbrechende Erfindung und den ersten Schritt, der zur Mechanisierung des Webens hinüberleitete, stellt der von John Kay 1739 erfundene Schnellschütze dar, durch welchen die Leistung verdoppelt und besonders breite Stoffe von einem, nicht wie bisher von zwei Webern hergestellt werden konnten. An einem Originalapparat mit Schnellschützen wird die Wirkungsweise veranschaulicht.

Von größter Bedeutung war die Erfindung des mechanischen Schaftwebstuhles durch den englischen Geistlichen Cartwright 1794. Ein Traum der Menschheit wie er schon von Aristoteles durch den Ausspruch: „Wenn Meißel und Weberschiffchen sich von selbst bewegen, wird die Sklaverei nicht mehr möglich sein" angedeutet wurde, war seiner Erfüllung näher gerückt. Denn das Eintragen des Schußfadens, die Bewegung der Schäfte, erfolgte nun bei den mechanischen Webstühlen mittels Exzentern durch mechanische Kraft. Die Wirkungsweise dieser „Kraftstühle" wird an dem Original des ersten von Schönherr 1851 fabrikmäßig ausgeführten Tuchwebstuhles vorgeführt.

Eine bedeutsame Weiterentwicklung des mechanischen Stuhles ist die Erfindung des automatischen Webstuhles durch den Amerikaner Northrop im Jahre 1894. Der Stuhl besitzt einen automatischen Schußwechsler, der ohne Zutun des Webers das Einlegen einer neuen Schußbobine in das Weberschiffchen an Stelle der abgewobenen Spule vollzieht. Die Automatisierung erforderte zugleich die Ausrüstung des Stuhles mit einer Reihe sinnreicher Einrichtungen, welche unter anderem beim Reißen der Kettfäden den Stuhl abstellen und die Kontrolle der Kettspannung dem Weber abnehmen. Dadurch ist es möglich geworden, daß ein einziger Weber 10 bis 20, unter Umständen, wie in den Vereinigten Staaten, bis zu 36 Webstühle bedienen kann und bei 200 Schüssen pro Minute soviel produziert, wie 200 Handweber früher mühsam zu erzeugen vermochten. Ein automatischer Webstuhl, wie er von der Elsässischen Maschinenfabrik gebaut wird, ist betriebsfähig aufgestellt.

Einfache Exzenterstühle eignen sich nur für die Herstellung einfach gemusterter Gewebe mit beschränkter Schäftezahl. Für reicher gemusterte Gewebe und dadurch größere Schäfteanzahl mußte man besondere Hilfsmaschinen, sog. Schaftmaschinen, an dem Webstuhl anbringen. Die Sammlung enthält den ersten mechanischen Baumwollschaft-Webstuhl mit Schaftmaschine der Mechanischen Baumwollspinnerei und Weberei Augsburg aus den dreißiger Jahren. Die Schaftbewegung wird hierbei durch eine einfache gelochte Stoßmusterwalze eingeleitet, deren Urkonstruktion sich auf Vaucanson (1745) zurückführen läßt.

Gegenüber ist ein neuer Seidenwebstuhl der Firma Hartmann, Chemnitz (Sächsische Maschinenfabrik), mit einer Schaftmaschine für 24 Schäfte aufgestellt, die mittels einer gelochten Musterkarte und einem Stoßprisma nach Art der Jacquardmaschine, die weiter unten beschrieben ist, betätigt wird. Außerdem besitzt der

Blick in den Raum mit neuzeitlichen Webstühlen

Webstuhl einen Schützenwechsel mittels Wechselkarte und Wechsellade für sieben Schiffchen mit verschiedenfarbigen Schußgarnen für gestreifte Stoffmuster. Dieser Stuhl darf nicht mit dem oben erwähnten Automaten verwechselt werden.

Parallel mit der Entwicklung der Gebrauchsweberei ging die der anschließend dargestellten Kunstweberei, deren Aufgabe es ist, reich gemusterte Stoffe und Bildgewebe zu erzeugen und deren technische Entwicklung mit dem Bedürfnis zusammenhängt, künstlerisch reicher gestaltete Gewebe, die sonst nur sehr teuer von Hand herstellbar sind, unter günstigeren Bedingungen mechanisch billiger herstellen und weiteren Kreisen zugänglich machen zu können.

Die älteste Art der Technik der Kunstweberei stellt die Finger- und Nadelweberei dar, wie sie beim Knüpfen und Gobelinweben Anwendung findet. Ein Teppichknüpfstuhl aus Koum Kapon mit einem halbfertigen Teppich, der eine Million Knüpfungen auf den Quadratmeter enthält, zeigt die feinste Arbeit dieser Art, die mit Menschenhänden vollbracht werden kann.

Koptische Gewebemuster des nächsten Saales lassen erkennen, daß sich die Gobelinweberei sehr weit zurückverfolgen läßt. Eine Glanzzeit erlebte sie, als die in dem Hause des Färbers Gobelin 1440 in Paris gegründete Gobelinmanufaktur unter Ludwig XIV. in die Hände des Staates überging und von dem Maler Lebrun geleitet wurde.

Die zwei Hauptgattungen von Gobelinwebstühlen, die durch einen vertikalen, sog. Hautelisse-, und einen horizontalen, sog. Basselissestuhl, vertreten sind, zeigen deren einfache Konstruktion und Handhabung.

Blick in den Raum für Kunstweberei, mit Damastzugwebstuhl, Knüpfstuhl, Jacquardwebstuhl, Gobelinstuhl und Stuhl für die Vorführung der Jacquardweberei

Mit der Nadel werden verschiedenfarbige Schußfäden aus Wolle in die ausgespannte Leinen- oder Baumwollkette nach einem farbigen Musterbild (Karton) mosaikartig eingetragen (Fadenmalerei). Die schachbrettartige Fadenverkreuzung wird durch Kettfadenzuglitzen erleichtert.

Für die Massenfabrikation reich gemusterter Gewebe, wie Damaste, Brokate u. a., ist die zeitraubende und einen hohen Grad von Kunstfertigkeit erfordernde Gobelintechnik ungeeignet und viel zu kostspielig. Einen wesentlichen Fortschritt bedeutete daher die Einführung des Zugstuhles, wie er in China erfunden und im Mittelalter durch Kreuzfahrer aus Damaskus in Form des danach benannten Damaststuhles nach Europa gebracht wurde.

Die Sammlung enthält Abbildungen chinesischer und europäischer Zugstühle sowie das Original eines der ältesten erhaltenen Damaststühle aus Großschönau, der Wiege der deutschen Damastfabrikation.

Das Charakteristische beim Damaststuhl ist ein Schnurwerk, der sog. Harnisch, der mittels Litzenschnüren betätigt wird, wodurch der Musteraushub durch den sog. Ziehjungen, einen Gehilfen des Webers, erfolgt.

Das Problem, den Musteraushub selbsttätig ohne Ziehjungen auszuführen, wurde bereits von Vaucanson 1745 mit seinem Stoßwalzenmechanismus zu lösen versucht. Eine vollständige Lösung dieser Aufgabe brachte aber erst Jacquard durch die Erfindung des nach ihm benannten Musterstuhles im Jahre 1808. Die erste Idee hierfür war ihm gekommen, als er im Conservatoire des arts et métiers in Paris, wo er als Mechaniker tätig war, die bereits in Vergessenheit geratene Vaucansonmaschine reparierte.

Dies ist ein bemerkenswertes Beispiel einerseits dafür, daß eine bereits aufgegebene Idee, in richtiger Weise erfaßt und ausgebildet, von weittragender Bedeutung werden kann, anderseits aber auch für den Wert eines Museums, das sich, wie das Deutsche Museum, die Aufgabe gestellt hat, die Geisteswerke früherer Erfinder zum Nutzen der Nachwelt zu erhalten.

Diese denkwürdige Erfindung, welche in der Anwendung einer gelochten Musterkarte und einem Stoßprisma besteht, um die Kettfäden automatisch einzeln zu betätigen, ist durch eine naturgetreue Nachbildung des ersten Jacquardwebstuhles wiedergegeben. Die Arbeitsweise der Jacquardmaschine kann sich der Besucher an Hand eines schematischen Modelles klar machen. Ein Originalteppichwebstuhl zeigt die praktische Anwendung der Jacquardvorrichtung. Bilder von mechanischen Webstühlen mit Jacquardmaschinen veranschaulichen ihre vielseitigen Verwendungsmöglichkeiten sowie die Verbesserungsbestrebungen, die eine Umgestaltung des kostspieligen Musterkartensystems, z. B. auf photographisch-elektrischem Wege wie beim elektrischen Damaststuhl von Carver, bezwecken.

Von besonderem Erfolg begleitet waren in dieser Hinsicht auch die Bemühungen von Verdol, eine um ein Drittel billigere und sehr viel leichtere Papierkarte durch Anwendung eines Nadelvortasters zu ermöglichen.

In einem weiteren Raum ist eine reichhaltige Gewebesammlung untergebracht. Um die sog. „Gewebekonstruktion", das ist die Verbindung von Kette und Schuß, dem Beschauer möglichst klar dazustellen, sind die wichtigsten Bindungsarten im Technikum für Textilindustrie in Reutlingen unter Leitung von Direktor Prof. Dr.-Ing. O. Johannsen für das Deutsche Museum in anschaulicher Weise modellartig zusammengestellt worden. Während für das geschulte Auge des fachkundigen Webers die üblichen kleinen, auf engmaschigem quadriertem Patronenpapier rasterartig dargestellten Gewebebilder genügen, die Bindungsgesetze abzulesen, um daraus z. B. zu ersehen, wie er seinen Webstuhl einzurichten hat, werden den unkundigen Museumsbesuchern schematische Gewebemodelle, Musterbilder und Webproben in großem Maßstab vorgeführt, die, leichtfaßlich, die Gewebekonstruktion erkennen lassen. Diese Vorführung wird ergänzt durch die jeweils zugehörigen wirklichen Stoffproben.

Außer den Grundbindungen Leinwand, Köper, Atlas sind auf diese Weise auch die zusammengesetzten Bindungen, wie Doppelstoffe, Frottierstoffe, Piqué, Samt und Drehergewebe wiedergegeben.

Weitere Schränke enthalten typische Gewebe verschiedener Zeiten und Länder, darunter schleierartig feine Mumienleinwandreste, sog. Byssusgewebe, die ein beredtes Zeugnis von dem hohen Grad der Spinn- und Webfertigkeit der alten Ägypter geben, ferner Brokatgewebe mit starren Metallfäden, die solchen mit zyprischen Goldfäden gegenübergestellt sind, ältere Damaste und Samte mit Mustern der verschiedenen Stilepochen, die noch auf Hand-Zugstühlen ohne Jacquardmaschine hergestellt wurden. Weiter ist bemerkenswert eine Serie von Seidenbildgeweben der modernen Jacquardweberei mit schönen Effekten, die auf mechanischem Wege sehr billig hergestellt werden können.

Eine weitere Sammlung von Appretur-, Färbe- und Druckmustern mit Abbildungen von älteren und neueren Einrichtungen, zusammengestellt von der Firma Friedrich

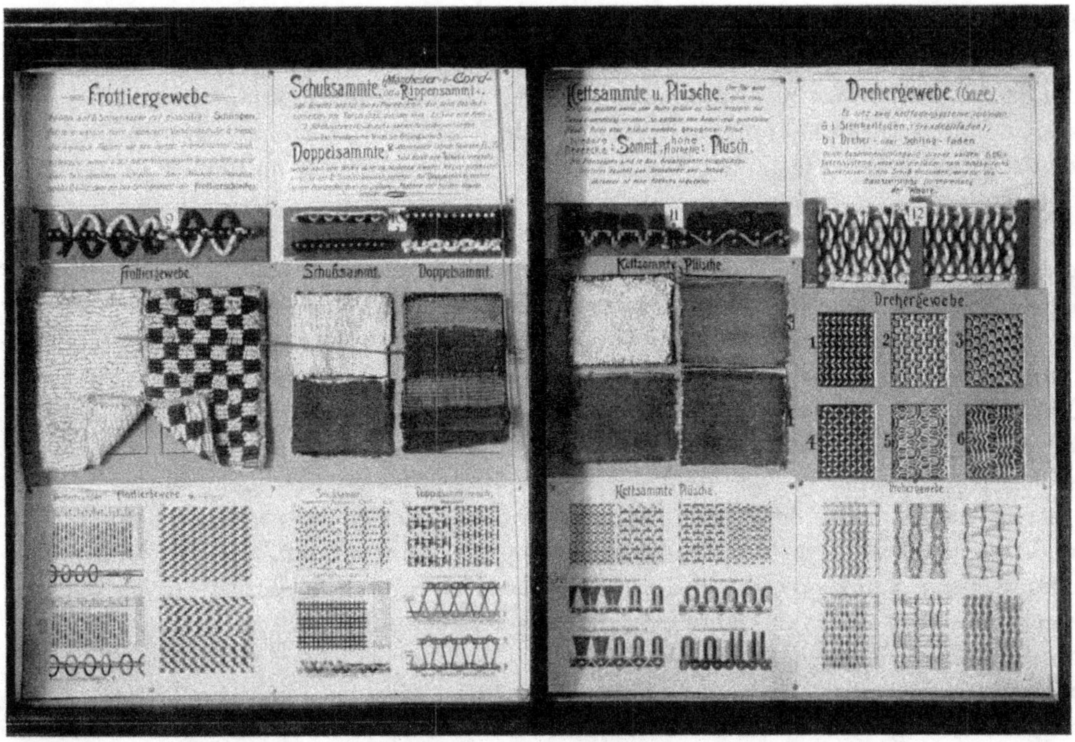


Gruppe aus der modellartigen Zusammenstellung der Gewebekonstruktionen

Gebauer, Berlin, läßt erkennen, welche Vollkommenheit in der Gewebeveredelung durch die vereinigten Bemühungen von Wissenschaft und Technik erzielt werden.

Den Abschluß bildet eine Sammlung von Einrichtungen und Apparaten für die wissenschaftliche Untersuchung von Textilrohstoffen und Textilerzeugnissen. Durch zahlreiche Diapositive sind einige bemerkenswerte Versuchsergebnisse anschaulich gemacht.

Appretur von Fr. Gebauer, Berlin

## PAUL KLEMM, PAPIERERZEUGUNG.

Papier ist heute wie von Alters her der Träger von Schrift und Bildern und damit das Mittel, um die Ergebnisse geistiger Arbeit festzuhalten, zu vererben und zu verbreiten, ist also für die Geisteskultur ein Produkt von höchster Bedeutung, das sich aber auch für viele andere Zwecke brauchbar erwiesen hat und heute an Mannigfaltigkeit der Verwendung seinesgleichen sucht.

Unter Papier versteht man jetzt das aus einer formbaren Masse in Wasser verteilter Pflanzenfasern in Form von Blättern hergestellte Kunstprodukt. Als Schriftträger hatte es seine Vorläufer. Vor der Erfindung des Papiers aus formbarem Faserbrei, die chinesischen Ursprungs ist, Tsai-lün (130 v. Chr.) zugeschrieben wird und auf eine Geschichte von über 2000 Jahren zurückblickt, benutzte man von der Natur unmittelbar in Blattform dargebotene Produkte, Blätter und Rinden von Pflanzen, Tierhäute (Pergament), Platten mineralischen Ursprungs, aber auch früh schon Kunstprodukte, von denen die assyrischen Tontafeln sogar ein allerdings lästig massiger Schreibgrund aus formbarer Masse waren, unter denen aber höhere Bedeutung noch dem durch Zusammenfügung von gespaltenem Pflanzenmark hergestellten Kunstprodukt des Papyrus zukommt, der, ägyptischen Ursprungs, eine Reihe von Jahrtausenden vor unserer Zeitrechnung und noch fast ein Jahrtausend nachher den Kulturträgern der Mittelmeervölker als hauptsächlicher Schreibgrund diente. Beispiele solcher „Vorläufer" des aus formbarer Fasernmasse hergestellten gefilzten Papiers sind auch in der Papier-Abteilung des Deutschen Museums ausgelegt und Deckengemälde von Prof. Schmidt, Weimar, geben von der Herstellung solcher Vorläufer, wie sie die Phantasie des Künstlers erschaute, einen lebendigen Begriff.

Im ostasiatischen Ursprungslande der Erzeugung von Papier aus formbarem Faserbrei war und blieb sie Jahrhunderte lang in allen Teilen reines Handwerk und noch bis heute hat sich diese Betriebsform in Gebieten der ostasiatischen Kultur (China, Japan, Birma) erhalten.

So groß auch der Unterschied zwischen einem solchen handwerksmäßigen Zwergbetrieb und einem auf der Höhe technischer Entwicklung stehenden Riesenbetrieb der Gegenwart ist, im Wesen der technischen Hauptaufgaben hat sich seit Tsai-lün nichts geändert; sie sind: die Faserbreibereitung, die Formung zum Blatt und das Trocknen.

Es hat lange gedauert, ehe die Mechanisierung der Arbeit zur Lösung auch nur einzelner Teile der Aufgaben in zunächst roher Weise begann; sie setzte naturgemäß bei der am meisten Anforderungen an die Kraftanstrengung des Menschen stellenden Arbeit ein, der Herstellung des Faserbreis. Diese bestand in der Bearbeitung der nassen Faserrohstoffe, gereinigter Baumrinden, aber auch schon von Lumpen zunächst mit Schlagwerkzeugen auf harter Unterlage, dann mit Stampfen in Mörsern. Bei der erst nach sieben Jahrhunderten beginnenden Ausbreitung der Erfindung nach Arabien und den Mittelmeerländern finden sich Anfänge zur Ausbildung von Mechanismen.

Aber es vergingen noch mehrere Jahrhunderte und es bedurfte erst der Verpflanzung auf europäischen Boden vom 11. Jahrhundert ab, ehe die Mechanisierung der Stoffbereitung unter Benutzung von natürlichen Energiequellen, Wasser, Wind, allgemein herrschende technische Errungenschaft wurde, zunächst durch rhythmisch arbeitende Vorrichtungen, die Stampfwerke, bis wieder nach Jahrhunderten, im Anfang des 18. Jahrhunderts, das Mahlwerk mit rotierendem Arbeitsorgan, der

Stampfwerk und Antrieb aus der alten Papiermühle von Haynsburg bei Zeitz, im Betrieb von 1700—1909

„Holländer" mit seiner stetig umlaufenden Messerwalze aufkam, der bis heute die typische Vorrichtung zur Bereitung des Papierstoffs geblieben ist, allerdings insofern nicht eine kontinuierlich arbeitende Maschine, als er die Bearbeitung der Masse nicht in einem Durchgang vollendet.

Man sieht das uns heute als Idyll erscheinende Bild der Papiermühle im schönen Flußtale erstehen, die das fließende Wasser als Energiequelle benutzte und sich vom 11. bis 13. Jahrhundert in allen europäischen Ländern verbreitete.

Die Formung blieb Handarbeit, auch bei strenger Regelung und großem Fleiß eng begrenzt in ihrer Leistungsfähigkeit.

Erst das 19. Jahrhundert brachte den großen Wendepunkt der Mechanisierung der Formung und schließlich in ununterbrochener Verbindung mit ihr auch der Trocknung, die einst soviel Raum, Zeit und Menschenarbeit in Anspruch genommen hatte. Heute erscheint sie uns kaum noch als besondere Aufgabe, obwohl es sich um Entfernung einer Wassermasse handelt, die das Eigengewicht des fertigen Papiers stets übersteigt. In wenigen Jahrzehnten hatte die zunächst auf die Mechanisierung der Formung sich beschränkende Erfindung von Louis Robert (1799), der nach zwei Jahrzehnten die Erfindung der stetigen maschinellen Trocknung durch zunächst nur einen heizbaren umlaufenden Zylinder durch Adolf Keferstein (1819) gefolgt war, zur Entwicklung eines Mechanismus geführt, der Formung und Trocknung in einem Arbeitsgange vollendete und das Papier in endloser Bahn abgab. Es war die Papiermaschine entstanden, ein insofern dem Ideal der Technik entsprechender Mechanismus, als er auf der einen Seite die rohe Masse stetig empfängt und das fertige Produkt am anderen Ende verwendungsbereit stetig abgeben kann.

Dadurch erst wurden die technischen Voraussetzungen zu solchen Massenleistungen geschaffen, wie sie der in nicht vorauszuahnender Weise wachsende Bedarf an Papier in den letzten Jahrzehnten verlangte.

Aber auch die Notwendigkeit zur Erschließung neuer ergiebigerer Faserquellen machte sich gebieterisch geltend. Etwa in zwei Jahrzehnten von der Mitte des Jahrhunderts ab brachten rasch hintereinander die wichtigen Erfindungen der Holzschliffherstellung und der Zellstoffbereitung, bei der auch die Chemie zur Hilfe kam, die Erfüllung auch dieser Forderung der Zeit.

Wie es in einer Papiermühle zur Zeit der Handpapiermacherei aussah, ist im Deutschen Museum in einem besonderen Raume dargestellt, in dem ein Teil der Einrichtung einer Papiermühle eingebaut ist, mit der zwei Jahrhunderte lang, von 1700 bis 1909, in Haynsburg bei Zeitz gearbeitet worden ist. Wenn auch zusammengedrängt, so enthält der Raum doch alle wesentlichen Einrichtungen, auch in der Anordnung entsprechend den Überlieferungen in Wort und Bild.

Die mechanisierte Stoffbearbeitung erfolgt von einer aufrechten Königswelle als zentralem Triebwerk aus. Von ihm aus werden in Gang gesetzt: der Lumpenschneider, wie üblich mit der Lumpensortierung im Bodenraume untergebracht, das Stampfwerk, der Holländer, dessen Inhalt der Vorratsbütte zugeführt wird, und das Rührwerk der heizbaren Schöpfbütte. An dieser begann die Handarbeit der Formung der Blätter mit dem Rüstzeug der Siebformen, Preßfilze und der Stockpresse.

Auf dem Boden ist in einer Trockenkammer die Art der Einrichtung dargeste lt. Von der Ausdehnung der Trockenböden gibt fast jedes Bild einer alten Papiermühle, auch das eine der Bilder der Haynsburger Mühle einen Begriff durch die eigenartige Form der mehrstöckigen hohen Dächer mit den Luken und Klappen zur Regelung des Luftdurchzuges.

Wer sich in bauliche Einzelheiten von Anlagen und Werkzeugen vertiefen will, dem geben Reihen von Bildern aus wertvollen alten technischen Werken, unter ihnen Sturms wertvolle Mühlenbaukunst, dazu Gelegenheit, und wer sich an den Erzeugnissen über die Kunstfertigkeit der Handpapiermacherei unterrichten will, kann dies durch eine von Professor Kirchner zusammengebrachte Sammlung von Handpapierblättern aus allen Jahrhunderten bis zurück zu den frühesten Zeiten der Papiermacherei auf deutschem Boden, bei denen Herstellungszeit und -Ort aus den alten, bei Papier einfach durch örtliche Verringerung der Blattdicke leicht anzubringenden Warenzeichen, den „Wasserzeichen", erkennbar sind.

Kennzeichnend für die Entwicklung der Technik der Papiererzeugung nach der Mechanisierung, auch der Formung durch die Erfindung der Papiermaschine ist das Streben nach quantitativ immer größeren Leistungen, mit denen die Ausdehnung der Betriebsanlagen und der Maschinen wachsen mußten, und die Erschließung neuer Faserquellen. Beides mußte naturgemäß gleichen Schritt halten. War die Beschaffung genügenden Rohstoffs in den Jahrhunderten der Handpapiermacherei schon Gegenstand der Sorge und die Sicherung des Lumpenbezuges Gegenstand von eifrig gehüteten und oft umstrittenen Lumpensammel-Gerechtsamen gewesen, die

Nachbildung der ersten Papiermaschine von Robert, patentiert 1799

von den politischen Machthabern verliehen wurden, so konnte die Papierfabrikation bei weiterem Steigen des Bedarfs gar nicht mehr wie bisher eine reine Textilabfall-Verwertungsindustrie bleiben.

Kluge Köpfe hatten das schon kommen sehen. Was einst mit weitem Blick und hohem Ernst ein Vorkämpfer für die Erschließung neuer Papierfaserquellen, Pastor Schäffer in Regensburg, also ein Nichtfachmann, in einem von zahlreichen eingehefteten Papierproben begleiteten einzigartigen Buche, das auch im Deutschen Museum vorhanden ist und den Titel hat „Versuche und Muster ohne alle Lumpen oder doch mit einem geringen Zusatze derselben Papier zu machen“ (2 Bände 1765) und dem er schon im nächsten Jahre ein Buch über neue Versuche folgen ließ, bewiesen hatte, daß man aus den Fasern vieler Pflanzen Papier herstellen könne, wurde nun für die Nutzbarmachung reif, ja zum unerbittlichen Muß. Starres Hängen am Hergebrachten und Altbewährten mußte überwunden werden und deshalb konnten die Bemühungen zur Erschließung neuer Faserquellen schließlich alle technischen Schwierigkeiten und Vorurteile gegen das noch unbewährte Neue überwinden. Man ging unmittelbar auf faserreiche Pflanzenteile zurück, Getreidestroh und Holz. In Stroh hatte man eine jedes Jahr einmal fließende, wenn auch in ihrem Ertrag stark wechselnde Quelle, im Holz dagegen die reichste aller denkbaren Faserquellen, denn es gibt kein anderes Naturprodukt, in dem in so leicht aufbewahrungsfähiger, leicht versenkbarer, vor Verunreinigung geschützter Form Pflanzenfasern so eng vereinigt sind als im Holz und keins, das einen so großen, stets zugänglichen Vorrat in der Natur darböte als die Waldbäume. Es ist zu verstehen, daß es nur darauf ankam, die Technik der Erschließung dieser Faserquellen zu entwickeln, um ihnen den Sieg nicht nur über die vielen anderen Fasern, aus denen man auch Papier herstellen kann, sondern selbst über die altbewährten eigentlichen Papierfasern, denen gegenüber sie zunächst als Ersatzstoffe, als Surrogate, erschienen, zu verschaffen, so daß nach wenigen Jahrzehnten drei Viertel aller auf der Welt mit ihrer vor dem Weltkriege 10 Milliarden kg betragenden Erzeugung verwendeten Papierfasern von Holz stammten.

Die Zeit war reif, von der Erfindung des Webers Fr. Gottlob Keller in Hainichen, Holz mit Hilfe des Schleifsteins zu zerfasern, rasch Gebrauch zu machen. In Heinrich Voelter fand er einen Ingenieur für die Lösung der Aufgabe, die Erfindung zur technischen Reife zu entwickeln. So entstand die Holzschleiferei von 1845 als rein mechanisches Papierfasergewinnungsverfahren und entwickelte sich zum Teil als selbständiger Gewerbezweig.

Man hatte damit den leicht mit hoher Ausbeute aus dem Rohmaterial herstellbaren Faserstoff für wohlfeile Massenerzeugnisse, nur war er nicht allein und seiner minderen Beständigkeit wegen für höhere Wertstufen überhaupt nicht verwendbar, auch nicht durch Bleichen veredelbar.

Bis zur Mitte des Jahrhunderts war auch durch Mellier die lange versuchte Erschließung des Getreidestrohs für die Papierfasergewinnung zur Betriebsreife gekommen.

Den die Bedürfnisse nach Fasern auf absehbare Zeit befriedigenden Abschluß der Erfindungen brachten in den sechziger Jahren des vorigen Jahrhunderts die chemischen Aufschließungsverfahren des Holzes mit Alkalilaugen wie beim Stroh oder mit Schwefligsäure als wirksames Agens enthaltenden Laugen. Von diesen Verfahren, an deren Ausbildung gleichzeitig von verschiedenen Personen mit Erfolg gearbeitet worden ist, hat das Sulfitverfahren überragende Bedeutung erlangt. In diesen Holzzellstoffen hatte man bleichbare, derselben Veredelung wie die Lumpenfasern fähige und feste Faserstoffe zur Verfügung, die auch zu Feinpapieren in weitem Umfange die Lumpen ersetzen konnten.

Dieser Entwicklung der Verhältnisse entsprechend sind der Gewinnung der wichtigen Halbstoffgattungen aus den Rohstoffen Reihen von Darstellungen gewidmet, die an Modellen von Maschinen und Betriebsanlagen, und an Bearbeitungsstufen vom Rohstoff bis zum Produkt Einblicke in den Werdegang der Halbstoffe, und was dabei über Aufwand an Stoffen und Entstehung von Neben- und Abfallsprodukten wissenswert ist, gewähren.

Die Lumpenhalbstoffbereitung, der durch die Herstellung von Textilwaren die Aufschließung aus den Rohstoffen abgenommen, durch die Benutzung der Gewebe aber die Auslese und Reinigung zur wichtigsten Aufgabe geworden ist, findet im Museum die ihrer Bedeutung für die wertvollsten Feinpapiere angemessene Darstellung durch Modelle der bei den Reinigungsarbeiten benutzten besonderen Einrichtungen und Maschinen und ihre Arbeitsweise.

Die Holzstofferzeugung läßt an zwei Modellen von Sulfitzellstoffabriken aus früher und jüngster Zeit das Wesentliche des Arbeitsganges und der Fortschritte erkennen.

Von der Entwicklung der Holzschleifereieinrichtungen, die noch immer technisch fortschreitet, geben zwei Schleifereimodelle der an ihr von Anfang an hervorragend beteiligten Firma J. M. Voith, Heidenheim, einen Begriff. An Kellers Erfindertätigkeit aber erinnern von ihm einst selbst hergestellte Blätter von Holzschliffpapieren.

Die Faserstoffe sind aber nicht die einzigen Bestandteile des heute hergestellten Papiers. Es sind zu ihnen die Substanzen zur Stoffleimung gekommen, der wichtigen Erfindung des Papiermachers Illig (1807), die Voraussetzung für die Massenherstellung leimfester Papiere war, sowie die mineralischen Füllstoffe und Farben, Bestandteile, die in einer Zusammenstellung zeigen, daß Papier ein reiches Gemisch verschiedener Substanzen enthalten kann, das bei der Ganzstoffbereitung im Holländer zusammengemischt wird.

Vom Holländer, diesem altehrwürdigen typischen Naßmahlwerk des Papiermachers, wenn auch in Gestalt und Größe mannigfach abgeändert, zeigen Modelle Bau und Arbeitsweise, Bilder die verschiedenen Typen und die Wirkung des Mahlens je nach der Einstellung des Mahlorgans.

Was aus der Mechanisierung der Formungsarbeit im Verlaufe eines Jahrhunderts seit der Erfindung der endlos arbeitenden Papiermaschine geworden ist, lehrt den Beschauer die Nebeneinanderstellung einer Nachbildung der Papiermaschine von Louis Robert von 1799 aus Essonne, deren Original sich in der Papiermacherschule in Grenoble befindet und des betriebsfähigen Modells einer Papiermaschine aus jüngster Zeit, Skizzen zeigen wichtige Stufen der Vervollkommnung und Typen besonderer Bauarten, Überblicke die Fortschritte der Leistungen.

Verständlich ist, daß auch die Betriebsanlagen durch die Entwicklung zu immer größeren Massenleistungen an Umfang und Ausgestaltung Erweiterung erfahren haben, vielfach an alten Stätten der Papiererzeugung, die sich von der Papiermühle zum neuzeitlichen Großbetriebe entwickeln konnten. Ein geeignetes Beispiel, das den ursprünglichen Kern der alten Anlage noch gut erkennen läßt (Unterkochen), ist in drei Stufen der Entwicklung in Bildern an der Wand vorgeführt. Ihm ist als Gegenstück eine zu den Papiererzeugungsstätten größten Umfanges gehörende Papierzellstoffabrik (Aschaffenburg) gegenübergestellt, wie sie heute nur an größeren Flußläufen der Niederung oder nahe der Mündung ins Meer möglich sind.

Über die wirtschaftsgeographische lehrreiche Einblicke gestattende Verteilung gibt eine Karte der Siedlungstätten der Papierindustrie in Deutschland Aufschlüsse, über Bedarf an Rohstoffen, Leistungen und allgemeine Beziehungen zum Wirtschaftsleben eine Reihe statistischer Zusammenstellungen.

Der Verwendungsbereich von Papier ist im Laufe der Zeit so mannigfaltig geworden, daß es angebracht war, an Beispielen charakteristischer Verwendungsarten des in seinem Äußeren, abgesehen von der Dicke und der Farbe, so wenig auffällige Unterschiede aufweisenden Kunstproduktes Papier zu zeigen, was alles aus ihm hergestellt werden kann für Technik, Haushalt, Luxus und Scherz.

Fast jede besondere Verwendungsart setzt aber auch besondere Eigenschaften oder allgemeine Eigenschaften, unter denen die Festigkeit eine große Rolle spielt, in besonderen Graden voraus, die ohne weiteres nicht zu erkennen sind. Dies sowie die immer verwickelter gewordene Zusammensetzung aus Bestandteilen von Wertunterschieden in technischer, in kaufmännischer Beziehung und hinsichtlich der Beständigkeit sind der innere Grund zur Entwicklung der Papierprüfung mit wissenschaftlichen Hilfsmitteln und Meßgeräten geworden, von denen eine Zusammenstellung der gebräuchlichsten einen Begriff davon geben soll, worauf sie sich richtet und wie sie arbeitet.

*

## H. SCHNORR VON CAROLSFELD UND A. HARTMANN, SCHREIB- UND VERVIELFÄLTIGUNGSTECHNIK.

Überblicken wir die ungeheuere Entwicklung, die sich erstreckt von den primitiven Wegmarken wandernder Ur- und Naturvölkerhorden bis herauf zum modernen Buch, bei dem Druckstoffe, Schriftsatz, Druck, Illustrationen, Einband mit Maschinen hergestellt sind, so können wir auf allen Stufen des Schreibens und des Vervielfältigens des Geschriebenen den Wunsch feststellen, menschliche Gedanken von den Schranken der Zeit und des Raumes unabhängig zu machen oder, um ein Wort Theodor Mommsens mit leichter Abwandlung zu wiederholen: „Durch die Kunst des Schreibens hört der Gedanke des Menschen auf, so vergänglich zu sein, wie er selbst.“ Das Deutsche Museum will, wenn es die angedeutete Entwicklung aufzuzeigen sucht, nicht so sehr Erfindung und Weiterbildung der Schrift und der einzelnen Schriftformen aufzeigen, als vielmehr in erster Linie deren materielle Grundlagen, d. h. die beim Schreiben und Vervielfältigen gebrauchten Materialien und Geräte und die damit betätigten technischen Vorgänge.

Zunächst sind zwei Räume der Technik des Schreibens gewidmet: Schreibgeräte und -stoffe sowie Schrifterzeugnisse werden in zeitlich und örtlich bestimmten Einzelsammlungen vorgeführt. Ein Kasten zeigt die tastenden Schriftversuche von Ur- und Naturvölkern. Wir sehen hier bildliche Darstellungen von Vorgängen, Bilderschriften, piktographische Zeichen in starkem Überwiegen gegenüber eigentlichen Schriftzeichen, Besitzermarken u. dgl.; Schriftträger sind hier Steine, Gebrauchs- und Schmuckgegenstände, Kommando- und Botenstäbe, Tierfelle, Gewebe. Ein besonders eigenartiger Versuch ist die peruanische Knotenschrift.

Eine in sich mannigfach zusammenhängende Entwicklung läßt sich den Sondergruppen der alten vorderasiatischen, altägyptischen, altgriechischen und altrömischen Schrift unschwer entnehmen. Wir haben hier die historischen Grundlagen des heutigen Schreibwesens vor uns.

Entscheidend für die Art des Schreibvorgangs und für die Wahl des Schreibgerätes ist der die Schrift tragende Stoff. Stein, weicher Ton, Holz und Metall, Bast und Papyrus, Tierhaut, Gewebe und Faserpapier bedingen als Schreibgeräte Meißel, Stempel, Messer und Griffel, Pinsel, Schreibrohr, Schreibfeder usw. Die Völker des Altertums verwenden Inschriften auf Felswänden, Gebäudemauern, eigens zugerichteten Steinplatten und auf Metalltafeln im täglichen öffentlichen und privaten Gebrauch. Das Museum zeigt in Nachbildungen altägyptische Hieroglyphen auf Stein, griechische und römische Stein- und Metallinschriften, darunter den berühmten griechisch-ägyptischen Stein von Rosette, germanische Runeninschriften u. dgl.

Aber Stein und Metall sind spröde, nur mühsam zu bearbeitende Materialien; sie sind nicht überall in wünschenswerter Menge zur Hand, und die auf ihnen angebrachten Schriften sind meist an ihre Orte gebunden. Der Wunsch nach leicht und in Menge herstellbaren, mühelos zu beschreibenden und gut transportablen Schreibstoffen hat an verschiedenen Orten verschiedene Lösungen gefunden.

In Vorderasien sind die Assyrer und Babylonier darauf verfallen, ihre Keilschriftzeichen in weichen Ton einzugraben oder einzustempeln, der nachträglich gehärtet wurde. Neben Abbildungen und Abgüssen von Keilschrifttontafeln besitzt das Deutsche Museum ein auch durch seinen Inhalt wertvolles Stück im Original, einen Tonzylinder mit einer Inschrift des Königs Nebukadnezar über den Bau von Ufermauern (7. bis 6. Jahrhundert v. Chr.).

Im alten Ägypten sehen wir den Brauch aufkommen, kürzere Aufzeichnungen mit Tinte auf Holztafeln und besonders auf Scherben, die sog. Ostraka, niederzuschreiben. Ein folgenreicher technischer Fortschritt führt dazu, Holztafeln mit einer dünnen Wachsschicht zu überziehen; mit spitzem Metall- oder Beingriffel läßt sich darauf flüssig schreiben und mit dem breiten oberen Griffelende die Schrift wieder ebenso rasch auslöschen. Die Beispiele solcher Tafeln in der griechischen und römischen Gruppe lassen erkennen, wie man zwei oder mehrere solcher Täfelchen zu einer Art von Notizbüchern zusammenfügte — der Anfang unserer heutigen Buchform.

Original eines Tonzylinders mit einer Inschrift des Königs Nebukadnezar 604—561 v. Chr.
$^1/_3$ der natürl. Größe

In Kleinasien und im älteren Griechenland begegnet uns früh die zubereitete Tierhaut als Beschreibstoff, während Ägypten schon in sehr alter Zeit einen höchst eigenartigen Schriftträger aus der im Land heimischen, zu vielen Zwecken verwendeten Papyruspflanze zu gewinnen lernt. Das Mark dieser Sumpfpflanze wird der Längsrichtung der Stengel nach in sehr dünne Streifen gespalten, diese senkrecht dicht nebeneinander gelegt und eine zweite wagerecht darüber gelegte ebensolche Schicht darauf festgeklopft. Im Museum sind auf diese Weise gewonnene Papyrusblätter ausgestellt, ein demotischer Papyrus und eine griechische Eingabe aus dem Jahre 99 nach Christus. Dieses Stück mag auch als Beispiel dafür dienen, daß sich das Papyrusblatt die griechisch-römische Welt erobert und die älteren Stoffe, wie Bast und Tierhaut, für längere Zeit verdrängt oder doch stark in den Hintergrund geschoben hat. Im späteren Altertum jedoch dringt die inzwischen zum Pergament verfeinerte und damit in der Konkurrenz überlegen gewordene Tierhaut wieder siegreich vor; das Mittelalter übernimmt vom späteren Altertum als Hauptschreibstoff dieses dauerhafte, glatte und eine helle Schreibfläche darbietende Pergament. Der gleichzeitig verlaufende Konkurrenzkampf der Buchformen kann nur angedeutet werden. Die Papyrusblätter ergaben aneinandergeklebt die Buchrolle, von der die noch heute gebräuchliche Bezeichnung „Volumen" herrührt; mit dem Sieg des Pergamentes setzt sich die moderne Form des gefalteten Buches, der Kodex, durch.

Vom 13. Jahrhundert an mußte das Pergament dem Schriftträger der Neuzeit, dem Papier, weichen. Seine Erfindung durch die Chinesen, seine Übertragung zu

Gutenbergstube

uns durch die Araber, die Ausbreitung und Vervollkommnung seiner Herstellung finden sich an anderer Stelle in dieser Denkschrift dargestellt.

Geschrieben wurde auf Papyrus, Pergament und Papier mit Schreibrohr, Rohrpinsel, Rohrfeder und Kielfeder. Vom alten Ägypten verläuft bis in unsere Tage eine zusammenhängende Tradition der Schreibkunst. Das Deutsche Museum zeigt auf einer Tafel zusammengestellt die mannigfaltigen, vornehmlich durch das Material bedingten Stellungen der schreibenden Person. Aus Tintenfaß und Schreibrohren oder -federn setzt sich das Schreibzeug zusammen im alten Ägypten, wie in der Antike, dem Mittelalter und auch bei uns noch.

Mit dem Aufkommen in sich geschlossener Literaturwerke regt sich der Wunsch nach planmäßiger Vervielfältigung. Diese ist natürlich bei den geschilderten technischen Mitteln nur möglich durch Abschreiben. Im Altertum verwendet man dazu Sklaven. Im Mittelalter widmen sich dieser Tätigkeit lange Zeit vornehmlich Klosterbrüder, später auch weltliche Schreiber. In einem kleinen Nebenraum sieht der Besucher des Museums einen solchen Bücher abschreibenden Mönch in seiner Zelle bei der Arbeit sitzen.

Die technischen Fortschritte des 19. Jahrhunderts ergreifen alle Seiten der Schreibtätigkeit. So wird eine bereits alte Erfindung zum Graphitstift, Farbstift usw. ausgestaltet; die Urform dieses Schreibgerätes verrät noch heute der Name „Bleistift". Der Entdecker der Lithographie, Alois Senefelder, erfindet die Stahlfeder. Auch das Problem, Schreibfeder und Tintenbehälter zu vereinigen, erlebt schließlich befriedigende Lösungen in der Füllfeder. In Sondersammlungen führt das Museum die auf den höchsten Stand vervollkommnete Fabrikation der Bleistifte, Stahlfedern und Füllfedern vor.

Endlich wird auch der Schreibvorgang selbst der Maschine anvertraut: in den sechziger Jahren des letzten Jahrhunderts erfindet Peter Mitterhofer aus Partschins in Tirol die Schreibmaschine. Die Mitte des Saales nehmen Beispiele älterer und neuerer Schreibmaschinen ein; einige Modelle lassen den Tastaturmechanismus der verschiedenen Systeme erkennen.

Die Bestände des Museums gestatten auch einen Seitenblick auf die Schreibtechnik des näheren und ferneren Orients. Wir sehen unter anderem persische Handschriften, Bücher aus Siam mit auf Palmblättern eingeritzter Schrift, ein Buch der Bataken auf Bastpapier, weiße Schrift auf mit Kohle geschwärztem Baumwollstoff und schließlich Schrifterzeugnisse Ostasiens. Nicht vergessen sind jeweils auch die Werkzeuge orientalischer Schreiber.

Den größten Fortschritt, der seit der Erfindung der Schrift überhaupt gemacht wurde, brachte der Buchdruck. Mit ihm erst hat das Problem der Vervielfältigung die entscheidende Lösung gefunden.

Die Erfindung Johann Gutenbergs, der ein eigener Raum, die Gutenbergstube, gewidmet ist, hatte ihren Schwerpunkt in der Entdeckung des Schriftgusses. Die Vorstufen der Erfindung sind durch einzelne Beispiele belegt. Der Besucher des Museums sieht auf einer Tafel in Nachbildungen Stempel zum Eindrücken in weiche Massen und zum Aufdrucken von Farben auf Gewebe (Zeugdruck). Auf der Prüfeninger Inschrift vom Jahre 1119 erblickt er in weichem Ton einzelne Buchstabenstempel, also Einzellettern, nebeneinander eingedrückt. Gutenberg erst lehrte den Druck mit zu einer Schriftfläche zusammengesetzten, durch den Guß vervielfältigten, beweglichen Metallettern. Ein von ihm selbst benütztes Gießinstrument hat sich nicht erhalten. Wir werden uns aber sein Gerät nicht viel verschieden vorstellen dürfen von dem alten Handgießinstrument, das aus dem Platin-Moretus-Museum in Brüssel dem Deutschen Museum überwiesen wurde. Eine alte Schriftgießerei erblickt der Beschauer in einem Nebenraum. Eine Reihe neuerer und neuester Gießmaschinen reiht sich daran an. Sonderkollektionen machen die Stereotypen und die für Rotationsmaschinen bestimmten Rundstereotypen deutlich. Eine weitere Entwicklungslinie führt von der Setzerei mit Handbetrieb zum modernen Maschinensatz. Die ausgestellten Maschinen vertreten Etappen dieser Erfindung, zunächst Kastenbeins Setzmaschine (um 1871), bei der der Satz maschinell erfolgt, aber das Ausrichten der Zeilen und das Ablegen der Hand überlassen wird, des Dänen Christian Sörensens Setz- und Ablegemaschine (1845), endlich die von Ottmar Mergenthaler 1883 konstruierte Linotype, die zugleich Setz-, Gieß- und Ablegearbeit besorgt.

Gutenbergs Erfindung gehört dem Gebiet des sog. Hochdruckes an; dabei wird der Farbstoff von über die Druckfläche emporragenden Flächenteilen getragen. Etwa gleichzeitig trat noch eine andere Art des Hochdruckes in die Welt, der Holztafeldruck, heute noch geübt als Holzschnitt. Durch Werkzeuge, Druckstöcke und Druckproben wird dieses Verfahren veranschaulicht. Das Verfahren wurde auch für Metallplatten ausgebaut in der Metallhochätzung für schwarzen und farbigen Druck. Der „Werdegang einer Zinkotypie", Georg Meisenbachs erste autotypische Ätzung (1881) nebst Abdruck, Rasterproben und Proben des mehrfarbigen Hochdrucks lassen die Entwicklungsfähigkeit des Hochdrucks deutlich erkennen. Ein Kasten mit Druckproben und Werkzeugen macht darauf aufmerksam, daß in Ostasien der Farbenholzschnitt sich selbständig zu höchster Blüte herausgebildet hat.

Neben dem Hochdruck steht der Tiefdruck; sein bekanntester Vertreter ist seit dem 16. Jahrhundert der Kupferstich. Dabei wird der Farbstoff übertragen durch Vertiefungen in der Fläche der Druckplatte. Linienstich, gepunzte Manier, Schabkunst, Stahlstich, Radierungen sind die bekanntesten Unterarten. Für sie alle bietet das Deutsche Museum Beispiele von Druckproben und Geräten dar.

Noch am Ende des 18. Jahrhunderts kam eine neue Druckart auf, der Flachdruck, bei dem sich die druckenden Flächen von den vom Farbstoff freibleibenden Flächenteilen durch die chemische Beschaffenheit unterscheiden. Alois Senefelder hat hier die entscheidenden Entdeckungen gemacht und ausgebaut. Daher ist der Raum der Lithographie vornehmlich seinem Andenken gewidmet. Bilder Sene-

Senefelders erste Steindruckpresse aus dem Jahre 1797

felders, seine Werkzeuge, Inkunabeln der Lithographie sind hier zusammengestellt. Senefelder erfand auch die Autographie, den anastatischen Druck, die Kreide- und Federzeichnung auf Stein u. a. Für den neueren Au bau der Lithographie erinnern wir uns der wichtigen Erfindungen des lithographischen Farbendrucks und der Photolithographie.

Dem dargelegten Werdegang der Druckverfahren parallel verläuft die technische Ausgestaltung der Druckpressen. Im Gutenbergzimmer weist eine Abbildung darauf hin, daß auf einem pompejanischen Wandgemälde die römische Tuchpresse bereits die Form zeigt, die uns bei Gutenbergs Handpresse zuerst im Druckverfahren begegnet. Das Holz wurde beim Bau der Handpressen mit der Zeit durch Metall ersetzt; für Sonderzwecke wurden Abarten konstruiert, so die Kupferdruckpresse für den Kupferstich. Senefelder benutzte für seine ersten Versuche im Jahre 1797 eine einfache, von ihm selbst gebaute Stangenpresse. Eine völlige Umwälzung erfuhr das Druckwesen im Anfang des 19. Jahrhunderts durch Friedrich Königs Erfindung der Schnellpresse 1810. Die ersten noch weniger vollkommenen Vorstufen überwand König selbst sehr rasch; schon am 28. November 1814 konnte die „Times" zum erstenmal mit Königs Schnellpresse gedruckt erscheinen. Damit war erreicht, daß man ohne große Mühe, mit mäßigen Kosten und vor allem sehr rasch große Mengen ausdrucken konnte. König erfreute sich bei seinen Versuchen der Hilfe seines Freundes A. F. Bauer; ein ausgestellter Originalbrief gibt Zeugnis von dem freundschaftlichen Zusammenhalten der beiden Erfinder, deren Namen noch heute die Firma König & Bauer zu Oberzell bei Würzburg trägt. Die weitere Entwicklung führt von der Presse mit Eisenbahnbewegung zur Rotationsmaschine. Bei ihr sind alle Bewegungen in rotierende aufgelöst; die Satzfläche ist um den Druckzylinder herumgelegt und gestattet ein kontinuierliches Drucken auf endlosem Papier. An einer Reihe von Modellen und Originalmaschinen kann die dargelegte Entwicklung im einzelnen beobachtet werden. Die erste Zylinderschnellpresse von König wird, von einem Motor angetrieben, in Bewegung gezeigt.

Erste Zylinderschnellpresse von Friedrich König. Betriebfähige Nachbildung

Reich sind die Druckproben, die durch alle Räume hin die verschiedenen Verfahren illustrieren. Der Besucher findet Drucke auf Pergament und Papier aus der Inkunabelzeit des Buchdruckes bis 1500. Es reihen sich an Letterndrucke der letzten Jahrhunderte und insbesondere Proben der graphischen Techniken. Man sieht den Mehrfarbendruck durch den Zusammendruck einzelner getrennter Platten in Gelb, Rot und Blau entstehen. Eine höchst instruktive Zusammenstellung erweist an einem Beispiel (Sixtinische Madonna) die vielen Möglichkeiten schwarzer und farbiger Reproduktionsverfahren, so Kupferstich, Stahlstich, Lithographie, Photochrom, Photogravüre, Lichtdruck, Farbenlichtdruck, Holzschnitt, Farbenholzschnitt, Chromolithographie, Kontinuationsdruck (d. i. Lichtdruck mit Lithographie), Tondruck, Dreifarbendruck, Autotypie. Die meisten dieser Verfahren sind entweder überhaupt erst ermöglicht oder doch stark gefördert worden durch die Beiziehung der photographischen Techniken.

Auf die Geschichte der Vervielfältigungstechnik kann das deutsche Volk mit dem größten Stolz zurückschauen; denn die ganz großen, wirklich entscheidenden Erfindungen sind hier ohne Ausnahme von Deutschen gemacht worden. Wir gedenken daher noch einmal der Namen Gutenberg, Senefelder, König.

*

ERICH STENGER, PHOTOGRAPHIE.

Die photographische Aufnahme, die in unserer schnelleilenden Zeit den Augenblick und seine Ereignisse mit unwiderlegbarer Wahrheitstreue mühelos bildlich festzuhalten vermag, hat die manuellen graphischen Techniken fast völlig aus dem Illustrationswesen verdrängt. Neuzeitlicher Bildbericht jeglicher Art ohne Verwendung der Photographie ist undenkbar.

Seit Jahrzehnten hatte man die Geburtsstunde der Lichtbildkunst in das Jahr 1839 verlegt; am 19. August dieses Jahres hatte der Physiker Arago in der Akademie der Wissenschaften zu Paris die Einzelheiten einer Erfindung des Kunst- und Dekorationsmalers Daguerre bekanntgegeben, um sie zum Gemeingut des ganzen Kulturkreises zu machen. Das Verfahren bestand darin, versilberte Kupferplatten Joddämpfen auszusetzen, die so entstandene Jodsilberschicht in der Camera obscura zu belichten und dann mittels Quecksilberdämpfen zum photographischen Bilde zu entwickeln; als Fixiermittel war damals schon das unterschwefligsaure Natron bekannt.

Bereits in der Frühzeit erhoben sich gewichtige Stimmen, dem langjährigen Mitarbeiter Daguerres, dem Joseph Nicephore Niepce, der schon im Jahre 1833 gestorben war und seit 1827 mit Daguerre gemeinsam gearbeitet hatte, den Hauptanteil an der Erfindung der Lichtbildnerei zuzuweisen; man will die Grundzüge der Entdeckung schon in den Arbeiten des Niepce aus dem Jahre 1824 sehen, in welchem der Genannte durch vielstündige Belichtung einer mit öliger Asphaltlösung überzogenen Zinnplatte in der Camera abscura ein gedrucktes Porträt zu reproduzieren vermochte. Zweifellos befruchteten die Kenntnisse, Erfahrungen und Funde des Niepce die Arbeiten Daguerres weitgehend, dessen Metallbilder, „Daguerreotypien“ genannt, nicht kopierfähig waren: jede Aufnahme war zugleich auch das Bild selbst; jedes weitere Bild verlangte die Wiederholung der Aufnahme, und als man sich an Personenaufnahmen heranwagte, da mußte der zu Porträtierende mindestens eine halbe Stunde in der grellen Mittagssonne sitzen, die man durch vorgeschaltete blaue Glasfilter erträglich zu machen versuchte. Doch bald gewannen die Schichten an Empfindlichkeit, und gegen Ende des Jahres 1841 konnte Daguerre bereits Louis Philipp auf einem Balkon, also im Freien, in 3½ Minuten aufnehmen.

Die spiegelnde Oberfläche der Daguerreotypien machte sich stets unliebsam bemerkbar; nur unter ganz bestimmtem Sehwinkel erscheinen diese Bilder reflexlos und positiv. Frei von diesen Störungen waren Bilder auf Halogensilberpapier, die der Engländer William Henry Fox Talbot in jener Zeit herstellte; auf eigenem Wege hatte er versucht, das optische Bild der Camera obscura chemisch festzuhalten. Wenn auch die Prioritätsansprüche dieses Erfinders gegenüber Daguerre erfolglos blieben, so hat er doch sichere und in späteren Jahren erst voll anerkannte Wege zur Negativherstellung und zu den Kopierverfahren gewiesen.

Das Deutsche Museum besitzt in zwei Räumen eine geschichtlich und technisch in einzelnen Zweigen bis zur Neuzeit durchgeführte Sammlung, deren hervorragendstes Stück die erste nach Deutschland gelangte Original-Aufnahmekamera Daguerres ist, kenntlich an einem Schild mit dem eigenhändigen Namenszug des Erfinders und dem Siegelabdruck des Fabrikanten. Eine wesentlich verbesserte Metallkamera nebst Entwicklungseinrichtung der Firma Voigtländer & Sohn, damals in Wien, aus dem Jahre 1842, die erste Handkamera, schließt sich an nebst einem Aufnahmeapparat der Münchener Forscher Kobell und Steinheil, welche bereits am 13. April 1839 der Bayerischen Akademie der Wissenschaften auf Halogensilberschichten erzeugte Bildproben vorgelegt hatten; auch diese birgt die Sammlung des Deutschen Museums, und neben ihnen finden wir ein Werk des Talbot mit Landschaftsaufnahmen „Talbotypien" genannt, aus dem Jahre 1845, das früheste Photographie-Album der Welt.

Voigtländer Kamera und Entwicklungseinrichtung aus dem Jahre 1842

Zahlreiche Daguerreotypien und Talbotypien — Landschaften, Porträts, Aktaufnahmen, Stereobilder — zeigen den hohen Stand des photographischen Könnens jener Frühzeit, in der sich viele Künstler, aus Angst, die neue Erfindung würde ihnen im eigenen Fach das Brot nehmen, der Lichtbildnerei zuwandten und Bilder schufen, die auch in der Folgezeit nicht übertroffen wurden.

Der Ausbau des photographischen Negativ- und Kopierprozesses wird lückenlos bis zur Neuzeit an technischen und künstlerischen Erzeugnissen gezeigt; systematische Sammlungen führen die Geschichte der photographischen Kamera vor Augen, man kann an zahllosen Apparaten den langwierigen Übergang von der schweren Stativkamera zum leichten Handgerät, den Abbau der Formate dank der verbesserten Optik verfolgen. In einer lehrreichen Schausammlung stehen primitive Objektive in Kanonenrohrgröße neben modernen Doppelanastigmaten kleinen Ausmaßes und größter Bildschärfe. Stereo- und Panoramenkameras lassen in fast lückenloser Reihe jahrelanges Ringen um Gestaltung erkennen. Geheimkameras in Buch-, Taschenuhr-, Theaterglasform und als flaches Gebilde, um unter dem Rock getragen zu werden (das Objektiv wurde durch ein Knopfloch gesteckt), weisen den Weg zur neuzeitlichen, unauffällig verwendbaren Kleinkamera, die wiederum in den besten Ausführungen vertreten ist; neben ihr erscheinen mächtige Gebilde des Weltkriegs, Fliegerkammern und der erste Filmreihenbildner, ein der Kinokamera nachgebildeter Aufnahmeapparat, der vom Flugzeug aus den überflogenen Geländestreifen kartengetreu festhielt. Der Photoautomat ist durch eine selbständig arbeitende Konstruktion aus dem Jahre 1894 vertreten. Einzelsammlungen führen die Entstehung der Objektivverschlüsse, der Bildsucher, der Belichtungszeitmesser, den Ausbau des Wechselsacks zur Wechselkassette vor. An betriebsfähigen Lehrmodellen wird der Zusammenhang zwischen Brennweite, Bildgröße und Bildabstand, zwischen Loch- und Linsenkamera gezeigt.

Die Photographie in natürlichen Farben ist von Anbeginn das Ziel der Erfinder gewesen; die auf direktem Wege nach der Interferenzmethode mittels stehender Lichtwellen erzeugten Bilder Gabriel Lippmanns sind an Leuchtkraft und Farben-

Sammlung alter und neuzeitlicher Photo-Objektive

reichtum unübertroffen, kranken jedoch an den technischen Schwierigkeiten ihrer Herstellung. Die indirekte Methode, welche sich der Zerlegung der Objektfarben in drei Farbengebiete bedient (Dreifarbenphotographie), ist in zahlreichen Bildproben der verschiedenen Arbeitsweisen vertreten. Durchsichts- und Aufsichtsbilder, Aufnahme- und Betrachtungsapparate bringen auch dem Laien diese Verfahren zum Verständnis.

Die Photographie, heute als Kulturfaktor nur der Buchdruckerkunst vergleichbar und so die Schrift durch das Bild glücklich ergänzend, greift in alle Gebiete menschlicher Arbeit und Forschung helfend, beobachtend und klärend ein; diese unentbehrlich gewordene Mitarbeiterin hat erfüllt, was ihr schon im Jahre 1839 vorhergesagt wurde, als man mit begeisterten Worten Daguerres Erfindung schilderte: „Er erkannte die Wirkung der Sonne und des Lichtes auf die Farben; er nahm sich vor, eine so eingerichtete Farbe zu finden, daß die Sonne, ja noch mehr, daß das bloße Licht Teile davon wegnimmt, während der andere Teil widersteht; er wollte den Tag zwingen, auf diesen gegebenen Schatten zu wirken, wie der Grabstichel wirken würde, um auf eine glatte und dunkle Platte Form und Leben zu hauchen; er wollte die Sonne, jenes Weltenauge, zwingen, unter den Befehlen eines Meisters ein scharfsinniger Arbeiter zu sein!"

*

A. FEHR, LANDWIRTSCHAFT.

Wer heute im Frühjahr oder Sommer durch die deutschen Lande reist und die gesegneten Fluren der deutschen Heimaterde in ihrer stolzen Pracht und Fruchtbarkeit schaut, der möchte kaum glauben, daß dieses Land vor ein paar tausend Jahren nichts anderes war als ein großer Urwald mit weiten Moorflächen, ungeregelten Wasserläufen und unfruchtbaren Landstrichen. Diese Dienstbarmachung der deutschen Muttererde ist wie so vieles andere ein gewaltiges Zeichen deutschen Fleißes und deutscher Technik. Wenn die ersten grundlegenden Verbesserungen dem deutschen Fleiße zu verdanken sind, so sind bei den letzten großen Steigerungen der deutschen Ernten deutsche Wissenschaft und deutsche Technik ausschlaggebend gewesen. Mit Recht wurde deshalb im Deutschen Museum der Darstellung der Landwirtschaft der gebührende Raum zugewiesen, um die Besucher in anschaulicher Weise auf die Zusammenhänge zwischen Technik und Landwirtschaft hinzuweisen und um sie weiterhin auch bei dieser Gelegenheit über die Bedeutung der heimischen Landwirtschaft für das deutsche Wirtschaftsleben zu unterrichten und zu belehren.

Wenn auch vielfach das bei den Landwirten besonders ausgeprägte Festhalten am Althergebrachten der raschen Auswirkung wissenschaftlicher Erkenntnisse, besonders in früheren Zeiten, hemmend im Wege stand, so sehen wir zum Teil wohl gerade deshalb nirgends so schön und überzeugend den allmählichen, sich aber immer stärker bemerkbar machenden reichen Einfluß der Technik und der Wissenschaften auf die Praxis wie gerade in den verschiedenen Zweigen der Landwirtschaft.

Die Darstellungen in der Gruppe Landwirtschaft werden eingeleitet mit einem Überblick über die Auswirkung naturwissenschaftlicher Erkenntnisse auf die Pflanzenproduktion. Es wird gezeigt, in welcher Weise sich der praktische Landwirt die geologische, physikalische, chemische und biologische Erforschung des Bodens zunutze gemacht hat. Wir sehen den mühevollen Weg dargestellt, auf dem wir ganz allmählich Einblick in die Vorgänge der Pflanzenernährung gewonnen haben, wie zuerst die sog. Humustheorie von Thaer und später die Mineraltheorie des großen Münchener Gelehrten Justus von Liebig richtunggebend waren, und wie, auf den großen Gedanken und Erkenntnissen Liebigs aufbauend, die moderne Forschung zu den erfolgreichen Ergebnissen der neuzeitlichen Düngerlehre geführt hat, die es uns erst ermöglichten, aus dem deutschen Acker jene Ernten herauszuholen, die uns vor dem Kriege zu einer gewissen wirtschaftlichen Selbständigkeit verhalfen. Nach dem Urteil der Sachverständigen war die große Steigerung der Erträge in den Jahrzehnten vor dem Kriege in ganz Deutschland mindestens zur Hälfte der Wirkung des Kunstdüngers zuzuschreiben, während alle anderen Maßnahmen zur Förderung der landwirtschaftlichen Erzeugung zusammengenommen in ihrer Gesamtwirkung kaum die Bedeutung der Wirkung der künstlichen Düngemittel hatten. Vornehmlich unter dem Einflusse der stark vermehrten Anwendung von künstlichen Düngemitteln hat sich die Getreideernte in Deutschland im Zeitraume von 1885 bis 1912, trotzdem die Anbaufläche keine wesentliche Vergrößerung erfuhr, von 18,3 Millionen auf 26,8 Millionen Tonnen, also um 46,4 vH, und die Kartoffelernte von 29,7 auf 44,2 Millionen Tonnen, das ist um 48,8 vH vermehrt; während gleichzeitig die Bevölkerung von 48 Millionen auf 64 Millionen, das ist um 33 vH anstieg.

In sehr anschaulichen Darstellungen sehen wir die Zusammensetzung des Bodens und daneben in umfassenden Vorführungen die Wirkung der verschiedenen, für die Erzeugung großer Ernten unentbehrlichen Pflanzennährstoffe Stickstoff, Phosphorsäure, Kali und Kalk. Die Nutzbarmachung der Bakterienwelt in der Landwirtschaft zeigt die Impfung der Schmetterlingsblütler mit Reinkulturen von Knöllchenbakterien zur Sicherung und Erhöhung der Ernten.

Die Pflanzenzüchtung stellt den jüngsten Sproß der deutschen Landwirtschaftswissenschaft dar, der gerade in den letzten Jahrzehnten sich mächtig entwickelte und neben der verbesserten und vermehrten Düngung zur Vermehrung der deutschen Ernten mithalf. Während noch zu Ende des 19. Jahrhunderts in den meisten Gegenden Deutschlands und besonders in den bäuerlichen Betrieben ungezüchtete Landrassen und -sorten angebaut wurden, hat die moderne Pflanzenzüchtung in machtvoller Arbeit Erfolge erzielt, die bewundernswert sind. Da die Pflanzenzüchtung eine angewandte Wissenschaft ist, bedarf sie der Vererbungslehre als Grundwissenschaft, als deren Väter wir Charles Darwin und den Augustinermönch Gregor Mendel ansehen dürfen. Besonders auf letzteren gründet sich die moderne rein experimentelle Richtung der Erblichkeitsforschung. In diesem Sinne führt die

Darstellung der Bespannung und Verwendung älterer und neuerer Pflüge

Abteilung die wichtigsten Gesetze der Vererbung vor und erläutert sie vornehmlich an landwirtschaftlichen und gärtnerischen Kulturpflanzen. Die wichtigsten praktischen Methoden der Züchtung geben Einblick in die schwierige Arbeit des landwirtschaftlichen Pflanzenzüchters, der im Laufe der letzten Jahrzehnte schon eine Fülle von Pflanzenformen und -sorten geschaffen hat, unter denen der denkende Landwirt oder Gärtner je nach Boden, Klima und Kulturverhältnissen die geeignetsten Formen auswählen kann.

Erster Petroleummotorpflug mit rotierenden Grabschaufeln von Mechwart 1896

„Im Schweiße Deines Angesichts sollst Du Dein Brot verdienen." An diesen biblischen Spruch wird der Beschauer erinnert, wenn er in der Abteilung Bodenbearbeitung die ersten primitivsten Geräte für die Bodenlockerung in den verschiedensten Darstellungen vorfindet. Wir sehen den Grabstock, wie er bei den Indiern, den Buschmännern, den Maori auf Neuseeland und anderen primitiven Völkerschaften Verwendung fand und zum Teil heute noch verwendet wird. Die Handhacken bilden eine weitere Entwicklungsstufe der Bodenbearbeitungsgeräte. Spitzhacken aus Hirschhorn, Steinhacken aus prähistorischen Zeiten und Hacken altägyptischer, altindischer und römischer Herkunft sind die Vorläufer des Pfluges, dessen Entwicklung vom primitivsten Gerät zur heutigen Vollkommenheit auf einem künstlichen Ackerfeld besonders eingehend und sorgfältig dargestellt ist. Der Hackenpflug der ägyptischen Fellachen, der rumänische Pflug mit einer wagrechten Sohle, der römische und spanische Pflug, der etrurische Pflug aus dem 7. Jahrhundert v. Chr., der griechische Pflug, die russische Socha, der böhmische Ruchadlo und der Brabanter-Pflug, all diese Geräte bilden Entwicklungsstufen auf dem Wege der allmählichen Vervollkommnung der Pflüge bis zu den modernsten Arten der Gegenwart, wie wir sie heute in der neuzeitlichen Landwirtschaft verwenden.

Hand in Hand mit der Entwicklung der Pflüge änderte und vervollkommnete sich auch die Bespannungsart dieser Geräte, die zu den verschiedenen Zeiten und bei den verschiedenen Völkern sehr unterschiedlich war.

Das Original des ersten Petroleum-Motorpfluges, der im Jahre 1896 von Mechwart gebaut wurde, mutet heute mit den rotierenden Grabschaufeln wie der Vorläufer der Bodenfräsen an. Das Original des ersten deutschen Motorpfluges von Robert Stock aus dem Jahre 1907 ähnelt in seinen Grundzügen dem heutigen Motorpflug sehr stark und hat schon damals die Hauptgedanken der heutigen Kraftpflüge verwirklicht.

Neben dem Pflug spielten schon in den ersten Anfängen der Landwirtschaft die Eggen und Walzen als sehr wichtige Bodenbearbeitungsgeräte eine bedeutsame Rolle. Die Indier hatten einfachste Eggenformen, die mit der Zeit langsam verbessert

Erster deutscher Motorpflug, gebaut von Robert Stock 1907

wurden. Die Strauch- und Zahneggen sind ebenfalls noch primitive Geräte, aus denen sich erst im Laufe der Zeit die modernen verschiedenartigen Eggenarten herausgebildet haben.

Sehr lehr- und abwechslungsreich sind die Darstellungen über die Art der Aussaat des Getreides. Vergleichende Bilder über die Handsaat vor Tausenden von Jahren und von heute sind ebenso belehrend wie die verschiedenen Apparate zur maschinellen Unterbringung des Saatgetreides. Der chinesische Säepflug ist wohl die älteste bekannte Säevorrichtung. Das Modell eines Säepfluges nach Locadelli aus dem Jahre 1663 leitet über zur Reihen-Säemaschine nach Thaer aus dem Jahre 1792. Von neueren Maschinen sind in Originalen und Modellen vertreten die Löffel-Säemaschine nach Garrett aus dem Jahre 1860, die Löffel-Säemaschine nach Melichar, an die sich als moderner Typ eine Schubraddrillmaschine von Epple & Buxbaum-Augsburg, anschließt.

Die Entwicklung der Landwirtschaft vom einfachen Handgewerbe zum heutigen vielseitigen, mit den modernsten Maschinen arbeitenden Betriebe zeigt recht deutlich die Art der Ernte der Feldfrüchte im Wechsel der Zeiten. Hier ist in anschaulicher Weise dargestellt, wie nach und nach die viele zeitraubende und teuere Handarbeit durch maschinelle Einrichtungen ersetzt und wie der moderne Landwirtschaftsbetrieb mechanisiert wurde. Angefangen bei den römischen Bronzesicheln, den indischen und chinesischen Sicheln, wie sie die Bengalen benützten, zeigen viele Originale, Nachbildungen und Modelle die Entwicklung dieser Erntegeräte bis zu den heute verwendeten Typen.

Ein gallischer Mähwagen aus dem Jahre 20 n. Chr. dürfte wohl die älteste Maschine zum Abernten des Getreides darstellen. Die Mähmaschine von Smith

Darstellung des Kornbaues im alten Ägypten

aus dem Jahre 1807 kann als die erste Maschine der neueren Zeit angesprochen werden, an die sich eine ganze Reihe weiterer Typen anreiht, die sehr schön und anschaulich den Entwicklungsgang der Mähmaschinen bis zum heutigen vollkommenen Gerät, dem Garbenbinder, darstellt, von dem ein neuzeitlicher Bindemäher der Deutschen Werke betriebsfertig aufgestellt ist, so daß der Besucher die einzelnen Vorgänge des Mähens und Bindens in lehrreicher Weise studieren kann.

Eine Reihe der verschiedensten Kartoffelerntemaschinen, angefangen vom ersten Kartoffel-Hebepflug von Howard 1869 bis zu den Kartoffelrodemaschinen der Neuzeit, zeigt das Bestreben, die umständliche zeitraubende Arbeit des Ausgrabens der Kartoffeln möglichst zu vereinfachen und zu verbilligen.

Die endgültige Gewinnung der Körnerfrucht war in früheren Zeiten, als diese Arbeit noch ausschließlich mit den Dreschflegeln vorgenommen werden mußte, zeitraubend und mühsam. Haben doch noch in den siebziger und achtziger Jahren des vorigen Jahrhunderts die kleineren und mittleren Landwirte ihre Ernte nur durch Ausflegeln des Getreides gewonnen und, da zu dieser langwie-

Indischer Säpflug

Modelle von alten Dreschmethoden. Dreschwagen mit Rollen aus dem 18. Jahrhundert, steinerne Dreschwalze mit Göpel aus dem Anfange des 18. Jahrhunderts

rigen Arbeit tagsüber die Zeit mangelte, hiezu die letzten Nacht- und ersten Morgenstunden vom Spätherbst bis Weihnachten benützt.

Chinesische, afrikanische, tibetanische, schwedische und deutsche Dreschflegel zeigen die Entwicklung dieses Handgerätes im Laufe der Jahrhunderte. Die erste Hilfe leistete auch hier das Tier, das zum „Austreten" des Getreides verwendet wurde. Dreschschlitten waren die einfachsten Dreschmaschinen, die schon bei den ägyptischen und nubischen Fellachen und bei den Persern verwendet wurden. Dreschwalzen und Dreschflegelmaschinen wurden zu Anfang des 18. Jahrhunderts gebaut. Ein Jahrhundert später sehen wir die Dreschstampfe auftreten, die schon einen Vorläufer hatte in der chinesischen Stampfe. Dieser folgten die Dreschwagen und diesen wieder die heutigen Dreschmaschinen, deren Entwicklung in interessanter Weise dargestellt ist und von der ein betriebsfähiges Modell Einblick in den Vorgang des Dreschens bei den heutigen komplizierten Maschinen gibt.

Reibstein zum Zerkleinern des Getreides bei den Negern

Die Reinigung und Sortierung des Getreides wurde bei den alten Ägyptern durch das sog. „Worfeln" erreicht, während die primitiven Völkerschaften das Reinigen des Getreides heute noch unter Ausnützung des natürlichen Windes vornehmen. Die Japaner verwenden zur Trennung der Reiskörner von den Hülsen Windfächer. Bei der altchinesischen Putzmühle wurde mittels einer Tretvorrichtung mit Windflügeln künstlicher Wind erzeugt. Die flandrische Putzmühle aus dem 18. Jahrhundert ist schon ein moderner Typ und gleicht der alten deutschen Putzmühle, die sich im Laufe der Zeiten vervollkommnet hat, und deren Arbeit heute ergänzt wird durch Trieure und Getreidereinigungsanlagen, ohne die besonders der Saatgutbauer und -züchter nicht jene hochwertigen Qualitäten saatfertigen Getreides herstellen könnte, die heute vom kaufenden Landwirt gefordert werden, um Höchsterträge zu erzielen.

Handmühle in Westpreußen

In einem Nebensaal ist die Futterherrichtung und Futtererhaltung dargestellt. Die chinesische Futterschneidvorrichtung ist wohl die älteste behelfsmäßige Vorrichtung zum Zerkleinern des Rauhfutters. Eine mittelalterliche Häkselbank leitet über zu den Häkselbänken des 18. Jahrhunderts, aus denen sich die heutigen Futterschneidmaschinen mit Hand- und Motorenbetrieb entwickelt haben.

Die Futtererhaltung hat im Haushalte des Landwirts schon immer eine große Rolle gespielt, besonders in jenen Gegenden, in denen durch reichliche Niederschläge eine einfache und rasche Trocknung des gewonnenen Futters erschwert wird. In anschaulichen Darstellungen sind die verschiedenen Heuwerbungsmethoden vorgeführt. Neben der Werbung auf Holzgerüsten, Reitern usw. sehen wir die Braunheubereitung, die Konservierung durch Einsäuern in Futtergruben und die neuzeitliche Erhaltung grünen Futters durch Einbringen in Silos.

Ebenso alt wie die Geräte zur Bodenbearbeitung und Ernte sind die Hilfsmittel zum Zerkleinern und Mahlen der Feldfrüchte. Durch Originale, Modelle und Bilder wird in überaus fesselnder Weise gezeigt, wie die Mahlvorrichtungen allmählich vervollkommnet wurden, welche Apparate zur Sichtung des Mahlgutes erdacht worden sind und welche Ausgestaltung die Mühlenanlagen und ihre Antriebsmaschinen erfahren haben. Es kommt dabei anschaulich zum Ausdruck, wie sich aus den schwerfälligen Tretmühlen, die von Menschen in unwürdiger Sklavenarbeit und von Tieren mühsam bewegt werden mußten, die mit Motoren angetriebenen automatischen Mühlen entwickelt haben und wie außerordentlich die Leistungsfähigkeit der Mühlen, die Ausbeutung des Getreides und die Verfeinerung der Mahlprodukte gesteigert wurde.

Die in den alten Kulturländern vor Jahrtausenden verwendeten und heute noch bei vielen Naturvölkern benützten Reibsteine, bei welchen das Getreide mit einem Handstein zerquetscht wird, die hölzernen und steinernen Stampfmörser

Mahlgänge einer historischen Getreidemühle aus der Gegend bei Tölz

und die scheibenförmigen, von Hand gedrehten Mahlsteine sind durch Originale und Bilder, die auch den Gebrauch der Vorrichtung erkennen lassen, veranschaulicht.

Von besonderer Wichtigkeit sind die Mahlgänge mit Kammerradübersetzungen, die viele Jahrhunderte lang in den Tretmühlen, Wasserrad- und Windmühlen eingebaut waren. Ein besonders typischer Mahlgang einer Wasserradmühle aus dem 17. Jahrhundert ist betriebsfähig aufgestellt. Darstellungen der schon im alten Rom verwendeten Wasserradmühlen und der im 11. Jahrhundert eingeführten Windmühlen lassen ersehen, in welcher Weise die Naturkräfte zum Antrieb der schweren Mahlgänge dienstbar gemacht wurden. Die Einrichtungen dieser geschichtlich hochinteressanten Kunstwerke des Maschinenbaues in früheren Zeiten können die Besucher des Museums auch an einer Originalwindmühle holländischer Bauart aus dem 18. Jahrhundert, die im Garten betriebsfähig aufgestellt ist, studieren.

Wie sehr diese Mühlen, die viele Jahrhunderte hindurch unverändert gebaut wurden, durch Anwendung von selbsttätigen Transportmitteln zur Beförderung des Getreides und Mahlgutes, von Reinigungs- und Sortiermaschinen, verbesserten Sichtvorrichtungen usw. vervollkommnet worden sind, zeigen Bilder der ersten amerikanischen Dampfmühlen aus der Zeit um 1790.

Die im 19. Jahrhundert einsetzende Verbesserung in der Konstruktion der alten Mahlgänge durch Verwendung von Eisen und Stahl an Stelle des Holzes und die Einführung stählerner Mahlscheiben sowie die Entwicklung der Walzenstühle, bei denen das Getreide zwischen rotierenden Walzen gemahlen wird und die im modernen Mühlenbau den Mahlgang mit Steinen fast vollständig verdrängt haben, sind durch Modelle und Abbildungen dargestellt. Bewegliche Modelle der ersten Walzenstühle mit Porzellanwalzen aus den Jahren 1876 bis 1885 von Wegmann in Zürich und ein Dreiwalzenstuhl mit Entlastungsringen von Mechwart 1885 zeigen verschiedene historisch interessante Konstruktionen dieser leistungsfähigen Maschinen.

Sehr interessant und belehrend ist eine betriebsfähige Mühleneinrichtung mit den neuesten Maschinen und Apparaten zum Reinigen, Mahlen und Sichten. Die Einrichtung zeigt eine Universalreinigungsmaschine, in welcher das Rohgetreide gereinigt, geschält und entspitzt wird, einen Vierwalzenstuhl, einen Plansichter und eine Gries- und Dunstputzmaschine.

In außerordentlich anschaulicher Weise werden die Einrichtungen einer modernen automatischen und elektrisch betriebenen Großmühle mit Getreidesilo, Mehlspeicher und den nötigen Reinigungs-, Mahl-, Sicht-, Misch- und Aspirationsmaschinen sowie den umfangreichen vertikalen und horizontalen Transportvorrichtungen in einem beweglichen Modell gezeigt.

An Hand schematischer Darstellungen werden die zahlreichen Stadien des Bearbeitungsprozesses vom Rohgetreide bis zu den Fertigprodukten der Mühle veranschaulicht.

Den Abschluß bilden statistische Tafeln, welche die hohe Leistungsfähigkeit der modernen Großmühlen in bezug auf Menge und Güte der Mühlenprodukte erkennen lassen.

Milchzentrifuge von Alex. Prandtl 1875

Die Milchwirtschaft hatte schon bei den Völkern des Altertums eine große Bedeutung. Haltung der Tiere und Gewinnung der Milch wurden jahrhundertelang unverändert in einfachster Weise durchgeführt. Je nach den klimatischen Verhältnissen eines Gebietes mußte auch auf die Stallhaltung mehr oder weniger Gewicht gelegt werden. Die Modelle eines mittelalterlichen Stalles und eines modernen Musterstalles zeigen die Art und Weise der Unterbringung der Tiere, die Vorrichtungen für die Futterverabreichung, die Anlagen zum Einbringen des Futters in die Scheune und die Lagerung des Futtervorrates.

Die Milchgewinnung, das Melken, geschieht fast ausschließlich durch Handarbeit. In größeren Betrieben bürgert sich allmählich das Melken mit Maschinen ein. Die Ausführung des Handmelkens nach bestimmten Melkmethoden, von denen die Hegelundsche und die neue Allgäuer Melkmethode in Schauschränken bildlich dargestellt sind, gewährleistet höchste Milcherträge, geringste Beschmutzung der Milch und Gesunderhaltung der Euter. Verschiedene Darstellungen geben Aufschluß über die Bestrebungen, das Handmelken durch Maschinen zu ersetzen.

Links ein Laval-Dampfturbinen-Separator aus dem Jahre 1899, in der Mitte eine Milchzentrifuge von Bechtolsheim, rechts eine der ältesten Laval-Milchzentrifugen

Die Behandlung der Milch nach dem Melken war früher auf ein Seihen mit einfachen Vorrichtungen, Seiher aus Holz mit Strohwisch, Haarknäuel, getrocknetem Bärlapp usw. beschränkt. Jetzt werden verschiedene gut wirkende Seihvorrichtungen verwendet. Ein Beispiel hierfür ist das Ulax-Wattefilter in der Sammlung.

Die Haltbarkeit der Milch wird erhöht durch rasche tiefe Abkühlung mittels Rund- oder Flächenkühler. Moderne Milchbehandlungsanlagen zur Versorgung von Großstädten verfügen über Erhitzungsanlagen zur Milchpasteurisierung einerseits, über Tiefkühlanlagen andererseits.

Als Einrichtungen zum Milchtransport entsprechen die neuzeitlichen Gefäße, gegenüber den in der Sammlung gezeigten alten Tongefäßen der Pfahlbauzeit und den Milchschläuchen der Nomadenvölker, den höchsten Anforderungen der Hygiene.

Bei ruhigem Stehen steigt das Milchfett an die Oberfläche, die Milch rahmt auf. Besonders rasch geschieht dies in flachen Gefäßen, die, als Kacheln, Weidlinge, Satten, Stotzen usw. bezeichnet, in der Sammlung aufgestellt sind. Die Abhängigkeit des Aufrahmungsvorganges von der Lufttemperatur ist ausgeschaltet bei dem in der Sammlung an verschiedenen Modellen gezeigten Aufrahmverfahren nach Schwaz.

Die Aufrahmverfahren haben nur mehr bei Herstellung bestimmter Hartkäsesorten und in rückständigen Hausbetrieben Bedeutung. Sie sind seit Einführung der

Modelle von älteren Geräten zur Butterbereitung. Quirlbutterfaß mit Trethebel und Schnurzug aus dem Anfange des 19. Jahrhunderts; alter schweizerischer Drehkübel; Schweizer Lire; niederländisches Schlagbutterfaß

Schleuderentrahmung von der Zentrifuge verdrängt. Die Milchschleuder ist zweifellos die fruchtbringendste Erfindung auf dem Gebiete der Milchwirtschaft. Erfunden als Eimerzentrifuge von Antonin Prantl, Weihenstephan, und im Jahre 1864 von ihm beschrieben, hat sie im Laufe der Zeit nennenswerte Verbesserungen von Alexander Prantl, Weihenstephan, durch ihre Ausgestaltung zur kontinuierlich arbeitenden Maschine erfahren. Lefelt hat die Milchschleuder durch Einführung der Trommel, de Laval durch Konstruktion der ersten brauchbaren Handzentrifuge und von Bechtoldsheim durch Erfindung der Einsätze vervollkommnet. Durch letztgenannte Erfindung wurde hinsichtlich Leistungsfähigkeit und Entrahmungsschärfe der höchste Grad von Vollkommenheit bei den Milchschleudern erreicht. Die aufgestellten Originalmaschinen der Erfinder und genaue Modelle vermitteln einen Überblick über den Entwicklungsgang der Milchschleuder.

Modell einer neuzeitlichen Buttermaschine für Großmolkereien

Durch Erschütterung der Fettkügelchen der Milch oder des Rahmes, besonders im Zustand vorgeschrittener Säuerung, verlieren sie ihre Kugelform und vereinigen sich zu Klumpen; der Rahm wird zu Butter! Die Butterbereitung, schon den Völkern des Altertums bekannt, wird mit mehr oder weniger einfachen Vorrichtungen durchgeführt. Schlagbutterfässer, von denen das indische Quirlbutterfaß wohl eines der ältesten sein dürfte, Schaufelbutterfässer, Stoßbutterfässer und Drehbutterfässer dienten und dienen diesen Zwecken.

Bei der Käsebereitung wird darnach getrachtet, unter Einschluß des Fettes den Käsestoff der Milch in geeigneter Weise zum Gerinnen zu bringen, das mehr oder weniger Molke enthaltende Gerinnsel zu formen und Reifungsvorgänge einzuleiten.

Die Käsebereitung soll verschiedenen Völkern des Altertums schon eher bekannt gewesen sein als die Butterbereitung. Sie hat sich von frühesten Zeiten bis zu Anfang des 19. Jahrhunderts als Hauskäserei in den infolge ihrer klimatischen Verhältnisse auf Viehzucht und Milcherzeugung angewiesenen Gebieten erhalten, für bestimmte Käsesorten, vorwiegend für große Laibkäse, eine handwerksmäßige oder gewerbliche Entwicklung, für Käse kleineren Umfanges, vor allem Sauermilchkäse, eine Industrialisierung erfahren.

Wie in den Einzelabteilungen über Käsebereitung gezeigt wird, sind im Laufe der Entwicklung Vervollkommnungen der Käsekesselheizungen, der Gerätschaften und Vorrichtungen unter teilweiser Mechanisierung der Handarbeit eingetreten, wodurch in technischer und wirtschaftlicher Beziehung günstige Einflüsse auf den Ausfall der Erzeugnisse erzielt werden konnten.

ANTON KOCH, BRAUEREI UND BRENNEREI.

Das Bier ist das Nationalgetränk des deutschen Volkes im wahren Sinne des Wortes. Auch anderwärts finden wir neben anderen alkoholhaltigen Getränken das Bier. Seine Geschichte ist so alt, wie die Kultur der Völker; je enger ein Kulturgut mit der Erhaltung des Lebens verknüpft ist, wie z. B. die Zubereitung von Speise und Trank, um so älter ist seine Geschichte. Die Anfänge der Bierbereitung dürften demnach, obwohl sichere Urkunden darüber nicht vorliegen, in sehr frühe Zeitabschnitte der Geschichte des Menschengeschlechtes zurückreichen, in die Zeit der beginnenden Seßhaftmachung, des Überganges vom Nomadenleben zum Ackerbau.

Zum Bierbrauen gehört Wasser, Malz und Hopfen. Wasser und Hopfen sind Naturprodukte; Malz aber ist ein künstliches Erzeugnis, das aus Ackerbaufrüchten gewonnen wird. Wie kam der Mensch dazu, Getreide — z. B. Gerste — in Malz umzuwandeln? Es ist nicht anzunehmen, daß Malz „erfunden" worden ist; vielmehr wird eine Reihe von Zufällen mitgespielt haben, bis auch der Erfindungsgeist des Menschen geweckt worden ist. (Es sei hier ein solcher Zufall angeführt.) — Die primitive Wohnweise unserer armen Altvordern hat gewiß eine ebenso primitive und unsachgemäße Lagerung der geernteten Halmfrüchte in feuchten Erdhöhlen oder dem Unwetter ausgesetzten Schuppen oder in Pfahlbauten zur Folge gehabt, so daß eine ungewollte Keimung des Getreides verursacht und seine Verarbeitung bzw. Vermahlung beeinträchtigt wurde. Um das zur Ernährung notwendige Getreide vor weiterem Schaden zu bewahren, hat man es dann an der Luft und an der Sonne, als dem ersten Malzdarrfeuer, oder auch am Herdfeuer wieder getrocknet und damit versucht, es wieder mahlfähig zu machen. Die aus solchen groben Mehlen von gekeimtem Getreide hergestellten Brote und Suppen haben den Menschen frühester Kultur infolge des süßen Geschmackes zugesagt, so daß dieser Vorgang einer primitiven Mälzung im Laufe der Zeit absichtlich herbeigeführt wurde. Wenn nun besonders in der heißen Jahreszeit größere Vorräte angekeimten und wieder getrockneten Getreides hergestellt, in Teigform oder zu flüssigen Speisen verarbeitet wurden, so ist die Möglichkeit der sauren und alkoholischen Gärung ohne weiteres gegeben. Auf diese Weise wurde der Mensch unbewußt mit dem Alkohol und seinen charakteristischen Wirkungen bekannt.

Während auf der einen Seite die saure Gärung der Zubereitung aus Mehl unmittelbar zum Brot führt, leitet die alkoholische Gärung zu berauschenden Getränken. Daraus kann gefolgert werden, daß die Brot- und Bierbereitung auf ein und derselben Grundlage stehen, was übrigens auch die Kulturgeschichte der Babylonier beweist, die etwa 7000 Jahre v. Chr. schon Bier brauten und Funde aus der Zeit der alten Ägypter zeigen. Siehe die hochinteressanten Veröffentlichungen von Dr. Huber, Berlin (Gesellschaft für die Geschichte und Bibliographie des Brauwesens E. V.).

Wir sehen in diesen Modellen und in Abgüssen alter Reliefe einen ägyptischen Getreidespeicher, eine altägyptische und eine Fellachenbrauerei, die sich eigentlich voneinander fast gar nicht unterscheiden; sie zeigen uns das Leben und Treiben in der einfachen Werkstätte, im Brauhaus, wie das Getreide auf einem Haufen angefeuchtet wird, wie am Dache des Brauhauses, auf welchem — nebenbei bemerkt — der Braumeister sein idyllisches, luftiges Quartier aufgeschlagen hat, das ausgebreitete abgekeimte Getreide durch die liebe Sonne getrocknet wird (die erste Malzdarre);

Bierbereitung in Ägypten. Links das Modell einer neuzeitlichen Fellachenbrauerei, rechts davon das Modell einer altägyptischen Brauerei mit Getreidespeicher

wir sehen ferner, wie in großen tönernen Gefäßen das Malzgetreide mit Holzstampfern zerstoßen wird; fleißige Arme und Hände besorgen das Zerreiben des Malzes in Steinmulden mit runden Steinen. Das zermahlene Getreide, mit Wasser eingeteigt, wird geknetet, in Brotlaibe geformt und gebacken. Nun kommt das Verarbeiten des Brotes zur Maische. Ein Mann steht in einem hohen Tongefäß und bearbeitet die Maische mit den Füßen; ihre Muskelkraft ersetzt die moderne Maischmaschine. Der Beschauer sieht ferner das Durchsieben des „Bieres", welches als Brotmaische nur etwa 24 Stunden gegoren hat; 2 Männer stehen sich gegenüber und arbeiten die Maische durch ein Tonsieb gründlich durch. Der Ausschank dieses nun bereits fertigen Bieres, der Busa, wie dieses ägyptische Bier heißt, erfolgt, wie das Modell zeigt, direkt in der Werkstätte selbst und wird an gemütliche Zecher aus großen Krügen kredenzt.

Eine große Ähnlichkeit mit dem babylonischen bzw. ägyptischen Bier hat der Kwas, ein Bier, das bei den slawischen Völkern, besonders in Rußland, heute noch hergestellt wird. Nach Koberts Definition wird Kwas hergestellt durch gleichzeitige saure und alkoholische Gärung von eingemaischten Weizen-, Gersten-, Roggen- und sonstigen Mehlarten oder diesen Mehlsorten entsprechenden Malzarten oder aus Brot von einem Gemisch der genannten Stoffe. Das Getränk befindet sich im Stadium der Nachgärung, ist alkoholarm und hopfenfrei; es wird meist noch ein würziger Zusatz hinzugefügt. Diese Art des Brauens ist nach Orosius schon 700 Jahre v. Chr. bekannt gewesen.

Aus den Berichten unserer Gelehrten und Forschungsreisenden wissen wir, daß alle Naturvölker, selbst mit niedrigster Kulturstufe, alkoholhaltige Getränke, darunter auch Bier, wenn auch nicht in unserem Sinne, bereiten. Das eine Volk läßt beispielsweise ein Gemisch von Wasser und Honig der wilden Biene, das andere Palmen- oder Agavensaft, das dritte Getreide- oder Brotwasser längere Zeit an der Luft stehen; es fallen Mikroorganismen aus der Luft hinein — die Selbstgärung zur Herstellung eines alkoholhaltigen Getränkes ist eingeleitet. Wunderbar für uns Kulturmenschen sind die „Weine" aus tierischer Milch, welche speziell im Kaukasus aus Kuh-, Schaf-, Ziegen- und Stutenmilch hergestellt werden.

Zwei echte Bierländer sind Afrika und Südamerika. Dem Sammeleifer des

Deutschen Museums ist es gelungen, auch das Modell einer afrikanischen Brauerei aus Transvaal und Natal nach Angaben des Paters Hanisch aufzustellen und interessante Brauereigeräte afrikanischer Völker im Original zu zeigen. In einem Modell ist die Bereitung des „Utschwala" — das Nationalgetränk der Kaffern — plastisch dargestellt. Die Neger bereiten in Kesseln ihr Bier aus Mais- und Amabelemalz (Hirseart). Wir sehen das „Sudhaus" und den beschatteten „oberirdischen Gärkeller". Als Bierbrauer werden am besten alte Weiber gewählt. Utschwala ist schon als Würze trinkbar; ist es aber gegoren, so muß es rasch weggetrunken werden, weil es sich nicht hält.

Aber nicht nur Afrika und das Morgenland waren stets ein Bierland sondern auch das Abendland; es wurde Bier gebraut in Germanien, Spanien, Gallien, Ungarn usw. Von unseren Altvordern, den alten Germanen, berichtet Pytheas (um 300 v. Chr.) als erster von dem Vorhandensein des Bieres, das aus Gerste oder Honig oder aus beiden gemischt, gebraut wurde. Die älteste germanische Urkunde über das Bier dürfte wohl die „Edda"-Sage sein, die an vielen Stellen von Bier und Braukesseln spricht. Es kann als bestimmt angenommen werden, daß lange vor Christi Geburt die Sippen des Cheruskerstammes, die sich an der oberen Leine niederließen, die Kunst des Bierbrauens mit ins Land brachten. Gersten-, Hafer- und Weizenkörner weichten da im hölzernen Trog und kamen zum Keimen. Auf geflochtener Hürde dörrte man das „Molt" über dem Herdfeuer. Statt des Hopfens nahm man Eichenrinde, Eschenblätter, Tausendguldenkraut usw. usw. Die abgekühlte Würze wurde wahrscheinlich der Selbstgärung überlassen. Braumeister war die Hausfrau. Das Bierbrauen war eben, wie das Brotbacken oder das Schlachten, ein Teil des Hausbetriebes und wurde von den Frauen und Leibeigenen besorgt.

Mit Karl dem Großen, einem eifrigen Förderer der Landwirtschaft, sehen wir dieselbe aufblühen; in seinen Meiereien und in den Herrenhöfen bestanden Hausbrauereien. Dieser Regent befahl in seiner Wirtschaftsordnung dafür zu sorgen, „daß Malz und Bier reinlich gefertigt werde". Um diese Zeit finden wir auch schon Hopfengärten, die alle anderen vegetabilischen Zutaten zum Bier verdrängten. Über die Herkunft des Hopfens aus Babylonien sei auch hier wieder auf die Forschungen von Dr. Huber, Berlin, verwiesen. Mit dem Eingange des Christentums entstanden Klöster, die Mittelpunkte kultureller Entwicklung. Sie vereinigten in sich alle Handwerke, darunter auch die Bäckerei und Brauerei. Eines der frühesten und angesehensten Klöster war das in St. Gallen, dessen Grundrißplan um 800 heute noch vorhanden ist und 3 Brauereien aufweist. Fernab von allem Weltgetriebe, ganz auf sich selbst angewiesen, gestattete die Ruhe und Einsamkeit des Klosterlebens tiefes, ernstes Nachdenken. Kunst und Handwerk wurden gehoben und damit auch die Braukunst. Die Klosterbrüder waren aber auch sicherlich nicht die letzten, die neben einem Glas feurigen Weines auch eine gute Kanne Bier zu schätzen und herzustellen wußten. (Siehe Veröffentlichungen von P. Ildefons Poll O. S. B. Metten.) Die Klosterbiere hatten bis in unsere Zeit den besten Ruf; ohne Zweifel haben früher die Klosterbrauereien die Brautechnik in hohem Maße gefördert und für die weltlichen Brauereien aneifernd gewirkt. Es ist ein Spiel des Zufalls, daß im Kloster Weihenstephan die erste bayerische Brauerei nachgewiesen wird an derselben Stelle, wo heute die bekannte Brauerschule ihre Tätigkeit entwickelt.

Jahrhundertelang blieb dann das Brauen der Familien Hausgewerbe. Die

Brauerei, bestehend aus einem Kessel und Zuber, war meist in der großen Diele des Hauses, die zugleich als Küche diente, untergebracht. Der Malzvorrat lag am Hausboden, das Malzschrot wurde mit Wasser gemengt, abwechslungsweise dann im Kessel gekocht und wieder in den Zuber gebracht; dies wurde unter ständigem Umrühren so oft getan, bis man glaubte, der Sud sei gelungen. Dann ließ man die ganze Maische absitzen, die Treber gingen zu Boden, und die braune Flüssigkeit, die wir heute Würze nennen, wurde in kleine Bottiche zur weiteren Abklärung geschöpft, später auf Fässer gefüllt und im Hauskeller gelagert. Es ist anzunehmen, daß es sich damals um eine Selbstgärung gehandelt hat, vielleicht aber wurde auch schon der Bodensatz als Gärmittel des einen Sudes für die nächste verwendet. Solange nur für den eigenen Bedarf gebraut wurde, hatte die Obrigkeit kein Interesse an der Güte des Gebräues. In den Hausbierbrauereien des Mittelalters haben die einzelnen Familien voneinander gelernt; der eine hat durch strenge Beobachtung und vielleicht auch durch persönliche Veranlagung ein besseres oder besonders gutes Erzeugnis hergestellt und bildete sich zum Spezialisten aus, so daß die Nachbarn mit anderen Waren auf dem Tauschwege ihren Bedarf gegenseitig deckten. So mag aus der Hausbierbrauerei das Handwerk des Bierbrauens herausgewachsen sein.

Während früher jeder nach Belieben brauen konnte, wird mit dem Entstehen der Städte das Brauen ein Recht, das nur Bürgern verliehen wurde. Die Städte, also die Gemeinden, stellten mitunter dann auch die Braugeräte, die von dem einen Haus ins andere getragen wurden, sie stellten ferner auch den Braumeister, so daß die Hausfrau ausgeschaltet wurde. Anders wurde aber die Sache, als neben dem Braurecht auch das Ausschankrecht verliehen und eine Quelle des Erwerbes wurde; dann griff auch der städtische Rat als Ordner des Gemeinwesens ein und machte seine Vorschriften bezüglich der zu erzeugenden Menge und Güte des Bieres. Diese öffentliche Obsorge war aber nicht in allen Städten zu finden. Anderwärts erhielt sich noch Jahrhunderte die Hausbierbrauerei, oder es bauten sich die Brauberechtigten auf gemeinsame Kosten ein Brauhaus, in dem jeder für seinen eigenen Bedarf das Bier sieden konnte. Solche gemeinsame Brauhäuser, Kommunbrauereien, haben sich bis auf den heutigen Tag besonders in Franken erhalten.

Das Deutsche Museum zeigt in dem Modell „Steinbierbrauerei" von Valentin Kaschitz in Weidmannsdorf bei Klagenfurt ein Überbleibsel germanischer Kultur, vielleicht eine „gemeinsame" Braustätte der alten Germanen. Wie lange diese höchst interessante Brauart in die Vergangenheit zurückreicht, ist nicht zu ergründen. Offenbar war zur Zeit dieser Erfindung die Technik noch nicht so weit fortgeschritten, um große, metallene Gefäße herzustellen. Diese originellen Bierbrauer kochten deshalb die Maische, die aus einem Gemisch von Gersten-, Hafer- und Weizenmalz bestand, in einem Holzbottich, und zwar durch Versenken von glühenden Steinen, die bei rascher Abkühlung nicht bersten (Grauwackensteine), in die Maische. Diese Steine wurden in einem Nebenraum des Sudhauses, in dem sog. „Grumettl" glühend gemacht, mittels großer Zangen (Originalzange ist im Museum vorhanden) gepackt und über Bord in den Maischbottich gehoben. Nach Vollendung des Maischprozesses wurde die Würze durch ein Loch im Bottichboden in eine Rinne zum Gärbottich abgelassen und nach Abkühlung der Gärung übergeben.

Eine weitere, für den Fachmann und Laien nicht minder interessante Art des Bierbrauens sehen wir in der Abbildung und im Modell einer ossetischen Brauerei.

Modelle von Braupfannen und Brauereianlagen. Links eine moderne kugelförmige Dampfbraupfanne für Maische und Würze. Daneben eine Braupfanne mit Dampfkochung durch eingehängte Heizrohre. Anschließend eine ältere Brauereianlage und rechts eine hölzerne Braupfanne aus dem Jahre 1742

Der Stamm der Osseten und Chewsuren, welche im Kaukasus wohnen, verarbeitet seine Gerste, die sog. Berggerste, in ähnlicher Form, wie dies in Ägypten geschieht‘ zu Malz, schrottet und maischt es. Während die Ägypter ihre Brotmaische nicht kochen, kochen diese Kaukasusvölker ihre Malzmaischen, seihen dieselben zu wiederholten Malen durch Weidenkörbe, in welche am Boden reines Stroh als Läuterboden eingelegt wird. Die Körbe stehen auf einer Rinne, in welcher das Filtrat, die Bierwürze, aufgefangen und in faßartige Gefäße, ausgehöhlte Lindenbaumstämme, gesammelt wird. Die Würze kommt nun noch einmal in den Kessel zurück und wird mit wildem Hopfen gekocht. Nach Beendigung des Sudes wird der Hopfen abgeseiht, die Würze abgekühlt, in Fässer gefüllt und dort gegoren.

Der Besucher findet in der Sammlung ein weiteres denkwürdiges Modell, das mit „Hölzerne Bierpfanne“ bezeichnet ist und das bei oberflächlicher Betrachtung dem Fachmann geradezu lächerlich erscheint. Bei genauerer Untersuchung des Modells und der Schnittzeichnung werden wir aufgeklärt, daß in dem hölzernen Pfannenboden ein kupferner, nach innen gewölbter Heizboden eingebaut ist. Das Modell ist nach einer Zeichnung und Beschreibung aus dem Jahre 1742 in der Enzyklopädie von Krünitz hergestellt. Der Erfinder ist der Schwede Nils. In diese hölzerne Bierpfanne bzw. in den Bottich ist in einer kleinen Entfernung vom Bord ein gelochter Bretterdeckel eingebaut, der mit einem Stroh- oder Roßhaarsieb abgedeckt ist. Auf diesen Seihboden wird das zu verbrauende Malzschrott geworfen, während in der Pfanne selbst das Brauwasser langsam erwärmt wird. Mittels Schapfen wird durch ein viereckiges Loch, das in den Seihboden eingeschnitten ist, dauernd warmes bzw. heißes Wasser über das Malzschrott geschöpft und so durch die steigende Temperatur des Brauwassers eine allmähliche Verzuckerung und Auslaugung des Malzschrottes bewirkt. Die so erhaltene Würze wird dann mit Hopfen in der hölzernen Pfanne fertig gekocht. Diese Brauart ist also ein reines Infusionsverfahren.

Weiters zeigt eine Wandtafel dem Besucher einen Maischbottich, der seitlich angebohrt ist und mit einer eisernen Viole durch ein Rohr in Verbindung steht. In diese Viole, welche durch Holz- oder Kohlenfeuer erwärmt wird, dringt ein Teil der Maische ein, wird erwärmt, fließt in den Bottich zurück, wodurch eine Zirkulation, wahrscheinlich mangelhafter Art, entsteht. Zweck derselben ist eine langsame Anwärmung der Gesamtmaische. Diese Brauart ist ähnlich der oben beschriebenen.

Die Verleihung des Braurechts seitens der Obrigkeit hatte einen großen Einfluß auf den Brauereibetrieb. Demselben wurden Vorschriften gemacht bezüglich der Mälzungs- und Sudzeit, der Malzschüttung bzw. der Stärke des Bieres usw. Der Brauer stand unter öffentlicher Kontrolle. Dies gab dem Braugewerbe Ansporn zur Verbesserung in der Anlage und in den Einrichtungen der Braustätten. Hand in Hand damit ging auch die Verbesserung der Arbeitsweise. Jeder hielt sein empirisches Wissen streng geheim. Aber die Wissenschaftler fingen schon an, sich für die Braukunst zu interessieren; es blieb ihnen vorbehalten, viele harte Nüsse zu knacken, bis einigermaßen Licht in das Dunkel der Braukunst kam. Es erschien ein lateinisch geschriebenes Büchlein von Johannes Placotomus 1556, von Thadaeo Hyaceos 1585, beide Doktoren der Heilkunde, welche über die Kunst und die Fortschritte des Bierbrauens ihrer Zeit schreiben. Im 17. Jahrhundert mehrt sich die Literatur über Bier; es erscheinen Bücher von Christoph Kobrer, Heinrich Knaust, Martinus Schookin u. a. m. Diese letzteren befassen sich schon mit der Begutachtung der Rohstoffe, des Brauwassers, der Malz- und Bierbereitung, ferner mit Ratschlägen, wie man ein verdorbenes Bier wieder gut macht, wie das Bier bei verschiedenen Krankheiten als Heilmittel dient usw.

Im Mittelalter bis in die Neuzeit hinein war es der Norden Deutschlands, in welchem es für die damalige Zeit hochentwickelte Brauereien und berühmte Braun- und Weißbiere gab, so z. B. die Goslarer Gose, den Broihan in Hannover, die Braunschweiger Mumme, das Einbecker Bier u. a. m. Manches dieser Biere scheint gut haltbar gewesen zu sein, denn sie wurden schon vielfach exportiert; so soll die Braunschweiger Mumme auf der ganzen Erde verfrachtet worden sein; das Einbecker Bier kam an die bayerischen Herzogshöfe. Mitte des 18. Jahrhunderts erfolgte nun ein Rollenaustausch — die Biere der bayerischen und böhmischen Braumethode gewannen die Oberhand und errangen sich Beliebtheit im In- und Ausland.

Das Mittelalter hat einige hervorragende Männer, deren Arbeiten für die heutige hochentwickelte Brauindustrie von Bedeutung wurden, so der Holländer Leeuwenhoek (1680), welcher das Mikroskop verbesserte und fand, daß die Hefe aus Kügelchen besteht, welche in der Würze wachsen, deren Natur er aber nicht zu erklären vermochte. Der Chemiker Becker entdeckte 1682, daß nur zuckerhaltige Flüssigkeiten fähig sind, alkoholische Gärung zu erleiden. Es seien noch genannt: der Chemiker Lavoisier, die Physiker Réaumur, Celsius, Fahrenheit. Mit Watt kommen wir in das Zeitalter der Dampfkraft, die dem gesamten Erwerbsleben ein neues Gepräge gab. Das Gewerbe tritt aus dem Handwerksmäßigen heraus und wird Industrie. Die Handarbeit beginnt ganz allmählich durch Maschinen ersetzt zu werden. Gegen Ende des 18. Jahrhunderts treten unter den Fachgenossen Paupier in Böhmen, Benno Scharl in Bayern durch ihr Wirken als Brauer und ihre Literatur für das Braugewerbe in den Vordergrund. Das Museum besitzt ein Ölbildnis des Altmeisters Benno Scharl, gemalt von seinem Gutsherrn, Graf v. Seinsheim. Ein hervorragender Fach- und Zeitgenosse von Paupier und Scharl war der Hofbraumeister Gabriel Sedlmayr, späterer Besitzer der Spaeth-Brauerei in München. Dieser und besonders sein Sohn haben das Verdienst, mitgeholfen zu haben, das bayerische Braugewerbe aus der mittelalterlichen Empirie herauszuführen. Die Spatenbrauerei in München hat dem Deutschen Museum ein sehr schätzenswertes Modell gestiftet, das uns ein getreues Konterfei dieses Betriebes aus dem Jahre 1812 gibt. Es kann als Markstein auf dem Entwicklungswege des deutschen Brauwesens gelten und bildet den Übergang zur Neuzeit. Die technische Anlage und die Ausdehnung der Braustätte muß für die damalige Zeit schon Großbrauerei genannt werden. Ihr Besitzer, der bereits genannte Gabriel Sedlmayr, versott in der damals gesetzlich geregelten Sudzeit von „Michaeli bis Georgi" gegen 10000 bayerische Eimer Bieres. In den einzelnen Abteilungen sehen wir schon gewaltige technische Fortschritte, so in der Mälzerei eine regelrechte Tennenanlage, eine sog. englische Darre, welche das Grünmalz nicht, wie bisher, mit Rauch (Rauchdarre), sondern mit indirekter Wärme durch heiße Luft trocknet und röstet. Das Kühlschiff ist nicht mehr, wie man es heute noch ganz vereinzelt in Landbrauereien sehen kann, im Sudhaus aufgestellt, es hat einen eigenen luftigen Raum unter dem Dach des Bräuhauses erhalten. Bis in die 80er Jahre herein war das Kühlschiff, wie auch hier, noch aus Holz. Das Aufkühlen der Kühlschiffwürze besorgte hier eine neue Erfindung, die „Prof. Hermannsche Kühlmaschine zum Aufkühlen der Kühlschiffwürze". Im Sudhaus ist das Drei-Maischverfahren eingeführt; stämmige Brauknechte „handhaben das Maischscheit und den Stangenschapfer", welch' letzteres Handwerkszeug die Sammlung im Original zeigt. Sedlmayr führte auch Neuerungen in der Kellerwirtschaft ein: Die Winterbiere wurden ebenfalls, wenn auch nicht solange wie die Sommerbiere, gelagert. 1821 stellte er als Erster in einer deutschen Brauerei eine Dampfmaschine zum Wasserpumpen auf; 1823 erfolgten die ersten — allerdings negativen — Versuche, mit „direktem" Dampf zu kochen; die Darren bekommen Drahthorden. Nach dem Tode dieses verdienstvollen Brauers trat 1839 dessen Sohn in die Fußstapfen seines Vaters. Er genoß eine für die damalige Zeit mustergültige Fachausbildung, unternahm mit Dreher von Wien, Lederer von Nürnberg und Meinel von Braunau eine Studienreise nach London und dann mit Dreher noch eine Reise durch ganz England, dessen Brauereien den kontinentalen weit überlegen waren, und setzte nach Rückkehr das Gesehene und Gelernte in der eigenen Brauerei in die Praxis um. 1834 finden wir bei ihm das erste Saccharometer, womit er das wichtige Fundamentalinstrument für die Berechnung der Malzausbeute einführte und damit einen Grundpfeiler für das wirtschaftliche Arbeiten im Brauereibetrieb aufbaute. Um 1840 wird in der Zacherlbrauerei in der Au bei München erstmals eine Dampfmaschine für das Maischwerk und für die Maischpumpe aufgestellt, ferner eine Dampfpfanne mit Doppelboden. Das darin gebraute Bier entsprach jedoch nicht und Zacherl bekam Schwierigkeiten mit seinen Brauknechten, die (mit Recht) die Verdrängung der Handarbeit durch das maschinelle Maischwerk erblickten. Zacherl verkaufte diese Maischmaschine an Sedlmayr, der sie dann einige Jahre später in seinem Betrieb mit Erfolg aufstellte. Ferner war Sedlmayr einer der ersten, wenn nicht überhaupt der erste, welcher in München die Natureiskühlung für die Lagerkeller einführte, wodurch neben anderen Fortschritten ein kontinuierlicher Brauereibetrieb gewährleistet war. Die Krone seiner Verdienste aber erwarb er sich mit der sofortigen Würdigung der Lindeschen Erfindung der Erzeugung der künstlichen Kellerkühlung mit Ammoniakkompressoren. Unsere ganze heutige Brauindustrie verdankt die Möglichkeit ihrer Leistungsfähigkeit gerade diesem Meisterwerk der Technik.

Im Jahre 1844 erscheint Ballings Lehrbuch der allgemeinen Gärungschemie. Hermstädt hat erkannt, daß die Brauerei nur von demjenigen ausgeübt und vervollkommnet werden kann, der die Grundlagen der Chemie und Physik näher studiert hat. Er gab dem preußischen Staate den Rat, Anstalten zu gründen, an denen wissenschaftlich gebildete Lehrer über die Brauerei Vorträge halten und so Praxis und Theorie in Fühlung bringen sollten, um damit das kommende Zeitalter der Zymotechnik vorzubereiten. In Süddeutschland ist diesem Rate wohl zuerst Professor Dr. Kaiser nachgekommen, der an der Münchner Akademie über den Brauprozeß Vorträge gehalten hat.

Im Jahre 1848 hat der Leiter der Landwirtschaftlichen Zentralschule in Schleißheim, Dr. Knobloch, die erste Brauerschule eröffnet, die 1852 nach Weihenstephan verlegt wurde und dort unter Lintner sen. zu hoher Blüte heranwuchs.

Auf dem Gebiete der Biologie ist mit der Erkenntnis der Hefe als pflanzliches einzelliges Lebewesen von Traugott Kützing im Jahre 1832 ein wesentlicher Fortschritt eingetreten, der mit den epochemachenden Arbeiten von Emil Christian Hansen seinen Höhepunkt erreicht hat. Der vorbildliche und vornehme Forscher hat im Jahre 1881 die Brauereihefe zum erstenmal in Reinzucht dargestellt und damit der Brauindustrie einen unschätzbaren Dienst geleistet. Seine Art der Hefereinzucht muß als eines der schönsten Meisterwerke der Naturwissenschaften genannt werden.

Der chemische Vorgang der Umwandlung von Stärke in Zucker durch mineralische Säuren ist zuerst von Kirchhoff 1811 erkannt und experimentell nachgewiesen worden. 1822 hat Dubrufaut die Diastase entdeckt, die beim Maischen die Verzuckerung der Stärke bewerkstelligt. Mit dieser Entdeckung ist ein Hauptprozeß im Brauereibetrieb wissenschaftlich erfaßt worden.

Doch nicht nur der aufbauende Prozeß des Braugewerbes wurde wissenschaftlich durchleuchtet, auch die Analyse fand frühzeitig Eingang in wissenschaftliche Laboratorien. Ballings Attenuationslehre wird selbst heute noch in den Kreisen der Zymotechniker beachtet. Die Untersuchung des fertigen Bieres auf Alkohol und Extrakt wurde 1836 von Professor Fuchs in München mittels Kochsalz vorgenommen. Diese hallymetrische Bieruntersuchung gab Balling die Veranlassung, 1838 eine saccharometrische folgen zu lassen. 1843 gab Steinheil in München an, wie man das Bier auf optischem Wege untersuchen könne. Die im Museum ausgestellten Laboratoriums-Einrichtungsgegenstände geben von diesen, sowie neuen und neuesten Methoden der Bier-, Malz- und Wasseruntersuchung beredtes Zeugnis.

Das Braugewerbe, so von der wissenschaftlichen Forschung durchleuchtet, nahm zu Ende des 19. Jahrhunderts einen ungeahnten Aufstieg. Mühsam und mit den denkbar primitivsten Einrichtungen und ohne jegliche Ahnung von physiologischen und chemischen Vorgängen im Mälzungs- und Brauprozeß hat der Bierbrauer viele Jahrhunderte sein Handwerk vollkommen empirisch betrieben. Nicht recht viel besser als der Mensch der Steinzeit hat er noch während des Mittelalters sein Grünmalz hergestellt, dann durch wochenlanges Liegenlassen und oftes Wenden desselben auf Böden als sog. „Luftmalz", in der weiteren Folge auf Obstdarren oder in Backöfen getrocknet, bis er andere Trockenapparate erfand, von denen uns einige Modelle der Sammlung, bei denen die Wärme des direkten Feuers verwendet wird, Zeugnis geben. Die Vollendung dieses Rauchsystem sehen wir in dem Modell „Rauchdarre", welche bereits Darrhorden und Abzugslöcher besitzt. Die Rauchdarre ist längst verdrängt und wurde durch ein- und zweihordige Darren mit indirekter Feuerung ersetzt. Ganz gewaltige Fortschritte in der Technik der Herstellung des Grünmalzes

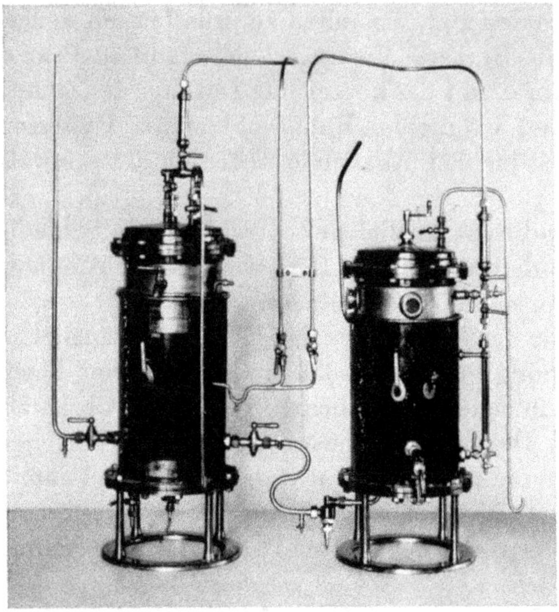

Modell eines Hefereinzuchtapparates nach E. Chr. Hansen

sehen wir in der Saladinschen Kastenmälzerei, in der Galantschen Trommelmälzerei und in neuester Zeit in dem Kropffschen Mälzungsverfahren. Wie schon erwähnt, erfolgte die Verarbeitung des Malzes zur Würze zuerst in der Küche in einem Zuber, Kessel und mit einem Rührscheit zum Mischen bzw. Maischen und Kochen, und noch kaum sind einige Jahrzehnte verstrichen, daß das Maischscheit durch die Maischmaschine ersetzt wurde. Als erste Verbesserung ist das Maischen mit einem in den Maischbottich eingebauten Rührflügel mit Handbetrieb zu nennen. Da die Wirkung desselben vielen nicht genügte, wurden komplizierte Maischmaschinen mit maschinellem Antrieb konstruiert und gebaut, welche zum großen Teil schon wieder verschwunden sind. Dank der gewaltigen Fortschritte im Maschinenbau und Verwendung der Dampf- und elektrischen Kraft wurden diese ersetzt durch den Propeller, der einfachsten und wirkungsvollsten Maischmaschine. Das Ende des 19. Jahrhunderts bringt uns als Meisterwerk der Technik die Verwendung des direkten und des Abdampfes als indirektem Wärmespender für den Maisch- und Hopfenkessel. So ergriff die Technik mit noch selten dagewesenem Eifer die durch die Wissenschaft gegebenen Anregungen und konstruierte Maschinen, Apparate, Sudhauseinrichtungen, Mälzereimaschinen, Gärkelleranlagen, Flaschenfüllereien, Pasteurisierapparate, Malzsilos, Hopfenkammern und vieles, das in dem engen Rahmen der Ausführungen hier nicht einzeln aufgeführt werden kann. Meister der Wissenschaft und Meister der Technik haben mit deutschem Fleiße und mit deutscher Gründlichkeit zusammengearbeitet, um die deutsche Bierbrauerei zu einer der vollendetsten Industrien zu gestalten, die dem deutschen Volke und der ganzen Welt ein Bier braut, das sich rühmen darf, an Güte und in hygienischer Hinsicht an erster Stelle aller Biere der Erde zu stehen.

Brennerei: Während die Ursprünge der Bierbereitung bis in sehr frühe Zeiten der menschlichen Kulturentwicklung zurückreichen, ist die Gewinnung des Hauptgärungserzeugnisses, des Alkohols oder Weingeistes, in konzentrierter Form erst eine verhältnismäßig junge Errungenschaft. Im Altertum war wohl die Tatsache bekannt, daß Wein beim Erhitzen brennbare Dämpfe entwickelt, nicht aber die Verdichtungsmöglichkeit von Dämpfen niedrig siedender Flüssigkeiten durch geeignete Kühlvorrichtungen. Die Erfindung der Destillation und damit auch die eigentliche Entdeckung des Alkohols erfolgte vermutlich erst im 12. Jahrhundert in Italien, wo Weindestillat um 1250 bereits als Allheilmittel empfohlen wurde. An Stelle der ursprünglichen Bezeichnungen „aqua ardens“ oder „aqua vitae“ der italienischen Alchimisten wurde erst viel später von Paracelsus willkürlich der arabische Name Alkohol auf den feinsten Weingeist übertragen. Im Mittelalter knüpfte sich die Brannt-

Modell eines modernen Sudhauses

Modell einer älteren Brennerei mit Pistoriusapparat

weinbrennerei wie die Bierbereitung hauptsächlich an die Klöster, in denen Weingeist vornehmlich zu Heilzwecken hergestellt wurde. Als schon alkoholhaltiges und bequemstes Ausgangsmaterial diente zunächst der Wein, doch fand in Deutschland schon vom 15. Jahrhundert an auch Getreide zur Branntweinbereitung Verwendung. Allmählich wurden Zerealien zum bevorzugten Brennereirohstoff, bis sie von den Kartoffeln abgelöst wurden, die, seit etwa 1820 vorherrschend, jetzt weitaus die Hauptmenge des in Deutschland erzeugten Alkohols liefern. Daneben hat sich die Getreidebrennerei in beschränktem Umfange erhalten; eine nicht unbeträchtliche Menge Spiritus wird aus Melasse der Zuckerfabriken gewonnen und einen quantitativ geringen aber qualitativ hochwertigen Anteil der Alkoholerzeugung liefern die wein- oder zuckerhaltige Früchte zu Trinkbranntwein verarbeitenden Betriebe. In neuerer Zeit traten als weitere Fabrikationsarten hinzu die im Museum durch ein Modell veranschaulichte Gewinnung von Spiritus aus den zuckerhaltigen Ablaugen der Zellstoffabriken und die synthetische Herstellung von Alkohol aus Kalziumkarbid.

Eine Vorstellung von den primitiven Anfängen der Spiritusbrennerei erhält der Besucher des Deutschen Museums durch verschiedene Modelle und Abbildungen alter Brennapparate. Von dieser ältesten Art der Brennerei führt eine direkte Linie zu der modernen Obst- und Weinbrennerei, welche auch heute einfache Brennapparate, nur in vervollkommneter Form, beibehalten hat, während die Durchführung der Gärung und Destillation zeitgemäße Verbesserungen erfuhr.

Eine wesentliche Komplikation des Arbeitsganges ergab sich mit der Verwendung stärkehaltiger Rohstoffe, da hier zunächst eine Aufschließung durch Zerkleinern oder Dampfeinwirkung und ferner Umwandlung der Stärke in gärungsfähigen Zucker durch Malz erforderlich war. Mit dieser Entwicklungsrichtung, welche im Museum durch Modelle älterer und neuerer Brennereianlagen und Brennapparate veranschaulicht ist, wurde die Spiritusbrennerei zum ausgesprochen landwirtschaftlichen Gewerbe, das in dem Brennrückstande, der Schlempe, ein wertvolles Viehfutter an die Landwirtschaft zurückliefert. Für die Vervollkommnung der Verzuckerung und Gärung wurden der landwirtschaftlichen Brennerei die Wege in gewissem Maße durch die in gleicher Richtung arbeitende Brauerei geebnet. Wie letztere machte sich auch die Brennerei die Fortschritte der Hefeforschung durch Verwendung von Reinhefe zunutze und baute die reine Herzüchtung der Brennereihefe weiterhin durch reine Säuerung der Hefemaische auf fermentativem Wege und schließlich durch einfache Mineralsäuerung nach Bücheler weiter aus. Einen Markstein in der Entwicklung der modernen Brennereitechnik bedeutete ferner der von Gutsbesitzer

Henze in Schlesien erfundene und seitdem verbesserte Hochdruckdämpfer, welcher die Aufschließung stärkehaltiger Rohstoffe in einfachster Weise ermöglicht und auch im Ausland weiteste Verbreitung gefunden hat. Die Maischapparate entwickelten sich mit Einführung des maschinellen Betriebes zu leistungsfähigen und dabei einfachen Formen. Die Ausnützung der Stärke in den Rohstoffen wurde, seit Aufhebung der Maischraumsteuer im Jahre 1909, namentlich durch Einführung geschlossener Gärbottiche bis zu der praktisch erreichbaren Höchstgrenze gesteigert.

Modell des Destillier-Rektifizier-Apparates von Robert Ilges, 1906, zur Herstellung von Feinsprit aus Maische oder aus Rohspiritus

Das besondere Problem der Gewinnung von möglichst hochkonzentriertem Spiritus aus der vergorenen Maische in einem Arbeitsgange fand seine befriedigende Lösung durch die Einführung und Vervollkommnung kontinuierlich arbeitender Kolonnenapparate, welche den älteren Blasendestillierapparaten gegenüber äußerlich einfache Formen zeigen. Ihren Höhepunkt erreichte die Destillationstechnik in den Apparaten zur Erzeugung von Feinsprit aus Maische oder Rohspiritus, unter gesonderter Abscheidung von aldehydhaltigem Vorlauf und schwer flüchtigem Fuselöl. Ein Vergleich des im Modell vorhandenen Maischedestillier- und Rektifizierautomaten von W. Ilges mit den primitiven Brennblasen der alten Branntweinbrennereien läßt erkennen, welche Summe von Erfindungsgeist und Arbeit auf diesem Gebiet praktische Auswertung gefunden hat.

*

OSKAR VON MILLER

# DIE FÖRDERER DES DEUTSCHEN MUSEUMS.

Das Museum von Meisterwerken der Naturwissenschaft und Technik, wie ich es ursprünglich nannte, erhielt später den Namen „Deutsches Museum"; nicht weil beabsichtigt war, die Entwicklung der verschiedenen Zweige des Forschens und Schaffens nur durch deutsche Meisterwerke darzustellen, sondern weil schon durch den Namen zum Ausdruck gebracht werden sollte, daß nicht eine Persönlichkeit, nicht eine Stadt und nicht ein Land, sondern alle Volkskreise des ganzen Deutschen Reiches diesen Ruhmestempel deutscher Arbeit geschaffen haben.

Wie einst die großen Dome und prächtigen Rathäuser von allen Bürgern gemeinsam ausgeführt wurden, so sollte auch im Deutschen Museum ein Bau entstehen, an dem alle Länder und Städte, alle Körperschaften und Einzelpersonen in opferwilliger Weise mitarbeiten. Um dies zu erreichen, mußte von Anfang an für das Unternehmen eine lebhafte Begeisterung im ganzen Volke erweckt werden.

Dieser Gedanke veranlaßte mich, die Gründung des Museums mit der Tagung des Gesamtvereins deutscher Ingenieure in München zu verbinden, weil diese Versammlung hervorragende und einflußreiche Vertreter der Naturwissenschaft und Technik aus ganz Deutschland vereinte.

Selbstverständlich vermochte ich nicht allein diese Begeisterung hervorzurufen, sondern ich bedurfte hierzu einer weitgehenden Unterstützung, und die wurde mir vor allem durch die höchste Stelle in Bayern, durch den alten, ehrwürdigen Prinzregenten Luitpold, zuteil. Trotz seines hohen Alters von 82 Jahren scheute er sich nicht, die Gründer des Museums zu einem prunkvollen Hoffest einzuladen, um mit ihnen den neuen Plan zu besprechen.

Nicht minder wohlwollend und opferwillig war der älteste Sohn des Regenten, Prinz Ludwig, der spätere König von Bayern. Als Protektor des Museums leitete er die Jahresversammlung, er begleitete den Vorstandrat und Ausschuß auf ihren Studienreisen nach Augsburg, Nürnberg, Stuttgart, Salzburg, Berlin usw., und jedes Jahr hatte er alle Mitglieder des Vorstandsrates und Ausschusses in seine Residenz zu Gast geladen, um einen Festvortrag der ersten Männer der Wissenschaft anzuhören.

Auch Kaiser Wilhelm II. war ein eifriger Förderer des Deutschen Museums. Von ihm persönlich stammen viele wertvolle Geschenke. Auch er lud den Vorstandsrat und Ausschuß zu sich nach Berlin und vermittelte persönlich viele Stiftungen der deutschen Industrie.

Obwohl nach der deutschen Verfassung die Förderung kultureller Aufgaben den Bundesstaaten überlassen war, hat dennoch das Deutsche Reich dank der gütigen Befürwortung des Staatssekretärs, des Grafen von Posadowsky und des Ministerialdirektors Lewald sich zu weitgehender finanzieller Hilfe bereit erklärt, so daß im Laufe der Jahre etwa 3 Millionen Goldmark dem Deutschen Museum für seinen Bau und seine Einrichtung zur Verfügung gestellt wurden.

Die gleiche Summe wurde vom bayerischen Staat dem Unternehmen überlassen; denn auch hier waren die Minister und alle Beamten, an ihrer Spitze Graf Podewils, die eifrigsten Befürworter der Museumsinteressen.

Die Stadt München überließ auf Antrag ihres Oberbürgermeisters von Borscht dem Museum den schönsten Bauplatz auf der Museumsinsel. Sie stiftete über eine Million Mark zu den Baukosten, und sie erklärte sich bereit Licht, Kraft, Wärme und Wasser für alle Zeiten dem Deutschen Museum unentgeltlich zu liefern.

Ein Unternehmen, das vom Deutschen Reich, vom bayerischen Staat und von der Stadt München in so weitgehendem Maße unterstützt wurde, konnte auch von den Kreisen der Industrie, für die das Museum in erster Linie geschaffen war, ausgiebige Hilfe erwarten. Auf Ersuchen von Geheimrat v. Linde stiftete als Erster Georg Krauß, der Begründer der nach ihm benannten Lokomotivfabrik, 100000 Mk. Diesem Beispiel folgten viele Großfirmen, Industrielle, Vereinigungen und Einzelpersonen mit Einzelstiftungen bis zu mehreren hunderttausend Mark.

Es ist nicht möglich, die Tausende zu nennen, die ihr Scherflein zum Bau des Deutschen Museums beitrugen. Auch nicht die opferwilligsten derselben kann ich alle aufzählen, zumal ja nicht die Größe der gestifteten Summen einen Maßstab für das Opfer bildet, das die einzelnen für das gemeinnützige Unternehmen brachten. Mancher kleine, mühsam ersparte Betrag von etlichen Mark, wie z. B. die Stiftung von zehn Mark seitens eines Mechanikerlehrlings, war oft der Beweis einer größeren Opferwilligkeit als die Spende einer noch so großen Summe. Im ganzen hat die deutsche Industrie über 3 Millionen Goldmark in barem Gelde für das Deutsche Museum gestiftet.

Ebenso erwünscht wie diese Geldspenden waren aber die Stiftungen von Materialien, die für den Neubau nötig waren. Schon die Herstellung der Fundamente brachte große Sorgen. Da gelang es dem Vorstand des Vereins deutscher Portlandzementfabriken, Herrn Kommerzienrat Schott, die gesamte deutsche Zementindustrie zur unentgeltlichen Lieferung des Zementes für den Museumsbau zu bestimmen. Diesem Beispiele folgten Mitglieder der Vereinigungen für Ziegelsteine, Natursteine usw., und als für den Bau eiserne Träger, Monier-Eisen, Rohre, Bleche usw. nötig wurden, entschlossen sich auch die Hüttenwerke und die gesamte deutsche Eisenindustrie, das nötige Eisen dem Deutschen Museum unentgeltlich zur Verfügung zu stellen. Nicht minder wichtig und wertvoll war für das Deutsche Museum die unentgeltliche Lieferung von Eichen- und Fichtenholz, die kostenlose Überlassung von Fensterglas, Spiegelglas usw., von allen Sorten des Bodenbelages, von Kupferblechen, von Leitungs- und Installationsmaterial usw. Insgesamt wurden über 3000 t Eisen-, 700 Waggon Portlandzement, 900000 Ziegelsteine, über 200 Waggon Kalk und Gips, 1000 m³ Eichen- und Fichtenholz, 4000 m² Glas, 8000 m² Bodenbelag, 3000 m² Vorhänge und viele, viele andere wertvolle Materialien gestiftet.

Die Sachstiftungen beschränkten sich jedoch nicht nur auf Rohstoffe, sondern umfaßten auch viele Fertigfabrikate, wie z. B. die von den Schwäbischen Hüttenwerken Wasseralfingen ausgeführten Kunstgüsse und reichverzierten Schmiedearbeiten, außerdem Beleuchtungskörper und Elektromotoren, Werkzeugmaschinen und Aufzüge, fertige Steinarbeiten usw. Auch umfangreiche Gesamteinrichtungen wurden unentgeltlich ausgeführt, wie die elektrische Installation von vier Stockwerken, die Zentralbeheizung der großen Hallen usw. Der Gesamtwert der bisher gestifteten Materialien und Fabrikate beträgt über 3 Millionen Goldmark.

Zur besonderen Freude würde es mir gereichen, wenn ich die Namen aller Großfirmen, Fabrikanten, Gewerbetreibenden usw. nennen könnte, die das Deutsche

Museum in so reichem Maße unterstützten. Die Zahl auch nur der größten Stiftungen ist jedoch so groß, daß der für meinen Dank in der Denkschrift zur Verfügung stehende Raum hierfür nicht ausreicht. In einem Stifterbuch, das in einen Prachteinband gekleidet im Ehrensaal des Museums aufliegt, werden alle Stiftungen mit den Namen der opferwilligen Spender verewigt.

Die Materialien und Fabrikate kamen aus allen Teilen des ganzen Reiches, und der Transport derselben hätte unerschwingliche Ausgaben verursacht, wenn nicht die deutschen Bahnen sich von Anfang an bereit erklärt hätten, alle Lieferungen für das Deutsche Museum unentgeltlich heranzubringen, so wie einst die Fuhrleute das Holz und die Steine zu gemeinnützigen Bauten ohne Entschädigung beförderten.

Diese in heutiger Zeit ungewöhnlich hohen Stiftungen von Geldern, Materialien und Fabrikaten sicherten die Herstellung des Neubaues. Aber dieser Neubau war nur die Hülle, gewissermaßen der Einband für ein Buch, das durch Tausende von wertvollen Objekten das deutsche Volk belehren und den Ruhm der deutschen Forscher und Techniker verkünden soll. Die Einrichtung des Museums war die Hauptsache und ihre Beschaffung und Aufstellung die schwierigste Aufgabe, die zu lösen war.

Die wichtigsten Objekte waren historische Original-Maschinen, Apparate und Instrumente, die Kunde gaben von den bahnbrechenden Schöpfungen führender Männer.

Solche Schätze besaßen hauptsächlich staatliche bzw. öffentliche Sammlungen, ferner Hochschulen und Mittelschulen, außerdem technische Behörden und namentlich alte Fabriken sowie die Nachkommen berühmter Gelehrter und Industrieller.

Sofort nach Gründung des Deutschen Museums entschloß sich die Bayerische Akademie der Wissenschaften, ihre mathematisch-physikalische Sammlung, die in ungenügenden Räumen untergebracht war, dem Deutschen Museum zu überweisen. Damit bildeten wertvolle Andenken an die alten Mitglieder der Akademie, an Fraunhofer, Reichenbach, Brander usw. den Grundstock der Museums-Sammlungen.

Das Württembergische Landesgewerbemuseum in Stuttgart hat die Überweisung geschichtlich wertvoller Maschinen aus seinen Beständen satzungsgemäß vorgesehen und überließ dem Museum als wertvollstes Stück das Original des kalorischen Kraftmessers von Robert Mayer.

Diesem Beispiel folgten die verschiedenen technischen Museen in Österreich, in der Schweiz, in Holland usw. Für beide Teile wertvoll waren die Beziehungen, die zwischen dem Deutschen Museum und dem Conservatoire des arts et métiers in Paris sowie dem South Kensington-Museum in London bestanden.

Eine reiche Fundgrube für historische Apparate und Instrumente bildeten die Schulsammlungen. Wir müssen den Leitern und Professoren dieser Schulen dankbar sein, daß sie nicht engherzig ihre Sammlungsobjekte festhalten wollten, auch wenn sie zu Lehrzwecken überflüssig waren, sondern daß sie mit weitem Blick historische Schätze einem Museum anvertrauten, in dem sie von allen Volkskreisen gesehen und gewürdigt werden konnten, und in dem sie als Glieder einer Entwicklungsreihe viel besser zur Wirkung kamen, wie als Schaustücke eines Raritätenkabinetts.

Auf diese Weise bekamen wir die berühmten Magdeburger Halbkugeln von Otto von Guericke, den längst verschollenen, zum Spektralapparat umgebauten Theodoliten, mit dem Fraunhofer die nach ihm benannten Linien entdeckte, die primitiven Originalapparate von Heinrich Hertz, dessen Entdeckung der elektrischen Wellen die wissenschaftliche Grundlage der drahtlosen Telegraphie und Telephonie bildet, und viele andere, in der Geschichte der Wissenschaft und Technik hervorragende Meisterwerke. Aber nicht nur Einzelobjekte, wie die Apparate von Ohm, Helmholtz, Liebig, Ampère, Pettenkofer usw., haben wir erhalten, sondern auch das gesamte Inventar alter Sternwarten, wie z. B. das der alten Würzburger Sternwarte oder sonstiger wissenschaftlicher Institute.

Nicht minder als den Schulen haben wir auch den technischen Behörden kostbare Gaben zu verdanken, z. B. der Generaldirektion für Berg-, Hütten- und Salinenwesen in München eine Wassersäulenmaschine von Reichenbach, die fast 100 Jahre lang ohne Bedienung und ohne Reparatur die Sole von Berchtesgaden nach Reichenhall beförderte. Auch Eisenbahnverwaltungen, Bergwerksbehörden, staatliche Hüttenwerke, Postverwaltungen usw. stifteten uns viele historisch wertvolle Originale.

Hinter den Behörden und öffentlichen Sammlungen und Schulen blieben Privatfirmen und Privatpersonen in der Spende von historisch interessanten Objekten nicht zurück. So erhielten wir die älteste, noch vorhandene Balancier-Maschine, welche zur Entwässerung der Bergwerke der Mansfeldschen Kupferschiefer bauenden Gewerkschaft in Eisleben diente und die im Jahre 1835 von der Gutehoffnungshütte gebaute Balancier-Maschine, welche einst die gesamten Werke von Krupp betrieb. Die erste elektrische Lokomotive von Siemens und der erste Dieselmotor von der Augsburger Maschinenfabrik sind im Besitze des Deutschen Museums. Nicht unerwähnt möchte ich lassen, daß das von der Germania-Werft gebaute erste Unterseeboot als einzige noch erhaltene deutsche Unterseewaffe im Museum zu sehen ist.

Neben zahlreichen Einzelobjekten erhielt das Museum von manchen Firmen und Privatpersonen ganze Sammlungen, die dieselben mühsam in vielen Jahren zusammengebracht haben. So bekamen wir die von Junghans in Schramberg angelegte große Sammlung alter kostbarer Taschenuhren. Die vielbegehrte Sammlung des Engländers Hargrave, welche die mannigfachsten Versuchsmotoren für Flugzeuge enthält, bekam das Deutsche Museum mit der Begründung, daß in diesem die unersetzlichen Erstlingswerke am sichersten und würdigsten aufbewahrt werden würden.

Rührend war es oft, wenn die Witwe oder Tochter eines um die Wissenschaft hochverdienten Mannes ein Andenken brachte, damit die Verdienste ihres Mannes oder Vaters nicht vergessen werden.

Die Stiftung von historischen Objekten beschränkte sich nicht auf die Meisterwerke verstorbener Führer der Naturwissenschaften und Technik, sondern auch lebende Forscher und Erfinder überließen die Originalapparate, mit denen sie ihre Entdeckungen machten, dem Deutschen Museum. Wir erhielten die ersten Röhren, die Röntgen bei Entdeckung der X-Strahlen benützte, die van't Hoffschen Atommodelle, den Lichtbogensender von Valdemar Poulsen, die Kanalstrahlenröhre von W. Wien, den Fritz Haberschen Apparat zur Ammoniakherstellung usw.

Einen umfangreichen Katalog müßte ich schreiben, wenn ich alle die historischen Maschinen, Apparate und Instrumente aufzählen wollte, die uns von allen Seiten gestiftet wurden. Aber ich glaube, daß das Deutsche Museum seinen Dank besser als durch Worte dadurch zum Ausdruck bringen konnte, daß es die anvertrauten Schätze in würdigster Weise der Nachwelt bewahrt.

Als einst Dr. B. W. Feddersen im Alter von über 80 Jahren die Apparate, mit denen er erstmals elektrische Schwingungen nachwies, im Museum sah, brach er in Tränen aus vor Rührung, daß sein Lebenswerk an so hervorragender Stelle gewürdigt und erhalten wird.

Es war leider nicht möglich, die Entwicklung der Naturwissenschaften und der Technik nur durch historische Originale darzustellen. Es mußten Nachbildungen zur Aushilfe genommen werden, die gewöhnlich mit sehr bedeutenden Opfern für die Stifter verbunden waren.

Unter den kostbarsten Nachbildungen von Maschinen befinden sich die erste Dampfmaschine von Watt und die älteste Lokomotive „Puffing Billy“ von Hedley. Die Originale, die sich im Kensington-Museum zu London befinden, wurden nicht nur bis zu den kleinsten Details genau nachgebildet, sondern es haben diese Nachbildungen gegenüber den Originalen auch den Vorteil, daß sie betriebsfähig sind und in bezug auf ihre Leistungen, Brennmaterialverbrauch usw. geprüft werden konnten.

Von nachgebildeten historischen Instrumenten möchte ich die erste Rechenmaschine von Leibniz erwähnen, deren Rekonstruktion ein ungewöhnliches Maß von historischem Studium und Präzision der Arbeit erforderte, ferner die Nachbildung der Sternwarte Tycho Brahes mit sämtlichen Instrumenten usw.

Die Nachbildungen beschränkten sich nicht nur auf einzelne Maschinen und Apparate, sondern es wurden auch ganze Räume von historischer Bedeutung gestiftet, so eine alte Sensenschmiede, eine Bergmannstube, eine alte Apotheke, chemische Laboratorien usw.

So gewaltig auch die Räume des Museumsbaues sind, so konnten sie doch unmöglich ausreichen, um auch nur die wichtigsten Meisterwerke der Technik in natürlicher Größe aufzunehmen. Auf allen Gebieten der Maschinenindustrie, des Verkehrs- und des Bauwesens mußte man Modelle zu Hilfe nehmen.

Ein alle Besucher überraschendes Modell bildet das Schnittmodell des Linienschiffes „Rheinland“, das alle die mannigfachen Maschinen und Einrichtungen eines Kriegsschiffes zum Teil geschnitten und beweglich beobachten läßt.

Nicht minder wichtig als die Modelle von Schiffen, Lokomotiven und Maschinen sind die Modelle von technischen Bauwerken, von Brücken, Hafenanlagen u. dgl., wobei ich besonders das Modell des Ludwig-Donau-Mainkanals erwähnen möchte.

Mehr als tausend wertvolle Modelle sind von opferwilligen Stiftern dem Deutschen Museum überwiesen worden. Sie wurden zum Teil in den eigenen Fabriken hergestellt, zum Teil in deutschen Modellbauanstalten.

Um allen Ansprüchen zu genügen, die das Deutsche Museum an die oft recht schwierige Herstellung von Modellen stellen mußte, wurde im Museum selbst eine Modellwerkstätte errichtet.

Die in vielen Museen zahlreich angebrachten Tafeln mit der Aufschrift „nicht berühren“ paßten nicht für ein wissenschaftlich-technisches Museum, das die Besucher mit dem Wesen der Erfindungen und den mannigfachen Konstruktionen vertraut machen soll. Hier ist es die Aufgabe, zu zeigen, wie die Vorgänge in der Natur und im Experiment sich abspielen, wie die Bewegungen ineinandergreifen und welche Erscheinungen auf den verschiedenen Gebieten zu beobachten sind. Deshalb wurden Maschinen nicht nur im Modell sondern auch im Original durchschnitten und in Bewegung gesetzt.

Eine durchschnittene Schnellzugslokomotive der ehem. Bayerischen Staatseisenbahnen läßt die Feuerung, die Dampferzeugung, die Bewegung der Kolben und Schieber genau erkennen, so daß auch ein der Technik vollständig fernstehender Besucher die geheimnisvolle Wirkung eines solchen Betriebes erfassen kann.

In ähnlicher Weise ist die Funktion der Wasserkraftmaschinen, der Dampfturbinen, der Gasmaschinen usw. in geschnittenen Originalen und Modellen dargestellt.

Auch in den Abteilungen für Physik kann der Besucher die von den ursprünglichen Forschern angestellten Experimente wiederholen. Er kann den Versuch von Otto von Guericke nachmachen, er kann sich mit Röntgenstrahlen durchleuchten lassen, er kann die Wirkungen der flüssigen Luft beobachten, er kann sich über die Gesetze der optischen Licht- und Farbenerscheinungen an Experimenten unterichten, er kann chemische Prozesse, Analysen, Synthesen usw. beobachten. Und alle diese Demonstrationen wurden mit einem großen Aufwand von den verschiedensten Firmen als Stiftungen ausgeführt.

Aber nicht nur für das Auge sind Demonstrationen vorgesehen — der Besucher kann auch die Wunder der Telephonie hören und an akustischen Vorführungen sich erfreuen. Das Gesetz der Töne kann er an verschiedenen Instrumenten, Stimmgabeln, Pfeifen, Glocken usw. erforschen. In einem eigenen Musiksaal wird die Entwicklung des Klavier, der Clavichords, des Hammerklaviers bis zum modernen Blüthner-Flügel vorgeführt. Auch die Töne der Orgel kann er in sich aufnehmen, von der ältesten Wasserorgel bis zum Meisterwerk der von Steinmeyer in Öttingen gebauten elektropneumatischen Orgel.

Wohl die großartigste Demonstration bilden die Planetarien, die auf Anregung der Museumsleitung von der Firma Zeiß in Jena nach Angabe von Dr. Bauersfeld und Oberingenieur Mayer ausgeführt sind, und die in unübertrefflicher Weise die anspruchsvolle Aufgabe lösten, daß der Besucher des Museums die scheinbare Bewegung der Sterne am Himmelszelt, die jahrtausendelang den Menschen verborgen war, nunmehr direkt beobachten kann und daß der Besucher selbst mit der Erde durch das Weltall fährt, um die wirkliche Bewegung der Planeten in einfachster Weise zu erkennen.

Wenn ich alle die vielen wertvollen Stiftungen in meiner Erinnerung vorüberziehen lasse, dann empfinde ich meine Unfähigkeit, allen Spendern genügend zu danken; denn es ist keines von den nahezu 60000 Museumsobjekten, das sein Dasein nicht dem Opfersinn und dem Interesse großzügiger Persönlichkeiten verdankte. Ich zweifle nicht, daß die Besucher, wenn sie die Schilder mit den Namen der Stifter an den einzelnen Objekten lesen, sicher dankbar an die edelmütigen Spender denken.

Eine Stiftung ganz besonderer Art bilden die Denkmäler im Ehrensaal; denn bei diesen handelte es sich nicht darum, die Mittel zu deren Ausführung zu erhalten, sondern es sollte durch die Wahl des Stifters auf die Bedeutung des Gefeierten hingewiesen werden. Aus diesem Grunde sind die Denkmäler der großen Forscher und Techniker von ihren Landesfürsten, von ihren Geburtstädten, von wissenschaftlichen und technischen Vereinigungen usw. gestiftet.

Diesen Stiftern möchte ich herzlich dafür danken, daß sie es ermöglichten, das Andenken an die Männer, denen nicht nur Deutschland, sondern die ganze Welt wichtige Kulturfortschritte verdankt, in den weitesten Kreisen zu erhalten.

Zu den verdienstvollsten Förderern des Deutschen Museums gehören nicht nur die Stifter sondern auch die Mitarbeiter, die das Museum gebaut und die Einrichtung geschaffen haben.

Von den Architekten, die den Neubau projektierten, möchte ich nur die Namen Gabriel v. Seidl, Emanuel v. Seidl, Prof. Bieber und Oberbaudirektor Dr. Bosch nennen, deren Verdienste in dem Bericht über den Neubau die gerechte Würdigung gefunden haben.

Viele Künstler haben sich an der Ausschmückung der Räume beteiligt und manche ihre Kunst unentgeltlich dem Deutschen Museum zur Verfügung gestellt; ihre Werke werden so sehr die allgemeine Bewunderung erregen, daß ihre Schöpfungen allgemein bekannt werden.

Um eine systematische Entwicklung der verschiedenen Zweige der Naturwissenschaft und Technik in den einzelnen Abteilungen darstellen zu können, wurden für jede Gruppe Listen aufgestellt, welche unter Angabe der Darstellungsart der Bezugsquelle usw. die gewünschten Objekte enthielten. Diese Listen sandten wir an die bedeutendsten Fachleute auf dem betreffenden Gebiete, damit sie dieselben ergänzten, verbesserten und bei der Beschaffung sowie Erläuterung derselben dem Deutschen Museum ihre Hilfe leisteten. Es waren dies oft sehr umfangreiche und mühsame Arbeiten, aber trotzdem haben die ersten und vielbeschäftigten Gelehrten und Ingenieure uns ihre Unterstützung nicht versagt.

Ein Ehrenbuch mit den Namen der Mitarbeiter, das in kostbarer Ausstattung im Ehrensaal aufgelegt werden soll, wird die Erinnerung an die Förderer des Museums lebendig erhalten.

Die Begeisterung für die Arbeiten des Deutschen Museums beschränkte sich nicht auf einzelne Schichten der sog. gebildeten Klassen, sondern das ganze Volk brachte in seltener Einmütigkeit die seinen Kräften entsprechenden Opfer. Dies beweist am deutlichsten, daß auch einfache Werkmeister, Arbeiter und Lehrlinge ihre Mitarbeit unentgeltlich anboten, so daß an Samstag-Nachmittagen und an Sonntagen zahlreiche Maurer, Schreiner, Schlosser, Monteure usw. in den Museumsräumen ohne Entschädigung bei der Arbeit waren, nur aus Freude, das Deutsche Museum auch ihrerseits unterstützen zu können.

Ihnen allen gebührt der Dank und die Anerkennung für ihre selbstlose und wertvolle Mitarbeit.

Meinen Bericht über die Förderer des Deutschen Museums kann ich nicht schließen, ohne mit besonderem Nachdruck der Angestellten des Deutschen Museums, meiner treuen Mitarbeiter, zu gedenken.

Die ersten, die mich bei der Organisation und bei der Ausgestaltung des Deutschen Museums unterstützten, waren Landesbaurat Schönberg und Baurat Koch.

Ihnen folgte eine große Anzahl von Physikern, Chemikern, Ingenieuren, Architekten, welche, von den Vorständen der einzelnen Abteilungen angefangen, bis zum Handwerker und Aufseher mit außergewöhnlichem Fleiß ihre Pflicht erfüllten. Oft mußte die Freude an der Arbeit die materielle Entlohnung ausgleichen, die in den Zeiten der Not auch beim Deutschen Museum sehr gering bemessen war.

Nicht materielle Gewinne, nicht Ehren und öffentliche Anerkennung entschädigen die Förderer des Deutschen Museums für ihre Mühe und Opfer, sondern nur das befriedigende Bewußtsein, daß sie ein Werk geschaffen haben, das weithin den Ruhm der deutschen Wissenschaft und der deutschen Arbeit verkündet, und das für alle Zeiten ein Wahrzeichen der Einigkeit aller deutschen Länder, aller deutschen Parteien und aller deutschen Stände bei Durchführung eines großen vaterländischen Unternehmens bleiben wird.

## Studienbau.

Von Anfang an war in Verbindung mit den Sammlungen ein großes Studiengebäude mit Bibliothek, Plansammlung, Vortragsälen usw. geplant. Die Errichtung dieses Studienbaues mußte jedoch in den schwierigen Kiiegs- und Nachkriegsjahren zurückgestellt werden.

Als ich trotz aller Not der Zeit im Jahre 1927 mit banger Sorge den Versuch wagte, von neuem die Begeisterung der treuen Helfer des Museums aufzurufen, da zeigte es sich, daß die Liebe zu dem gemeinsamen Werk nicht erloschen war. Die Stadt München war die erste, die unter Leitung ihres Oberbürgermeisters Scharnagl die Bewilligung von 1 Million Mark für den Studienbau des Museums verkündete. Reich und Bayern haben daraufhin auch ihrerseits die finanzielle Förderung desselben nach einem Plan des Reichsbankpräsidenten Schacht beschlossen. Die erste große Geldstiftung aus industriellen Kreisen verkündete der Vorsitzende des Reichsverbandes der deutschen Industrie, Geheimrat Duisberg. Die ersten Materialstiftungen sind Herrn Vögler, dem Vorsitzenden des Stahlwerks-Verbandes, zu verdanken. Schon jetzt sind an Geld und Material, insbesondere an Eisen, Ziegel, Zement, Kalk, Gips usw. von industrieller Seite nahezu 1 Million Mark gestiftet.

Für die Beschaffung der nötigen Bücher liegen bereits urkundliche Erklärungen von 48 deutschen Verlegern vor, die ihre einschlägigen Verlagswerke der Bibliothek kostenlos zur Verfügung stellen werden.

Alle diese opferwilligen Zusicherungen ermöglichten es, die Grundsteinlegung unter Beteiligung des Reichspräsidenten von Hindenburg am 4. September 1928 in besonders feierlicher Weise zu begehen.

Der Bau wird ohne Zweifel in materieller und ideeller Hinsicht die gleiche opferwillige Unterstützung wie das Sammlungsgebäude finden, so daß es in der geplanten großzügigen Weise und mit den Einrichtungen, wie sie den Bedürfnissen weitester Volkskreise entsprechen, ausgeführt werden kann. Für eine auch künstlerisch hervorragende Gestaltung, die dem Stadtbild zu neuer Zierde gereichen wird, bürgt der bauleitende Archtitekt Geheimrat Bestelmeyer und seine Mitarbeiter.

*

# PERSONEN- UND SACHREGISTER

www.ingramcontent.com/pod-product-compliance
Lightning Source LLC
LaVergne TN
LVHW081346011026
849161LV00013BB/3014